国家卫生健康委员会“十四五”规划教材
全国高等学校药学类专业第九轮规划教材
供药学类专业用

物 理 学

第8版

主 编 王晨光

副主编 陈 曙 石继飞

编 者（以姓氏笔画为序）

王晨光（哈尔滨医科大学）
王章金（华中科技大学物理学院）
石继飞（内蒙古科技大学包头医学院）
刘凤芹（山东大学物理学院）
李玉娟（沈阳药科大学）
张 宇（哈尔滨医科大学）
张 燕（广西医科大学）
陈 曙（中国药科大学）
徐春环（牡丹江医学院）
盖立平（大连医科大学）
梁媛媛（中国人民解放军海军军医大学）

人民卫生出版社
·北 京·

图书在版编目（CIP）数据

物理学 / 王晨光主编 . —8 版 . —北京：人民卫生出版社，2022.6（2024.8重印）

ISBN 978-7-117-33066-4

Ⅰ. ①物… Ⅱ. ①王… Ⅲ. ①物理学 - 医学院校 - 教材 Ⅳ. ①O4

中国版本图书馆 CIP 数据核字（2022）第 080454 号

物 理 学
Wulixue
第 8 版

主　　编：王晨光
出版发行：人民卫生出版社（中继线 010-59780011）
地　　址：北京市朝阳区潘家园南里 19 号
邮　　编：100021
E - mail：pmph @ pmph.com
购书热线：010-59787592　010-59787584　010-65264830
印　　刷：人卫印务（北京）有限公司
经　　销：新华书店
开　　本：850 × 1168　1/16　　印张：20
字　　数：578 千字
版　　次：1999 年 8 月第 1 版　　2022 年 6 月第 8 版
印　　次：2024 年 8 月第 3 次印刷
标准书号：ISBN 978-7-117-33066-4
定　　价：72.00 元

出版说明

全国高等学校药学类专业规划教材是我国历史最悠久、影响力最广、发行量最大的药学类专业高等教育教材。本套教材于 1979 年出版第 1 版，至今已有 43 年的历史，历经八轮修订，通过几代药学专家的辛勤劳动和智慧创新，得以不断传承和发展，为我国药学类专业的人才培养作出了重要贡献。

目前，高等药学教育正面临着新的要求和任务。一方面，随着我国高等教育改革的不断深入，课程思政建设工作的不断推进，药学类专业的办学形式、专业种类、教学方式呈多样化发展，我国高等药学教育进入了一个新的时期。另一方面，在全面实施健康中国战略的背景下，药学领域正由仿制药为主向原创新药为主转变，药学服务模式正由"以药品为中心"向"以患者为中心"转变。这对新形势下的高等药学教育提出了新的挑战。

为助力高等药学教育高质量发展，推动"新医科"背景下"新药科"建设，适应新形势下高等学校药学类专业教育教学、学科建设和人才培养的需要，进一步做好药学类专业本科教材的组织规划和质量保障工作，人民卫生出版社经广泛、深入的调研和论证，全面启动了全国高等学校药学类专业第九轮规划教材的修订编写工作。

本次修订出版的全国高等学校药学类专业第九轮规划教材共 35 种，其中在第八轮规划教材的基础上修订 33 种，为满足生物制药专业的教学需求新编教材 2 种，分别为《生物药物分析》和《生物技术药物学》。全套教材均为国家卫生健康委员会"十四五"规划教材。

本轮教材具有如下特点：

1. 坚持传承创新，体现时代特色　本轮教材继承和巩固了前八轮教材建设的工作成果，根据近几年新出台的国家政策法规、《中华人民共和国药典》(2020 年版)等进行更新，同时删减老旧内容，以保证教材内容的先进性。继续坚持"三基""五性""三特定"的原则，做到前后知识衔接有序，避免不同课程之间内容的交叉重复。

2. 深化思政教育，坚定理想信念　本轮教材以习近平新时代中国特色社会主义思想为指导，将"立德树人"放在突出地位，使教材体现的教育思想和理念、人才培养的目标和内容，服务于中国特色社会主义事业。各门教材根据自身特点，融入思想政治教育，激发学生的爱国主义情怀以及敢于创新、勇攀高峰的科学精神。

3. 完善教材体系，优化编写模式　根据高等药学教育改革与发展趋势，本轮教材以主干教材为主体，辅以配套教材与数字化资源。同时，强化"案例教学"的编写方式，并多配图表，让知识更加形象直观，便于教师讲授与学生理解。

4. 注重技能培养，对接岗位需求　本轮教材紧密联系药物研发、生产、质控、应用及药学服务等方面的工作实际，在做到理论知识深入浅出、难度适宜的基础上，注重理论与实践的结合。部分实操性强的课程配有实验指导类配套教材，强化实践技能的培养，提升学生的实践能力。

5. 顺应"互联网 + 教育"，推进纸数融合　本次修订在完善纸质教材内容的同时，同步建设了以纸质教材内容为核心的多样化的数字化教学资源，通过在纸质教材中添加二维码的方式，"无缝隙"地链接视频、动画、图片、PPT、音频、文档等富媒体资源，将"线上""线下"教学有机融合，以满足学生个性化、自主性的学习要求。

众多学术水平一流和教学经验丰富的专家教授以高度负责、严谨认真的态度参与了本套教材的编写工作，付出了诸多心血，各参编院校对编写工作的顺利开展给予了大力支持，在此对相关单位和各位专家表示诚挚的感谢！教材出版后，各位教师、学生在使用过程中，如发现问题请反馈给我们(renweiyaoxue@163.com)，以便及时更正和修订完善。

人民卫生出版社

2022 年 3 月

主 编 简 介

王晨光

哈尔滨医科大学药学院教授，物理学学科带头人，教育部高等学校大学物理课程教学指导委员会医药类工作委员会副主任委员。

从事大学本科和研究生教学工作32年，主讲物理学、电子学和医学影像物理学等多门课程。作为主编或副主编参与编写包括本套教材以往版次在内的全国性各类教材十多部。科学研究工作涉及生物物理学相关领域，主持包括国家自然科学基金项目在内的科研课题多项；发表SCI收录论文二十多篇。

副主编简介

陈 曙

中国药科大学理学院教授。1986 年本科毕业于复旦大学物理系，2001 年硕士研究生毕业于南京大学物理系凝聚态物理专业，2003 年美国伊利诺伊大学厄巴纳 - 香槟分校（University of Illinois at Urbana-Champaign，UIUC）物理系访问学者。主要研究方向为磁性隐身材料。长期从事大学基础物理教学。

石继飞

教授，内蒙古科技大学包头医学院医学设备学教研室主任，包头医学院影像物理学课程负责人，影像技术专业负责人，教育部高等学校大学物理课程教学指导委员会医药类工作委员会副主任委员。

从事高等教育教学工作 32 年，主讲物理学、医用核物理学、放射物理与放射防护学、医学影像物理学、医学影像设备学等课程。作为主编和副主编参与编写全国性各类教材十多部。科学研究方向为物理学在医学技术领域的应用，主持内蒙古自治区自然科学基金项目在内的科研课题多项，获学校教学成果二等奖，发表论文多篇。

前　言

依据人民卫生出版社关于全国高等学校药学类专业第九轮规划教材修订编写要求，我们进行了本套系列教材之一《物理学》(第8版)的编写工作。

《物理学》(第8版)从整体结构到细节体现较之前各版有较大改动。全书各章涵盖了物理学中力、电、磁、光、量子、原子核、相对论等基本内容，同时也设置了如X射线、激光等医药专业较为关注的内容。本教材各部分力求知识点讲解简单明了，知识应用注重与医药专业的关联。每章后设"拓展阅读"内容，全部为与本章相关的扩充知识点及其在医药领域具体的应用。本教材采用纸数融合形式，数字资源可利用穿插于书中的二维码链接轻松获取，其中包含紧密贴合纸质内容的课件、目标测试、重点和难点微课、重点内容配套实验操作视频以及拓展阅读等。教材整体体现了用心选题、精心设计、丰富多彩等特色。同时还充分利用绪论、纸质拓展阅读和数字资源等内容，多角度阐释物理学与医药相关学科紧密联系的特点，使学生能够认识到物理学和自己专业的内在联系，激发学好物理学的动力、挖掘专业学习潜力、提高科学素养、培养爱国情怀等。

本书作为高等学校药学类专业教材，适合综合大学和医药院校四年制药学、五年制临床药学等专业教学使用，同时也适用于其他药学和医学相关专业教学使用。本书也可供各类高校其他专业的师生和从事医药类研究工作者参考使用。

参与本版教材编写的院校有哈尔滨医科大学、中国药科大学、内蒙古科技大学包头医学院、山东大学、华中科技大学、沈阳药科大学、广西医科大学、大连医科大学、牡丹江医学院以及中国人民解放军海军军医大学10所院校。同时，本教材在编写过程中得到了人民卫生出版社、各位编者及其所在学校的大力支持。本书由王晨光负责统稿，张宇担任编写秘书，高杨(牡丹江医学院)、盖志刚(山东大学)和朱丹(沈阳药科大学)等录制微课和操作视频，他们在本书编撰、制作及审阅过程中做了大量具体工作，在此表示衷心感谢！

因本书编写团队能力有限，错误和不妥之处在所难免，恳请广大师生读者提出宝贵的意见和建议。

王晨光
2022年1月

目　录

绪　　论

一、关于物理学研究

物理学是研究物质的基本结构、运动规律以及相互作用的科学，包括力学、热学、电磁学、光学、理论物理、近代物理等。各种不同的物质运动形式既服从普遍规律，又有自己的独特规律，其研究目的在于使人类能够认识物质运动的客观规律及其原因。物理学的基本理论与方法渗透在自然科学的各个领域，应用于生产技术的诸多方面，是其他自然科学和工程技术发展的重要基础。

1. 空间和时间　空间和时间既是哲学的概念，也是物理学的基本概念。由于它们与"物质"这一事物紧密相关，因此最科学的定义是由辩证唯物主义给出的哲学定义："空间和时间是运动着的物质存在的形式。"空间反映了物质存在的地位（位置）及它的广延性（大小）；时间反映了物质运动过程的持续性（长短）和顺序性（先后）。辩证唯物主义时空观是对自然科学尤其是对物理学的时空观的概括和总结，它来自于自然科学，又随自然科学的发展而不断丰富。时空观对物理学研究的重要意义可以这样说：时空观的变革才是科学理论重大变革的基本标志。物理学研究的发展表明，科学理论的重大变革往往以时空观为突破口，并伴随新时空观的产生。

物理学研究的时空范围非常宽广。在空间尺度上从小到质子半径 10^{-15} m，大到目前可以观测到的最远类星体的距离 10^{26} m；在时间尺度上从短到 10^{-25} 秒的最不稳定粒子的寿命，长到可达 10^{39} 秒的质子寿命。在这里提到了描述空间大小的"长度"和描述时间长短的"时间"，作为两个基本物理量，还应人为规定它们的单位。国际计量大会最新规定是：长度单位"米（m）"是光在真空中 1/299 792 458 秒内传播的距离；时间单位"秒（s）"是铯-133 原子基态的两个超精细能级之间跃迁所对应辐射的 9 192 631 770 个周期持续的时间，而在此之前这种规定已经历了数次修改。由此可见，一切基本物理量的单位都是基于实验的人为规定，并且随着实验技术水平的提高，单位规定的更改也是必然的。

本书从第一章经典力学中的质点运动学开始，具体给出了绝对时空中物质运动的基本规律，到最后一章（第十四章）描述的在惯性系（狭义相对论）和非惯性系（广义相对论）中，相对时空中的物质运动规律。其中，无处不体现出作为物理学的基本物理量，时间和空间定性和定量的关系。相信在全部内容的研读过程中，读者会逐步掌握在各种特定条件下这种时空关系的内在含义，进而可体会到这其中隐含的哲学道理。

2. 物质性和运动性　如何认识宇宙中客观存在的物质及其运动特性，是物理学乃至人类对自然界认识的一个根本问题。以牛顿为代表的物理学家创立的传统物理学是通过对周围世界的观测得出物质的运动规律。限于当时的技术条件，很多测量的精度还十分低。尽管如此，通过严密的逻辑推理和反复的实验修正，经典物理学理论描述物体运动规律的适用范围仍可基本覆盖当时科学技术绝大多数的应用要求。

现代物理学对物质世界解释的理论主要包括量子理论和相对论两大"支柱"。随着人们对自然界研究的深入，对物质的认识也从有形的、有惯性质量的物体，扩展到无形的场态物质。有形的物质可以用质量来说明其特性，而无形的场态物质可以用能量来说明其特性。这里就涉及如何看待质量与能量之间的关系，这也是近代物理学中的一个重大研究课题。现代物理学的发展，使得人们对自然界有了更加深入的了解。学习现代物理学将对物质的认识发生巨大的变化。

如果说宇宙中物质是普遍存在的，那么它们的存在形式就是运动。在牛顿力学理论中，静止和匀速直线运动是等同的。可以从中总结出的哲学思想是：运动是绝对的，静止是相对的，静止是运动的特殊形式；物质是运动的基础和载体，运动是物质的存在方式和根本属性。

人类周围存在着的客观实体，从粒子、原子、分子到宇宙天体，从蛋白质、细胞到人体都是物质；引力场、电磁场到核力场也是物质。所有物质都在不停地运动和变化，自然界的各种现象就是这些物质运动的具体表现，因而运动是物质的固有属性。

3. 物理学和人类文明 物理学展现的科学世界观和方法论都是人类文明的重要组成部分，深刻影响着人类对物质世界的基本认识、人类的思维方式和社会生活，是人类文明发展的基石。物理学的进一步发展必将继续对社会进步和人类现代文明作出重大贡献。

历史事实证明，物理学的研究成果不仅促进了物理学和其他自然科学的发展，还成为了推动生产实践、改善人类生存条件的强有力的工具。18 世纪中期，出现了蒸汽机和其他工业机械，第一次工业革命使人类进入了机械化时代。19 世纪，在法拉第和麦克斯韦的电磁理论推动下，人们制造了电机、电器和各种电信设备，使人类进入了应用电能的时代，这是第二次工业革命。20 世纪，由于相对论、量子力学的建立，人类对自然界的认识开始从宏观领域发展到微观领域。人类对原子、原子核的认识愈加深入，逐步实现了原子核能和放射性同位素的应用。在量子力学理论的推动下，直接促成了半导体、激光、核磁共振以及计算机等新技术的发明和应用。21 世纪，人类已进入了信息技术、生物技术、新材料技术、新能源技术、空间技术为主要内容的新技术时代，物理学取得的各项成就必将为新世纪的科学技术带来巨大的进步。

人类所处的空间，远到宇宙深处，近到咫尺之间，大到广袤苍穹，小到微观粒子，都是物理学研究的范畴。正因为人们对这些事物的认识不断深入，逐步找到顺应和改造它们的更多、更有效的方法，才能以更科学的方式与之共处。所以，研究物理学对人类文明进步有着非同寻常的意义。

二、物理学学习方法

以物理学基础知识、基本原理、基本规律和基本方法为主要内容的物理学理论和实验课程，是面向各学科专业学生开设的重要基础课程，对于培养学生的科学观察和批判性思维，激发学生求知热情、探索精神，培养学生获取知识、扩展知识和独立思考以及动手实践能力，培养学生理论联系实际以及终身受益的科学素养，都具有不可替代的重要作用。但同时在物理学学习过程中所要求具备的抽象思维和缜密的逻辑能力又使很多人望而却步。

爱因斯坦曾说过："学会独立思考和独立判断比获得知识更重要。不下决心培养思考习惯的人，便失去了生活的最大乐趣。发展独立思考和独立判断的一般能力，应当始终放在首位，而不应当把获得专业知识放在首位。"总结这句话的含义就是：学习的任务不仅是"学会"，更重要的是"会学"。显然，学习任何知识都应该首先掌握科学的学习方法，具备高效的学习能力。而学习物理学的过程，正是培养这种能力的最佳机会，这是物理学所具有的独特知识结构所决定的，也正是学生在学习过程中尤其应该侧重的。掌握了这些学习的基本技能定会使学生高效率地探索更多更深奥的物理学知识。要掌握的学习技能具体应包括独立获取知识的能力、科学观察和思维的能力以及分析问题和解决问题的能力。

此外，激发学习动力、培养学习兴趣也是非常重要的。在物理学的学习中，要充分体会物理学所独有的明快简洁、均衡对称、逻辑缜密、因果明确、和谐统一等美学特征，培养科学审美观，学会用美学的观点欣赏和发掘科学的内在规律，提高认识和掌握自然科学规律的主动性。

物理学的知识经过几千年特别是近三百年的积累，已经很丰富了，但在有限的时间内，不可能面面俱到，只能根据需要有所侧重。学生在学习过程中，应主要了解物理学中各种物质运动的现象、理解并掌握其基本原理和规律，也要了解人们发现这些规律的过程和方法，充分体会物理学的研究方法，从而增强逻辑推理的能力。同时还应认识到物理学是一门实验科学，它的理论是经过从实践到理论再回到实践的考验，经过各种手段、多方面检验而建立起来的。因此，必须重视物理学实验，学会正确使用基本测量仪器、掌握物理学实验的方法以及正确处理数据的原则。需要指出的是，作为一门成熟的自然科学，物理学与数学有着极其密切的联系，学生应学会用数学语言表达物理规律，学会用数学工具处理物理问题。

由于物理学是一门基础课程，所学内容大部分是物理学中成熟的经典理论。这些基本知识不仅是学习现代物理学新理论的基础，也是其他学科发展的基础，在药学领域也有着广泛的应用。因此在掌握一定物理知识的基础上，在学习应用学科专业知识的过程中，应特别注意用物理学的知识和方法解决专业问题。同时，在专业学习中遇到的问题反过来也能成为获取更多物理学知识的动力。

三、物理学在药学类专业领域的应用

物理学所研究的物质运动规律具有普遍性，这使物理学成为了研究包括药学专业在内的其他自然科学和技术的重要基础。物理学的基本概念和技术被应用到了所有的自然科学中，并在这些自然科学与物理学之间形成了一系列新的分支学科和交叉学科。例如，物理学和化学相互结合而形成了物理化学、仪器分析、量子化学等边缘学科，物理学的理论和实验方法使化学科学得以深入发展。再如，物理学与生物学相结合形成了生物物理学，近五十年来，在两学科的交叉点上取得了一系列成就，例如，DNA 双螺旋结构的发现，以及分子生物学、量子生物学、遗传工程的建立等，都是与近代物理学的成就密切相关的。可以预料，生命科学的发展必定是在与物理学更加密切的结合中实现的。物理学的发展、科学技术的进步，对药学的进展同样起到了巨大的推动作用。除建立一些交叉学科、增强理论基础外，新型的精密仪器，如 X 射线衍射仪、各类分光光度计、质谱仪、核磁共振波谱仪等的使用，已经成为对药物进行分析和研究的重要手段。有关物理学在医药领域的具体应用，将在本书每章“拓展阅读”部分一一展示。

以下是在药学相关专业的主干课程中和物理学关系密切的知识点。这里每门课程仅列举一两个关键知识点，实际上还远不止这些。例如，基础化学中的原子结构理论涉及量子物理中的波尔理论；物理化学中的热力学定律；有机化学中研究化合物极性时涉及的物理学电偶极子模型以及有机物的光学活性涉及的光偏振理论等；分析化学中将原子光谱理论用于分光光度计进行化学分析；药理学中离子通道的电学特性以及以电子学理论为基础的膜片钳技术推动了离子通道和相关领域的研究；药物分析中的定量分析方法，电化学法、光谱法和色谱法都来自物理学的基本理论；药剂学中的喷雾剂、气雾剂利用了流体力学原理以及研究粉体药物使用到的液体表面现象等。此外，物理学实验中涉及的一些实验方法，如液体黏滞系数测量、旋光仪的使用、液体表面张力的测量等在药剂学、药物分析等学科的实验中被普遍使用。

可见，物理学是药学类专业的一门重要的基础课程。我们深信，同学们通过物理课的严格训练和坚持不懈的努力，不仅可以学好物理学，还可以为后续药学类专业课程的学习打下基础，为发展我国的医药事业作出更大的贡献。

（王晨光）

第一章

力 学 基 础

第一章
教学课件

学习目标

1. 掌握　刚体转动的运动学、转动惯量、定轴转动定律、角动量守恒定律。
2. 熟悉　牛顿运动定律、功和能、进动。
3. 了解　应力和应变、弹性模量。

力学(mechanics)是研究物质机械运动规律及其应用的科学。机械运动是物体间或物体各个部分之间相对位置变化的运动,是物质运动最简单的形式,它普遍存在于所有其他运动形式中。为方便分析,往往把力的作用对象抽象成理想模型,如质点、刚体、弹性体、理想流体和理想气体等。其中,针对质点的力学定律,研究的是能够描述质点运动的物理量以及这些量之间的相互作用关系,是力学研究的基础;针对刚体的研究则是在质点力学基本定律的基础上,着重研究其转动的规律;而研究弹性体的目的是认识其受到外力作用时形变的规律。本章内容首先以质点和质点系为研究对象,学习质点力学基本定律,然后阐述刚体转动的运动学和动力学相关知识,最后学习弹性体形变的类型和基本规律。

第一节　质点力学基本定律

力学定律的基本内容是牛顿运动定律(Newton's law of motion)。本节涉及的牛顿运动定律主要以质点(particle)为研究对象,以此为出发点,后面各章节将分别阐述刚体、流体等运动定律。质点是在运动中可以忽略其大小和形状的物体,是将这一物体近似看作成一个理想的质量(mass)"点",以此为研究对象的质点力学基本定律是整个经典力学的基础。

一、牛顿运动定律

1. 牛顿运动定律的描述　牛顿在总结前人成就的基础上,于1687年发表了《自然哲学的数学原理》,提出了三条运动定律,其表述如下:

牛顿第一定律:任何物体都保持其静止或匀速直线运动状态,直到其他物体的作用迫使它改变这种状态为止。

牛顿第二定律:物体受到外力作用时,所获得加速度的大小与合外力的大小成正比,与物体的质量成反比;加速度的方向与合外力的方向相同。

牛顿第三定律:作用在同一直线上的作用力和反作用力,大小相等,方向相反。

牛顿第一定律表明力是改变物体运动状态的根本原因,即力是使物体产生加速度的原因,而非维持物体运动状态的原因。牛顿第一定律又被称为惯性定律。第二定律确定了力 $\boldsymbol{F}$、质量 m 和加速度 $\boldsymbol{a}$ 之间的瞬时关系,即

$$\boldsymbol{F}=m\boldsymbol{a}$$

而由第三定律可知,当甲物体以力 $\boldsymbol{F}_1$ 作用在乙物体上时,乙物体也必定同时以力 $\boldsymbol{F}_2$ 作用在甲物

体上；$\boldsymbol{F}_1$ 和 $\boldsymbol{F}_2$ 在同一直线上，大小相等而方向相反。第三定律肯定了物体间的作用力具有相互作用的本质。

必须指出，这三条定律是不可分割的整体。牛顿第一定律和牛顿第二定律分别定性和定量地说明了物体运动状态的变化和其他物体对它作用力之间的关系。牛顿第三定律则是重要的补充，进一步说明了力的相互作用性质及相互作用的力之间的定量关系。

2. 位移、速度和加速度 为了描述物体的机械运动，总要选择另一物体或几个相对静止的物体作为参考系（reference frame）。参考系有惯性参考系（inertial system，简称惯性系）和非惯性参考系（non-inertial system，简称非惯性系）。凡是适用牛顿运动定律的参考系称为惯性系，而相对于惯性系静止或做匀速直线运动的参考系也都是惯性系，做变速运动的参考系则为非惯性系。参考系的选择可以是任意的，可视研究问题的方便而定。本章所研究的问题都是基于惯性参考系的。确定参考系后，要定量描述质点各时刻相对参考系的位置，还需要在参考系上建立合适的坐标系。常用的坐标系是直角坐标系。

质点在某一时刻的位置可以用直角坐标系中质点的位置坐标值来表示，即标量表示，也可用矢量的方式表示，称为位置矢量（position vector），简称“位矢”或“径矢”。

图 1-1 中的曲线是一个质点运动轨迹。设该质点在 t 时刻位于 P_1 处，经 Δt 时间后，移动到 P_2 处。选定坐标系后，点 P_1 的位置可以用从原点 O 到点 P_1 做一矢量 $\boldsymbol{r}_1$ 来表示，矢量 $\boldsymbol{r}_1$ 即为点 P_1 的位置矢量。同样，点 P_2 的位置矢量为 $\boldsymbol{r}_2$。

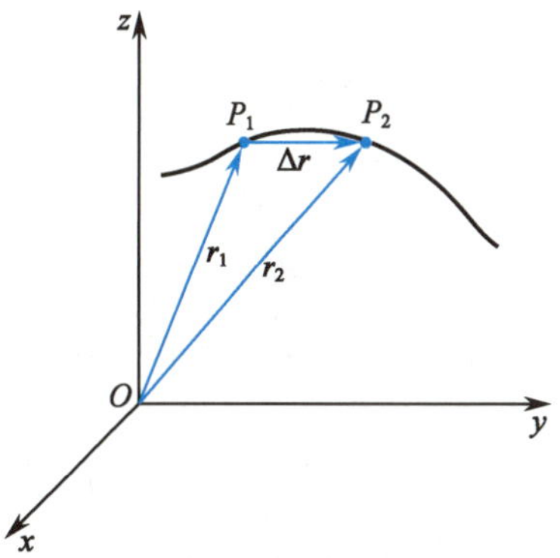

图 1-1 位置矢量与位移矢量

在时间 Δt 内，质点的位置变化可用从点 P_1 到点 P_2 的有向线段 P_1P_2 来表示，即矢量 $\Delta\boldsymbol{r}$，$\Delta\boldsymbol{r}$ 称为该质点运动的位移矢量（displacement vector），简称位移。

$$\Delta\boldsymbol{r}=\boldsymbol{r}_2-\boldsymbol{r}_1 \qquad \text{式(1-1)}$$

位移和质点实际移动的路程是不同的概念。位移是表示质点位置改变的矢量，而质点的路程是质点实际运动轨迹的长度，是标量。例如，在图 1-1 中，位移是指矢量 $\Delta\boldsymbol{r}$，其大小为 P_1、P_2 间线段的长度，方向是从 P_1 指向 P_2。而路程则是曲线 P_1P_2 的长度。只有做曲线运动的质点位移无限小时，位移的大小才与路程相等。

质点的位移 $\Delta\boldsymbol{r}$ 与相应的移动时间 Δt 的比值，称为质点在这段时间内运动的平均速度（average velocity），表示该质点从一个位置运动到另一个位置的快慢。

$$\bar{\boldsymbol{v}}=\frac{\Delta\boldsymbol{r}}{\Delta t} \qquad \text{式(1-2)}$$

式（1-2）中，平均速度 $\bar{\boldsymbol{v}}$ 是矢量，其方向与位移 $\Delta\boldsymbol{r}$ 的方向相同。

若要描述质点在某一位置附近位移变化的快慢，就要确定质点在某一时刻 t 的瞬时速度（instantaneous velocity），用时间 Δt 趋近于零时的平均速度来表示，即

$$\boldsymbol{v}=\lim_{\Delta t\to 0}\frac{\Delta\boldsymbol{r}}{\Delta t}=\frac{\mathrm{d}\boldsymbol{r}}{\mathrm{d}t} \qquad \text{式(1-3)}$$

式（1-3）中，$\boldsymbol{v}$ 就是质点的瞬时速度，简称速度（velocity）。瞬时速度是矢量，其方向是当 Δt 趋近于零时位移 $\Delta\boldsymbol{r}$ 的方向，即轨道上质点所在位置沿着运动方向的切线方向。显然，质点的平均速度只能表示质点位移在空间两位置间变化的平均快慢，而瞬时速度则能够表示出质点位移在某个位置或某一时刻变化的快慢。

要描述质点移动时速度变化的快慢就要引入加速度（acceleration）的概念，这种速度变化包括速度的大小和方向的改变。加速度也有平均加速度（average acceleration）和瞬时加速度（instantaneous acceleration)之分。

如图 1-2 所示，设质点在 Δt 时间内从点 P_1 运动到点 P_2，对应的速度分别为 $\boldsymbol{v}_1$ 和 $\boldsymbol{v}_2$，则

$$\overline{\boldsymbol{a}}=\frac{\Delta \boldsymbol{v}}{\Delta t}=\frac{\boldsymbol{v}_2-\boldsymbol{v}_1}{\Delta t} \qquad \text{式(1-4)}$$

式(1-4)定义了 P_1、P_2 两点间质点运动的平均加速度，描述的是质点在 Δt 时间内速度的平均变化率。其中 $\Delta \boldsymbol{v}$ 为质点在此运动过程中速度的增量，其方向为 $\boldsymbol{v}_2$ 与 $\boldsymbol{v}_1$ 矢量差，即为平均加速度 $\overline{\boldsymbol{a}}$ 的方向(图 1-2 所示)。为了描述质点在某一时刻速度的变化率，还需引入瞬时加速度的概念。

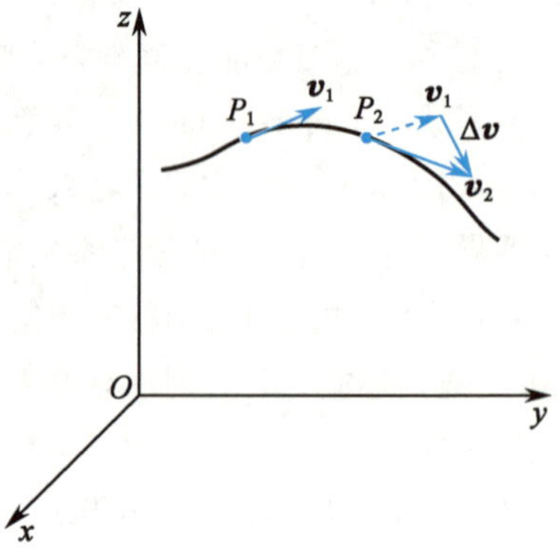

图 1-2 加速度的方向

瞬时加速度为

$$\boldsymbol{a}=\lim_{\Delta t\to 0}\frac{\Delta \boldsymbol{v}}{\Delta t}=\frac{\mathrm{d}\boldsymbol{v}}{\mathrm{d}t}=\frac{\mathrm{d}^2\boldsymbol{r}}{\mathrm{d}t^2} \qquad \text{式(1-5)}$$

$\boldsymbol{a}$ 的方向为 $\Delta t\to 0$ 时 $\Delta \boldsymbol{v}$ 的方向。

综上所述，描述质点位移、速度和加速度三者的关系可总结如下：

微分形式：$\boldsymbol{v}=\frac{\mathrm{d}\boldsymbol{r}}{\mathrm{d}t}, \boldsymbol{a}=\frac{\mathrm{d}\boldsymbol{v}}{\mathrm{d}t}=\frac{\mathrm{d}^2\boldsymbol{r}}{\mathrm{d}t^2}$

积分形式：$\boldsymbol{r}=\int \boldsymbol{v}\mathrm{d}t, \boldsymbol{v}=\int \boldsymbol{a}\mathrm{d}t$

3. 动量定理和动量守恒定律 牛顿第二定律指出，在外力作用下，质点的运动状态要发生改变，需获得加速度。然而力不仅可以作用于质点，也可以作用于质点系。所谓质点系即两个或两个以上互相有联系的质点组成的力学系统。力作用于质点或质点系往往还要持续一段时间或者持续一段距离，这就是力对时间的累积作用和力对空间的累积作用。在这两种累积作用过程中，质点或质点系的动量或能量将发生变化或转移。

根据牛顿第二定律可以得出力对时间的累积作用效果与质点的运动状态之间的联系，即

$$\boldsymbol{F}=m\boldsymbol{a}=m\frac{\mathrm{d}\boldsymbol{v}}{\mathrm{d}t}=\frac{\mathrm{d}(m\boldsymbol{v})}{\mathrm{d}t}$$

上式中质点的质量 m 和速度 $\boldsymbol{v}$ 的乘积 $m\boldsymbol{v}$，称为该质点的动量(momentum)。如果用 $\boldsymbol{p}$ 表示质点的动量，则

$$\boldsymbol{p}=m\boldsymbol{v} \qquad \text{式(1-6)}$$

动量 $\boldsymbol{p}$ 是个矢量，它的方向与速度的方向相同。它的单位由质量和速度的单位决定，在国际单位制中，动量的单位是 kg · m/s。

其实牛顿最初提出的第二运动定律就是用动量的形式来描述的，即

$$\boldsymbol{F}=\frac{\mathrm{d}(m\boldsymbol{v})}{\mathrm{d}t}=\frac{\mathrm{d}\boldsymbol{p}}{\mathrm{d}t} \qquad \text{式(1-7)}$$

需要说明的是，在任一瞬时，质点动量的时间变化率，在数值上等于这一瞬时作用在该质点上的合外力，而动量时间变化率的方向和合外力的方向相同。

式(1-7)也可改写成

$$\boldsymbol{F}\mathrm{d}t=\mathrm{d}\boldsymbol{p}$$

积分得

$$\int_{t_1}^{t_2}\boldsymbol{F}\mathrm{d}t=\int_{p_1}^{p_2}\mathrm{d}\boldsymbol{p}=\boldsymbol{p}_2-\boldsymbol{p}_1=m\boldsymbol{v}_2-m\boldsymbol{v}_1$$

其中，力 $\boldsymbol{F}$ 在 t_1 到 t_2 的一段时间内的积累量，称为力 $\boldsymbol{F}$ 的冲量(impulse)，用 $\boldsymbol{I}$ 表示，即

$$\boldsymbol{I}=\int_{t_1}^{t_2}\boldsymbol{F}\mathrm{d}t=m\boldsymbol{v}_2-m\boldsymbol{v}_1 \qquad 式(1\text{-}8)$$

冲量 $\boldsymbol{I}$ 是矢量，如果力的方向在这段时间内不变或作用时间极短，则力的冲量方向与力的方向相同。冲量的单位由力和时间的单位决定。在国际单位制中，冲量的单位是牛顿·秒（N·s），由此可以推导出冲量与动量的单位是相同的。

式(1-8)说明，质点在运动过程中所受合外力的冲量，等于这个质点动量的增量。这一结论称为质点的动量定理（momentum theorem）。

需要指出的是，在力方向改变的一段时间内，冲量的方向不能由某一时刻外力的方向确定，而要由动量定理决定。由动量定理可知，冲量方向既不沿初动量方向，也不沿末动量方向，而是沿动量增量的方向。

动量定理说明了一个质点在所受外力的作用下动量变化的情况。如果质点不受外力作用，则其动量应保持恒定。理论证明，对于由质点组成的质点系，其内部质点之间相互作用力不会引起总动量的改变，质点系总动量的变化完全由外力的冲量决定。如果质点系不受外力或所受合外力为零，则其总动量保持不变。这就是动量守恒定律（law of conservation of momentum），即在 $\sum \boldsymbol{F}_i=0$ 时

$$\sum m_i\boldsymbol{v}_i=常矢量 \qquad 式(1\text{-}9)$$

动量守恒定律是物理学中最普遍的定律之一。利用它分析问题时，可只考虑质点系始末状态的动量，只要质点系不受外力作用，就可以直接计算质点间的动量转移。若质点系所受合外力不为零，但在某一方向上的合外力为零，则质点系的总动量在该方向上的分量也是守恒的。某些情况下，如在极短的时间内，质点系内部相互作用的内力比所受外力大得多，即外力对质点系总动量的变化影响很小，如爆炸、碰撞等过程，也可以近似看作满足动量守恒定律。

二、功和能

一个物体的运动总要与其他物体的运动有联系。通过力的作用，机械运动状态可以从一个物体转移到另一个物体，也可以与其他运动形式相互转化，例如摩擦生热就是机械运动转化为热运动。功和能是研究运动形式相互转化问题的重要物理量。

1. 动能定理 如果说力在时间上的累积效果可使质点动量改变，那么力对空间累积效果就会引起质点能量的改变。下面通过具体分析得出相关规律。

如图 1-3 所示，质点在合外力 $\boldsymbol{F}$ 的作用下由 A 点移动到 B 点，为了表示力 $\boldsymbol{F}$ 在这个过程中对质点位移的累积效果，可先用 $\boldsymbol{F}$ 与质点无限小位移点乘得出标积，即 $\boldsymbol{F}\cdot\mathrm{d}\boldsymbol{r}$，然后再进行积分。由牛顿第二定律 $\boldsymbol{F}=\dfrac{\mathrm{d}(m\boldsymbol{v})}{\mathrm{d}t}$，可得

$$\boldsymbol{F}\cdot\mathrm{d}\boldsymbol{r}=\frac{\mathrm{d}(m\boldsymbol{v})}{\mathrm{d}t}\cdot\mathrm{d}\boldsymbol{r}=m\boldsymbol{v}\cdot\mathrm{d}\boldsymbol{v}$$

积分得出力对位移的累计效果

$$\int_{r_A}^{r_B}\boldsymbol{F}\cdot\mathrm{d}\boldsymbol{r}=m\int_{v_A}^{v_B}\boldsymbol{v}\cdot\mathrm{d}\boldsymbol{v}$$

又由微分公式 $\mathrm{d}(v^2)=2\boldsymbol{v}\cdot\mathrm{d}\boldsymbol{v}$，则 $\boldsymbol{v}\cdot\mathrm{d}\boldsymbol{v}=\dfrac{1}{2}\mathrm{d}(v^2)$，代入上式得

$$\int_{r_A}^{r_B}\boldsymbol{F}\cdot\mathrm{d}\boldsymbol{r}=\frac{1}{2}m\int_{v_A}^{v_B}\mathrm{d}v^2=\frac{1}{2}mv_B^2-\frac{1}{2}mv_A^2 \qquad 式(1\text{-}10)$$

其中 $\dfrac{1}{2}mv^2$ 为质点的动能（kinetic energy），用 E_k 表示；而 $\int_{r_A}^{r_B}\boldsymbol{F}\cdot\mathrm{d}\boldsymbol{r}$ 为质点从 A 点移动到 B 点，力 $\boldsymbol{F}$ 对其所做的功（work）。功可定义为力在位移方向的分量与位移大小的乘积。设力 $\boldsymbol{F}$ 与位移 $\mathrm{d}\boldsymbol{r}$ 之间

的夹角为 θ(图 1-3)，则力 $\boldsymbol{F}$ 对质点做的功 dA 可表示为

$$\mathrm{d}A=\boldsymbol{F}\cdot\mathrm{d}\boldsymbol{r}=F\mathrm{d}r\cos\theta \qquad 式(1\text{-}11)$$

则有

$$A=\int_{r_A}^{r_B}\boldsymbol{F}\cdot\mathrm{d}\boldsymbol{r}$$

功为标量，在国际单位制中，功的单位是焦耳(J)，1J = 1N · m。力在单位时间内做的功称为功率(power)，其国际单位为瓦特(W)，1W = 1J/s。

式(1-10)亦可表示为

$$A=E_{kB}-E_{kA} \qquad 式(1\text{-}12)$$

即，合外力对质点所做的功等于质点动能的增量，这一结论称为动能定理(kinetic energy theorem)。

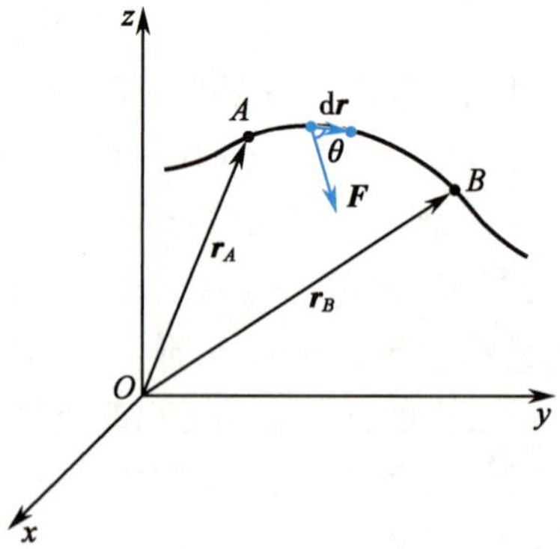

图 1-3　力对质点做功

总的来说，质点的动量和动能都是描述质点的某种状态属性。其中若改变动量属性需要的是力作用于质点在时间上的累积效果，而要改变质点的动能属性需要的是力作用于质点在空间上的累积效果。

2. 机械能守恒定律　质点在做机械运动过程中，其能量状态除了可以用动能描述外还可以用势能(potential energy)来描述。处在高处的重物具有能量，称为重力势能；处于弹性形变状态的物体也具有能量，称为弹性势能。总之，凡是能量的大小取决于质点间相对位置的，这种能量就称为势能。和动能一样，要改变势能的大小也要通过外力对质点做功来实现。但是，并非所有的作用力都能改变势能。当质点在某种力的作用下从初位置沿任意路径移动到末位置时，如果力所做的功只与该质点的始末位置有关，而与质点所经过的路径无关，则这种力称为保守力(conservative force)，否则称为非保守力(nonconservative force)。重力、弹性力、万有引力及静电场力都是保守力，而摩擦力属于非保守力。

设质点 m 在重力 $\boldsymbol{F}$ 作用下从 A 点沿任一路径运动到 B 点，A 点和 B 点对地面的高度分别为 h_A 和 h_B(设 $h_A>h_B$)。选择地面上一点为坐标原点，正方向竖直向上，则重力 $F=-mg$，$\boldsymbol{F}$ 对质点所做的功为

$$A=\int_{r_A}^{r_B}\boldsymbol{F}\cdot\mathrm{d}\boldsymbol{r}=\int_{h_A}^{h_B}(-mg)\,\mathrm{d}h=mgh_A-mgh_B \qquad 式(1\text{-}13)$$

显然，此时重力做功为正值。当 $h_A<h_B$ 时，同样也可以得到上式的结果，此时重力对质点做功应为负值。

式(1-13)中的 mgh 称为重力势能，记作 E_p。一般情况下，E_{pA} 为质点在初位置 A 时的势能，E_{pB} 为质点在末位置 B 时的势能，根据式(1-13)，重力对质点做功 A 可写成质点在始末位置的势能之差，即

$$A=E_{pA}-E_{pB} \qquad 式(1\text{-}14)$$

从式(1-14)可以看出，重力对质点所做的功只与质点对地面的高度有关，与路径无关，因而重力是一种保守力。同样的方法，通过胡克定律(本章第三节)也可以推导出弹性力对质点所做的功与弹性势能的关系，具有与重力做功相类似的形式，证明了做功大小只与质点始末位置有关的弹性力也是保守力。同时，根据式(1-14)可以得出结论：保守力做功等于势能增量的负值。

势能是通过质点间的力做功而改变的，因此势能必然属于质点系，对于单独质点来说不存在势能的说法。例如，没有地球和地面上的物体，就不存在重力做功；没有弹簧和与其相连的物体就没有弹性力做功。其中的重力和弹性力分别可以看作是各质点系的内力，而且是保守内力。显然，质点系内还存在非保守内力。可见质点系内力是质点系内各质点间的相互作用力，也就是说保守力和非保守力是针对一对内力而言的，单独说一个力是保守力还是非保守力是没有意义的。相对于质点系外其他质点对质点系内各质点的作用力统称为外力。

根据以上定义，在公式(1-12)所表示的动能定理中，合外力对质点做功可看成质点所受到的所有外力、保守内力和非保守内力做功之和，即

$$A_{外}+A_{保内}+A_{非保内}=E_{kB}-E_{kA} \quad 式(1\text{-}15)$$

这里的保守内力做功用质点系势能增量的负值来表示，即公式(1-14)可写成 $A_{保内}=E_{pA}-E_{pB}$，将其代入式(1-15)得

$$A_{外}+A_{非保内}=(E_{kB}+E_{pB})-(E_{kA}+E_{pA})$$

动能和势能之和称为质点系的机械能，用 E 来表示。上式可写成

$$A_{外}+A_{非保内}=E_B-E_A \quad 式(1\text{-}16)$$

式(1-16)说明了质点系从状态 A 变化到状态 B 时，外力和非保守内力做功之和等于质点系机械能的增量。这一结论称为质点系的功能原理。

如果 $A_{外}+A_{非保内}=0$，将其代入式(1-16)，则有 $E_A=E_B$，即

$$E_{kA}+E_{pA}=E_{kB}+E_{pB} \quad 式(1\text{-}17)$$

式(1-17)表明，质点系在只有保守内力做功，外力和非保守内力都不做功或做的总功为零时，质点系的总机械能保持不变。这一结论称为机械能守恒定律(law of conservation of mechanical energy)。

第二节 刚体的转动

物体在运动过程中的形状、大小会发生变化，对于固体而言，在外力作用下其形变并不十分显著，虽然有时不能看作是一个质点，但为了简化研究物体的运动，可将其看成是一个没有形变的理想物体，这一物体称为刚体(rigid body)。刚体也可看成是一个质点系，其中任何两个质点间的距离在运动过程中或受力情况下都不会发生变化。事实上，在外力作用下，物体的大小和形状都会发生一定程度的变化。如果这些变化对所研究的问题影响很小，可忽略不计，这个物体就可看成是刚体。整个刚体的力学量就等于构成刚体所有质点力学量的叠加。

刚体的运动可分为平动和转动，它们是刚体最基本的运动形式。刚体任何复杂的运动都可以看成是这两种运动的合成。刚体在平动时，其上每个质点都具有相同的运动规律，因此完全可以用质点力学的知识来分析。本节所讲内容只对刚体转动的运动学和动力学进行研究。

一、刚体转动的运动学

1. 角位移、角速度、角加速度 刚体转动时，如果各质点都绕同一直线做圆周运动，这一直线称为转轴(axis of rotation)。在刚体的转动过程中如果转轴相对于参考系静止，则称这种转动为定轴转动(fixed-axis rotation)。刚体做定轴转动时，任一质点都在垂直于转轴的平面内做圆周运动。这一平面称为转动平面(plane of rotation)。当然，不同质点所在的转动平面可能不同，但刚体内位于平行于转轴的同一直线上的质点运动状态是完全相同的，因此完全可以用其中一个转动平面作为研究对象来简化对整个刚体转动问题的研究。

设经过刚体内任意一点 P 的转动平面与转轴 z 交于 O 点，如图 1-4 所示。$\boldsymbol{r}$ 为点 P 的位置矢量(或称径矢)，方向由 O 指向 P。设在 Δt 时间内，一个质点随刚体转动从点 P 运动到点 P'，$\Delta\boldsymbol{\theta}$ 为径矢 $\boldsymbol{r}$ 转过的角度，则 $\Delta\boldsymbol{\theta}$ 称为刚体在 Δt 时间内的角位移(angular displacement)，单位为 rad(弧度)。角位移对时间的变化率称为角速度(angular velocity)，用符号 $\boldsymbol{\omega}$ 表示，单位为 rad/s，即

$$\boldsymbol{\omega}=\frac{\mathrm{d}\boldsymbol{\theta}}{\mathrm{d}t} \quad 式(1\text{-}18)$$

角位移和角速度都是矢量，它们的方向由右手定则判定。右手四指沿着刚体转动的方向弯曲，则伸直的拇指指向即为角位移和角速度正方向(图 1-5)。

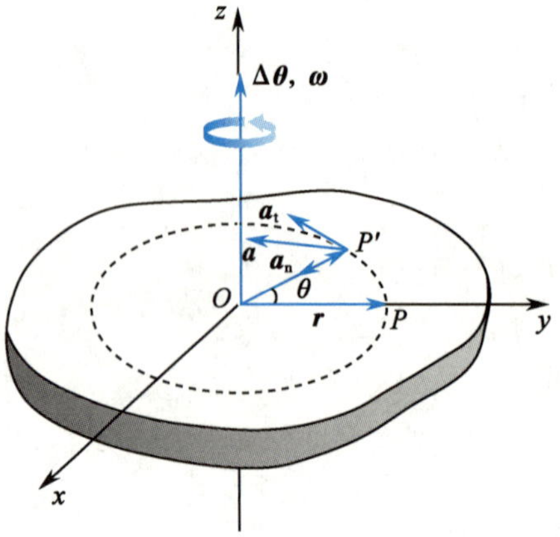

图 1-4 刚体的定轴转动与转动平面

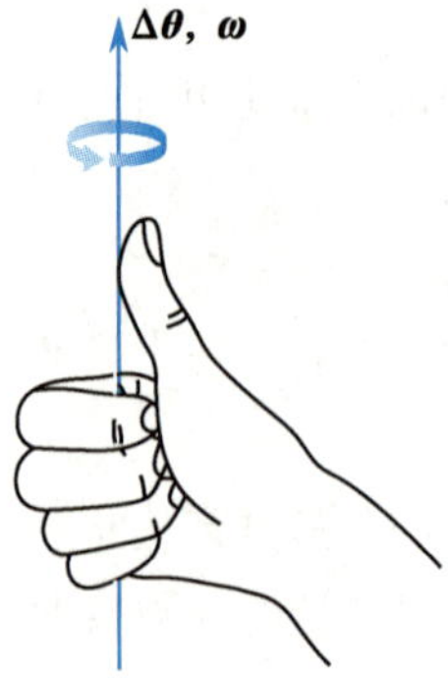

图 1-5 角位移和角速度的方向

角速度对时间的变化率称为角加速度(angular acceleration),它是描述刚体转动时角速度变化快慢的物理量,用符号 $\boldsymbol{\alpha}$ 表示,单位为 rad/s^2,即

$$\boldsymbol{\alpha}=\frac{\mathrm{d}\boldsymbol{\omega}}{\mathrm{d}t}=\frac{\mathrm{d}^2\boldsymbol{\theta}}{\mathrm{d}t^2} \tag{式(1-19)}$$

角加速度也是矢量。当角速度 $\boldsymbol{\omega}$ 增加时,角加速度 $\boldsymbol{\alpha}$ 与 $\boldsymbol{\omega}$ 方向相同;当角速度 $\boldsymbol{\omega}$ 减小时,$\boldsymbol{\alpha}$ 的方向为 $\boldsymbol{\omega}$ 的相反方向。

刚体做匀速或匀变速定轴转动时,描述各运动量大小关系的运动方程与质点做匀速或匀变速直线运动的运动方程相似。刚体匀速转动的运动方程为

$$\theta=\omega t$$

匀变速转动的运动方程为

$$\omega=\omega_0+\alpha t$$

$$\theta=\omega_0 t+\frac{1}{2}\alpha t^2$$

$$\omega^2=\omega_0^2+2\alpha\theta$$

其中 ω_0 为刚体在 $t=0$ 时的初始角速度。

2. 角量与线量 图 1-4 中,设质点从点 P 到达点 P' 所行进的路程,即在 Δt 时间内走过的弧长为 Δs,则 P 点的线速度大小可表示为

$$v=\lim_{\Delta t\to 0}\frac{\Delta s}{\Delta t}=\lim_{\Delta t\to 0}\frac{r\Delta\theta}{\Delta t}=r\frac{\mathrm{d}\theta}{\mathrm{d}t}=r\omega \tag{式(1-20)}$$

式(1-20)给出了刚体定轴转动时,线速度和角速度的关系。质点在 P 点的线速度方向为过点 P 的切线方向。

当线速度 $\boldsymbol{v}$ 的大小变化时,该点的加速度 $\boldsymbol{a}$ 可分解为切向加速度 $\boldsymbol{a}_t$ 和法向加速度 $\boldsymbol{a}_n$(图 1-4)。其中 $\boldsymbol{a}_t$ 可引起线速度 $\boldsymbol{v}$ 大小的改变;$\boldsymbol{a}_n$ 即向心加速度,只引起 $\boldsymbol{v}$ 方向的改变。它们的大小分别可表示为

$$a_t=\frac{\mathrm{d}v}{\mathrm{d}t}=\frac{\mathrm{d}r\omega}{\mathrm{d}t}=r\frac{\mathrm{d}\omega}{\mathrm{d}t}=r\alpha$$

$$a_n=\frac{v^2}{r}=\frac{r^2\omega^2}{r}=r\omega^2$$

可见,角位移、角速度和角加速度是用来描述刚体转动状态的物理量,统称为角量;描述刚体上某一点的位移、速度和加速度等运动状态的物理量称为线量。

例题 1-1 一直径为 0.15m 的飞轮绕中心轴做匀变速转动,3 秒内转过 234rad,角速度在 3 秒末

达到 108rad/s。求角加速度和飞轮边缘处一质点 3 秒末的向心加速度。

解： 由匀变速转动运动方程

$$\omega=\omega_0+\alpha t$$

和

$$\theta=\omega_0 t+\frac{1}{2}\alpha t^2$$

消去 ω_0，可得角加速度

$$\alpha=\frac{2(\omega t-\theta)}{t^2}=\frac{2\times(108\times3-234)}{3^2}=20(\text{rad/s}^2)$$

边缘处 3 秒末的向心加速度

$$a_n=r\omega^2=0.15\div2\times108^2=875(\text{m/s}^2)$$

二、刚体转动的动力学

1. 转动惯量　如图 1-4 所示，刚体绕固定轴 z 以恒定角速度 ω 转动，选 xy 平面为转动平面。可以将质量为 m 的刚体分解为 n 个小质元 Δm_i，每个小质元可以看作是一个质点，整个刚体可视为由质量分别为 $\Delta m_1,\Delta m_2,\cdots,\Delta m_n$ 的各个质点所组成，它们到转轴的距离分别为 $r_1,r_2,\cdots,r_n$。因而刚体的转动动能应为这 n 个质点转动动能的总和，即

$$E_k=\sum_{i=1}^{n}\frac{1}{2}m_i v_i^2=\frac{1}{2}\left(\sum_{i=1}^{n}m_i r_i^2\right)\omega^2 \qquad \text{式(1-21)}$$

将式(1-21)与质点运动动能表达式 $E_k=\dfrac{1}{2}mv^2$ 加以比较，如果把 ω 与 v 相对应，则 $\sum\limits_{i=1}^{n}m_i r_i^2$ 就可以与质点的质量 m 相对应，质量 m 只与质点本身的性质有关，是反映质点惯性大小的物理量；而 $\sum\limits_{i=1}^{n}m_i r_i^2$ 描述的是刚体中质点的分布情况，也体现了刚体本身的性质，反映的是刚体转动惯性大小的物理量。这个可以反映刚体转动惯性大小的物理量称为刚体对转轴的转动惯量（moment of inertia），记为 J，即

$$J=\sum_{i=1}^{n}m_i r_i^2 \qquad \text{式(1-22)}$$

将式(1-22)代入式(1-21)，则刚体的转动动能可以表示为

$$E_k=\frac{1}{2}J\omega^2 \qquad \text{式(1-23)}$$

式(1-22)的转动惯量的表达式是把刚体看作一个分立的质点系，而实际上应把刚体当成一个由无数个质点紧密相连而形成的连续体，是一个连续的质点系，因此可将转动惯量用积分的形式来表达，即

$$J=\int r^2\mathrm{d}m=\int r^2\rho\mathrm{d}V \qquad \text{式(1-24)}$$

式(1-24)中，$\mathrm{d}V$ 表示质量为 $\mathrm{d}m$ 的体积元，ρ 为体积元的密度，r 为该体积元到转轴的距离。在国际单位制中，转动惯量的单位是 $\text{kg}\cdot\text{m}^2$。根据式(1-22)亦可得出距转轴距离为 r 单一质点的转动惯量为 mr^2。

为了更好地理解和方便得出刚体的转动惯量，还应注意以下几点：

(1) 转动惯量对刚体转动所起的作用与质量对质点平动所起的作用相同，它是刚体转动惯性的量度。

(2) 转动惯量大小取决于刚体相对于转轴的质量分布，同一刚体转轴位置不同，其转动惯量也可能不同。

转动惯量测量
操作视频

(3) 转动惯量具有相加性。由几个刚体连接起来组成的新刚体,其对某一定轴的转动惯量等于各刚体对该轴的转动惯量之和。

(4) 对于形状具有对称性且有确定函数关系、密度分布均匀的刚体可以由式(1-24)用积分法求解其转动惯量,而对于函数关系不明确的形状复杂、密度分布不均匀的刚体,则可以通过实验来进行测定。

例题 1-2　计算质量为 m、长为 l 的均匀细棒,对与其垂直、且通过距中心 M 点为 h 的棒上一点 O 为转轴的转动惯量。

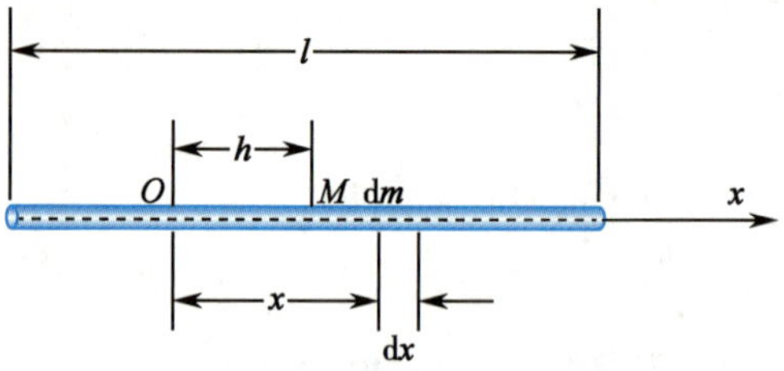

图 1-6　例题 1-2 图

解: 如图 1-6 所示,沿细棒取坐标轴 Ox,O 为原点。在细棒上任取一长为 dx 的质元,其坐标为 x,质量为 $dm=\lambda dx$。其中 $\lambda=m/l$,被定义为细棒的质量线密度。根据定义,细棒对过 O 点与之垂直轴的转动惯量为

$$J=\int_{-\frac{l}{2}+h}^{\frac{l}{2}+h} x^2\lambda dx$$

$$=\frac{1}{3}\lambda\left(\frac{l}{2}+h\right)^3-\frac{1}{3}\lambda\left(-\frac{l}{2}+h\right)^3=\frac{ml^2}{12}+mh^2$$

如果此题转轴变成通过棒的中心且与棒垂直,则 $h=0$,$J=\frac{ml^2}{12}$。如果转轴变成通过棒的一端且与棒垂直,则 $h=l/2$,$J=\frac{ml^2}{3}$。

由例题 1-2 可以总结出一个求刚体转动惯量的常用规律,即平行轴定理:设质量为 m 的刚体对通过质心轴的转动惯量为 J_c,则刚体对任何与该轴平行的其他轴的转动惯量为

$$J=J_c+mh^2$$

式中,h 为两平行轴之间的距离。

表 1-1 列出了一些常见刚体的转动惯量。

2. 定轴转动定律　通过前文已知,要改变质点的运动状态,就要有力的作用。而要改变一个具有固定轴的刚体转动状态,同样也需要力的作用。但其作用效果不仅与力的大小有关,而且还与力的方向和作用点位置有关。对此,可以引入力矩(moment)这一概念。

在刚体的定轴转动中,对改变刚体转动状态起作用的力只是该力沿垂直于转轴的分量,而平行于转轴的分力不会改变刚体转动状态。所以,在讨论刚体定轴转动时,可先将外力分解为与轴平行和垂直的两个分量,然后只需考虑外力在转动平面内的分力对刚体的作用即可。

如图 1-7 所示的转动平面上,刚体所受的力为 $\boldsymbol{F}$,其作用点 P 相对于转动轴 O 点的位矢为 $\boldsymbol{r}$,那么力 $\boldsymbol{F}$ 对刚体转动的作用效果可用 $\boldsymbol{F}$ 对转轴的力矩 $\boldsymbol{M}$ 来表征,即

$$\boldsymbol{M}=\boldsymbol{r}\times\boldsymbol{F} \qquad \text{式(1-25)}$$

其大小为 $M=rF\sin\varphi$,φ 为位矢 $\boldsymbol{r}$ 与力 $\boldsymbol{F}$ 的夹角,$r\sin\varphi$ 称为力臂,即力的作用线与转轴的垂直距离。

在国际单位制中,力矩 $\boldsymbol{M}$ 的单位为 N·m,其方向由右手定则确定,即当右手四指由径矢 $\boldsymbol{r}$ 的方向经过小于 180°的角度转到力 $\boldsymbol{F}$ 的方向握拳时,伸直的拇指指向就是力矩 $\boldsymbol{M}$ 的方向(图 1-8)。因此,在定轴转动中,力矩 $\boldsymbol{M}$ 的方向总是沿转轴方向的,但和刚体角速度的方向不一定一致。可用力矩的正负来表示其方向,当 $\boldsymbol{M}$ 和 $\boldsymbol{\omega}$ 方向一致时,$\boldsymbol{M}$ 为正,刚体做加速转动;相反时,$\boldsymbol{M}$ 为负,刚体做减速转动。

表 1-1　几种常见刚体的转动惯量(刚体质量为 m)

过质心与其垂直轴的细棒：$J=\frac{1}{12}ml^2$	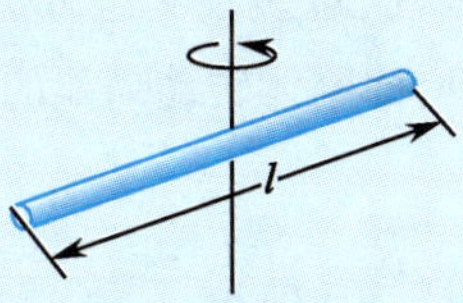	过一端与其垂直轴的细棒：$J=\frac{1}{3}ml^2$	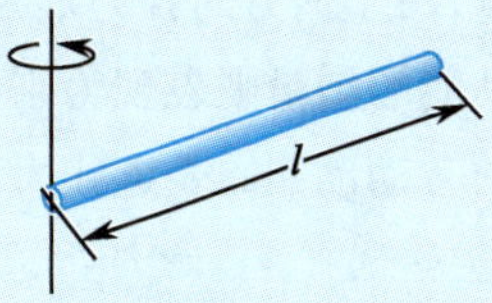
以几何轴为轴的圆柱体：$J=\frac{1}{2}mr^2$	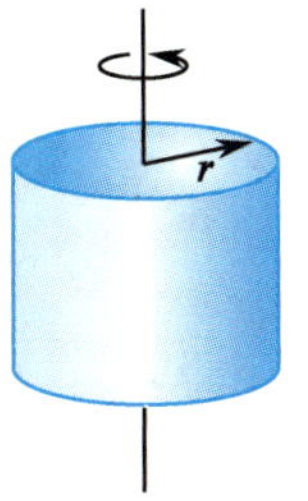	以几何轴为轴的薄圆环(筒)：$J=mr^2$	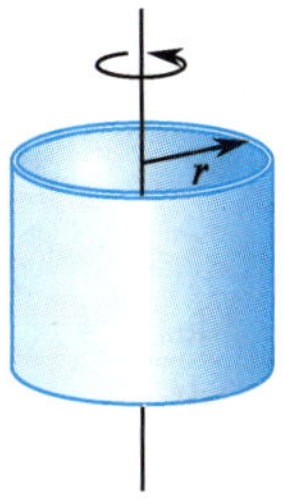
过直径轴的球体：$J=\frac{2}{5}mr^2$	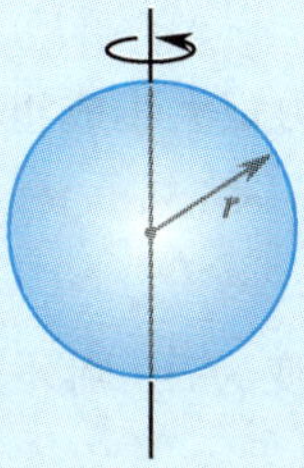	过直径轴的薄球壳：$J=\frac{2}{3}mr^2$	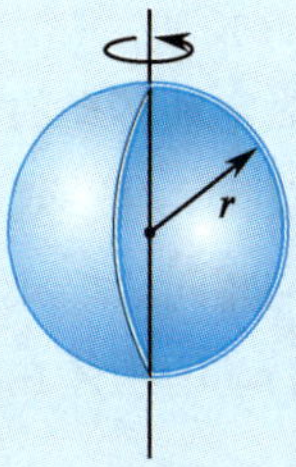

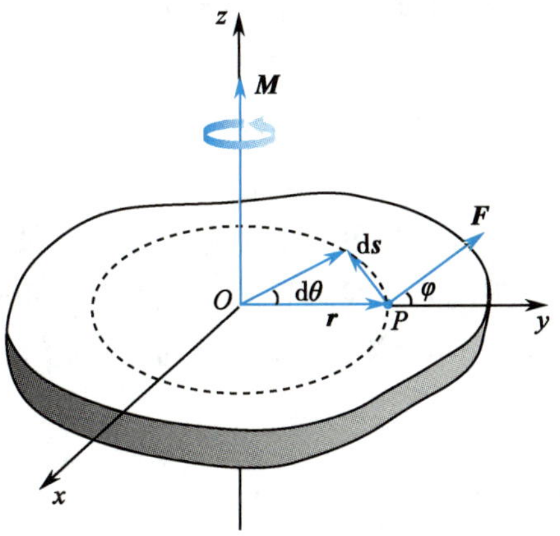

图 1-7　刚体的力矩

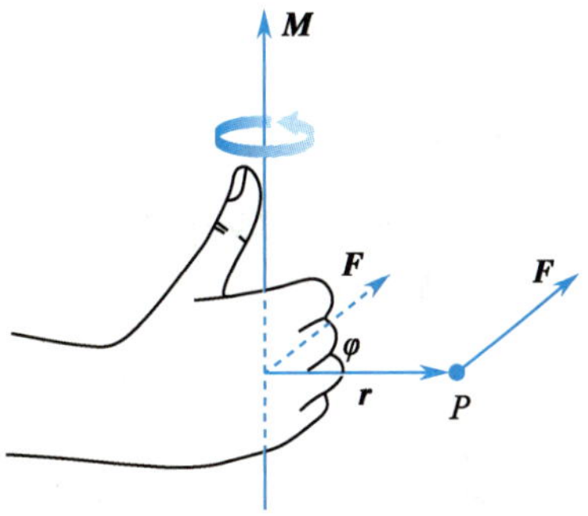

图 1-8　力矩的方向

如果有几个外力同时作用在刚体上，它们的合力矩就是各力的力矩矢量和。而对于质点间的内力，由于同一刚体中任何一对质点间相互作用的内力都是大小相等、方向在同一直线上且相反，这对内力距转轴的距离也相同，合力矩一定为零。

在刚体转过 $d\theta$ 角的过程中(图 1-7)，外力 $\boldsymbol{F}$ 对刚体所做功为

$$dA=\boldsymbol{F}\cdot d\boldsymbol{s}=Fds\cos\left(\frac{\pi}{2}-\varphi\right)=Fds\sin\varphi=rF\sin\varphi d\theta$$

即

$$dA=Md\theta \qquad 式(1\text{-}26)$$

可见，刚体在定轴转动过程中，外力矩对其所做的功等于外力对转轴的力矩 $\boldsymbol{M}$ 与角位移 $d\boldsymbol{\theta}$ 的标积。如果刚体在外力矩 $\boldsymbol{M}$ 的作用下，由 θ_1 转到 θ_2，则外力矩做功为

$$A=\int dA=\int_{\theta_1}^{\theta_2}Md\theta \qquad 式(1\text{-}27)$$

根据质点的动能定理,合外力对质点所做的功等于质点动能的增量。而对于定轴转动的刚体而言,由于内力的合力矩为零,因此合外力对质点所做的功,可表现为合外力矩对刚体所做的功。质点动能的增量则表现为刚体内所有质点动能之和的增量,即刚体转动动能的增量。结合式(1-23),刚体的转动动能的表达式为

$$Md\theta = dE_k = d\left(\frac{1}{2}J\omega^2\right) = J\omega d\omega \qquad 式(1\text{-}28)$$

式(1-28)两边分别除以 dt,得

$$M\frac{d\theta}{dt} = J\omega\frac{d\omega}{dt}$$

将 $\omega = \frac{d\theta}{dt}$, $\alpha = \frac{d\omega}{dt}$代入上式,有

$$M = J\alpha$$

矢量表示为

$$\boldsymbol{M} = J\boldsymbol{\alpha} \qquad 式(1\text{-}29)$$

刚体做定轴转动的角加速度大小与作用于刚体的合外力矩大小成正比,与刚体对于该转轴的转动惯量成反比。这一规律称为刚体定轴转动的转动定律(law of inertia)。其中,合外力矩的方向与角加速度方向相同。

定轴转动的刚体在外力矩 $\boldsymbol{M}$ 的作用下,其角速度由 ω_1 变为 ω_2,则外力矩对刚体做的功为

$$A = \int_{\omega_1}^{\omega_2} J\omega d\omega = \frac{1}{2}J\omega_2^2 - \frac{1}{2}J\omega_1^2 \qquad 式(1\text{-}30)$$

式(1-30)称为刚体定轴转动的动能定理,即合外力矩对刚体所做的功等于刚体的转动动能的增量,它反映了合外力矩对空间的累积效应。

例题 1-3　体操运动员在吊环上做十字支撑动作时,如图 1-9(a),主要是靠背阔肌和胸大肌提供拉力。吊环支撑着运动员的重量,对运动员的手臂施加向上的力。因此,肌肉的任务不是向上拉手臂,而是将手臂向下拉。按人体结构可以做这样的合理简化:如图 1-9(b)所示,将运动员整个上臂视为处于以肩关节为轴的刚体力矩平衡状态。肌肉拉力 F 与水平线向下成 45°且作用于距轴 4.5cm 的 A 点处,吊环处 B 点距轴 60cm,每个吊环需支撑运动员一半的体重。如果运动员体重为 G 并忽略手

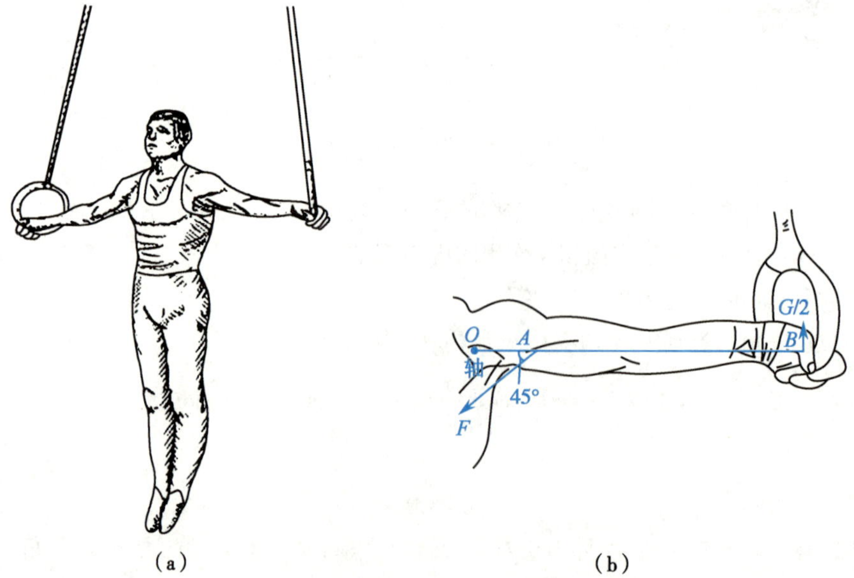

图 1-9　例题 1-3 图

(a) 运动员的体操动作;(b) 运动员上臂受力情况。

臂本身的重量，求肌肉拉力 F 与体重 G 在数值上的关系。

解： 根据平衡条件，顺时针方向力的力矩大小等于逆时针方向力的力矩大小。

即
$$F\times 0.045\times \sin 45^\circ=\frac{1}{2}G\times 0.60\times \sin 90^\circ$$

$$F=\frac{\frac{1}{2}G\times 0.60}{0.045\times \sin 45^\circ}=9.4G$$

因此，运动员做此动作时，身体每侧背阔肌和胸大肌需提供高于自身重量9倍的作用力。

由例1-3可知，人体这种结构在很多情况下注定要使肌肉承受极大的力，其原因就是力的作用点一般都距离关节较近，这样可使四肢的末端占有很少一部分质量，而在关节附近的另一端则由发达的肌肉占据了大部分质量。这种结构可将四肢对转轴的转动惯量降到最小，由此人类获得了灵活的四肢运动。当速度和力量不能兼备时，自然界的这种进化显然选择了更符合人类所需要的。

例题1-4　质量为 m、半径为 r 的圆盘状滑轮，挂有质量分别为 m_1、$m_2(m_2>m_1)$ 的物体（图1-10）。若滑轮转动时受到的摩擦力矩为 $\boldsymbol{M}$，求物体加速度 $\boldsymbol{a}$ 的大小及绳中张力 $\boldsymbol{T}_1$、$\boldsymbol{T}_2$ 的大小。

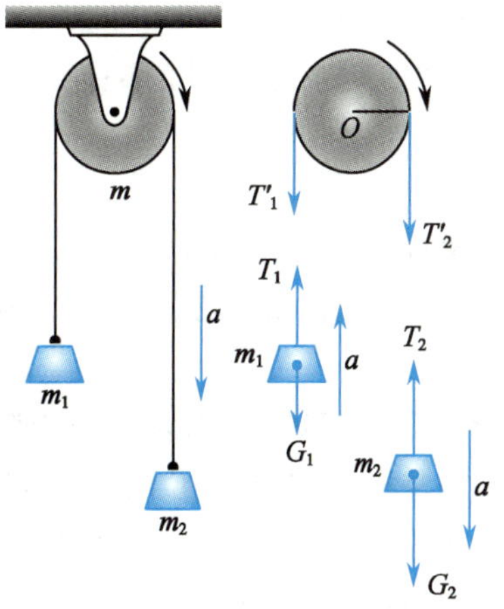

图1-10　例题1-4图

解： 考虑到滑轮既有质量又有摩擦力矩，滑轮两侧张力 $\boldsymbol{T}_1$ 和 $\boldsymbol{T}_2$ 不等。滑轮和两物体所受的力如图1-10所示。又因 $m_2>m_1$，物体加速度及滑轮的转动方向如图1-10所示。对物体及滑轮分别用牛顿第二定律及转动定律，有

$$T_1-m_1g=m_1a$$
$$m_2g-T_2=m_2a$$
$$T_2'\cdot r-T_1'\cdot r-M=J\alpha$$

因为滑轮是圆盘状的，圆盘状刚体对于过盘心垂直轴的转动惯量

$$J=\frac{1}{2}mr^2$$

滑轮边缘处绳子的加速度大小为 a

$$a=a_t=r\alpha$$
$$T_1'=T_1\quad T_2'=T_2$$

整理以上各式得

$$a=\frac{(m_2-m_1)g-\frac{M}{r}}{m_1+m_2+\frac{m}{2}}$$

$$T_1=m_1(g+a)=m_1\frac{\left(2m_2+\frac{m}{2}\right)g-\frac{M}{r}}{m_1+m_2+\frac{m}{2}}$$

$$T_2=m_2(g-a)=m_2\frac{\left(2m_1+\frac{m}{2}\right)g-\frac{M}{r}}{m_1+m_2+\frac{m}{2}}$$

由此可见，当 $m=0$（滑轮质量可以忽略），$\boldsymbol{M}=0$（滑轮摩擦力的力矩可以忽略）时，$T_1=T_2$。这就是在研究质点力学问题时，为回避刚体转动的作用效果，常要说明“绳的质量、滑轮的质量以及滑轮的转

动摩擦可忽略”的原因。

3. 角动量守恒定律　力可以改变质点的运动状态，即动量。同样，力矩也可以改变刚体的转动状态，因此引入角动量的概念。如图 1-7 所示，设质量为 m 的刚体以角速度 $\boldsymbol{\omega}$ 绕 z 轴做定轴转动。可以将刚体分解成无数个小质元 Δm_i，每个小质元可看作一个质点，如果第 i 个质点（如 P 点位置）在其转动平面内对于 O 点的位置矢量为 $\boldsymbol{r}_i$，某一瞬时的角速度为 $\boldsymbol{\omega}$，线速度为 $\boldsymbol{v}_i$，质点在该时刻的动量 $\boldsymbol{p}_i=\Delta m_i\boldsymbol{v}_i$，则该质点此时相对于参考点 O 的角动量（angular momentum）可定义为

$$\boldsymbol{L}_i=\boldsymbol{r}_i\times\boldsymbol{p}_i=\boldsymbol{r}_i\times\Delta m_i\boldsymbol{v}_i=\Delta m_i r_i^2\boldsymbol{\omega} \qquad \text{式(1-31)}$$

所有质点都在各自的转动平面内绕 z 轴做圆周运动。那么，整个质点系相对于 z 轴的角动量定义为

$$\boldsymbol{L}=\sum_i \boldsymbol{L}_i=\left(\sum_i \Delta m_i r_i^2\right)\boldsymbol{\omega}=J\boldsymbol{\omega} \qquad \text{式(1-32)}$$

式(1-32)表示，做定轴转动的刚体对转轴的角动量等于刚体对该转轴的转动惯量与角速度的乘积。刚体对转轴的角动量是一个矢量，它的方向与角速度的方向相同，即沿转轴方向。在国际单位制中，角动量的单位是 kg · m²/s。

根据式(1-29)，刚体的转动定理也可以写成

$$\boldsymbol{M}=J\frac{\mathrm{d}\boldsymbol{\omega}}{\mathrm{d}t}=\frac{\mathrm{d}(J\boldsymbol{\omega})}{\mathrm{d}t}=\frac{\mathrm{d}\boldsymbol{L}}{\mathrm{d}t} \qquad \text{式(1-33)}$$

式(1-33)表明，做定轴转动的刚体对转轴角动量的时间变化率，等于刚体所受的对该转轴的合外力矩。这一结论是用角动量的变化率来表示刚体的定轴转动定律的。式(1-33)可改写为

$$\boldsymbol{M}\mathrm{d}t=\mathrm{d}\boldsymbol{L} \qquad \text{式(1-34)}$$

式(1-34)中，$\boldsymbol{M}\mathrm{d}t$ 称为合外力矩对刚体的冲量矩（moment of impulse），它等于力矩与力矩对刚体作用时间的乘积。在国际单位制中，冲量矩的单位是 N · m · s。式(1-34)表示，定轴转动的刚体所受到的冲量矩等于刚体对该转轴角动量的增量，称为刚体对转轴的角动量定理（angular momentum theorem）。如果刚体在 t_1 到 t_2 的时间内，在力矩 $\boldsymbol{M}$ 的作用下绕定轴转动的角动量从 $\boldsymbol{L}_1$ 变化到 $\boldsymbol{L}_2$，则有

$$\int_{t_1}^{t_2}\boldsymbol{M}\mathrm{d}t=\int_{L_1}^{L_2}\mathrm{d}\boldsymbol{L}=\boldsymbol{L}_2-\boldsymbol{L}_1 \qquad \text{式(1-35)}$$

式(1-35)是刚体对转轴的角动量定理的积分形式，它反映了合外力矩对时间的累积效应。

1-3 角动量守恒定律 微课

在定轴转动中，如果刚体所受外力对转轴的合力矩为零，即 $\boldsymbol{M}=0$，则由式(1-34)可得

$$\boldsymbol{L}=J\boldsymbol{\omega}=\text{恒矢量} \qquad \text{式(1-36)}$$

式(1-36)表示，当定轴转动的刚体所受外力对转轴的合力矩为零时，刚体对该转轴的角动量保持不变。这一结论称为刚体对转轴的角动量守恒定律（law of conservation of angular momentum）。

刚体角动量是其转动惯量和角速度的乘积，因此刚体所受合外力矩为零时，角动量守恒有两种情况。一种是转动惯量和角速度都不变。例如飞轮所受摩擦力矩可以忽略时，保持匀速转动。另一种是转动惯量和角速度大小都在改变，然而其乘积保持不变。例如舞蹈演员、滑冰运动员在旋转时，往往先将两臂伸开旋转，然后收回两臂靠拢身体，以减小转动惯量加快旋转速度。跳水运动员则在起跳开始旋转后，迅速用两臂抱起双膝，使身体在空中快速翻滚，入水前又迅速伸直腿臂，减慢旋转，以便控制入水角度。另外，一个刚体的角动量一旦守恒，其角速度大小和方向都会保持不变，即转轴的指向也不会改变。利用这一原理制成的回旋仪（也称陀螺仪，如图 1-11 所示）可用于飞机、轮船等导航定向。

图 1-11　陀螺仪

地球在运动中两种角动量守恒都存在。地球的自转可以认为是转动惯量和角速度都不变；地球的公转则两者都变，乘积不变。地球公转的轨道是椭圆，所受来自太阳引力的力矩为零，因此 $J\boldsymbol{\omega}=mr^2\boldsymbol{\omega}$ 守恒。随着 r 的改变，ω 也随之改变。

为了更好地理解物体的平动与转动，便于记忆，表1-2将平动和转动的重要公式进行了对照。

表1-2　平动和转动的重要公式对照表

质点的直线运动（刚体的平动）	刚体的转动
速度 $\boldsymbol{v}=\frac{d\boldsymbol{r}}{dt}$	角速度 $\boldsymbol{\omega}=\frac{d\boldsymbol{\theta}}{dt}$
加速度　$\boldsymbol{a}=\frac{d\boldsymbol{v}}{dt}$	角加速度 $\boldsymbol{\alpha}=\frac{d\boldsymbol{\omega}}{dt}$
匀速直线运动 $s=vt$	匀速转动 $\theta=\omega t$
匀变速直线运动 $v=v_0+at$ $s=v_0t+\frac{1}{2}at^2$ $v^2=v_0^2+2as$	匀变速转动 $\omega=\omega_0+\alpha t$ $\theta=\omega_0t+\frac{1}{2}\alpha t^2$ $\omega^2=\omega_0^2+2\alpha\theta$
牛顿第二定律 $\boldsymbol{F}=m\boldsymbol{a}$	刚体转动定律 $\boldsymbol{M}=J\boldsymbol{\alpha}$
动量定理 $\boldsymbol{F}dt=d\boldsymbol{p}$	角动量定理 $\boldsymbol{M}dt=d\boldsymbol{L}$
动量守恒定律 $\boldsymbol{p}=m\boldsymbol{v}=$恒矢量	角动量守恒定律 $\boldsymbol{L}=J\boldsymbol{\omega}=$恒矢量
平动动能$\frac{1}{2}mv^2$	转动动能$\frac{1}{2}J\omega^2$
力的功 $dA=\boldsymbol{F}\cdot d\boldsymbol{s}$	力矩的功 $dA=\boldsymbol{M}\cdot d\boldsymbol{\theta}$
动能定理 $A=\frac{1}{2}mv_2^2-\frac{1}{2}mv_1^2$	动能定理 $A=\frac{1}{2}J\omega_2^2-\frac{1}{2}J\omega_1^2$

例题1-5　一个半径为8m、质量为500kg的圆盘以 $\omega_0=0.5\pi$ rad/s 的角速度绕 z 轴匀速转动，设圆盘在旋转过程中不受外力矩的作用。此时，一个质量为60kg的人正站在圆盘的中心。求当人走到圆盘边缘并随圆盘同步旋转时，圆盘的角速度是多少？

解： 求圆盘的转动惯量，即人正站在圆盘中心时系统的转动惯量为

$$J_0=\frac{1}{2}m_0r^2=\frac{1}{2}\times500\times64=16\ 000(\text{kg}\cdot\text{m}^2)$$

人在圆盘边缘时的转动惯量为

$$J_1=m_1r^2=60\times64=3\ 840(\text{kg}\cdot\text{m}^2)$$

则人在圆盘的边缘时整个系统的转动惯量为

$$J=J_1+J_0=19\ 840(\text{kg}\cdot\text{m}^2)$$

设人在圆盘边缘时系统的角速度为 ω_1，由角动量守恒定律可知

$$L=(J_1+J_0)\omega_1=J_0\omega_0$$

$$\omega_1=\frac{16\ 000}{19\ 840}\times0.5\pi=0.4\pi(\text{rad/s})$$

4. 进动　玩具陀螺绕对称轴旋转时，如果转轴垂直于地面，则角动量守恒，陀螺可稳定地转动；如果没有转动，陀螺转轴稍有倾斜，在重力作用下陀螺必然倾倒；如果陀螺高速自转且转轴与地面不垂直，此时陀螺不但不会倾倒，其转轴本身又会绕重力方向（即 z 轴方向，如图1-12所示）旋转，这种

运动形式统称为进动(precession)或旋进。

如果陀螺以角速度 $\boldsymbol{\omega}$ 绕转轴旋转,其自转角动量为 $\boldsymbol{L}$,$\boldsymbol{L}$ 的方向可根据右手定则判定为图 1-13 所示方向。

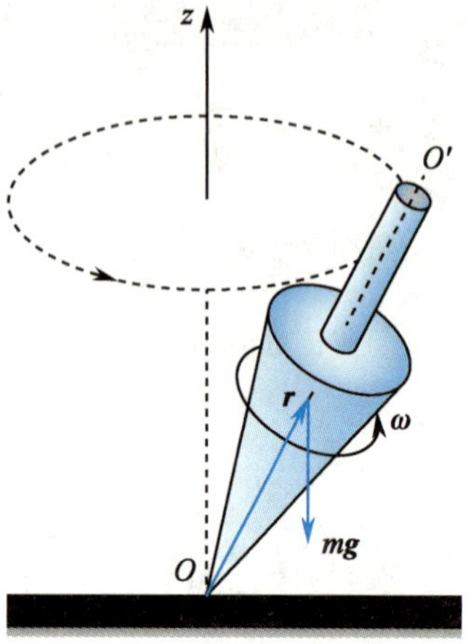

图 1-12 陀螺的进动

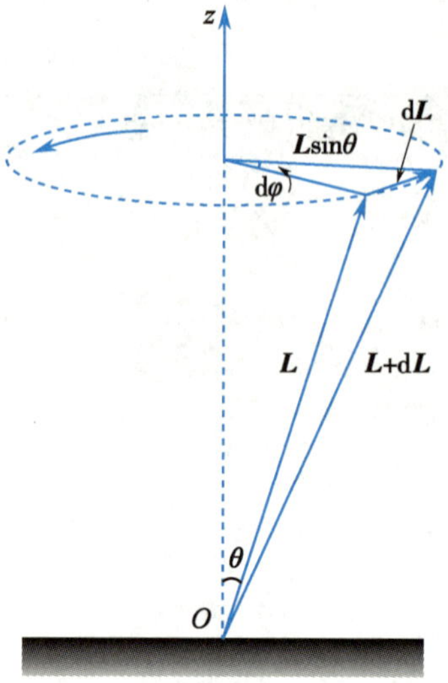

图 1-13 刚体进动的角速度

当陀螺的自转角动量 $\boldsymbol{L}$ 与 z 轴的夹角 θ 不为零时,陀螺所受的重力 $m\boldsymbol{g}$ 不通过 O 点,因而陀螺要受到重力矩 $\boldsymbol{M}$ 的作用。设陀螺质心相对于 O 点的位置矢量为 $\boldsymbol{r}$,由式(1-25)可知

$$\boldsymbol{M}=\boldsymbol{r}\times m\boldsymbol{g}$$

重力矩的方向与矢量 $\boldsymbol{L}$ 和 z 轴所确定的平面垂直,具体可由右手定则判定(指向页面内)。

由角动量定理可知,经过 $\mathrm{d}t$ 时间,角动量的增量为 $\mathrm{d}\boldsymbol{L}=\boldsymbol{M}\mathrm{d}t$。矢量 $\mathrm{d}\boldsymbol{L}$ 的方向和力矩 $\boldsymbol{M}$ 的方向相同,和角动量 $\boldsymbol{L}$ 的方向垂直。$\boldsymbol{M}$ 的作用结果使 $\boldsymbol{L}$ 在 $\mathrm{d}t$ 时间内变为 $\boldsymbol{L}+\mathrm{d}\boldsymbol{L}$,而且只是使 $\boldsymbol{L}$ 的方向发生改变,其大小并不发生变化,即陀螺的自转轴在重力矩的作用下绕 z 轴转过 $\mathrm{d}\varphi$ 角,由于重力矩始终存在,因而使得陀螺的自转轴与 z 轴保持固定的夹角 θ 且绕 z 轴转动,于是便实现了陀螺的进动。

由图 1-13 可知,陀螺进动的角速度为

$$\omega_{\mathrm{P}}=\frac{\mathrm{d}\varphi}{\mathrm{d}t}$$

因为

$$\mathrm{d}L=L\sin\theta\mathrm{d}\varphi$$

由角动量定理 $M\mathrm{d}t=\mathrm{d}L$,有

$$M\mathrm{d}t=L\sin\theta\mathrm{d}\varphi$$

即

$$M=L\sin\theta\frac{\mathrm{d}\varphi}{\mathrm{d}t}$$

由此得到陀螺进动的角速度为

$$\omega_{\mathrm{P}}=\frac{\mathrm{d}\varphi}{\mathrm{d}t}=\frac{M}{L\sin\theta} \quad 式(1\text{-}37)$$

陀螺的进动是陀螺的自旋和陀螺所受的重力矩共同作用的结果。如果没有自旋,陀螺在重力矩的作用下必然会倒下,如果没有重力矩,陀螺将只能自旋而不会发生进动。如果陀螺自转方向改变,则其角动量方向就会相反,重力矩方向也随之反方向,角动量的增量也相反,陀螺进动方向也就会相

反了。

进动是自然界物体一种常见的基本运动形式。例如，如果把自转的地球看作上述的陀螺，把太阳对地球的引力看作陀螺所受的重力，那么地球和陀螺的运动形式相同，即在绕太阳公转的同时，始终保持着自身进动的运动形式。这就造成了地轴始终是倾斜的，也就是赤道面与地球公转轨道面存在夹角，因此各地受到太阳的照射情况就会不一样，有时太阳直射，有时太阳斜射，这样在一年中也就出现了冷热不同的四季变化。在微观世界中，如果把自旋的磁性原子核比作陀螺，将它置于固定的磁场中。这个自旋的磁性核受到的恒定磁场力类似于陀螺所受的重力，此时自旋核就会始终处于进动状态。医学诊断中磁共振成像（magnetic resonance imaging，MRI）的理论基础就与自旋核在磁场中的这一运动现象密切相关。

1-4
刚体的进动
微课

第三节　物体的弹性与形变

如果物体受到的合力和合力矩均为零，物体就会处于平衡状态，但这并不意味着这些力和力矩没有作用效果。许多非常坚硬的物体，人们很难观察到它们在力的作用下会有形状的改变，但实际上这种变化仍然存在。物体在外力作用下所发生的形状和大小的改变，称为形变（deformation）。任何物体在受到力的作用时，都会发生形变。若物体所受外力被移除后，还能恢复到原来的形状和大小，则这种形变称为弹性形变（elastic deformation），这种物体称为弹性体。同刚体一样，弹性体也是一种理性模型，自然界中不存在绝对的弹性体。弹性体有五种形变，即拉伸、压缩、剪切、扭转和弯曲。前三种是最基本的形变，而扭转和弯曲是由前三种形变复合而成的。研究物体的形变与引起形变的力之间的关系，不仅对力学和工程技术有意义，对生物学、生物力学、医学和医学工程学也有重要的意义。

一、应变和应力

为了表示弹性体形变的程度，可引入“应变”这一概念，即弹性体在外力作用下所发生的相对形变量称为应变（strain）。物体之所以能具有一定的形状和大小，是由于构成物体的原子或分子之间通过某些相互作用力维持着某种稳定结构，原子或分子之间的相互作用力称为内力。任何使原子或分子间距改变的外力作用都会引起内力发生改变而产生附加内力。我们定义，在物体内部附加内力，作用在截面上某点处，单位面积上的附加内力称为该点处的应力（stress）。物体的附加内力是由外力所引起的形变而产生的，它与外力大小相等。因此，在通常情况下，可以用外力所作用平面上的单位面积所受到的外力来定义和计算应力。

1. 正应变和正应力　物体某一截面单位面积上受到的法向拉力或压力称为正应力（normal stress）。受正应力作用的弹性物体会发生拉伸或压缩形变，其长度也会随之变化，发生长度的变化 Δl 与物体原来长度 l_0 的比值称为正应变（normal strain），亦称为线应变，记为 ε，即

$$\varepsilon=\frac{\Delta l}{l_0} \qquad 式(1\text{-}38)$$

例如，在如图 1-14 所示拉伸情况下，长为 l_0、横截面积为 S 的细棒在沿轴线的外力 $\boldsymbol{F}$ 的作用下伸长 Δl。在物体内部的任一横截面上都会有附加内力，且与物体两端的拉力 $\boldsymbol{F}$ 相等。假设将两根材料和长度相同，粗细不同的钢丝拉伸至相同的长度，就需要更大的力拉那根较粗的钢丝；若用相同的力拉伸两根钢丝，细的钢丝会被拉得更长。由此可以总结出，要产生相同的形变，所需的拉力 F 正比于横截面积 S。F 与 S 的比值，即为正应力，记作 σ，则

$$\sigma=\frac{F}{S} \qquad 式(1\text{-}39)$$

2. 切应变和切应力 当弹性体上下两个表面受到与界面平行且方向相反的外力 $\boldsymbol{F}$ 和 $\boldsymbol{F}'$ 的作用时，物体的两个平行截面之间会发生平行移动，这种形变称为剪切形变，简称切变。如图 1-15，互相平行的上、下底面在 $\boldsymbol{F}$ 和 $\boldsymbol{F}'$ 的作用下发生相对滑动，位移为 Δx。用 Δx 与两截面垂直距离 d 之比来描述剪切形变的程度，称为切应变(shear strain)，记为 γ，即

$$\gamma=\frac{\Delta x}{d}=\tan\varphi \qquad 式(1\text{-}40)$$

在实际情况下，一般 φ 角都很小，因而上式可以写为

$$\gamma=\varphi \qquad 式(1\text{-}41)$$

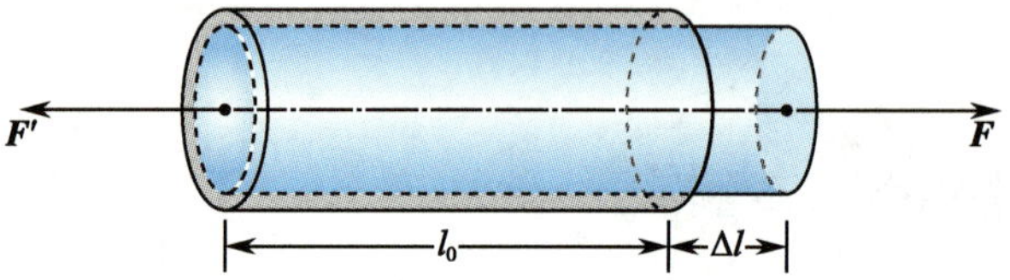

图 1-14 正应变

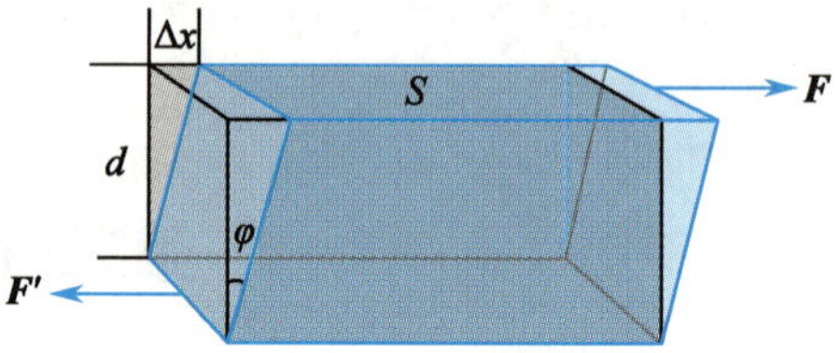

图 1-15 切应变

在发生上述切应变时，物体上下两个表面受到外力 $\boldsymbol{F}$ 和 $\boldsymbol{F}'$ 的作用，物体中的任一与表面平行的截面将把物体分成上下两部分，上部对下部有一与上表面的外力大小相等方向相同的附加内力的作用，而下部对上部则有一与此外力大小相等方向相反的附加内力的作用。它们都是与截面平行的切向力。截面积 S 上所受到的切向力 F 与 S 的比值称为切应力(shear stress)，记为 τ，即

$$\tau=\frac{F}{S} \qquad 式(1\text{-}42)$$

3. 体应变和体应力 弹性体受到压缩力作用时产生压缩形变。例如，液体对沉浸在其中的固体表面有垂直于表面向内的压力，因此物体会被压缩，体积减小(图 1-16)。此时单位受力面积上的压力，即压强，可定义为体应力(volume stress)。物体体积的改变量 ΔV 与原来的体积 V_0 之比，称为体应变(volume strain)，记为 θ，即

$$\theta=\frac{\Delta V}{V_0} \qquad 式(1\text{-}43)$$

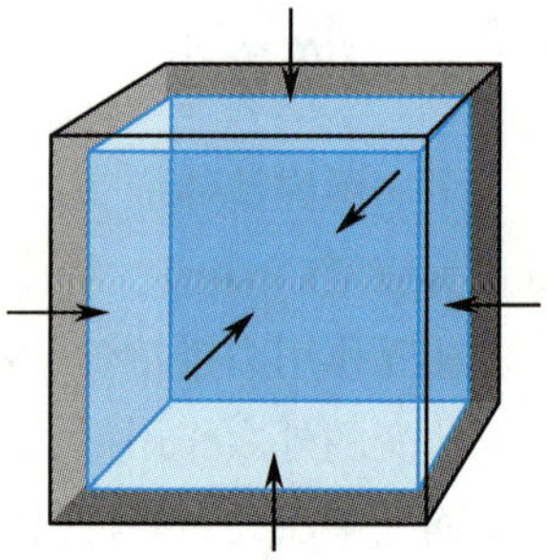
图 1-16 体应变

在压缩形变的情况下，即物体在外力作用下发生体积变化，如果物体是各向同性的，则其内部在各个方向截面上的压强相等。因此压缩形变的应力即为物体内部的附加压强，可用 p 来表示。

上面讲的三种应变都是无量纲的，它们只是相对地表示形变的程度。而应力的单位与压强单位相同，在国际单位中都是 N/m^2 或 Pa。

二、弹性模量

实验表明，弹性体在一定的形变范围内，应力与应变成正比，这一规律即为胡克定律(Hooke's law)。胡克定律适用于许多物体的微小形变，当形变超过某一限度时，应力和应变不再满足正比关系。满足胡克定律的最大应力称为正比极限。在正比极限内，其应力和应变的比值是一个不变的量，它反映了该种物质所具有的弹性性质，称为该物质的弹性模量(modulus of elasticity)。

在简谐振动的模型中(见第四章)，如果把弹簧振子所受的弹性回复力 F 看作是应力，把离开平衡位置的距离 x 看作是应变。在 x 不是很大的情况下，弹簧的这种形变满足胡克定律，即 F 与 x 的大小成正比，比例系数 k 就是弹性模量，在这里称为弹簧的劲度系数。

拉伸形变时，在正比极限范围内，正应力与正应变之比称为杨氏模量（也称为弹性模量），记为 E。用胡克定律可表示为

$$\frac{F}{S}=E\frac{\Delta l}{l_0}$$

即

$$\sigma=E\varepsilon \qquad 式(1\text{-}44)$$

同样，在剪切形变的情况下，有切变模量 G，则

$$\tau=G\gamma \qquad 式(1\text{-}45)$$

在体积形变的情况下，有体积模量（也称压缩模量）K，则有

$$p=-K\theta \qquad 式(1\text{-}46)$$

式(1-46) 中 p 为物体内部的附加压强，负号表示压强增加时体积减小。

在国际单位制中弹性模量的单位为 Pa（帕斯卡），简称帕，1 Pa = 1N/m^2。由于应变没有量纲，因此弹性模量和应力的单位相同。弹性模量可以理解为材料固有的刚度特性，能够衡量材料本身对由应力而导致形变的抵抗能力。柔性材料比如橡胶，弹性模量很小；坚硬的材料比如钢材，弹性模量很大，也就是拉伸、剪切或压缩到相同的应变需要更大的应力。表 1-3 给出了几种常见物质的弹性模量。

表 1-3 几种常见物质的弹性模量 （单位：$\times10^9$Pa）

材料	杨氏模量 E	切变模量 G	体积模量 K
金刚石	1 200	—	620
钢	200	80	158
铝	70	25	70
玻璃	70	30	36
木材	10	10	—
骨	16（拉伸），9.4（压缩）	10	—
水	—	—	2.2
空气	—	—	0.000 10～0.000 14

一般来说，在应力的正比极限范围内，对于正应变和切应变，胡克定律只适用于固体。而对于体应变，胡克定律不仅适用于固体也适用于液体和气体。由于液体中的原子几乎和固体中的原子一样结合紧密，因此液体的体积模量不比固体小很多。在很多情况下，常常会假定液体是不可压缩的，这也是由于液体的体积模量一般都很大，实际情况与假设很接近。而相比之下，气体更容易被压缩，因此气体的体积模量都比较小。

拓展阅读

磁性核的力学特性及应用

目前，磁共振成像（magnetic resonance imaging，MRI）技术已成为诊断疾病的重要手段之一。和其他影像诊断相比，MRI 具有明显优越性，且对机体没有不良影响。而磁共振谱学（magnetic resonance spectroscopy，MRS）也已成为对各种物质成分、结构进行定性和定量分析的最强有力的工具之一，目前已广泛用于有机化学、分子生物学和药学等各领域。正是由于遍布水分子的人体以及有机化合物中都含有磁性核，如氢核，才能使核磁共振这一物理现象应用于医学影像检查和化学分析中。

水分子和有机化合物中普遍存在氢核，带有正电荷的氢核由于自旋运动而具有了磁矩（可度量磁性大小），且其自旋角动量 $\boldsymbol{L}$ 与磁矩 $\boldsymbol{p}_m$ 在数值上有如下关系：

$$p_m = \gamma L$$

这里的 γ 是一个仅与原子核种类有关的常数，称其为磁旋比。可见，磁矩和自旋角动量成正比关系，且方向相同。这样，具有磁矩的氢核在静磁场中就会受到磁力矩的作用。

如图 1-17 所示，氢核受到磁力矩 $\boldsymbol{M}$ 作用会使其绕静磁场 $\boldsymbol{B}_0$ 进动。通过本章和第七章相关知识进行分析，可以得出氢核在磁场中的进动频率 $\boldsymbol{\omega}$。

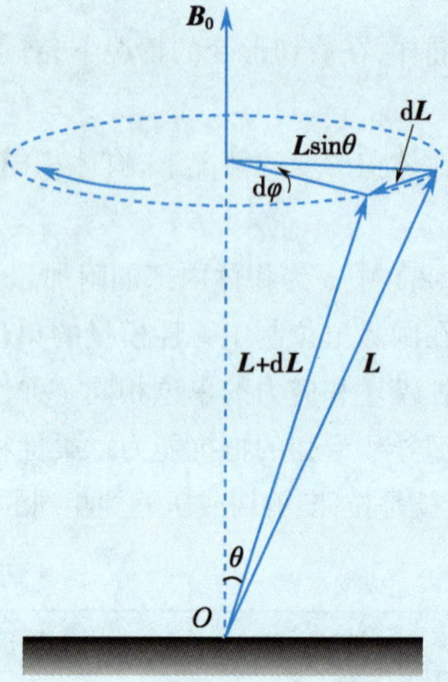

图 1-17 磁性核在磁场中的进动频率

由第七章式(7-26)可知，$\boldsymbol{M}=\boldsymbol{p}_m\times\boldsymbol{B}_0$。其中 $\boldsymbol{p}_m$ 和 $\boldsymbol{L}$ 同方向，磁力矩 $\boldsymbol{M}$ 的方向可由右手定则确定。注意，这里的磁力矩的方向和图 1-13 中的重力矩方向相反，即为图中 d$\boldsymbol{L}$ 的方向。$\boldsymbol{M}$ 大小为

$$M = p_m \cdot B_0 \cdot \sin\theta$$

根据式(1-37)，自旋核绕 $\boldsymbol{B}_0$ 进动的角速度为

$$\omega = \frac{M}{L\sin\theta}$$

整理得

$$\omega = \frac{p_m}{L} \cdot B_0 = \gamma B_0 \qquad \text{式(1-47)}$$

这里的进动角速度 ω 在数值上就等于进动频率。式(1-47)表明，自旋核进动的频率和提供力矩使其进动的磁场磁感应强度成正比，此频率称为拉莫尔频率。这一结论是使磁共振现象能得到广泛应用的重要理论基础。

所谓“共振”，就是向磁场中进动的自旋核施加一个频率为拉莫尔频率(ω)的射频脉冲，满足了共振条件的自旋核会吸收来自射频脉冲的能量而发生能级跃迁。从力学角度可解释成射频脉冲提供一个频率为 ω 的旋转磁场 $\boldsymbol{B}_1$，$\boldsymbol{B}_1$ 对自旋核同步施加一个磁力矩使其角动量 $\boldsymbol{L}$ 偏转，θ 角增大。这种逆着主磁场 $\boldsymbol{B}_0$ 方向的运动可以看成自旋核能量增加而实现能级跃迁。当射频脉冲撤掉后自旋核能级会从激发态回到基态。处于不同环境的自旋核在这种能级恢复过程中会有快慢的差异，通过这种差异重建的图像就携带了自旋核周围“环境”的信息，这就是磁共振成像原理的大体描述。此外，在磁共振成像过程中，梯度磁场下的编码定位、弛豫的机制等都能体现出拉莫尔频率具体应用。

同样，不同化合物中自旋核的磁场环境也会略有不同，根据式(1-47)可知，它们的进动频率也有差别，这种差别称为“化学位移”，这也导致了要产生磁共振现象需使用不同频率的射频脉冲，这种频率的分布情况正好可以反映出化合物的特征，由此形成了磁共振谱学的理论基础。

1-5

骨损伤的
力学机制
拓展阅读

习　题

1. 一个物体能在与水平面成 α 角的斜面上匀速滑下。试证明当它以初速率 v_0 沿该斜面向上滑动时，它能向上滑动的距离为 $v_0^2/(4g\sin\alpha)$。

2. 沿半径为 R 的半球形碗的光滑内壁，质量为 m 的小球以角速度 ω 在一水平面内做匀速圆周运动，求该水平面离碗底的高度。

3. 一滑轮两侧分别挂着 A、B 两物体，$m_A=20\text{kg}$，$m_B=10\text{kg}$，现用力 $\boldsymbol{f}$ 欲将滑轮提起（图 1-18）。设绳和滑轮的质量、轮轴的摩擦可以忽略不计，当力 $\boldsymbol{f}$ 分别等于以下大小时：

（1）98N。

（2）196N。

（3）392N。

（4）784N。

求物体 A、B 的加速度和两侧绳中的张力。

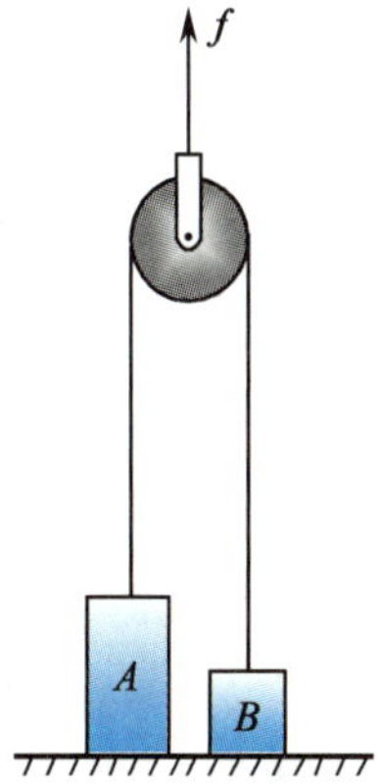

图 1-18　习题 3 图

4.（1）以 5.0m/s 的速率匀速提升一个质量为 10kg 的物体，10 秒内提升力做了多少功？

（2）以 10m/s 的速率将物体匀速提升到同样高度，所做的功是否比前一种情况多？

（3）上述两种情况下，功率是否相同？

（4）用一个大小不变的力，将该物体从静止状态提升到同一高度，物体最后速率达 5.0m/s。这一过程中做功多少？平均功率多大？开始和结束时的功率多大？

5. 一链条总长为 l，置于光滑水平桌面上，其一端下垂，长度为 a（图 1-19）。设开始时链条静止，求链条刚好离开桌边时的速度。

6. 质量为 m 的小球沿光滑轨道滑下，轨道形状如图 1-20 所示。

（1）要使小球沿圆形轨道运动一周，小球开始下滑时的高度 H 至少应多大？

（2）如果小球从 $h=2R$ 的高度处开始滑下，小球将在何处以何速率脱离轨道？其后运动将如何？

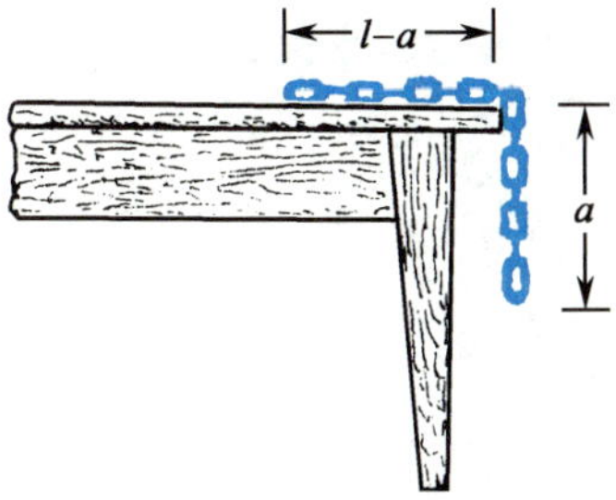

图 1-19　习题 5 图

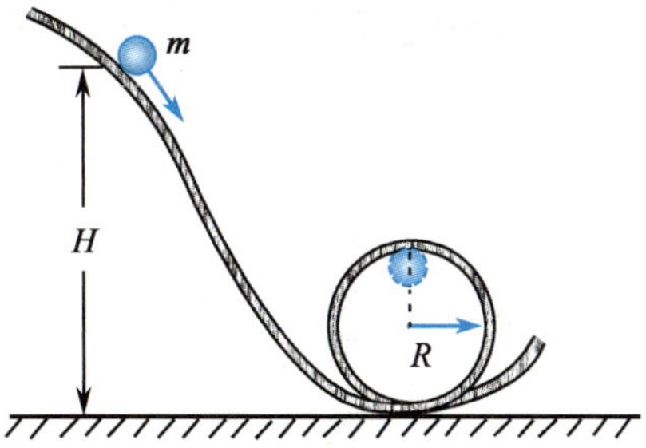

图 1-20　习题 6 图

7. 一弹簧原长为 l，劲度系数为 k。弹簧上端固定，下端挂一质量为 m 的物体。先用手将物体托住，使弹簧保持原长。

（1）如果将物体慢慢放下，使物体达平衡位置而静止，弹簧伸长多少？弹性力多大？

（2）如果将物体突然释放，物体达最低位置时弹簧伸长多少？弹性力又是多大？物体经过平衡位置时的速率多大？

8. 空中停着一个气球，气球下吊着的软梯上站着一人。当这个人沿着软梯向上爬时：

(1) 气球是否运动？如果运动，怎样运动？

(2) 对于人和气球组成的系统，在竖直方向的动量是否守恒？

9. 质量为 $m=10\text{g}$ 的子弹，水平射入静置于光滑水平面上的物体。物体质量为 $M=0.99\text{kg}$，与一弹簧连接(图 1-21)。设该弹簧的劲度 $k=1.0\text{N/cm}$，碰撞使之压缩 0.10m，求：

(1) 弹簧的最大势能。

(2) 碰撞后物体的速率。

(3) 子弹的初速度。

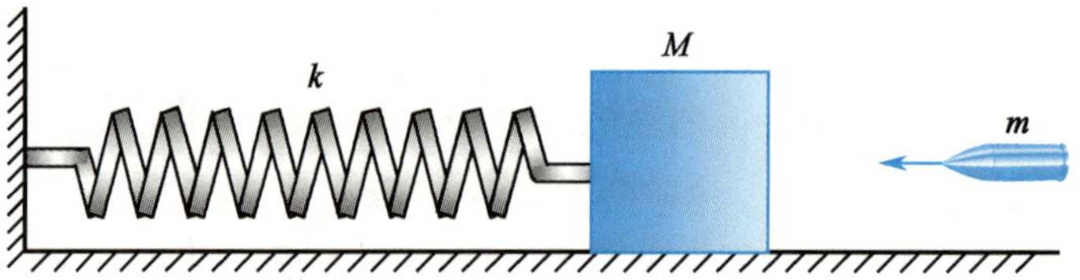

图 1-21 习题 9 图

10. 功率为 0.1kW 的电动机带动一台车床，用来切削一个直径为 10cm 的木质圆柱体。电动机转速为 600r/min，车床功率只有电动机功率的 65%，求切削该圆柱的力。

11. 质量为 500g、直径为 40cm 的圆盘，绕过盘心的垂直轴转动，转速为 1 500r/min。要使它在 20 秒内停止转动，求制动力矩的大小、圆盘原来的转动动能和该力矩的功。

12. 如图 1-22 所示，用细线绕在半径为 R、质量为 m_1 的圆盘上，线的一端挂有质量为 m_2 的物体。如果圆盘可绕过盘心的垂直轴在竖直平面内转动，摩擦力矩不计，求物体下落的加速度、圆盘转动的角加速度及线中的张力。

13. 在图 1-23 中圆柱体的质量为 60kg，直径为 0.50m，转速为 1 000r/min，其余尺寸见图。现要求在 5.0 秒内使其制动。当闸瓦和圆柱体之间的摩擦系数 $\mu=0.4$，制动力 f 及其所做的功各为多少？

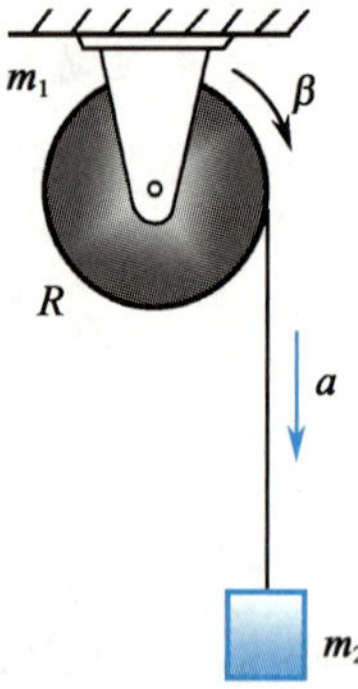

图 1-22 习题 12 图

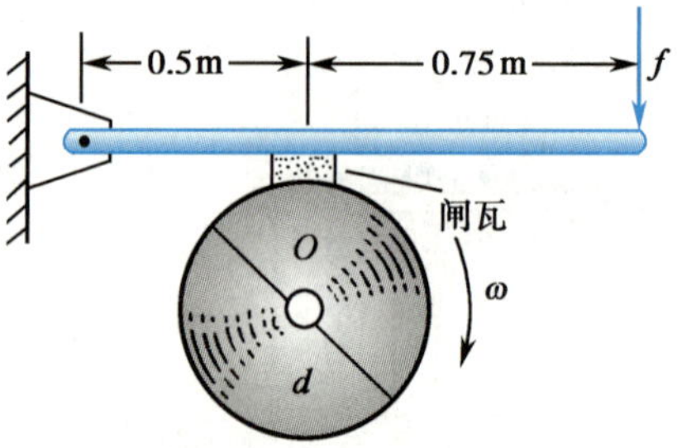

图 1-23 习题 13 图

14. 直径为 0.30m，质量为 5.0kg 的飞轮，边缘绕有绳子。现以恒力拉绳子，使之由静止均匀地加速，经 10 秒转速达 10r/s，设飞轮的质量均匀地分布在外周上，求：

(1) 飞轮的角加速度和在这段时间内转过的圈数。

(2) 拉力和拉力所做的功。

(3) 拉动 10 秒时，飞轮的角速度、轮边缘上任一点的速度和加速度。

15. 如图 1-24 所示，A、B 两飞轮的轴杆可由摩擦啮合器 C 使之联结。开始时 B 轮静止，A 轮以转

速 $n_A=600\text{r/min}$ 转动。然后使 A、B 联结，因而 B 轮得到加速，而 A 轮减速，直到 A、B 的转速都等于 $n=200\text{r/min}$。设 A 轮的转动惯量 $J_A=10\text{kg}\cdot\text{m}^2$，求：

（1）B 轮的转动惯量 J_B。

（2）啮合过程中损失的机械能。

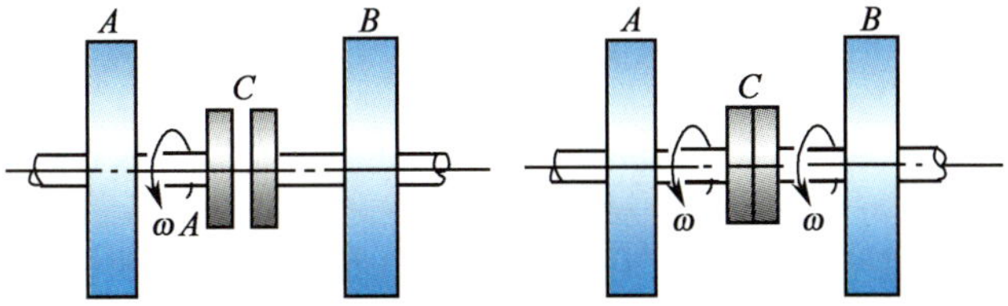

图 1-24　习题 15 图

16. 一人坐在可以自由旋转的平台上轴线处，双手各执一个哑铃。设哑铃的质量 $m=2.0\text{kg}$，两哑铃相距 $2l_1=150\text{cm}$ 时，平台角速度 $\omega_1=2\pi\ \text{rad/s}$。当将两哑铃间距离减为 $2l_2=80\text{cm}$ 时，平台角速度增为 $\omega_2=3\pi\text{rad/s}$。设人与平台对于转轴的转动惯量不变，求人所做的功。

17. 一根质量为 m，长为 l 的均匀细棒，绕水平光滑转轴 O 在竖直平面内转动。O 轴离 A 端距离为 $l/3$，此时的转动惯量为 $\frac{1}{9}ml^2$，今使棒从静止开始由水平位置绕 O 轴转动，求：

（1）棒在水平位置上刚起动时的角加速度。

（2）棒转到竖直位置时角速度和角加速度。

（3）转到垂直位置时，在 A 端的速度及加速度（重力作用点集中于距支点 $\frac{l}{6}$ 处）。

18. 一个砂轮直径为 2.0m，质量为 1.5kg，以 900r/min 的转速转动。一件工具以 200N 的正压力作用在轮的边缘上，使砂轮在 10 秒内停止转动。求砂轮和工具之间的摩擦系数（已知砂轮的转动惯量 $J=\frac{1}{2}MR^2$，轴上的摩擦可忽略不计）。

19. 在边长为 $2.0\times10^{-2}\text{m}$ 的立方体的两平行面上，各施以 $9.8\times10^2\text{N}$ 的切向力，两个力的方向相反，使两平行面的相对位移为 $0.10\times10^{-2}\text{m}$，求其切变模量。

20. 试计算截面积为 5.0cm^2 的股骨：

（1）在拉力作用下骨折将发生时所具有的张力。（骨的抗张强度为 $12\times10^7\text{Pa}$）

（2）在 $4.5\times10^4\text{N}$ 的压力作用下它的应变。（骨的压缩弹性模量为 $9\times10^9\text{Pa}$）

21. 松弛的肱二头肌伸长 2.0cm 时，所需要的力为 10N。当它处于挛缩状态而主动收缩时，产生同样的伸长量则需 200N 的力。若将它看成是一条长 0.20m、横截面积为 50cm^2 的均匀柱体，求上述两种状态下它的弹性模量。

22. 设某人下肢骨的长度约为 0.60m，平均横截面积 6.0cm^2，该人体重 900N。问此人单脚站立时下肢骨缩短了多少（骨的压缩弹性模量为 $9\times10^9\text{Pa}$）？

23. 当人竖直站立用双手各提起重 200N 的物体，若锁骨长为 0.2m，脊柱的横截面的面积为 1.44cm^2，求：

（1）右锁骨与椎骨相连处的力矩。

（2）脊柱所受的合力矩。

（3）脊柱所承受的正应力。

1-6

第一章
目标测试

（王晨光）

第二章

流体的运动

学习目标

1. **掌握** 理想流体、定常流动、连续性方程、伯努利方程的建立、伯努利方程的应用、牛顿黏性定律和泊肃叶定律。
2. **熟悉** 层流、湍流与雷诺数、黏性流体的伯努利方程、斯托克斯定律。
3. **了解** 血液的流动。

2-1

第二章
教学课件

液体和气体没有固定的形状，其形状随容器的形状而定，而且各部分之间很容易发生相对运动，它们的这种特性称为流动性(fluidity)。没有固定形状、具有流动性特征的物体称为流体(fluid)，液体和气体都是流体。流体力学(fluid mechanics)是研究流体运动规律以及流体与相邻固体之间相互作用规律的一门学科。本章将主要介绍流体力学中的一些基本概念和规律。

研究流体的运动可以帮助学生了解人体血液循环的生理过程，呼吸系统内部气体的运动规律，在药物合成和制造过程中，药物的输送、测量和控制都涉及流体力学的有关知识。因此，流体力学在生命科学及制药工程中都具有重要的应用价值，药学专业的学生学习流体力学的基本知识是十分必要的。

第一节　流体运动的基本性质

一、理想流体

流动性是流体最基本的特性，也是流体与固体之间最主要的区别。实际流体还具有黏性和可压缩性两种属性。

黏性(viscosity)是指运动着的流体中速度不同的相邻流体层之间存在着相互作用的黏性阻力(即内摩擦力)。不同流体的黏性大小不同，黏性可反映流体流动的难易程度，如从玻璃杯中倒出水和乙醇很容易，而要从玻璃杯中倒出甘油则要困难得多，黏性使得研究流体运动的问题复杂化。实际上，虽然实际流体总是或多或少地具有黏性，但是水和乙醇等液体的黏性很小，气体的黏性更小。因此，在讨论这些黏性很小的流体运动时，为使问题简化，往往将其黏性忽略。

可压缩性(compressibility)是指流体的体积或密度随压强不同而改变的特性。一般情况下，液体的可压缩性很小。例如，水在10℃时，每增加一个大气压，体积的减少是原来体积的两万分之一。因此，液体的压缩性可忽略不计。气体的可压缩性非常显著，但当气体处于流动状态下，很小的压强差就能使气体从密度较大处流向密度较小处，因此，小压强差引起各处气体密度的变化是很小的，所以在研究气体的运动时，只要压强差不大，就可以把气体看成几乎没有被压缩。

综上所述，在研究流体运动时，为突出流动性这一基本特性，引入了理想流体这一物理模型。所谓理想流体(ideal fluid)，就是绝对不可压缩的，完全没有黏性的流体。前文分析的黏性较小的液体和流动过程中几乎没有被压缩的气体都可以视为近似理想流体。

二、定常流动

1. 定常流动　研究流体力学的方法有两种：拉格朗日法（Lagrangian method）和欧拉法（Euler method）。拉格朗日法以流体的各个质元为对象，根据牛顿定律研究每个质元的运动状态随时间的变化。欧拉法与它不同，它不是研究每个质元的运动情况，而是研究各个时刻在空间各点上流体质元的运动速度分布。显然，对于众多流体质元应用拉格朗日法来研究是很难做到的，因此，本章将采用欧拉法进行研究。

流体运动时，在同一时刻空间各点处流体质元的流速可以不同，而且在不同时刻，通过空间同一点的流速也可能不同，即流速是空间坐标和时间的函数，记作 $v=f(x,y,z,t)$。如果空间任意点处流体质元的流速不随时间而改变，则这种流动称为定常流动（steady flow）。对于定常流动，流速仅为空间坐标的函数，即

$$v=f(x,y,z) \tag{式(2-1)}$$

2. 流线和流管　为了形象地描述流体的运动情况，在流体流动的空间即流速场中，可以作出一些曲线，曲线上任何一点的切线方向都与该时刻流经该点流体质元的速度方向一致，这些曲线称为这一时刻的流线（streamline），如图 2-1（a）所示。由于每一时刻每一空间点上只能有一个速度，故任何两条流线都不能相交。当流体做定常流动时，空间各点的流速不随时间而变，因此，流线的分布也不随时间而变。图 2-1（b）表示的是流体绕过不同障碍物时的流线分布。

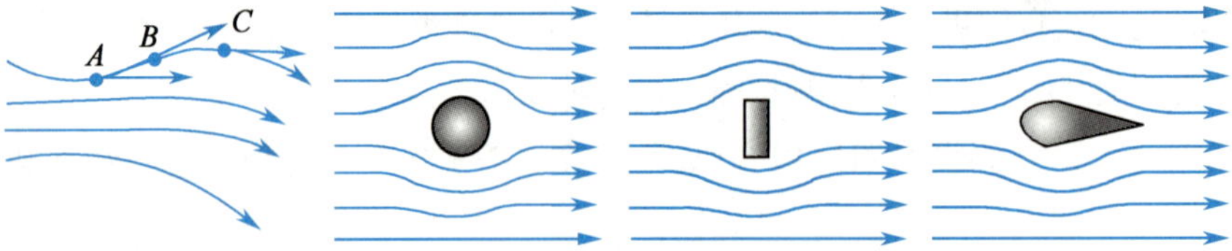

（a）　　　　　　　　（b）

图 2-1　流线

（a）流体做定常流动的流线；（b）流体绕过不同障碍物时的流线分布。

如果在运动的流体中任取一个横截面 S_1，如图 2-2 所示，那么经过该截面周界的流线就围成一个管状区域称为流管（stream tube）。当流体做定常流动时，由于流线的分布不随时间而变，所以由多条彼此相邻的流线构成流管的形状也不随时间而变。同时，由于空间每一点的流速都与该点的流线相切，所以某一流管中的流体只能在流管内流动而不会流出管外，流管外的流体也不能流入管内。因此，在流体力学中，经常任取一个流管的流体作为代表加以研究。

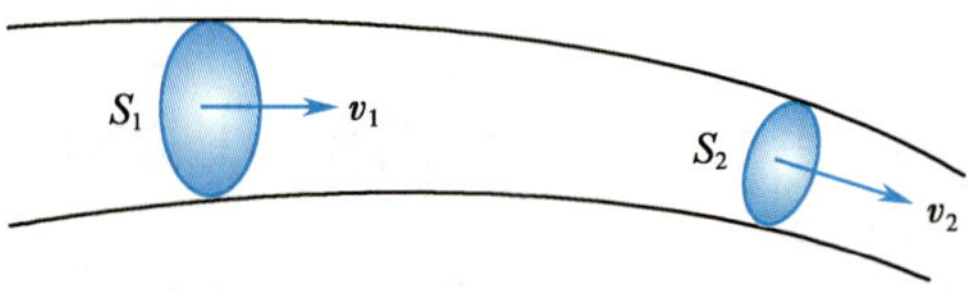

图 2-2　流管

三、连续性方程

单位时间内通过某一流管内任意横截面流体的体积称为该横截面的体积流量（volume rate of flow），简称流量，用 Q 表示。在国际单位制中，流量的单位是米^3/秒（m^3/s）。若某横截面面积为 S，该横截面处的平均流速为 v，则很容易推导出通过该横截面的流量为 $Q=Sv$。

设不可压缩的流体做定常流动，在某一流管中取两个横截面 S_1 和 S_2，流体在两截面处的平均流速分别为 v_1 和 v_2（图 2-2），流量分别为 Q_1 和 Q_2。不可压缩且做定常流动的流体，由于流管的形状不变，流管内外又无流体交换，所以在相同时间 Δt 内流过截面 S_1 和 S_2 的流体体积必然相等，即

$$S_1v_1\Delta t=S_2v_2\Delta t$$

方程两边除以 Δt，则流过这两个截面的流量相等，即

$$S_1v_1=S_2v_2 \quad 或 \quad Q_1=Q_2 \qquad 式(2\text{-}2)$$

由于截面 S_1 和 S_2 是任意选取的，所以式(2-2)可表示为

$$Sv=常量 \qquad 式(2\text{-}3)$$

式(2-2)或式(2-3)称为流体的连续性方程(continuity equation)。它表明：不可压缩的流体做定常流动时，流管的横截面积与该处平均流速的乘积为一常量。因此，同一流管中截面积大处，流速小；截面积小处，流速大。

2-2
连续性方程
微课

对于不可压缩的均匀流体，流体内各处的密度 ρ 应是常量，对上面两个等式两边同时乘以流体的密度 ρ，则

$$\rho S_1v_1=\rho S_2v_2 \quad 或 \quad \rho Sv=常量 \qquad 式(2\text{-}4)$$

式(2-4)表明单位时间通过 S_1 流入流管的质量应等于从 S_2 流出流管的质量，即这段流管中的流体质量是常量。因此，连续性方程说明流体在流动过程中质量守恒。

在实际中，输送近似理想流体的刚性管道可视为流管，如管道有分支，不可压缩流体在各分支管的流量之和等于主管的流量。设主管的横截面积为 S_0，其中流体的平均流速为 v_0，各分支管的横截面积分别为 S_1、S_2、…、S_n，其中流体的平均流速分别为 v_1、v_2、…、v_n，则主管与分支管连续性方程为

$$S_0v_0=S_1v_1+S_2v_2+\cdots S_nv_n \qquad 式(2\text{-}5)$$

另外，可以使用连续性方程分析血液在各类血管中流动的速度分布。人体血液虽然由心室断续搏出，但由于主动脉管壁具有弹性和存在外周阻力的缘故，而且根据生理学的测定，通常单位时间内从左心室射出的平均血量与流回右心房的平均血量相等，因此，血管中血液的流动基本上是连续的。根据连续性方程，各类血管中的血流速度与其总截面积成反比，如图 2-3 所示。根据图中的数据可知，主动脉的截面积约 3cm²，而彼此并联的毛细血管的总截面积达 900cm²。当血流量为 90cm³/s 时，主动脉中血流速度高达 30cm/s，而毛细血管中血流速度仅为 1mm/s 左右。

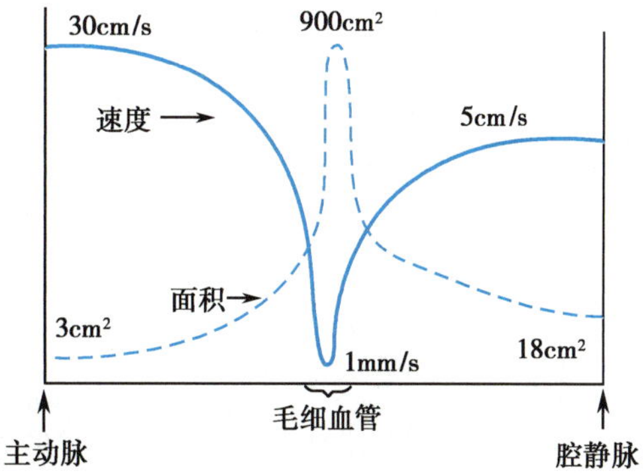

图 2-3　血流速度与血管总截面积的关系

第二节　理想流体的伯努利方程

一、伯努利方程的建立

理想流体做定常流动时，流体运动的基本规律是瑞士数学家、物理学家丹尼耳・伯努利(D. Bernoulli)于 1738 年首先推导出的，称为伯努利方程(Bernoulli's equation)。它是把功能原理表述为适合于流体运动规律的形式，下面来推导这一方程。

2-3
伯努利方程及其应用
微课

设理想流体在重力场中做定常流动，在流体中取一细流管，如图 2-4 所示。用 S_1 和 S_2 表示这个流管中任取 X、Y 两个横截面的面积。选取 t 时刻处在截面 X 和截面 Y 之间的流体为研究对象，经过很短时间 Δt，这部分流体运动到截面 X' 和截面 Y' 之间。由于 Δt 很短，X 到 X' 和 Y 到 Y' 的位移极小，因此，在每段极小位移中，截面积 S、压强 p、流速 v 和距参考面的高度 h 都可以认为不变。设 p_1、v_1、h_1 和 p_2、v_2、h_2 分别为 XX' 和 YY' 处的

压强、流速和高度。

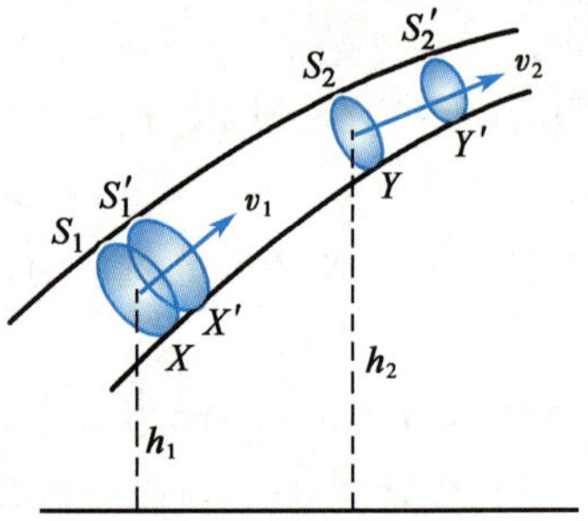

图 2-4 伯努利方程的推导

首先，分析在 Δt 时间内这段流体能量的变化。因为是理想流体做定常流动，所以 X' 和 Y 之间流体的机械能保持不变，因此只需考虑 X 和 X' 之间与 Y 和 Y' 之间流体的能量变化。由于理想流体是不可压缩的，根据连续性方程 $S_1v_1=S_2v_2$，设在 Δt 时间内，流过流管任一截面流体的体积为 ΔV，则有 $S_1v_1\Delta t=S_2v_2\Delta t=\Delta V$，即处于 X 和 X' 之间流体的体积一定等于处于 Y 和 Y' 之间流体的体积。而且这两部分流体的质量也一定相等，设其质量为 Δm。

这段流体在 Δt 时间内动能的变化为 $\Delta E_k=\frac{1}{2}\Delta mv_2^2-\frac{1}{2}\Delta mv_1^2$，重力势能的变化为 $\Delta E_p=\Delta mgh_2-\Delta mgh_1$，那么在时间 Δt 内这部分流体总机械能的变化为

$$\Delta E=\Delta E_k+\Delta E_p=\frac{1}{2}\Delta mv_2^2+\Delta mgh_2-\frac{1}{2}\Delta mv_1^2-\Delta mgh_1$$

然后，分析引起上述机械能变化的外力和非保守内力所做的功。由于理想流体是没有黏性的，不存在内摩擦力（即不存在非保守内力）。因此，只考虑作用在这段流体上的外力，即周围流体对它的压力所做的功。流管外的流体对这部分流体的压力垂直于流管表面，因而不做功。这段流体的两个端面 S_1 和 S_2 所受的压力分别为 $F_1=p_1S_1$ 和 $F_2=p_2S_2$。在 Δt 时间内，作用在 S_1 上的压力 F_1 做正功 $A_1=F_1v_1\Delta t$；作用在 S_2 上的压力 F_2 做负功 $A_2=-F_2v_2\Delta t$，因此，周围流体的压力所做的总功为

$$A=A_1+A_2=p_1S_1v_1\Delta t-p_2S_2v_2\Delta t=p_1\Delta V-p_2\Delta V$$

根据功能原理：$\Delta E=A$，即

$$\frac{1}{2}\Delta mv_2^2+\Delta mgh_2-\frac{1}{2}\Delta mv_1^2-\Delta mgh_1=p_1\Delta V-p_2\Delta V$$

移项得

$$\frac{1}{2}\Delta mv_1^2+\Delta mgh_1+p_1\Delta V=\frac{1}{2}\Delta mv_2^2+\Delta mgh_2+p_2\Delta V$$

各项除以体积 ΔV 得

$$\frac{1}{2}\rho v_1^2+\rho gh_1+p_1=\frac{1}{2}\rho v_2^2+\rho gh_2+p_2 \qquad 式(2\text{-}6)$$

考虑到截面 X、Y 选取的任意性，式(2-6)也可表示为

$$\frac{1}{2}\rho v^2+\rho gh+p=常量 \qquad 式(2\text{-}7)$$

式中，$\rho=\frac{\Delta m}{\Delta V}$为理想流体的密度。式(2-6)或式(2-7)称为伯努利方程。它表明：理想流体做定常流动时，同一流管的不同截面处，单位体积流体的动能$\left(\frac{1}{2}\rho v^2\right)$、单位体积流体的势能($\rho gh$)与该处压强($p$)之和为一常量。它实质上是理想流体在重力场中流动时的功能关系。

应该指出：①在推导伯努利方程时，用到流体是不可压缩和没有黏性这两个条件，而且认为流体做定常流动，因此，它只适用于理想流体在同一细流管中做定常流动；②如果 S_1、S_2 均趋于零，则细流管变成流线，伯努利方程还可表示同一流线上不同点各量的关系；③对一细流管而言，v、h、p 均指流管横截面上的平均值，且在很短时间 Δt 内，在 $v\Delta t$ 一段位移上将上述各值看作是常量；④由于 p、ρgh 和 $\frac{1}{2}\rho v^2$ 都具有压强的单位，因此，p、ρgh 与流体运动的速度无关，称为静压强（static pressure），而$\frac{1}{2}\rho v^2$

与流体运动的速度有关，称为动压强（dynamical pressure）。

当流体在粗细不同的水平管中做定常流动时，将水平管视为流管，因为 $h_1=h_2$，因此伯努利方程可简化为

$$\frac{1}{2}\rho v_1^2+p_1=\frac{1}{2}\rho v_2^2+p_2 \qquad 式(2\text{-}8)$$

二、伯努利方程的应用

1. 空吸作用　根据连续性方程可知流速与截面积成反比，结合式（2-8）可推知：理想流体在一根水平管中做定常流动时，截面积大处、流速小、压强大，而截面积小处、流速大、压强小。如图 2-5 所示，水平管粗细两处的截面积相差越大，流体在粗细两处速度差也就越大，最后会导致管子细处 A 的压强 p_A 低于大气压强 p_0，这时在该处接上一个细管 E 可产生吸入容器 D 中液体的现象，这种现象称为空吸作用（suction）。喷雾器、水流抽气机（图 2-6）以及内燃机中汽化器等都是利用空吸作用的原理而设计的。

2. 小孔流速　日常生活中，存在着许多与容器排水相关的问题，如水塔经管道向用户供水、用吊瓶给患者输液以及水库在灌溉、发电与泄洪时的放水等问题，它们的共同之处都是液体从大容器经小孔流出，即小孔流速问题。如图 2-7 所示，设一容器的截面积很大，其底部或侧壁下面开一小孔，在液体内任取一根流管，其上部截面在液面 A 处，下部截面在小孔 B 处，由于两处的横截面积 $S_A \gg S_B$，根据连续性方程可知，$v_A \ll v_B$，因此容器内液面下降的速度近似为零，即 $v_A \approx 0$；而 A、B 两处与大气相通，$p_A=p_B=p_0$，故伯努利方程在这种情况下可简化为

$$\rho g h_A=\frac{1}{2}\rho v_B^2+\rho g h_B$$

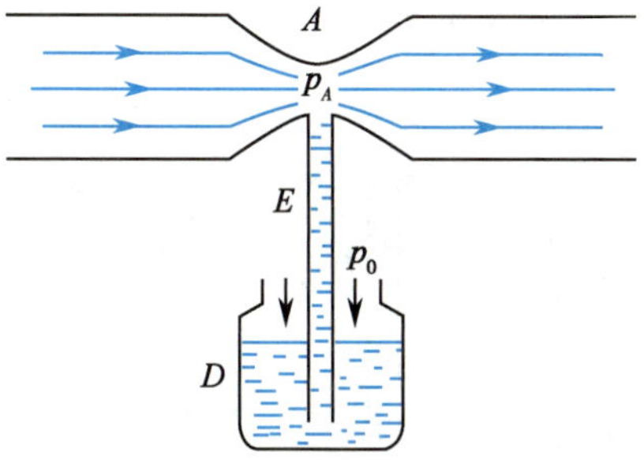

图 2-5　空吸作用

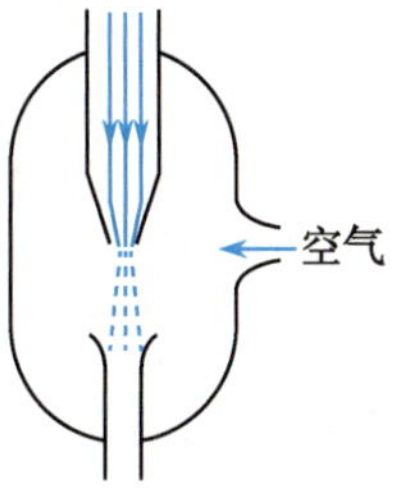

图 2-6　水流抽气机

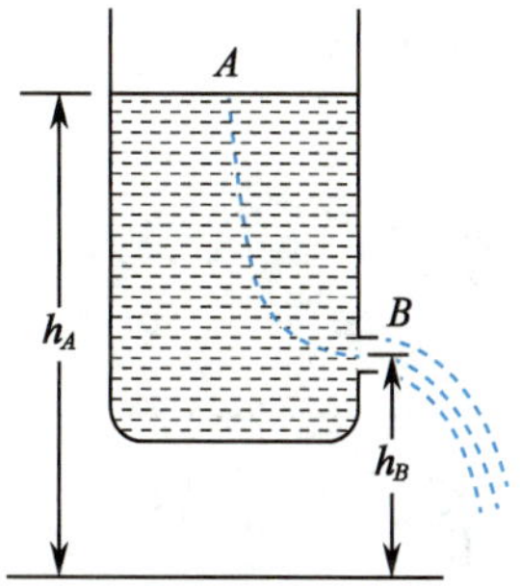

图 2-7　小孔流速

可得小孔流速为

$$v_B=\sqrt{2g(h_A-h_B)}=\sqrt{2gh} \qquad 式(2\text{-}9)$$

其中 $h=h_A-h_B$，为液面与小孔的高度差。式（2-9）表明，液体从小孔流出的速度大小等于物体自液面自由落下到小孔处所获得的速率，因为它们都是重力势能转换为动能的过程，它们的差别在于其速度方向不同，液体从 B 处流出后将做平抛运动而不是自由下落。

3. 流量计　图 2-8 为文丘里流量计（Venturi meter）的原理图。测量液体的流量时，将它水平连接到被测管路（如自来水管）上。设 1、2 两处的流速、压强和截面积分别为 v_1 和 v_2、p_1 和 p_2、S_1 和 S_2，由于流量计水平放置，应用伯努利方程可得

$$\frac{1}{2}\rho v_1^2+p_1=\frac{1}{2}\rho v_2^2+p_2$$

结合连续性方程 $S_1v_1=S_2v_2$，可得 1 处液体的流速

$$v_1=S_2\sqrt{\frac{2(p_1-p_2)}{\rho(S_1^2-S_2^2)}}$$

若两竖直管中液面的高度差为 $h'=h_1'-h_2'$，由于平衡时两管中流体在竖直方向处于静止状态，则流量计中1、2两处的压强差 $p_1-p_2=\rho gh'$，代入上式，得

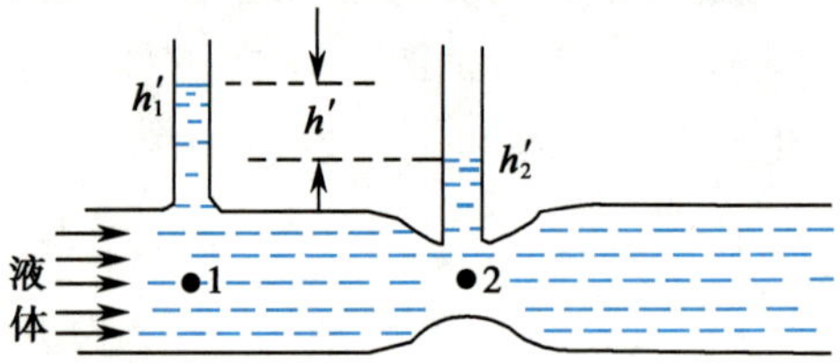

图 2-8　文丘里流量计

$$v_1=S_2\sqrt{\frac{2gh'}{S_1^2-S_2^2}}$$

因此，液体的流量

$$Q=S_1v_1=S_1S_2\sqrt{\frac{2gh'}{S_1^2-S_2^2}}\qquad\text{式(2-10)}$$

因为水平管中横截面积 S_1、S_2 为已知，所以只要测出两竖直管中液体的高度差 h'，就可求出管中液体的流速 v_1 和流量 Q。

对于气体的流速和流量，也可用文丘里流量计来测定，其压强差采用如图2-9所示的U型管压强计来测量。同样可推导出气体的流量

$$Q=S_1v_1=S_1S_2\sqrt{\frac{2\rho'g(h_1'+h_2')}{\rho(S_1^2-S_2^2)}}\qquad\text{式(2-11)}$$

式中，ρ 为气体的密度，ρ' 为U型管压强计中液体的密度，h_1'、h_2' 为两U型管压强计液柱的高度差，S_1、S_2 为1、2两处的截面积。

4. 流速计　皮托管(Pitot tube)是用来测量液体或气体流速的流速计。皮托管的形式很多，但原理基本相同。图2-10为其原理图。在横截面积相同的管道中，有液体从左向右流动，在流动的液体中放入两个开有小孔并弯成“L”形的细管 L_1 和 L_2。管 L_1 上的小孔 A_1 开在管的侧面，与流体流动的方向相切，管 L_2 上的小孔 A_2 位于管的前端，迎着液流方向。由于液流在 A_2 处受阻，故该处流速 $v_2=0$。

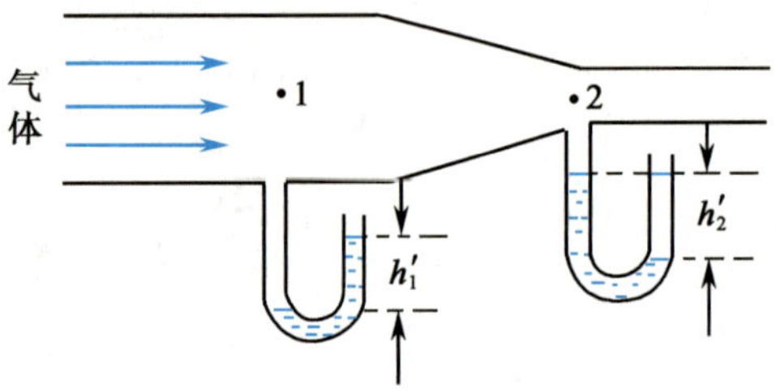

图 2-9　用于测量气体流量的文丘里流量计

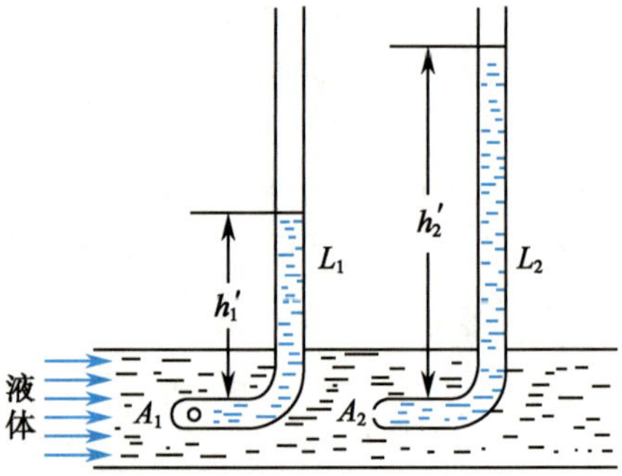

图 2-10　皮托管原理图

将小孔 A_1、A_2 置于同一高度上。若用 p_1、p_2 分别表示小孔 A_1、A_2 处的压强，用 v_1 表示小孔 A_1 侧边的流速(即管道中液体的流速)，又 $v_2=0$。根据伯努利方程，可得

$$\frac{1}{2}\rho v_1^2+p_1=p_2\quad\text{或}\quad\frac{1}{2}\rho v_1^2=p_2-p_1$$

式中，压强差由两个“L”形管中液体上升的高度差而定，如果 L_1 和 L_2 中液柱的高度分别为 h_1'、h_2'，则

$$p_2-p_1=\rho g(h_2'-h_1')$$

因此，液体的流速为

$$v_1=\sqrt{2g(h_2'-h_1')}\qquad 式(2\text{-}12)$$

通常将 L_1 和 L_2 的组合体称为皮托管。图 2-11 为既可测量管道中液体的流速，又可测量管道中气体流速的皮托管。测量时一般将管道中高度不同的各点压强差忽略不计。在测量液体流速时，如图 2-11(a)所示，L_1、L_2 两管的液面高度差为 h'，从而得出液体流速

$$v_1=\sqrt{2gh'}\qquad 式(2\text{-}13)$$

在测量气体的流速时，只需将皮托管倒过来，在 U 型管中放一些液体，如图 2-11(b)所示。设液体的密度为 ρ'，气体的密度为 ρ，压强计中两液面的高度差为 h'，则 $p_2-p_1=\rho' gh'$（忽略两液面的气体高度差产生的压强），从而有

$$\frac{1}{2}\rho v_1^2=\rho' gh'$$

故

$$v_1=\sqrt{\frac{2\rho' gh'}{\rho}}\qquad 式(2\text{-}14)$$

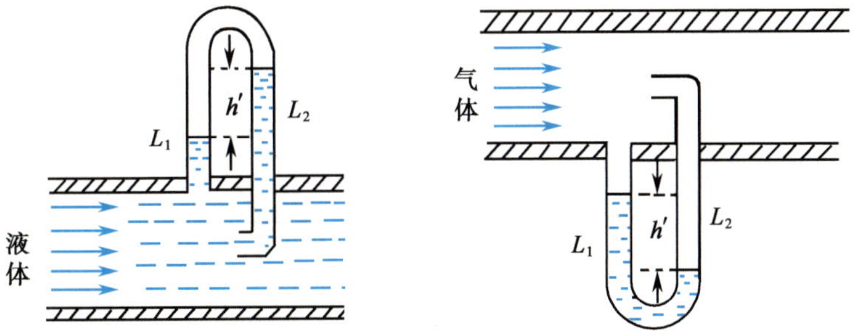

(a)　　　　(b)

图 2-11　用皮托管测量流体的流速

(a) 用皮托管测量液体的流速；(b) 用皮托管测量气体的流速。

5. 虹吸管（siphon）　虹吸管是用来从不能倾斜的容器中排出液体的装置，如图 2-12 所示。若将排水管内充满液体，一端置于容器中，排出液体的管口 D 置于低于容器内液面的位置上，容器中的液体即可从管内排出。

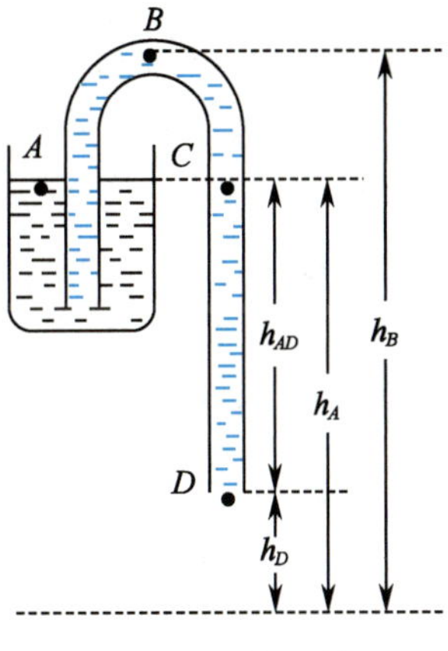

图 2-12　虹吸管

为使问题简化，设液体为理想流体，排水管粗细均匀，且其横截面积远小于容器的横截面。

(1) 流体的流速：对于 A、D 两点，$p_A=p_D=p_0$，应用伯努利方程，则

$$\frac{1}{2}\rho v_A^2+\rho gh_A=\frac{1}{2}\rho v_D^2+\rho gh_D\qquad 式(2\text{-}15)$$

根据连续性方程 $S_Av_A=S_Dv_D$，又因为 $S_A>>S_D$，所以 v_A^2 远小于 v_D^2 而可忽略不计。将式(2-15)整理后得出口处的流速

$$v_D=\sqrt{2g(h_A-h_D)}=\sqrt{2gh_{AD}}\qquad 式(2\text{-}16)$$

可见，发生虹吸现象的条件是 $h_A>h_D$，即虹吸管出口高度要低于容器液面高度。

(2) 压强和流速的关系：对于 A、C 两点，由于 $S_A>>S_C$，则 $v_A\approx 0$，A、C 两点处于同一高度，所以压强和流速的关系

$$p_A=\frac{1}{2}\rho v_C^2+p_C$$

由于静压强转化为动压强，所以 C 处压强小于处于同一高度 A 处压强，即 $p_C<p_A=p_0$。

(3) 压强和高度的关系：对于排水管中 B、D 两点，由于虹吸管粗细均匀，所以，$v_B=v_D$，应用伯努利方程，则

$$\rho gh_B+p_B=\rho gh_D+p_D$$

即

$$\rho gh+p=\text{常量} \qquad \text{式(2-17)}$$

式(2-17)表明，粗细均匀的虹吸管中，处于较高处液体的压强小于处于较低处液体的压强，即 $p_B<p_D$。

此外，如果选 A、B 两点应用伯努利方程，考虑到 $v_A\approx 0$，可以得出

$$\rho gh_B+p_B+\frac{1}{2}\rho v_B^2=\rho gh_A+p_0$$

那么

$$h_B-h_A=\frac{1}{\rho g}(p_0-p_B)-\frac{1}{2g}v_B^2$$

当 $p_B=0$，$v_B=0$ 时，h_B-h_A 有最大值，这是虹吸管能够正常工作的条件，即排水管的最高点与容器中液面之间的高度差只能小于$\dfrac{p_0}{\rho g}$，对水而言，其值大约为 10m。

例题 2-1 如图 2-13 所示，密度 ρ 为 0.90×10^3kg/m^3 的液体在粗细不同的水平管道中流动。截面 1 处管的内直径为 106mm，液体的流速为 1.00m/s，压强为 1.176×10^5Pa。截面 2 处管的内直径为 68mm，求该处液体的流速和压强。

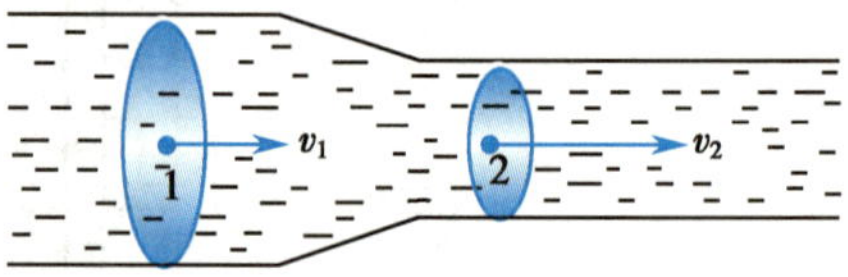

图 2-13 例题 2-1 图

解：(1) 求流速 v_2

已知 $d_1=106\text{mm}=0.106\text{m}$，$d_2=68\text{mm}=0.068\text{m}$，$v_1=1.00\text{m/s}$，根据连续性方程

$$\frac{\pi}{4}d_1^2v_1=\frac{\pi}{4}d_2^2v_2$$

则

$$v_2=\left(\frac{d_1}{d_2}\right)^2v_1=\left(\frac{0.106}{0.068}\right)^2\times1.00=2.43(\text{m/s})$$

(2) 求压强 p_2

因为 $h_1=h_2$，根据伯努利方程得

$$\frac{1}{2}\rho v_1^2+p_1=\frac{1}{2}\rho v_2^2+p_2$$

即

$$p_2=\frac{1}{2}\rho(v_1^2-v_2^2)+p_1$$

将各已知数据代入上式

$$p_2=\frac{1}{2}\times0.90\times10^3\times(1.00^2-2.43^2)+1.176\times10^5=1.154\times10^5(\text{Pa})$$

第三节 黏 性 流 体

上一节讨论了理想流体的运动规律。虽然一些液体和气体在一定条件下，可近似看作理想流体，但是像甘油、血液等实际流体则具有较大的黏性，使其流动过程中不能满足和理想流体同样的运动规律，那么黏性会对流体的运动产生怎样的影响呢？

一、黏性流体的性质

1. 牛顿黏性定律 如图 2-14(a)所示，在竖直圆管中注入无色甘油，上部再加一段着色甘油，其

间有明显的分界面。打开下部活塞使甘油缓缓流出，经过一段时间后，分界面呈舌形，这说明管中甘油流动的速度不完全一致。如果把管壁到管中心之间的甘油分成许多平行于管轴的薄圆筒形的薄层，各层之间存在相对滑动，则不难看出，流体沿管轴流动的速度最大，距轴越远流速越小，在管壁处甘油几乎附着其上，流速近似为零，这表明圆管内的甘油是分层流动的，如图 2-14(b)所示。当相邻流层之间因流速不同而做相对滑动时，两流层之间就存在着切向的相互作用力，并且速度快的液层对速度慢的液层作用力方向与流速方向相同，带动速度慢的液层流动；速度慢的液层对速度快的液层作用力方向与流速方向相反，阻碍其流动，这对作用力与反作用力就是流体的内摩擦力(internal friction)，也称为黏性力(viscous force)。

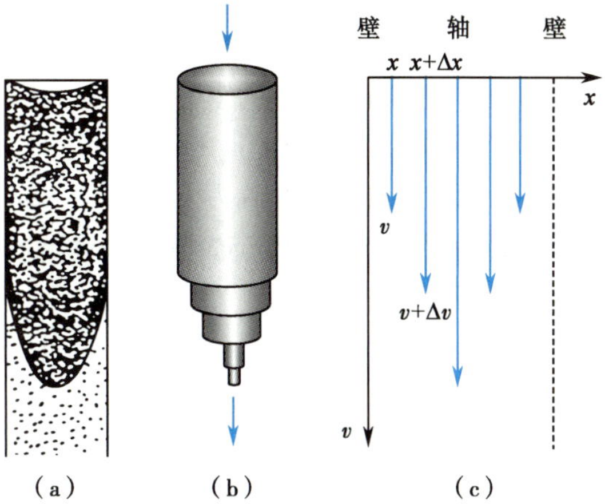

图 2-14　黏性流体在竖直圆管中的流动

(a) 着色甘油的流动；(b) 分层流动示意图；(c) 流速分布示意图。

流体的流速分布示意图如图 2-14(c)所示，设在 x 方向上有相距为 Δx 的两个液层的速度差为 Δv，v 对 x 的导数表示在垂直于流速方向上单位距离液层间的速度差，称为速度梯度(velocity gradient)，即

$$\frac{dv}{dx}=\lim_{\Delta x\to 0}\frac{\Delta v}{\Delta x}$$

速度梯度表示流动的流体由一层过渡到另一层时速度变化的快慢程度。一般不同 x 值处的速度梯度不同，距管轴越远，速度梯度越大。在国际单位制中，速度梯度的单位是秒$^{-1}$(符号 s^{-1})。

有关黏性力的实验证明，流体内部相邻两流体层之间黏性力 F 的大小与这两层之间的接触面积 S 成正比，与接触处的速度梯度成正比，即

$$F=\eta\frac{dv}{dx}S \qquad 式(2\text{-}18)$$

式(2-18)称为牛顿黏性定律(Newton's law of viscosity)。式中的比例系数 η 称为黏度系数(viscosity coefficient)或黏度，它是反映流体黏性的宏观参量，黏性越大的流体，其黏度越大，在国际单位制中，黏度的单位是帕·秒(符号 Pa·s)。

表 2-1　几种流体的黏度

液体	温度/℃	黏度/×10^{-3}Pa·s	气体	温度/℃	黏度/×10^{-5}Pa·s
水	0	1.792	空气	0	1.71
	20	1.005		20	1.82
	40	0.656		100	2.17
乙醇	0	1.77	氢气	20	0.88
	20	1.19		251	1.30
蓖麻油	17.5	1 225.0	氦气	20	1.96
	30	122.7	甲烷	20	1.10
血浆	37	1.0~1.4	二氧化碳	20	1.47
血清	37	0.9~1.2		320	2.70

表2-1给出了几种流体的黏度。从表中可以看出，黏度的大小不仅与物质的种类有关，而且与温度有显著关系，一般说来，液体的黏度随温度的升高而减小，气体的黏度随温度的升高而增大。由于液体的内摩擦力小于固体之间的摩擦力，因此常用机油润滑机械，减少磨损，延长使用寿命。气垫船也是利用了气体黏性小的特性。

遵循牛顿黏性定律的流体称为牛顿流体（Newtonian fluid），水、血浆等都是牛顿流体。不遵循这一规律的流体称为非牛顿流体（non-Newtonian fluid），如血液。

式(2-18)也可改写为

$$\tau=\eta\dot{\gamma} \qquad 式(2\text{-}19)$$

式(2-19)中，$\tau=\dfrac{F}{S}$称为切应力，表示作用在流体层单位面积上的内摩擦力。取管状黏性流体中通过轴线的一个纵截面，如图2-15所示。$abcd$表示$t=0$时刻某流体元任一长方形的截面，$ab=\mathrm{d}x$。由于在内摩擦力的作用下，黏性流体将分层流动，设ad边速度为v，bc边速度为$v+\mathrm{d}v$。经过时间t，该流体元产生切变，其截面变形为平行四边形$ab'c'd$，$bb'=t\mathrm{d}v$。位移bb'与垂距ab之比称为切应变（shearing strain），以γ表示，则$\gamma=\tan\varphi=t\dfrac{\mathrm{d}v}{\mathrm{d}x}$。切应变随时间的变化率称为切变率，以$\dot{\gamma}$表示，即$\dot{\gamma}=\dfrac{\mathrm{d}\gamma}{\mathrm{d}t}=\dfrac{\mathrm{d}v}{\mathrm{d}x}$。由此可推导出牛顿黏性定律的第二种表述式，即式(2-19)。这是在研究血液流动和红细胞变形的血液流变学中常用的形式。

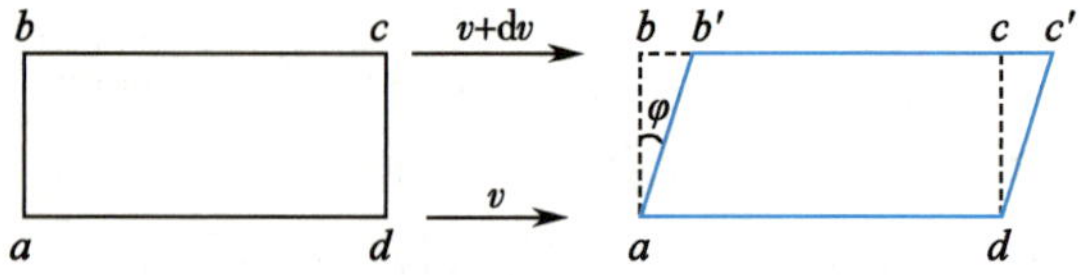

图2-15　黏性流体元的切变

对于牛顿流体，黏度$\eta=\dfrac{\tau}{\dot{\gamma}}$为一常量，与切变率无关。而对于非牛顿流体，黏度$\eta$不是常量，例如，用黏度计测量血液的流变性质时，会发现在平衡状态下，切应力τ和切变率$\dot{\gamma}$的关系是非线性的，称为该流体在切变率$\dot{\gamma}$时的表观黏度（apparent viscosity），以η_a表示，即

$$\eta_a=\frac{\tau}{\dot{\gamma}} \qquad 式(2\text{-}20)$$

对于血液，在较低切变率下，η_a随$\dot{\gamma}$的增大而减小，这种现象称为剪切稀化。随着切变率的增加，血液流变学行为逐渐趋于牛顿流体，即η_a趋于定值，一般认为正常人的血液在$\dot{\gamma}>200\mathrm{s}^{-1}$时即可近似地看作牛顿流体。

2. 层流、湍流与雷诺数　图2-14演示的是黏性流体的分层流动，在管中各流体层之间仅做相对滑动而不混合，这种流动状态属于层流（laminar flow）。但是，当流体的流速增加到某一定值时，流体可能在各个方向上运动，有垂直于管轴方向的分速度，因而各流体层将混淆起来，层流的情况遭到破坏，而且可能出现涡旋，这样的流动状态称为湍流（turbulent flow）。用图2-16所示的实验装置可以观察到这两种不同形式的运动。

如图2-16(a)所示，在一个盛水的容器A中，水平地装有一根玻璃管B，另一个竖直放置玻璃管D内盛有着色水，着色水通过细玻璃管引入B管。当打开阀门C，水从B管中流出。若水流的速度不大，着色水在B管中形成一条清晰的、与B管平行的细流，如图2-16(b)所示，这种形式的水流即是层流。当开大阀门C，水流速度增加到某一定值时，层流将破坏，着色水的细流散开而与无色水混合起来，如图2-16(c)所示，这时的流动即是湍流。

对于长直圆形管道，由层流转变为湍流不仅与流体平均速度v的大小有关，还与流体的密度ρ、管道的半径r和流体的黏度η有关。1883年英国物理学家雷诺通过大量实验研究，确定了流体的流动形态是层流还是湍流取决于雷诺数（Reynolds number，Re）。它是描述流体流动过程中惯性和黏性大小之比的物理量，其数学表达式是

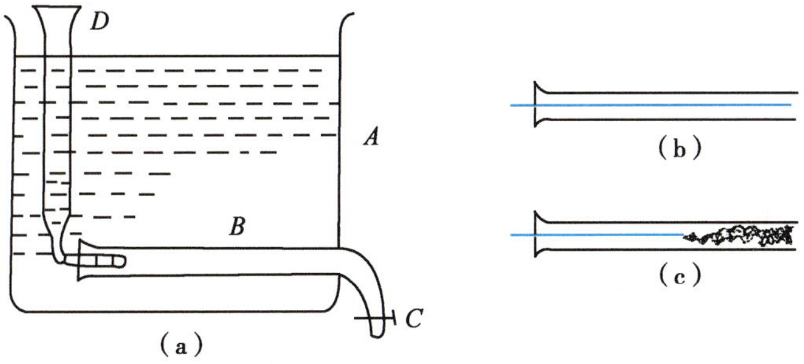

图 2-16　层流与湍流演示

（a）实验装置；（b）层流；（c）湍流。

$$Re=\frac{\rho vr}{\eta} \qquad 式(2\text{-}21)$$

雷诺数是鉴别黏性流体运动状态的唯一参数。从式（2-21）可以看出，流体的黏度越小，密度、流速以及管道的半径越大，越容易发生湍流。实验表明，对于长直圆形管道中的流体，当 $Re<1\ 000$ 时，流体做层流；当 $Re>1\ 500$ 时，流体做湍流；而当 $1\ 000<Re<1\ 500$ 时，流体可做层流也可做湍流，称为过渡流。

例题 2-2　已知在 0℃时水的黏度系数 η 近似为 1.8×10^{-3}Pa·s，若保证水在半径 r 为 2.0×10^{-2}m 的圆管中做稳定的层流，要求水流速度不超过多少？

解：为保证水在圆管中做稳定的层流，雷诺数 Re 应小于 1 000。

$$Re=\frac{\rho vr}{\eta}<1\ 000$$

得

$$v<1\ 000\times\frac{\eta}{\rho r}=1\ 000\times\frac{1.8\times10^{-3}}{1\ 000\times2.0\times10^{-2}}=9.0\times10^{-2}(\text{m/s})$$

即水在圆管的流速小于 0.09m/s 时才能保持稳定的层流。而通常自来水在管道中的流速约为每秒几米，一般都是湍流。

二、黏性流体的运动规律

1. 泊肃叶定律　不可压缩的牛顿流体在水平圆管中做定常流动时，如果雷诺数不大，流动的形态是层流，各流层为从圆筒轴线开始半径逐渐增大的圆筒形。轴线上流速最大，随着半径的增加流速减小，管壁处流体附着于管壁内侧，流速为零。

1842 年法国医学家泊肃叶（Poiseuille）为了研究血管内血液的流动情况，对在压强差 (p_1-p_2) 的作用下，长度为 L，半径为 R 的细玻璃管中的液体流动进行了研究，发现流量 Q 随压强梯度 $\frac{p_1-p_2}{L}$ 成线性增加，在给定压强梯度的条件下，流量 Q 与管子半径的四次方 (R^4) 成正比，即

$$Q\propto\frac{R^4(p_1-p_2)}{L} \qquad 式(2\text{-}22)$$

式（2-22）称为泊肃叶定律（Poiseuille law）。1852 年德国科学家维德曼（Wiedemann）从理论上对泊肃叶定律成功地进行了推导，确定了比例系数为 $\frac{\pi}{8\eta}$，于是泊肃叶定律可完整表示为

$$Q=\frac{\pi R^4}{8\eta L}(p_1-p_2) \qquad 式(2\text{-}23)$$

可对泊肃叶定律进行以下推导：

（1）速度分布：设牛顿黏性流体在半径为 R 的水平圆管内流动，在管中取半径为 r，长度为 L，与

管共轴的圆柱形流体元，如图 2-17(a)所示。该流体元左端所受压力为 $p_1\pi r^2$，右端所受压力为 $p_2\pi r^2$，因此，它在水平方向上所受的压力差为

$$F=(p_1-p_2)\pi r^2$$

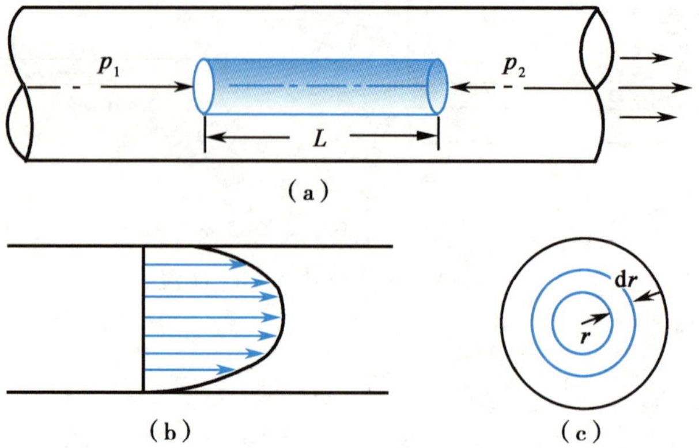

图 2-17 泊肃叶定律的推导

(a) 牛顿流体中的圆柱形流体元；(b) 牛顿流体的速度分布；
(c) 薄壁圆筒形流体元的截面。

作用在流体元表面上的黏性阻力由式(2-18)给出，因该阻力的作用面积为 $S=2\pi rL$，所以，黏性阻力 $F'=-\eta\cdot 2\pi rL\dfrac{dv}{dr}$，式中负号表示 v 随 r 的增大而减小。

当管内流体在水平方向做定常流动时，流体元水平方向所受总的合力必须为零，$F=F'$，即

$$(p_1-p_2)\pi r^2=-2\pi r\eta L\frac{dv}{dr}$$

整理后得出

$$-\frac{dv}{dr}=\frac{(p_1-p_2)r}{2\eta L}$$

上式说明：从管轴($r=0$)到管壁($r=R$)，速度梯度的绝对值随 r 的增大而增大，在 $r=R$ 处速度梯度的绝对值最大。

将上式分离变量并取定积分

$$-\int_v^0 dv=\frac{p_1-p_2}{2\eta L}\int_r^R r\,dr$$

积分后得

$$v=\frac{p_1-p_2}{4\eta L}(R^2-r^2) \qquad \text{式(2-24)}$$

式(2-24)给出了牛顿黏性流体在水平圆管中流动时，流速随半径的变化关系。从式(2-24)可以看出，在管轴($r=0$)处流速有最大值 $v_{max}=\dfrac{(p_1-p_2)R^2}{4\eta L}$，即速度的最大值与管内半径的平方成正比，与压强梯度成正比。图 2-17(b)为其速度分布的剖面图，从图中可以看出，v 随 r 变化的关系曲线为抛物线。

(2) 流量：如图 2-17(c)所示。在圆管中取一个与管共轴，半径为 r，厚度为 dr 的薄壁圆筒形流体元。单位时间内通过该筒端面流体的体积为 $dQ=vdS$，v 为半径 r 处的流速，由式(2-24)给出。$dS=2\pi rdr$ 为圆环面积，则

$$dQ=\frac{p_1-p_2}{4\eta L}(R^2-r^2)2\pi r\,dr$$

那么，通过整个水平圆管的流量为

$$Q=\frac{\pi(p_1-p_2)}{2\eta L}\int_0^R(R^2-r^2)r\mathrm{d}r=\frac{\pi R^4(p_1-p_2)}{8\eta L}$$

即得到泊肃叶定律的数学表示式。

（3）讨论

1）圆管中流体的平均流速：

$$\bar{v}=\frac{Q}{S}=\frac{\pi R^4(p_1-p_2)}{\pi R^2\times 8\eta L}=\frac{R^2(p_1-p_2)}{8\eta L}=\frac{1}{2}v_{\max}\qquad\text{式(2-25)}$$

可见，圆管中流体的平均流速为管轴（$r=0$）处最大流速的一半。

2）流阻：如果用$\frac{1}{R_f}$代替$\frac{\pi R^4}{8\eta L}$，那么泊肃叶定律可改写为

$$Q=\frac{p_1-p_2}{R_f}\qquad\text{式(2-26)}$$

式（2-26）与电学中的欧姆定律极为相似。$R_f=\frac{8\eta L}{\pi R^4}$，称为流阻（flow resistance），它的数值取决于管的长度、内半径和流体的黏度。在国际单位制中流阻的单位为帕·秒/米^3（符号 Pa·s/m^3）。式（2-26）说明牛顿黏性流体在均匀水平管中流动时，流量与管两端的压强差成正比。

如果流体连续通过 n 个流阻不同的管子，这与电阻的串联相似，那么“串联”的总流阻等于各个流管的流阻之和，即

$$R_f=R_{f1}+R_{f2}+\cdots+R_{fn}\qquad\text{式(2-27)}$$

如果 n 个管子“并联”连接，则总流阻的倒数等于各个流管的流阻倒数之和，即

$$\frac{1}{R_f}=\frac{1}{R_{f1}}+\frac{1}{R_{f2}}+\cdots+\frac{1}{R_{fn}}\qquad\text{式(2-28)}$$

2. 黏性流体的伯努利方程　在推导理想流体做定常流动的伯努利方程时，忽略了流体的黏性和可压缩性。但对于不可压缩的黏性流体做定常流动时又会遵循怎样的运动规律呢？仍利用图 2-4 进行分析，采用同样的推导方法，但考虑到在流体流动中，所选流管外的流体与流管内的流体存在着黏性力，此力对流管内的流体做负功，于是得到如下关系

$$\frac{1}{2}\rho v_1^2+\rho gh_1+p_1=\frac{1}{2}\rho v_2^2+\rho gh_2+p_2+w\qquad\text{式(2-29)}$$

式（2-29）中，w 表示单位体积的不可压缩的黏性流体从 XY 运动到 $X'Y'$ 时，克服黏性力所做的功或损失的能量。式（2-29）为不可压缩的黏性流体做定常流动时的基本规律（式中 v、h、p 均为流管横截面上的平均值），可称之为黏性流体的伯努利方程。

下面讨论不可压缩的黏性流体沿粗细均匀的水平圆管运动时，造成能量损失的因素。在均匀的水平圆管中取任意两个横截面，因 $h_1=h_2=h$，$v_1=v_2=v$，（h，v 均为平均值），由式（2-29）可得

$$p_1-p_2=w$$

若圆管内半径为 R，则流量为

$$Q=\pi R^2v$$

将以上两式代入泊肃叶定律的表达式（2-23）中，则

$$\pi R^2v=\frac{\pi R^4w}{8\eta L}$$

整理后得出损失的能量为

$$w=\frac{8\eta L}{R^2}v\qquad\text{式(2-30)}$$

式(2-30)表明，黏性流体在均匀水平圆管内流动时，单位体积流体损失的能量与流体的黏度、平均速度成正比，与管内半径的平方成反比。此外，黏性流体在均匀水平圆管内流动时，单位体积流体损失的能量还与管的长度 L 成正比，这说明能量的损失均匀地分布在流体流动的路程上，这种损失称为沿程能量损失。实际上，当流体通过弯管、截面积突变的管道或各种阀门时，都有额外的能量损失。这种集中地发生在某些局部的损失称为局部能量损失。

图 2-18 所示的装置可以演示黏性液体在均匀水平圆管中流动的情况。在粗细均匀的水平圆管上，等距离地装有竖直支管作为压强计，各管中液体上升的高度可以显示各处的压强。当用黏性液体(如甘油)做实验时，可以发现沿液体流动方向，各支管中液体的高度依次降低，这说明沿液体流动方向压强逐渐减小。从前文的分析可知，单位体积流体损失的能量 $w=p_1-p_2$，即能量的损失表现为压强的减小。又因损失的能量与 L 成正比，且各支管均是等距离的，故各支管中液柱下降的高度与各支管到容器的距离成正比。

例题 2-3　如图 2-19 所示，水通过直径为 20.0cm 的管从水塔底部流出，水塔内水面比出水管口高出 25.0m。如果维持水塔内水位不变，并已知管路中的沿程能量损失和局部能量损失之和为 24.5mH$_2$O(24.5m 水柱产生的压强)，试求每小时由管口排出的水量为多少。

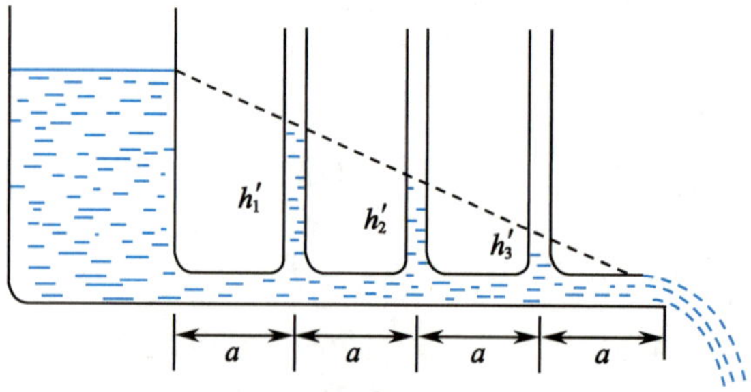

图 2-18　黏性液体在均匀水平圆管中流动

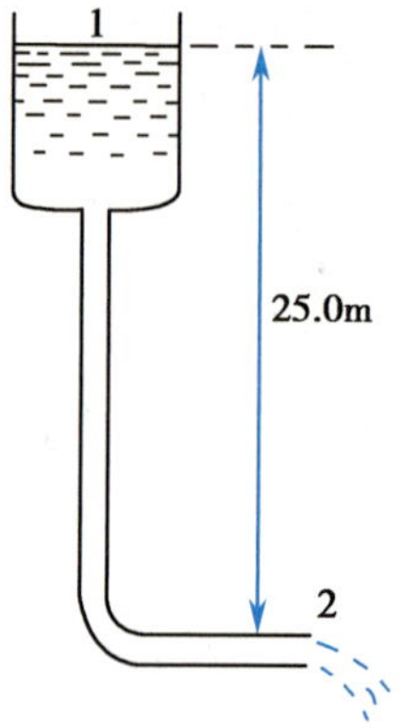

图 2-19　例题 2-3 图

解： 由于管内为牛顿黏性流体做定常流动，故可运用黏性流体的伯努利方程。在图中取 1、2 两点，设 $h_2=0$，则 $h_1=25.0\text{m}$；因 $S_1 \gg S_2$，所以 $v_1^2 \ll v_2^2$，v_1^2 可忽略不计；又 $p_1=p_2=p_0$，由式(2-29)可以得到

$$\rho g h_1=\frac{1}{2}\rho v_2^2+w$$

$$v_2=\sqrt{2g\left(h_1-\frac{w}{\rho g}\right)}$$

将 24.5mH$_2$O 代入上式，可得

$$v_2=\sqrt{2\times 9.8\times(25.0-24.5)}=3.13(\text{m/s})$$

每小时从出水口排出的水量为

$$V=Qt=\frac{\pi D^2}{4}\cdot v_2\cdot t=\frac{3.14\times 0.200^2}{4}\times 3.13\times 3\,600=354(\text{m}^3)$$

血管中血压的变化：人体的血压是血管内血液对管壁的侧压强，医学上常用它高于大气压的数值来表示。血压的高低与血液流量、流阻及血管的柔软程度有关，用生理学术语来说，就是与心输出量、外周阻力及血管的顺应性有关。心血管系统的压强(即血压)随着心脏的收缩和舒张而变化。心脏收缩时，大量血液射入主动脉，由于血液不能及时流出，主动脉蓄血而血压升高，心收缩期中主动脉血压的最高值称为收缩压(systolic pressure)。心脏舒张时，主动脉回缩，血流不断排出，血压随之下降，

舒张期中主动脉血压的最低值称为舒张压(diastolic pressure)。收缩压的高低与主动脉的弹性和主动脉中的血量有关,舒张压的高低与外周阻力有密切关系。收缩压与舒张压之差称为脉压,扪脉时所感到的脉搏强弱与脉压有关,脉压随着血管远离心脏而减小,到了小动脉几乎消失。通常还用平均动脉压来表示整个心动周期内动脉压的高低,它是主动脉血压在一个心动周期内的平均值,如图 2-20 所示。

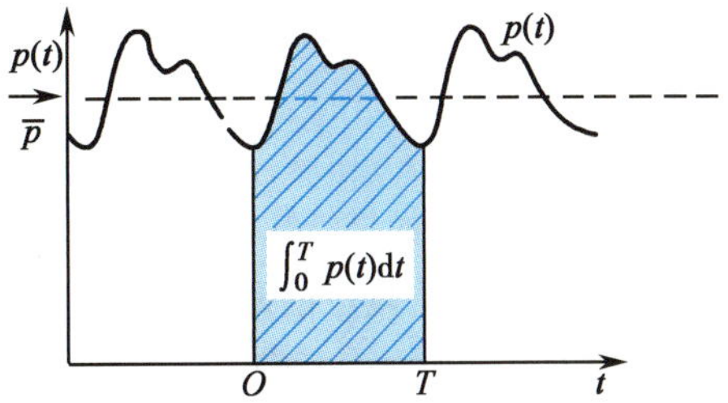

图 2-20　平均动脉压

$$\bar{p}=\frac{1}{T}\int_0^T p(t)\,\mathrm{d}t$$

式中,T 为心动周期。另外,为了计算方便,也常用舒张压加上$\frac{1}{3}$脉压来估算,即

$$\bar{p}=p_{舒张}+\frac{1}{3}p_{脉压}$$

由于血液是黏性流体,存在内摩擦力做功而消耗机械能,因此血液从心室射出后,它的血压在流动过程中是不断下降的。根据泊肃叶定律,主动脉和大动脉管径大,流阻小,血压下降少;到小动脉流阻增大,血压下降多。血液循环系统的血压变化如图 2-21 所示。

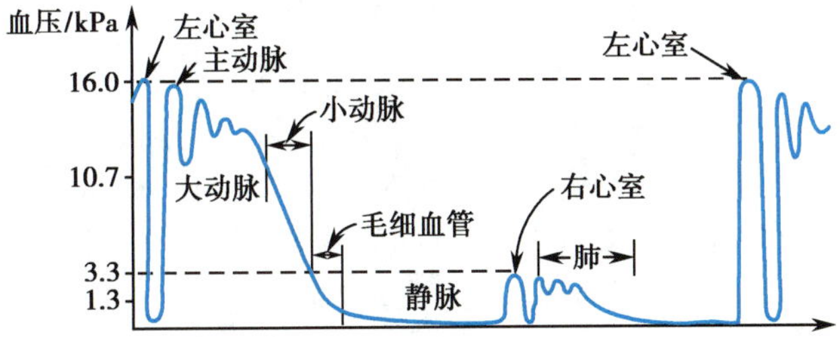

图 2-21　血管系统的血压变化

3. 斯托克斯定律　固体在黏性流体中运动时将受到黏性阻力,这是由于固体表面附着一层流体,此层流体随固体一起运动,因而与周围流体间存在着黏性力,该力可阻碍固体在流体中运动。

通过对固体在黏性流体中运动的实验研究,总结出如下规律:若固体的运动速度很小(雷诺数 $Re<1$),其所受到的黏性阻力 f 与固体的线度 l、速度 v、流体的黏度 η 成正比,比例系数由固体的形状而定。对于球形固体物,用半径 r 表示其线度,可以证明,比例系数为 6π,故黏性阻力为

$$f=6\pi\eta rv \qquad 式(2\text{-}31)$$

这个关系式是由英国科学家斯托克斯(G.G.Stokes)于 1845 年首先导出的,因而称为斯托克斯定律(Stokes law)。

当半径为 r 的小球,由静止状态开始在黏性流体中竖直下降时,最初,球体受到竖直向下的重力和竖直向上的浮力的作用,重力大于浮力,球体加速下降。之后,随着运动速度的增加,黏性阻力加大。当速度达到一定值时,重力、浮力和黏性阻力这三个力达到平衡,球体将匀速下降,这时的速度称为终极速度(terminal velocity),用 v_T 表示。

若球体的密度为 ρ,流体的密度为 ρ',则球体所受的重力为$\frac{4}{3}\pi r^3\rho g$,所受的浮力为$\frac{4}{3}\pi r^3\rho' g$,黏性阻力为 $6\pi\eta rv$,当到达终极速度时,三力平衡,即

$$\frac{4}{3}\pi r^3\rho g=\frac{4}{3}\pi r^3\rho' g+6\pi\eta rv_T$$

整理后得出

$$v_T = \frac{2}{9}\frac{gr^2}{\eta}(\rho - \rho') \qquad 式(2\text{-}32)$$

式(2-32)表明，如果已知小球的密度、液体的密度和黏度，测出终极速度可以求出球体的半径，著名的密立根油滴实验就是根据这个方法测定在空气中自由下落带电小油滴的半径，从而进一步测定出每个电子所带的电荷量。反之，如果已知小球的半径、密度及液体的密度，并测得终极速度，由式(2-32)可以求出液体的黏度，如沉降法测定流体的黏度系数就是采用这种原理。

2-4
液体黏度系数测定操作视频

由式(2-32)还可以知道，由于沉降速度与小球半径的平方、小球与流体的密度差、重力加速度成正比。因此对于溶液中非常微小的颗粒(细胞、大分子、胶粒等)，可利用高速或超速离心机来增加有效 g 值，加快颗粒的沉降；而在制造混悬液类的药物时，可采用增加悬浮介质的黏度、密度和减小悬浮颗粒的半径等方法来降低悬浮颗粒的沉降速度，提高混合悬浮液的稳定性。

拓展阅读

血液的流动

生物系统是非常复杂的，应用物理学原理来讨论循环系统中血液的流动时，必须加以简化处理。整个循环系统可看作是由心脏和血管所组成的闭合管路系统。图 2-22 是人体血液循环系统示意图，心脏周期性地收缩与舒张起着泵血的作用。心脏收缩时血液从左心室射入主动脉，经大动脉、小动脉、毛细血管输送到全身，再由小静脉经上、下腔静脉流回右心房，这一过程称为体循环。同时血液从右心室进入肺动脉，经肺部毛细血管、肺静脉回到左心房，这一过程称为肺循环。血管的管壁具有弹性，其弹性和管径大小受神经系统的控制而改变。血液是由红细胞、白细胞、血小板等有形成分分散于血浆中的悬浊液，属于非牛顿黏性流体。但在近似处理中，常把血液看作牛顿黏性流体，把血管系统也看作刚性管的串、并联，显然，这只能对循环系统的一些现象进行粗略的定量估算。

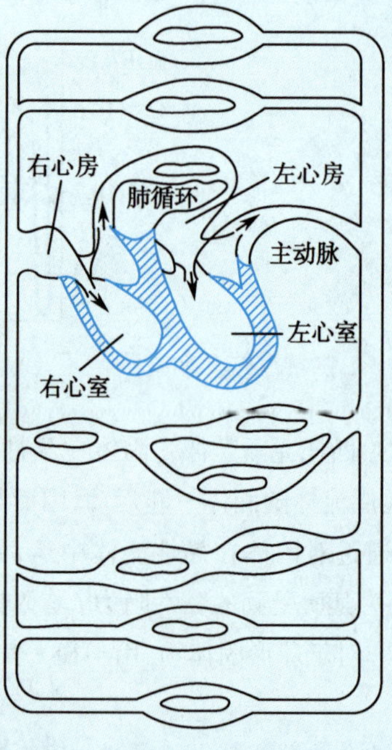

图 2-22　人体血液循环系统示意图

血液循环之所以能够持续进行，是因为心脏周期性地做功，补偿血液流动过程中内摩擦力做功而消耗的机械能。心脏所做的功，可以由单位体积血液在主动脉的机械能与单位体积血液在腔静脉的机械能之差而求得。因为血液循环由体循环和肺循环两部分组成，心脏做功可分为左心室做功和右心室做功。如果不计心房与心室的高度差，根据黏性流体的伯努利方程，则左心室输出单位体积血液所做的功 w_L 为

$$w_L = (p_1 - p_2) + \left(\frac{1}{2}\rho v_1^2 - \frac{1}{2}\rho v_2^2\right)$$

式中，p_1、v_1 分别代表主动脉中靠近左心室处的血压和心脏收缩时左心室的射血速度，p_2、v_2 分别代表腔静脉中靠近右心房处的血压和血流速度，v_2 很小可忽略不计，p_2 接近大气压，$(p_1 - p_2)$ 约等于主动脉平均血压。则

$$w_L=(p_1-p_2)+\frac{1}{2}\rho v_1^2 \qquad 式(2\text{-}33)$$

同理，可以求出右心室输出单位体积血液所做的功 w_R。由于肺动脉中的平均血压约为主动脉中的 $\frac{1}{6}$，血液在肺动脉中靠近右心室处的血流速度与主动脉的血流速度 v_1 大致相等，所以

$$w_R=\frac{1}{6}(p_1-p_2)+\frac{1}{2}\rho v_1^2 \qquad 式(2\text{-}34)$$

整个心脏输出单位体积血液所做的功 w 为

$$w=\frac{1}{2}(w_L+w_R)=\frac{7}{12}(p_1-p_2)+\frac{1}{2}\rho v_1^2 \qquad 式(2\text{-}35)$$

人在静息状态下，如果主动脉平均血压约为 100mmHg，即 $p_1-p_2=1.33\times10^4$Pa，左心室的射血速度 v_1 为 0.3m/s，血液密度 ρ 为 1.05×10^3kg/m³，代入式(2-35)计算得 $w=7.85\times10^3$J/m³。若心脏每心室每分钟输出血液量约为 5L，这相当于心脏每分钟做功为 7.85×10^3J。人运动时，心率加快，心脏每分钟输出血液量增加，心脏做功会更多。高血压患者，因血压长期处于较高状态而导致心脏做功增加[由式(2-35)可知]。由于负荷过大，左心室因代偿而逐渐肥厚和扩张导致器质性病变，形成高血压性心脏病。

2-5

血流动力学

拓展阅读

习　题

1. 应用连续性方程的条件是什么？

2. 在推导伯努利方程的过程中，用过哪些条件？伯努利方程的物理意义是什么？

3. 两条木船朝同一方向并进时，会彼此靠拢甚至导致船体相撞。试解释产生这一现象的原因。

4. 冷却器由 19 根 Φ20mm×2mm（即管的外直径为 20mm，壁厚为 2mm）的列管组成，冷却水由 Φ54mm×2mm 的导管流入列管中，已知导管中水的流速为 1.4m/s，求列管中水流的速度。

5. 水管上端的截面积为 4.0×10^{-4}m²，水的流速为 5.0m/s，水管下端比上端低 10m，下端的截面积为 8.0×10^{-4}m²。

(1) 求水在下端的流速。

(2) 如果水在上端的压强为 1.5×10^5Pa，求下端的压强。

6. 水平的自来水管粗处的直径是细处的两倍。如果水在粗处的流速和压强分别是 1.00m/s 和 1.96×10^5Pa，那么水在细处的流速和压强各是多少？

7. 利用压缩空气，把水从一密封的筒内通过一根管以 1.2m/s 的流速压出。当管的出口处高于筒内液面 0.60m 时，筒内空气的压强比大气压高多少？

8. 文丘里流量计主管的直径为 0.25m，细颈处的直径为 0.10m，如果水在主管的压强为 5.5×10^4Pa，在细颈处的压强为 4.1×10^4Pa，求水的流量是多少？

9. 一个水平管道内直径从200mm均匀地缩小到100mm，现于管道中通以甲烷（密度$\rho=0.645kg/m^3$），并在管道的1、2两处分别装上压强计（图2-9），压强计的工作液体是水。设1处U型管压强计中水面高度差$h_1'=40mm$，2处压强计中水面高度差$h_2'=-98mm$（负号表示开管液面低于闭管液面），求甲烷的体积流量Q。

10. 将皮托管插入河水中测量水速，测得其两管中水柱上升的高度各为0.5cm和5.4cm，求水速。

11. 如果图2-11（b）所示的装置是一采气管，采集CO_2气体，如果压强计的水柱差是2.0cm，采气管的横截面积为$10cm^2$。求5分钟所采集的CO_2的量为多少。已知CO_2的密度为$2kg/m^3$。

12. 水桶底部有一小孔，桶中水深$h=0.3m$。试求在下列情况下，从小孔流出的水相对于桶的速度：

（1）桶是静止的。

（2）桶匀速上升。

13. 注射器的活塞截面积$S_1=1.2cm^2$，而注射器针孔的截面积$S_2=0.25mm^2$。当注射器水平放置时，用$f=4.9N$的力压迫活塞，使之移动$l=4cm$，问水从注射器中流出需要多少时间？

14. 用一截面为$5.0cm^2$的虹吸管把截面积大的容器中的水吸出。虹吸管最高点在容器的水面上1.20m处，出水口在此水面下0.60m处。求在定常流动条件下，管内最高点的压强和虹吸管的流量。

15. 匀速地将水注入一容器中，注入的流量为$Q=150cm^3/s$，容器的底部有面积$S=0.50cm^2$的小孔，使水不断流出。求达到稳定状态时，容器中水的高度。

16. 如图2-23所示，两个很大的开口容器B和F，盛有相同的液体。由容器B底部接一水平非均匀管CD，水平管的较细部分1处连接到一竖直的E管，并使E管下端插入容器F的液体内。假设液体是理想流体做定常流动。如果管中1处的横截面积是出口2处的一半。并设管的出口处比容器B内的液面低h，问E管中液体上升的高度H是多少？

17. 水从一截面为$5cm^2$的水平管A，流入两根并联的水平支管B和C，它们的截面积分别为$4cm^2$和$3cm^2$。如果水在管A中的流速为100cm/s，在管C中的流速为50cm/s。问：

（1）水在管B中的流速是多大？

（2）B、C两管中的压强差是多少？

（3）哪根管中的压强最大？

18. 如图2-24所示，在水箱侧面的同一铅直线的上、下两处各开一小孔，若从这两个小孔的射流相交于一点P，试证：$h_1H_1=h_2H_2$。

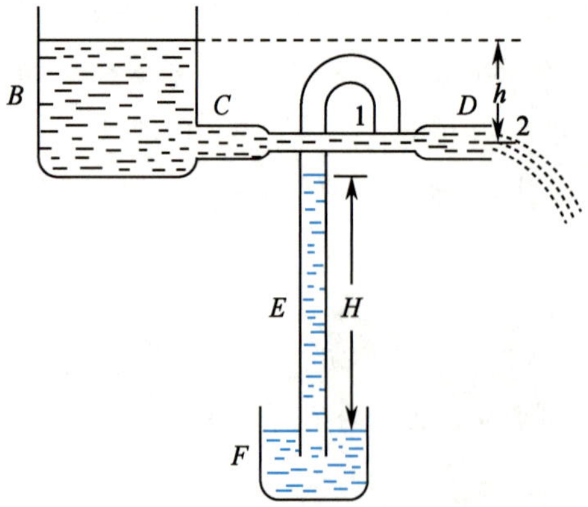

图2-23 习题16图

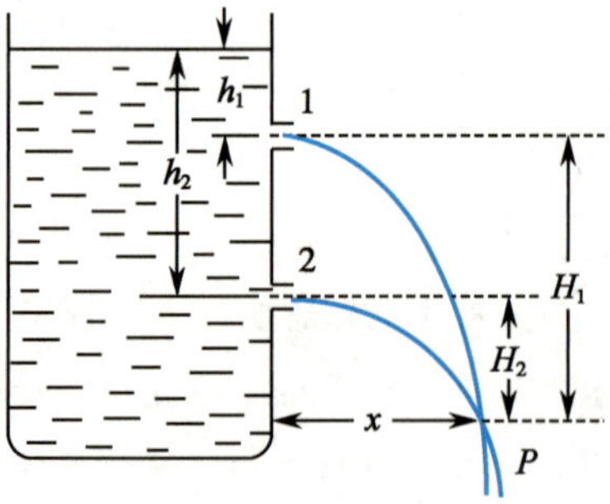

图2-24 习题18图

19. 在一个顶部开口、高度为0.1m的直立圆柱形水箱内装满水，水箱底部开有一小孔，已知小孔的横截面积是水箱的横截面积的1/400，求：

（1）通过水箱底部的小孔将水箱内的水流尽需要多少时间？

（2）欲使水面距小孔的高度始终维持在0.1m，把相同数量的水从这个小孔流出又需要多少时间？并把此结果与（1）的结果进行比较。

20. 使体积为 $25cm^3$ 的水，在均匀的水平管中从压强为 1.3×10^5Pa 的截面移到压强为 1.1×10^5Pa 的截面时，克服摩擦力所做的功是多少？

21. 20℃的水，在半径为1.0cm的水平管内流动，如果管中心处的流速是10cm/s。求由于黏性使得管长为2.0m的两个端面间的压强差是多少？

22. 直径为0.01mm的水滴，在速度为2cm/s的上升气流中，能否向地面落下？设空气的 $\eta=1.8\times10^{-5}Pa\cdot s$。

23. 一条半径 $r_1=3.0\times10^{-3}m$ 的小动脉被一硬斑部分阻塞，此狭窄处的有效半径 $r_2=2.0\times10^{-3}m$，血流平均速度 $v_2=0.50m/s$。已知血液黏度 $\eta=3.00\times10^{-3}Pa\cdot s$，密度 $\rho=1.05\times10^3kg/m^3$。试求：

（1）未变狭窄处的平均血流速度。

（2）狭窄处会不会发生湍流？

（3）狭窄处血流的动压强是多少？

2-6

第二章

目标测试

（刘凤芹）

第三章

分子动理论

第三章
教学课件

学习目标

1.掌握 理想气体动理论基本方程、表面现象和表面张力系数、弯曲液面附加压强。

2.熟悉 物质微观结构的基本概念、分子速率和能量统计分布、毛细现象和气体栓塞、表面活性物质。

3.了解 动理学理论及其实验基础。

物体的运动形式是多种多样的，表现的现象也是错综复杂的。分子物理学的出发点是物质的分子运动，即一切物质的分子或原子，永远处在复杂的运动状态中。主要表现在物质状态的变化(即压强、体积和温度的变化，聚集态的转换等)以及伴随发生的热现象。分子物理学的任务是研究物质宏观现象的本质，并根据物质的分子结构，建立宏观量与分子微观量之间的关系，例如气体的温度与分子平均平动动能的关系等。分子物理学中所应用的研究方法是统计方法，以说明物质的宏观性质的本质。

本章主要介绍分子物理学中有关气体分子运动论的基本方程，气体分子的运动速率以及液体的表面现象等内容。在生命活动中包含着很多与热现象和液体表面现象有关的过程，本章的学习对认识和研究生命过程具有非常重要的意义。

第一节　理想气体动理论基础

在固、液、气三种聚集态中，气体分子热运动最为显著，而分子间相互作用力很小。一般情况下，除了碰撞瞬间外，分子间相互作用力可以忽略不计。因此，在固、液、气三种聚集态中，以气体的性质最为单纯。气体动理论从物质的微观结构出发，依据每个粒子所遵循的力学规律，用统计的观点和统计平均的方法，寻求宏观量与微观量之间的关系，研究气体的性质。

一、物质的微观模型

1. 动理学理论及其实验基础

(1) 宏观物体由大量分子或原子(以下简称分子)所组成：许多常见的现象都能说明，物质是由不连续的分子组成的，如物体在外力作用下体积会变小；钢筒中所盛的油，在约 2 000MPa 的压强作用下，可透过筒壁逸出。这些现象都说明宏观物体是由大量不连续的微粒组成的。

(2) 物体内的分子都在永不停息地运动着：两种物质相接触时扩散现象的存在，说明了物体内分子在不停地做无规则运动。气体和液体的扩散比较显著，固体也会扩散，只是进行得很慢而已。著名的布朗运动(Brownian motion)更有力地证明了分子无规则运动的存在。实验还表明，温度越高，扩散越快，布朗运动越激烈，说明分子的无规则运动越激烈，因此分子不停地无规则运动也称为分子的热运动(thermal motion)。

（3）分子间存在相互作用力：在一定温度下气体可凝聚成液体或固体，说明分子间有相互吸引力；液体和固体难以压缩，又说明分子间有相互排斥力。液体的表面张力、毛细现象和固体的弹性等，也必须依据分子间存在的相互作用力才能说明。

分子之间存在的引力和斥力统称为分子力（molecular force）。分子间的引力和斥力都随分子间距离的变化而变化。分子间作用力与分子间距离 r 的关系如图 3-1 所示。可以看出：

1）当分子间距离 $r=r_0$ 时（r_0约为 10^{-10}m 数量级），分子间的引力与斥力平衡，此时两力的合力为零，即分子间作用力为零，此时分子所处的位置是平衡位置。

2）当分子间距离 $r<r_0$ 时，分子间引力和斥力都随距离减小而增大，但斥力增加得更快，故斥力大于引力，此时分子间作用力表现为斥力（此时的引力仍然存在）。

3）当分子间距离 $r>r_0$ 时，分子间引力和斥力都随距离的增大而减小，但是斥力减小得更快，故引力大于斥力，此时分子间的作用力表现为引力（此时斥力仍然存在），当分子间距离大于约 10^{-9}m 数量级时，引力和斥力均趋近于零。

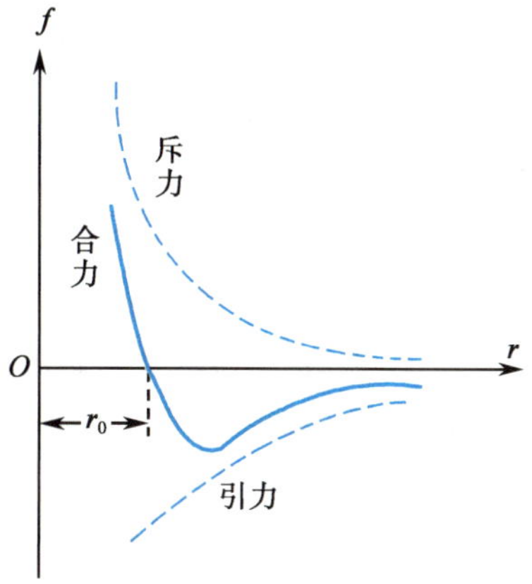

图 3-1　分子力曲线

所以，如果以某个分子为中心，作一个以 10^{-9}m 为半径的球面，那么只有在这球面内的分子对它才有作用力，这个球称作分子作用球，球的半径就是分子力的作用半径。

2. 物质微观结构的基本概念　综上所述，一切物体都是由大量分子组成的，所有分子都处于永不停息的运动之中，分子间存在着引力和斥力的作用，这就是物质微观结构的基本概念。分子力的作用将使分子在空间形成某种规则分布，分子的无规则运动将破坏这种规则分布。正是这两种相互对立的作用，构成了物质聚集态变化的内部依据。

二、理想气体动理论基本方程

1. 理想气体状态方程　为了描述物体的态，常采用一些表示物体相关特征的物理量，例如体积、压强、温度、浓度等，作为描述态的变量，称为态参量。对于一定质量的某种气体（质量 M、摩尔质量 μ）的态，一般可用气体所占体积（V）、压强（p）和温度（T 或 t）等三个物理量来表征。这三个量称为气体的态参量（state parameter）。

在描述气体的压强、温度等物理量时，只有气体中各处压强、温度都相同才有意义。如果各处不同，例如局部加热，就会发生对流、热传导等过程，这时气体所处的态称为非平衡态。只要没有外界影响，内部也没有能量转化，如化学反应、核反应等，经过一定时间后，气体中各处压强、温度一定会趋于一致，而且长时间维持不变，此时称为气体的平衡态。处于平衡态的气体，内部分子的热运动永不停息。每个分子通过热运动相互碰撞，不断改变其微观态。只有对一定质量的处于平衡态的某种气体，才能用三个态参量确定其态。

实验研究表明，V、p、T 三个态参量中每两个参量间的变化可分别由三个实验定律给出——波义耳定律、查理定律和盖吕萨克定律。但由于当时科技水平的限制，它们都具有一定的局限性和近似性。只有在压强不太大（与标准大气压比较）和温度不太低（和室温比较）的条件下，气体才比较准确地遵守上述三个定律。理论上，把在任何情况下都绝对遵守这三个实验定律的气体，称为理想气体（ideal gas）。显然，理想气体是一个理想模型，引入理想气体是为了使问题简化，便于研究。

概括上述三条实验定律，可得理想气体状态方程（ideal gas equation of state）。对质量为 M、摩尔质量为 μ 的理想气体，有

$$pV=\frac{M}{\mu}RT \qquad 式(3\text{-}1)$$

理想气体动理论基本方程
微课

式(3-1)中，$R=8.314\mathrm{J/(mol\cdot K)}$，称为摩尔气体常量，它与气体性质无关，但其数值和式(3-1)中其他各量的单位有关。国际单位制中，压强的单位为Pa(帕斯卡，简称帕)；体积的单位为$\mathrm{m^3}$；温度用热力学温度单位K(开尔文，简称开)；质量的单位为kg；摩尔质量的单位为kg/mol。

2. 理想气体微观模型 现从气体动理学理论的基本特征出发，对气体进行一些抽象假设：

(1) 气体分子大小和气体分子间距相比可忽略不计，同种气体分子可看成质量相同的质点，其运动遵循牛顿运动定律。

(2) 除气体分子碰撞和气体分子与容器壁碰撞的瞬间外，分子间作用力可忽略不计，分子所受重力也可忽略不计。

(3) 分子间和分子与器壁间的碰撞是弹性的，碰撞前后分子动能不变。这样，气体就可看成自由地做无规则运动的弹性质点的集合。

上述假设忽略了分子大小及分子间作用力，只考虑分子热运动。由此得出的规律和理想气体状态方程一致，因此上述假设构成了理想气体的微观模型。

此外，气体处于平衡态时，单位体积中分子数(称为分子数密度)处处相等，分子沿任意一个方向运动的机会均等。因此有

$$\overline{\boldsymbol{v}_x^2}=\overline{\boldsymbol{v}_y^2}=\overline{\boldsymbol{v}_z^2}$$

各速度分量平方的平均值按下式定义

$$\overline{\boldsymbol{v}_x^2}=\frac{(\boldsymbol{v}_{1x}^2+\boldsymbol{v}_{2x}^2+\cdots+\boldsymbol{v}_{Nx}^2)}{N}$$

式中N为总分子数。

由于每个分子的速率和速度分量的关系为

$$\boldsymbol{v}_i^2=\boldsymbol{v}_{ix}^2+\boldsymbol{v}_{iy}^2+\boldsymbol{v}_{iz}^2$$

等号两侧对所有分子求平均值，可得

$$\overline{\boldsymbol{v}^2}=\overline{\boldsymbol{v}_x^2}+\overline{\boldsymbol{v}_y^2}+\overline{\boldsymbol{v}_z^2}$$

因此有

$$\overline{\boldsymbol{v}_x^2}=\overline{\boldsymbol{v}_y^2}=\overline{\boldsymbol{v}_z^2}=\frac{1}{3}\overline{\boldsymbol{v}^2} \qquad 式(3\text{-}2)$$

这些是关于分子无规则运动的统计学假设，只适用于大量分子的集合，其中分子数密度n及$\overline{v_x^2}$、$\overline{v_y^2}$、$\overline{v_z^2}$、$\overline{v^2}$也只有对大量分子的集合才有意义，式(3-2)才成立。

3. 理想气体的压强 在上述理想气体微观模型和统计性假设的基础上，可以阐明理想气体压强的本质，并得出理想气体的压强公式。

从微观上看，气体对器壁的压强是大量气体分子对器壁频繁碰撞的结果。设体积为V的容器中有N个质量为m的气体分子，它们处于平衡态。为讨论方便，将所有分子按速度分为若干组，每一组内各分子速度大小和方向基本相同。例如速度$\boldsymbol{v}_i$到$(\boldsymbol{v}_i+\mathrm{d}\boldsymbol{v}_i)$区间内的分子，速度基本上都是$\boldsymbol{v}_i$。以$n_i$表示这一组的分子数密度，则总的分子数密度应为$n=\sum_i n_i$。

平衡态时，器壁上压强处处相等。任取器壁上一小块面积$\mathrm{d}A$，并取其垂直向外的方向为x轴方向(图3-2)。对速度为$\boldsymbol{v}_i$的某分子，由于它和器壁的碰撞是弹性的，碰撞前后在y、z方向上的速度分量不变，x方向上速度分量由v_{ix}变为$-v_{ix}$，动量增量为$m(-v_{ix})-mv_{ix}=-2mv_{ix}$。由动量定理，这就是该分

子一次碰撞器壁的过程中器壁对它的冲量。由牛顿第三定律，该分子一次碰撞器壁施于器壁的冲量为 $2mv_{ix}$，方向沿 x 轴。

下面计算在 $\mathrm{d}t$ 时间内有多少速度基本上为 v_{ix} 的分子碰到 $\mathrm{d}A$ 上。以 $\mathrm{d}A$ 为底、$\boldsymbol{v}_i$ 为轴线，作高为 $v_{ix}\mathrm{d}t$ 的斜柱体，凡柱体内分子 $\mathrm{d}t$ 内都能相碰，柱体外分子 $\mathrm{d}t$ 内都不能相碰。该柱体内速度为 $\boldsymbol{v}_i$ 的分子数为 $n_i v_{ix}\mathrm{d}t\mathrm{d}A$，这些分子在时间 $\mathrm{d}t$ 内对 $\mathrm{d}A$ 的总冲量为

$$n_i \boldsymbol{v}_{ix}\mathrm{d}A\mathrm{d}t(2m\boldsymbol{v}_{ix}) = 2mn_i\boldsymbol{v}_{ix}^2\mathrm{d}A\mathrm{d}t$$

考虑到只有 $v_x>0$ 的分子才可能和 $\mathrm{d}A$ 碰撞，由于分子运动各向机会均等，$v_{ix}>0$ 和 $v_{ix}<0$ 的分子各占分子总数的一半，$\mathrm{d}t$ 时间内所有各种速度的分子对 $\mathrm{d}A$ 的总冲量为

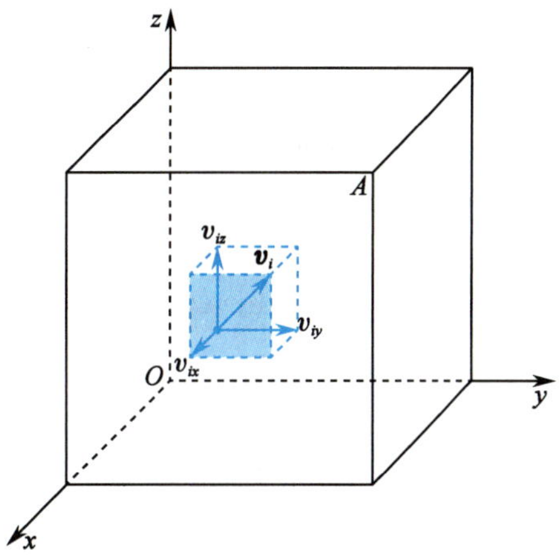

图 3-2　理想气体压强的推导

$$\mathrm{d}I = \sum_{v_{ix}>0} 2mn_i\boldsymbol{v}_{ix}^2\mathrm{d}A\mathrm{d}t$$

$$= \frac{1}{2}\sum_i 2mn_i\boldsymbol{v}_{ix}^2\mathrm{d}A\mathrm{d}t = \sum_i mn_i\boldsymbol{v}_{ix}^2\mathrm{d}A\mathrm{d}t$$

以 p 表示气体压强，$p\mathrm{d}A$ 为作用于 $\mathrm{d}A$ 的压力，$\mathrm{d}t$ 时间内 $\mathrm{d}A$ 受到的总冲量为 $\mathrm{d}I=p\mathrm{d}A\mathrm{d}t$。因此有

$$p=m\sum_i n_i\boldsymbol{v}_{ix}^2$$

由于 $\overline{v_x^2}=\dfrac{1}{N}\sum N_i v_{ix}^2=\dfrac{1}{n}\sum n_i v_{ix}^2$，再考虑式(3-2)，有

$$p=nm\overline{\boldsymbol{v}_x^2}=\frac{1}{3}nm\overline{\boldsymbol{v}^2}=\frac{2}{3}n\left(\frac{1}{2}m\overline{\boldsymbol{v}^2}\right) \qquad 式(3\text{-}3)$$

这就是理想气体的压强公式。它表明气体压强本质上是气体分子碰撞器壁的平均冲力，其大小和分子数密度及分子平均平动动能成正比。

上述讨论中，没有考虑分子间的碰撞，但并不影响讨论的结果。分子间的碰撞属于质量相同的小球之间的弹性碰撞，就大量分子的统计效果来讲，当速度为 $\boldsymbol{v}_i$ 的分子因碰撞而速度发生改变时，必有其他分子因碰撞而速度变为 $\boldsymbol{v}_i$，使速度为 $\boldsymbol{v}_i$ 到 $(\boldsymbol{v}_i+\mathrm{d}\boldsymbol{v}_i)$ 区间内的分子数密度 n_i 基本不变。

需要注意的是，式(3-3)中 p、n、$\dfrac{1}{2}m\overline{v^2}$ 都是统计平均值，因此式(3-3)是一个统计平均规律，对一个分子或少量分子是没有意义的，只有对大量分子才成立。

4. 分子的平均平动动能　根据理想气体压强公式和理想气体状态方程，可以得到气体温度和分子平均平动动能之间的关系。为便于比较，先改写理想气体状态方程。设质量为 M 的气体包含有 N 个质量为 m 的分子，则 $M=Nm$，$\mu=N_{\mathrm{A}}m$。其中 $N_{\mathrm{A}}=6.022\times10^{23}/\mathrm{mol}$，为阿伏伽德罗常数（Avogadro constant）。代入式(3-1)，有

$$p=\frac{1}{V}\frac{M}{\mu}RT=\frac{N}{V}\frac{R}{N_{\mathrm{A}}}T=nkT \qquad 式(3\text{-}4)$$

式(3-4)中，k 为玻尔兹曼常数（Boltzmann constant）。

$$k=\frac{R}{N_{\mathrm{A}}}=\frac{8.314}{6.022\times10^{23}}=1.381\times10^{-23}\,\mathrm{J/K}$$

式(3-4)是理想气体状态方程的另一种形式，这和理想气体压强一致，因此式(3-3)也只适用于理想气体。比较式(3-4)和式(3-3)，可得

$$\frac{1}{2}m\overline{v^2}=\frac{3}{2}kT \qquad 式(3\text{-}5)$$

这是气体动理论的另一重要关系。

式(3-5)指出,理想气体分子平均平动动能只与气体温度有关,且与气体热力学温度成正比。它还表明,气体的温度是分子平均平动动能的量度,分子热运动越剧烈,气体温度越高。温度是大量分子热运动的集体表现。对一个分子或少量分子来讲它的温度多高是没有意义的。

式(3-5)只适用于理想气体,即高温低压下的气体。因此不能由此得出结论,认为气体为绝对零度时气体分子将停止运动。

掌握了压强、温度的本质后,对理想气体状态方程的理解将更深刻。体积一定时,随着温度的升高,分子热运动剧烈,分子碰撞器壁冲力变大,单位时间内撞击器壁的分子数也将增多,因而压强变大;温度一定时,随着体积的缩小,分子数密度增大,单位时间内撞击器壁分子数增大,因而压强变大。

第二节　分子速率和能量的统计分布

气体分子处于热动平衡时,由于无规则热运动和频繁碰撞,单个分子的速度大小和方向随机变化,不可预知。但对大量分子整体而言,在一定温度的平衡态下,它们的速率分布和能量分布遵循一定的统计规律。

一、麦克斯韦速率分布函数

在讨论压强和温度的本质时,都涉及"分子平均平动动能"。一定温度的理想气体,分子速率不一,但分子平均平动动能是一定的,可见分子速率是按一定规律分布的。1859年,麦克斯韦(J.C.Maxwell)根据概率论首先得出了这一规律,当时分子概念还只是一种假说。

根据经典力学的理论,气体分子的速率可以取从零到无限大的任何连续数值;气体包含的分子数巨大,且是个有限值。所谓分子速率的统计分布是指速率在 v 到 $v+\mathrm{d}v$ 区间内的分子数 $\mathrm{d}N$,或 $\mathrm{d}N$ 占总分子数 N 的百分比 $\mathrm{d}N/N$ 是多少。这一百分比在各速率区间是不同的,即它应是速率 v 的函数;在速率区间足够小的情况下,这一百分比还应和区间的大小 $\mathrm{d}v$ 成正比,应该有

$$\frac{\mathrm{d}N}{N}=f(v)\,\mathrm{d}v$$

或

$$f(v)=\frac{\mathrm{d}N}{N\mathrm{d}v} \qquad 式(3\text{-}6)$$

式(3-6)中,函数 $f(v)$ 称为速率分布函数。它的物理意义为速率在 v 附近单位速率区间内的分子数占总分子数的百分比。它的数值越大,表示分子处于 v 附近单位速率区间内的概率越大。

麦克斯韦速率分布就是在一定条件下速率分布函数的具体形式。它指出,在平衡态下,当气体分子间的相互作用可以忽略时,速率分布函数为

$$f(v)=4\pi\left(\frac{m}{2\pi kT}\right)^{\frac{3}{2}}\mathrm{e}^{\frac{mv^2}{2kT}}v^2 \qquad 式(3\text{-}7)$$

式(3-7)指出,对于给定气体(m 一定),麦克斯韦速率分布函数仅与温度有关。

将式(3-6)对所有速率区间积分,将得到所有速率区间的分子数占总分子数的百分比,显然其数值等于1。因此有

$$\int_0^\infty f(v)\,\mathrm{d}v=1 \qquad 式(3\text{-}8)$$

这一所有分布函数必须满足的条件称为归一化条件。

二、分子速率的三种统计平均值

以速率 v 为横轴、速率分布函数 $f(v)$ 为纵轴，可绘出如图 3-3(a) 的速率分布曲线。图中小窄条面积表示速率在 v 到 $(v+\mathrm{d}v)$ 区间内分子数占总分子数的百分比 $\mathrm{d}N/N$。

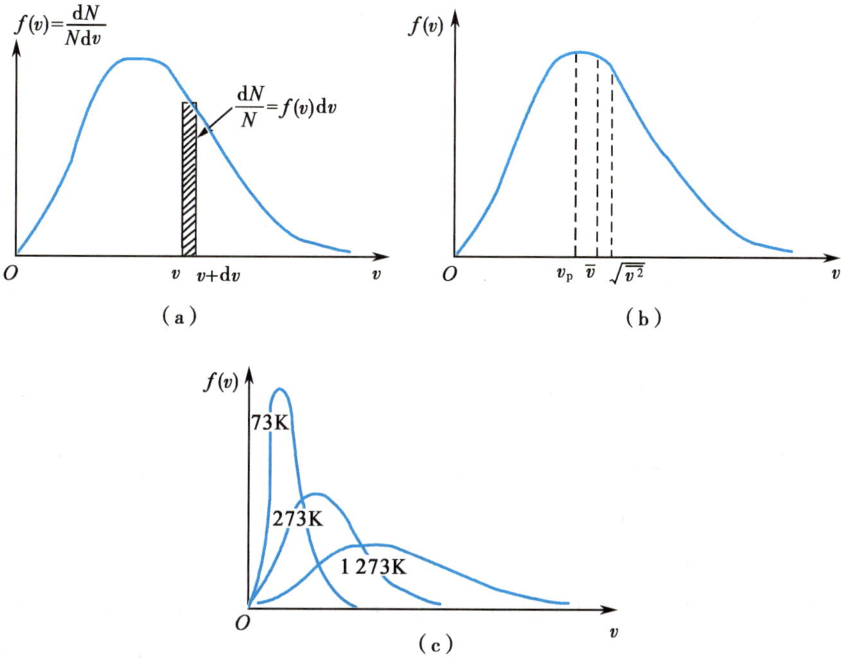

图 3-3　麦克斯韦速率分布曲线

(a) 某一温度下分子速率分布曲线；(b) 某一温度下分子速率的三个统计值；(c) 不同温度下的分子速率分布曲线。

速率分布曲线形象地表明，具有很大速率或很小速率的分子数较少，中等速率的分子数较多。曲线有一最大值，与之相应的速率 v_{p} 称为最概然速率(most probable speed)。由 $\frac{\mathrm{d}}{\mathrm{d}v}f(v)=0$，可得

$$v_{\mathrm{p}}=\sqrt{\frac{2kT}{m}}=\sqrt{\frac{2RT}{\mu}}\approx 1.41\sqrt{\frac{RT}{\mu}} \qquad \text{式(3-9a)}$$

最概然速率的物理意义为在一定温度下，如果将整个速率范围分成许多相等的小区域，则 v_{p} 所在区间内的分子数占总分子数的百分比最大，或者说分子速率在 v_{p} 所在区间内的概率最大。

式(3-9a)表明，对给定气体，v_{p} 随温度升高而增大。如图 3-3(c)所示，温度越高，v_{p} 越大，但 $f(v_{\mathrm{p}})$ 越小。由于曲线下面积恒为 1，所以温度升高时曲线较平坦，并向高速区扩展。由此证明，温度越高分子运动越剧烈。

利用速率分布函数，还可求出平均速率(mean speed)$\bar{v}$ 和方均根速率(root-mean-square speed)$\sqrt{\overline{v^2}}$(所有分子速率平方的平均值的平方根)。由平均值的定义，它们分别为

$$\bar{v}=\int_0^N v\frac{\mathrm{d}N}{N}=\int_0^\infty vf(v)\mathrm{d}v$$

$$\sqrt{\overline{v^2}}=\sqrt{\int_0^N v^2\frac{\mathrm{d}N}{N}}=\sqrt{\int_0^\infty v^2f(v)\mathrm{d}v}$$

将式(3-8)代入，经计算可得

$$\bar{v}=\sqrt{\frac{8kT}{\pi m}}=\sqrt{\frac{8RT}{\pi\mu}}\approx 1.60\sqrt{\frac{RT}{\mu}} \qquad \text{式(3-9b)}$$

$$\sqrt{\overline{v^2}}=\sqrt{\frac{3kT}{m}}=\sqrt{\frac{3RT}{\mu}}\approx 1.73\sqrt{\frac{RT}{\mu}} \qquad \text{式(3-9c)}$$

三种分子运动的统计速率都和$\sqrt{T}$成正比，和$\sqrt{m}$成反比。其相对大小如图 3-3(b)所示。

三种速率的应用各有不同。例如，讨论速率分布时用 v_p；讨论分子平均平动动能时用$\sqrt{\overline{v^2}}$；讨论分子间碰撞时要用 $\bar{v}$。

分子碰撞在气体动理论中起着重要作用。

1. 分子通过碰撞对器壁作用压力。
2. 气体分子的能量均分靠分子间碰撞实现。
3. 由于分子间的碰撞使分子速度不断变化，使分子在平衡态下有一稳定的速率分布。
4. 通过碰撞分子之间交换动量和能量，通过黏性和热传导现象而使气体由非平衡态过渡到平衡态。

三、平均碰撞频率和平均自由程

气体分子热运动平均速率可达几百米/s。虽然分子速率很大，但分子数与之相比更巨大。故一个分子在前进途中和其他分子的碰撞极为频繁，只能走一条曲折迂回的路径，因而扩散过程较慢。因此，在几米远处打开氨水瓶子，需要经过几秒钟才能嗅到。

单位时间内一个分子和其他分子碰撞的平均次数称为分子的平均碰撞频率，以 $\bar{Z}$ 表示。显然，$\bar{Z}$ 和分子平均速率 $\bar{v}$、分子数密度 n 成正比；与分子截面积，即分子直径 d 的平方成正比。它们之间有如下关系

$$\bar{Z}=\sqrt{2}\pi d^2\bar{v}n \qquad \text{式(3-10)}$$

一个分子连续两次碰撞间所经过的自由路程的平均值称为分子的平均自由程，以 $\bar{\lambda}$ 表示。即

$$\bar{\lambda}=\frac{\bar{v}}{\bar{Z}}=\frac{1}{\sqrt{2}\pi d^2 n} \qquad \text{式(3-11)}$$

因为 $p=nkT$，代入式(3-11)，可得

$$\bar{\lambda}=\frac{kT}{\sqrt{2}\pi d^2 p} \qquad \text{式(3-12)}$$

由此可见平均自由程和平均速率无关；温度一定时其数值和压强成反比。空气分子在标准状态下 $d\approx 3.5\times10^{-10}$m，代入上式，得 $\bar{\lambda}=6.8\times10^{-8}$m，约为分子直径的 200 倍。这时 $\bar{Z}=6.6\times10^{9}$/s，表示每秒钟内一个分子要发生几十亿次碰撞。

四、玻尔兹曼分布定律

气体分子在不受外力作用下达到平衡状态时，尽管分子的速率很不一致，但是每单位体积内的平均分子数目是相等的。如果分子处在重力场中，或者带电分子处在电场中，分子除了动能之外还具有势能。这时气体分子受到两种相互对立的作用，无规则热运动使分子均匀地分布于它们所能达到的空间，外力场使分子聚集在势能最低的地方，这两种作用达到平衡时，分子在空间的分布将不再是均匀的，单位体积中的分子数与分子的势能有关。

若以 n_0 表示势能 $E_p=0$ 处的分子数密度，则势能 E_p处的分子数密度 n 满足

$$n=n_0 e^{-E_p/kT} \qquad \text{式(3-13)}$$

式(3-13)称为玻尔兹曼分布定律(Boltzmann distribution law)。

将 $E_p = mgh$ 代入式(3-13),则得气体分子(或粒子)在重力场中按高度分布的规律

$$n = n_0 e^{-mgh/kT} \qquad 式(3\text{-}14)$$

很明显,大气分子数密度随海拔的增加按指数规律衰减。

由式(3-4)可知,气体的压强与分子数密度成正比,故有

$$p = p_0 e^{-mgh/kT} \qquad 式(3\text{-}15)$$

式(3-15)中,p_0 是海平面的大气压强;p 是海拔为 h 处的大气压强。式(3-15)给出了在重力场中大气压强与海拔的关系。由此式可知,海拔越高,大气压强越低。

玻尔兹曼分布定律是一个普遍规律。它不但适用于气体,对稀薄溶液、混浊液体和固体中的少量杂质都适用。

第三节　液体的表面现象

一、表面现象和表面张力系数

液体除了具有流体的一般特性外,还有一个特殊的重要性质,即液体的表面特性。液体与气体和固体相接触时都有一界面(液体和气体接触的厚度等于液体分子作用半径的一层液体称为表面层;液体和固体接触的厚度等于固体分子作用半径的一层液体称为附着层),处于界面的分子同时受到同种分子以及气体或固体分子的作用力,因而产生一系列的特殊现象,称之为液体的表面现象。

实验表明,液体表面有收缩成最小的趋势。液体表面就好像被拉紧的橡皮膜一样,整个液面都处在张紧的状态下,并使表面积缩小到可能的最小值。如果在液面上任意想象一个线段 MN(图 3-4),则此线段两边的液面都有一个沿着液面且垂直于该线段的力作用于对方,这个力就称为表面张力(surface tension)。可见,表面张力在液面上处处存在,与液面相切,垂直于假想的线段 MN。下面进一步讨论液体表面张力产生的原因和表面张力的大小。

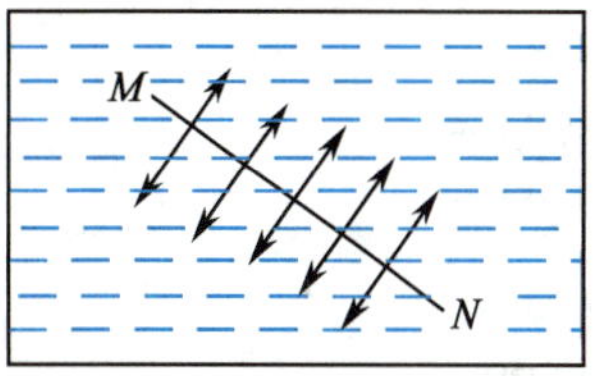

图 3-4　表面张力示意图

表面张力产生的原因与分子间的相互作用力有关。如图 3-5 所示,在表面层中的分子 m 与液体内部的分子 m' 受力不一样。以分子 m 或 m' 为中心,画出分子作用球,可以看出在液体内部的分子 m' 所受周围分子的引力在各个方向大小相等,合力为零;在表面层的分子 m 受下部周围分子对它的引力大于上部周围分子对它的引力(液体外气体分子对分子 m 的引力可忽略不计),其合力指向液体内部。从图中可以看出,分子 m 愈接近表面,合力就愈大。由此可见,处于液体表面层的分子,都受到一个指向液体内部的力的作用。这种给予表面层下液体的很大的力,称为分子压力。计算指出,内部分子压力的数量级高达数千帕。在这些力的影响下,液体表面处于一种特殊的张紧状态,在宏观上好像一个被拉紧的弹性薄膜而具有表面张力。

下面来讨论表面张力的大小。如图 3-4 所示,在 MN 线段两边有表面张力的作用,因为线段上每一点上都有力的作用,所以线段越长,作用于线上的合力也越大,因此,表面张力 f 的大小正比于 MN 的长度 l,即

$$f = \alpha l$$

或

$$\alpha = \frac{f}{l} \qquad 式(3\text{-}16)$$

式(3-16)中,比例系数 α 称为液体的表面张力系数(surface tension coefficient),在数值上,表面张力系数等于沿液体表面垂直作用于单位线段的力。在国际单位制中,α 的单位为 N/m。液体的表面张力

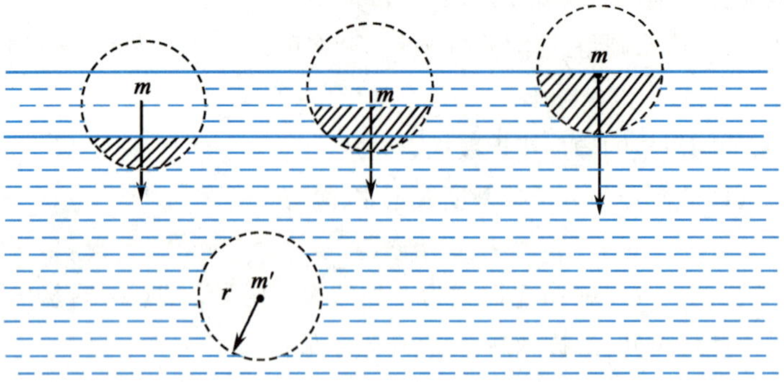

图 3-5 表面张力说明

系数可由下述方法测定。如图 3-6 所示，一个长方形金属丝框，其 CD 边可自由滑动，框从肥皂水取出后，在金属框内将出现薄膜，由于薄膜的收缩，框的可动边 CD 将向左移动。为使 CD 保持平衡，则必须在 CD 右面施加一外力。设液体的表面张力系数为 α，CD 边长为 l，由于框内薄膜具有两个表面，在摩擦力可忽略的情况下，作用于 CD 右边而使 CD 平衡的力 f' 应等于 αl 的两倍，即

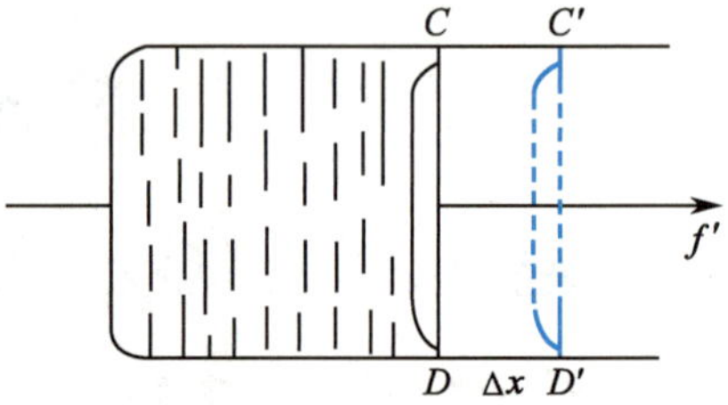

图 3-6 表面张力的测定

$$f' = 2\alpha l \qquad \text{式(3-17)}$$

所以，测定 l 和 f' 的值，即可求出 α 的值。实验测得，液体的表面张力系数与液面面积大小无关，而与液体的性质有关，即不同液体的表面张力系数不同。表 3-1 给出了几种不同液体的表面张力系数。表面张力系数与温度有关，温度升高则表面张力系数减小。由于在临界温度时，液体与蒸汽有同样密度，这时表面张力系数趋近于零。此外，表面张力系数还与相邻物质的化学性质有关。例如 20℃时，在水与苯为界的情形下，水的表面张力系数为 33.6×10^{-3}N/m，而在同一温度下，在与乙醚为界的情形下，水的表面张力系数则为 17×10^{-3}N/m。影响液体表面张力系数的另一个重要因素是液体的纯度，液体的表面张力系数随所含杂质的成分及浓度而发生明显变化。对于同一种液体，某些杂质会使表面张力系数增大，某些杂质却会使表面张力系数减小。

3-3
液体表面
表面张力
系数的测定
操作视频

表 3-1 几种液体的表面张力系数（20℃）

液体	α/(N/m)	液体	α/(N/m)
水	73×10^{-3}	酒精	22×10^{-3}
甘油	65×10^{-2}	水银	540×10^{-3}
乙醚	17×10^{-3}		

表面张力系数的意义还可以用能量来说明。如图 3-6 所示实验中，若施加外力 f' 使 CD 边向右匀速地移动一个距离 Δx 至 $C'D'$ 位置，此时外力克服分子间引力所做的功转变成了分子的势能，用 ΔE_p 表示势能增量，即

$$\Delta E_p = \Delta A = f\Delta x = 2\alpha l\Delta x$$

得

$$\alpha = \frac{\Delta E_p}{\Delta S} \qquad \text{式(3-18)}$$

因此，α 又可看作是液体表面增加单位面积所做的功或所增加的表面势能。

需要注意的是,从液膜有缩小其表面积的倾向这一点来看,液膜与弹性橡皮膜好像很相似,但是二者实际上是不相同的。弹性膜的伸长是改变了分子间的距离,所以伸长越甚,弹性收缩力越大;液体表面层的伸长是由于有许多分子从液体内部升到表面上来,液体表面分子间距离并不改变,所以表面张力系数与面积大小无关。

液体表面分子比内部分子所多出的势能的总和称为液体的表面能(surface energy),表面张力系数亦称为比表面能。根据体系表面能有自动降低的倾向,可以解释表面活性物质和固体吸附剂在药学工作中的许多应用。

二、弯曲液面的附加压强

1. 球形液面的附加压强　静止液体的表面可以呈平面或弯曲面,如图 3-7 所示。AB 为液面的任一小面积,在三个力的作用下保持平衡:液面外气体压强 p_0 产生的压力,周围液面对 AB 液面作用的表面张力 $\boldsymbol{f}$,液面下液体压强 p 产生的压力。表面张力 $\boldsymbol{f}$ 作用于 AB 的整个周界,并垂直周界与液面相切,指向周界外侧。当液面水平时,如图 3-7(a)所示,表面张力与液面平行,沿 AB 周界的表面张力恰好互相平衡,表面张力不会产生垂直于液面的附加压力,此时 $p=p_0$。当液面为凸面时,如图 3-7(b)所示,表面张力作用在 AB 液面上的合力 $\boldsymbol{F}$ 指向液体内部,因此必然存在一个相反的力与之平衡,即液面还要受到一个从液面内指向外部的压力,此时只有液面下的压强大于外部压强,存在一个压强差 Δp 才能平衡,平衡时 $p=p_0+\Delta p$。当液面为凹面时,如图 3-7(c)所示,表面张力的合力 $\boldsymbol{F}$ 指向液体外部,同理此时液面下的压强小于外部压强,平衡时 $p=p_0-\Delta p$。上述弯曲液面因表面张力而产生的压强差 Δp 称为附加压强(additional pressure)。

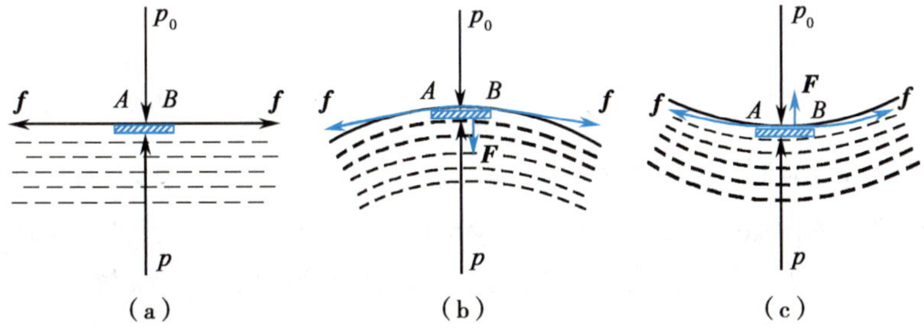

图 3-7　弯曲液面的附加压强

下面来研究球形液面附加压强的大小。如图 3-8 所示,在液面处隔离出一个球冠状的小液块,分析其受力情况。小液块受三部分力的作用:一部分是通过小液块的边界线作用在液块上的表面张力,处处与该边界线垂直,并与球面相切;第二部分是液体内外的压强差产生的作用于液块底面(即图中阴影部分)向上的压力;第三部分是小液块的重力,它比前两部分力要小得多,可以忽略不计。

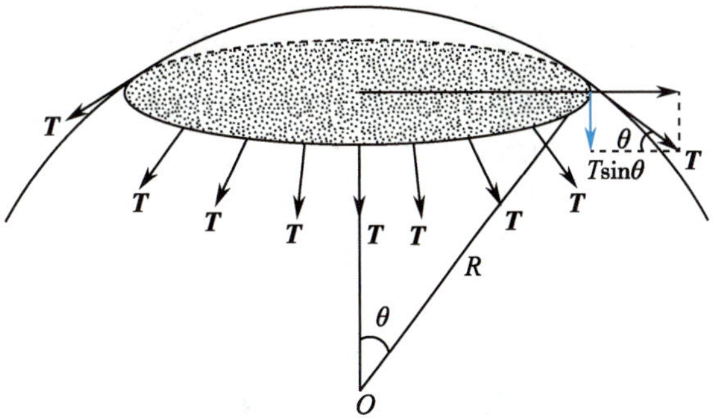

图 3-8　球形液面的压力和压强

设球形液面半径为 R,单位长度液体表面的张力为 $\boldsymbol{T}$(大小为液体的表面张力系数 α),$\boldsymbol{T}$ 的垂直向下分量为 $T\sin\theta$,则小液块边界线上所具有的总张力向下分量为

$$2\pi R\sin\theta\times\alpha\sin\theta=\alpha\times2\pi R\sin^2\theta$$

若液体内外的压强差用 Δp 表示,则小液块向上的压力为

$$\Delta p\times\pi R^2\sin^2\theta$$

这两部分力方向相反，在平衡时它们的大小应该相等。所以

$$\alpha\times2\pi R\sin^2\theta=\Delta p\times\pi R^2\sin^2\theta$$

$$\Delta p=\frac{2\alpha}{R}\qquad\text{式(3-19)}$$

式(3-19)即为球形液面内外的压强差，即附加压强。

3-4
弯曲液面的附加压强
微课

式(3-19)对于凸凹的球形液面都是适用的，如果液面是凸的，Δp 取正值，说明液面内的压强比液面外的压强大；如果液面是凹的，Δp 取负值，说明液面内的压强小于液面外的压强。

2. 球形液膜的附加压强　如图 3-9 所示是一个球形液膜（如肥皂泡）。液膜具有内外两个表面层，R_1 和 R_2 分别是液膜内外半径。

设球形液膜内 C 点的压强为 p_C，液膜中 B 点的压强为 p_B，膜外 A 点的压强为 p_A。因液膜的外表面是一个凸面，由式(3-19)知

$$p_B-p_A=\frac{2\alpha}{R_2}$$

而液膜的内表面是一个凹面，附加压强是负值，所以

$$p_B-p_C=-\frac{2\alpha}{R_1}$$

因液膜很薄，可以认为 $R_1\approx R_2\approx R$，则得

$$p_C-p_A=\frac{4\alpha}{R}$$

即球形液膜处于平衡时，膜内压强比膜外压强大$\frac{4\alpha}{R}$。这就是球形液膜产生的附加压强。

式(3-19)表明，弯曲液面的附加压强与曲率半径成反比。这一结论可以通过实验来验证。如图 3-10 所示，在一个管子的两端吹两个大小不等的肥皂泡。打开中间活塞，使两泡相通，会看到小泡不断变小，而大泡却不断变大。这是因为小泡中的空气压强比大泡中空气压强大的缘故。开通管阀，小泡中气体将被压而流入大泡内，大泡逐渐变大，直到两泡的曲率半径相等或大泡破裂为止。

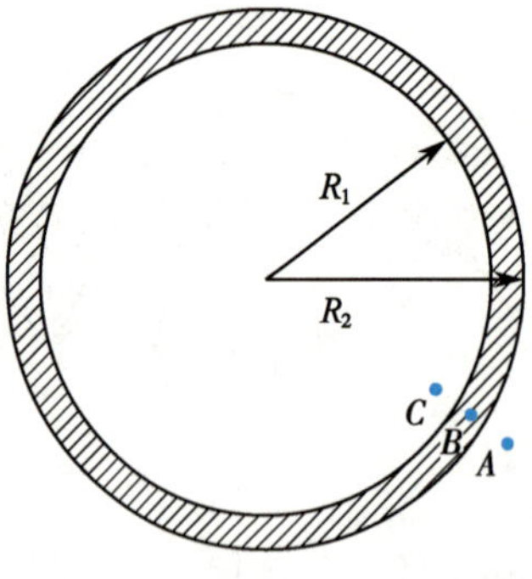

图 3-9　球形液膜的附加压强

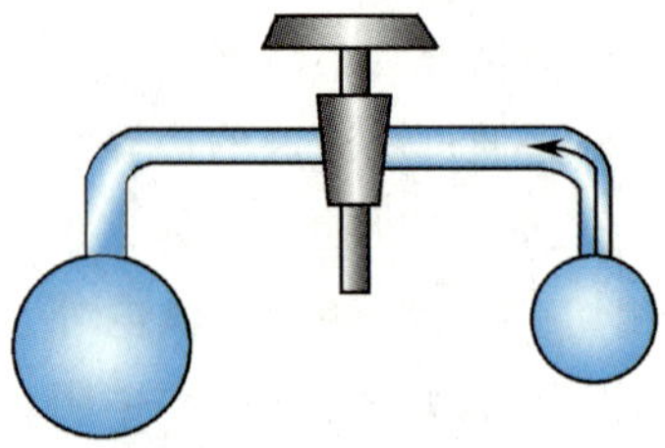
图 3-10　附加压强演示实验

三、毛细现象和气体栓塞

1. 润湿和不润湿　在液体与固体接触的地方，由于固体分子与液体分子间也有相互作用力，所以接触固体面的液体分子密度与液体内部的不同。如图 3-11(a)所示，在附着层上取厚度等于液体分子作用半径的液片 C，液片 C 将受到三方面力的作用，即固体分子的作用力 f_1，此力垂直指向器壁；沿液

体表面层的表面张力f和C下面的液体分子作用的引力f_a和斥力f_r。如果固体分子的吸引力够强，附着层的液体分子密度增加，以致$f_r>f_a$时，则液片C就要沿着器壁上升，直到f_1、f、f_r-f_a(f_2表示)三力平衡为止，如图3-11(b)所示。这时，表面张力f与固体表面所成的接触角φ为锐角，这种情形称为液体润湿器壁，例如水能润湿玻璃。如果固体分子的引力不够强而$f_r<f_a$时，则液片C将沿器壁下降至如图3-11(c)所示的情形。这时接触角φ为钝角，这种情形，称为液体不润湿器壁，例如，水银不能润湿玻璃。根据上述分析可知，润湿和不润湿完全是由固体和液体的性质共同决定的。

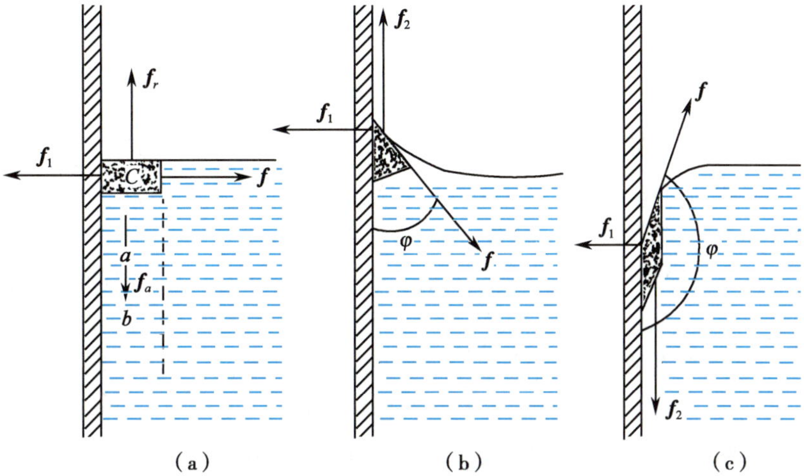

图3-11　液体的润湿和不润湿现象

(a) 液片受力分析；(b) 润湿现象；(c) 不润湿现象。

2. 毛细现象　把一根细管插入液体中，由于润湿和不润湿现象，管内液体的液面将形成弯曲液面。例如，将一细玻璃管插入水中，管中的液体表面是凹面；插入水银中，液体表面为凸面。实验表明，在细玻璃管中的水将沿管上升，而水银则沿管下降，上升或下降的高度与管半径成反比。这种现象称为毛细现象(capillarity)。

毛细现象的产生可以根据弯曲液面的附加压强来说明。如图3-12所示，把细玻璃管插入水中，由于管内弯曲液面的存在，此时液面下的压强小于管外液面的大气压，液体就沿管壁上升，直到升高的液柱的压强与附加压强平衡为止。因为管子很细，所以管内液面可以近似地看成一个球面的一部分，而管半径r与球面的曲率半径R间就有下列的关系

$$R\cos\varphi=r$$

式中，φ为接触角。设α为液体表面张力系数，ρ为其密度，液体在管内上升到高度h而平衡，则

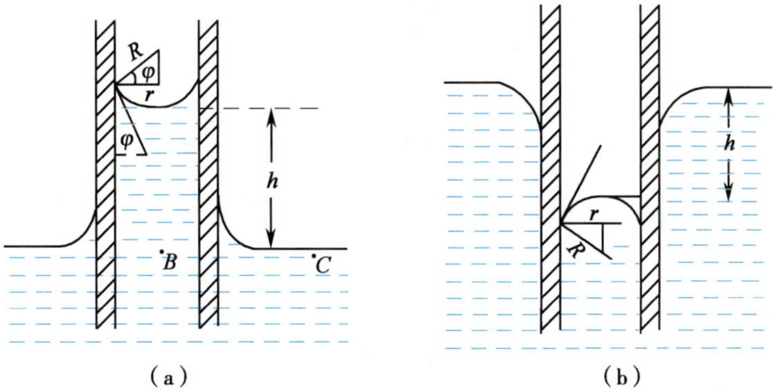

图3-12　毛细现象

$$\Delta p=\frac{2\alpha}{R}=\frac{2\alpha}{r}\cos\varphi=\rho gh$$

或

$$h=\frac{2\alpha\cos\varphi}{r\rho g} \qquad 式(3\text{-}20)$$

式(3-20)说明细管中液体上升的高度 h 与管半径成反比，与液体的表面张力系数成正比。同理可以证明水银在玻璃管中下降的高度也满足式(3-20)。

对于完全润湿或完全不润湿的液体，有 $\varphi=0$ 或 $\varphi=\pi$，式(3-20)又可化简为

$$h=\pm\frac{2\alpha}{r\rho g}$$

其中负号表示液面下降。可见利用毛细现象也可以测定液体的表面张力系数。

表面张力、润湿和毛细现象，在日常生活和生产技术中都起着重要作用。大部分多孔性物质，如木材、纸、布、棉纱等都可以吸收液体。此外，土壤中的毛细管（小孔）对于土壤中水分的保持有很大关系，植物组织中有许多导管束，这些导管束就是毛细管，从土壤中把所吸收的养料输送到植物的各部分去。

3. 气体栓塞　润湿液体在细管中流动时，如果管中出现气泡，液体的流动将受到阻碍，气泡多时可能造成堵塞，使液体无法流动，这种现象称为气体栓塞（air embolism）。图 3-13(a)中，细管内有 1 个气泡，当气泡两端压强相等时，气泡两端曲面的曲率半径相等，两液面的附加压强大小相等、作用方向相反，导致液柱不动。图 3-13(b)中，在气泡左端液体中增加一个不大的压强 Δp，此时气泡左端的曲率半径变大，右端的曲率半径变小，使得左端弯曲液面产生的附加压强小于右端弯曲液面产生的附加压强。若它们的差值恰好等于 Δp，则液柱仍然不会向右流动。只有当液柱两端的压强差达到某一临界值 δ 时，液柱才会流动。δ 的大小由液体和管壁的性质及管半径决定。若如图 3-13(c)所示中有 3 个气泡，只有当液柱两端的压强差达到 3δ 时，液柱才会流动。如果管内有 n 个气泡，由以上的讨论可知，液柱两端必须有 $n\delta$ 的压强差，液柱才能流动。如果不能提供足够的压强差，液体将难以流动，形成气体栓塞。

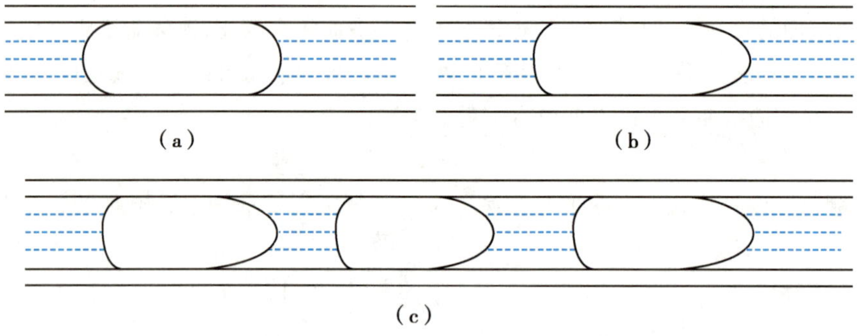

图 3-13　气体栓塞

(a) 液柱不动；(b) $0<\Delta p<\delta$ 液柱不动；(c) $\Delta p=3\delta$ 液柱开始移动。

在临床输液过程中，要注意避免气体进入输液管道。静脉注射时，严禁空气进入注射器中，以免在微血管中发生气体栓塞。由于颈部静脉血压小于大气压，因此颈部静脉外伤时，外界空气有可能通过外伤部位进入血液，救护时应格外注意。此外，在深水区作业的潜水员、处于高压氧舱中的医护人员及患者，在高气压或高氧分压的环境下，他们的血液中溶解了较多的氮气或氧气。如果突然从高压环境回到常压环境，血液中过量的气体就会迅速释放出来，形成许多气泡发生气体栓塞现象。因此，处于高压环境中的人员回到常压环境时，应当有适当的缓冲时间，使溶解在血液中的过量气体逐渐释

放，通过血液循环由肺部排出。

四、表面活性物质和表面吸附

1. 表面活性物质 各种纯净液体都有一定的表面张力系数。当液体中掺入杂质，就会使液体的表面张力系数发生改变。例如，在水中加入少量的洗衣液，溶液的表面张力系数比水的表面张力系数小得多。实验表明，有的溶质能使溶液的表面张力系数增大，有的溶质能使溶液的表面张力系数减小。凡是能使表面张力系数减小的物质称为表面活性物质（surfactant），也称为表面活性剂。水的表面活性物质有肥皂、胆盐、卵磷脂以及有机酸、酚、醛、酮等。胆汁是脂肪的表面活性物质，它能降低脂肪的表面张力系数，使脂肪粉碎，易于人体吸收。另一类物质溶于溶剂后能增加液体的表面张力系数，称为表面非活性物质。氯化钠、糖类、淀粉等都是水的表面非活性物质。

2. 表面吸附 液体中加入表面活性物质后，表面活性物质的分子将从溶液内部向溶液表面聚集，使表面层内表面活性物质的浓度远大于溶液内部的浓度。这种现象称为表面吸附（surface adsorption）。水面上的油膜就是常见的表面吸附现象。固体表面对气体和液体分子也有吸附现象，能使气体或液体的分子牢固地吸附在固体表面上，以降低固体的表面能。固体的吸附能力与它的表面积和温度有关，表面积越大，吸附能力越强；温度越高，吸附能力越弱。所以在临床上常用粉状的白陶土或活性炭来吸附胃肠道里的细菌、色素以及食物分解出来的毒素等。

3. 表面活性剂在新药研发中的应用 在新药研发中，一种合适的表面活性剂对于新药剂型的改变至关重要，同时优良的表面活性剂也是对人类生命健康的一种保障。对于药物作用于人体脏器的吸收代谢过程，表面活性剂起到了重要的控制作用。

从物理化学理论看，表面活性物质的分子是由性质不同的两部分组成，一部分为亲油疏水碳氢链组成的非极性基团，称作亲油基；另一部分为亲水疏油的极性基团，称为亲水基。按表面活性剂分子在水溶液中能否解离，以及解离后所带电荷类型，还可分为非离子型、阴离子型、阳离子型、两性离子型等。其中阳离子表面活性剂的毒性和刺激性最大，非离子型的毒性和刺激性最小。作为药物制剂的辅料，表面活性剂可以在各类药物中应用，包括润湿、乳化、增溶等。

由于药物对人体器官的药性和毒性的相互制约，需要由表面活性剂控制药物在体内的吸收速度，表面活性物质可以用作药物的缓释剂，增加药物作用的持续时间。此外，还需要一些表面活性剂作为片剂药物制作辅料，起到润湿剂作用。在片剂药物中用表面活性剂作为黏合剂、崩解剂，可控性需求片剂在口服后的易崩解作用。表面活性剂用作药物的包衣物料，具有化学性稳定、抗胃酸能力强、肠溶性可靠、成膜性能好、制备简单、成本低等特点。

拓展阅读

表面活性物质在肺呼吸中的作用

表面活性物质在肺呼吸过程中起着重要作用。肺位于胸腔内，支气管在肺内分成很多小支气管，小支气管越分越细，其末端膨胀成囊状气室，每室又分成许多小气囊，称为肺泡。肺的呼吸就是在肺泡里进行的。成人大约有3亿~4亿个肺泡，肺泡大小不一，同一气室的有些气泡是相通的。由式(3-21)可知，若各肺泡的表面张力系数相同，则大小不等的肺泡具有不同的压强，可使小肺泡内的气体不断流向大肺泡，但是这种情况在肺内并没有出现。

$$p=\frac{2\alpha}{R}\propto\frac{2\pi R^2}{R}\propto 2\pi R \qquad 式(3\text{-}21)$$

人及哺乳动物的肺泡能始终处于扩张状态，不仅仅因为弹性纤维的力量，还由于肺泡表面存在着薄层液状的肺泡表面活性物质。肺泡表面活性物质的密度随肺泡半径的减少而增大，随肺泡半径的增大而减少。因此，小肺泡的表面活性物质密度较大，降低表面张力的作用较强，表面张力较小；而大肺泡的表面活性物质密度较小，降低表面张力的作用较小，表面张力较大。在呼吸过程中，吸气时肺泡扩大，其表面活性物质密度降低，表面张力增加，肺泡趋向萎陷，使肺泡不至于过度扩张。呼气时肺泡缩小，其表面活性物质密度增加，表面张力降低，肺泡趋向扩张，使肺泡不至于发生膨胀不全和不张式。因此，肺泡表面活性物质有利于维持不同大小肺泡的稳定性，也可避免呼吸过程中肺容积变化所引起的肺回缩压的变化。

3-5

表面活性剂在新药研发中的应用

拓展阅读

习　题

1. 压强为 1.32×10^{7}Pa 的氧气瓶，容积是 32×10^{-3}m^{3}。为避免混入其他气体，规定瓶内氧气压强降到 1.013×10^{6}Pa 时就应充气。设每天需用 0.4m^{3}、1.013×10^{5}Pa 的氧，一瓶氧气能用几天？

2. 一空气泡，从 3.04×10^{5}Pa 的湖底升到 1.013×10^{5}Pa 的湖面。湖底温度为 7℃，湖面温度为 27℃。气泡到达湖面时的体积是它在湖底时的多少倍？

3. 两个盛有压强分别为 p_1 和 p_2 的同种气体的容器，容积分别为 V_1 和 V_2，用一带有开关的玻璃管连接。打开开关使两容器连通，并设过程中温度不变，求容器中的压强。

4. 将理想气体压缩，使其压强增加 1.013×10^{4}Pa，温度保持在 27℃，问单位体积内的分子数增加多少？

5. 一容器贮有压强为 1.33Pa，温度为 27℃ 的气体，求：

（1）气体分子平均平动动能是多大？

（2）1cm^{3} 中分子的总平动动能是多少？

6. 一容积 $V=11.2\times10^{-3}$m^{3} 的真空系统已被抽到 $p_1=1.33\times10^{-3}$Pa。为了提高系统的真空度，将它放在 $T=573$K 的烘箱内烘烤，使器壁释放吸附的气体分子。如果烘烤后压强增为 $p_2=1.33$Pa，问器壁原来吸附了多少个分子？

7. 温度为 27℃ 时，1g 氢气、氦气和水蒸气的内能各为多少？

8. 计算在 $T=300$K 时，氢、氧和水银蒸汽的最概然速率、平均速率和方均根速率。

9. 某些恒星的温度达到 10^{8}K 的数量级，在这温度下原子已不存在，只有质子存在。试求：

（1）质子的平均平动动能是多少电子伏特？

（2）质子的方均根速率有多大？

10. 真空管中气体的压强一般约为 1.33×10^{-3}Pa。设气体分子直径 $d=3.0\times10^{-10}$m。求在 27℃ 时，单位体积中的分子数及分子的平均自由程。

11. 一矩形框被可移动的横杆分成两部分，横杆与框的一对边平行，长度为 10cm。若这两部分分别有表面张力系数为 40×10^{-3}N/m 和 70×10^{-3}N/m 的液膜，求横杆所受的力。

12. 油与水之间的表面张力系数为 18×10^{-3}N/m，现将 1g 的油在水中分裂成直径为 2×10^{-4}cm 的小滴，问所做的功是多少（已知油的密度为 0.9g/cm^3）？

13. 表面张力系数为 72.7×10^{-3}N/m 的水在一毛细管中上升 2.5cm，丙酮（ρ = 792kg/m^3）在同样的毛细管中上升 1.4cm。设两者均为完全润湿毛细管，求丙酮的表面张力系数。

3-6

第三章

目标测试

（梁嫒嫒）

第四章

振 动 和 波

第四章
教学课件

学习目标

1. **掌握** 简谐振动方程、波动方程、波的能量、声波、多普勒效应。
2. **熟悉** 简谐振动的合成、惠更斯原理、波的干涉。
3. **了解** 简谐振动的能量、阻尼振动、受迫振动。

振动（vibration）是自然界中十分普遍的运动形式，如声带的振动、心脏的跳动、钟摆的摆动、晶体中原子的振动、交流电中电流和电压的周期性变化等。广义地说，任何一个物理量在某一数值附近的往复变化都可以称为振动，其中物体在其平衡位置附近所做的往复运动称为机械振动（mechanical vibration）。在物理学、化学、生理学等许多学科中会涉及各种各样的振动。尽管这些振动的具体机制不同，但在很多方面都遵循着相同的规律。

波（wave）是振动在时空中的传播过程，同时也是能量的传播过程。机械振动在弹性介质中的传播称为机械波（mechanical wave）。声波、超声波、地震波、电磁波和光波等都是波。不同性质的波也遵循着一些共同的规律。

本章仅讨论机械振动和机械波的基本性质，了解振动和波动现象的一般规律。

第一节 简 谐 振 动

钟摆的摆动、心脏的跳动、声音的产生等现象都可以归类于机械振动，但其运动的形成及描述相对比较复杂。简谐振动（simple harmonic motion）是一种最简单、最基本的振动，其他任何复杂的振动都可以看成是若干个简谐振动的合成。

一、简谐振动方程

1. 弹簧振子的运动　弹簧振子（spring oscillator）是研究振动时提出的一个理想模型。如图 4-1 所示，一个质量可以忽略、劲度系数为 k 的弹簧，一端固定，另一端连接一个质量为 m 的物体（也称为振子，可视为质点）放在光滑的水平面上，并假定物体与平面无摩擦力，这样的系统就组成了一个弹簧振子。

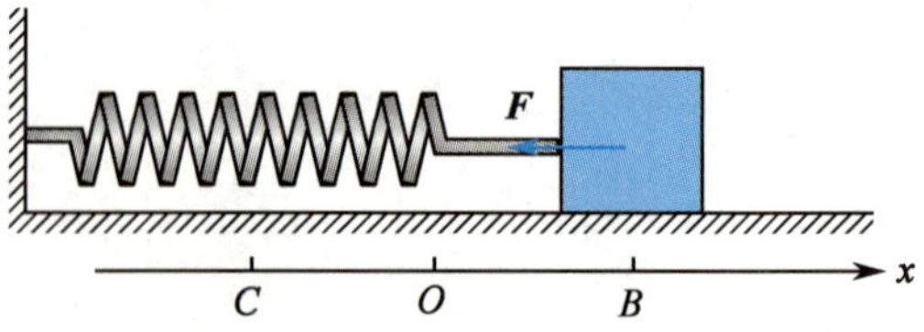

图 4-1　弹簧振子模型

现在分析弹簧振子的受力及运动过程，以物体受力为零时所在位置（平衡位置）为坐标原点（图 4-1 中的 O 点）建立坐标系，设 x 轴向右为正，此时若施力将物体拉离平衡位置至图 4-1 中的 B 点，当撤掉外力后，物体将在弹性力的作用下运动。

由胡克定律可知物体受到弹簧的拉力为

$$\boldsymbol{F}=-k\boldsymbol{x} \qquad \text{式(4-1)}$$

式(4-1)中,负号表示力与位移的方向相反。根据牛顿第二运动定律 $\boldsymbol{F}=m\boldsymbol{a}$,物体的振动方程为

$$m\frac{\mathrm{d}^2x}{\mathrm{d}t^2}=-kx \qquad 式(4\text{-}2)$$

式(4-2)中,k 与 m 都是正值,令 $\frac{k}{m}=\omega^2$,式(4-2)可写为

$$\frac{\mathrm{d}^2x}{\mathrm{d}t^2}+\omega^2x=0 \qquad 式(4\text{-}3)$$

式(4-3)称为简谐振动的动力学方程,该微分方程的解为

$$x=A\cos(\omega t+\varphi) \qquad 式(4\text{-}4)$$

式(4-4)为简谐振动的运动表达式(或称"简谐振动方程"),其中 A 和 φ 是积分常数。由式(4-4)可知,物体做简谐振动时,描述运动的变量是时间的余弦(或正弦)函数。由于余弦或正弦函数都是周期性的,因此做简谐振动的物体在平衡位置附近的运动是周期性的,即围绕平衡位置做来回往复的运动。

将式(4-4)对时间求一阶、二阶导数,得到简谐振动物体的速度和加速度分别为

$$v=\frac{\mathrm{d}x}{\mathrm{d}t}=-A\omega\sin(\omega t+\varphi) \qquad 式(4\text{-}5)$$

$$a=\frac{\mathrm{d}^2x}{\mathrm{d}t^2}=-A\omega^2\cos(\omega t+\varphi)=-\omega^2x \qquad 式(4\text{-}6)$$

由式(4-5)和式(4-6)可知,做简谐振动物体的速度和加速度也随时间做周期性变化,其中加速度与位移成正比而方向相反。

弹簧振子的振动并不是唯一的简谐振动模型,很多其他类型的运动都可以用简谐振动来描述,例如一个单摆的运动和刚体绕固定轴往复的运动(复摆)都可以用简谐振动方程来描述。如果一个物理量的变化规律遵循式(4-3)或式(4-4),那么该物理量为简谐振动状态。

2. 简谐振动的特征量 简谐振动的振动方程中 A、ω 和 φ 为常量,它们是决定简谐振动的特征量。

(1) 振幅:从简谐振动方程 $x=A\cos(\omega t+\varphi)$ 可知,A 是振动物体(或质点)离开平衡位置的最大位移,称为简谐振动的振幅(amplitude)。

(2) 周期和频率:简谐振动的物体完成一次全振动(物体从某振动状态开始经过一段时间后又回到该状态)的时间,称为周期(period),常用 T 表示,单位是秒(s)。周期的倒数,即该质点在单位时间内完成全振动的次数,称为频率(frequency),常用 ν 表示,单位赫兹(Hz)。ω 表示物体在 2π 秒内完成全振动的次数,称为角频率(angular frequency)或圆频率,单位为弧度/秒(rad/s)。T、ν 和 ω 三者的关系为

$$\nu=\frac{1}{T}=\frac{\omega}{2\pi} \qquad 式(4\text{-}7)$$

对于弹簧振子,根据式 $\frac{k}{m}=\omega^2$ 可得弹簧振子的周期为

$$T=2\pi\sqrt{\frac{m}{k}} \qquad 式(4\text{-}8)$$

由式(4-8)可见,弹簧振子的振动周期和频率完全由振动系统本身的性质决定,称为固有周期和固有频率。简谐振动的振动周期和频率与振幅无关,具有等时性。

(3) 相位和初相位:由式(4-4)、式(4-5)及式(4-6)可知,当物体做振幅为 A、角频率为 ω 的简谐振动时,物体的振动状态,即任意时刻物体离开平衡位置的位移、速度及加速度,完全由 $(\omega t+\varphi)$ 决定。$(\omega t+\varphi)$ 是决定振动物体运动状态的物理量,称为相位(phase)。φ 为 $t=0$ 时的相位,称为初相位

(initial phase),单位是弧度(rad)。规定初相位的取值范围为 $0\leqslant\varphi<2\pi$(或 $-\pi<\varphi\leqslant\pi$)。

由简谐振动方程可以看出,当振幅、频率和初相位三个量确定之后,这个简谐振动也就完全确定了。前面已经知道,反映振动快慢的频率(或周期)完全由振动系统本身的性质决定,而具有一个固定频率的振动系统可以有振幅和初相位不同的简谐振动。现在就来讨论决定这些振动的振幅和初相位的条件。

由式(4-4)和式(4-5)可知,$t=0$ 时的位移和速度分别为

$$x_0=A\cos\varphi$$

$$v_0=-\omega A\sin\varphi$$

把上两式平方相加再开方,得

$$A=\sqrt{x_0^2+\frac{v_0^2}{\omega^2}} \qquad \text{式(4-9)}$$

把上两式相除,得

$$\varphi=\arctan-\frac{v_0}{\omega x_0} \qquad \text{式(4-10)}$$

式(4-9)和式(4-10)中,初位移 x_0 和初速度 v_0 称为初始条件。上述结果说明,对于一定的振动系统,简谐振动的振幅和初相位由初始条件决定。

式(4-4)、式(4-5)、式(4-6)表明,做简谐振动物体的速度和加速度,都按照与位移同样的规律在变化,都是在做简谐振动。不过它们在同一时刻的相位彼此不同。相位的差值称为相位差(phase difference),它可以比较两个同频率简谐振动的振动步调。如果相位差 $\Delta\varphi=\pm 2k\pi$($k=0,1,2,\cdots$),则两振动物体随时间变化的步调完全一致,称两个简谐振动同相,这时两物体的运动状态相同。如果 $\Delta\varphi=\pm(2k+1)\pi$($k=0,1,2,\cdots$),则两振动物体随时间变化的步调相反,称两个简谐振动反相。如果 $\Delta\varphi=\varphi_2-\varphi_1>0$,则称第二个振动超前第一个振动 $\Delta\varphi$;$\Delta\varphi<0$ 时,则称第二个振动落后第一个振动 $|\Delta\varphi|$。由式(4-4)、式(4-5)及式(4-6)可以看出,加速度和位移的相位差为 π,则加速度和位移反相;速度和位移、速度和加速度的相位差均为 $\pi/2$,则速度超前位移 $\pi/2$,加速度超前速度 $\pi/2$。

4-2 简谐振动的矢量图示法 微课

3. 简谐振动的矢量图示法

简谐振动中位移和时间的关系,可以用几何方法形象地表示出来。如图 4-2 所示,在 x 轴上取一点 O 作为原点,自 O 点起作一矢量 $\boldsymbol{A}$,其长度等于振幅 A,矢量 $\boldsymbol{A}$ 称为振幅矢量。$t=0$ 时 $\boldsymbol{A}$ 与 x 轴所成的角度等于振动的初相位 φ,设 $\boldsymbol{A}$ 从此位置以大小与 ω 相同的角速度沿逆时针方向匀速转动,则在任一时刻 t,$\boldsymbol{A}$ 与 x 轴的夹角为 $(\omega t+\varphi)$。可见在 x 轴上的投影 $A\cos(\omega t+\varphi)$ 就描述了简谐振动过程,这一几何表示方法称为矢量图示法。

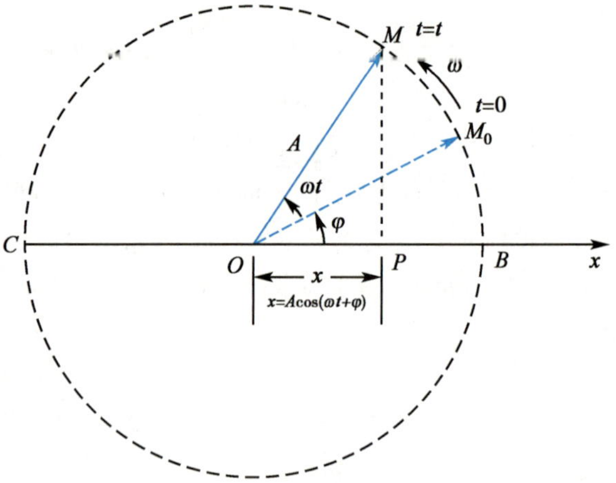

图 4-2 简谐振动的矢量图示法

矢量图示法非常直观、形象地描述了简谐振动的运动规律,在研究同方向、同频率的振动合成时还可以避免用复杂的计算来得出所需要的结果。

二、简谐振动的能量

在简谐振动过程中,由于位移与速度都随时间变化,因此,质点所具有的势能和动能也随时间变化。设弹簧振子的质量为 m,在任意时刻的位移为 x,速度为 v,则质点的弹性势能

$$E_p=\frac{1}{2}kx^2=\frac{1}{2}kA^2\omega^2\cos^2(\omega t+\varphi)$$

而动能

$$E_k=\frac{1}{2}mv^2=\frac{1}{2}mA^2\omega^2\sin^2(\omega t+\varphi)$$

由于 $\omega^2=\frac{k}{m}$,因此质点具有的总能量

$$E=E_p+E_k=\frac{1}{2}mA^2\omega^2=\frac{1}{2}kA^2 \qquad 式(4\text{-}11)$$

从以上各式可知,当弹簧振子做简谐振动时,弹簧振子的动能和弹性势能各随时间而变化,但总能量在振动过程中是一个常量。这一结论对于任意谐振系统都适用,即谐振系统在振动过程中的动能和势能分别随时间而变化,但总的机械能是常量,即符合机械能守恒定律。式(4-11)还说明,简谐振动的总能量与振动频率的平方和振幅的平方成正比。

例题 4-1　一劲度系数为 15.8N/m 的弹簧振子,振子质量为 0.1kg。初始时刻将振子从平衡位置拉离 6.0×10^{-2}m,然后放开使其做简谐振动,求弹簧振子的振动方程和振动能量。

解: 由弹簧振子的周期公式(4-8)得

$$T=2\pi\sqrt{\frac{m}{k}}=2\pi\sqrt{\frac{0.1}{15.8}}=0.5(\text{s})$$

$$\omega=\frac{2\pi}{T}=4\pi(\text{rad/s})$$

以拉离平衡位置的方向为位移的正方向,并取平衡位置为原点,则从题意,得初位移 $x_0=6.0\times10^{-2}$m,初速度 $v_0=0$,所以振动的振幅和初相位分别为

$$A=\sqrt{x_0^2+\frac{v_0^2}{\omega^2}}=x_0=6.0\times10^{-2}(\text{m})$$

$$\varphi=\arctan\left(-\frac{v_0}{\omega x_0}\right)=\arctan 0=0$$

故振动方程为

$$x=A\cos(\omega t+\varphi)=6.0\times10^{-2}\cos 4\pi t(\text{m})$$

振动能量

$$E=\frac{1}{2}kA^2=\frac{1}{2}\times15.8\times(6.0\times10^{-2})^2=0.028(\text{J})$$

例题 4-1 所求振动方程中的初相位也可利用建立旋转矢量的方法加以判断。

第二节　简谐振动的合成

如果一质点同时参与两个或多个简谐振动,根据运动叠加原理,该质点的运动就是这些简谐振动的合成,即任一时刻由若干简谐振动叠加后的合振动位移是该时刻各个分振动位移的矢量和。合振动一般是很复杂的,下面分析几种简单的情况。

一、同方向简谐振动的合成

1. 两个同方向、同频率简谐振动的合成　设两个位移在同一直线上、同频率的简谐振动,在任一时刻 t 的振动方程分别为

$$x_1=A_1\cos(\omega t+\varphi_1)$$

$$x_2=A_2\cos(\omega t+\varphi_2)$$

由于这两个位移在同一直线上，则任何时刻合振动的位移为

$$x=x_1+x_2=A_1\cos(\omega t+\varphi_1)+A_2\cos(\omega t+\varphi_2) \quad \text{式(4-12)}$$

利用三角函数公式可以求得合振动的结果，但是利用简谐振动的矢量图示法可以更简洁直观地求出合振动。如图 4-3 所示。

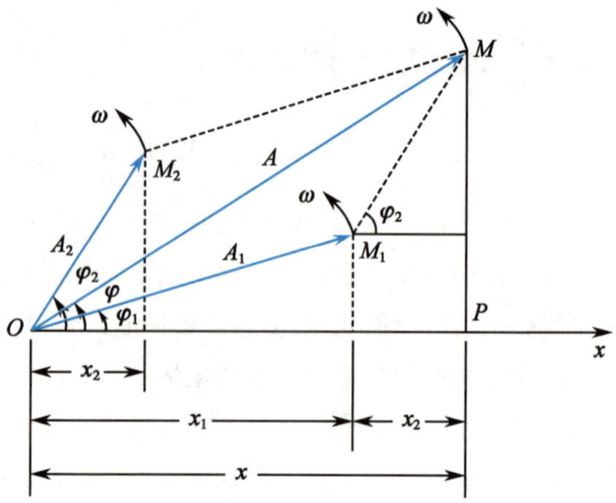

图 4-3 同方向同频率简谐振动的矢量合成

在 x 轴上任取一点 O，作两个长度分别为 A_1、A_2 的振幅矢量 $\boldsymbol{A}_1$、$\boldsymbol{A}_2$。在 $t=0$ 时，$\boldsymbol{A}_1$、$\boldsymbol{A}_2$ 与 x 轴的夹角分别为 φ_1、φ_2，由于 $\boldsymbol{A}_1$、$\boldsymbol{A}_2$ 以相同的角速度 ω 逆时针匀速旋转，所以它们之间的夹角不变，因而合矢量 $\boldsymbol{A}$ 的大小亦不变。因为两个矢量在 x 轴上的投影之和必等于两个矢量之和的投影，所以合矢量 $\boldsymbol{A}$ 就是合振动的振幅矢量，合矢量 $\boldsymbol{A}$ 亦以同一角速度 ω 逆时针方向匀速旋转，合振动的振动方程为

$$x=A\cos(\omega t+\varphi)$$

可见合振动仍然是一简谐振动，合振动的频率与分振动频率相同。合振动的振幅 A 和初相位 φ 都可以用矢量合成的方法按几何关系求得，结果为

$$A=\sqrt{A_1^2+A_2^2+2A_1A_2\cos(\varphi_1-\varphi_2)} \quad \text{式(4-13)}$$

$$\varphi=\arctan\frac{A_1\sin\varphi_1+A_2\sin\varphi_2}{A_1\cos\varphi_1+A_2\cos\varphi_2} \quad \text{式(4-14)}$$

由式(4-13)可知，合振动的振幅不仅与分振动的振幅有关，而且与两个分振动的相位差 $\Delta\varphi=\varphi_2-\varphi_1$ 有关。

（1）相位差 $\Delta\varphi=\pm 2k\pi$，$(k=0,1,2,\cdots)$，这时 $\cos(\varphi_2-\varphi_1)=1$，则

$$A=\sqrt{A_1^2+A_2^2+2A_1A_2}=A_1+A_2$$

即当两个分振动同相时，合振动的振幅达到最大值，等于两个分振动的振幅之和。

（2）相位差 $\Delta\varphi=\pm(2k+1)\pi$，$(k=0,1,2,\cdots)$，这时 $\cos(\varphi_2-\varphi_1)=-1$，则

$$A=\sqrt{A_1^2+A_2^2-2A_1A_2}=|A_1-A_2|$$

即当两个分振动反相时，合振动的振幅达到最小值，等于两个分振幅之差的绝对值，若 $A_1=A_2$，则 $A=0$，这时两个分振动抵消，而物体处于静止状态。

上述为两种特殊情况，一般情况下，相位差 $\Delta\varphi$ 可取任意值，而合振动的振幅取值在 (A_1+A_2) 和 $|A_1-A_2|$ 之间。

2. 两个同方向、不同频率简谐振动的合成 由于两个同方向简谐振动的频率不同，则两者的相位差随时间变化，在矢量图中两振幅矢量间的夹角将不断改变，因而合矢量的长度和转动的角速度也将不断地改变，所以合矢量的投影不再是简谐振动，而是比较复杂的振动。图 4-4 给出了两个频率之比为 1∶3 的简谐振动的合成，图中黑色虚线代表分振动，蓝色实线代表合振动。图 4-4(a)(b)(c)分别表示三种不同的初相位差所对应的合振动，由图可知，在三种情况下，合振动曲线具有不同的形状，都不是简谐振动，但仍然是周期性振动，而且合振动的频率与分振动中最低频率相等。可以证明，如果分振动是两个以上，且频率又都是最低频率的整数倍时，上述结论仍然成立。其中最低的频率称为基频，其他分振动的频率称为倍频。

作为一个特例，下面分析振幅和初相位相同、频率较大但非常接近的两个振动合成的问题。设两个简谐振动的方程分别为 $x_1=A\cos(\omega_1 t+\varphi)$ 和 $x_2=A\cos(\omega_2 t+\varphi)$。利用三角公式，有

$$\begin{aligned} x &= x_1+x_2=A\cos(\omega_1 t+\varphi)+A\cos(\omega_2 t+\varphi) \\ &= 2A\cos\frac{\omega_2-\omega_1}{2}t\cos\left(\frac{\omega_2+\omega_1}{2}t+\varphi\right) \end{aligned}$$

式(4-15)

由于 $|\omega_2-\omega_1| \ll \omega_2+\omega_1$，可将式(4-15)表示的运动看作是振幅按照 $\left|2A\cos\frac{\omega_2-\omega_1}{2}t\right|$ 做缓慢的周期性变化（振动时而加强，时而减弱）、而角频率等于 $\frac{\omega_2+\omega_1}{2}$ 的振动，这种现象称为拍(beat)。单位时间内振动加强或减弱的次数称为拍频(beat frequency)。由于余弦函数的绝对值在一个周期内两次达到极值，所以单位时间内最大振幅出现的次数应为 $\frac{|\omega_2-\omega_1|}{2}$ 对应频率的2倍，即拍频为

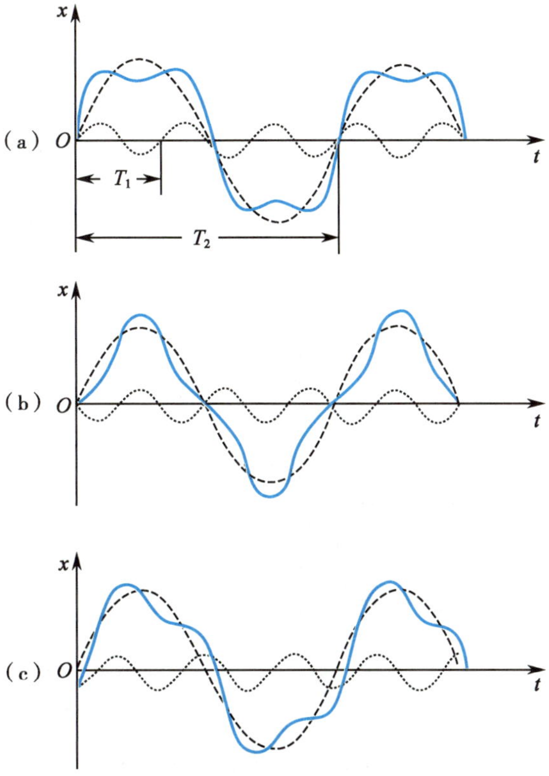

图 4-4 两个频率为 1 ∶3 的简谐振动合成

(a) $\varphi_1-\varphi_2=0$；(b) $\varphi_1-\varphi_2=\pi$；(c) $\varphi_1-\varphi_2=\pi/2$。

$$\nu=2\times\frac{1}{2\pi}\left(\frac{|\omega_2-\omega_1|}{2}\right)=|\nu_2-\nu_1| \qquad \text{式(4-16)}$$

由式(4-16)可知，拍频是两振动频率之差的绝对值。拍频在声学、光学、无线电技术等领域都有应用。钢琴调音师用标准音叉进行调音，当钢琴某根弦的频率与标准音叉的频率存在微小差别时，叠加后会产生拍音，调整弦，直到拍音消失，就校准了钢琴的一个琴音。临床上利用超声波的多普勒效应可以探测人体内部的运动目标，如监测胎儿的心跳、测量血流速度等，利用拍现象可以很方便地测量多普勒频移（参见本章第五节）。

3. 频谱分析 由同方向不同频率简谐振动的合成可知，两个同方向不同频率的简谐振动，当它们的频率是最低频率（基频）的整数倍时，合振动不是简谐振动，而是依基频振动的复杂振动。这个复杂振动也可以分解为两个不同频率的简谐振动。傅里叶分析理论指出，实际存在的任何一个周期性的复杂振动都可以分解为一系列不同振幅、不同频率、不同相位的简谐振动。确定一个复杂振动所包含的各种简谐振动的频率及振幅的数学方法称为频谱分析。用傅里叶级数和傅里叶变换的方法可实现对复杂周期性振动和非周期性振动的频谱分析。

傅里叶级数的求解有许多实际的应用。例如，某电路中电压 $u(t)$ 随时间 t 做周期性变化的方波。已知其振幅 U 与周期 T 如图 4-5(a)所示，按傅里叶级数展开为

$$u(t)=\frac{4U}{\pi}\left(\sin\omega t+\frac{1}{3}\sin3\omega t+\frac{1}{5}\sin5\omega t+\cdots\right)$$

这表明 $u(t)$ 可以分解为基频为 ω，倍频为 3ω、5ω、…等无穷多个简谐振动。在组成方波的一系列简谐振动中，基频的成分振幅最大，频率越高则振幅越小。在实际处理时，可以只取前几项低频部分对其进行近似处理。所取项越多，其合成情况与实际情况就越接近，误差就越小，如图 4-5(b)(c)所示。

从方波的傅里叶级数公式可以看到，连续复杂的周期性振动分解后得到一系列简谐振动，其频率

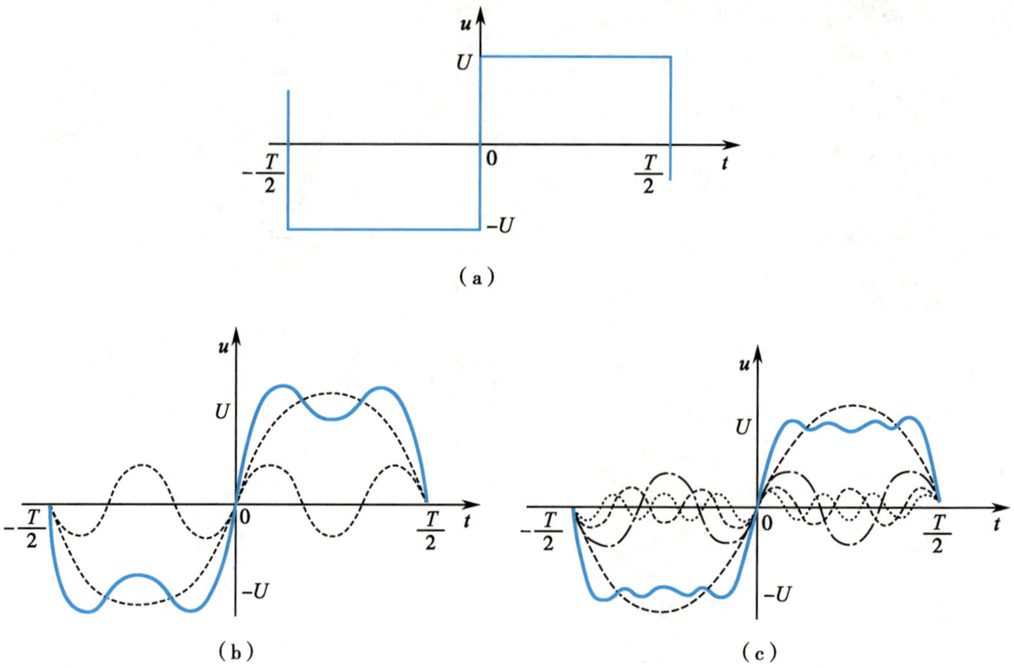

图 4-5　方波的分解

(a) 方波 $u(t)$；(b) $u(t)=\frac{4U}{\pi}\left(\sin\omega t+\frac{1}{3}\sin 3\omega t\right)$；(c) $u(t)=\frac{4U}{\pi}\left(\sin\omega t+\frac{1}{3}\sin 3\omega t+\frac{1}{5}\sin 5\omega t+\frac{1}{7}\sin 7\omega t\right)$。

均为基频的整数倍；各分振动频率不是任意的连续值。各频率分振动的振幅不同，振幅与频率的关系构成振动的频谱(frequency spectrum)。周期性振动的频率是不连续的。以圆频率 ω 或频率 ν 为横坐标、相应的振幅为纵坐标，可做出反映振幅与频率关系的频谱图。图 4-6 给出了方波的频谱，图中的每条线称为谱线(spectral line)，其长度代表具有相应频率的分振动的振幅值。

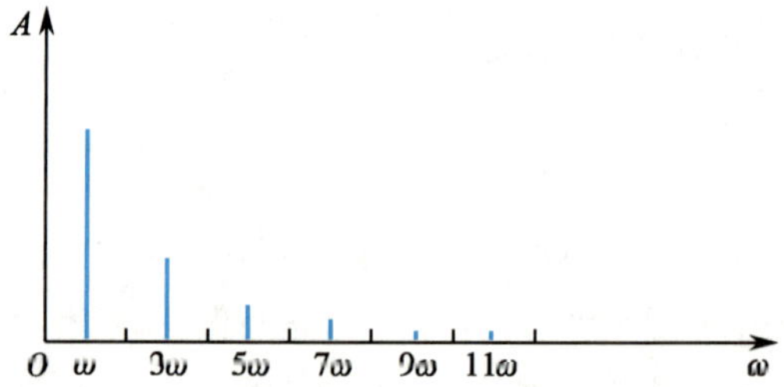

图 4-6　方波的频谱

对复杂振动进行频谱分析是研究复杂振动的一种重要方法。在医学上，对心电、脑电等信号进行频谱分析，绘制频谱图，可为相关疾病的诊断提供依据。对人体内某些生化物质所产生的磁共振信号进行频谱分析，可检测人体组织的代谢变化，对疾病做出早期诊断。

二、相互垂直简谐振动的合成

1. 相互垂直、同频率简谐振动的合成　设两个频率相同的简谐振动在相互垂直的 x、y 轴上进行，其振动方程分别为

$$x=A_1\cos(\omega t+\varphi_1)$$

$$y=A_2\cos(\omega t+\varphi_2)$$

将上式中的时间变量 t 消去，就得到合振动质点的轨迹方程

$$\frac{x^2}{A_1^2}+\frac{y^2}{A_2^2}-\frac{2xy}{A_1A_2}\cos(\varphi_2-\varphi_1)=\sin^2(\varphi_2-\varphi_1) \qquad \text{式(4-17)}$$

一般来说，这是一个以坐标原点为中心的椭圆方程，说明两个互相垂直、同频率简谐振动的合成，其合振动为椭圆轨迹，而轨迹的形状决定于分振动的相位差。图 4-7 给出了相位差为某些固定值时合振动的轨迹。

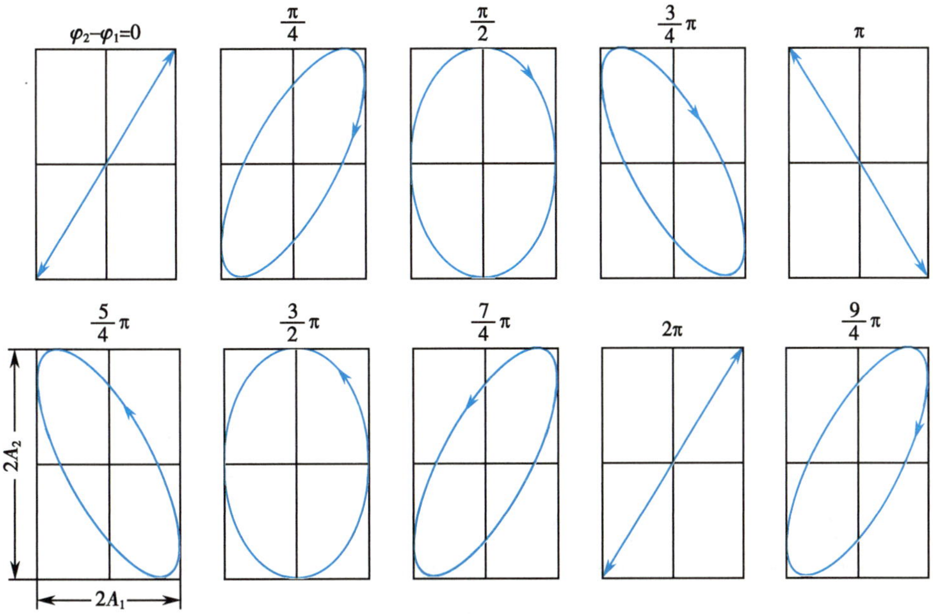

图 4-7　两个相互垂直的同频率简谐振动的合成

（1）若两个分振动同相，即 $\varphi_2-\varphi_1=0$，则式(4-17)变为

$$\frac{x}{A_1}-\frac{y}{A_2}=0$$

合振动的轨迹为通过原点、斜率为 A_2/A_1 的直线。合振动也是简谐振动，其频率与分振动频率相同。

（2）若两个分振动反相，即 $\varphi_2-\varphi_1=\pi$，则式(4-17)变为

$$\frac{x}{A_1}+\frac{y}{A_2}=0$$

合振动的轨迹是一条通过原点、斜率为 $-A_2/A_1$ 的直线。合振动仍为简谐振动，频率与分振动频率相同。

（3）若两个分振动相位差 $\varphi_2-\varphi_1=\pm\frac{\pi}{2}$，式(4-17)变为

$$\frac{x^2}{A_1^2}+\frac{y^2}{A_2^2}=1$$

合振动的轨迹是以坐标轴为主轴的椭圆。当 $\varphi_2-\varphi_1=\frac{\pi}{2}$ 时，质点沿顺时针方向运动；当 $\varphi_2-\varphi_1=-\frac{\pi}{2}$ 时，质点沿逆时针方向运动。如果两个分振动的振幅相等，即 $A_1=A_2$ 时，椭圆变为圆。

（4）若 $\varphi_2-\varphi_1$ 等于其他值，合振动的轨迹一般是椭圆，其形状和运动方向由分振动的振幅大小和相位差决定。

2. 相互垂直、不同频率简谐振动的合成　如果两个简谐振动的频率只有很小的差异，则可以近似看作两个频率相同的简谐振动的合成，仅有相位差在缓慢地变化。因此，振动的轨迹将不断地按图 4-7 所示的次序变化，即在图中所示的矩形范围内自直线变成椭圆而再变成直线，以此类推。

如果相互垂直的两个简谐振动的频率相差很大，但有简单的整数比时，则合振动又具有稳定的封闭轨迹。图 4-8 表示的是频率比分别为 2∶1 和 3∶1 时合振动的轨迹。这种频率成简单整数比时所得到的有一定规律的轨迹图形称为李萨如图形(Lissajous figure)。如果已知一个振动的频率，就可根

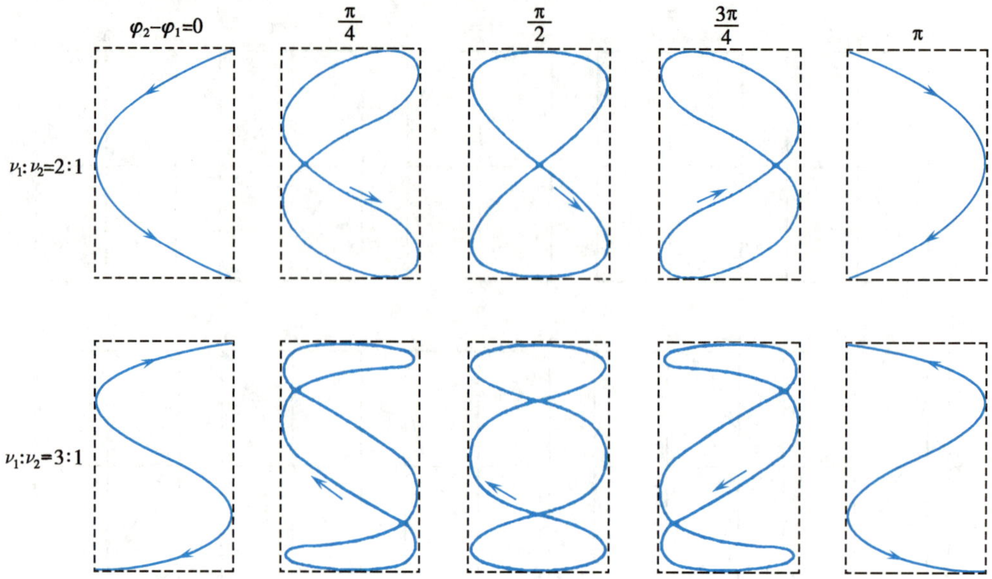

图 4-8 李萨如图形

据图形求出另一个振动的频率，这是比较方便也比较常用的一种测定频率的方法。

第三节 典型的非简谐振动

弹簧振子所代表的简谐振动是基于理想状态的运动，简谐振动时物体所受的恢复力与位移成正比，系统机械能守恒。对于实际的振动，某些振动可以近似地用简谐振动规律分析，但还有很多振动不能用简谐振动描述。阻尼振动和受迫振动就是两种比较典型的非简谐振动。

一、阻尼振动

在弹簧振子模型中，如果考虑到物体所受到的摩擦阻力和运动过程中的空气阻力，则在运动过程中振动系统的能量不断损耗，振幅不断减小，最后振动停止。这种非常类似简谐振动但振幅随时间减小的运动就称为阻尼振动(damped vibration)。

实验表明，当运动物体的速度不太大时，阻力与运动物体的速度成正比，如果用 f 表示阻力，则

$$f=-\gamma v=-\gamma\frac{\mathrm{d}x}{\mathrm{d}t}$$

其中负号表示阻力的方向与速度方向相反。比例系数 γ 称为阻力系数，它的大小与振动系统中物体的大小、形状及介质的性质有关。此时振动方程可写为

$$m\frac{\mathrm{d}^2x}{\mathrm{d}t^2}=-kx-\gamma\frac{\mathrm{d}x}{\mathrm{d}t}$$

令 $\frac{k}{m}=\omega_0^2$，$\frac{\gamma}{m}=2\beta$，整理上式可写为

$$\frac{\mathrm{d}^2x}{\mathrm{d}t^2}+2\beta\frac{\mathrm{d}x}{\mathrm{d}t}+\omega_0^2x=0 \qquad \text{式(4-18)}$$

式(4-18)为阻尼振动的动力学方程，其中 ω_0 为无阻尼时振动系统固有的角频率；β 称为阻尼系数(damping coefficient)，与振动系统及介质性质有关。阻尼大小不同时，该微分方程的解不同，物体的运动状态也不同。阻尼振动的时域图如图 4-9 所示。

当阻尼较小或者说阻力与弹性力相比数值不是很大时，满足 $\beta<\omega_0$，微分方程的解为

$x = Ae^{-\beta t}\cos(\omega t+\varphi)$　　式(4-19)

同简谐振动类似，式(4-19)中 A 和 φ 为积分常数，由初始条件决定；角频率 $\omega=\sqrt{\omega_0^2-\beta^2}$；$Ae^{-\beta t}$ 可以看作阻尼振动的振幅，它是随时间 t 按指数规律衰减的，β 越大，振幅衰减得越快。其振动曲线如图 4-9(a)所示，此时的振动类似一个振幅不断减小的简谐振动。如果仍把相位变化 2π 所经历的时间称为周期(T)，则阻尼振动的周期为

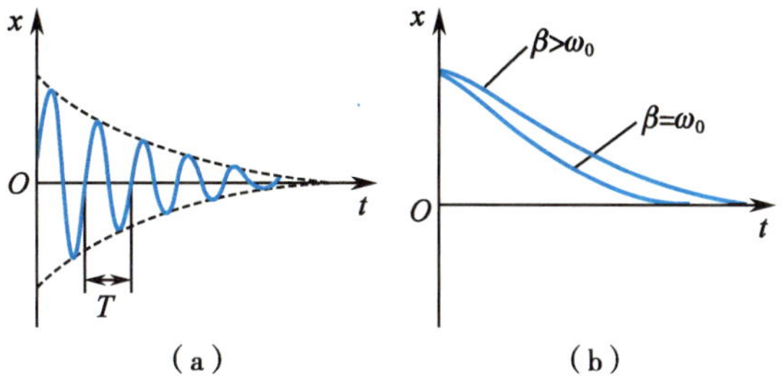

图 4-9　阻尼振动时域图

(a) $\beta<\omega_0$；(b) $\beta\geqslant\omega_0$。

$$T=\frac{2\pi}{\omega}=\frac{2\pi}{\sqrt{\omega_0^2-\beta^2}}$$

可见阻尼振动的周期比振动系统的固有周期长，即由于阻尼的存在，振动过程往复一个周期的时间变长了，这种阻尼较小的情况称为欠阻尼。

当阻尼过大，即 $\beta>\omega_0$ 时，如图 4-9(b)中的上曲线所示。此时物体的运动既不是周期性的，也不是在平衡位置附近做往复运动，而是随时间的延长缓慢地回到平衡位置，这种情况称为过阻尼。

当阻尼适当，即 $\beta\approx\omega_0$ 时，如图 4-9(b)中的下曲线所示。物体将以最快速度回到平衡位置，这种情况称为临界阻尼。

在现实中经常会遇到阻尼振动的情况。例如，天平的摆动以及各种指针式仪表的指针接近指示值的过程均可视为阻尼振动。在这些过程中，仪器使用者往往希望指针尽快到达预定位置，即希望阻尼大一点；而在另一些问题上，比如振动培养器、转动的轮轴等往往又希望阻尼越小越好。所以在解决实际问题时，有时需要减小阻尼，而有时会人为地加入适当阻尼。例如，精密天平、心电图机的指针内部都专门设计有电磁阻尼装置，以避免指针摆动过久而影响测量和观察的效率。

二、受迫振动

振动系统受到阻尼作用最终会停止振动。要想获得一个持续稳定的等幅振动，必须对阻尼振动的系统施加周期性外力，外力不断做功为振动系统补充能量。振动系统在持续周期性外力作用下的振动，称为受迫振动(forced vibration)。周期性外力称为驱动力。受迫振动是物体在阻力、弹性力和驱动力的共同作用下进行的运动。其振动方程可写为

$$m\frac{d^2x}{dt^2}=-kx-\gamma\frac{dx}{dt}+f_0\cos\omega' t$$

其中等号右边第三项为一个周期性驱动力，驱动力角频率为 ω'。其他各项与阻尼振动相同。

令 $\frac{k}{m}=\omega_0^2$，$\frac{\gamma}{m}=2\beta$，$h=\frac{f_0}{m}$，上式可写为

$$\frac{d^2x}{dt^2}+2\beta\frac{dx}{dt}+\omega_0^2x=h\cos\omega' t$$　　式(4-20)

在小阻尼的情况下该方程的解为

$$x_0=A_0e^{-\beta t}\cos(\sqrt{\omega_0^2-\beta^2}\,t+\varphi_0)+A\cos(\omega' t+\varphi)$$　　式(4-21)

式(4-21)表示，受迫振动是由第一项所表示的阻尼振动和第二项表示的简谐振动两项叠加而成。第一项随时间逐渐减弱，经过一段时间将不起作用；第二项是振幅不变的振动，这就是受迫振动达到稳定状态时的等幅振动。式(4-21)中的振幅为

$$A=\frac{h}{\sqrt{(\omega_0^2-\omega'^2)^2+4\beta^2\omega'^2}}$$

可见，受迫振动的振幅仅决定于振动系统自身的性质、驱动力的频率和振幅，与系统的初始条件无关。

在受迫振动中，当驱动力频率与系统固有频率相近时，会发生受迫振动振幅最大的现象，称为共振（resonance）。理论上共振振幅为

$$A=\frac{h}{2\beta\sqrt{\omega_0^2-\beta^2}}$$

共振现象不仅发生在机械振动中，在声、光、无线电、原子和原子核物理等领域中都会发生。声音的共振称为共鸣，许多乐器也是利用共振来提高音响效果，从而发出悦耳动听的声音。共振有很重要的用途，如现代医学影像技术中的磁共振成像，就是利用原子核的共振现象（见第十三章第三节）来探测组织器官的结构，研究组织器官的性质及诊断疾病等。但有些频率的振动也能激起人体不同部位的共振，对人体造成伤害。要防止共振，就要使驱动力的频率远远大于或远远小于系统的固有频率。

第四节 机 械 波

波动是自然界常见的一种重要的运动形式，可分为三大类，第一类是机械波，例如声波、水面波等；第二类是电磁波，例如无线电波、光波等；第三类是物质波，例如微观世界里的光子、电子等具有的波动性。因此，波动理论不仅在宏观世界有广泛的应用，而且对认识微观世界的运动规律也具有重要意义。

一、波动方程

1. 机械波的产生和传播 各质点间由于弹性力的作用而相互联系所组成的介质，称为弹性介质（elastic medium）。振动物体在弹性介质中振动时，由于弹性力的作用，就把这种振动在介质中依次传播出去，从而形成了机械波。例如，液体表面的波、声波以及在液态物质内部传播的波都是机械波。

机械波的产生，首先要有机械振动的物体作为波源，其次要有能够传播这种机械振动的介质。振动传播时，各个质点依次在平衡位置附近振动，并没有沿传播方向流动，而且质点的振动方向和波的传播方向也不一定相同。如果质点的振动方向与波的传播方向相同，这种波称为纵波（longitudinal wave），在空气中传播的声波就是纵波。如果质点的振动方向与波的传播方向垂直，这种波称为横波（transversal wave），用手抖动绳的一端时，绳子上产生的波就是横波。纵波和横波是波的两种基本类型。一般情况下，介质中各个质点的振动情况是很复杂的，由此产生的波也很复杂。

波在进行传播时，沿同一传播方向上两个相邻的、相位相同的质点间的距离，称为波长（wave length），通常以 λ 表示。波前进一个波长的距离所需的时间，称为波的周期，以 T 表示。周期的倒数称为波的频率，以 ν 表示。从波的形成和传播可知，每一质点依次重复着波源的振动，介质中各质点振动的周期和频率与波源振动的周期和频率相同，因此波的周期和频率与波源的振动周期和频率相等。单位时间内振动所传播的距离称为波速（wave velocity），以 u 表示。所以波速、波长和周期之间有如下关系

$$u=\frac{\lambda}{T}=\lambda\nu \qquad 式(4\text{-}22)$$

式(4-22)对于任何形式（纵波或横波）、任何性质的波（机械波或电磁波等）都适用。波速只决定于弹性介质本身的性质，而与其他因素（如频率和波长）无关。介质中任一质点离开平衡位置时，都受到介质弹性所产生的恢复力的作用，而离开平衡位置的质点，对恢复力的反应如何则由介质的惯性决定。因此，所谓介质本身的性质就是指介质的弹性和惯性，这两个因素决定着波的速率。弹性大，

就表示介质中各质点间的联系紧密,因而传播速度就大。而密度大,则表示惯性大,因而传播速度就小。

2. 波的几何描述 为了形象地描述波动过程,引入波阵面和波线两个概念。某一时刻振动相位相同的点连成的面称为波阵面(wave front),简称波面,最前面的波面称为波前。波阵面的形状决定波的类型,波阵面为球面的波称为球面波,如图 4-10(a)所示。波阵面为平面的波称为平面波,如图 4-10(b)所示。沿波的传播方向所作的一系列射线称为波线(wave ray)或波射线。在各向同性的介质中波线和波阵面垂直。对于球面波,波线是以波源为中心的沿半径方向的直线;对于平面波,波线是与波阵面垂直的平行直线。

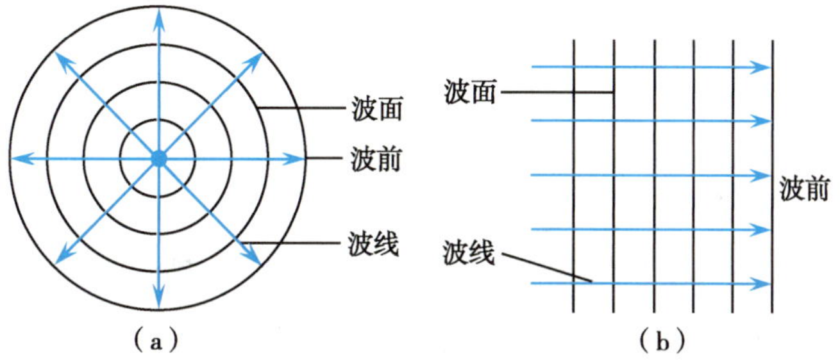

图 4-10 波的几何描述

(a) 球面波;(b) 平面波。

3. 简谐波的波动方程 当波源做简谐振动时,介质中各质点也做简谐振动,其频率与波源的频率相同,振幅也与波源有关,这种由于波源做简谐振动而产生的波动称为简谐波(simple harmonic wave)或余弦(正弦)波。简谐波是最简单、最基本的波,由于一切复杂的振动都可以看作是由简谐振动合成的,因此一切复杂的波也可看作是由简谐波所合成的。

如图 4-11 所示,设波以波速 u 沿 Ox 方向传播,且振幅始终不变。在 t 时刻 O 点的振动方程为

$$y_0=A\cos(\omega t+\varphi)$$

设 P 为传播方向上的任意一点,与 O 点相距为 x。当波动从 O 点传到 P 点时,P 点处的质点也将以同一角频率开始振动,但相位要比 O 点落后。因为波由 O 点传至 P 点所需的时间是 x/u,在 t 时刻,P 点处的质点位移,就是 O 点处质点在 $(t-x/u)$ 时刻的位移。因此对于 P 点处的质点,其振动方程应写为

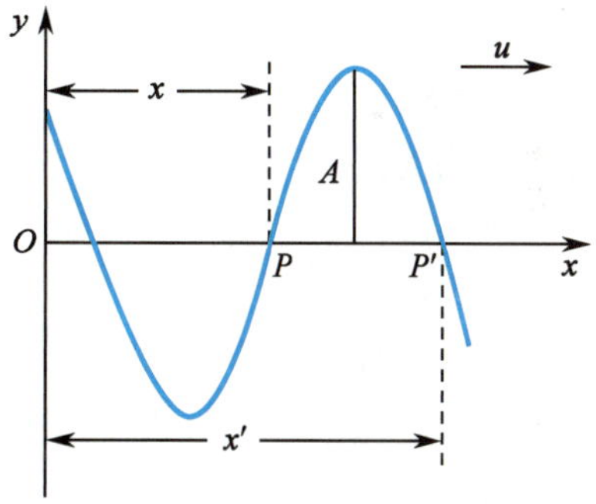

图 4-11 波动方程推导

$$y=A\cos\left[\omega\left(t-\frac{x}{u}\right)+\varphi\right] \qquad \text{式(4-23)}$$

如用周期 T、频率 ν 和波长 λ 表示,式(4-23)可写成

$$y=A\cos\left[2\pi\left(\frac{t}{T}-\frac{x}{\lambda}\right)+\varphi\right]=A\cos\left[2\pi\left(\nu t-\frac{x}{\lambda}\right)+\varphi\right] \qquad \text{式(4-24)}$$

式(4-23)和式(4-24)都表示位移 y 是 t 和 x 的函数,称为沿 x 轴正向传播的简谐波的波动方程。

在波动方程中含有 x 和 t 两个自变量。①对于给定时刻 t 来说,位移 y 仅是 x 的函数,这时波动方程表示某一时刻在直线 Ox 上各点的位移分布,即该时刻的波形;②对于给定距离 x 来说,位移 y 仅是 t 的函数,表明该点在各时刻的振动情况;③对于 x 和 t 都在变化的情况,波动方程表示沿波传播方向上各个不同质点在不同时刻的位移,可以说波动方程包含了各个质点的振动方程,也可以说包含了不同时刻的波形方程,亦即反映了波形的传播。

应当注意的是，式(4-23)或式(4-24)只适用于在无阻尼的介质中传播的平面波。因为只有在这种情况下，波的振幅才保持不变。所以把上述这种情况下的波动方程称为平面简谐波的波动方程。

如果简谐波沿 x 轴负方向传播，则平面简谐波的波动方程为

$$y=A\cos\left[\omega\left(t+\frac{x}{u}\right)+\varphi\right]$$

例题 4-2 设波动方程 $y=2.0\times10^{-2}\cos\pi(0.5x-200t)$ m，求振幅、波长、频率和波速。

解： 将 $y=2.0\times10^{-2}\cos\pi(0.5x-200t)$ m 与式(4-24)比较，得

振幅：$A=2.0\times10^{-2}(\mathrm{m})$　　波长：$\lambda=\frac{2}{0.5}=4.0(\mathrm{m})$

频率：$\nu=100(\mathrm{Hz})$　　波速：$u=\lambda\nu=4.0\times10^{2}(\mathrm{m/s})$

二、波的能量

1. 简谐波的能量 波传播时介质中各质点要发生振动，同时介质要发生形变，因而具有动能和弹性势能。设有一平面简谐波，以速度 u 在密度为 ρ 的均匀介质中传播，其波动方程为

$$y=A\cos\left[\omega\left(t-\frac{x}{u}\right)+\varphi\right]$$

为了考虑此介质中波的能量，设想在介质中取一体积为 ΔV、质量为 Δm 的介质元。介质元的动能为

$$E_{\mathrm{k}}=\frac{1}{2}\Delta m v^2=\frac{1}{2}\rho\Delta V v^2$$

将介质元的振动位移对时间求导，代入上式得到

$$E_{\mathrm{k}}=\frac{1}{2}\rho\Delta VA^2\omega^2\sin^2\left[\omega\left(t-\frac{x}{u}\right)+\varphi\right] \qquad \text{式(4-25)}$$

介质元的势能等于介质发生形变时外力对它所做的功。对同一介质元的势能，可以证明(这里省略推导过程)为

$$E_{\mathrm{p}}=\frac{1}{2}\rho\Delta VA^2\omega^2\sin^2\left[\omega\left(t-\frac{x}{u}\right)+\varphi\right] \qquad \text{式(4-26)}$$

式(4-25)和式(4-26)表明，在任何时刻 t，介质元的动能和势能总是相等的。

将式(4-25)和式(4-26)相加，便得出介质元的总能量

$$E=E_{\mathrm{K}}+E_{\mathrm{P}}=\rho\Delta VA^2\omega^2\sin^2\left[\left(\omega t-\frac{x}{u}\right)+\varphi\right] \qquad \text{式(4-27)}$$

式(4-27)表明介质元的总能量是在零和最大值之间周期性变化的：位置一定(x 一定)时，总能量随时间 t 做周期性变化；对某一给定时刻(t 一定)来说，总能量随 x 做周期性变化，即式(4-27)表明能量本身是一个波动过程，沿着 x 方向传播着。由于介质中的弹性联系，振动在其中传播时，能量也从一部分传到另一部分，即波是能量传播的一种形式。

2. 能量密度和能流密度 单位体积中波的总能量称为波的能量密度(energy density)，用 ε 表示，即

$$\varepsilon=\frac{E}{\Delta V}=\rho A^2\omega^2\sin^2\left[\omega\left(t-\frac{x}{u}\right)+\varphi\right] \qquad \text{式(4-28)}$$

能量密度在一个周期内的平均值称为平均能量密度，用 $\bar{\varepsilon}$ 表示。考虑到正弦平方在一个周期内的平均值为 1/2，所以，平均能量密度为

$$\bar{\varepsilon}=\frac{1}{2}\rho A^2\omega^2 \qquad \text{式(4-29)}$$

由式(4-29)可知,波的平均能量密度与振幅的平方、频率的平方以及介质的密度都成正比。这个结论对纵波和横波都是适用的。

由于波的能量是随波传播的,所以可以引入能流的概念。在单位时间内,通过介质中某面积的能量称为通过该面积的能流(energy flux)。设在介质中垂直于波速 u 取面积 S,则在一个周期 T 内通过 S 的能量等于体积 uTS 中的能量,如图 4-12 所示,即 $\bar{\varepsilon}uTS$。

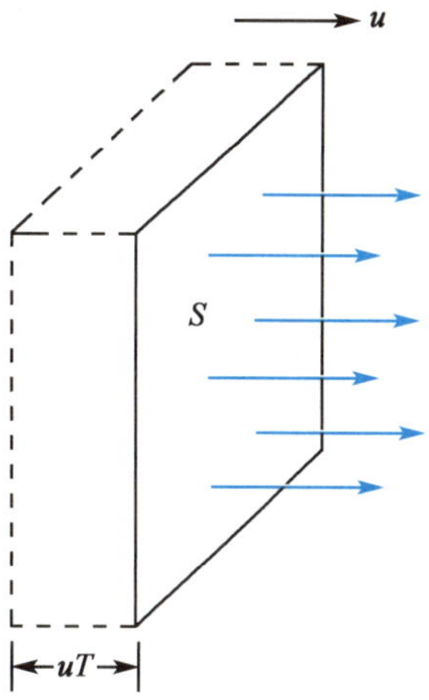

图 4-12 能流密度

单位时间内通过垂直于波传播方向的单位面积的平均能量,称为能流密度(energy flux density)或波的强度,用 I 表示,单位是瓦/米^2(W/m^2)则

$$I=\frac{\bar{\varepsilon}uTS}{TS}=\bar{\varepsilon}u=\frac{1}{2}\rho uA^2\omega^2 \quad 式(4\text{-}30)$$

由式(4-30)可知,波的强度等于平均能量密度和波速的乘积。它是体现波动中能量传播的一个重要物理量,例如声波的强度(简称声强)体现了声波的强弱。

3. 简谐波的衰减　波在介质中传播时,强度随着传播距离的增加而减弱,振幅也随之减小,这种现象称为波的衰减。导致衰减的主要原因有:①由于介质的黏滞性(内摩擦)等原因,波的能量随传播距离的增加逐渐转化为其他形式的能量,称为介质对波的吸收;②由于传播面积扩大造成单位截面积通过的波的能量减少,称为扩散衰减;③由于散射使沿原方向传播的波的强度减弱,称为散射衰减。下面主要讨论波的吸收和扩散的衰减规律。

(1) 平面简谐波在各向同性介质中传播的衰减规律:设平面波沿 x 轴正方向传播,在坐标原点 $x=0$ 处强度为 I_0,在 x 处的强度为 I,通过厚度为 dx 的介质后,由于介质的吸收,其强度减弱了 $-dI$,如图 4-13 所示。

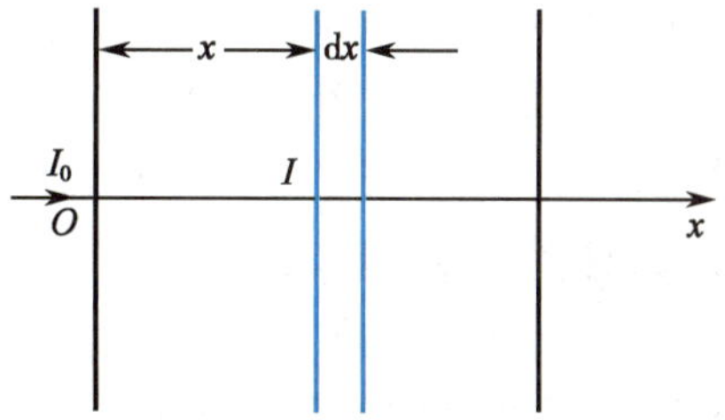

图 4-13 平面波的衰减

由实验得知,波的强度减弱量 $-dI$ 与入射波强度 I 和该介质的厚度 dx 成正比,即

$$-dI=\mu I dx$$

式中,μ 称为介质的吸收系数,它与波的频率和介质的性质有关。解此微分方程,并代入边界条件 $x=0,I=I_0$,求得

$$I=I_0 e^{-\mu x} \quad 式(4\text{-}31)$$

式(4-31)称为朗伯-比尔定律(Lambert-Beer law)。它表明,波的强度随传播距离的增加按指数规律衰减。因为波的强度与振幅的平方成正比,若 x 轴上坐标为 x 处质点的振幅为 A,坐标原点处质点的振幅为 A_0,则有

$$\left(\frac{A}{A_0}\right)^2=\frac{I}{I_0}=e^{-\mu x}$$

即

$$A=A_0 e^{-\frac{1}{2}\mu x}$$

通过上面的讨论可知,平面简谐波在介质中传播时,由于介质吸收能量,在实际介质中传播的平面简谐波波动方程应为

$$y=A_0 e^{-\frac{1}{2}\mu x}\cos\left[\omega\left(t-\frac{x}{u}\right)+\varphi\right] \quad 式(4\text{-}32)$$

(2) 球面简谐波在各向同性介质中传播的衰减规律:对于球面简谐波来说,随着传播距离的增大,其传播面积不断增大,同时波的强度不断减弱,设该球面简谐波在其半径为 r_1 和 r_2 处的强度分别

为 I_1 和 I_2，对应的振幅分别为 A_1 和 A_2，若不考虑介质的吸收，则单位时间通过两球面的总能量必然相等，即

$$4\pi r_1^2 I_1 = 4\pi r_2^2 I_2$$

由上式得

$$\frac{I_1}{I_2} = \frac{r_2^2}{r_1^2} \qquad 式(4\text{-}33)$$

式(4-33)表明，球面简谐波的强度与离开波源的距离平方成反比，这个关系称为平方反比定律(inverse square law)。又由波的强度与其振幅的平方成正比得

$$\frac{A_1}{A_2} = \frac{r_2}{r_1}$$

所以对于球面波来说，波的振幅与到波源的距离成反比，若设波源处振幅为 A_0，则距波源为 r 处球面波的波动方程为

$$y = \frac{A_0}{r}\cos\left[\omega\left(t - \frac{r}{u}\right) + \varphi\right] \qquad 式(4\text{-}34)$$

三、惠更斯原理

1. 惠更斯原理的描述 惠更斯(C.Huygens)在 1690 年提出：介质中波前上每一点都可以看作独立的波源，发出球面子波(wavelet)，在其后的任一时刻，这些子波波阵面的共切面(包络面)形成新的波阵面，该原理称为惠更斯原理(Huygens' principle)。根据这一原理，可以用几何作图法由某一时刻波前的位置确定下一时刻新波前的位置，从而确定波的传播方向。

根据惠更斯原理，若已知球面波或平面波在某时刻的波阵面 S_1，S_1 上的各点都可以看作是发射子波的点波源，这些子波在波行进 Δt 时间的包络面 S_2 就是 $t+\Delta t$ 时刻新的波阵面，如图 4-14(a)(b)所示。根据惠更斯原理，还可以非常直观地说明波在传播中发生的衍射、反射和折射等现象。

2. 波的衍射 如图 4-14(c)所示，平面波波阵面 AB 接近一宽度 d 大于波长 λ 的缝时，根据惠更斯原理，把经过缝时的波前上各点看作发射子波的波源，就可以做出如图所示的波阵面，即除去中间部分的波阵面仍为直线外，两端有弯曲的波阵面。如果缝宽很窄，宽度小于波长 λ，则经过狭缝后的波阵面为圆形。这一现象说明波在经过障碍物时，能绕过障碍物的边缘而继续前进，这种现象称为波的衍射(diffraction of wave)或波的绕射。

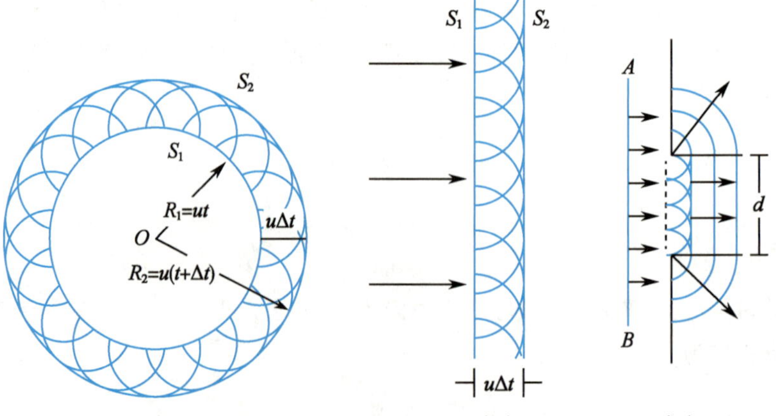

图 4-14 惠更斯原理

(a) 球面波；(b) 平面波；(c) 波的衍射。

波的衍射现象是波动的共同特征。当障碍物的尺寸与波长相当时，衍射现象比较明显；当障碍物的尺寸远远大于波长时，波表现为沿直线传播。如声波的波长有几米左右，在高墙两侧的人都能听到对方说话，这说明声波能绕过高墙传播。无线电波的中波波长有几百米，因此虽然在电台与接收机中间隔着大山，还能接收到无线电波。超声波的波长很短，只有几毫米，衍射现象不显著，因而能实现定向传播。

惠更斯原理虽然能定性地说明衍射现象，但不能说明各点振动的振幅，不能对衍射现象做出定量的分析。

四、波的干涉

1. 波的叠加原理　大量事实说明，几列波在同一介质中传播时，无论相遇与否，都将保持自身原有的特性（频率、波长、振动方向等），按照自身原来的传播方向继续前进，不受其他波的影响，在相遇处任一质点的振动是各波在该点所引起振动的矢量和，这就是波的叠加原理。

波的叠加原理可从许多现象中观察出来。例如，水面上以两个石块落下处为中心而发出的圆形波，彼此穿过而又离开之后，它们还是圆形的，并仍以石块落处为圆心。乐队演奏时，各种乐器的声音保持原有的音色，因而人们能够从中辨别出来。

2. 波的干涉现象　几列波同时在同一介质中传播时，各波在重叠处都按原来的方式引起相应的振动，而质点的振动就是这些振动的合振动。若各波的振动频率不同，振动方向不同，则在重叠处引起的振动是很复杂的。实际上最重要的是两波源的频率相同、振动方向相同、相位相同或有固定相位差的特殊情形，这时，在重叠处，两列波所引起的振动，具有相同的振动方向和频率，而且彼此之间有固定的相位差。合振动的振幅就由相位差决定，同相的地方振幅最大，反相的地方振幅最小。这种在两波重叠处有些地方振动加强，而另一些地方振动减弱或完全抵消的现象，称为波的干涉（interference of wave）。能产生干涉现象的两列波称为相干波（coherent wave），相应的波源称为相干波源。

设有两个相干波源 S_1 和 S_2，其振动方程分别为

$$y_1=A_{10}\cos\left(\frac{2\pi}{T}t+\varphi_1\right)$$

$$y_2=A_{20}\cos\left(\frac{2\pi}{T}t+\varphi_2\right)$$

从这两个波源发出的平面波在空间任一点 P 相遇时，在 P 处的质点振动应为以下两个振动的合成，这两个振动方程分别为

$$y_1=A_1\cos\left[2\pi\left(\frac{t}{T}-\frac{r_1}{\lambda}\right)+\varphi_1\right]$$

$$y_2=A_2\cos\left[2\pi\left(\frac{t}{T}-\frac{r_2}{\lambda}\right)+\varphi_2\right]$$

式中，A_1、A_2 分别表示两列波到达 P 点时的振幅，若不考虑波的吸收，波的振幅等于波源的振幅，r_1、r_2 分别表示从 S_1 和 S_2 到 P 点的距离；λ 表示波长。合振动方程则为

$$y=y_1+y_2=A\cos\left(\frac{2\pi}{T}t+\varphi\right) \qquad 式(4\text{-}35)$$

式(4-35)中合振动的振幅为

$$A=\sqrt{A_1^2+A_2^2+2A_1A_2\cos\left(\varphi_2-\varphi_1-2\pi\frac{r_2-r_1}{\lambda}\right)}$$

由两列相干波在空间任一点所引起的两个振动的相位差如下

$$\Delta\varphi=\varphi_2-\varphi_1-2\pi\frac{r_2-r_1}{\lambda}$$

相位差是一个常量,可知任一点的合振幅 A 也是常量。由振幅 A 的公式可知,符合条件 $\Delta\varphi=\pm2k\pi(k=0,1,2,\cdots)$ 的空间各点,合振幅达到最大值 $A=A_1+A_2$,这些点干涉加强。符合条件 $\Delta\varphi=\pm(2k+1)\pi(k=0,1,2,\cdots)$ 的空间各点,合振幅达到最小值 $A=|A_1-A_2|$,这些点干涉减弱。当 $A_1=A_2$ 时,$A=0$。

若两个波源具有相同的初相位 $\varphi_1=\varphi_2$,则上述条件可简化为

$$\begin{cases}\delta=r_2-r_1=\pm k\lambda & k=0,1,2,\cdots\quad 干涉加强\\ \delta=r_2-r_1=\pm(2k+1)\dfrac{\lambda}{2} & k=0,1,2,\cdots\quad 干涉减弱\end{cases}\qquad 式(4\text{-}36)$$

式(4-36)中,$\delta=r_2-r_1$ 表示从波源 S_1 和 S_2 发出的两列相干波到达 P 点时的路程之差,称为波程差。所以式(4-36)表明,当两个相干波源初相位相同时,在两列波的叠加空间内,波程差等于波长整数倍的各点,合振动振幅最大(加强);波程差等于半波长奇数倍的各点,合振动振幅最小(减弱)或为零(抵消)。

应该指出,波的干涉现象也是波动的重要特征,它不仅对光学和声学非常重要,而且对于近代物理学的发展也有重大意义。

3. 驻波 驻波(standing wave)是由振幅相同、频率相同、振动方向相同而传播方向相反的两列波叠加而成的。驻波是一种特殊的干涉现象。

设两列振幅相同、频率相同的简谐波,一列波沿 x 轴正方向传播,另一列波沿 x 轴负方向传播,如图 4-15 所示。图中短虚线表示沿 x 轴正方向传播的波,长虚线表示沿 x 轴负方向传播的波。取两波的振动相位始终相同的点作为坐标轴的原点,并且在 $x=0$ 处的质点振动到正的最大位移时开始计时,即坐标原点处质点振动的初相位为零,则沿正方向传播的简谐波的波动方程为

$$y_1=A\cos\left[2\pi\left(\frac{t}{T}-\frac{x}{\lambda}\right)\right]$$

而沿负方向传播的简谐波的波动方程为

$$y_2=A\cos\left[2\pi\left(\frac{t}{T}+\frac{x}{\lambda}\right)\right]$$

在两波重叠处各点的位移为两波所引起的位移的合成

$$y=y_1+y_2=2A\cos2\pi\frac{x}{\lambda}\cos2\pi\frac{t}{T}\qquad 式(4\text{-}37)$$

由式(4-37)可见,合成以后,沿坐标各点处都在做同一周期的简谐振动,但具有不同的振幅 $\left|2A\cos2\pi\frac{x}{\lambda}\right|$。在 $\left|\cos2\pi\frac{x}{\lambda}\right|=1$ 的那些点,振动的振幅最大,等于 $2A$,称为波腹(loop);而在 $\left|\cos2\pi\frac{x}{\lambda}\right|=0$ 的那些点,振动的振幅为零,即静止不动,称为波节(node)。

图 4-15 中的蓝色实线表示在 $t=0$、$T/8$、$T/4$、$3T/8$、$T/2$ 各时刻两列波叠加后的结果。用"○"表示的点就是波节位置,两列波在这些点处引起的振动反相,因而叠加后振幅为零。用"+"表示的点就是波腹位置,两列波在这些点处引起的振动同相,因而叠加后振幅最大,等于 $2A$。

由式(4-37)或图 4-15 可以直观地看出,相邻两波腹或相邻两波节间的距离都是半波长,而波节与相邻波腹间距离为 1/4 波长。测得波节与波节或波腹与波腹间距离就可以确定两波的波长。在同一时刻,两波节之间的各点具有相同的相位,而波节两旁的点则具有相反的相位。图 4-15 所示的波形是驻定而不移动的,只是各点的位移随时间变化而已,因此把这种波称为驻波。由于叠加成驻波的两列波能流密度的量值相等,方向相反,因而在振动过程中,没有能量沿某一方向传播,能流密度为

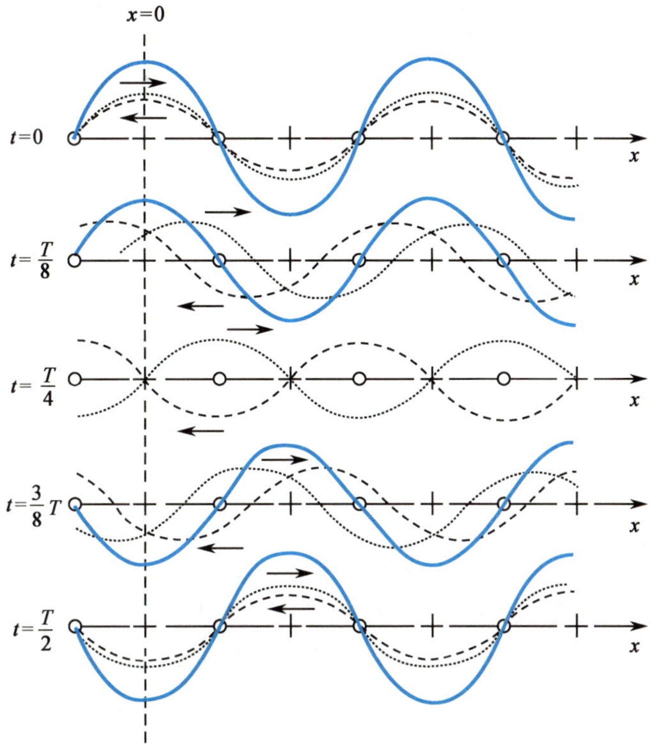

图 4-15 驻波的形成

零。因此，驻波无所谓传播方向，不传播能量，实质上是一种特殊的振动状态，而不是作为能量传播过程的波。为了区分一般的波与驻波，往往将前者称为行波(travelling wave)。

驻波的形成通常是在入射波和反射波相干涉的情况下发生的。如图 4-16 所示，在音叉和劈尖之间系一水平的细绳，可以左右移动以变更 AB 间的距离。细绳经过滑轮(图中 P 点)，且末端悬一质量为 M 的重物，使绳上产生张力。音叉振动时，绳中产生波动，向右传播。达到 B 点时，在 B 点反射，产生反射波，向左传播。这样，入射波和反射波在同一绳子上沿相反方向进行，适当调节 AB 间距离或绳中张力，就能在绳子上产生驻波，波的反射点 B 是一波节。

4-3 超声声速与声阻抗的测量 操作视频

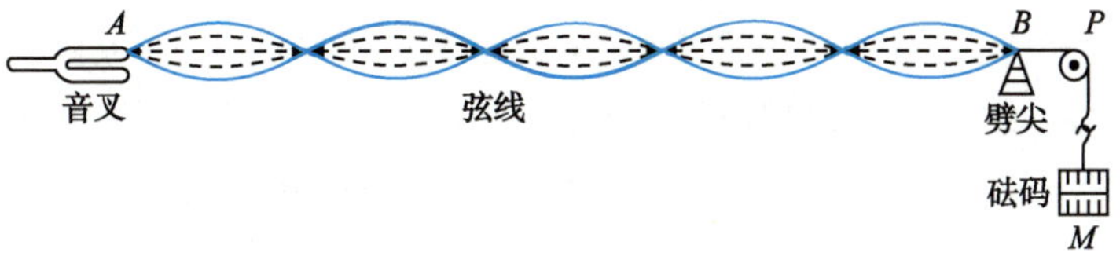

图 4-16 驻波实验示意图

在反射处是波节还是波腹，取决于两种介质的性质。通常把密度 ρ 与波速 u 的乘积 ρu 较大的介质称为波密介质，反之称为波疏介质。可以证明，当波从波疏介质传播到波密介质而在分界面处反射时，反射点将形成波节；反之，将形成波腹。例如，声波从空气传到水面反射回空气时，反射处是波节；声波从海水里传到水面被反射回水中时，水面处即为波腹。

要在分界面处出现波节，入射波与反射波必须在分界面处的相位相反。由于在同一波形上，相距半个波长的两点的相位相反，因此，在反射时引起相位相反(或相位值有突变)的现象，就相当于入射波与反射波在反射点存在着半个波长的波程差，这种现象称为“半波损失(half wave loss)”。在研究声波、光波的反射时，常要涉及这一概念。

由于机械波传播到分界面时发生反射,因而机械波在有限大小的物体内传播时,反射波与入射波相叠加,会产生各式各样的驻波。物体中可能产生的驻波就是物体在没有外力条件下可能持续下去的固有振动。因此,确定物体在一定条件下可能产生的驻波,就能确定物体的固有振动频率。

五、声波

在弹性介质中传播的机械振动,频率在 20~20 000Hz 时能引起听觉,称为声振动,声振动的传播过程称为声波(sound wave)。频率低于 20Hz 的机械波称为次声波(infrasonic wave);频率高于 20 000Hz 的机械波称为超声波(ultrasonic wave)。次声波和超声波都不能引起人的听觉。但是,从物理学的观点来看,这些频率范围内的振动与可引起人听觉的振动之间,并没有什么本质上的差别。

在声学发展初期,研究声学只是为听觉服务的。而在近代声学中,在为听觉服务的研究和应用得到了进一步发展的同时,声的概念已不再局限于听觉范围以内。目前的声学术语中,声振动和声波有着更为广泛的含义,几乎就是机械振动和机械波的同义词。

1. 声压、声阻抗和声强

(1) 声压:声波是纵波,当其在介质中传播时,介质的密度发生周期性变化,因而相应各点的压强随之发生变化,质点密集时压强大,稀疏时压强小。介质中有声波传播时某一点的压强与无声波传播时的压强之差,称为该点的声压(sonic pressure)。显然,声压是空间和时间的函数。对于平面简谐波来说,某一时刻的瞬时声压可表示为

$$p=\rho uA\omega\cos\left[\omega\left(t-\frac{x}{u}\right)+\frac{\pi}{2}\right] \qquad 式(4\text{-}38)$$

式(4-38)中,ρ 为介质密度,u 为声速,ω 为声波的圆频率,A 是声波振动的振幅。令 $P_m=\rho uA\omega$,称为声压幅值,简称声幅。一般所说的声压往往是指声压的有效值,用 P_e 表示,它与声压幅值的关系为

$$P_e=\frac{P_m}{\sqrt{2}}$$

声压的大小反映了声波的强弱,其单位为帕(Pa)。

(2) 声阻抗:定义声压幅值 P_m 与介质质点振动速度幅值 $v_m=\omega A$ 的比值为声阻抗(acoustic impedance),简称声阻,用 Z 表示

$$Z=\frac{P_m}{v_m}=\frac{\rho uA\omega}{A\omega}=\rho u \qquad 式(4\text{-}39)$$

式(4-39)表明,声阻抗的大小等于介质的密度和波速的乘积,显然声阻抗是由介质固有性质所决定的常数,是表征介质声学性质的重要物理量。声波在传播过程中,只有遇到两种声阻不同的介质界面时,才会发生反射和折射(透射)。不同的介质具有不同的声阻。表 4-1 列出了几种介质的声速、密度、声阻。

表 4-1 几种介质的声速、密度、声阻

介质	声速/(m/s)	密度/(kg/m³)	声阻/[kg/(m²·s)]
空气	3.32×10^2(0℃)	1.29	4.28×10^2
	3.44×10^2(20℃)	1.21	4.16×10^2
水	14.8×10^2(20℃)	988	1.48×10^2
脂肪	14.0×10^2	970	1.36×10^2
脑	15.3×10^2	1 020	1.56×10^2
肌肉	15.7×10^2	1 074	1.63×10^2
密质骨	36.0×10^2	1 700	6.12×10^2
钢	50.5×10^2	7 800	39.4×10^2

（3）声强：声强（intensity of sound）就是声波的能流密度，即单位时间内通过垂直于声波传播方向的单位面积的声波平均能量。

$$I=\frac{1}{2}\rho uA^{2}\omega^{2}=\frac{1}{2}Zv_{m}^{2}=\frac{P_{m}^{2}}{2Z}\qquad\text{式(4-40)}$$

式（4-40）表明，当介质一定时，声强与声压幅值（或有效值）的平方成正比。由于在实际测量中，声压要比声强更容易测量。因此，常用声压来表示声音的强度。

2. 听觉区域、声强级和响度级

（1）听觉区域：引起听觉的声波，不仅在频率上有一个范围，而且在声强上也有上、下两个限值，低于下限的声强不能引起听觉，这个下限值称为最低可闻声强或听阈（hearing threshold）。图 4-17 中，最下面的一条曲线表示正常成年人的听阈随声波频率的变化，称为听阈曲线。从曲线可以看出，频率不同时，听阈可以相差很大。上限是人耳所能忍受的最高声强，高于上限的声强只能引起痛觉，不能引起听觉，这个上限值称为痛阈（pain threshold）。图 4-17 中，最上面的一条曲线表示正常成年人的痛阈随声波频率的变化，称为痛阈曲线。由听阈曲线、痛阈曲线、20Hz 和 20 000Hz 线所围成的区域，称为听觉区域（auditory region）。

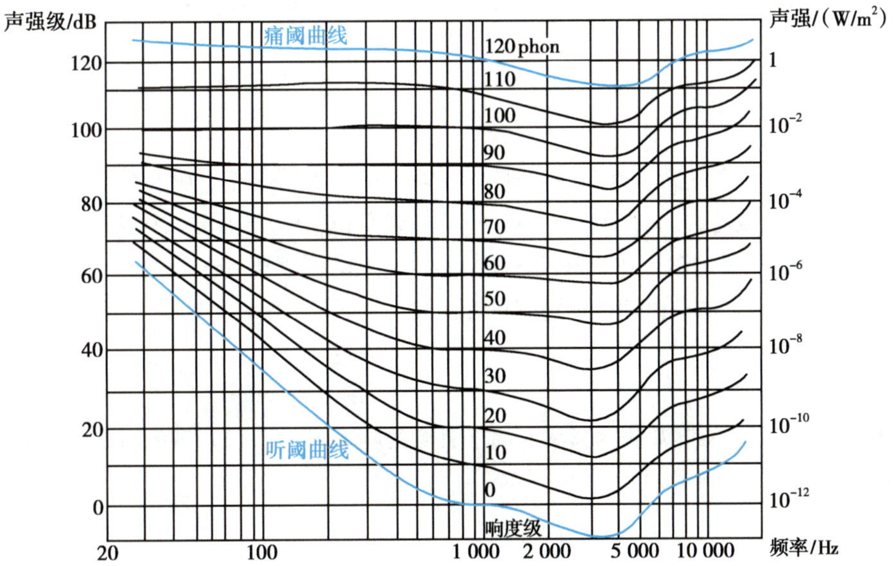

图 4-17　纯音的听觉区域和等响曲线

（2）声强级：从图 4-17 可以看出，引起人的听觉的声强上下限相差十几个数量级，另外从声音的接收来说，人耳有一个很“奇怪”的特点，当耳朵接收到声振动以后，主观上产生的“响度感觉”并不是正比于声强的绝对值，而是更近于与声强的对数成正比。基于这两方面的原因，在声学中普遍采用对数标度来量度声强，称为声强级（sound intensity level），单位是贝尔（B），贝尔的 1/10 称为分贝（dB）。通常取 1 000Hz 声波的听阈值 $I_0=10^{-12}\mathrm{W/m^2}$ 作为标准参考声强，任意声波的声强 I 与标准参考声强 I_0 比值的对数，即为该声波的声强级，用 L 表示。

$$L=\lg\frac{I}{I_0}(B)=10\lg\frac{I}{I_0}(\mathrm{dB})\qquad\text{式(4-41)}$$

由式（4-41）和图 4-17 可知，对于频率为 1 000Hz 的声波，听阈的声强级为 0dB，痛阈的声强级为 120dB。微风轻轻吹动树叶的声强级约为 14dB；在房间中高声谈话的声强级（相距 1m 处）为 68～74dB；炮声的声强级约为 120dB。人耳对声音强弱的分辨能力约为 0.5dB。

还必须指出，声强可直接加减，而声强级不能用代数加减，例如，一台机器所产生的噪声为 50dB，若再增加一台相同的机器，则声强级不是变为 100dB，而只是增加了 3dB，即为 53dB。

(3) 响度级：无论是声强还是声强级，都是声波的客观描述，并不反映人耳所听到的声音的大小。人耳对声音强弱的主观感觉称为响度（loudness）。声强或声强级相同，但频率不同的声波，其响度可能相差很大。为了区分各种不同声音响度的大小，把不同的响度也分为若干等级，称为响度级（loudness level），单位是方（Phon）。并规定频率为 1 000Hz 纯音的响度级与其声强级具有相同的数值，将其他频率声音的响度与此标准相比较，只要它们的响度相同，它们就有相同的响度级。将频率不同、响度级相同的各点连成一条线，就构成了等响曲线。图 4-17 给出了不同响度级的等响曲线。听阈曲线是响度级为 0 方的等响曲线，痛阈曲线是响度级为 120 方的等响曲线。

第五节 多普勒效应

由于波源和观测者相对于介质运动，使得观测者接收到的频率与波源发出的频率不同的现象，称为多普勒效应（Doppler effect），频率的变化与相对运动的速度有关。如远方急驶过来的汽车从我们身边驶过时，我们听到汽笛的音调由低变高又变低，这就是大家十分熟悉的声波多普勒效应。这一现象是奥地利物理学家及数学家克里斯琴·约翰·多普勒（Christian Johann Doppler）在 1842 年首先提出的。多普勒效应造成的发射和接收的频率之差称为多普勒频移（Doppler shift），它揭示了波的属性在运动中发生变化的规律。

一、多普勒效应的描述

为简单起见，假设波源和观察者在同一直线上运动，v_s、v_o 分别表示波源、观测者相对于介质的运动速度，以 u 表示声波波速，以 ν 和 λ 分别表示声波的频率和波长，下面分几种情况讨论。

1. 波源静止，观测者运动 在这种情况下，$v_s=0$，$v_o\neq 0$，若观测者向着波源运动，相当于波以速率 $u+v_o$ 通过观测者。因此单位时间内通过观测者的波的个数，即频率为

$$\nu'=\frac{u+v_o}{\lambda}=\frac{u+v_o}{u/\nu}=\frac{u+v_o}{u}\nu \qquad \text{式(4-42)}$$

式(4-42)表明观测者实际观测的频率 ν' 高于波源的频率 ν。反之，若观测者离开波源运动时，实际观测频率将低于波源的频率，即

$$\nu'=\frac{u-v_o}{u}\nu \qquad \text{式(4-43)}$$

可见，在观测者运动的情况下，接收频率的改变是由波速改变引起接收到的波数增加或减少造成的。

2. 波源运动，观测者静止 在这种情况下，$v_o=0$，$v_s\neq 0$，如图 4-18 所示。当波源静止时，波长 $\lambda=uT$；然而当波源以速度 v_s 向着观测者 C 运动时，由于一个周期 T 内波源已向观测者运动了 v_sT 的距离 AB，所以 C 点在一个周期后接收到的波长

$$\lambda'=\lambda-v_sT=(u-v_s)T$$

又由于波在介质中传播速度不变，所以观测者实际测得的频率

$$\nu'=\frac{u}{\lambda'}=\frac{u}{(u-v_s)T}=\frac{u}{u-v_s}\nu \qquad \text{式(4-44)}$$

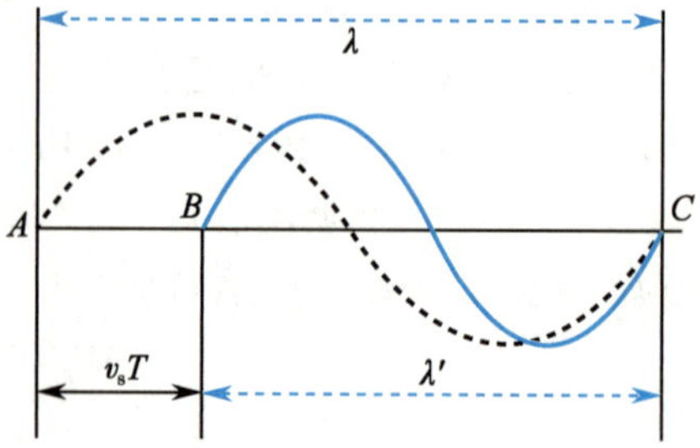

图 4-18 波源运动，观测者静止的多普勒效应示意图

式(4-44)表明观测者实际测得的频率高于波源的频率。同理，可得出波源远离观测者时实际测得的频率低于波源的频率，即

$$\nu'=\frac{u}{u+v_s}\nu \qquad 式(4\text{-}45)$$

可见，在波源运动的情况下，接收频率的改变是由于观测者接收到的波长改变所致。因此，当列车向观测者开来时，汽笛声音不仅变大，而且音调升高；当列车驶离观测者时，汽笛声音不仅变小，而且音调降低。

3. 波源与观测者同时相对于介质运动 综合以上两种情况，当观测者与波源同时相对于介质运动时，观测者实际观测的频率为

$$\nu'=\frac{u\pm v_o}{u\mp v_s}\nu \qquad 式(4\text{-}46)$$

式(4-46)中，观测者向着波源运动时，v_o前取正号，离开时取负号；波源向着观测者运动时，v_s前取负号，离开时取正号。总之，只要两者互相接近，接收到的波的频率就高于波源的频率；而两者只要互相远离，接收到的波的频率就低于波源的频率。

如果波源和观测者的运动不在同一直线上，则只要将速度在它们连线上的分量作为 v_s和 v_o值代入式(4-46)中即可。

二、多普勒效应的应用

多普勒效应是波动的一种普遍现象，不仅机械波有多普勒效应，电磁波也有多普勒效应。多普勒效应在交通管理、科学研究、空间技术、医疗诊断等各方面有着广泛的应用。

多普勒效应在交通管理中的应用，主要是用于对车辆进行速度监测。交通管理者在测速时，会通过相关检测仪器，向测试目标发射一定频率的电磁波。电磁波到达目标车辆会向测试仪器发射一定频率的反射波，行驶的汽车分别作为观测者和波源，通过波频率的变化就能测出车辆的当前时速。

设汽车的速度为 v 且向着检测仪器行驶，检测仪器发射频率为 ν，接收到的反射波频率为 ν''由式(4-42)和式(4-44)整理得

$$v=\frac{\nu''-\nu}{\nu''+\nu}u \qquad 式(4\text{-}47)$$

对于电磁波 $u=c\gg v$，所以 $\nu''\approx\nu$，式(4-47)变为

$$v=\frac{\Delta\nu}{2\nu}c \qquad 式(4\text{-}48)$$

由式(4-48)可知，只要测得检测仪器发射的频率和由汽车返回的频率，就可得到测试目标的速度。

当光源快速向着我们运动时，它所发射的光会发生“蓝移”，频率增大；反之，当光源离我们而去时，它所发射的光会发生“红移”，频率减小。天文学家常反过来利用多普勒效应，把某个恒星发射的光谱与正常的光谱相比较，如果光谱线“蓝移”，则说明这个恒星向着我们而来；如果光谱线“红移”，则说明这个恒星背离我们而去。根据“蓝移”和“红移”量的大小还可以估算出该恒星的运动速度。

4-4

多普勒效应及其应用
微课

在现代医学领域中，彩超就是多普勒效应在医学方面的典型应用。彩超检查一般是应用相关技术进行多普勒信号处理，然后把获得的血流信号经彩色编码后，实时叠加在二维图像上，这样即形成了彩色多普勒超声血流图像，从而达到对疾病诊断以及辅助诊断的目的。因为可以提供比较丰富的血流信号，尤其是患者存在占位性病变时，对某些疾病的良恶性诊断方面能够提供有价值的信息。

拓展阅读

超声多普勒血流仪

超声多普勒血流仪（彩超）是应用超声多普勒效应反映血管内血流方向和速度等信息的一种技术，是诊断心血管疾病的一种血流动力学方法。

当波源和观察者的运动不在同一直线上，这时就要取它们在连线上的分量，而垂直于连线方向上的速度分量对接收声波的频率没有影响。设 v_o、v_s 与它们连线方向的夹角分别为 θ_o 和 θ_s，则式(4-46)变为

$$\nu'=\frac{u\pm v_o\cos\theta_o}{u\mp v_s\cos\theta_s}\nu \quad \text{式(4-49)}$$

对于多普勒超声血流测速仪来说，测量时超声探头不动，待测血流作为接收器或声源以速度 v 在运动（图 4-19），则由式(4-49)得

$$\nu'=\frac{u+v\cos\theta}{u}\nu$$

$$\nu''=\frac{u}{u-v\cos\theta}\nu'=\frac{u+v\cos\theta}{u-v\cos\theta}\nu$$

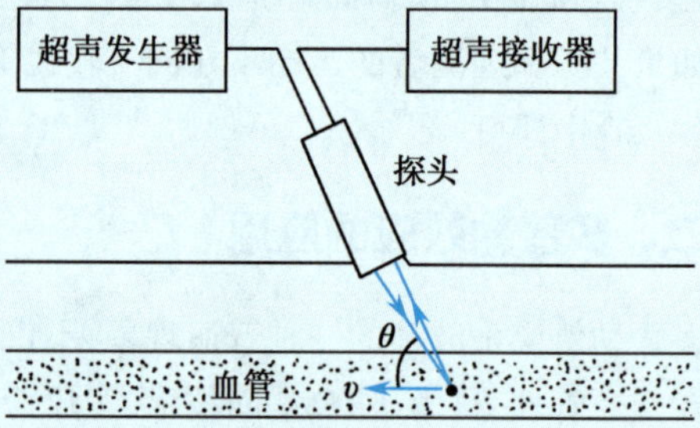

图 4-19 多普勒超声血流测速仪原理

则探头发出的超声波的频率与接收到的回波频率之差，即多普勒频移 $\Delta\nu$ 为

$$\Delta\nu=\nu''-\nu=\frac{2v\cos\theta}{u-v\cos\theta}\nu$$

因为超声波在血液中的传播速度 u 较大（约 1 570m/s），而血液的流速 v 并不大（人体静息时，主动脉的平均流速约为 0.18~0.22m/s），故 $u\gg v\cos\theta$，由上式整理得

$$v=\frac{u}{2\nu\cos\theta}\Delta\nu$$

可见，当红细胞流经心脏大血管时，由这种频率偏移可以知道血流的方向和速度，若红细胞朝向探头时，根据多普勒原理，反射的声频则提高，而红细胞离开探头时，反射的声频则降低。彩色多普勒血流成像仪（彩超），属于二维血流成像技术，彩色的血流信号叠加在二维黑白图像（B超）上，其中彩色显示有红、绿、蓝三种基色，红色表示血流流向探头，蓝色表示血流离开探头，绿色表示复杂多变的湍流。这种图像显示出血流方向和相对速度，提供心脏和大小血管内血流的时间和空间信息，从而能定性地了解血流特征（层流、湍流或涡流等）；也可以显示出心脏某一断面异常血流分布情况；还可以测量血流束的面积、轮廓、长度以及宽度等，把血流信息显示在二维截面图或动态 M 型超声图像上。

总之，利用多普勒效应测得血管内血流速度和血液流量，对心血管疾病的诊断具有一定的价值，特别是对循环过程中的供氧情况、闭锁能力、有无紊流、血管粥样硬化等均能提供有价值的诊断信息。

4-5
超声波及其在医药领域的应用
拓展阅读

习 题

1. 轻弹簧一端相接的小球沿 x 轴做简谐振动，振幅为 A。若 $t=0$ 时，小球的运动状态分别为以下几种情况时，试确定各状态的初相位：

(1) $x=-A$。

(2) 过平衡位置，向 x 轴负方向运动。

(3) 过 $x=A/2$ 处，向 x 轴正方向运动。

(4) 过 $x=A/2$ 处，向 x 轴负方向运动。

2. 一质点沿 x 轴做简谐振动，振幅为 5.0×10^{-2}m，频率为 2.0Hz，在 $t=0$ 时，质点经平衡位置处向 x 轴正方向运动，求振动表达式。如该质点在 $t=0$ 时，经平衡位置处向 x 轴负方向运动，求振动表达式。

3. 质量为 5.0×10^{-3}kg 的振子做简谐振动，其振动方程为 $x=6.0\times10^{-2}\cos\left(5t+\frac{2}{3}\pi\right)$。求：

(1) 角频率、频率、周期和振幅。

(2) $t=0$ 时的位移、速度、加速度和所受的力。

4. 两个同方向、同频率的简谐振动的振动方程为 $x_1=4.0\times10^{-2}\cos\left(3\pi t+\frac{\pi}{3}\right)$ m 和 $x_2=3.0\times10^{-2}\cos\left(3\pi t-\frac{\pi}{6}\right)$ m，求它们的合振动的振动方程。

5. 设某质点的位移可用两个简谐振动的叠加来表示，其振动方程为 $x=A\sin\omega t+B\sin2\omega t$。

(1) 写出该质点的速度和加速度表示式。

(2) 这一运动是否为简谐振动？

6. 一质点同时参与两个相互垂直的简谐振动，其表达式各为 $x=A\cos\omega t$，$y=-2A\sin\omega t$，试求合振动的形式。

7. 一波源的频率为 400Hz，在空气中的波长为 0.85m，求该波在空气中的传播速度。如果该波进入骨密质中波长变为 9.5m，求它在骨密质中的频率和波速是多少？

8. 已知平面波波源的振动方程为 $y=6.0\times10^{-2}\cos(9\pi t)$ m，并以 2.0m/s 的速度把振动传播出去，求：

(1) 离波源 5m 处振动的振动方程。

(2) 这点与波源的相位差。

9. 一平面余弦纵波的频率为 25kHz，以 5.0×10^{3}m/s 的速度在介质中传播，若波源的振幅为 0.060mm，初相位为 0。求：

(1) 波长、周期及波动方程。

(2) 在波源起振后 0.000 1s 时的波形。

10. 一平面简谐波，沿直径为 0.14m 的圆形管中的空气传播，波的平均强度为 $8.5\times10^{-3}\,W/m^2$，频率为 256Hz，波速为 340m/s，求：

(1) 波的平均能量密度和最大能量密度各是多少？

(2) 每两个相邻同相面间的空气中有多少能量？

11. 为了保持波源的振动不变，需要消耗 4.0W 的功率，如果波源发出的是球面波，求距波源 0.50m 和 1.00m 处的能流密度(设介质不吸收能量)。

12. 设平面横波 1 沿 BP 方向传播，它在 B 点的振动方程为 $y_1=2.0\times10^{-3}\cos2\pi t$，平面横波 2 沿 CP 方向传播，它在 C 点的振动方程为 $y_2=2.0\times10^{-3}\cos(2\pi t+\pi)$，两式中 y 的单位是 m，t 的单位是 s。P 处与 B 相距 0.40m 与 C 相距 0.50m，波速为 0.20m/s，求：

(1) 两波传到 P 处时的相位差。

(2) 在 P 处合振动的振幅。

13. 某同学在教室里讲话声音的声强为 $1.0\times10^{-8}\,W/m^2$，求该同学讲话声音的声强级。若再有一名同学以同样声强的声音讲话，问此时的声强级变为多少？

14. 两种声音的声强级相差 1dB，求它们的声强之比。

15. 一警笛发射频率为 1 500Hz 的声波，并以 22m/s 的速度向某一方向运动，一个人以 6m/s 的速度跟在其后，求：

(1)警笛后方静止参考系中接收到的声波波长。

(2)人听到警笛的频率(设空气中声速为 340m/s)。

16. 两艘潜艇在静海水域演习，正相向而行。甲艇速率为 50.0km/h，乙艇速率为 70.0km/h。甲艇向乙艇发出声纳信号(水中声波)，频率为 100kHz，波速为 5 480km/h。求甲艇收到乙艇反射回来声纳信号的频率是多少？

4-6

第四章
目标测试

(徐春环)

第五章

静 电 场

学习目标

1. **掌握** 库仑定律、电场强度的定义与叠加原理、高斯定理及应用、静电场的环路定理、电势的定义与叠加原理。
2. **熟悉** 电场强度与电势的关系、导体的静电平衡条件、静电平衡时导体的性质、静电场中的电介质、电容、静电场的能量。
3. **了解** 空腔导体和静电屏蔽。

5-1

第五章
教学课件

很早以前,人类就观察到摩擦起电等电学现象。1785 年,法国物理学家库仑从实验中总结出两个带电体间的作用规律,随后英国物理学家法拉第提出了电场的概念。电荷(electric charge)要在它周围的空间激发电场(electric field),电荷之间的相互作用是通过电场来实现的。另外,电场对导体和电介质(绝缘体)分别有静电感应作用和极化作用。本章将讨论相对于观测者静止的电荷所产生的电场,即静电场(electrostatic field)的基本性质和规律;介绍电场强度和电势这两个描述电场性质的基本物理量及其相互关系;推导静电场所遵循的基本规律:场强及电势的叠加原理、高斯定理以及静电场的环路定理。在此基础上,介绍静电场中导体和电介质的一些基本性质,以及电容、电容器及电场的能量。

第一节 电 场 强 度

本节将从电场对其中的电荷有力的作用角度,引入描述电场性质的物理量——电场强度,并介绍场强叠加原理以及描述静电场性质的重要基本定理——高斯定理及其应用。

一、库仑定律

库仑通过扭秤实验测定了两个带电球体间的相互作用力。在此基础上,他提出了两个静止点电荷之间的相互作用规律,即:真空中,两个静止点电荷(形状和大小都可以忽略的带电体)之间相互作用力$\boldsymbol{f}$的大小与这两个点电荷的电量 q_1 和 q_2 的乘积成正比,与这两个点电荷之间距离 r 的平方成反比。作用力$\boldsymbol{f}$的方向沿着这两个点电荷的连线,同号电荷相互排斥,异号电荷相互吸引。如果用$\boldsymbol{r}$表示由施力电荷指向受力电荷的径矢,$\boldsymbol{r}_0=\dfrac{\boldsymbol{r}}{r}$表示沿径矢$\boldsymbol{r}$方向的单位矢量,则

$$\boldsymbol{f}=\frac{q_1q_2}{4\pi\varepsilon_0 r^2}\boldsymbol{r}_0=\frac{q_1q_2}{4\pi\varepsilon_0 r^3}\boldsymbol{r} \qquad \text{式(5-1)}$$

式(5-1)称为库仑定律(Coulomb's law)。其中,$\varepsilon_0=8.854\ 187\ 817\times10^{-12}\ \mathrm{C^2/N\cdot m^2}$,称为真空电容率(permittivity of vacuum),也称为真空介电常量,它是自然界中的一个基本物理常量。分析可知,当 q_1、q_2 同号时,$\boldsymbol{f}$与$\boldsymbol{r}_0$同向,表现为排斥力;当 q_1、q_2 异号时,$\boldsymbol{f}$与$\boldsymbol{r}_0$反向,表现为吸引力。

二、电场强度的定义与叠加原理

1. 电场强度的定义 电场是电荷周围空间所存在的一种特殊形态物质,电荷之间的相互作用就是通过电场来实现的。为了定量地描述电场,首先选用带电量足够小、几何线度也足够小的试探电荷 q_0,把它置于电场中,然后测量试探电荷 q_0 在不同位置处所受到的电场力 $\boldsymbol{f}$。实验表明,对于电场中的任一固定点,比值 $\boldsymbol{f}/q_0$ 是一个大小和方向都与试探电荷 q_0 无关的量,它反映了该点处电场本身的客观性质,称为电场强度(electric field strength),简称场强,用 $\boldsymbol{E}$ 表示,即

$$\boldsymbol{E}=\frac{\boldsymbol{f}}{q_0} \qquad \text{式(5-2)}$$

式(5-2)表明,电场中某点处的电场强度,在数值上等于单位试探电荷在该点处所受的电场力,其方向与正电荷在该点处所受的电场力方向一致。在国际单位制中,电场强度的单位是 N/C(牛顿/库仑),也可以写成 V/m(伏特/米)。

电场强度 $\boldsymbol{E}$ 是矢量。对于静电场,$\boldsymbol{E}$ 是电场所占据空间坐标的单值矢量函数。空间各点的 $\boldsymbol{E}$ 都相等的电场称为均匀电场,也称为匀强电场。

下面来计算一个点电荷的场强。设在真空中有一个点电荷 q,现将试探电荷 q_0 置于 q 所产生电场中的任一点 P 处,根据库仑定律式(5-1),试探电荷 q_0 所受的电场力为:

$$\boldsymbol{f}=\frac{q_0 q}{4\pi\varepsilon_0 r^2}\boldsymbol{r}_0$$

于是由电场强度的定义式(5-2)得到 P 点处的电场强度为

$$\boldsymbol{E}=\frac{q}{4\pi\varepsilon_0 r^2}\boldsymbol{r}_0=\frac{q}{4\pi\varepsilon_0 r^3}\boldsymbol{r} \qquad \text{式(5-3)}$$

式(5-3)为真空中点电荷的场强公式。由此可见,点电荷的场强是球对称的,$\boldsymbol{E}$ 的大小与距离 r 的平方成反比。若 $q>0$,$\boldsymbol{E}$ 与径矢 $\boldsymbol{r}$ 的方向相同;若 $q<0$,则 $\boldsymbol{E}$ 与径矢 $\boldsymbol{r}$ 的方向相反。径矢 $\boldsymbol{r}$ 的方向由 q 指向 P 点。

2. 场强叠加原理 如果电场是由多个点电荷 q_1、q_2、…、q_n组成的点电荷系所产生,根据力的叠加原理,试探电荷 q_0 在电场中任一点 P 处所受的电场力 $\boldsymbol{f}$ 等于每个点电荷各自对 q_0 作用力 $\boldsymbol{f}_1$、$\boldsymbol{f}_2$、…、$\boldsymbol{f}_n$的矢量和,因此由式(5-2)可得 P 点处的总场强为

$$\boldsymbol{E}=\frac{\boldsymbol{f}}{q_0}=\frac{\boldsymbol{f}_1}{q_0}+\frac{\boldsymbol{f}_2}{q_0}+\cdots+\frac{\boldsymbol{f}_n}{q_0}=\boldsymbol{E}_1+\boldsymbol{E}_2+\cdots+\boldsymbol{E}_n \qquad \text{式(5-4)}$$

式(5-4)中 $\boldsymbol{E}_1$、$\boldsymbol{E}_2$、…、$\boldsymbol{E}_n$分别表示 q_1、q_2、…、q_n这些点电荷各自在 P 点处所产生的场强。由此可见,点电荷系的电场中某点处的场强,等于各个点电荷单独存在时在该点所产生场强的矢量和,这就是场强叠加原理。

利用场强叠加原理,可以计算任意带电体所产生的场强。因为任何带电体都可以看作许多点电荷的集合。如图 5-1 所示,是一个体积为 V,电荷连续分布的带电体。我们在带电体上任取一个体积为 $\mathrm{d}V$、带电量很小的电荷元 $\mathrm{d}q$,该电荷元 $\mathrm{d}q$ 可视为点电荷。由式(5-3)可知,$\mathrm{d}q$ 在 P 点处的场强为

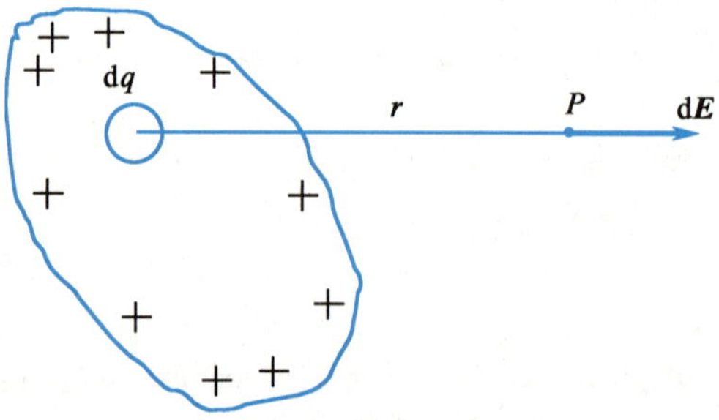

图 5-1 任意带电体电荷元 dq 的场强

$$\mathrm{d}\boldsymbol{E}=\frac{\mathrm{d}q}{4\pi\varepsilon_0 r^2}\boldsymbol{r}_0 \qquad \text{式(5-5)}$$

式(5-5)中,r 是由 $\mathrm{d}q$ 到 P 点处径矢的大小,$\boldsymbol{r}_0$ 是径矢方向上的单位矢量。再通过场强叠加原理,对各个电荷元在 P 点的场强求矢量和(即求矢量积

分)，于是就得到整个带电体在 P 点处的场强为

$$\boldsymbol{E}=\int \mathrm{d}\boldsymbol{E} \qquad \text{式(5-6)}$$

需要指出，式(5-6)的积分为矢量积分。在处理实际问题时，如果各个电荷元在给定点 P 处产生的场强 $\mathrm{d}\boldsymbol{E}$ 方向不同，需将 $\mathrm{d}\boldsymbol{E}$ 分解为坐标轴上的分量，然后对每一分量分别进行积分。

例题 5-1 电偶极子(electric dipole)是由一对等量异号的点电荷 $+q$ 和 $-q$ 所组成的点电荷系。$\boldsymbol{l}$ 为从负电荷到正电荷的径矢，电量 q 和 $\boldsymbol{l}$ 的乘积称为电偶极矩，简称电矩(electric moment)，用 $\boldsymbol{p}$ 表示，即 $\boldsymbol{p}=q\boldsymbol{l}$。求电偶极子中垂面上距离其中心点 O 为 r 处的 B 点的场强(设 $r \gg l$)。

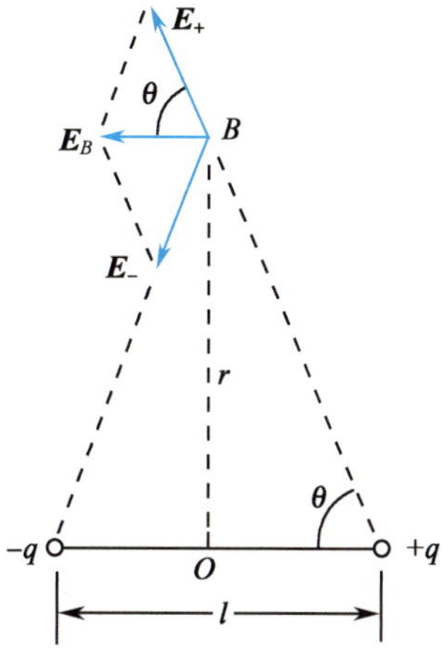

图 5-2 例题 5-1 图

解: 如图 5-2 所示，B 点场强 $\boldsymbol{E}_B$ 是 $+q$ 和 $-q$ 分别在 B 点产生场强 $\boldsymbol{E}_+$ 和 $\boldsymbol{E}_-$ 的矢量和，根据式(5-3)可得，$\boldsymbol{E}_+$ 和 $\boldsymbol{E}_-$ 大小相等，即

$$E_+=E_-=\frac{q}{4\pi\varepsilon_0\left(r^2+\frac{l^2}{4}\right)}$$

但 $\boldsymbol{E}_+$ 和 $\boldsymbol{E}_-$ 的方向不同，由图可知 B 点合场强 $\boldsymbol{E}_B$ 的大小为

$$E_B=E_+\cos\theta+E_-\cos\theta$$

其中 θ 为 B 点处 $\boldsymbol{E}_+$ 与 $\boldsymbol{E}_B$ 间的夹角，由图中三角形关系可得 $\cos\theta=\dfrac{l/2}{\sqrt{r^2+l^2/4}}$，

所以

$$E_B=\frac{1}{4\pi\varepsilon_0}\cdot\frac{ql}{(r^2+l^2/4)^{3/2}}$$

由于 $r \gg l$，故

$$E_B=\frac{ql}{4\pi\varepsilon_0 r^3}=\frac{p}{4\pi\varepsilon_0 r^3}$$

$\boldsymbol{E}_B$ 的方向与电矩 $\boldsymbol{p}$ 的方向相反，其矢量式为

$$\boldsymbol{E}_B=-\frac{\boldsymbol{p}}{4\pi\varepsilon_0 r^3}$$

例题 5-2 求真空中无限长且均匀带电细棒的场强分布。设真空中一个无限长且均匀带电细棒，其电荷线密度(即单位长度上所带电荷)为 λ(设 $\lambda>0$)。

解: 如图 5-3 所示，在该细棒外任取一点 P，P 与该细棒的距离为 r。以 P 到细棒的垂足 O 为原点，取坐标 xOy 如图。在带电细棒上距原点 O 为 x 处，取一个长度为 $\mathrm{d}x$ 的小微元，则 $\mathrm{d}x$ 所带的电荷为 $\mathrm{d}q=\lambda\mathrm{d}x$，因此电荷元 $\mathrm{d}q$ 在 P 点的场强大小为

$$\mathrm{d}E=\frac{\mathrm{d}q}{4\pi\varepsilon_0(x^2+r^2)}=\frac{\lambda\mathrm{d}x}{4\pi\varepsilon_0(x^2+r^2)}$$

其方向如图所示。设 $\mathrm{d}\boldsymbol{E}$ 与 x 轴的夹角为 θ，故 $\mathrm{d}\boldsymbol{E}$ 沿 x 和 y 轴的两个分量分别为

$$\mathrm{d}E_x=\mathrm{d}E\cos\theta,\quad \mathrm{d}E_y=\mathrm{d}E\sin\theta$$

根据对称性分析，位于 $-x$ 处、同样长度 $\mathrm{d}x'$ 的电荷元在 P 点处的场强为 $\mathrm{d}\boldsymbol{E}'$，其数值与 $\mathrm{d}\boldsymbol{E}$ 相等。由图可知，它们的 y 方向分量大小相等，方向相同，而它们的 x 方向分量大小相等，方向相反而抵消，因此总场强只有 y 方向分量。故只需对各电荷元的 y 方向分量求和(积分)即可。由图中几何关系可得

$$x=r\mathrm{ctg}(\pi-\theta)=-r\mathrm{ctg}\theta$$

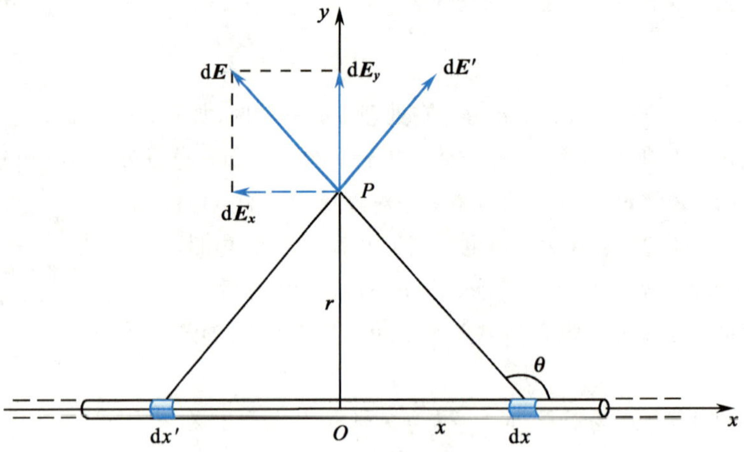

图 5-3 例题 5-2 图

对上式微分得
$$dx = r\csc^2\theta d\theta$$
又
$$x^2+r^2=r^2\text{ctg}^2\theta+r^2=r^2(\text{ctg}^2\theta+1)=r^2\csc^2\theta$$
所以
$$dE_y = dE\sin\theta = \frac{\lambda dx}{4\pi\varepsilon_0(x^2+r^2)}\cdot\sin\theta = \frac{\lambda\sin\theta}{4\pi\varepsilon_0 r}d\theta$$

对上式积分，因积分应遍及全部电荷（无限长带电细棒），故取积分限为 $\theta=0$ 到 $\theta=\pi$，因而 P 点的场强为

$$E=\int dE_y=\int_0^{\pi}\frac{\lambda\sin\theta}{4\pi\varepsilon_0 r}d\theta=\frac{-\lambda}{4\pi\varepsilon_0 r}\cos\theta\Big|_0^{\pi}=\frac{\lambda}{2\pi\varepsilon_0 r}$$

场强 $\boldsymbol{E}$ 的方向沿着从 O 至 P 的径向。若用 $\boldsymbol{r}_0$ 表示径向单位矢量，写成矢量式为

$$\boldsymbol{E}=\frac{\lambda}{2\pi\varepsilon_0 r}\boldsymbol{r}_0$$

若 $\lambda<0$ 时，$\boldsymbol{E}$ 的方向与 $\boldsymbol{r}_0$ 的方向相反。

例题 5-3 一个均匀带电的薄圆盘，半径为 R，电荷面密度（即单位面积上所带的电荷量）为 $+\sigma$。求通过圆盘中心、且垂直于圆盘平面的轴线上任一点的场强。

解： 首先将圆盘分割为不同半径 r 的细圆环，设圆环的带电量为 $+q$。

沿圆盘平面的轴线建立坐标系（图 5-4），在轴线上任取一点 $P(x,0)$。为了求出半径为 r 的细圆环在 P 点产生的场强，将圆环分割为许多微小的线元 dl，dl 所带电量为 $dq=qdl/(2\pi r)=\lambda dl$（$\lambda$ 为电荷线密度），它在 P 点产生的场强大小为

$$dE=\frac{dq}{4\pi\varepsilon_0(r^2+x^2)}=\frac{\lambda dl}{4\pi\varepsilon_0(r^2+x^2)}$$

$d\boldsymbol{E}$ 的方向如图 5-4 所示，且是变化的，所以将 $d\boldsymbol{E}$ 分别沿平行和垂直于 x 轴的方向进行分解。由于电荷分布的轴对称性，因此，在垂直于 x 轴方向上的各分量 $dE_{\perp}$ 互相抵消了，只有平行于 x 轴方向的分量 $dE_{/\!/}$ 的叠加，即 $E=E_{/\!/}=\int dE_{/\!/}=\int dE\cos\theta$，所以有

$$E=\int dE\cos\theta=\int dE\cdot\frac{x}{(r^2+x^2)^{1/2}}=\frac{\lambda x}{4\pi\varepsilon_0(r^2+x^2)^{3/2}}\int_0^{2\pi r}dl=\frac{qx}{4\pi\varepsilon_0(r^2+x^2)^{3/2}}$$

其次对于整个圆盘，可视为半径不同的细圆环的叠加，此时 r 为变量。将半径为 r、电量为 $q=\sigma 2\pi r dr$ 的细圆环在 P 点产生的场强表示为

$$dE=\frac{x\cdot\sigma 2\pi r dr}{4\pi\varepsilon_0(r^2+x^2)^{3/2}}=\frac{x\sigma}{2\varepsilon_0(r^2+x^2)^{3/2}}\cdot r dr$$

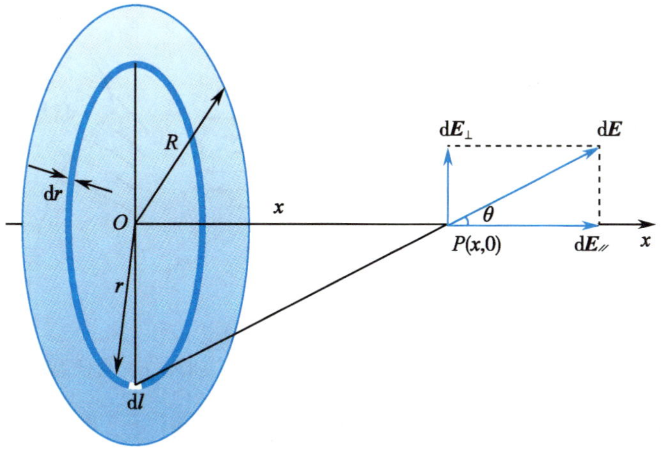

图 5-4 例题 5-3 图

d$\boldsymbol{E}$ 的方向沿 x 轴正方向,对整个圆盘积分就得到

$$E=\int \mathrm{d}E=\int_0^R \frac{x\sigma}{2\varepsilon_0\,(r^2+x^2)^{3/2}}\cdot r\mathrm{d}r=\frac{\sigma x}{2\varepsilon_0}\int_0^R \frac{\mathrm{d}(r^2+x^2)}{2\,(r^2+x^2)^{3/2}}=\frac{\sigma}{2\varepsilon_0}\left(1-\frac{x}{\sqrt{R^2+x^2}}\right)$$

当 R 无穷大时,圆盘为无限大平面,此时

$$E=\frac{\sigma}{2\varepsilon_0}$$

三、高斯定理及应用

1. 高斯定理

(1) 电场线:法拉第为了形象、直观地描述电场的分布,在电场中人为地画出一系列曲线,使这些曲线上每一点的切线方向都与该点的场强方向一致,这些曲线就称为电场线(electric field line)或电力线。显然电场线可以表示场强的方向。为了既能够表示场强的方向,又能够表示场强的大小,画电场线时对电场线密度做如下规定:在电场中任一点处,通过垂直于场强方向的单位面积上的电场线条数,即电场线密度,等于该点处场强 $\boldsymbol{E}$ 的大小。按照这一规定,在电场中任取一个与该点场强 $\boldsymbol{E}$ 垂直的足够小的面积元 $\mathrm{d}S_\perp$,如果通过它的电场线条数为 dN,则

$$E=\frac{\mathrm{d}N}{\mathrm{d}S_\perp} \qquad \text{式(5-7)}$$

这样,电场线的密度就反映了场强的大小。显然,匀强电场中的电场线应是一族分布均匀的平行直线。

静电场的理论和实验都表明,静电场中的电场线有如下特点:①电场线起始于正电荷或无穷远处,终止于负电荷或无穷远处,不会在没有电荷处中断,不形成闭合曲线;②任何两条电场线不会在没有电荷处相交。

(2) 电通量:通过电场中任一给定曲面的电场线条数,称为通过这个曲面的电通量(electric flux),用 Φ_e 表示。在电场中某点处,任取一个与场强方向垂直的面积元 $\mathrm{d}S_\perp$[图 5-5(a)],由式(5-7)可知,通过面积元 $\mathrm{d}S_\perp$ 的电场线条数,即电通量为

$$\mathrm{d}\Phi_e=\mathrm{d}N=E\mathrm{d}S_\perp$$

当所取的面积元 dS 与该处场强 $\boldsymbol{E}$ 不垂直时[图 5-5(b)],设面积元 dS 的法向单位矢量为 $\boldsymbol{n}_0$,把 $\mathrm{d}\boldsymbol{S}=\mathrm{d}S\cdot\boldsymbol{n}_0$ 称为面积元矢量。若 $\boldsymbol{n}_0$ 与该处场强 $\boldsymbol{E}$ 的夹角为 θ,可知通过 dS 的电场线条数应等于通过它在垂直于场强方向上的投影面 $\mathrm{d}S_\perp$ 的电场线条数。由于 $\mathrm{d}S_\perp=\mathrm{d}S\cos\theta$,所以通过面积元 d$S$ 的电通量为

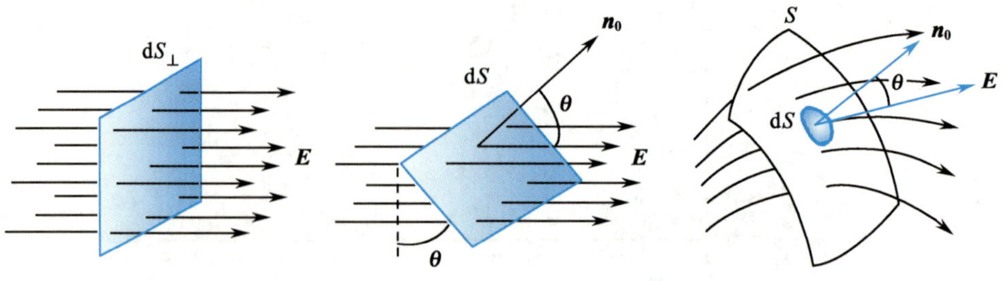

图 5-5 电通量的计算

(a) 当面积元与场强方向垂直时;(b) 当面积元与场强方向不垂直时;(c) 当任意曲面处于任意电场中时。

$$d\Phi_e = EdS_{\perp} = EdS\cos\theta = \boldsymbol{E}\cdot d\boldsymbol{S} \qquad 式(5\text{-}8)$$

为了求出通过任意曲面 S 的电通量[图 5-5(c)],可把任意曲面 S 分割成许多小面积元 dS。首先计算通过每个小面积元的电通量 $d\Phi_e$,然后再对整个曲面 S 上所有的小面积元的电通量求和(积分),就可得到通过整个曲面的电通量。即

$$\Phi_e = \int_s d\Phi_e = \int_s E\cos\theta dS = \int_s \boldsymbol{E}\cdot d\boldsymbol{S} \qquad 式(5\text{-}9)$$

如果 S 是闭合曲面时,式(5-9)应写成对整个闭合曲面求积分的形式,即

$$\Phi_e = \oint_s E\cos\theta dS = \oint_s \boldsymbol{E}\cdot d\boldsymbol{S} \qquad 式(5\text{-}10)$$

对闭合曲面,通常规定面积元矢量的方向为该处由面内指向面外的法线方向。因此,当电场线在曲面上某面积元 dS 处由曲面内部向外穿出时,由于 $0\leqslant\theta<\frac{\pi}{2}$,电通量 $d\Phi_e$ 为正;当电场线由曲面外部向内穿入时,由于$\frac{\pi}{2}<\theta\leqslant\pi$,$d\Phi_e$ 为负;当电场线与曲面相切时,$\theta=\frac{\pi}{2}$,$d\Phi_e$ 为零。

(3) 高斯定理:首先计算真空中一个点电荷 q 的电场中,通过以 q 为球心、半径为 r 的球面 S 的电通量。在球面上任意取面积元 dS,其法向单位矢量 $\boldsymbol{n}_0$ 沿半径向外,即 $\boldsymbol{n}_0=\boldsymbol{r}_0$。若 $q>0$,则 $\boldsymbol{E}$ 与 $\boldsymbol{n}_0$ 同向,$\cos\theta=1$,由式(5-8)和式(5-3)得,通过 dS 的电通量为

$$d\Phi_e = \boldsymbol{E}\cdot d\boldsymbol{S} = EdS\cos\theta = \frac{q}{4\pi\varepsilon_0 r^2}dS$$

再由式(5-10)得通过球面 S 的电通量为

$$\Phi_e = \oint_s \boldsymbol{E}\cdot d\boldsymbol{S} = \frac{q}{4\pi\varepsilon_0 r^2}\oint_s dS = \frac{q}{4\pi\varepsilon_0 r^2}\cdot 4\pi r^2 = \frac{q}{\varepsilon_0} \qquad 式(5\text{-}11)$$

式(5-11)表明,真空中通过以点电荷 q 为中心的闭合球面的电通量只与电荷 q 以及真空电容率 ε_0 有关,而与球面的半径 r 无关。同时不难看出,对于 $q<0$ 的情况,式(5-11)仍然成立,只是这时电通量 $\Phi_e<0$,表示电场线从外部穿入球面会聚于球心。

上面的结果对于包围点电荷 q 的任意闭合曲面,应用电场线的特点同样可以得到。如图 5-6(a)所示,S 为任意形状的闭合曲面,S 与球面 S'都只包围着同一个点电荷 q,由于从点电荷 q 发出的全部电场线都要不间断地延伸到无穷远处,因此通过闭合曲面 S 和 S'的电场线条数也必然是相同的,即通过包围点电荷 q 的任意闭合曲面 S 的电通量也等于$\frac{q}{\varepsilon_0}$。

如果任意形状的闭合曲面 S 不包围点电荷 q[图 5-6(b)],则由电场线的连续性可以得出,有多少条电场线由曲面的一侧穿入曲面 S 内,必然会有相同条数的电场线从曲面的另一侧穿出来,所以净穿出曲面 S 的电场线数目为零,即通过该闭合曲面 S 的电通量代数和为零。这表明处于闭合曲面外的

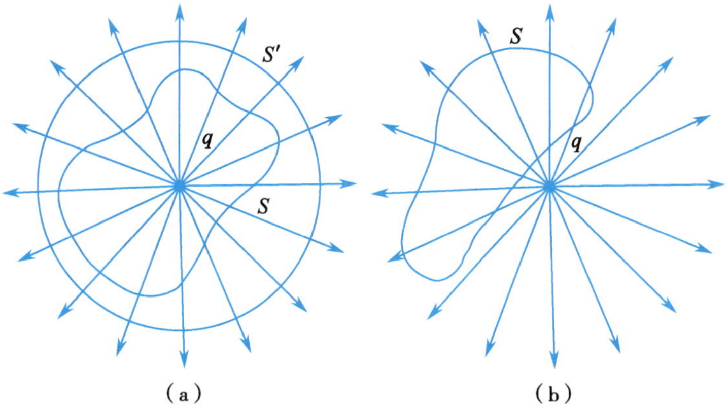

图 5-6 点电荷 q 的电场中通过任意闭合曲面的电通量

(a) 闭合曲面包围 q;(b) 闭合曲面不包围 q。

点电荷对该闭合曲面电通量的贡献为零,用公式表示为

$$\Phi_e = \oint_s \boldsymbol{E} \cdot \mathrm{d}\boldsymbol{S} = 0 \qquad \text{式(5-12)}$$

在上面讨论的基础上,我们研究更一般的情况。设任一带电体系由多个点电荷组成,其中 q_1、q_2、…、q_n 被任意闭合曲面 S 所包围,另外的点电荷 q'_1、q'_2、…、q'_m 在曲面 S 外。根据式(5-10)和场强叠加原理,可得到通过曲面 S 的电通量为

$$\begin{aligned}\Phi_e &= \oint_s \boldsymbol{E} \cdot \mathrm{d}\boldsymbol{S} \\ &= \oint_s (\boldsymbol{E}_1 + \boldsymbol{E}_2 + \cdots + \boldsymbol{E}_n + \boldsymbol{E}'_1 + \boldsymbol{E}'_2 + \cdots + \boldsymbol{E}'_m) \cdot \mathrm{d}\boldsymbol{S}\end{aligned}$$

对于曲面 S 内外电荷的电通量分别应用式(5-11)和式(5-12)有

$$\oint_s \boldsymbol{E}_i \cdot \mathrm{d}\boldsymbol{S} = \frac{q_i}{\varepsilon_0} \quad i = 1、2、\cdots、n$$

$$\oint_s \boldsymbol{E}'_i \cdot \mathrm{d}\boldsymbol{S} = 0 \quad i = 1、2、\cdots、m$$

其中 $\boldsymbol{E}_i$ 为电荷 q_i 所产生的场强,$\boldsymbol{E}'_i$ 为电荷 q'_i 所产生的场强,所以

$$\Phi_e = \oint_s \boldsymbol{E} \cdot \mathrm{d}\boldsymbol{S} = \frac{1}{\varepsilon_0}(q_1 + q_2 + \cdots + q_n) = \frac{1}{\varepsilon_0}\sum_{i=1}^{n} q_i \qquad \text{式(5-13)}$$

式(5-13)就是静电场的高斯定理(Gauss's theorem),它可以表述为:在静电场中,通过任意闭合曲面(也称为高斯面)的电通量,等于该闭合曲面内所包围电荷的代数和除以 ε_0。高斯定理揭示了静电场是有源场,是描述静电场基本性质的两条定理之一,反映了电场和产生电场的电荷之间的内在联系。

5-2 高斯定理的推导 微课

2. 高斯定理的应用 静电场中的高斯定理具有重要的理论和实际意义。如果已经给出了电荷分布,一般情况下应用高斯定理直接求出的只是通过某闭合曲面的电通量。但是当场强分布具有一定的对称性时,应用高斯定理可以很方便地求出场强,使以往有些稍显复杂的场强计算问题变得相对简单,从而解决了静电场中的许多实际问题。通过下面几个例题的分析可知,应用高斯定理求场强的关键在于分析场强分布的对称性和选取合适的高斯面。

例题 5-4 设真空中有一半径为 R、带电量为 q 的均匀带电球面,求它的场强分布。

解: 根据题意,均匀带电球面的电荷分布是球对称的,因此可以推知场强分布也一定具有球对称性。即在任何与带电球面同心的球面上各点场强的大小相等,并且场强方向必沿径向。

作半径为 r、与带电球面同心的球形高斯面 S（图 5-7），则此高斯球面上各点场强的大小处处相等。设场强 $\boldsymbol{E}$ 沿径矢 $\boldsymbol{r}$ 方向为正，则 $\boldsymbol{E}$ 的正方向与面积元矢量 $\mathrm{d}\boldsymbol{S}$ 的方向一致，故 $\cos\theta=1$，因此通过高斯面的电通量为

$$\Phi_e=\oint_s \boldsymbol{E}\cdot \mathrm{d}\boldsymbol{S}=E\oint_s \mathrm{d}S=E\cdot 4\pi r^2$$

当 $r>R$ 时，高斯面 S 包围了整个带电球面的电荷 q，由高斯定理有

$$E\cdot 4\pi r^2=\frac{q}{\varepsilon_0}$$

所以

$$E=\frac{q}{4\pi\varepsilon_0 r^2}\quad (r>R)$$

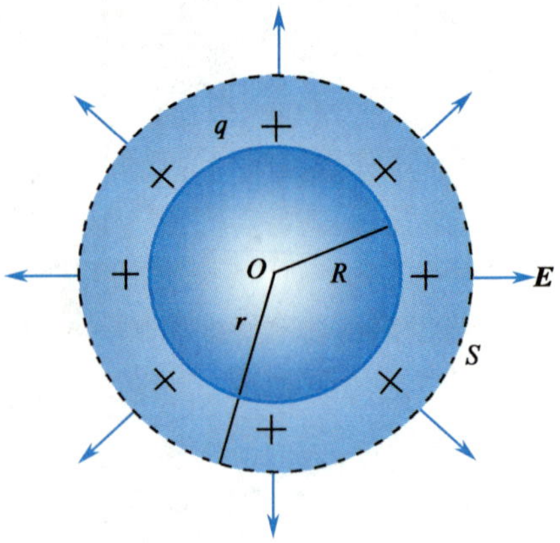

图 5-7　例题 5-4 图

其矢量式为

$$\boldsymbol{E}=\frac{q}{4\pi\varepsilon_0 r^2}\boldsymbol{r}_0\quad (r>R)$$

式中，$\boldsymbol{r}_0$ 为从球心指向场点的径矢 $\boldsymbol{r}$ 方向上的单位矢量。显然，当 $q>0$ 时，$\boldsymbol{E}$ 与 $\boldsymbol{r}_0$ 方向相同；$q<0$ 时，$\boldsymbol{E}$ 与 $\boldsymbol{r}_0$ 方向相反。

当 $r<R$ 时，高斯面 S 在球面内，没有包围电荷，由高斯定理有

$$E\cdot 4\pi r^2=0$$

所以

$$\boldsymbol{E}=0\quad (r<R)$$

于是，均匀带电球面的场强分布可以表示为

$$\boldsymbol{E}=\begin{cases}0 & (r<R)\\ \dfrac{q}{4\pi\varepsilon_0 r^2}\boldsymbol{r}_0 & (r>R)\end{cases}$$

例题 5-5　应用高斯定理重新求解例题 5-2。

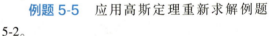

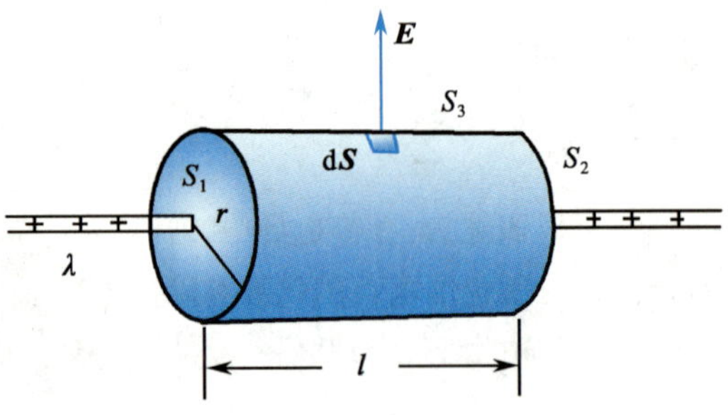

图 5-8　例题 5-5 图

解： 先进行场强对称性的分析。根据题意，由于电荷沿无限长细棒均匀分布，因此空间各点的场强应具有以细棒为轴的对称性。也就是说，在以带电细棒为轴的任意圆柱面上各点的场强大小相等，当线电荷密度 $\lambda>0$ 时，场强的方向垂直于细棒向外。为此，作一个半径为 r、长为 l 的以带电细棒为轴的闭合圆柱形高斯面 S（图 5-8），此高斯面 S 由三部分组成：高斯面 S 的左、右底面 S_1、S_2 和侧面 S_3。通过该高斯面的电通量应为 S_1、S_2 和 S_3 这三部分电通量之和，即

$$\Phi_e=\oint_S \boldsymbol{E}\cdot \mathrm{d}\boldsymbol{S}=\int_{S_1}E\cos\theta \mathrm{d}S+\int_{S_2}E\cos\theta \mathrm{d}S+\int_{S_3}E\cos\theta \mathrm{d}S$$

由于左、右底面的外法线方向与场强 $\boldsymbol{E}$ 垂直，故 $\cos\theta=0$，所以 S_1 和 S_2 这两个面上的电通量为零。又由于侧面 S_3 的外法线方向与场强 $\boldsymbol{E}$ 的方向一致，因此 $\cos\theta=1$，且侧面 S_3 上各点场强大小相等，故上式可化为

$$\Phi_e=\oint_S \boldsymbol{E}\cdot \mathrm{d}\boldsymbol{S}=E\int_{S_3}\mathrm{d}S=E\cdot 2\pi rl$$

由图可知,高斯面 S 所包围的电荷为 $q=\lambda l$,根据高斯定理可得

$$\Phi_e = E\cdot 2\pi rl = \frac{q}{\varepsilon_0} = \frac{\lambda l}{\varepsilon_0}$$

所以

$$E=\frac{\lambda}{2\pi\varepsilon_0 r} \quad 或 \quad \boldsymbol{E}=\frac{\lambda}{2\pi\varepsilon_0 r}\boldsymbol{r}_0$$

这与例题 5-2 中应用场强叠加原理通过积分求得的结果完全相同,可见在具有一定对称性的情况下,应用高斯定理求场强可以更加方便和简化。

例题 5-6 真空中有一无限大均匀带电平面,其电荷面密度为 $+\sigma$。求距该平面为 r 处某点的场强。

解: 首先要进行电场对称性的分析。由于正电荷是均匀分布在无限大的平面上,因此电场的分布就具有平面对称性。也就是说,凡与平面等距离远处各点的场强大小相等,场强的方向垂直于平面并指向两侧。选取两底面 S_1、S_2 与平面平行,侧面 S_3 与平面垂直的闭合圆柱形高斯面 S,其中 S_1、S_2 位于平面两侧且与平面距离均为 r(图 5-9)。由于 S_1、S_2 处的场强大小相等,方向与外法线方向一致;又由于侧面 S_3 的外法线方向与场强 $\boldsymbol{E}$ 垂直,它的电通量为零,所以通过整个闭合圆柱形高斯面 S 的电通量为

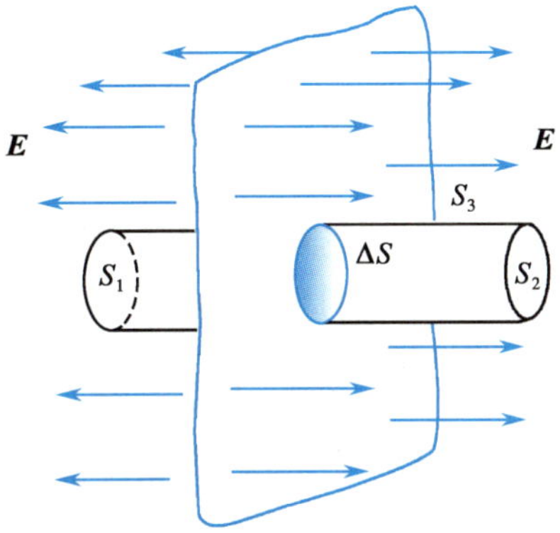

图 5-9 例题 5-6 图

$$\Phi_e = \oint_s \boldsymbol{E}\cdot d\boldsymbol{S}$$
$$= \int_{S_1} E\cos\theta dS + \int_{S_2} E\cos\theta dS + \int_{S_3} E\cos\theta dS$$
$$= ES_1 + ES_2$$

设高斯面 S 在平面上截取的面积为 ΔS,显然 $\Delta S=S_1=S_2$,因而高斯面 S 所包围的电荷为 $q=\sigma\Delta S$,故由上式及高斯定理可得

$$\Phi_e = 2E\Delta S = \frac{q}{\varepsilon_0} = \frac{\sigma\Delta S}{\varepsilon_0}$$

所以

$$E=\frac{\sigma}{2\varepsilon_0} \qquad 式(5\text{-}14)$$

式(5-14)表明,无限大均匀带电平面场强的大小与距离无关,这与例题 5-3 讨论的结果是相同的。

例题 5-6 中场强的方向垂直于带电平面,当带正电荷时,场强的方向由带电平面指向平面的两侧;当带负电荷时,场强的方向由两侧指向带电平面。平面的每一侧都是匀强电场。

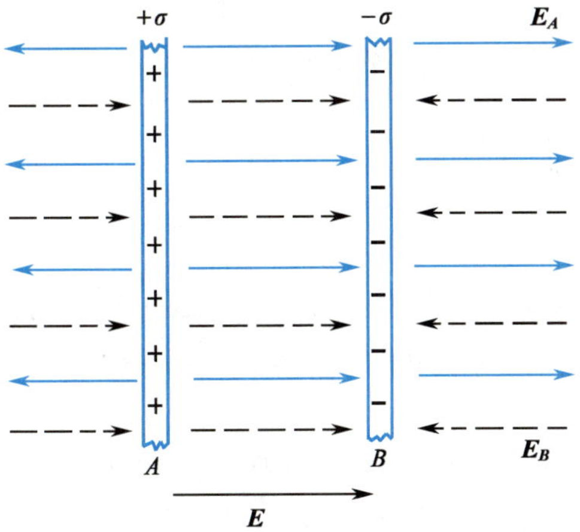

图 5-10 无限大平行带电平面产生的电场

如果真空中有两个相互平行的无限大均匀带电平面 A 和 B(图 5-10),其电荷面密度分别为 $+\sigma$ 和 $-\sigma$,那么 A、B 两个带电平面各自产生的电场 $\boldsymbol{E}_A$ 和 $\boldsymbol{E}_B$ 大小都是 $\frac{\sigma}{2\varepsilon_0}$,由于 A、B 两个带电平面所带电荷符号相反,所以在 A 与 B 之间,$\boldsymbol{E}_A$ 和 $\boldsymbol{E}_B$ 的方向相同,都是由 A 指向 B。根据场强叠加原理,其合场

强的大小为

$$E=E_A+E_B=\frac{\sigma}{2\varepsilon_0}+\frac{\sigma}{2\varepsilon_0}=\frac{\sigma}{\varepsilon_0} \quad 式(5\text{-}15)$$

式(5-15)说明两个带等量异号电荷的无限大均匀带电平面间的电场是匀强电场，场强 $\boldsymbol{E}$ 的方向是由$+\sigma$ 到$-\sigma$，即由 A 指向 B。

在两个带电平面 A 和 B 的外侧区域，$\boldsymbol{E_A}$ 与 $\boldsymbol{E_B}$ 的方向相反，其合场强均为零，即

$$E=E_A-E_B=\frac{\sigma}{2\varepsilon_0}-\frac{\sigma}{2\varepsilon_0}=0$$

第二节 电 势

本节将从电场对其中运动的电荷做功的角度，引入描述电场性质的另一个物理量——电势，以及描述静电场性质的另一个重要基本定理——静电场的环路定理，并介绍电势叠加原理以及电场强度与电势之间的关系。

一、静电场的环路定理

1. 电场力的功 电场除了对其中的电荷有力的作用，还表现为对运动的电荷做功。设 O 点处有一个静止的点电荷 q，将试探电荷 q_0 沿电场中的任意路径 L 由 a 点出发移动到 b 点(图 5-11)。在 L 上任取一点 c，点电荷 q 至 c 点的径矢为 $\boldsymbol{r}$。根据点电荷的场强公式，点电荷 q 在该点的场强为 $\boldsymbol{E}=\frac{q}{4\pi\varepsilon_0 r^2}\boldsymbol{r_0}$。考虑到 q_0 在移动过程中所受的电场力是变力，因此应先计算一段位移元中电场力所做的元功。故 q_0 从 c 点出发做微小位移 $\mathrm{d}\boldsymbol{l}$ 时，电场力所做的元功为

$$\mathrm{d}A=\boldsymbol{f}\cdot\mathrm{d}\boldsymbol{l}=q_0\boldsymbol{E}\cdot\mathrm{d}\boldsymbol{l}=q_0\frac{q}{4\pi\varepsilon_0 r^2}\mathrm{d}l\cos\theta \quad 式(5\text{-}16)$$

其中 θ 为 $\boldsymbol{E}$ 与 $\mathrm{d}\boldsymbol{l}$ 间的夹角，也就是径矢方向 $\boldsymbol{r_0}$ 与 $\mathrm{d}\boldsymbol{l}$ 之间的夹角，$\mathrm{d}l\cos\theta$ 是 $\mathrm{d}\boldsymbol{l}$ 在径矢方向的投影，由图可知 $\mathrm{d}l\cos\theta=\mathrm{d}r$，代入式(5-16)得

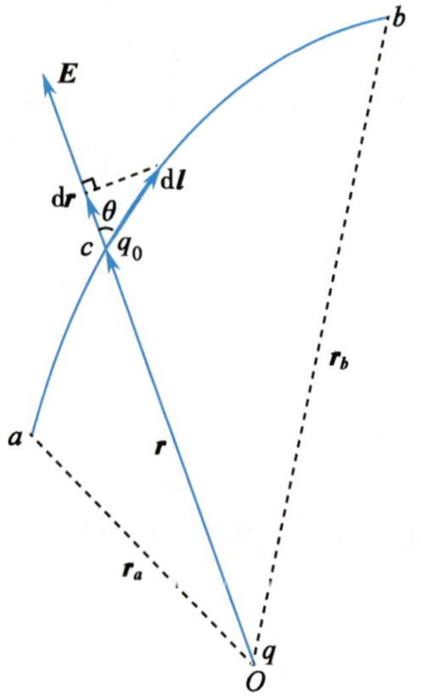

图 5-11 电场力对试探电荷 q_0 所做的功

$$\mathrm{d}A=\frac{q_0 q}{4\pi\varepsilon_0 r^2}\mathrm{d}r$$

当 q_0 由 a 移到 b 时，电场力在这段路径所做的功可通过对 $\mathrm{d}A$ 积分求得，即

$$A_{ab}=\int_a^b \mathrm{d}A=\int_{r_a}^{r_b}\frac{q_0 q}{4\pi\varepsilon_0 r^2}\mathrm{d}r$$

$$=\frac{q_0 q}{4\pi\varepsilon_0}\left[-\frac{1}{r}\right]_{r_a}^{r_b}=\frac{q_0 q}{4\pi\varepsilon_0}\left(\frac{1}{r_a}-\frac{1}{r_b}\right) \quad 式(5\text{-}17)$$

式(5-17)中，r_a和 r_b分别表示移动路径的起点 a 和终点 b 到点电荷 q 的距离。式(5-17)表明，在点电荷 q 产生的电场中，电场力所做的功，只与试探电荷电量的大小以及做功路径的起点和终点的位置有关，而与所经过的路径无关。

再考虑将试探电荷 q_0 放入任意电场中的情况。由于任意静电场都可以看作是点电荷系电场的叠加，因此对于任意给定静电场，当 q_0 从 a 点移动到 b 点时，电场力所做的功可以表示为

$$A_{ab}=\int_a^b q_0\boldsymbol{E}\cdot\mathrm{d}\boldsymbol{l}=\int_a^b q_0(\boldsymbol{E_1}+\boldsymbol{E_2}+\cdots+\boldsymbol{E_n})\cdot\mathrm{d}\boldsymbol{l}$$

$$= \int_a^b q_0 \boldsymbol{E}_1 \cdot d\boldsymbol{l} + \int_a^b q_0 \boldsymbol{E}_2 \cdot d\boldsymbol{l} + \cdots + \int_a^b q_0 \boldsymbol{E}_n \cdot d\boldsymbol{l}$$

$$= \sum_{i=1}^{n} \frac{q_0 q_i}{4\pi\varepsilon_0}\left(\frac{1}{r_{ia}} - \frac{1}{r_{ib}}\right) \quad \text{式(5-18)}$$

式(5-18)中,r_{ia}和r_{ib}分别表示第i个点电荷q_i所在位置到路径的起点a和终点b的距离。由于每个点电荷的电场力所做的功与所经过的路径无关,所以它们的代数和也必然与路径无关,即试探电荷在任何静电场中移动时,电场力所做的功,只与试探电荷电量的大小及路径的起点和终点的位置有关,而与所经过的路径无关。

2. 静电场的环路定理 在静电场中,如果将试探电荷q_0沿路径L_1从a点移动到b点,然后又沿路径L_2从b点回到a点,于是路径L_1和L_2构成闭合路径L(图5-12),相当于绕闭合路径一周,由于静电场力做功与路径无关,所以在此过程中电场力所做的功为

$$A = \oint_L q_0 \boldsymbol{E} \cdot d\boldsymbol{l} = \underset{(L_1)}{\int_a^b} q_0 \boldsymbol{E} \cdot d\boldsymbol{l} + \underset{(L_2)}{\int_b^a} q_0 \boldsymbol{E} \cdot d\boldsymbol{l}$$

$$= \underset{(L_1)}{\int_a^b} q_0 \boldsymbol{E} \cdot d\boldsymbol{l} - \underset{(L_2)}{\int_a^b} q_0 \boldsymbol{E} \cdot d\boldsymbol{l} = 0$$

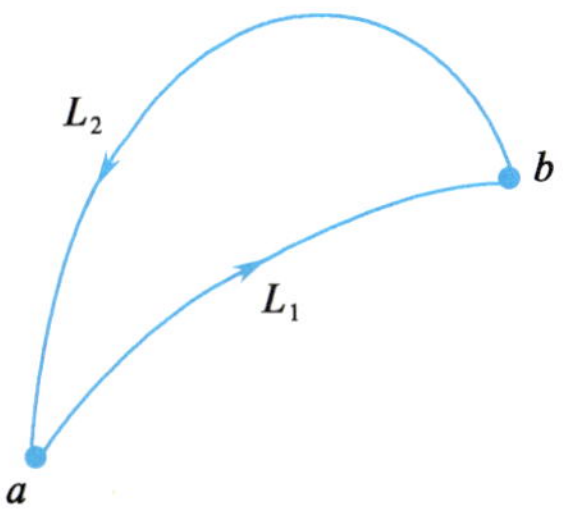

图5-12 静电场的环路定理

因为试探电荷$q_0 \neq 0$,所以

$$\oint_L \boldsymbol{E} \cdot d\boldsymbol{l} = \oint_L E\cos\theta dl = 0 \quad \text{式(5-19)}$$

式(5-19)表明,在静电场中,场强沿任意闭合路径的线积分等于零。这是静电场中的一个重要定理,称为静电场的环路定理。这一定理是静电场力做功与路径无关的必然结果。

二、电势的定义与叠加原理

1. 电势的定义

(1) 电势能:在力学中,重力做功只与起点和终点的位置有关而与经过的路径无关,当路径闭合时,重力做功为零。静电场力做功与重力做功具有同样的特点,即做功与经过的路径无关,凡具有这种特点的力称为保守力;该力场称为保守力场。因此电场力与重力一样都是保守力,对任何保守力场都可以引入势能的概念,而且保守力所做的功等于势能的减小量。

与物体在重力场中具有重力势能一样,电荷在静电场中也具有势能,称为电势能。设在静电场中,将试探电荷q_0沿任意路径由a点移至b点,电场力所做的功为A_{ab},电势能的改变就是通过电场力做功来体现的。如果以W_a和W_b分别表示q_0在电场中a点和b点处的电势能,则此过程中电势能的减小为

$$W_a - W_b = A_{ab} = q_0 \int_a^b \boldsymbol{E} \cdot d\boldsymbol{l} \quad \text{式(5-20)}$$

与重力势能一样,电势能是一个相对的物理量。通过式(5-20)所计算的只是q_0在电场中a、b两点处电势能的改变量,若要计算q_0在电场中任意点的电势能,首先要选取电势能的零点。对于分布在有限区域的带电体,一般选取无穷远处为电势能的零点。在式(5-20)中,如果设b点为无穷远,选取该点处的电势能为零,即$W_b = W_\infty = 0$,则式(5-20)可写为

$$W_a = q_0 \int_a^\infty \boldsymbol{E} \cdot d\boldsymbol{l} \quad \text{式(5-21)}$$

式(5-21)表明,试探电荷q_0在某点a处的电势能就等于把它从该点移动到无穷远处(电势能的零点)电场力所做的功。

(2) 电势和电势差:电势(electric potential)是从电场对其中运动的电荷做功的角度引入的静电场中另一个重要的物理量。由式(5-21)可以看出,a 点处的电势能 W_a 与 q_0 有关,但 W_a 与 q_0 的比值 $\frac{W_a}{q_0}$ 却与 q_0 无关,这一比值只决定于场强的分布和 a 点的位置,反映了电场在 a 点的性质。将这一比值定义为电势,一般用符号 U 来表示。即

$$U_a = \frac{W_a}{q_0} = \int_a^\infty \boldsymbol{E} \cdot \mathrm{d}\boldsymbol{l} \qquad \text{式(5-22)}$$

式(5-22)表明,静电场中某点处的电势,在数值上等于单位正电荷在该点处所具有的电势能,或者说等于把单位正电荷从该点沿任意路径移动到无穷远处(电势的零点)时电场力所做的功。应该指出,电势零点的选取与电势能一样可以是任意的,通常参考点不同,电势也不同,一般视问题的方便而定。在理论计算中,如果带电体系局限在有限大小的空间里,通常选取无穷远处为电势零点。实际应用中常选取大地为电势零点,因为地球可以看作是一个半径很大的导体,它的电势一般比较稳定。这样一来,任何导体接地后,就可以认为它的电势为零。在研究电路问题时常取仪器外壳、公共地线等为电势零点。对于无限大带电体,常选取有限远处某一定点为电势零点。

静电场中,任意 a、b 两点的电势之差称为这两点间的电势差(electric potential difference),也称作电压。用 U_{ab} 表示,于是

$$U_{ab} = U_a - U_b = \int_a^\infty \boldsymbol{E} \cdot \mathrm{d}\boldsymbol{l} - \int_b^\infty \boldsymbol{E} \cdot \mathrm{d}\boldsymbol{l} = \int_a^b \boldsymbol{E} \cdot \mathrm{d}\boldsymbol{l} \qquad \text{式(5-23)}$$

也就是说,静电场中 a、b 两点间的电势差,就等于把单位正电荷从 a 点沿任意路径移动到 b 点时电场力所做的功。电势差和电势都是标量,在国际单位制中,它们的单位是 V(伏特),1V = 1J/C(焦耳/库仑)。

由式(5-23)的电势差表达式,结合前面电场力做功的表达式(5-20),进而得到电场力做功与电势差的关系为

$$A_{ab} = q_0 \int_a^b \boldsymbol{E} \cdot \mathrm{d}\boldsymbol{l} = q_0 U_{ab}$$

例题 5-7 计算真空中点电荷 q 的电场中任意一点 a 处的电势。

解: 设真空中点电荷 q 位于坐标原点 O 处,电场中任意点 a 到原点 O 的距离为 r。选取从 a 点沿径矢 $\boldsymbol{r}$ 方向至无穷远的积分路径,应用式(5-22)可得 a 点的电势为

$$U_a = \int_a^\infty \boldsymbol{E} \cdot \mathrm{d}\boldsymbol{l} = \int_r^\infty \boldsymbol{E} \cdot \mathrm{d}\boldsymbol{r} = \int_r^\infty E\mathrm{d}r = \int_r^\infty \frac{q}{4\pi\varepsilon_0 r^2}\mathrm{d}r$$

$$= \frac{q}{4\pi\varepsilon_0} \cdot \left(-\frac{1}{r}\right)\Bigg|_r^\infty = \frac{q}{4\pi\varepsilon_0 r}$$

因为 a 是电场中任意选取的一点,因此一般可将上式中 U_a 的下标略去,于是就得到真空中点电荷 q 的电场中任意点的电势公式为

$$U = \frac{q}{4\pi\varepsilon_0 r} \qquad \text{式(5-24)}$$

当 $q>0$ 时,$U>0$,表明空间各点的电势为正,电势 U 随距离 r 的增大而减小;当 $q<0$ 时,$U<0$,空间各点的电势为负,电势 U 随距离 r 的增大而增大。

2. 电势叠加原理 如果电场是由 n 个点电荷组成的点电荷系所产生,由电势的定义及场强叠加原理可知,电场中任意点 a 的电势为

$$U_a = \int_a^\infty \boldsymbol{E} \cdot \mathrm{d}\boldsymbol{l} = \int_a^\infty (\boldsymbol{E}_1 + \boldsymbol{E}_2 + \cdots + \boldsymbol{E}_n) \cdot \mathrm{d}\boldsymbol{l}$$

$$= \int_a^\infty \boldsymbol{E}_1 \cdot \mathrm{d}\boldsymbol{l} + \int_a^\infty \boldsymbol{E}_2 \cdot \mathrm{d}\boldsymbol{l} + \cdots + \int_a^\infty \boldsymbol{E}_n \cdot \mathrm{d}\boldsymbol{l}$$

$$= U_1 + U_2 + \cdots + U_n$$

$$= \sum_{i=1}^{n} U_i \qquad 式(5\text{-}25)$$

式(5-25)中,U_i 表示第 i 个点电荷单独存在时在 a 点产生的电势,如果用 r_i 来表示第 i 个点电荷 q_i 到点 a 的距离,根据式(5-24),式(5-25)可写成

$$U_a = \sum_{i=1}^{n} U_i = \sum_{i=1}^{n} \frac{q_i}{4\pi\varepsilon_0 r_i} \qquad 式(5\text{-}26)$$

式(5-26)表明,点电荷系的电场中某点处的电势,等于各个点电荷单独存在时在该点所产生电势的代数和,这就是电势叠加原理。

5-3

电势的定义与叠加原理

微课

电势叠加原理可以推广到电荷连续分布的任意带电体系。如果一个带电体上的电荷是连续分布的,则式(5-26)中的求和可以用积分来代替。用 dq 来表示电荷连续分布的带电体上任一电荷元,用 r 来表示电荷元 dq 与 a 点间的距离,则电荷元在 a 点产生的电势为

$$\mathrm{d}U = \frac{\mathrm{d}q}{4\pi\varepsilon_0 r}$$

对 dU 积分,得到整个带电体在该点的电势为

$$U = \int \mathrm{d}U = \frac{1}{4\pi\varepsilon_0}\int \frac{\mathrm{d}q}{r} \qquad 式(5\text{-}27)$$

由于电势是标量,式(5-27)中的积分是标量积分。显然,求电势时的标量积分比计算场强时的矢量积分要更简单一些。

例题 5-8 求真空中一个半径为 R,带电荷为 q 的均匀带电球面的电势分布。

解: 有关电势的计算有两种方法。一种方法是从点电荷的电势公式出发,由电势叠加原理求得电势;另一种方法是在已知场强或用高斯定理能比较方便的求出场强的基础上,通过电势的定义最终求得电势。本题中如果采用电势叠加原理求电势,需将均匀带电球面的表面分成许多小面积元,再通过小面积元的电势积分求得均匀带电球面在某点 P 的电势。显然,这种方法的数学运算相当烦琐。由于所给条件很容易由高斯定理求得场强的分布,因此下面采用由电势的定义,即通过对场强的积分来求出电势的方法。在例题 5-3 中,根据高斯定理已经求得均匀带电球面的场强分布为

$$\boldsymbol{E} = \begin{cases} 0 & (r<R) \\ \dfrac{q}{4\pi\varepsilon_0 r^2}\boldsymbol{r}_0 & (r>R) \end{cases}$$

利用上式,并由电势的定义式(5-22)可得:

(1) 均匀带电球面内距球心为 r 的任一点 P_1 的电势为

$$U_{P_1} = \int_{P_1}^{\infty} \boldsymbol{E} \cdot \mathrm{d}\boldsymbol{l} = \int_{r}^{\infty} \boldsymbol{E} \cdot \mathrm{d}\boldsymbol{r}$$

$$= \int_{r}^{R} 0 \cdot \mathrm{d}r + \int_{R}^{\infty} \frac{q}{4\pi\varepsilon_0 r^2}\mathrm{d}r$$

$$= \frac{q}{4\pi\varepsilon_0 R}$$

由此可见,均匀带电球面内任意一点的电势是与 r 无关的常量,即球面内是一个等势区。

(2) 均匀带电球面外距球心为 r 的任一点 P_2 的电势为

$$U_{P_2} = \int_{P_2}^{\infty} \boldsymbol{E} \cdot \mathrm{d}\boldsymbol{l} = \int_{r}^{\infty} \frac{q}{4\pi\varepsilon_0 r^2}\mathrm{d}r = \frac{q}{4\pi\varepsilon_0 r}$$

可见真空中一个半径为 R、带电荷为 q 的均匀带电球面,在球面外任意点的电势与所有电荷都集

中在球心时的点电荷的电势完全相同。而且不难看出，在 $r=R$ 的球面上，两个区域的电势是相等的，即是连续的，但场强是突变的。

三、电场强度与电势的关系

1. 等势面 在静电场中，当选定了电势的零点后，电场中其他各点的电势都有确定的数值。由电势相等的点所组成的曲面，称为等势面(equipotential surface)。等势面可以形象地描述静电场中电势的分布情况，它的疏密程度反映了电场的强弱。由式(5-24)可知，在点电荷 q 的电场中，等势面是以点电荷 q 为中心的一系列同心球面(图 5-13)，而点电荷 q 的电场线是沿径矢方向的一系列直线(图中的虚线)，显然，等势面与沿径向的电场线是相互垂直的。简单证明如下：将试探电荷 q_0 沿等势面从 a 点任意移动一个微小位移 $\mathrm{d}\boldsymbol{l}$ 到达 b 点，因等势面上 a、b 两点电势相等，即 $U_a=U_b$，所以 $U_{ab}=U_a-U_b=0$，于是电场力做功 $A_{ab}=q_0U_{ab}=\int_a^b q_0E\mathrm{d}l\cos\theta=0$，但 q_0、E、$\mathrm{d}l$ 都不为零，所以必然有 $\cos\theta=0$，即 $\theta=\dfrac{\pi}{2}$。这就是说，场强方向总是与等势面相垂直的，因此电场线和等势面处处正交。图 5-14 给出了两个等量异号的点电荷的电场线和等势面分布，图中相邻两等势面之间的电势差相等。由图 5-14 可以看出等势面越密的区域，电场线越密，场强也越大，这一结论将在后面给出证明。

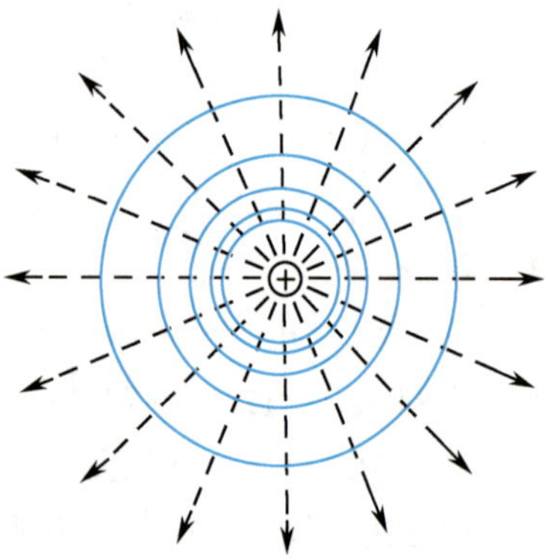

图 5-13 点电荷 q 的等势面

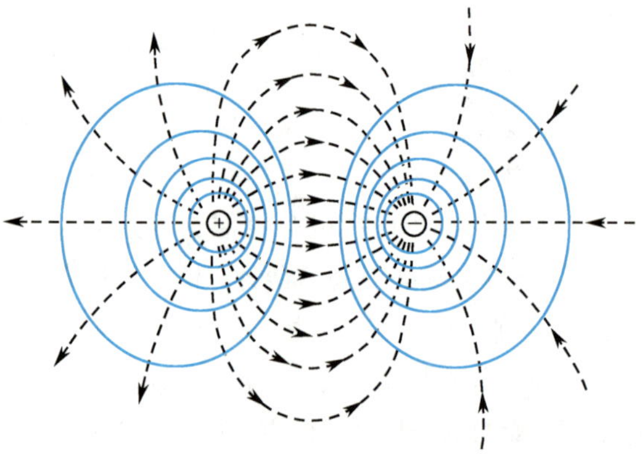

图 5-14 两个等量异号点电荷的等势面分布

等势面的概念在实际应用中有着重要的意义。由于电势差(电压)易于测量，所以常常用实验的方法找出电势差为零的各点，把这些点连接起来，就能够画出等势面，再根据等势面与电场线相互垂直的关系就可以画出电场线，从而就可以通过绘出的电场线来了解各处电场的强弱和方向。

静电场描绘
操作视频

2. 电势梯度 在静电场中选取非常靠近的两个等势面 1 和 2，其电势分别为 U 及 $U+\mathrm{d}U$，并设 $\mathrm{d}U$ 为正。a 为等势面 1 上的任意一点，过 a 点作等势面 1 的法线，通常规定法线的正方向指向电势升高的方向，用 $\boldsymbol{n}_0$ 表示法线方向上的单位矢量，用 $\mathrm{d}n$ 表示 1 与 2 两个等势面间沿 a 点法线方向的距离 ab(图 5-15)。由于 $\mathrm{d}U$ 非常小，因此 $\mathrm{d}n$ 是从等势面 1 上的 a 点到等势面 2 的最短距离，它小于所有从 a 点到等势面 2 上的其他任意点(如 c)的距离 $\mathrm{d}l$。所以在 a 点处沿 $\boldsymbol{n}_0$ 方向具有最大的电势增加率。定义矢量 $\dfrac{\mathrm{d}U}{\mathrm{d}n}\boldsymbol{n}_0$ 为 a 点处的电势梯度，用 ∇U 或 $\mathrm{grad}U$ 表示，即

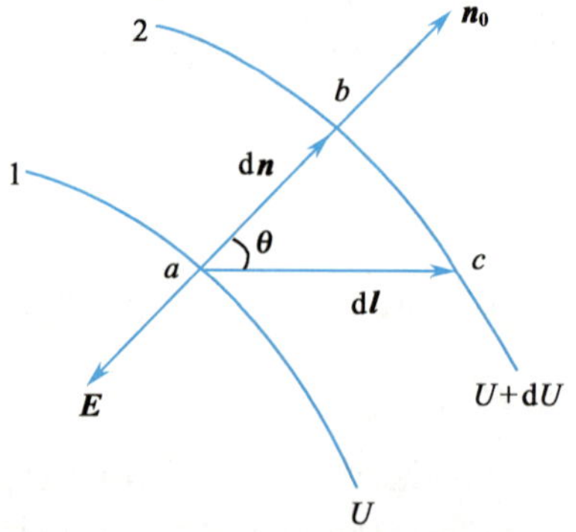

图 5-15 电场强度与电势梯度的关系

$$\nabla U = \mathrm{grad}U = \frac{\mathrm{d}U}{\mathrm{d}n}\boldsymbol{n}_0 \qquad \text{式(5-28)}$$

式(5-28)表明,电场中某点的电势梯度是一个矢量,电势梯度的方向与该点处电势增加率最大的方向相同,其大小就等于沿该方向上的电势增加率。电势梯度的单位为 V/m(伏特/米)。

3. 电场强度与电势的关系 电场强度与电势都是用来描述电场中某点性质的重要物理量,虽然两者描述电场性质的角度不同,但它们之间却有着密切的联系。电势的定义式(5-22)反映了场强与电势之间的积分关系,下文讨论它们之间的微分关系。

在图 5-15 中,试探电荷 q_0 沿 $\boldsymbol{n}_0$ 方向从 a 点移动到 b 点,设 E_n 是 a 点的电场强度在 $\boldsymbol{n}_0$ 方向上的分量,则电场力做的功为

$$\mathrm{d}A_{ab} = q_0\boldsymbol{E}\cdot\mathrm{d}\boldsymbol{n} = q_0E_n\mathrm{d}n$$

又因

$$\mathrm{d}A_{ab} = q_0(U_a - U_b) = q_0[U - (U + \mathrm{d}U)] = -q_0\mathrm{d}U$$

所以

$$E_n = -\frac{\mathrm{d}U}{\mathrm{d}n} \qquad \text{式(5-29)}$$

由于电场强度 $\boldsymbol{E}$ 与等势面正交,因此 $\boldsymbol{E}$ 与 $\boldsymbol{n}_0$ 平行,则式(5-29)表明 $\boldsymbol{E}$ 的大小就等于$\frac{\mathrm{d}U}{\mathrm{d}n}$,而 $\boldsymbol{E}$ 的方向与 $\boldsymbol{n}_0$ 相反,故

$$\boldsymbol{E} = -\frac{\mathrm{d}U}{\mathrm{d}n}\boldsymbol{n}_0 = -\nabla U \qquad \text{式(5-30)}$$

式(5-30)就是场强与电势之间的微分关系。它表明,电场中某点的电场强度等于该点处电势梯度矢量的负值。式(5-30)中的负号表示场强的方向与 $\boldsymbol{n}_0$ 的方向相反。

由图 5-15 及矢量式(5-30),不难求出场强 $\boldsymbol{E}$ 在任意方向 $\mathrm{d}\boldsymbol{l}$ 上的分量为

$$E_l = -\frac{\mathrm{d}U}{\mathrm{d}n}\cos\theta = -\frac{\mathrm{d}U}{\mathrm{d}l} \qquad \text{式(5-31)}$$

式(5-31)表明,电场强度 $\boldsymbol{E}$ 在任意方向 $\mathrm{d}\boldsymbol{l}$ 上的分量 E_l,应等于该点电势梯度矢量在该方向上分量的负值。换句话说,电场强度 $\boldsymbol{E}$ 在任意方向 $\mathrm{d}\boldsymbol{l}$ 上的分量 E_l,就等于电势在该点沿该方向上变化率的负值。

根据式(5-30)还可以看出,电势为零的地方,场强不一定为零;场强为零的地方,电势也不一定为零。此外,由于场强与电势的空间变化率有关,表明场强大的地方电势变化得快,等势面较密集;场强小的地方电势变化得慢,等势面较稀疏。

利用场强与电势梯度的关系,在涉及有关场强的计算问题时,有时可先求出电势,再由电势梯度求得某一方向的场强,从而避免了有关场强比较复杂的矢量计算。

例题 5-9 真空中有一个半径为 R 的均匀带电细圆环,带电量为 q(设 $q>0$),求圆环轴线上距离圆环中心 O 为 x 处 a 点的电势(如图 5-16 所示)。

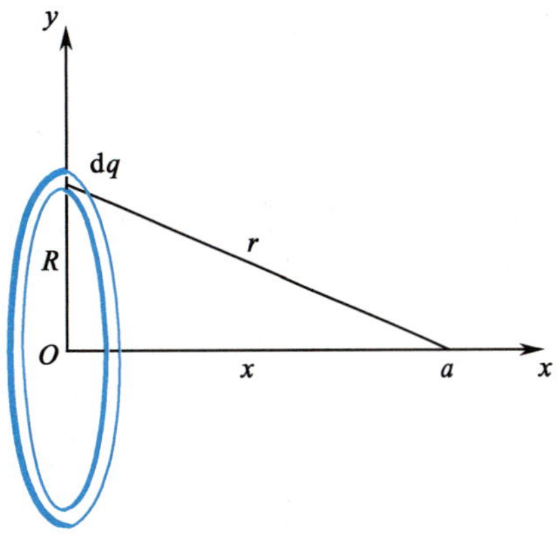

图 5-16 例题 5-9 图

解: 设均匀带电细圆环电荷线密度为 λ,则 $\lambda = \frac{q}{2\pi R}$,在细圆环上任取一个微小弧段 $\mathrm{d}l$,则 $\mathrm{d}l$ 上所带的电荷 $\mathrm{d}q = \lambda\mathrm{d}l$。因此电荷元 $\mathrm{d}q$ 在 a 点产生的电势为

$$\mathrm{d}U = \frac{\mathrm{d}q}{4\pi\varepsilon_0 r} = \frac{\lambda\mathrm{d}l}{4\pi\varepsilon_0 r}$$

式中,r 为 $\mathrm{d}q$ 到 a 点的距离。由图可知 $r = \sqrt{x^2 + R^2}$,对上式积分,得 a 点电势为

$$U=\int \mathrm{d}U=\frac{\lambda}{4\pi\varepsilon_0 r}\int_0^{2\pi R}\mathrm{d}l=\frac{\lambda}{4\pi\varepsilon_0 r}\cdot l\Big|_0^{2\pi R}$$

$$=\frac{q}{4\pi\varepsilon_0 r}=\frac{q}{4\pi\varepsilon_0\sqrt{x^2+R^2}}$$

例题 5-10 在例题 5-9 中,如果距环心 O 为 x 处 a 点的电势为已知,试利用场强与电势梯度的关系求 a 点的场强。

解: 应先分析场强的方向,再利用场强与电势梯度的关系对该方向求导,从而求得场强。根据本题中电荷分布的对称性,可分析出圆环轴线上 a 点的场强方向沿 x 轴正方向,由式(5-31)可得 a 点场强的大小为

$$E=E_x=-\frac{\mathrm{d}U}{\mathrm{d}x}=-\frac{q}{4\pi\varepsilon_0}\frac{\mathrm{d}}{\mathrm{d}x}\left(\frac{1}{\sqrt{x^2+R^2}}\right)$$

$$=\frac{qx}{4\pi\varepsilon_0\,(x^2+R^2)^{3/2}}$$

此结果与例题 5-3 的中间计算结果相同。

第三节 静电场中的导体和电介质

导体和电介质的区别在于导电能力,这主要缘于它们自身是否具有大量可自由移动的电荷,也决定了导体和电介质在外电场中的不同表现。本节将分别介绍静电场对导体的静电感应作用和对电介质的极化作用以及平衡状态下导体和电介质的性质,最后介绍导体的电容性质和静电场的能量。

一、静电场中的导体

1. 导体的静电平衡条件 容易导电的物体称为导体(conductor)。最常见的导体是金属,下面以金属导体为例讨论导体与电场间的相互作用情况。金属导体是由带负电的自由电子和带正电的晶体点阵所构成的,由于金属表面层对电子的束缚作用,通常自由电子不能脱离金属的表面。在导体不带电、也没有外电场作用的情况下,首先从微观看,自由电子只能在导体的内部做无规则的热运动,不能做定向运动。其次从宏观看,导体中带负电荷的自由电子与带正电荷的晶体点阵数目相等,相互中和,因而整个导体都呈现电中性。这时除了微观的热运动之外,没有宏观的电荷运动。

当把导体置于外电场 $\boldsymbol{E}_0$ 中时,不论其原来是否带电,由于导体中的自由电子所受的电场力与 $\boldsymbol{E}_0$ 的方向相反,自由电子在电场力的作用下,就要相对晶体点阵做宏观的定向运动,因此在导体的一侧表面将聚集负电荷,导体的另一侧表面将聚集正电荷。即在外电场的作用下,导体内部的电荷发生了重新分布,这种现象称为静电感应(electrostatic induction)。在静电感应中,导体表面不同区域出现的正、负电荷称为感应电荷。导体上的这种感应电荷将产生新的附加电场 $\boldsymbol{E}'$,而空间各处的场强 $\boldsymbol{E}$ 应是外加电场 $\boldsymbol{E}_0$ 与附加电场 $\boldsymbol{E}'$ 叠加后的总场强,即

$$\boldsymbol{E}=\boldsymbol{E}_0+\boldsymbol{E}'$$

由于在导体内部,附加电场 $\boldsymbol{E}'$ 总是与外加电场 $\boldsymbol{E}_0$ 的方向相反,因而其结果是削弱了外电场。但是,只要导体内部某处的合场强 $\boldsymbol{E}$ 不为零,那么该处的自由电子就会在电场力的作用下继续定向移动,从而使附加电场 $\boldsymbol{E}'$ 继续增大,直到 $\boldsymbol{E}'$ 能完全抵消外电场 $\boldsymbol{E}_0$ 而使总场强 $\boldsymbol{E}$ 等于零为止。此时,导体内部自由电荷的宏观定向运动完全停止,电荷又达到了新的平衡分布,这种状态称为导体的静电平衡(electrostatic equilibrium)。因此,导体达到静电平衡的条件就是其内部的场强处处为零。又因静电平衡时,导体表面任意一点的场强不能有切向分量(因场强的切向分量会使表面电荷沿切向做定向移动),故其表面的场强与表面垂直。

2. 静电平衡时导体的性质　由处于静电平衡下的导体内部场强处处为零可以推论它还具有以下的基本性质：

（1）导体是一个等势体，导体表面是等势面：在导体内部任取两点 a 和 b，由于达到静电平衡时导体内部的场强 $\boldsymbol{E}$ 处处为零，所以它们之间的电势差 $U_a - U_b = \int_a^b \boldsymbol{E} \cdot \mathrm{d}\boldsymbol{l} = 0$；如果 a、b 两点是在导体的表面上，又因为静电平衡时导体表面的场强与表面垂直，因此不难推出这个线积分也为零，因而 $U_a = U_b$。所以静电平衡时导体内任意两点间的电势相等，即导体是一个等势体，其表面是等势面。

（2）导体内部没有净电荷（未被抵消的电荷），电荷只能分布在导体的表面上：在导体内部任意作一个闭合曲面 S（图 5-17 中的虚线），由于静电平衡时导体内部的场强处处为零，因此该曲面上任意一点的场强都为零，故根据高斯定理有

$$\oint_s \boldsymbol{E} \cdot \mathrm{d}\boldsymbol{S} = \frac{1}{\varepsilon_0}\sum_i q_i = 0$$

即该闭合曲面 S 所包围的电荷的代数和为零。因为高斯面 S 是任意选取的，可大可小，可以取在任意位置处，所以导体的内部没有净电荷，电荷只能分布在导体的表面上。

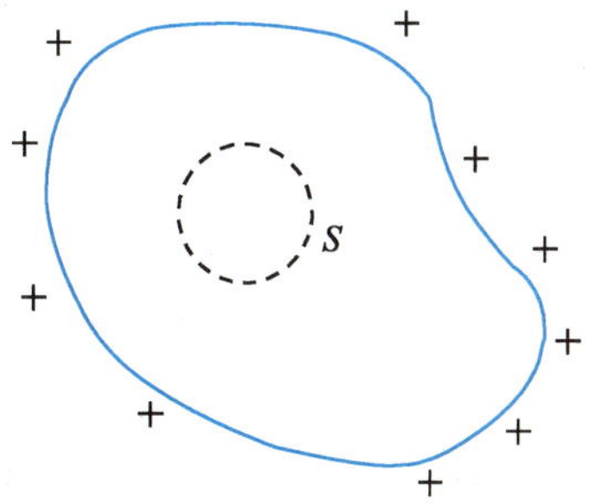

图 5-17　导体静电平衡时电荷分布在导体的表面上

导体表面电荷的分布情况与导体表面的形状及周围存在的带电体有关。实验表明，对于一个孤立的带电导体，曲率越大（即曲率半径越小）的地方，电荷面密度越大，同时场强也越大；反之亦然。因此，只有孤立的球形导体，球面上的电荷分布是均匀的；而对于形状不规则的带电导体，表面越尖锐的地方，电荷面密度越大，因此尖端附近的场强会特别强。当场强超过空气的击穿场强时，就会发生尖端放电现象。避雷针就是应用尖端放电的原理，将雷击所产生的强大电流经过避雷针的接地导线引入地下，从而保护建筑物的安全。因此避雷针的接地系统一定要经常检测并使其保持良好的接地状态。同样，人们在雷雨天出行时，要注意尖端放电现象，在躲避雷雨时应选择安全的地方和方法。

3. 空腔导体和静电屏蔽　当在实心导体内部挖有空腔时，则构成了空腔导体。静电平衡状态下，空腔导体除了具有上述导体的基本性质外，还具有一些特殊的性质。

（1）空腔导体的性质：当导体的空腔内部有其他带电体时，设带电体所带电量为 q，那么在静电平衡条件下，由于静电感应，空腔导体的内表面一定带有 $-q$ 的电量。

为了证明上述结论，可在空腔导体的内、外表面之间作一个闭合高斯面 S，将带电体和空腔内表面包围起来（图 5-18 中的虚线）。由于闭合面 S 完全处于导体的内部，在静电平衡状态下，其表面的场强处处为零，所以通过 S 面的电通量为零。设导体空腔的内表面带电量为 q'，根据高斯定理有

$$\oint_s \boldsymbol{E} \cdot \mathrm{d}\boldsymbol{S} = \frac{1}{\varepsilon_0}\sum_i q_i = \frac{1}{\varepsilon_0}(q + q') = 0$$

即空腔内表面带电量为

$$q' = -q \qquad \text{式(5-32)}$$

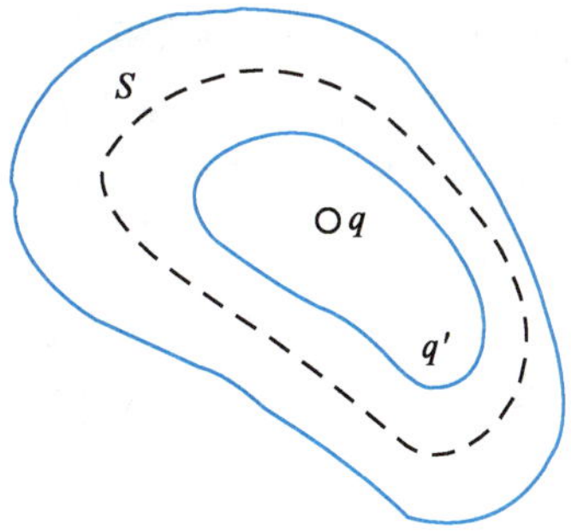

图 5-18　空腔导体内部有其他带电体 q 时的情况

当导体空腔内部没有其他带电体时，在静电平衡条件下，空腔内表面上无电荷，电荷只能分布在空腔导体的外表面上，且空腔导体内无电场，整个空腔导体是个等势体。

腔内无带电体的情况，也可以看成是上面腔内有带电体，但带电量 $q = 0$ 时的特殊情况。因而可以采用与上面完全相同的证明方法，或直接将 $q = 0$ 代入式（5-32），便可得到空腔内表面所带电量

$q'=-q=0$。但这仅仅证明了空腔导体的内表面上电荷的代数和为零，进一步用反证法可以证明达到静电平衡状态时，空腔导体内表面上的电荷面密度必定处处为零。因为如果空腔导体内表面上有等量异号的电荷，那么从正电荷发出的电场线无论是终止于空腔内表面的负电荷还是终止于空腔的外表面或是空腔外部的电荷或无穷远，沿电场线都会有一个电势降落，这样导体就不是等势体了，与导体处于静电平衡相矛盾，因此只能是空腔内表面上处处无电荷。

（2）静电屏蔽：需要指出的是，不论空腔导体外部是否有其他带电体，也不论空腔导体本身是否带有电荷，空腔导体的上述性质都是成立的。在空腔导体内无其他带电体时，空腔导体和实心导体一样，内部都没有电场。然而，这并不意味着空腔导体外部的带电体以及空腔导体外表面上的电荷在导体内及空腔内不产生电场，而是导体外表面上的电荷在导体内及空腔内各点产生的电场恰好抵消了外部电荷产生的电场。因而从最终效果来看，具有空腔的导体壳可以遮住外电场，使空腔内部的物体不受外电场的影响。同样的道理，如果空腔内有带电体时，其在空腔的外面所产生的电场，则由空腔内表面的感应电荷所产生的电场完全抵消。空腔导体具有的这种能够遮住内、外电场的现象称为静电屏蔽（electrostatic shielding）。

如果将空腔导体的外壳接地（图 5-19），则其电势恒为零。这样一来既可以保持空腔导体的电势不变，又可以把壳内空腔中带电体对外界的影响全部消除，从而实现对内部和对外部的完全屏蔽。即对于一个接地的导体空腔，外界的电场既不会影响空腔的内部，空腔内的带电体也不会对外界产生影响。

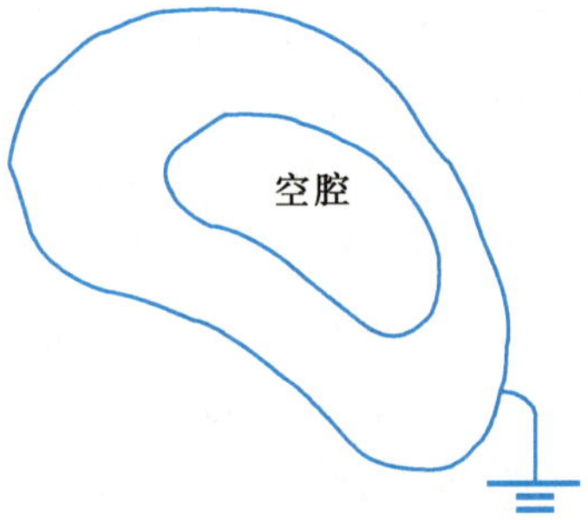

图 5-19 空腔导体的静电屏蔽作用

静电屏蔽在实际工作中有着重要的应用。例如，为使一些精密的电子仪器和设备不受外界电场的干扰，通常都在这些仪器设备的机壳外面加上金属网罩或金属外壳；传送较弱的电信号时使用屏蔽线等。又如，为使某些高压设备不影响其他仪器的正常工作，往往在其外面罩上接地的金属网栅以屏蔽其影响。

例题 5-11 真空中一个导体球 A 的半径为 R_1，带电量为 q（设 $q>0$）。另一个原来不带电的内半径为 R_2，外半径为 R_3 的导体球壳 B，同心地罩在导体球 A 的外面。求：

（1）导体球 A 的内部任意一点 P_1 的电势 U。

（2）导体球壳 B 的外部任意一点 P_2 的电势 U。

解：（1）当电场空间中有导体时，会发生静电感应，最终导体将处于静电平衡。首先根据静电平衡状态下导体的性质确定电荷是如何分布的。导体球 A 上的电荷一定分布在球的表面；而导体球壳 B 的内表面带有电量 $-q$，由于 B 原来不带电，根据电荷守恒定律，导体球壳的外表面带有电量 q，这样空间就有三个带电球面。又由于导体球 A 和导体球壳 B 的位置是同心的，因此三个带电球面上的电荷必然是均匀分布。

由于电荷分布是球对称性的，可依据高斯定理先求场强分布，然后再根据电势的定义求电势。作与导体球同心的半径为 r 的球形高斯面 S，则通过 S 面的电通量为

$$\oint_s \boldsymbol{E}\cdot \mathrm{d}\boldsymbol{S} = E\oint_s \mathrm{d}S = E\cdot 4\pi r^2$$

依据高斯定理，上式应等于高斯面 S 所包围的电荷的代数和除以 ε_0，即

$$4\pi r^2 E = \frac{\sum q}{\varepsilon_0}$$

$r<R_1$ 时，$\sum q = 0, E_1 = 0$。

$R_1<r<R_2$ 时，$\sum q = q$，$E_2 = \dfrac{q}{4\pi\varepsilon_0 r^2}$。

$R_2<r<R_3$时，$\sum q=0, E_3=0$。

$r>R_3$时，$\sum q=q, E_4=\dfrac{q}{4\pi\varepsilon_0 r^2}$。

利用上面场强分布的结果，并由电势的定义式（5-22）可得导体球 A 的内部距球心为 r 的任意一点 P_1 的电势为

$$\begin{aligned}U_{P_1}&=\int_{P_1}^{\infty}\boldsymbol{E}\cdot \mathrm{d}\boldsymbol{l}=\int_{r}^{\infty}\boldsymbol{E}\cdot \mathrm{d}\boldsymbol{r}=\int_{r}^{R_1}E_1\mathrm{d}r+\int_{R_1}^{R_2}E_2\mathrm{d}r+\int_{R_2}^{R_3}E_3\mathrm{d}r+\int_{R_3}^{\infty}E_4\mathrm{d}r\\&=\int_{r}^{R_1}0\cdot \mathrm{d}r+\int_{R_1}^{R_2}\frac{q}{4\pi\varepsilon_0 r^2}\mathrm{d}r+\int_{R_2}^{R_3}0\cdot \mathrm{d}r+\int_{R_3}^{\infty}\frac{q}{4\pi\varepsilon_0 r^2}\mathrm{d}r\\&=\frac{q}{4\pi\varepsilon_0 R_1}-\frac{q}{4\pi\varepsilon_0 R_2}+\frac{q}{4\pi\varepsilon_0 R_3}\end{aligned}$$

由此可见，导体球内任意一点的电势是与 r 无关的常量，这与静电平衡条件下导体为等势体的结论完全一致。

（2）导体球壳 B 的外部距球心为 r 的任意一点 P_2 的电势为

$$U_{P_2}=\int_{P_2}^{\infty}\boldsymbol{E}\cdot \mathrm{d}\boldsymbol{l}=\int_{r}^{\infty}E_4\mathrm{d}r=\int_{r}^{\infty}\frac{q}{4\pi\varepsilon_0 r^2}\mathrm{d}r=\frac{q}{4\pi\varepsilon_0 r}$$

二、静电场中的电介质

1. 电介质的极化 电介质（dielectric）就是通常所说的绝缘体。在这类物质中，原子核与绕核运动的电子之间的相互作用力较大，使得电子受到原子核较强的束缚，电子的运动不能离开原子的范围，所以几乎不存在能在电介质中自由移动的电荷，因而电介质不能像导体那样转移或传导电荷。即使在外电场的作用下，其电子也只能在一个很小的范围内移动。正是电介质的这种微观特性，使它与电场中的导体具有本质的不同。

在电介质中，每个分子的正、负电荷的代数和为零。显然这些电荷一般并不集中于一点，就整个分子的电学性质而言，在离开分子的距离远大于分子本身线度的地方，分子中全部正电荷的影响可以等效为一个正的点电荷；同样分子中全部负电荷的影响也可以等效为一个负的点电荷。这一对等效电荷的位置，分别称为分子的正电荷“中心”和负电荷“中心”。电介质按照其分子结构的不同一般分成两类，一类是无极分子电介质，如 H_2、N_2、O_2、CH_4等，在无外电场时，分子的正负电荷中心是重合的，其分子电矩为零，这类分子称为无极分子（nonpolar molecule）。另一类是有极分子电介质，如 H_2O、H_2S、NH_3、有机酸等，在没有外电场时，分子的正、负电荷中心不重合，这相当于一个电偶极子，它具有不为零的电矩，称为分子的固有电矩，这类分子称为有极分子（polar molecule）。下面分别讨论这两类电介质在电场作用下的情况。

（1）无极分子的位移极化：无外电场时，由分子电矩为零的无极分子组成的电介质各处呈现电中性。在外电场 $\boldsymbol{E}_0$ 的作用下，分子的正、负电荷中心将发生相对位移，形成一个电偶极子，其电矩的方向与外电场 $\boldsymbol{E}_0$ 的方向相同[图 5-20(a)]。对于整个电介质来说，在外电场作用下，每个分子都形成一个电偶极子，其电矩的方向都沿外电场 $\boldsymbol{E}_0$ 的方向，这样一来，在电介质表面的不同端面上就会出现正电荷和负电荷。在和外电场方向垂直（或斜交）的两个端面所出现的电荷中，一端呈现正电荷，另一端呈现负电荷[图 5-20(b)]。这种在外电场作用下，在电介质的表面出现正、负电荷层的现象，称为电介质的极化（polarization）。因为极化而在电介质表面所出现的电荷，称为极化电荷（polarization charge）。应该指出，在电介质内部，相邻的电偶极子间正负电荷互相靠近，其内部任意一个体积元中的正负电荷都相等，没有净电荷，各处仍是电中性的。极化电荷与导体中的自由电荷不同，它们不能在电介质内自由运动，也不能用诸如传导、接地的办法把它们引走，所以极化电荷又称为束缚电荷

(bound charge)。与束缚电荷相对应,因摩擦或与其他带电体接触而带上的电荷,以及导体因得到或失去电子而在宏观上出现的电荷,都称为自由电荷(free charge)。根据上述讨论可知,无极分子电介质的极化是由于分子中正负电荷中心的相对位移而引起的,因而把这种极化机制称为位移极化(displacement polarization)。

(2) 有极分子的取向极化:对于有极分子电介质,尽管其本身具有固有电矩,但是在没有外电场时,由于分子的热运动,使分子的固有电矩无规则排列,杂乱无章,因此对电介质整体或任何宏观小体积来说,其内部所有分子电矩的矢量和仍为零,所以电介质在宏观上仍呈现电中性。当加上外电场 $\boldsymbol{E}_0$ 后,每个分子电矩都受到电场力矩的作用,使各分子电矩趋向于外电场的方向[图 5-21(a)]。分子的无规则热运动又使这种趋向并不完全,即不可能使所有分子的电矩都很整齐地沿外电场的方向排列。外电场越强,分子电矩排列就越整齐。对整个电介质来说,不管这种排列的整齐程度如何,这时所有分子电矩在外电场方向上分量的总和不为零。如果电介质是均匀的,其内部各处仍呈电中性,但在与外电场方向垂直(或斜交)的两个端面上会出现束缚电荷[图 5-21(b)]。这种由于分子固有电矩转向外电场而引起的电介质极化,称为取向极化(orientation polarization)。一般来说,在有极分子电介质中,上述的位移极化和取向极化这两种极化过程都存在,但取向极化是主要的。

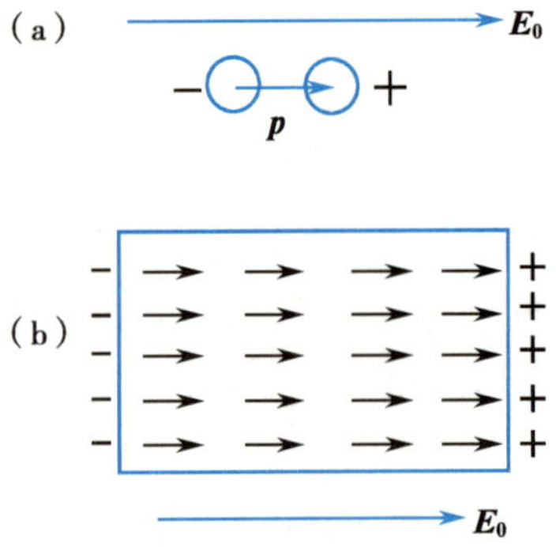

图 5-20　无极分子的位移极化

(a) 一个分子的电矩;(b) 整块电介质分子的电矩分布。

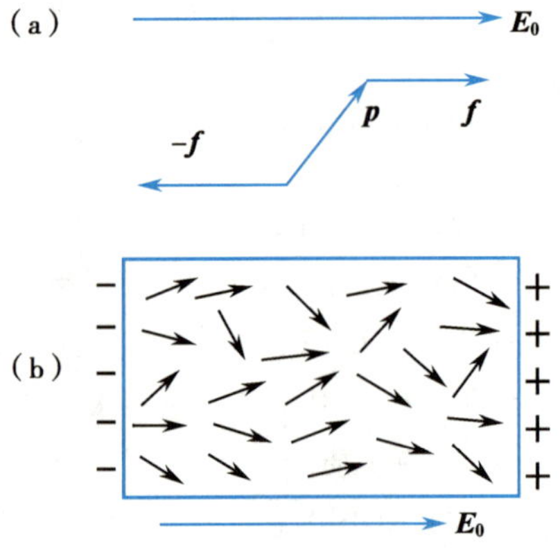

图 5-21　有极分子的取向极化

(a) 一个分子的电矩;(b) 整块电介质分子的电矩分布。

尽管两类电介质极化的微观过程有所不同,但其宏观效果是相同的。当电介质极化时,都出现一定取向的分子电矩,并产生束缚电荷。因此,在对电介质的极化作宏观描述时,不必区分这两种不同的电介质。

2. 极化强度和极化电荷

(1) 极化强度:为了描述电介质的极化程度,在电介质内任意选取一个体积元 ΔV。在没有外电场时,该体积元中各分子电矩 $\boldsymbol{p}_i$ 的矢量和 $\sum_i \boldsymbol{p}_i$ 等于零;当有外电场时,电介质处于极化状态,此时各分子电矩的矢量和 $\sum_i \boldsymbol{p}_i$ 不再等于零,而且外电场越强(不能超过击穿场强),各分子电矩就越大,对于有极分子,分子电矩沿外电场方向排列得越整齐,代表了更高的极化程度。因此,将单位体积中分子电矩的矢量和作为电介质极化程度的量度,称为电极化强度,简称极化强度(polarization),用符号 $\boldsymbol{P}$ 表示,即

$$\boldsymbol{P}=\frac{\sum_i \boldsymbol{p}_i}{\Delta V} \qquad 式(5\text{-}33)$$

极化强度 $\boldsymbol{P}$ 是个矢量,它的单位是 C/m^2(库仑/米^2)。如果电介质中各处的极化强度矢量 $\boldsymbol{P}$ 的大

小和方向都相同，则这样的极化是均匀的；否则极化是不均匀的。

电介质被极化以后在介质表面会产生极化电荷（束缚电荷），这些束缚电荷同自由电荷一样也要在其周围空间产生电场。根据场强叠加原理，在有电介质存在时，空间任意一点的场强 $\boldsymbol{E}$ 应是外电场 $\boldsymbol{E}_0$ 和束缚电荷的电场 $\boldsymbol{E}'$ 的矢量和，即

$$\boldsymbol{E}=\boldsymbol{E}_0+\boldsymbol{E}' \quad \text{式(5-34)}$$

前面所述的极化过程表明，在电介质内部，极化电荷所产生的附加电场 $\boldsymbol{E}'$ 的方向与外电场 $\boldsymbol{E}_0$ 的方向相反，它总是起着减弱原来外电场 $\boldsymbol{E}_0$ 的作用。因此电介质中的分子除了受外电场 $\boldsymbol{E}_0$ 的影响外，还要受极化电荷电场 $\boldsymbol{E}'$ 的影响，即要受它们的合场强 $\boldsymbol{E}$ 的影响。需要注意的是，极化电荷所产生的电场 $\boldsymbol{E}'$ 只是削弱了外电场 $\boldsymbol{E}_0$，但不能完全抵消，这是电介质的极化和导体的静电感应过程达到稳定状态时的一个根本不同。因为如果极化的结果是电介质中的场强为零，那电介质分子就会回归到无外电场时的状态，也就没有所谓的电介质极化了。实验表明，在各向同性、线性电介质内，任意一点的极化强度 $\boldsymbol{P}$ 与该点的场强 $\boldsymbol{E}$ 成正比，即

$$\boldsymbol{P}=\chi_e\varepsilon_0\boldsymbol{E} \quad \text{式(5-35)}$$

式(5-35)中，比例系数 χ_e 是与电介质材料性质有关的常数，称为极化率（polarizability）或电极化率，它与场强 $\boldsymbol{E}$ 无关。若某电介质中各点的 χ_e 都相同，则该电介质是均匀电介质。大多数的气体和液体以及多数非晶体固体等都是各向同性、线性电介质。

（2）极化强度与极化电荷的关系：外加的电场越强，电介质的极化程度就越强，电介质表面上的极化电荷面密度 σ' 也就越大，因此极化强度 $\boldsymbol{P}$ 与极化电荷面密度 σ' 之间必有一定的关系。

如图 5-22 所示，在匀强电场中放一块厚度为 d 的均匀电介质平板，因此电介质被均匀极化。在电介质中沿极化强度 $\boldsymbol{P}$ 的方向取一个长为 d、底面积为 ΔS 的圆柱体（图中的虚线），设圆柱体两个底面处的极化电荷面密度分别为 $-\sigma'$ 和 $+\sigma'$，则该圆柱体内所有分子电矩的矢量和大小为 $\left|\sum \boldsymbol{p}_i\right| = q'd = \sigma'\Delta Sd$，根据电极化强度的定义式(5-33)，可得电极化强度 $\boldsymbol{P}$ 的大小为

$$P=\frac{\left|\sum \boldsymbol{p}_i\right|}{\Delta V}=\frac{\sigma'\Delta Sd}{\Delta Sd}=\sigma'$$

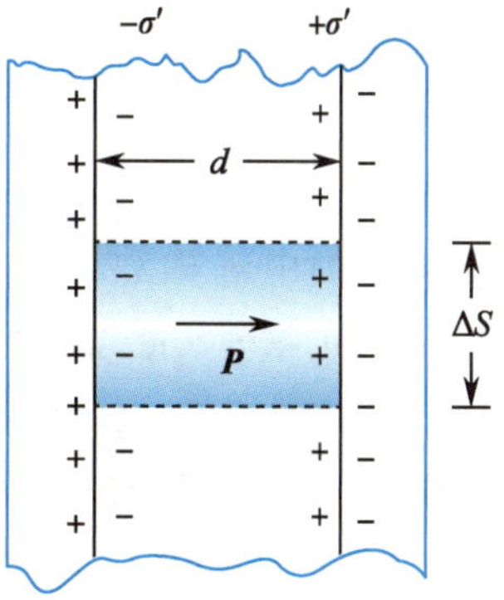

图 5-22 极化强度与极化电荷的关系

这就是说，极化电荷面密度在数值上等于该处的电极化强度，这一关系适用于 $\boldsymbol{P}$ 与介质表面垂直的情况。一般情况下，设电极化强度 $\boldsymbol{P}$ 与电介质表面外法线方向 $\boldsymbol{n}$ 的夹角为 θ，可以证明，此时极化电荷的面密度等于电极化强度 $\boldsymbol{P}$ 在介质表面外法线 $\boldsymbol{n}$ 方向上的分量，即

$$\sigma'=P_n=P\cos\theta \quad \text{式(5-36)}$$

由式(5-36)可得，当 $\theta<\frac{\pi}{2}$ 时，$\sigma'>0$；当 $\theta>\frac{\pi}{2}$ 时，$\sigma'<0$；当 $\theta=\frac{\pi}{2}$ 时，$\sigma'=0$。

（3）电介质中的场强：真空中电荷面密度为 $+\sigma_0$ 和 $-\sigma_0$ 的两个带电平行金属板间的匀强电场，其电场强度为 $\boldsymbol{E}_0$［图 5-23(a)］。将一个均匀电介质平板插入两个带电平行金属板中间，电介质两表面的极化电荷面密度分别为 $-\sigma'$ 和 $+\sigma'$［图 5-23(b)］，极化电荷产生的电场为 $\boldsymbol{E}'$，其方向与 $\boldsymbol{E}_0$ 相反（图中的虚线）。$\boldsymbol{E}_0$ 与 $\boldsymbol{E}'$ 的矢量和就是电介质中的合场强 $\boldsymbol{E}$，由式(5-34)得合场强 $\boldsymbol{E}$ 的大小为

$$E=E_0-E' \quad \text{式(5-37)}$$

考虑到 $E'=\frac{\sigma'}{\varepsilon_0}$，并根据 $\sigma'=P=\chi_e\varepsilon_0E$，代入式(5-37)可得

$$E=E_0-\frac{\sigma'}{\varepsilon_0}=E_0-\chi_eE \quad \text{式(5-38)}$$

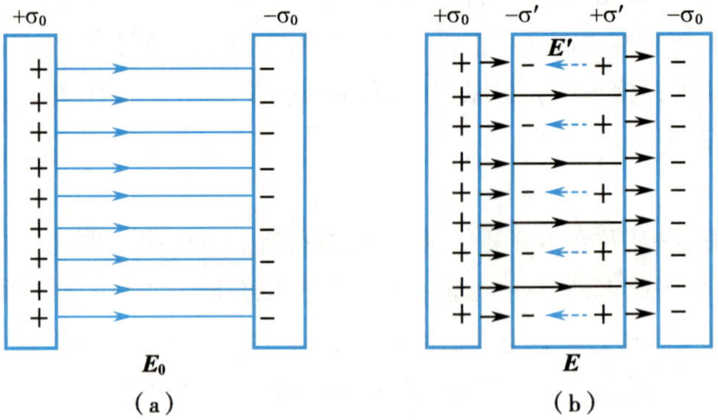

图 5-23 电介质中的场强

(a) 两块带电金属平板间的电场;(b) 插入一块均匀电介质后的电场。

又由 $E_0=\dfrac{\sigma_0}{\varepsilon_0}$,代入式(5-38)并整理得

$$E=\frac{E_0}{1+\chi_e}=\frac{\sigma_0}{\varepsilon_0(1+\chi_e)} \tag{式(5-39)}$$

令

$$\varepsilon_r=1+\chi_e \tag{式(5-40)}$$

$$\varepsilon=\varepsilon_0(1+\chi_e)=\varepsilon_0\varepsilon_r \tag{式(5-41)}$$

则式(5-39)可写为

$$E=\frac{E_0}{\varepsilon_r}=\frac{\sigma_0}{\varepsilon_0\varepsilon_r}=\frac{\sigma_0}{\varepsilon} \tag{式(5-42)}$$

式(5-40)中 ε_r 称为相对电容率(relative permittivity)或相对介电常量,它是由电介质的性质所决定的无量纲的物理常量,常见电介质的相对电容率见表 5-1;式(5-41)中 ε 称为电容率(permittivity)或介电常量。在真空中,电极化率 $\chi_e=0$,相对电容率 $\varepsilon_r=1$,电容率 $\varepsilon=\varepsilon_0\varepsilon_r=\varepsilon_0$;其他电介质的相对电容率 ε_r 都大于 1,ε 大于真空电容率 ε_0。式(5-42)表明,电介质中的总场强 E 是自由电荷在真空中场强 E_0 的 ε_r 分之一。理论上,当均匀电介质充满所在电场的整个空间时,或者当均匀电介质的表面是等势面时,关系式 $\boldsymbol{E}=\boldsymbol{E}_0/\varepsilon_r$ 成立。例如,当点电荷 q_0 周围充满相对电容率为 ε_r 的电介质时,距点电荷 q_0 为 r 处的场强大小为

$$E=\frac{E_0}{\varepsilon_r}=\frac{q_0}{4\pi\varepsilon_0\varepsilon_r r^2}=\frac{q_0}{4\pi\varepsilon r^2}$$

表 5-1 常见电介质的相对电容率

电介质	ε_r	电介质	ε_r	电介质	ε_r
真空	1	苯(180℃)	2.3	纸	3.5
空气(0℃,100kPa)	1.000 54	变压器油	4.5	木材	2.5~8
空气(0℃,10MPa)	1.055	石蜡	2.0~2.3	瓷	5.7~6.8
水(0℃)	87.9	硬橡胶	4.3	脂肪	5~6
水(20℃)	80.2	电木	5~7.6	皮肤	40~50
酒精(0℃)	28.4	云母	3.7~7.5	血液	50~60
甘油(15℃)	50	玻璃	5~10	肌肉	80~85

3. 电位移、有电介质时的高斯定理 本章第一节中曾介绍过高斯定理。当有电介质时，高斯定理仍然成立。只不过这时在计算高斯面 S 所包围的电荷时，不仅要考虑自由电荷 q_0，还应包括束缚电荷 q'，即

$$\oint_s \boldsymbol{E}\cdot \mathrm{d}\boldsymbol{S}=\frac{1}{\varepsilon_0}\sum q_i=\frac{1}{\varepsilon_0}\left(\sum q_0+\sum q'\right) \quad \text{式(5-43)}$$

在一般的具体问题中，通常只知道自由电荷的分布，而电介质中的极化电荷却难以确定，因而就给式(5-43)的应用带来了一定的困难。应用高斯定理的主要目的是求场强，那么能否设法避开极化电荷而求得场强呢？下面从一个特例来进行分析。

仍以置于两个带电平行金属板间的均匀电介质为例。作如图 5-24中虚线所示的封闭圆柱形高斯面 S，令其底面与平板平行，并且一个底面在金属板内，另一个底面在电介质中，设其底面积为 ΔS，由式(5-43)可得

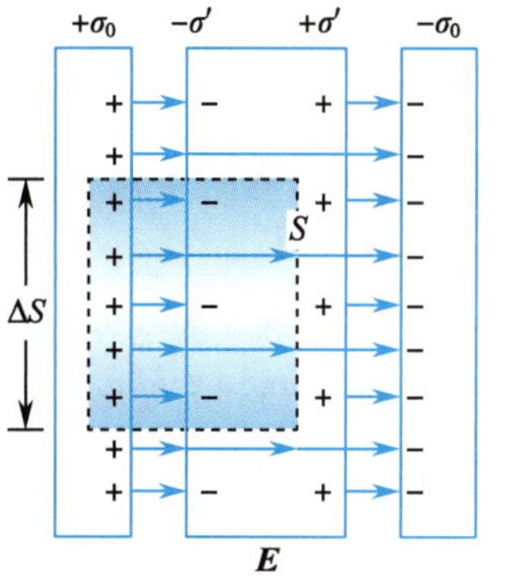

图 5-24 有电介质时的高斯定理

$$\oint_s \boldsymbol{E}\cdot \mathrm{d}\boldsymbol{S}=\frac{1}{\varepsilon_0}(\sigma_0\Delta S-\sigma'\Delta S)$$

因为只有在电介质中的这一底面有电通量，所以

$$\oint_s \boldsymbol{E}\cdot \mathrm{d}\boldsymbol{S}=E\Delta S$$

于是

$$E\Delta S=\frac{1}{\varepsilon_0}(\sigma_0\Delta S-\sigma'\Delta S)$$

消去 ΔS，可得

$$\varepsilon_0 E=\sigma_0-\sigma' \quad \text{式(5-44)}$$

再根据极化强度与极化电荷面密度的关系 $P=\sigma'$，则式(5-44)可写为

$$\varepsilon_0 E+P=\sigma_0 \quad \text{式(5-45)}$$

将式(5-45)左边两项之和的矢量形式用一个新的物理量 $\boldsymbol{D}$ 来表示，称为电位移(electric displacement)，其定义式为

$$\boldsymbol{D}=\varepsilon_0\boldsymbol{E}+\boldsymbol{P} \quad \text{式(5-46)}$$

利用电位移 $\boldsymbol{D}$ 的定义式和式(5-45)可得 $D=\sigma_0$。与电通量的引入完全类似，将 $\oint_s \boldsymbol{D}\cdot \mathrm{d}\boldsymbol{S}$ 称为电位移通量，因此可以求得通过上述高斯面 S 的电位移通量为

$$\oint_s \boldsymbol{D}\cdot \mathrm{d}\boldsymbol{S}=D\cdot\Delta S=\sigma_0\Delta S \quad \text{式(5-47)}$$

式(5-47)中，$\sigma_0\Delta S$ 就是闭合曲面 S 所包围的自由电荷的代数和，用 $\sum q_0$ 表示，则式(5-47)可写为

$$\oint_s \boldsymbol{D}\cdot \mathrm{d}\boldsymbol{S}=\sum q_0 \quad \text{式(5-48)}$$

式(5-48)表明，通过任意闭合曲面的电位移通量，就等于该闭合曲面所包围的自由电荷的代数和。这就是有电介质时的高斯定理。这一定理，虽然是从特例出发推导出来的，但却是普遍成立的，它是高斯定理在电介质中的推广，是更有普遍意义的一种表达形式，可在有电介质存在时仍然应用高斯定理求场强，这一点后面会看到。大量的事实表明，即使在变化的电磁场中，式(5-48)仍然是成立的，它是关于普遍的电磁场理论的麦克斯韦方程组中的重要方程之一。

将 $\boldsymbol{P}=\chi_e\varepsilon_0\boldsymbol{E}$ 代入式(5-46)，可以得到

$$\boldsymbol{D}=\varepsilon_0\boldsymbol{E}+\chi_e\varepsilon_0\boldsymbol{E}=\varepsilon_0(1+\chi_e)\boldsymbol{E}=\varepsilon_0\varepsilon_r\boldsymbol{E}$$

即

$$\boldsymbol{D}=\varepsilon\boldsymbol{E} \qquad \text{式(5-49)}$$

式(5-49)对于各向同性线性电介质成立,据此可以很方便地由电位移 $\boldsymbol{D}$ 求出场强 $\boldsymbol{E}$。由于在真空或导体中时,$\boldsymbol{P}=0$,所以由式(5-46)可知此时

$$\boldsymbol{D}=\varepsilon_0\boldsymbol{E} \qquad \text{式(5-50)}$$

有电介质时的高斯定理表明,通过任意闭合曲面的电位移通量只与自由电荷有关,而与极化电荷无关。因而在有电介质存在时,通常的做法是,根据自由电荷的分布情况及 $\boldsymbol{D}$ 矢量的某种对称性,先通过式(5-48)能很方便地求出电位移 $\boldsymbol{D}$,再由式(5-49)或式(5-50)求出场强 $\boldsymbol{E}$。如果再应用式(5-35)及式(5-36),还可求出介质中的电极化强度 $\boldsymbol{P}$ 和介质端面上束缚电荷的面密度 σ'。

例题 5-12 导体球 A 的半径为 R_1,带电量为 q(设 $q>0$)。一个带电为 $+Q$、半径为 R_2 的导体球壳 B 同心地罩在导体球 A 的外面,导体球壳 B 的厚度不计。设导体球 A 与球壳 B 之间充满相对电容率为 ε_r 的均匀电介质,B 球壳外为真空。求:

(1)电位移和场强分布。

(2)导体球 A 的电势 U。

(3)电介质表面极化电荷的面密度。

解: 本题在进行有关场强的计算时需应用有电介质时的高斯定理。

(1)分析导体在静电平衡时其上的自由电荷分布,以及电介质在极化后其上的极化电荷分布,可知所有电荷的分布都是球对称性的,因此场强 $\boldsymbol{E}$ 以及电位移 $\boldsymbol{D}$ 的分布也具有球对称性,设它们的方向沿径矢 $\boldsymbol{r}$ 方向。作与导体球同心的半径为 r 的球形高斯面 S,因高斯面 S 上各点 $\boldsymbol{D}$ 的大小相等,$\boldsymbol{D}$ 的方向是沿球面的外法线方向,所以通过高斯面 S 的电位移通量为

$$\oint_s \boldsymbol{D}\cdot \mathrm{d}\boldsymbol{S} = D\oint_s \mathrm{d}S = D\cdot 4\pi r^2$$

根据有电介质存在时的高斯定理,上式应等于高斯面 S 所包围自由电荷的代数和,即

$$4\pi r^2 D = \sum q_0$$

$r<R_1$ 时,$\sum q_0 = 0, D_1=0, E_1=0$。

$R_1<r<R_2$ 时,$\sum q_0 = q, D_2=\dfrac{q}{4\pi r^2}, E_2=\dfrac{D_2}{\varepsilon_0\varepsilon_r}=\dfrac{q}{4\pi\varepsilon_0\varepsilon_r r^2}$。

$r>R_2$ 时,$\sum q_0 = q+Q, D_3=\dfrac{q+Q}{4\pi r^2}, E_3=\dfrac{D_3}{\varepsilon_0}=\dfrac{q+Q}{4\pi\varepsilon_0 r^2}$。

其中,$\boldsymbol{D}_2$、$\boldsymbol{D}_3$ 以及 $\boldsymbol{E}_2$、$\boldsymbol{E}_3$ 的方向均沿径矢 $\boldsymbol{r}$ 方向。

(2)根据电势的定义得导体球 A 的电势为

$$\begin{aligned}U &= \int_{R_1}^{\infty}\boldsymbol{E}\cdot \mathrm{d}\boldsymbol{l} = \int_{R_1}^{\infty}\boldsymbol{E}\cdot \mathrm{d}\boldsymbol{r}\\ &= \int_{R_1}^{R_2}E_2\mathrm{d}r + \int_{R_2}^{\infty}E_3\mathrm{d}r\\ &= \int_{R_1}^{R_2}\frac{q}{4\pi\varepsilon_0\varepsilon_r r^2}\mathrm{d}r + \int_{R_2}^{\infty}\frac{q+Q}{4\pi\varepsilon_0 r^2}\mathrm{d}r\\ &= \frac{q}{4\pi\varepsilon_0\varepsilon_r}\left(\frac{1}{R_1}-\frac{1}{R_2}\right)+\frac{q+Q}{4\pi\varepsilon_0 R_2}\end{aligned}$$

(3)由式(5-46)$\boldsymbol{D}=\varepsilon_0\boldsymbol{E}+\boldsymbol{P}$ 可知,介质中的电极化强度 $\boldsymbol{P}$ 的大小为

$$P=D-\varepsilon_0 E=\frac{q}{4\pi r^2}-\varepsilon_0\frac{q}{4\pi\varepsilon_0\varepsilon_r r^2}=\left(1-\frac{1}{\varepsilon_r}\right)\frac{q}{4\pi r^2}$$

可见 $\boldsymbol{P}$ 的大小与 r 有关,$\boldsymbol{P}$ 的方向与 $\boldsymbol{D}$ 和 $\boldsymbol{E}$ 的方向相同,都沿径矢 $\boldsymbol{r}$ 方向。

再根据式(5-36)$\sigma'=P_n=P\cos\theta$,因为介质内表面(半径 R_1 的界面)处外法线 $\boldsymbol{n}$ 的方向与 $\boldsymbol{r}$ 方向相

反，故 $\theta=\pi$，因此电介质内表面的极化电荷面密度为

$$\sigma_1'=-\left(1-\frac{1}{\varepsilon_r}\right)\frac{q}{4\pi R_1^2}$$

又由于介质外表面（半径 R_2 的界面）处外法线 $\boldsymbol{n}$ 的方向与 $\boldsymbol{r}$ 方向相同，故 $\theta=0$，因此电介质外表面的极化电荷面密度为

$$\sigma_2'=\left(1-\frac{1}{\varepsilon_r}\right)\frac{q}{4\pi R_2^2}$$

三、电容

1. 孤立导体的电容　电容是导体的另一个十分重要的性质。理论和实验都表明，对于附近没有其他带电体的孤立导体，其所带的电量 q 与它的电势 U 成正比，比值 q/U 是与导体所带电量 q 无关的一个物理量，用符号 C 表示，称为孤立导体的电容（capacity），即

$$C=\frac{q}{U} \qquad \text{式(5-51)}$$

孤立导体的电容 C，只与导体本身的性质如导体的形状、尺寸及周围电介质有关，而与 q 和 U 无关。它在量值上等于 q 和 U 的比值，代表了该导体升高（或降低）了一个单位的电势所需要的电量，反映了导体储存电荷的能力。

在国际单位制中，电容的单位是 F（法拉），常用的较小的电容单位有 μF（微法）和 pF（皮法）等，它们之间的换算关系是

$$1\text{F}=10^6\mu\text{F}=10^{12}\text{pF}$$

例题 5-13　试求半径为 R 的孤立导体球的电容。

解：设孤立导体球所带电量为 q，计算可知该导体球的电势为

$$U=\frac{q}{4\pi\varepsilon_0 R}$$

故由式(5-51)得该孤立导体球的电容

$$C=\frac{q}{U}=4\pi\varepsilon_0 R$$

如果把地球看作是半径 $R=6.4\times10^6$m 的导体球，则地球的电容为

$$C=4\pi\varepsilon_0 R=7.11\times10^{-4}\text{F}$$

由此可见，对于电容为 1F 的导体球，其半径是相当大，因此，实际中单位 F（法拉）很大，并不常用。

2. 电容器的电容　通常情况下，孤立导体并不存在，它的周围往往都存在着其他带电体。因此，对于非孤立的导体 A，其电势 U 不仅与它本身所带的电量 q 有关，还与周围的环境有关。为了消除周围其他带电体的影响，可以利用静电屏蔽的原理，用一个原来不带电的导体空腔 B 将 A 屏蔽起来（如图 5-25 所示）。这时导体空腔 B 的内表面由于静电感应而带电荷为 $-q$，可以证明，A、B 之间的电势差 U_A-U_B 与导体 A 所带的电量 q 成正比，其比值与 q 无关，不受外界影响。由导体空腔 B 与其腔内的导体 A 所构成的导体组合称为电容器（capacitor），导体 A 和 B 称为电容器的两个极板，其电容定义为

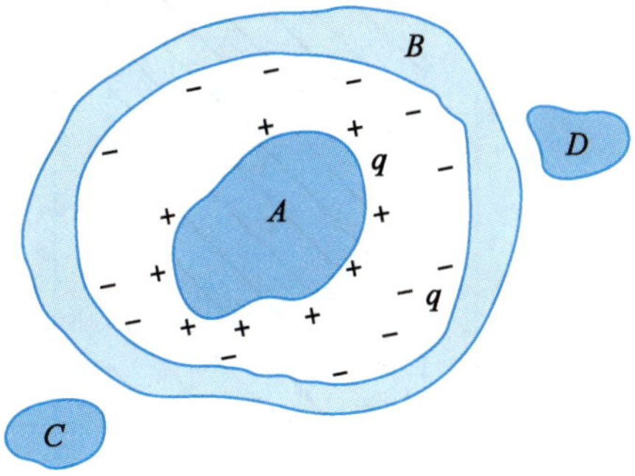

图 5-25　利用静电屏蔽的原理构成电容器

$$C=\frac{q}{U_A-U_B}=\frac{q}{U_{AB}} \qquad \text{式(5-52)}$$

电容器的电容 C 是反映电容器储存电荷能力的物理量，它只与电容器本身的性质即两极板的尺寸、形状、相对位置及极板间的电介质有关，而与 q、U_A-U_B 及外界情况无关。

实际应用中，对电容器屏蔽的要求并不十分严格。一般只要求从一个极板所发出的电场线几乎全部都终止于另一个极板上，从而使得外界对其电势差的影响可以忽略即可。

3. 电容器电容的计算 下面根据电容器电容的定义，举例说明常见电容器的电容计算。

（1）平板电容器：这是一种最常见的电容器。它是由两块面积相等、彼此平行且相距很近的金属平板所组成（如图 5-26），因而得名平行板电容器，简称平板电容器。设极板面积为 S，两极板间距为 d，在两极板间充满电容率为 ε 的均匀电介质。若电容器两极板 A、B 分别带电 $+q$ 和 $-q$，则在极板线度远大于它们之间的间距时，可以把两极板间的电场看成是由两个带等量异号电荷的无限大均匀带电平板所产生的匀强电场，由前面式(5-42)可知其场强大小为

$$E=\frac{\sigma_0}{\varepsilon}=\frac{q}{\varepsilon S}$$

因此两极板间的电势差为

$$U_A-U_B=\int_A^B \boldsymbol{E}\cdot \mathrm{d}\boldsymbol{l}=E\int_A^B \mathrm{d}l=Ed=\frac{qd}{\varepsilon S}$$

故平板电容器的电容为

$$C=\frac{q}{U_A-U_B}=\frac{\varepsilon S}{d}$$

可见，平板电容器的电容值与平板面积成正比，与两板距离成反比，比例系数为极板间电介质的电容率。

（2）球形电容器：如图 5-27 所示，球形电容器是由两个同心的金属球壳所组成，设内球壳 A 的外半径为 R_1，外球壳 B 的内半径为 R_2，两球壳之间充满电容率为 ε 的均匀电介质。当内球壳 A 带电量为 q 时，由于静电感应外球壳的内表面一定带电 $-q$。由电荷分布的球对称性，可知场强 $\boldsymbol{E}$ 及电位移 $\boldsymbol{D}$ 的分布也具有球对称性。设它们的方向沿径矢 $\boldsymbol{r}$ 方向。作半径为 $r(R_1<r<R_2)$、与导体球壳同心的球形高斯面 S（图中的虚线），由于高斯面 S 上各点的电位移 $\boldsymbol{D}$ 的大小相等，$\boldsymbol{D}$ 的方向沿球面的外法线方向，由有电介质存在时的高斯定理式(5-48)可知

$$\oint_S \boldsymbol{D}\cdot \mathrm{d}\boldsymbol{S}=D\oint_S \mathrm{d}S=D\cdot 4\pi r^2=q$$

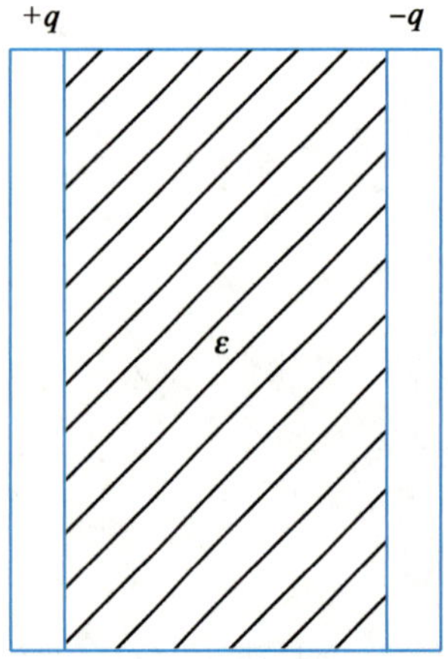

图 5-26 平板电容器

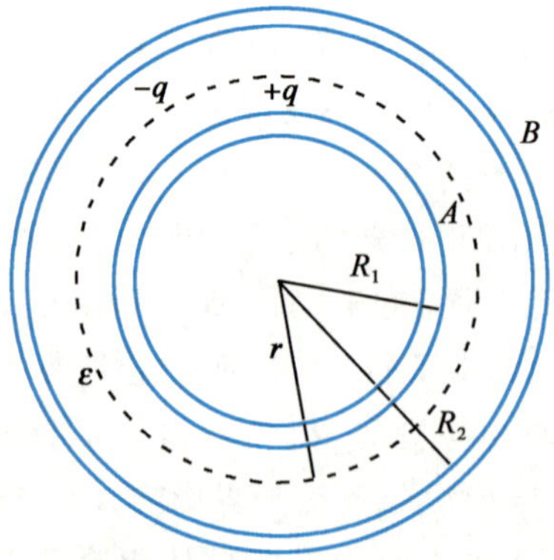

图 5-27 球形电容器

于是有

$$D=\frac{q}{4\pi r^2},\quad E=\frac{D}{\varepsilon}=\frac{q}{4\pi\varepsilon r^2}$$

因此，两极板间的电势差为

$$U_A-U_B=\int_A^B \boldsymbol{E}\cdot d\boldsymbol{l}=\int_{R_1}^{R_2}\boldsymbol{E}\cdot d\boldsymbol{r}=\frac{q}{4\pi\varepsilon}\int_{R_1}^{R_2}\frac{dr}{r^2}$$

$$=\frac{q}{4\pi\varepsilon}\left(\frac{1}{R_1}-\frac{1}{R_2}\right)$$

由电容器电容的定义式(5-52)，得球形电容器的电容为

$$C=\frac{q}{U_A-U_B}=4\pi\varepsilon\frac{R_1R_2}{R_2-R_1}$$

此外，圆柱形电容器也较为常见，它是由两个同轴圆柱形导体所构成。设圆柱形导体的长度为 L，内圆柱的半径为 R_1，外面筒形圆柱的半径为 R_2，其间充满电容率为 ε 的均匀电介质。根据前面叙述的方法可推导出圆柱形电容器的电容为

$$C=\frac{2\pi\varepsilon L}{\ln\frac{R_2}{R_1}}$$

(3) 电容器的并联和串联：电容器是重要的电子元件，实际应用中常涉及多个电容器的组合使用问题。当 n 个电容器并联在一起时，其总电容 C 满足

$$C=C_1+C_2+\cdots+C_n$$

即并联电容器的总电容等于各电容器的电容之和。当 n 个电容器相串联时，其总电容 C 满足

$$\frac{1}{C}=\frac{1}{C_1}+\frac{1}{C_2}+\cdots+\frac{1}{C_n}$$

即串联电容器的总电容等于各电容器电容的倒数之和。

四、静电场的能量

任一带电体系的形成过程都涉及移动电荷。由于同一种电荷间是相互排斥的，因此在这一过程中外力必然要克服电荷间的相互作用力而做功。根据能量守恒和转换定律，外力所做的功将转换为带电体系的能量，因此任何带电体系都具有一定的能量。相对于观测者静止的带电体系的能量称为静电能(electrostatic energy)。由于静电力是保守力，静电力做功与路径无关，所以这种能量还具有势能的性质。进一步的研究证明，静电能并不是储存在带电体系的电荷上，而是储存在有电场存在的空间里，这就是说电场具有能量。下面以电容器为例，讨论电荷系统的电场能量。

1. 电容器的能量　以电容为 C 的平板电容器(图 5-26)的充电过程为例，设开始时两极板都没有带电。为了使两个极板分别带上 $+Q$ 及 $-Q$ 的电荷，需要外力不断地克服电场力把电荷元 dq 从负极板 B 移动到正极板 A。设平板电容器所带电量为 q 时，两极板间的电势差为 u，此时再把电荷元 dq 从负极板移到正极板，外力反抗电场力所做的功为

$$dA=u\,dq=\frac{q}{C}dq$$

平板电容器从开始不带电一直到充有电荷 Q，外力反抗电场力所做的总功为

$$A=\int dA=\frac{1}{C}\int_0^Q q\,dq=\frac{Q^2}{2C}$$

外力反抗电场力所做的功 A 应等于带电电容器所具有的静电能，即

$$W=A=\frac{Q^2}{2C} \tag{式(5-53)}$$

将 $Q=CU$ 代入式(5-53),得

$$W=\frac{1}{2}CU^2 \tag{式(5-54)}$$

或

$$W=\frac{1}{2}QU \tag{式(5-55)}$$

式(5-53)、式(5-54)和式(5-55)虽然是由平板电容器为例推导出来的,但它们具有普遍的适用性,可以用来表示任何结构电容器的能量,即电容器内电场所具有的能量。

2. 电场的能量和能量密度 有了电荷,那么这个电荷就要在它的周围空间产生电场。因此一个带电体系带电的过程,也是这个带电体系电场建立的过程。由于带电体系的能量储存在电场空间中,因而有必要把电荷体系能量的有关公式用描述电场的物理量来表示。还是以最常见的平板电容器为例,将平板电容器的电容 $C=\frac{\varepsilon S}{d}$,两极板间的电势差 $U=Ed$ 代入式(5-54),可得

$$W=\frac{1}{2}CU^2=\frac{1}{2}\frac{\varepsilon S}{d}(Ed)^2=\frac{1}{2}\varepsilon E^2V \tag{式(5-56)}$$

式(5-56)中 $V=Sd$,是电场空间所占有的体积。由于平板电容器中的电场是匀强电场,因而该电容器所储存的电场能量也应该是均匀分布的。所以由式(5-56)可以得出电场中单位体积所具有的能量,即电场的能量密度为

$$w=\frac{W}{V}=\frac{1}{2}\varepsilon E^2 \tag{式(5-57)}$$

能量密度 w 的单位为 $\mathrm{J/m^3}$(焦耳/米³)。虽然式(5-57)是从平板电容器中的匀强电场这样的特例中推导出来的,但却是普遍成立的。在非匀强电场中,由于各点的场强不同,因此各处的电场能量密度也不同。设某点处的电场能量密度为

$$w=\frac{\mathrm{d}W}{\mathrm{d}V}=\frac{1}{2}\varepsilon E^2$$

那么在场强的大小为 E 处的体积元 $\mathrm{d}V$ 中的电场能量是

$$\mathrm{d}W=w\mathrm{d}V=\frac{1}{2}\varepsilon E^2\mathrm{d}V$$

因而整个电场的总能量为

$$W=\int w\mathrm{d}V=\int_V\frac{1}{2}\varepsilon E^2\mathrm{d}V \tag{式(5-58)}$$

式(5-58)的积分应遍及电场存在的整个空间体积。

例题 5-14 导体球壳 A 的外半径为 R_1,带电量为 q(设 $q>0$)。一个原来不带电的内半径为 R_2、外半径为 R_3 的导体球壳 B,同心地罩在导体球壳 A 的外面,球壳 A 与 B 之间充满相对电容率为 ε_r 的均匀电介质,B 球壳外为真空(如图 5-27 所示)。求:

(1) 电位移和场强分布。

(2) 导体球壳 A 的电势 U。

(3) 电介质中储存的电场能量。

解:(1) 根据题意,在静电平衡状态下,电荷 q 分布在导体球壳 A 的外表面;球壳 B 的内表面带电量为 $-q$,外表面带电量为 q。另外,由于电介质的极化,在介质球壳的两个表面上还分布有极化电荷。因为所有带电面都是同心的,所以所有电荷的分布也都是均匀的。由电荷分布的球对称性,可知

场强 $\boldsymbol{E}$ 和电位移 $\boldsymbol{D}$ 的分布也具有球对称性，设它们的方向沿径矢 $\boldsymbol{r}$ 方向。作与导体球壳同心的半径为 r 的球形高斯面 S，根据有电介质存在时的高斯定理，应有

$$\oint_s \boldsymbol{D}\cdot \mathrm{d}\boldsymbol{S} = D\oint_s \mathrm{d}S = D\cdot 4\pi r^2 = \sum q_0$$

$r<R_1$ 时，$\sum q_0=0, D_1=0, E_1=0$。

$R_1<r<R_2$ 时，$\sum q_0=q, D_2=\dfrac{q}{4\pi r^2}, E_2=\dfrac{D_2}{\varepsilon_0\varepsilon_r}=\dfrac{q}{4\pi\varepsilon_0\varepsilon_r r^2}$。

$R_2<r<R_3$ 时，$\sum q_0=0, D_3=0, E_3=0$。

$r>R_3$ 时，$\sum q_0=q, D_4=\dfrac{q}{4\pi r^2}, E_4=\dfrac{D_4}{\varepsilon_0}=\dfrac{q}{4\pi\varepsilon_0 r^2}$。

（2）根据电势的定义得导体球壳 A 的电势为

$$\begin{aligned}U &= \int_{R_1}^{\infty}\boldsymbol{E}\cdot \mathrm{d}\boldsymbol{l} = \int_{R_1}^{\infty}\boldsymbol{E}\cdot \mathrm{d}\boldsymbol{r}\\ &= \int_{R_1}^{R_2}E_2\mathrm{d}r + \int_{R_2}^{R_3}E_3\mathrm{d}r + \int_{R_3}^{\infty}E_4\mathrm{d}r\\ &= \int_{R_1}^{R_2}\frac{q}{4\pi\varepsilon_0\varepsilon_r r^2}\mathrm{d}r + \int_{R_3}^{\infty}\frac{q}{4\pi\varepsilon_0 r^2}\mathrm{d}r\\ &= \frac{q}{4\pi\varepsilon_0\varepsilon_r}\left(\frac{1}{R_1}-\frac{1}{R_2}\right)+\frac{q}{4\pi\varepsilon_0 R_3}\end{aligned}$$

（3）已知电介质中与球心相距 r 处场强大小为 $E=E_2=\dfrac{q}{4\pi\varepsilon_0\varepsilon_r r^2}$，因而电场的能量密度为

$$\begin{aligned}w &= \frac{1}{2}\varepsilon E^2 = \frac{1}{2}\varepsilon_0\varepsilon_r\left(\frac{q}{4\pi\varepsilon_0\varepsilon_r r^2}\right)^2\\ &= \frac{q^2}{32\pi^2\varepsilon_0\varepsilon_r r^4}\end{aligned}$$

在电介质中取一个与金属球壳同心的薄介质球壳，其半径为 r，厚度为 $\mathrm{d}r$，则它的体积为

$$\mathrm{d}V=4\pi r^2\mathrm{d}r$$

体积元 $\mathrm{d}V$ 内的电场能量为 $\mathrm{d}W=w\mathrm{d}V=\dfrac{q^2}{8\pi\varepsilon_0\varepsilon_r r^2}\mathrm{d}r$，所以两球壳间的电介质所储存的电场能量为

$$\begin{aligned}W &= \int \mathrm{d}W = \frac{q^2}{8\pi\varepsilon_0\varepsilon_r}\int_{R_1}^{R_2}\frac{\mathrm{d}r}{r^2}\\ &= \frac{q^2}{8\pi\varepsilon_0\varepsilon_r}\left(\frac{1}{R_1}-\frac{1}{R_2}\right)\\ &= \frac{q^2}{8\pi\varepsilon_0\varepsilon_r}\frac{R_2-R_1}{R_1R_2}\end{aligned}$$

此外，这个结果也可以由前面已求得的球形电容器的电容直接代入电容器能量的公式（5-53）得出，即

$$W=\frac{q^2}{2C}=\frac{q^2}{8\pi\varepsilon_0\varepsilon_r\dfrac{R_1R_2}{R_2-R_1}}=\frac{q^2}{8\pi\varepsilon_0\varepsilon_r}\frac{R_2-R_1}{R_1R_2}$$

由此可见这两种方法得到的电场能量结果是完全一致的。比较这两种方法，通过电场能量的计算结果还可以反过来推出球形电容器的电容。

拓展阅读

生物膜电位

大多数动物以及人体的神经和肌肉细胞膜内外存在着电势差，称为膜电位。膜电位是由于细胞膜内外液体的离子浓度不同以及细胞膜对不同离子的通透性的差异而产生的。

为了说明膜电位的产生，我们首先考虑一种简单的情况。如图 5-28 所示，两种不同浓度的 KCl 溶液，由一个半透膜隔开，设半透膜只允许 K^+通过而不允许 Cl^-通过。图 5-28(a)表示扩散前两边离子浓度不同，K^+从浓度大的 C_1 一侧向浓度小的 C_2 一侧扩散，结果使右侧正电荷逐渐增加，左侧出现过剩的负电荷，如图 5-28(b)所示。这些电荷在膜的两侧聚集起来，产生一个阻碍离子继续扩散的电场，最后达到平衡时，膜的两侧具有一定的电势差 δ，称为平衡电位或能斯特电位。

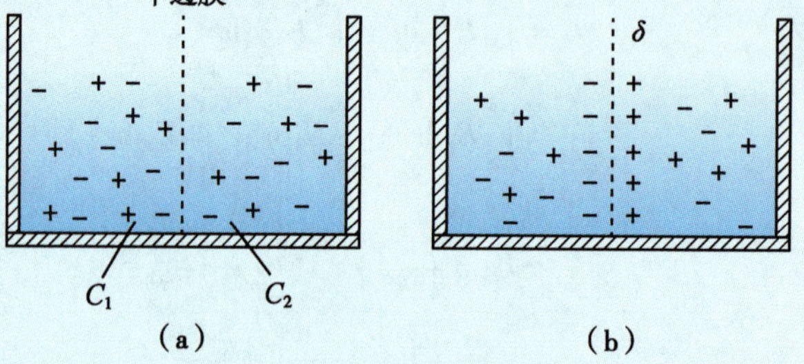

图 5-28 能斯特电位的形成

(a) 离子扩散前；(b) 动态平衡时。

对于稀溶液，其离子可视为理想气体的分子模型，根据玻尔兹曼能量分布定律及电势能与电势的关系，计算可得膜两侧的电势差 δ 为

$$\delta = \pm 2.3\frac{kT}{Ze}\lg\frac{C_1}{C_2} \qquad \text{式(5-59)}$$

式(5-59)称为能斯特方程，其中"±"是因为考虑了不同电性离子的情况，若正离子通透时取负号，若负离子通透则取正号。能斯特方程给出了半透膜扩散平衡时，膜两侧的离子浓度 C_1、C_2 与能斯特电位 δ 的关系，能斯特电位生理学上称为膜电位。

膜电位包括静息电位和动作电位两种。大量实验表明，细胞膜是一个半透膜，在膜的内、外存在着 K^+、Na^+、Cl^-和大蛋白离子 A^-等多种离子。当细胞处于静息状态（未受刺激）时，K^+、Na^+、Cl^-离子都可以在不同程度上透过细胞膜，而其他离子则不能透过。只有能透过细胞膜的离子才能形成跨膜电位。细胞在安静状态下膜两侧的电位差称为静息电位，不同的离子形成的静息电位是不同的。

当细胞受到刺激兴奋时，细胞膜的通透性将发生变化，同时伴随着膜电位的波动过程，这种在静息电位基础上的电位波动称为动作电位。正是这种膜电位随时间的变化，参与支配生物细胞的各种电活动，对能量转运和信息传递起到了重要作用。

可以看到，膜对离子的选择通透性是形成膜电位的非常重要的条件，而离子顺化学浓度梯度透过细胞膜靠的是离子通道。所谓离子通道（ion channel）是整合于生物膜并介导离子沿电化学梯度快速通过脂双层膜的蛋白质孔道。研究已证实，许多药物可作用于离子通道，影响可兴奋膜上电冲动的产生和传播，进而影响机体的生理和病理，这就为寻找和设计影响离子通道的新型药物奠定了理论基础。

5-5

心电

拓展阅读

习　题

1. 能否应用叠加原理求出任意带电体系形成的电场中的场强和电势？

2. 高斯定理是否仅适用于具有特殊对称性的电场？

3. 带电量同为 q 的一个点自由电荷和一个点极化电荷在真空中产生的电场相同吗？

4. 电介质极化时产生的极化电荷形成的电场和导体静电感应时产生的感应电荷形成的电场的作用有何异同？

5. 真空中在 x-y 平面上，两个电量均为 10^{-8}C 的正电荷分别位于坐标(0.1,0)及(-0.1,0)上，坐标的单位为 m。求：

(1) 坐标原点处的场强。

(2) 点(0,0.1)处的场强。

6. 真空中在 x-y 平面上有一个由三个电量均为 $+q$ 的点电荷所组成的点电荷系，这三个点电荷分别固定于坐标为 $(a,0)$、$(-a,0)$ 及 $(0,a)$ 上。求：

(1) y 轴上坐标为 $(0,y)$ 点的场强 $(y>a)$。

(2) 若 $y \gg a$ 时，点电荷系在 $(0,y)$ 点产生的场强等于一个位于坐标原点的等效电荷在该处产生的场强，求该等效电荷的电量。

7. 真空中有一段长度为 l 的均匀带电细棒，电荷线密度为 λ。求其延长线上距最近端为 d 处的场强。

8. 真空中有两个同心均匀带电球面，内球面半径为 0.2m，所带电量为 -3.34×10^{-7}C，外球面半径为 0.4m，所带电量为 5.56×10^{-7}C。设 r 为待求场强的点到球心的距离，求下列几处的场强：

(1) $r=0.1$m。

(2) $r=0.3$m。

(3) $r=0.5$m。

9. 真空中有两个无限长同轴圆柱面，内圆柱面半径为 R_1，每单位长度带的电荷为 $+\lambda$，外圆柱面半径为 R_2，每单位长度带的电荷为 $-\lambda$。求空间各处的场强。

10. 真空中有两个均匀带电的同心球面，内球面半径为 R_1，外球面半径为 R_2，外球面的电荷面密度为 σ_2，且外球面外各处的场强为零。求：

(1) 内球面上的电荷面密度。

(2) 两球面间离球心为 r 处的场强。

(3) 半径为 R_1 的内球面内的场强。

11. 设真空中有一半径为 R 的均匀带电球体，所带总电量为 q，求该球体内、外的场强。

12. 真空中有带电量分别为+10C 和+40C 的两个点电荷，相距为 40m。求场强为零的点的位置及该点处的电势。

13. 真空中两个等量异号点电荷相距 2m，$q_1=8.0\times10^{-6}$C，$q_2=-8.0\times10^{-6}$C。求两个点电荷连线上

电势为零的点的位置及该点处的场强。

14. 如图 5-29 所示，q_1 和 q_2 为两个点电荷。已知 $r=8\text{cm}$，$a=12\text{cm}$，$q_1=q_2=\dfrac{1}{3}\times10^{-8}\text{C}$，电荷 $q_0=10^{-9}\text{C}$，求：

(1) q_0 从 A 移到 B 时电场力所做的功。

(2) q_0 从 C 移到 D 时电场力所做的功。

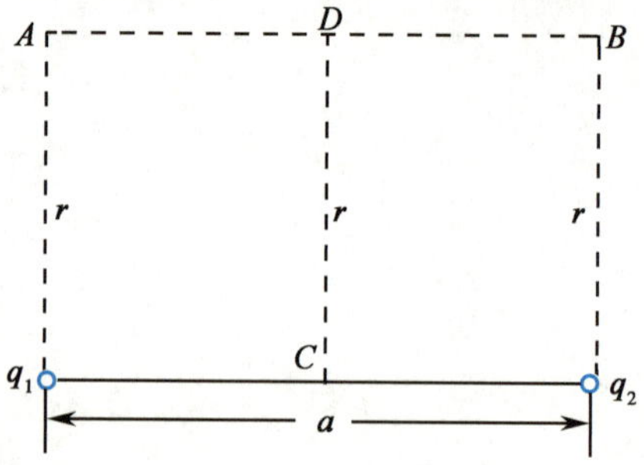

图 5-29 习题 14 图

15. 真空中一段长为 l 的均匀带电细棒，其电量为 $+q$。求其延长线上距最近端为 d 处的电势，并通过场强与电势梯度的关系求出该点处的场强。

16. 真空中一个半径为 R 的均匀带电半圆弧，带有正电荷 q。求：

(1) 圆心处的场强。

(2) 圆心处的电势。

17. 真空中一个半径为 R 的均匀带电圆盘，电荷面密度为 σ。求：

(1) 在圆盘的轴线上距盘心 O 为 x 处的电势。

(2) 根据场强与电势的梯度关系求出该点处的场强。

18. 如图 5-30 所示，真空中两块面积很大（可视为无限大）的导体平板 A、B 平行放置，间距为 d，每板的厚度为 a，板面积为 S。现使 A 板带电 Q_A，B 板带电 Q_B。求：

(1) 两导体板表面上的电荷面密度。

(2) 两板之间的电势差。

19. 如图 5-31 所示，一个导体球带电 $q=1.00\times10^{-8}\text{C}$，半径为 $R=10.0\text{cm}$，球外有一层相对电容率为 $\varepsilon_r=5.00$ 的均匀电介质球壳，其厚度 $d=10.0\text{cm}$，电介质球壳外面为真空。求：

(1) 离球心 O 为 r 处的电位移和电场强度。

(2) 离球心 O 为 r 处的电势。

(3) 分别取 $r=5.0\text{cm}$、15.0cm、25.0cm，算出相应的场强 E 和电势 U 的量值。

(4) 电介质表面上的极化电荷面密度。

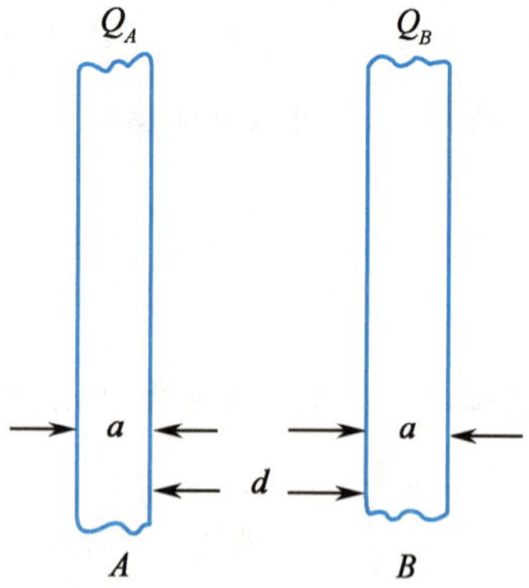

图 5-30 习题 18 图

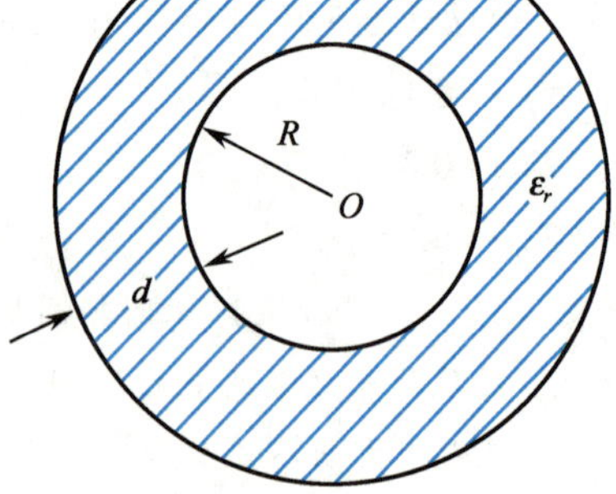

图 5-31 习题 19 图

20. 某细胞膜的两侧带有等量异号电荷，膜厚为 $5.2\times10^{-9}\text{m}$，两侧的电荷面密度为 $5.2\times10^{-4}\text{C/m}^2$，内侧为正电荷，细胞膜的相对电容率为 6。求：

(1) 细胞膜内的电场强度。

(2) 细胞膜两侧的电势差。

21. 平行板电容器的极板面积为 S，两板间的距离为 d，极板间充有两层均匀电介质。第一层电介质厚度为 d_1，相对电容率为 ε_{r_1}，第二层电介质的相对电容率为 ε_{r_2}，充满其余空间。设 $S=200\text{cm}^2$，$d=$

5.00mm，$d_1=2.00\text{mm}$，$\varepsilon_{r_1}=5.00$，$\varepsilon_{r_2}=2.00$，求：

（1）该电容器的电容。

（2）如果将380V的电压加在该电容器的两个极板上，那么第一层电介质内的场强是多少？

22. 三个电容器其电容分别为$C_1=4\mu\text{F}$，$C_2=1\mu\text{F}$，$C_3=0.2\mu\text{F}$。C_1和C_2串联后再与C_3并联。求：

（1）总电容C。

（2）如果在C_3的两极间接上10V的电压，求电容器C_3中储存的电场能量。

23. 有一平行板电容器，极板面积为S，极板间的距离为d，极板间的介质为空气。现将一厚度为$d/3$的金属板插入该电容器的两极板间并保持与极板平行，求：

（1）此时该电容器的电容。

（2）设该电容器所带电量q始终保持不变，求插入金属板前后电场能量的变化。

24. 真空中一个导体球的半径为R，带有电荷为q，求该导体球储存的电场能量。

25. 一个半径为R的导体球带电为q，导体球外有一层相对电容率为ε_r的均匀电介质球壳，其厚度为d，电介质球壳外面为真空，充满了其余空间。求：

（1）该导体球储存的电场能量。

（2）电介质中的电场能量。

5-6

第五章

目标测试

（李玉娟）

第六章

直　流　电

第六章
教学课件

学习目标

1. **掌握**　欧姆定律的微分形式、基尔霍夫定律。
2. **熟悉**　一段有源电路的欧姆定律、电流做功和电动势。
3. **了解**　电容器的充电、电容器的放电。

电荷相对观察者为静止时，在周围空间中会产生静电场。电荷在电场力的作用下，做定向运动就会形成电流（electric current）。电流可以起到传输能量和传递信息的作用。电流不仅与人们的日常生活密切相关，而且在生命活动的过程中也起着很重要的作用，许多生命活动都伴随着电流的产生和传递。本章主要讨论恒定电流的基本概念及其在导体中传播的基本规律，阐明解决直流电路相关问题的基本方法。

第一节　恒定电流

不随时间变化的电流称为恒定电流（steady current），或称为直流（direct current）。将直流电源接入由电阻等元件组成的电路就构成直流电路（direct current circuit）。而欧姆定律和电动势是直流电路遵循的基本规律和关键要素。

一、欧姆定律的微分形式

1. 电流强度和电流密度　电荷在空间的定向运动形成电流。电荷的携带者可以是电子（如在金属体中）或离子（如在电解质溶液中），由电子或离子的定向运动形成的电流称为传导电流（conduction current）。存在传导电流的条件是：①导体中有大量可移动的电荷；②导体两端有电势差。这两个条件是缺一不可的。为了定量地描述电流的强弱，引入电流强度（electric current intensity）的概念。若在 Δt 时间内，通过导体任一截面的电量为 Δq，则电流强度定义为

$$I=\frac{\Delta q}{\Delta t}$$

可见，电流强度在数值上就是单位时间内通过导体任一横截面的电量。

上述的定义是指在 Δt 时间内的平均电流强度，当 $\Delta t\to 0$ 时

$$I=\lim_{\Delta t\to 0}\frac{\Delta q}{\Delta t}=\frac{dq}{dt} \qquad \text{式(6-1)}$$

式(6-1)中，I 表示的是某一时刻的瞬时电流强度。

电流强度是一个标量。在同一电场作用下，正、负电荷总是沿着相反的方向运动；而且，等量的正、负电荷沿相反方向运动时，各自产生的电磁效应、热效应等也是相同的。因此，在讨论电流时，习惯将正电荷的运动方向规定为电流的方向。这样一来，电流总是由高电势流向低电势处。

电流强度的单位是安培（A）。安培是国际单位制中 7 个基本单位之一。国际单位制规定：在真空中的两条相距 1m 的无限长平行直导线中通以相同的电流，当每条导线单位长度（1m）上所受到的

力为 2×10^{-7}N 时，导线中的电流强度为 1A。

电流强度只能表示单位时间内通过导体某一截面的总电量，不能表示同一截面上不同点处电流的确切方向和大小。例如，考察电流通过大块导体时的情况发现，同一截面上不同位置电流的大小和方向不一定相同。为了正确描述导体中各点的电流分布情况，引入电流密度（current density）矢量概念，用符号 j 表示。

如图 6-1 所示，在通有电流的导体内任一点处，取一微小面积 ΔS，使 ΔS 与该处电场强度 $\boldsymbol{E}$ 的方向垂直，如果通过 ΔS 的电流强度为 ΔI，则定义该点电流密度的大小为

$$j=\lim_{\Delta S\to 0}\frac{\Delta I}{\Delta S}=\frac{\mathrm{d}I}{\mathrm{d}S} \qquad \text{式(6-2)}$$

电流密度的单位是 $\mathrm{A/m^2}$。由于电荷在导体内任一点的运动方向决定于该点的电场强度方向，所以导体内任一点的电流密度方向均与该点的电场强度方向相同。因此电流密度的矢量式为

$$\boldsymbol{j}=\frac{\mathrm{d}I}{\mathrm{d}S}\boldsymbol{n}_0 \qquad \text{式(6-3)}$$

式(6-3)中，$\boldsymbol{n}_0$ 为截面的面元 $\mathrm{d}S$ 法线方向的单位矢量，它的大小等于 1，方向与该点电场强度方向一致。因此，如果截面的面元法线方向与该点电场强度方向成一夹角 θ，如图 6-2 所示，则有

$$\mathrm{d}I=j\mathrm{d}S\cos\theta \qquad \text{式(6-4)}$$

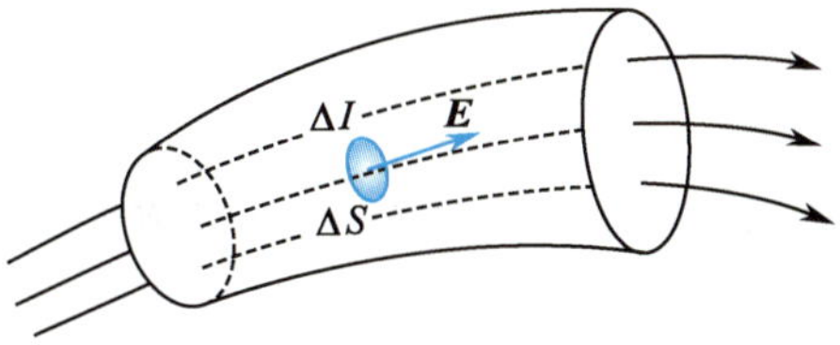

图 6-1 电流密度的导出

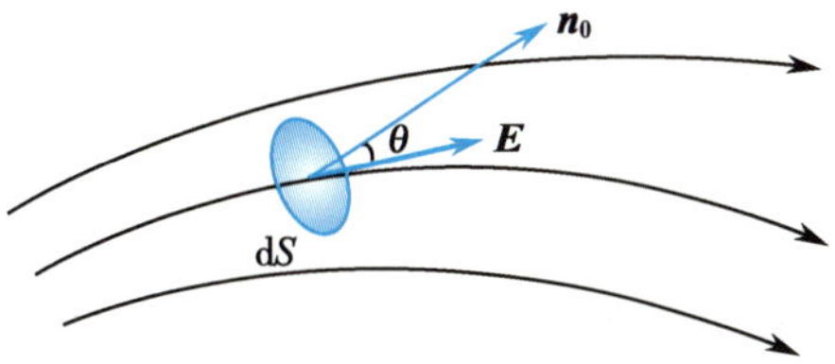

图 6-2 电流强度与电流密度的关系

通过导体中任意截面 S 的电流强度 I 与电流密度矢量 $\boldsymbol{j}$ 的关系为

$$I=\int_S \boldsymbol{j}\cdot\mathrm{d}\boldsymbol{S}=\int_S j\cos\theta\mathrm{d}S \qquad \text{式(6-5)}$$

由此可见，电流密度 $\boldsymbol{j}$ 和电流强度 I 的关系，就是电流密度矢量和它对某一个面积的通量关系。

在大块导体中，各点电流密度的大小和方向各不相同，这就构成了一个矢量场，即电流场。同静电场可以用电场线来形象描绘一样，电流场也可以引入电流线（electric streamline）来描绘。电流线就是这样一系列曲线，其上任一点处的切线方向与该点处的电流密度矢量方向一致，任一点处的电流密度大小可以用该点处的曲线疏密程度来表示。

因为金属导体中的电流是由大量自由电子做定向"漂移"运动形成的，所以导体中各点的电流密度大小 j 与自由电子的数密度 n（即单位体积内的自由电子个数）和电子的定向漂移速度（drift velocity）u 密切相关。假设在金属导体中取微小截面 ΔS，ΔS 的法线与电场强度方向平行。已知在 Δt 时间内自由电子走过的距离为

$$\Delta l=u\Delta t$$

如果每个自由电子所带电量的绝对值为 e，则可以算出在 Δt 时间内通过 ΔS 截面的电量为

$$\Delta q=ne\Delta S\Delta l=ne\Delta Su\Delta t$$

通过 ΔS 的电流强度

$$\Delta I=\frac{\Delta q}{\Delta t}=neu\Delta S$$

电流密度的大小

$$j=\lim_{\Delta t\to 0}\frac{\Delta I}{\Delta S}=\frac{\mathrm{d}I}{\mathrm{d}S}=neu \qquad 式(6\text{-}6)$$

式(6-6)表明,导体中的电流密度大小 j 等于导体中自由电子数密度 n、自由电子电量 e 及自由电子漂移速度 u 的乘积。写成矢量式:

$$\boldsymbol{j}=-ne\boldsymbol{u} \qquad 式(6\text{-}7)$$

式(6-7)中,负号表示电流密度矢量 $\boldsymbol{j}$ 的方向与自由电子定向漂移速度 $\boldsymbol{u}$ 方向相反。一般说来,如果导体中存在着各种载流子(电荷携带者),且各自具有不同的数密度、电量(以 q 表示)及漂移速度,则导体中某处总的电流密度大小为

$$j=\sum nqu \qquad 式(6\text{-}8)$$

式(6-8)中,若 q 为正值,则 u 为正值;q 为负值,则 u 为负值,因此所有载流子 nqu 的乘积符号相同。

若铜导线中的电流密度 $j=2.0\times10^{6}\,\mathrm{A/m^2}$,铜导线的 n 值约为 $8.5\times10^{28}/\mathrm{m}^3$,可计算得出

$$u=\frac{j}{ne}=\frac{2.0\times10^{6}}{8.5\times10^{28}\times1.6\times10^{-19}}=1.5\times10^{-4}(\mathrm{m/s})$$

可见,电子的漂移速度是非常缓慢的。电子的定向漂移速度与电流在导体中的传导速度不同,后者实际上是电场在导体中的传播速度。

2. 欧姆定律的微分形式描述 在有恒定电流通过的电路中,当导体的温度不变时,通过一段导体的电流强度 I 和导体两端的电压 U_a-U_b 成正比,即

$$U_a-U_b=IR \quad 或 \quad I=\frac{U_a-U_b}{R} \qquad 式(6\text{-}9)$$

这个结论就是欧姆定律(Ohm's law)。式(6-9)中的比例系数 R 与导体的材料及几何形状有关,称为导体的电阻(resistance),单位为欧姆(Ω)。

对于由一定材料制成的横截面均匀的导体,其电阻为

$$R=\rho\frac{l}{S}$$

式中,l 为导体的长度,S 为导体的横截面积,比例系数 ρ 由导体材料的性质决定,称为材料的电阻率(resistivity),单位为欧姆·米(Ω·m),电阻率的倒数称为电导率(conductivity),用 γ 表示

$$\gamma=\frac{1}{\rho}$$

电导率的单位是西门子/米(S/m)。

由于电阻具有可相加性,导体的电阻率 ρ 或截面积 S 不均匀时,其电阻可以写成积分形式

$$R=\int\rho\frac{\mathrm{d}l}{\mathrm{d}S}$$

式(6-9)中的电压是电场强度的积分 $U_a-U_b=\int_a^b\boldsymbol{E}\cdot\mathrm{d}\boldsymbol{l}$。电流强度 I 是电流密度矢量的面积分 $I=\int_S\boldsymbol{j}\cdot\mathrm{d}\boldsymbol{S}$,所以式(6-9)称为欧姆定律的积分形式。它是对一段导体的整体导电规律的描述。要对导体内部各点的导电情况进行细致的描述,就要用到欧姆定律的微分形式。

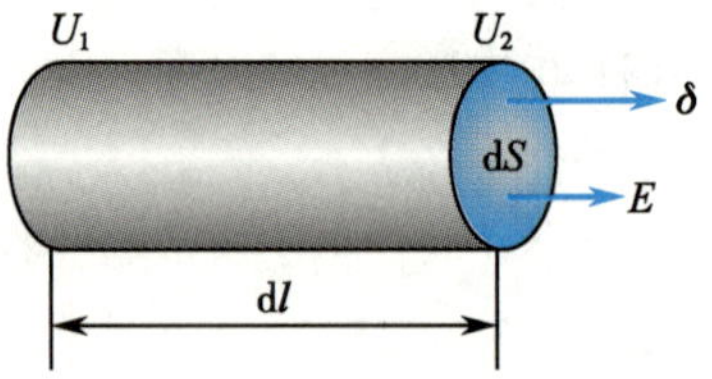

图 6-3 推导欧姆定律的微分形式

在导体内部取一极小的圆柱体(如图 6-3),柱体的轴线与电流线平行,柱体的长度为 $\mathrm{d}l$,截面积为 $\mathrm{d}S$,两端的电势分别为 U_1 和 U_2,两端的电压 $U_1-U_2=E\mathrm{d}l$,通过 $\mathrm{d}S$ 的电流 $\mathrm{d}I=j\mathrm{d}S$,此小圆柱体的电阻 $R=\rho\frac{\mathrm{d}l}{\mathrm{d}S}$,代入欧姆定律

$$dI=\frac{U_1-U_2}{R}$$

得

$$j=\frac{1}{\rho}E=\gamma E$$

注意到在金属导体中 $\boldsymbol{j}$ 与 $\boldsymbol{E}$ 的方向相同，可写为矢量式

$$\boldsymbol{j}=\gamma\boldsymbol{E} \qquad \text{式(6-10)}$$

式(6-10)称为欧姆定律的微分形式，其物理意义是，导体中任一点的电流密度与该点的电场强度成正比，两者具有相同的方向。它表明导体中任一点的电荷运动情况只与该点导体的材料性质及该处的场强有关，而与导体的形状和大小无关。它揭示了大块导体中的电场和导体中电流分布之间逐点的细节关系，即使在可变电场中也成立，所以，它比欧姆定律的积分形式具有更深刻的意义。

6-2 欧姆定律的微分形式 微课

二、电流做功、电动势

如前所述，只有导体中存在电场，才能在导体中形成电流。如图6-4所示，把电势不等的两个导体用导线连接起来，在电场力的作用下，导线中就有了电流。但是，如果希望电流是恒定的，则要做到导线中的场强不变，导体 A 与导体 B 之间的电势差 U_A-U_B 也应当保持不变。这就要求在任一时刻到达 B 的正电荷数量等于离开 B 的正电荷数量，对于 A 也有类似的要求。否则，场强、电势差均会发生变化，也就不能维持恒定电流了。这就是说，恒定电流必须是连续的和闭合的。

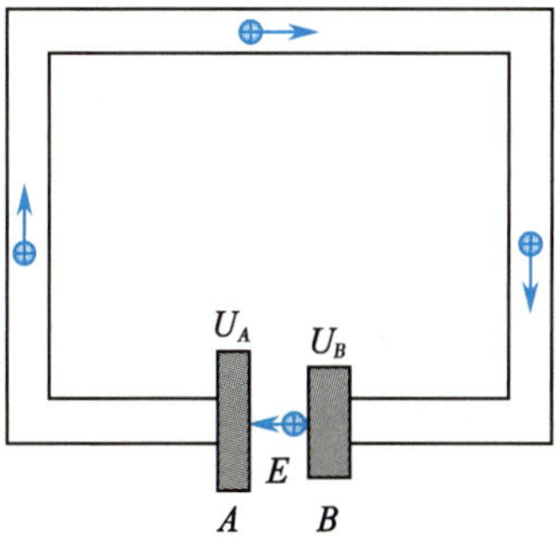

图6-4 闭合电路

若把静电场的环路定理用于图6-4的闭合路径，将有

$$q\oint \boldsymbol{E}_S \cdot d\boldsymbol{l}=0$$

式中 $\boldsymbol{E}_S$ 表示静电场场强。上式是静电场保守性的体现：正电荷 q 沿闭合路径移动一周，静电场力做的功为零。具体说来，当电荷在导线中由 A 运动到 B 时，静电场力做正功，电荷的电势能减少；在电荷继续沿闭合路径由 B 到 A 的过程中，静电场力做负功，电荷的电势能增加。电荷到达 A 时恢复到原来的状态。但是由于闭合回路中存在着电阻，静电场力做正功时，由电荷的电势能转化而来的动能在电阻中耗散了，它转化成了热能。这样电荷到达 B 时已丧失了自发回到 A 的能量，这就是说只有静电场力是不可能维持恒定电流的。为了维持恒定电流，就必须有非静电力存在，用它来克服静电场力做功，把电荷沿闭合路径由 B 送回 A。这时就需要把其他形式的能量(非静电场的)转化为电荷的电势能。

电路中提供上述这种非静电力的装置称为电源(electric source)，从能量角度看，电源是一种把其他形式的能量转化为电能的装置。图6-4中，如果 B 与 A 之间的区域存在非静电力，则闭合路径中就有电源，导体 A 是电源正极，导体 B 是电源负极。连接正、负极的导线及其他一些用电器件称为外电路，电源内部的电路称为内电路，外电路与内电路连接就构成闭合电路。

不同电源非静电力的本质及产生过程是不同的。例如干电池是由于化学反应，光电池是由于光电效应等。

仿照静电场中电场强度的定义，用 $\boldsymbol{E}_N$ 表示作用在单位正电荷上的非静电力，即非静电场强。在电源的内部，除了有静电场强 $\boldsymbol{E}_S$ 外，还有非静电场强 $\boldsymbol{E}_N$；在外电路中，只有静电场强 $\boldsymbol{E}_S$。因此电源内部的总场强 $\boldsymbol{E}=\boldsymbol{E}_S+\boldsymbol{E}_N$，$\boldsymbol{E}_N$ 与 $\boldsymbol{E}_S$ 的方向相反。于是移动电荷 q 在绕闭合回路一周过程中，两种电场力做的功

$$A=q\oint \boldsymbol{E}_S \cdot d\boldsymbol{l}+q\int_B^A \boldsymbol{E}_N \cdot d\boldsymbol{l}=q\int_B^A \boldsymbol{E}_N \cdot d\boldsymbol{l}$$

单位正电荷通过电源内部由电源负极移到正极时非静电力所做的功称为电源电动势(electromotive force),用符号 ε 表示,则

$$\varepsilon = \frac{A}{q} = \int_B^A \boldsymbol{E}_{\mathrm{N}} \cdot \mathrm{d}\boldsymbol{l} \qquad \text{式(6-11)}$$

电动势是标量,它的单位是伏特(V)。为方便研究,通常规定从电源负极经过电源内部指向正极的方向为电动势方向。

由于 $\boldsymbol{E}_{\mathrm{N}}$ 只存在于电源内部,将式(6-11)改写成绕闭合回路一周的环路积分,积分值不变,即

$$\varepsilon = \oint \boldsymbol{E}_{\mathrm{N}} \cdot \mathrm{d}\boldsymbol{l} \qquad \text{式(6-12)}$$

式(6-12)表示,电源的电动势在数值上等于移动单位正电荷绕闭合回路一周的过程中非静电力做的功。经过改写的定义不仅适用于 $\boldsymbol{E}_{\mathrm{N}}$ 只存在于电路局部的情况,而且也适用于 $\boldsymbol{E}_{\mathrm{N}}$ 在整个闭合回路中存在的情况。式(6-12)表明 $\boldsymbol{E}_{\mathrm{N}}$ 沿闭合路径的环路积分不为零,说明非静电力与静电力有着本质的差别。

第二节 直 流 电 路

一、一段有源电路的欧姆定律

从整个电路中划出一段含有几个电阻和电源的电路,称为一段有源电路。注意,对于从多回路电路中划出的一段有源电路,其各部分的电流强度可能是不相同的。例如,如图 6-5 所示电路的 AF 段,其中 AD 部分与 DF 部分的电流强度就不相同。

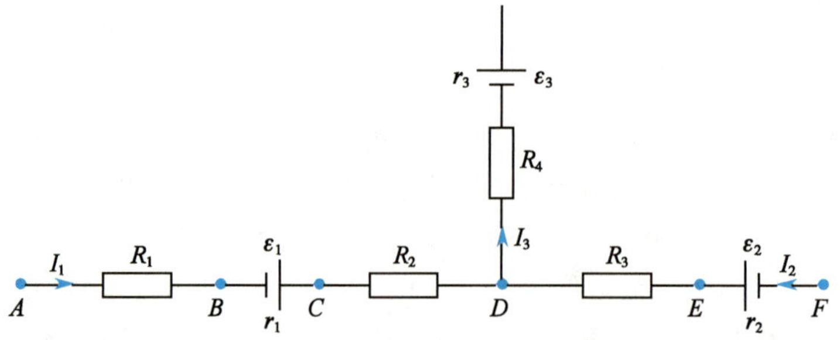

图 6-5 一段有源电路

在恒定电流条件下,电路上各点的电势值是确定的,每一元件两端的电势差也是恒定的。因此,可以采用电势升、降的办法来分析电路。现以电势降为准,即沿着选定的走向,当越过某一元件时发生电势降,则其值记为正数,若发生电势升,则其值记为负数,把它看作负的电势降。例如,计算图 6-5 电路 A 点与 B 点的电势差 $U_A - U_B$,选取从 A 到 F 的走向作为计算方向。当越过电阻 R_1 时发生电势降记为 I_1R_1,则 A 点与 B 点的电势差为

$$U_A - U_B = I_1R_1$$

当越过电源 ε_1 时,由于从负极走向正极,在电源上发生电势升,要记为 $-\varepsilon_1$,同时在内电阻 r_1 上发生电势降 I_1r_1,则 B 点与 C 点的电势差

$$U_B - U_C = I_1r_1 - \varepsilon_1$$

将上述两式相加,则得 A 点与 C 点的电势差

$$U_A - U_C = I_1R_1 + I_1r_1 - \varepsilon_1$$

照此推算下去,则 A 点与 F 点的电势差为

$$U_A-U_F=(I_1R_1+I_1r_1+I_1R_2-I_2R_3-I_2r_2)+(\varepsilon_2-\varepsilon_1)$$

或

$$U_A-U_F=(I_1R_1+I_1r_1+I_1R_2-I_2R_3-I_2r_2)-(\varepsilon_1-\varepsilon_2)$$

式中，右边的第二个括号内，因为 ε_1 的方向与走向一致，其值为正；ε_2 的方向与走向相反，其值为负，则这个括号内为两个电源电动势的代数和。写成一般形式，即为一段有源电路的欧姆定律

$$U_A-U_F=\sum IR-\sum\varepsilon \qquad \text{式(6-13)}$$

式(6-13)中，$\sum IR$ 表示所求电路上各个电阻(包括电源的内电阻)上电势降落的代数和，$\sum\varepsilon$ 表示各个电源电动势的代数和。计算 $\sum IR$ 时，如果电阻中的电流方向与所选走向相同，电阻上的电势降落 IR 为正，相反时取负；计算 $\sum\varepsilon$ 时，如果电动势的方向与所选走向相同时为正，相反为负。

对于闭合电路，终点和起点合一，例如本例中 $U_A=U_F$，则有

$$\sum\varepsilon=\sum IR \qquad \text{式(6-14)}$$

式(6-14)表明：当绕闭合回路一周时，回路中各个电源电动势的代数和等于回路中各个电阻上电势降落的代数和。

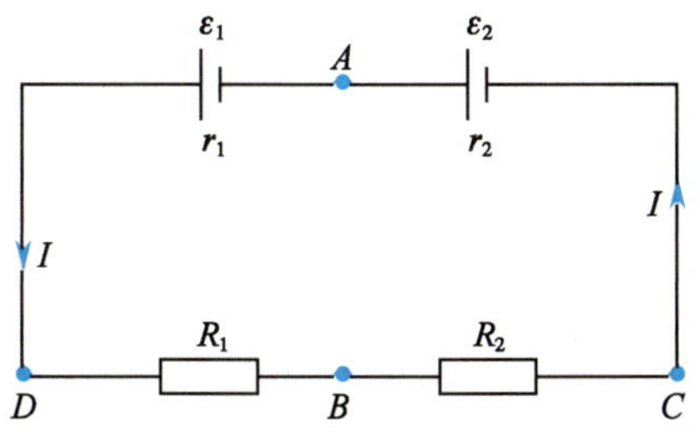

图 6-6 例题 6-1 图

例题 6-1 在图 6-6 所示的电路中，已知 $\varepsilon_1=12\text{V}$，$r_1=0.2\Omega$，$\varepsilon_2=6\text{V}$，$r_2=0.1\Omega$，$R_1=1.4\Omega$，$R_2=2.3\Omega$。求：

(1) 电路中的电流。

(2) A、B 两点间的电势差。

解：(1) 对于单一回路电路，通过各串联元件的电流强度相同，设为 I。

根据式(6-14)有

$$\sum\varepsilon=\sum IR$$

则

$$I=\frac{\sum\varepsilon}{\sum R}=\frac{12+6}{1.4+2.3+0.2+0.1}=4.5(\text{A})$$

(2) 沿路径 $A\varepsilon_2CR_2B$ 计算 A、B 间的电势差，根据式(6-13)有

$$\begin{aligned}U_A-U_B&=-IR_2-Ir_2-(-\varepsilon_2)\\&=-4.5\times(2.3+0.1)-(-6)\\&=-4.8(\text{V})\end{aligned}$$

即 B 点电势高于 A 点电势。若路径 $A\varepsilon_1DR_1B$ 计算，结果也一样。

二、基尔霍夫定律

在分析计算单一回路或可以简化成单一回路的电路时，应用欧姆定律及电阻的串、并联公式就可以解决问题。但在实际应用中，往往要遇到由多个电源和多个电阻联结而成的多回路电路，或称为分支电路，这时需应用基尔霍夫定律(Kirchhoff's law)进行处理。

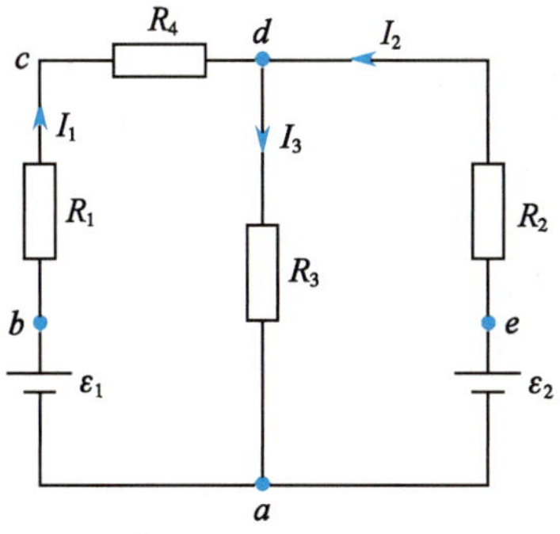

图 6-7 分支电路

1. 基尔霍夫第一定律 亦称节点电流定律。在多回路电路中，由电源和电阻连接成的一段无分支电路，称为支路，如图 6-7 中 $abcd$、ad、aed 就是不同的三条支路。根据电流连续性原理，电路中任何一点均不能有电荷的积累，因此同一支路中电

流处处相等。三条或三条以上支路的联结点称为节点(node)或分支点。显然,在恒定的直流电路中,流向节点的所有电流之和应等于从节点流出的所有电流之和。若汇合于节点的支路有 K 条,并规定流向节点电流为正,流出节点电流为负,则汇合于节点的各电流强度的代数和应为零,即:

$$\sum_{i=1}^{K} I_i = 0 \qquad 式(6\text{-}15)$$

式(6-15)就是基尔霍夫第一定律。根据基尔霍夫第一定律,对电路中的每一个节点都可列出一个方程,但并不是所有的方程都是独立的。若电路有 n 个节点,则只能有 $n-1$ 个独立方程。对于图 6-7 中的两个节点有:

节点 a 可以写出方程:$I_3-I_1-I_2=0$

节点 d 可以写出方程:$I_1+I_2-I_3=0$

显然,这两个方程相同,即本例中只有一个独立的节点电流方程。

2. 基尔霍夫第二定律 亦称回路电压定律。几条支路构成的闭合通路称为回路(loop)。如图 6-7中 $abcda$、$adea$、$abcdea$,都是回路。注意,回路由不同的支路构成,各支路上的电流强度可能不相等。设 m 表示某一个闭合回路所包含的具有不同电流强度的支路数,则对于该闭合回路,根据式(6-14)有

$$\sum_{i=1}^{m} \varepsilon_i = \sum_{i=1}^{m} I_i R_i \qquad 式(6\text{-}16)$$

式(6-16)表明,任一闭合回路中电动势的代数和等于回路中电阻上电势降落的代数和,这就是基尔霍夫第二定律。其中求和针对的是选定回路中的全部元件。应用式(6-16)进行电路计算时,应先选定任意绕行方向作为计算方向。若电阻中电流与绕行方向相同,电势降落为 $+IR$,反之,电势降落为 $-IR$;若电动势指向与选定绕行方向一致,电动势的值取 $+\varepsilon$,反之,取 $-\varepsilon$。

按上述符号规则,对每一个回路都可应用基尔霍夫第二定律写出相应的方程。但是,需要指出的是,选取回路时,应注意它们的独立性。例如,选取图 6-7 中 $abcda$ 及 $adea$ 两个回路,若选定顺时针方向为绕行方向,可按式(6-16)写出两个回路电压方程:

对于 $abcda$ 回路:$I_1R_1+I_1r_1+I_1R_4+I_3R_3=\varepsilon_1$

对于 $adea$ 回路:$-I_3R_3-I_2R_2-I_2r_2=-\varepsilon_2$

这两个闭合回路的方程是相互独立的,因为不能从其中一个导出另外一个;如果已经选取了这两个回路,那么闭合回路 $abcdea$ 就不是独立的了。

对于 $abcdea$ 回路:$I_1R_1+I_1r_1+I_1R_4-I_2R_2-I_2r_2=\varepsilon_1-\varepsilon_2$

这一回路方程可以由其他两个方程得出。选定回路时的规则是:新选取的回路中,至少应有一段电路是在已选用过的回路中未曾出现过的,这样所得的一组闭合回路方程才是独立的。

6-3 复杂电路计算 微课

3. 基尔霍夫定律的应用 应用基尔霍夫定律可以求解复杂电路。求解应按以下步骤进行:

(1) 根据电路图和题意,先标定各支路电流的方向。

(2) 根据标定的电流方向,暂定电流的正、负号,对 n 个节点,按基尔霍夫第一定律要求列出 $n-1$ 个独立的节点电流方程。

(3) 对电路中的所有支路分别划分归入相应的回路,按基尔霍夫第二定律要求写出独立的回路电压方程。

(4) 根据基尔霍夫第一、第二定律列出的独立方程个数应等于未知数的个数。

(5) 解方程,得出的电流若是负值,说明实际电流方向与原先标定的方向相反;解出的结果为正值,说明实际电流方向与标定的方向相同。

例题 6-2 如图 6-8 所示的电路中,已知 $\varepsilon_1=6\text{V}$,$r_1=0.5\Omega$,$\varepsilon_2=1.5\text{V}$,$r_2=1\Omega$,$R_1=4.5\Omega$,$R_2=9\Omega$,

$R_3=10\Omega, R_4=5\Omega$。求各支路中的电流。

解：标定各支路 $abcd$、aed、ad 的电流分别为 I_1、I_2、I_3，其方向如图。

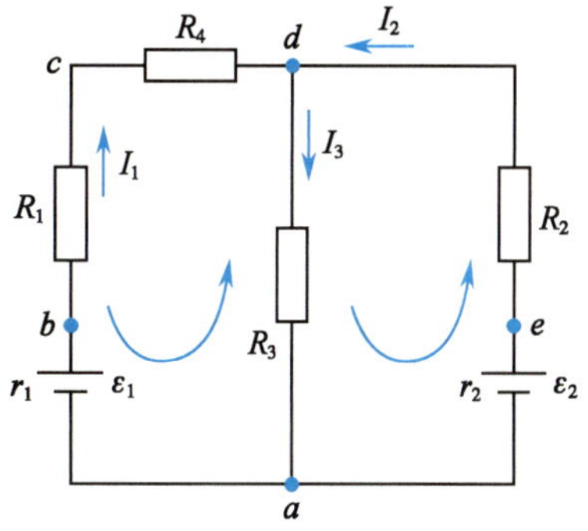

图 6-8 例题 6-2 图

按基尔霍夫第一定律，对于节点 d：

$$I_1+I_2-I_3=0$$

选定逆时针方向为绕行方向，对于回路 $abcda$ 有：

$$-I_3R_3-I_1R_4-I_1R_1-I_1r_1=-\varepsilon_1$$

对于回路 $adea$ 有：

$$I_2R_2+I_2r_2+I_3R_3=\varepsilon_2$$

将具体数值代入，经整理得

$$I_1+I_2-I_3=0$$

$$I_1+I_3=0.6\text{A}$$

$$I_2+I_3=0.15\text{A}$$

解方程得：$I_1=0.35\text{A}, I_2=-0.1\text{A}, I_3=0.25\text{A}$。$I_2$ 为负值，说明 I_2 的实际方向与原先标定方向相反。

例题 6-3 如图 6-9 所示，$\varepsilon_1=2\text{V}, r_1=0.1\Omega, \varepsilon_2=4\text{V}, r_2=0.2\Omega, \varepsilon_3=4\text{V}, r_3=1\Omega, \varepsilon_4=2\text{V}, r_4=0, R_1=1.9\Omega, R_2=1.8\Omega, R_3=4\Omega, R_4=2\Omega$。求：

（1）各支路的电流。

（2）U_{bf}。

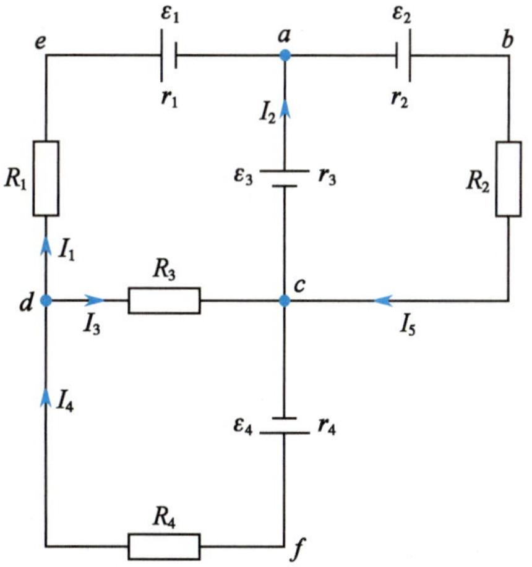

图 6-9 例题 6-3 图

解 （1）求各支路的电流：

标出各支路的电流分别为 I_1、I_2、I_3、I_4、I_5，其方向如图所示。

按基尔霍夫第一定律：

对于节点 a：$I_1+I_2-I_5=0$

对于节点 d：$I_4-I_1-I_3=0$

选定顺时针为绕行方向：

对于回路 $abca$：$I_5R_2+I_2r_3+I_5r_2=\varepsilon_3+\varepsilon_2$

对于回路 $eacde$：$I_1R_1+I_1r_1-I_2r_3-I_3R_3=-\varepsilon_1-\varepsilon_3$

对于回路 $dcfd$：$I_4R_4+I_4r_4+I_3R_3=\varepsilon_4$

代入数值，经整理得：

$$I_1+I_2-I_5=0$$

$$I_4-I_1-I_3=0$$

$$I_2+2I_5=8$$

$$2I_1-I_2-4I_3=-6$$

$$4I_3+2I_4=2$$

解上述方程得 $I_1=-0.5\text{A}, I_2=3\text{A}, I_3=0.5\text{A}, I_4=0, I_5=2.5\text{A}$。$I_1$ 为负值，说明 I_1 实际方向与标定方向相反。

（2）求 U_{bf}：由 b 经任一路径至 f 为顺序方向。按电势差的符号规则

$$U_{bf}=I_5R_2+I_4r_4-\varepsilon_4=2.5\times1.8-2=2.5(\text{V})$$

第三节 *RC* 电路的暂态过程

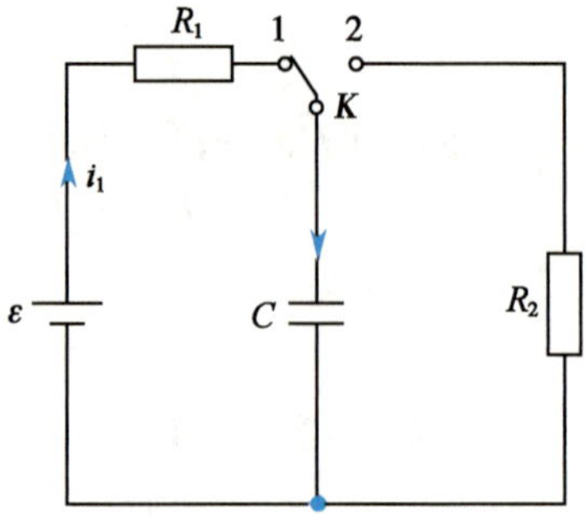

图 6-10 电容器充电电路

电容器具有容纳电荷、储存电能的能力,并有通交流、阻直流的功能。由电容 C 和电阻 R 串联起来组成的电路称为 RC 电路。如图 6-10 所示,将开关 K 扳向 1 使 RC 电路与直流电源相连,电容器充电(charging)。在充电过程中,充电电流 i_1 和电容器的端电压 u_C 都是随时间变化的。将开关 K 扳向 2,已充电的电容器通过电阻放电(discharging),放电过程中回路的电流和电容器的端电压也是随时间变化的。通常将这种电容器的充、放电过程称为电路的暂态过程(transient state process),它是电路中的电压或电流从一个稳定状态到另一个稳定状态变化的中间过程。暂态过程是电路中非常重要的电过程,在电工和电子技术中有着广泛的应用。

在 RC 电路的充放电过程中,电流都是不稳定的,但是在整个过程中的任一时刻,回路中的电流强度和电势降落仍然遵守基尔霍夫定律。

一、电容器的充电

如图 6-10 所示,把 K 扳向 1,电容器充电。图中电源电动势为 ε,不计电源内阻。设在某一时刻 t,电容器的电量为 q,电路中的电流为 i_1,电容器两极板间的电势差为 u_C,根据基尔霍夫第二定律可得

$$i_1R_1+u_C-\varepsilon=0$$

因为 $u_C=\dfrac{q}{C}$,电路中的电流强度 $i_1=\dfrac{\mathrm{d}q}{\mathrm{d}t}$,即等于电容器极板上电量对时间的变化率,所以

$$R_1\frac{\mathrm{d}q}{\mathrm{d}t}+\frac{q}{C}-\varepsilon=0$$

整理得

$$\frac{\mathrm{d}q}{\varepsilon C-q}=\frac{\mathrm{d}t}{R_1C}$$

积分得

$$\ln(\varepsilon C-q)=-\frac{t}{R_1C}+\ln A$$

或

$$\varepsilon C-q=A\mathrm{e}^{-\frac{t}{R_1C}}$$

当 $t=0$ 时,$q=0$,$A=\varepsilon C=Q$。Q 为电容器当两极板电势差等于电源的端电压时所带的电量,所以

$$q=Q(1-\mathrm{e}^{-\frac{t}{R_1C}}) \qquad 式(6\text{-}17)$$

由此,求出充电电流以及电容器两极板间电势差与时间的关系

$$i_1=\frac{\mathrm{d}q}{\mathrm{d}t}=\frac{Q}{R_1C}\mathrm{e}^{-\frac{t}{R_1C}}$$

即

$$i_1=\frac{\varepsilon}{R_1}\mathrm{e}^{-\frac{t}{R_1C}} \qquad 式(6\text{-}18)$$

且

$$u_C=\varepsilon(1-\mathrm{e}^{-\frac{t}{R_1C}}) \qquad 式(6\text{-}19)$$

由式(6-17)、式(6-18)和式(6-19)可知,充电时电容器的电量、两极板间的电势差是随时间按指数规律增加的,而充电电流是随时间按指数规律下降的。它们的充电过程曲线分别由图 6-11(a)(b)(c)所表示。

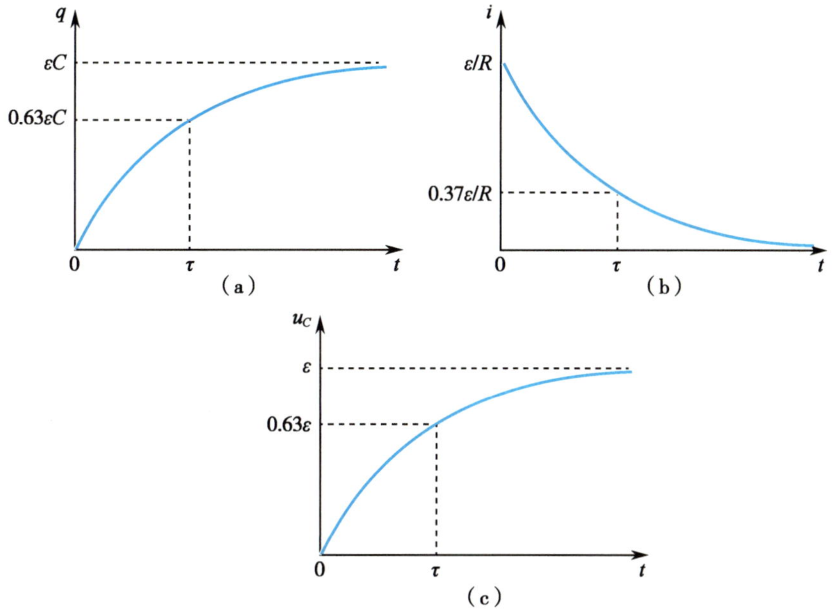

图 6-11 电容器充电过程曲线

(a) q-t 曲线;(b) i-t 曲线;(c) u_C-t 曲线。

由此可以看出:当充电开始时,$t=0$,$i_1=\dfrac{\varepsilon}{R_1}$,$q=0$,$u_C=0$,充电电流最大;当 $t=\infty$,$i=0$,$q=Q=\varepsilon C$,$u_C=\varepsilon$,表明电容器充电时间足够长时,电容器两极板间电势差达到最大值,等于电源的端电压,电容器上所积累的电荷达最大值。当 $t=R_1C$ 时

$$q=C\varepsilon(1-\mathrm{e}^{-1})=0.63C\varepsilon$$

$$i_1=\frac{\varepsilon}{R_1}\mathrm{e}^{-1}=0.37\frac{\varepsilon}{R_1}$$

$$u_C=\varepsilon(1-\mathrm{e}^{-1})=0.63\varepsilon$$

上述结果表明:$t=R_1C$,是电容 C 极板间的电势差由 0 上升到电源电动势 e 的 63% 时所经历的时间,或者是充电电流下降到最大值$\dfrac{\varepsilon}{R_1}$的 37% 时所经历的时间。可见,电容器充电的快慢,与电路中的电阻 R 和电容值 C 的大小有关。乘积 RC 称为 RC 电路的时间常数(time constant),用 τ 表示。RC 具有时间的量纲,当 R 的单位为欧姆,C 的单位为法拉时,RC 的单位为秒。τ 越小,表示充电越快,反之,充电越慢。

在实际充电过程中,当 $t=2.3\tau$ 时,$u_C=0.9\varepsilon$;当 $t=3\tau$ 时,$u_C=0.95\varepsilon$;当 $t=5\tau$ 时 $u_C=0.993\varepsilon$;当 $t>5\tau$ 时,充电过程基本结束。

电容器充电完全结束时,充电电流 i_1 等于 0,电路相当于开路,即电容器处于隔断直流状态。

二、电容器的放电

充电过程结束后,将图 6-12 中的开关 K 扳向 2,电容器开始放电。仍用充电过程所用的分析方法,只是此时 $\varepsilon=0$,可得

$$i_2R_2+u_C=0$$

将 $i_2=\dfrac{\mathrm{d}q}{\mathrm{d}t}$,$u_C=\dfrac{q}{C}$代入上式得

$$R_2\frac{\mathrm{d}q}{\mathrm{d}t}+\frac{q}{C}=0$$

整理得

$$\frac{\mathrm{d}q}{q}=-\frac{\mathrm{d}t}{R_2C}$$

积分得

$$\ln q=-\frac{t}{R_2C}+\ln B$$

或

$$q=B\mathrm{e}^{-\frac{t}{R_2C}}$$

当 $t=0$ 时，$q=Q$。所以 $B=Q$。即

$$q=Q\mathrm{e}^{-\frac{t}{R_2C}} \qquad \text{式(6-20)}$$

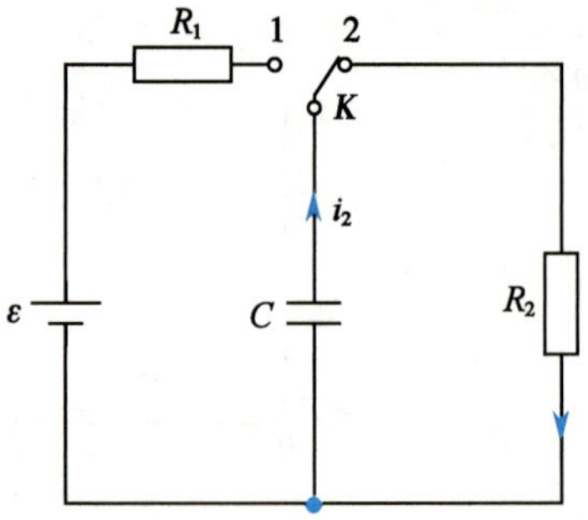

图 6-12　电容器放电电路

可见放电时，电容器上的电量随时间按指数规律衰减。根据式(6-20)可知，电容器两极板间的电势差随时间按指数规律下降，即

$$u_C=\frac{q}{C}=\frac{Q}{C}\mathrm{e}^{-\frac{t}{R_2C}}=\varepsilon\mathrm{e}^{-\frac{t}{R_2C}}$$

即

$$u_C=\varepsilon\mathrm{e}^{-\frac{t}{R_2C}} \qquad \text{式(6-21)}$$

对式(6-20)微分得

$$i_2=\frac{\mathrm{d}q}{\mathrm{d}t}=-\frac{Q}{R_2C}\mathrm{e}^{-\frac{t}{R_2C}}=-\frac{\varepsilon}{R_2}\mathrm{e}^{-\frac{t}{R_2C}}$$

即

$$i_2=-\frac{\varepsilon}{R_2}\mathrm{e}^{-\frac{t}{R_2C}} \qquad \text{式(6-22)}$$

式(6-22)中，电流为负，说明放电电流与充电电流方向相反。

由式(6-20)、式(6-21)、式(6-22)可见，在 RC 电路的放电过程中，q、i_2、u_C 的衰减快慢，同样取决于时间常数 τ，τ 越小，衰减越快。当 $t=\tau$ 时

$$q=Q\mathrm{e}^{-1}=0.37Q$$

说明经过时间 τ 后，因放电而消失的电荷 $q'=Q-q=0.63Q$，在放电过程中，放掉 63% 的电荷所用的时间和充电过程中积累 63% 的电荷所用的时间相等，这个时间就是时间常数 τ。图 6-13(a)(b)(c)分别表示放电过程 q-t，i-t，u_C-t 曲线。

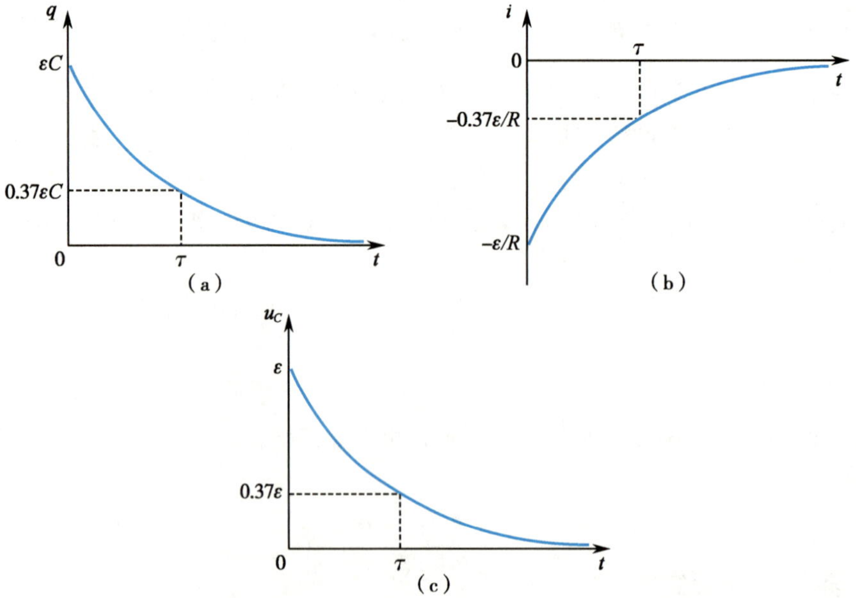

图 6-13　电容器放电过程曲线

(a) q-t 曲线；(b) i-t 曲线；(c) u_C-t 曲线。

综上所述,RC 电路的暂态过程表明,不论是在充电还是在放电过程中,电容器极板上的电量和电压不能突变,只能按指数规律变化。电容器的这一特性,在电子技术中的振荡、放大以及脉冲电路、运算电路等都有应用。

拓展阅读

心脏除颤器

心脏除颤器又称电复律机,一般为电容放电式直流除颤器,主要由电容充、放电电路组成,它是利用高能电脉冲对心脏进行电击,迫使心脏在一瞬间停搏,消除无规则的颤动,可使心律恢复正常,从而使心脏扑动或颤动以及心动过速等间歇性或持续性心律失常等患者得到及时的抢救和治疗,尤其对于那些濒临死亡的心脏病患者具有十分重要的意义,是目前临床上使用最广泛的抢救设备之一。

心脏除颤器的工作原理如图 6-14 所示。高压变压器将交流电升压后经整流输出直流高压,C 为耐高压电容器,电容值一般为 16~18μF,电阻 R_G 与电流计 G 构成能量指示电路。K 为充电、放电转换开关,当 K 与 1 接通时,直流高压电源通过电阻 R_S,对电容器 C 充电,电容器储存电能。除颤时,开关 K 拨向 2,使充电电路被切断,同时由电容器 C、电感 L 及连接两电极板之间的人体(负载电阻为 R)构成了 RLC 串联振荡电路。此时电容器 C 上储存的电能可对人体心脏部位进行放电,通过心脏的电流波形如图 6-15 所示。这种 RLC 电路释放的双向尖峰电流对心肌组织损伤小,适当选择 L 和 C 的数值,可得到除颤所需要的脉冲频率。

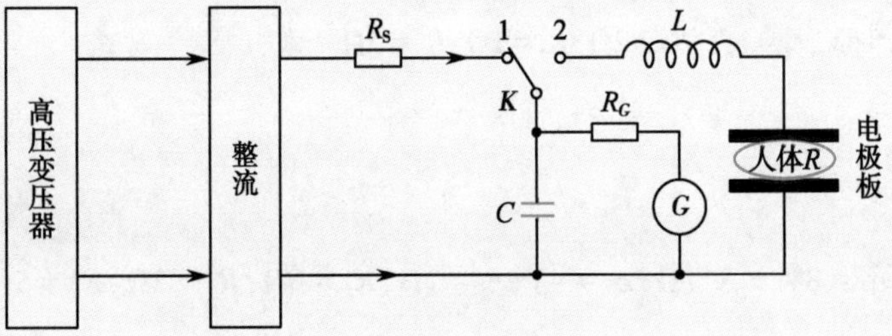

图 6-14 心脏除颤器工作原理图

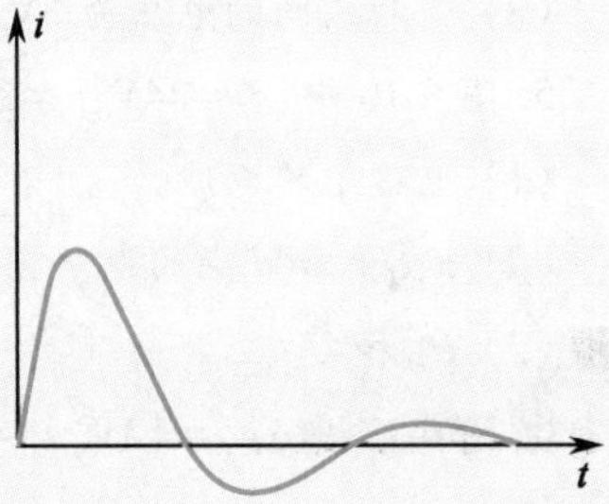

图 6-15 心脏除颤器的电流波形

高压电源对电容器充电后,其储存的电能为

$$W=\frac{1}{2}CU^2 \qquad 式(6\text{-}23)$$

体外除颤时,因皮肤、胸壁消耗能量较大,临床上常用的能量一般为 100~400J,除颤电容器上的电压也较高,约为 3~7kV。体内除颤时,能量只需体外除颤的十分之一左右,最大不超过 100J,电容器两端的电压也较低。根据临床实际需要,控制电容器的充电时间,就可以得到所需要的电能大小。如果电容器的电容量为 16μF,需充电到 250J,则可根据式(6-23)计算出此时电容器两端的电压为

$$U=\sqrt{\frac{2W}{C}}=\sqrt{\frac{2\times250}{16\times10^{-6}}}\text{kV}=5.6\text{kV}$$

可见,心脏除颤复律时,有几千伏的直流高压加在人体上,因此,要将电极涂上电极糊,使电极与人体之间处于良好的导电状态。否则,放电时会造成皮肤损伤,而且达不到除颤效果。

电流对人体的危害
拓展阅读

习 题

1. 把横截面积均为 2.0mm^2 的铜丝和钢丝串联起来，铜的电导率为 $5.8\times10^7\text{S/m}$，钢的电导率为 $0.20\times10^7\text{S/m}$，若通以电流强度为 $1.0\mu\text{A}$ 的恒定电流，求此时铜丝和钢丝中的电场强度。

2. 平板电容器的电量为 $2.0\times10^{-8}\text{C}$，平板间电介质的相对介电常数为 78.5，电导率为 $2.0\times10^{-4}\text{S/m}$，求开始漏电时的电流强度。

3. 一个用电阻率为 ρ 的导电物质制成的空心半球壳，它的内半径为 a，外半径为 b，求内球面与外球面间的电阻。

4. 两个同轴圆筒形导体电极，其间充满电阻率为 $10\Omega\cdot\text{m}$ 的均匀电介质，内电极半径为 10cm，外电极半径为 20cm，圆筒长度为 5cm。求：

（1）两极间的电阻。

（2）若两极间的电压为 8V，求两圆筒间的电流强度。

5. 图 6-16 中，$\varepsilon_1=24\text{V}$，$r_1=2\Omega$，$\varepsilon_2=6\text{V}$，$r_2=1\Omega$，$R_1=2\Omega$，$R_2=1\Omega$，$R_3=3\Omega$。求：

（1）电路中的电流。

（2）a、b、c 和 d 点的电势。

（3）U_{ab} 和 U_{dc}。

6. 图 6-17 中，$\varepsilon_1=12\text{V}$，$r_1=3\Omega$，$\varepsilon_2=8\text{V}$，$r_2=2\Omega$，$\varepsilon_3=4\text{V}$，$r_3=1\Omega$，$R_1=3\Omega$，$R_2=2\Omega$，$R_3=5\Omega$，$I_1=0.5\text{A}$，$I_2=0.4\text{A}$，$I_3=0.9\text{A}$。计算 U_{ab}、U_{cd}、U_{ac} 和 U_{cb}。

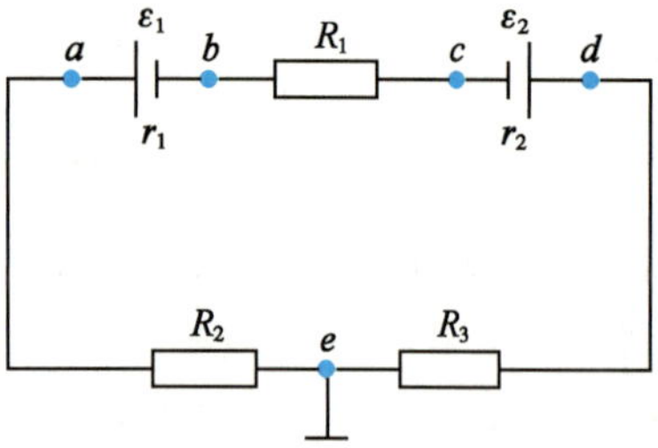

图 6-16 习题 5 图

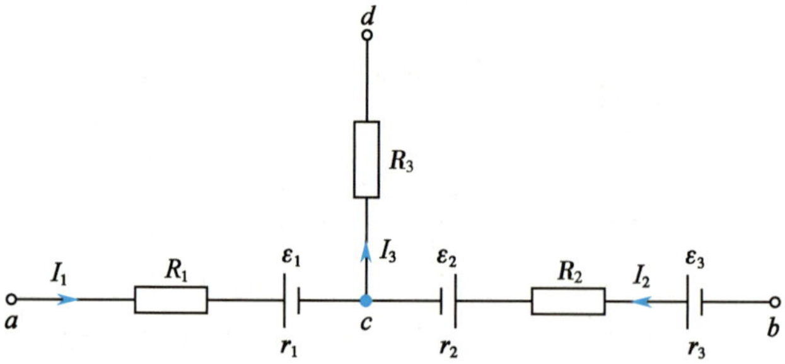

图 6-17 习题 6 图

7. 图 6-18 中，$\varepsilon_1=4\text{V}$，$r_1=2\Omega$，$\varepsilon_2=4\text{V}$，$r_2=1\Omega$，$\varepsilon_3=6\text{V}$，$r_3=2\Omega$，$\varepsilon_4=2\text{V}$，$r_4=1\Omega$，$\varepsilon_5=0.4\text{V}$，$r_5=2\Omega$，$R_1=3\Omega$，$R_2=4\Omega$，$R_3=8\Omega$，$R_4=2\Omega$，$R_5=5\Omega$，计算 U_{ab}、U_{bc}、U_{ad}、U_{ac} 和 U_{ed}。

8. 图 6-19 中，$\varepsilon_1=6.0\text{V}$，$r_1=0.2\Omega$，$\varepsilon_2=4.5\text{V}$，$R_1=R_2=0.5\Omega$，$R_3=2.5\Omega$，$\varepsilon_3=2.5\text{V}$，$r_2=r_3=0.1\Omega$，求通过电阻 R_1、R_2、R_3 的电流。

9. 图 6-20 中，已知支路电流 $I_1=\dfrac{1}{3}\text{A}$，$I_2=\dfrac{1}{2}\text{A}$。求电动势 ε_1，ε_2。

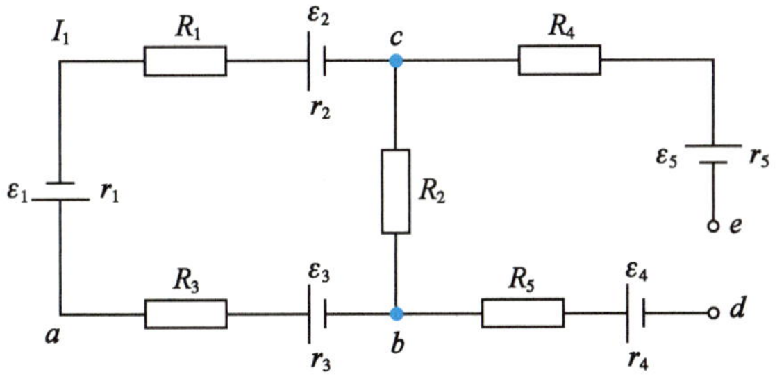

图 6-18 习题 7 图

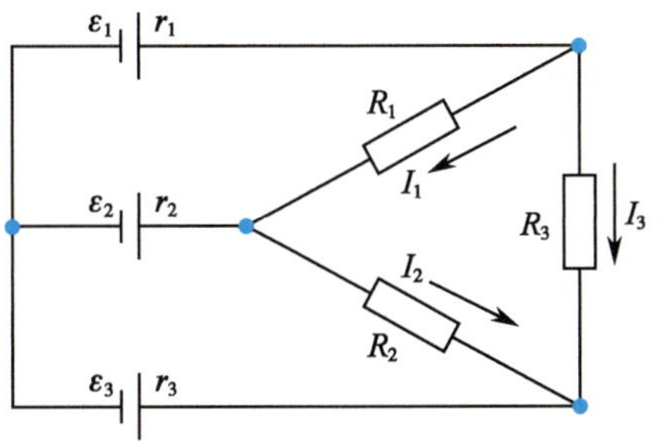

图 6-19 习题 8 图

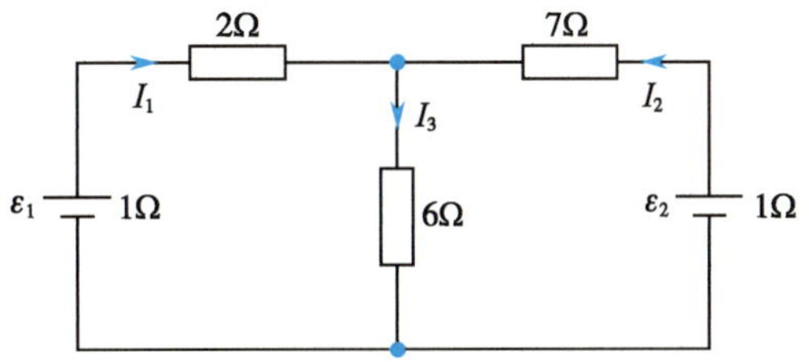

图 6-20 习题 9 图

10. 求图 6-21 中的未知电动势 ε。

11. 直流电路如图 6-22 所示，求 a 点与 b 点间的电压 U_{ab}。

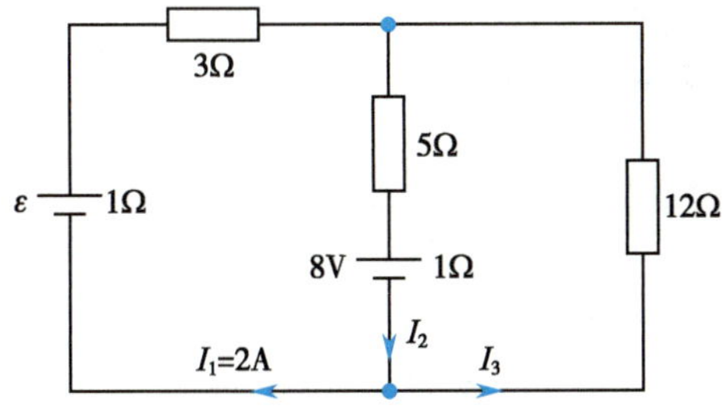

图 6-21 习题 10 图

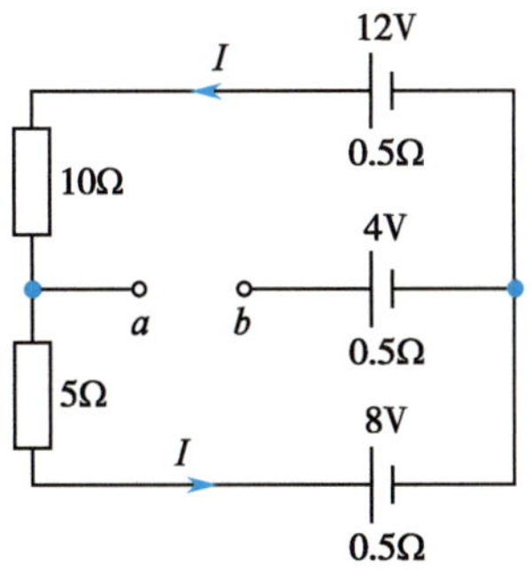

图 6-22 习题 11 图

12. 直流电路如图 6-23 所示，求各支路的电流。

13. 在图 6-24 中，要使 $I_b=0$，试问 R_1 的值应为多少？

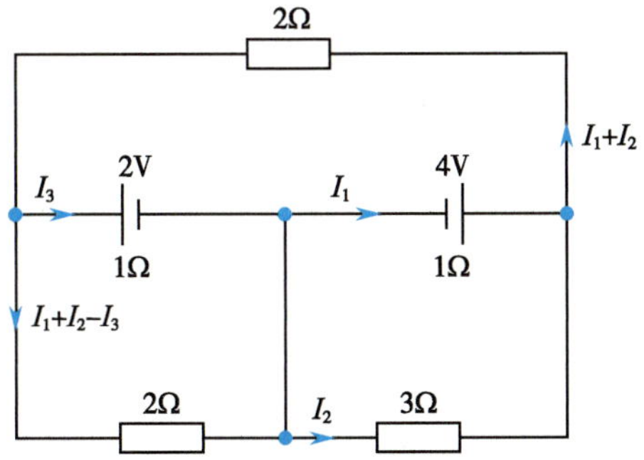

图 6-23 习题 12 图

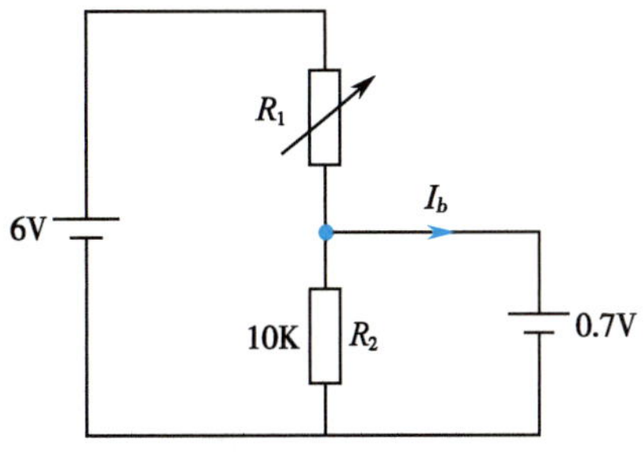

图 6-24 习题 13 图

14. 蓄电池 ε_2 和电阻为 R 的用电器并联后接到发电机 ε_1 的两端，如图 6-25 所示，箭头表示各支路中的电流方向。已知 $\varepsilon_2=108\text{V}$，$r_1=0.4\Omega$，$r_2=0.2\Omega$，$I_2=10\text{A}$，$I_1=25\text{A}$，试确定蓄电池是在充电还是在放电，并计算 ε_1、I 和 R 的值。

15. 图 6-26 的电路中含 3 个电阻 $R_1=3\Omega$，$R_2=5\Omega$，$R_3=10\Omega$，一个电容 $C=8\mu\text{F}$ 和 3 个电动势 $\varepsilon_1=4\text{V}$，$\varepsilon_2=16\text{V}$，$\varepsilon_3=12\text{V}$。求：

（1）所标示的未知电流。

（2）电容器两端的电势差和电容器所带的电量。

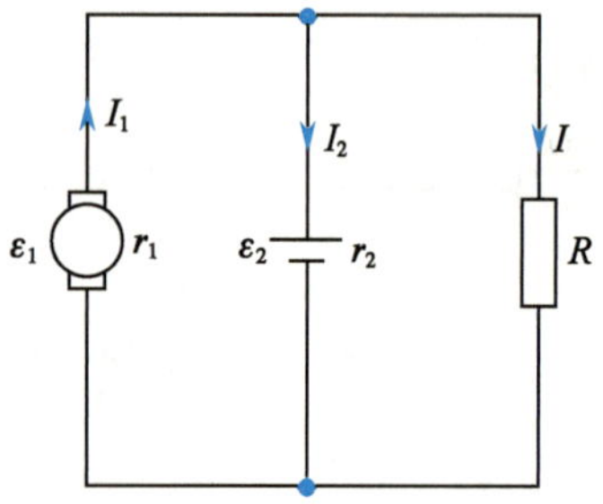

图 6-25　习题 14 图

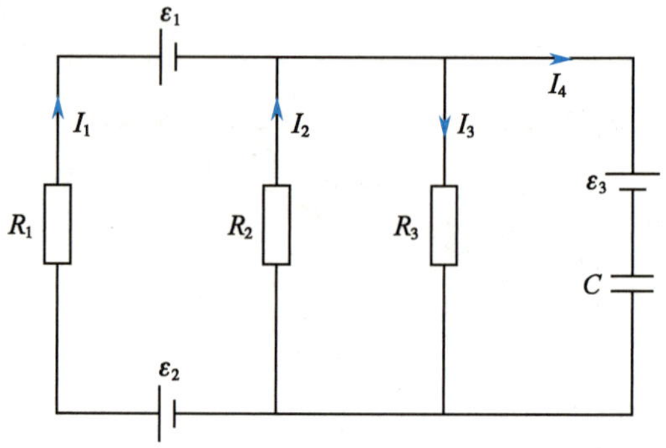

图 6-26　习题 15 图

16. 使 RC 电路中的电容器充电，要使这个电容器上的电荷达到比其平衡电荷（即 $t\to\infty$ 时电容器上的电荷）小 1.0% 的数值，必须经过多少个时间常量的时间？

6-5

第六章

目标测试

（王晨光）

第七章

磁　　场

学习目标

1. **掌握**　磁感应强度、电流的磁场、洛伦兹力、自感、磁场能量、磁场对运动电荷、载流导线、载流线圈的作用、法拉第电磁感应定律以及自感的概念。
2. **熟悉**　磁感应线、磁通量、磁矩、感应电动势、涡电流、电磁波的基本性质以及磁场的能量。
3. **了解**　质谱仪的原理、磁介质的基本性质、麦克斯韦电磁场基本方程。

7-1

第七章
教学课件

早在公元前六、七世纪，人类就发现了自然界中的磁石（Fe_3O_4）吸铁现象。中国也是对磁现象最早认识的国家之一。公元前4世纪左右成书的《管子·地数》有“上有慈石者下有铜金”的记载，这是关于磁的最早文字。我国其他古代典籍中也记载了一些磁石吸铁和同性相斥的应用事例。科学家对电、磁进行系统的研究始于18世纪。

磁的本质是电荷运动。运动电荷不但在周围产生电场，而且还会激发磁场。进一步，利用磁场还能激发电流，形成电磁感应。逐渐地，人们对电磁规律有了更深入的了解，从而奠定了现代电工电子学的基础，开辟了电磁应用的道路。本章介绍电流所激发磁场的规律、磁场对运动电荷和电流的作用以及电磁感应等基本规律。

第一节　磁场的基本概念

磁铁能够吸引铁、钴、镍等物质，这种性质称为磁性（magnetism）。永久磁铁或磁针两端的磁性最强，称为磁极（magnetic pole）。在地球表面，一个可绕竖直轴自由转动的磁针，在平衡时指向地理北的一端称北极（N极），指南的一端称南极（S极）。两磁极间同极性磁极相斥，异极性磁极相吸。

很早以前人们就发现了这种现象，但在很长时间内，人们对磁现象和电现象是分开独立研究的。直到1820年奥斯特（H. C. Oersted）发现，小磁针在通电直导线附近会发生偏转，人们才认识到磁现象和电荷的运动有密切的联系。1822年安培提出了有关物质磁性本质的“分子电流假说”，认为磁性物质的分子中存在着电流，这是一切磁现象的来源。经过多年研究现在知道，不论是永久磁铁的磁性，还是电流的磁性，都来源于电荷的运动。

一、磁感应强度

研究表明，电流与磁铁、电流与电流、运动电荷与运动电荷、运动电荷与磁铁之间的相互作用，是通过一种特殊物质——磁场（magnetic field）来传递的。磁铁周围存在着磁场，运动电荷和载流导线的周围也存在着磁场。磁场对磁场中的运动电荷和载流导线有力的作用，磁场要做功。磁场具有能量，这是磁场物质性的表现。

为了定量地描述磁场，引入了磁感应强度（magnetic induction）这一物理量。用符号 $\boldsymbol{B}$ 表示，为矢量。

磁场中某点磁感应强度的大小和方向，可以用不同方法来检验。下面借助运动电荷在磁场中所受的磁力来定义磁感应强度 $\boldsymbol{B}$。

在磁场中引入一个正试验电荷 q_0，它以速度 $\boldsymbol{v}$ 通过磁场中某定点 p，结果发现如下规律：

1. 在 p 点，电荷 q_0 沿不同方向运动时，所受磁力 $\boldsymbol{f}$ 的大小不等。当 q_0 沿某一特定方向（小磁针置于该点处，其 N 极的指向）或其相反的方向运动时，所受磁力为零。沿与这一特定方向相垂直的方向运动时，所受磁力最大。

2. 电荷 q_0 在定点 p 所受磁力的方向，总是与其运动速度 $\boldsymbol{v}$ 的方向垂直，同时与上述的特定方向垂直。

3. 电荷 q_0 所受的最大磁力 f_m 与该电荷电量 q_0 和运动速度 v 成正比，而比值 $f_m/(q_0v)$ 仅由 p 点的位置决定。

因此，可以定义磁感应强度的大小和方向如下：

1. 除用小磁针 N 极指向表示磁场中某点磁感应强度 $\boldsymbol{B}$ 的方向外，还可根据右手定则，由正电荷 q_0 在该点所受的最大磁力 $\boldsymbol{f}_m$ 和速度 $\boldsymbol{v}$ 的方向，确定 B 的方向。如图 7-1，右手四指弯曲，拇指伸直，四指弯曲方向为由 $\boldsymbol{f}_m$ 的方向，沿小于 π 的角度弯向速度 $\boldsymbol{v}$ 的方向，则拇指的指向即为磁感应强度 $\boldsymbol{B}$ 的方向。

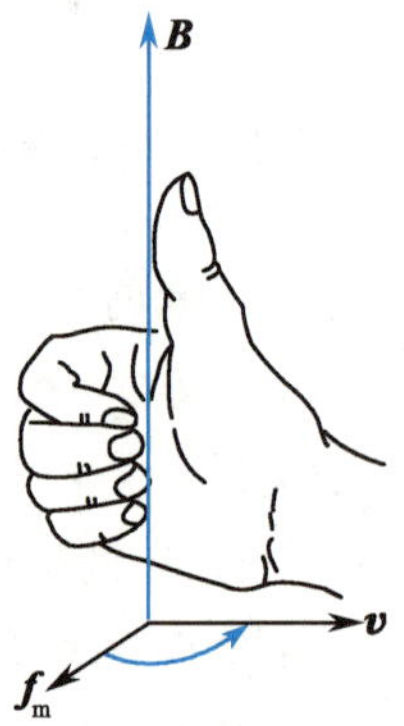

图 7-1 磁感应强度方向的判定

2. 磁感应强度 $\boldsymbol{B}$ 的大小由前述比值确定，即

$$B=\frac{f_m}{q_0v} \quad \text{式(7-1)}$$

在国际单位制中，磁感应强度的单位是特斯拉（Tesla），用 T 表示。

$$1T=1N\cdot s/(C\cdot m)=1N/(A\cdot m)$$

通常的永久磁铁两极附近的 B 为 0.5T 左右；变压器铁芯中的 B 为 0.8~1.4T；磁共振成像设备的 B 为 0.2~3.0T。

在实际应用中也较常用高斯（G）为磁感应强度单位，$1G=10^{-4}T$。如地磁场约为 0.5G；人体生物磁场约为 $10^{-8}\sim10^{-6}G$，人体磁场与地磁场相比非常微弱。

二、电流的磁场

1. 磁感应线 磁场中每一点的磁感应强度都是确定的，即 $\boldsymbol{B}$ 有着确定的大小和方向。为了形象地反映磁场的分布情况，用磁感应线（magnetic induction line）描述磁场在空间的分布情况。磁感应强度的方向由曲线上每一点的切线表示，大小与该点附近磁感应线的密度成正比。由于磁场中每一点的磁感应强度是确定的，所以磁感应线是不会相交的。

图 7-2 是几种不同形状的载流导线所产生磁场的磁感应线情况。电流方向和磁感应线方向符合右手定则，如图 7-3 所示。

在分析了各种形状电流的磁感应线后，可以得到一个重要的结论：在任何磁场中，每一条磁感应线都是闭合曲线，像涡旋一样。

2. 磁场的高斯定理 设空间中有某一曲面，则可以定义通过该曲面磁感应线的总数，称为磁通量（magnetic flux），用 Φ 表示，单位为韦伯（Wb），$1Wb=1T\cdot m^2$。如图 7-4 所示，规定曲面上面积元 $d\boldsymbol{S}$ 的方向为该面积元的法线方向 $\boldsymbol{n}$，则通过曲面 S 的磁通量可以由积分表达如下：

$$\Phi=\int_S d\Phi=\int_S \boldsymbol{B}\cdot d\boldsymbol{S}=B\cos\theta dS \quad \text{式(7-2)}$$

在计算通过闭合曲面的磁通量时，通常取垂直曲面向外的方向为该处曲面的法线方向。因此，穿

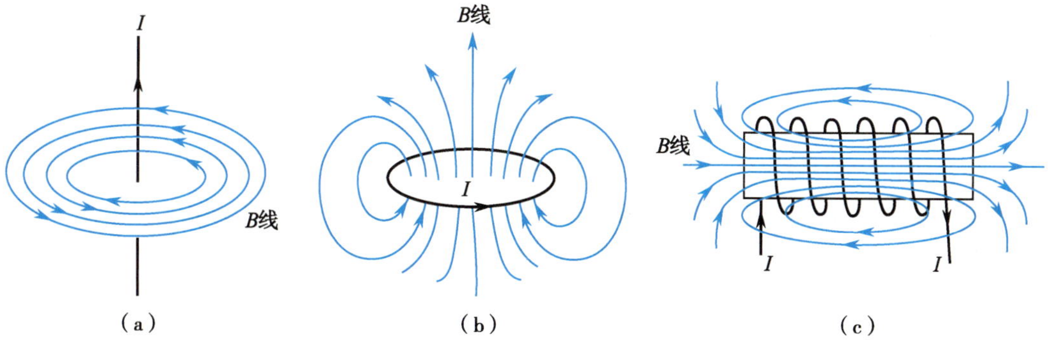

图 7-2 电流周围的磁感应线

（a）长直载流导线；（b）载流线圈；（c）载流螺线管。

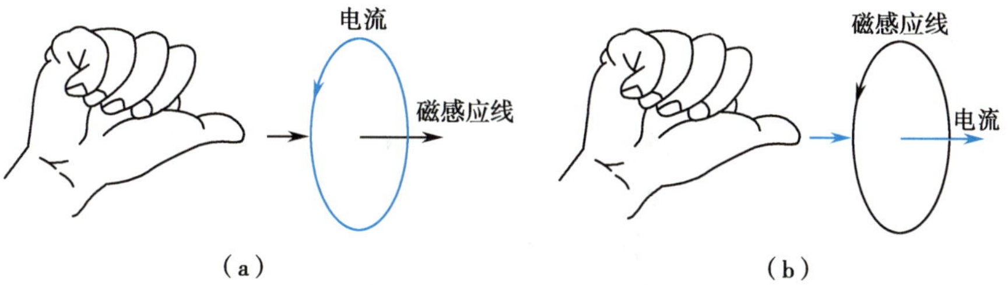

图 7-3 磁感应线方向与电流的关系

（a）四指方向代表电流；（b）大拇指方向代表电流。

入曲面的磁通量为负，穿出的磁通量为正。由于每一条磁感应线都是闭合的，有多少磁感应线穿入闭合曲面，必然有相同数量的磁感应线穿出，所以，通过任何闭合曲面的磁通量必然为零。

$$\Phi = \oint \boldsymbol{B} \cdot \mathrm{d}\boldsymbol{S} = 0 \qquad 式(7\text{-}3)$$

这就是真空中磁场的高斯定理，反映了磁场是涡旋场这一重要特性。

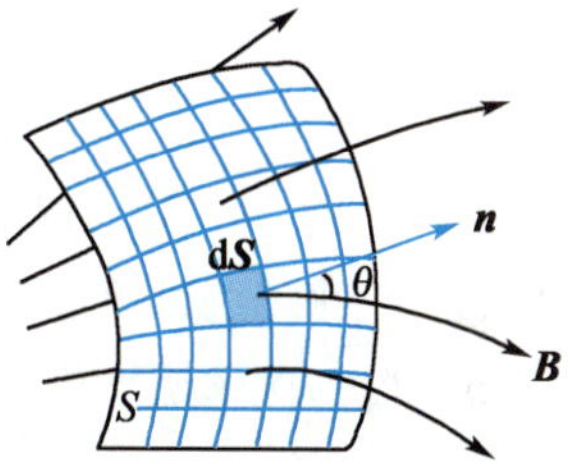

图 7-4 磁通量

自然界中自由电荷可以单独存在，故通过闭合曲面的电通量可以不为零，说明静电场是有源场。与静电场的高斯定理含义不同，对于磁场，由于目前所知不存在单独的磁极，故通过闭合曲面的磁通量必然为零，这说明磁场为无源场。由此可知，磁场和静电场是两类不同性质的场。

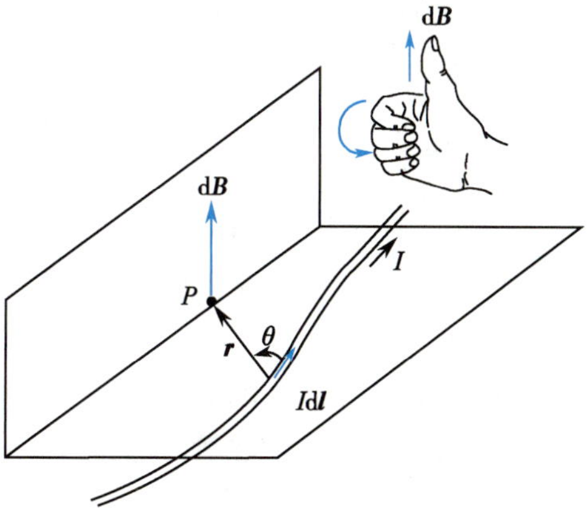

图 7-5 电流元产生的磁感应强度

3. 几种电流的磁场 运动电荷激发的磁场中，最常用和具有实际意义的是稳恒电流激发的磁场，称为稳恒磁场。稳恒磁场中，任意一点的磁感应强度仅与空间位置有关，与时间无关。下面从毕奥-萨伐尔定律（Biot-Savart's law）出发，给出几种典型电流形态下的稳恒磁场表达式。

为了得到任意形状的电流所产生磁场的分布规律，法国科学家毕奥（Biot）和萨伐尔（Savart）由实验总结出电流元所产生磁场的磁感应强度公式，即毕奥-萨伐尔定律。

如图 7-5 所示，假设真空中有一任意载流导线，

其电流强度为 I。在该导线上取一微分线元 $\mathrm{d}l$，按该处的电流方向定义为线元矢量 $\mathrm{d}\boldsymbol{l}$，$I\mathrm{d}\boldsymbol{l}$ 称为电流元。电流元 $I\mathrm{d}\boldsymbol{l}$ 在真空中某点 P 的磁感应强度 $\mathrm{d}\boldsymbol{B}$ 的大小为

$$\mathrm{d}B=\frac{\mu_0}{4\pi}\cdot\frac{I\mathrm{d}l\sin\theta}{r^2} \qquad \text{式(7-4)}$$

式中，μ_0 称为真空中的磁导率（permeability of vacuum），$\mu_0=4\pi\times10^{-7}\mathrm{H/m}$。式中各物理量取国际单位制，$\mu_0$ 的单位是亨利/米（H/m），4π 是常数。

$\mathrm{d}\boldsymbol{B}$ 的方向垂直于 $I\mathrm{d}\boldsymbol{l}$ 和 $\boldsymbol{r}$ 所组成的平面，且 $I\mathrm{d}\boldsymbol{l}$、$\boldsymbol{r}$ 和 $\mathrm{d}\boldsymbol{B}$ 三者满足右手定则，如图 7-5 所示。即握右手，伸直拇指，右手四指弯曲的方向表示在小于 π 的范围内从 $\mathrm{d}\boldsymbol{l}$ 到 $\boldsymbol{r}$ 的转向，则拇指的指向即为 $\mathrm{d}\boldsymbol{B}$ 的方向。

因此，载流导线 L 产生的磁感应强度可写为矢量式的积分，即

$$\boldsymbol{B}=\int_L\mathrm{d}\boldsymbol{B}=\int_L\frac{\mu_0}{4\pi}\cdot\frac{I\mathrm{d}\boldsymbol{l}\times\boldsymbol{r}_0}{r^2} \qquad \text{式(7-5)}$$

式中，$\boldsymbol{r}_0$ 表示电流元 $\mathrm{d}\boldsymbol{l}$ 到点 P 的单位径矢。式(7-5)为毕奥-萨伐尔定律的数学表达式。如果空间中同时存在几条载流导线，则空间任一点的磁感应强度就等于各电流在该点磁感应强度的矢量和。

毕奥-萨伐尔定律不可能直接用实验验证，因为实际上无法得到上述电流元。但是应用它和场的叠加原理计算载流导体所产生的磁场是与实验相符的。

下面给出利用毕奥-萨伐尔定律计算圆电流轴线上和直线电流周围所产生的磁感应强度的情况。

真空中圆电流轴线上的磁感应强度，如图 7-6 所示。半径为 R 的圆电流，电流强度为 I，P 点为其轴线上一点，$OP=x$。则 P 点的磁感应强度大小为

$$B=\frac{\mu_0}{2}\cdot\frac{IR^2}{(R^2+x^2)^{3/2}} \qquad \text{式(7-6)}$$

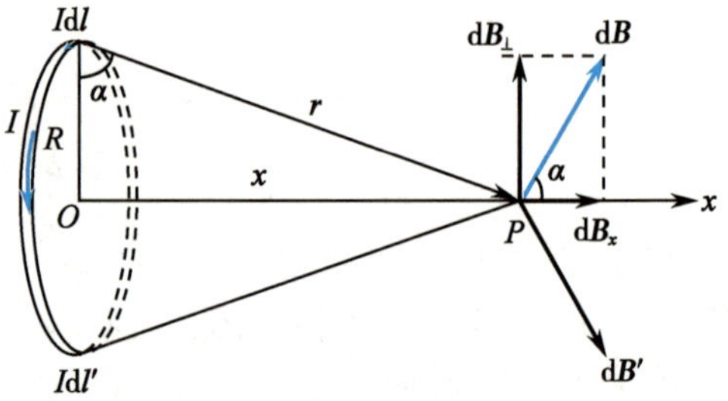

图 7-6 圆电流轴线上的磁场

方向为垂直于圆电流平面，沿 x 轴正方向。

当 $x=0$，即圆电流在圆心处 O 的磁感应强度大小为

$$B=\mu_0 I/2R \qquad \text{式(7-7)}$$

真空中载流长直导线的磁场。如图 7-7 所示，在纸平面内有一载流长直导线 AB，电流强度为 I，从 A 流向 B。则根据毕奥-萨伐尔定律可以得到距导线为 a 的点 P 处的磁感应强度 $\boldsymbol{B}$，大小为

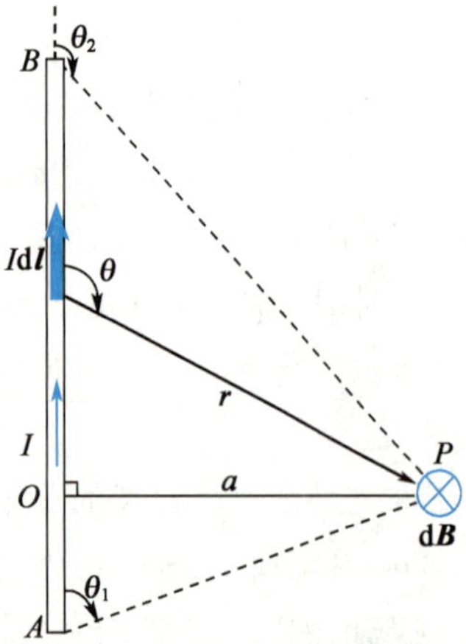

图 7-7 载流长直导线的磁场

$$B=\frac{\mu_0 I}{4\pi a}(\cos\theta_1-\cos\theta_2) \qquad \text{式(7-8)}$$

式中，角度 θ_1、θ_2 如图中所示，$\boldsymbol{B}$ 的方向垂直纸面向里。

若导线 AB 为无限长，则 $\theta_1=0$、$\theta_2=\pi$，由式(7-8)得

$$B=\frac{\mu_0 I}{2\pi a} \qquad \text{式(7-9)}$$

4. 安培环路定理 磁场的另一个重要规律，可以用安培环路定理（Ampere circuital theorem）来表示，它也是电磁场理论的基本方程之一。

安培环路定理的表述如下：在真空稳恒电流的磁场中，磁感应强度 $\boldsymbol{B}$ 沿任意闭合路径 L 的线积分，等于这闭合路径所围绕的电流强度代数和的 μ_0 倍，即

$$\oint \boldsymbol{B} \cdot \mathrm{d}\boldsymbol{l} = \mu_0 \sum I \qquad \text{式(7-10)}$$

式(7-10)中涉及电流的正负规定如下：当电流方向与积分路线的绕行方向服从右手定则，即四指弯曲方向为积分路线的绕行方向，电流方向与拇指指向相同时，电流为正；反之电流为负，如图7-8中，I_1 为正，I_2 为负。

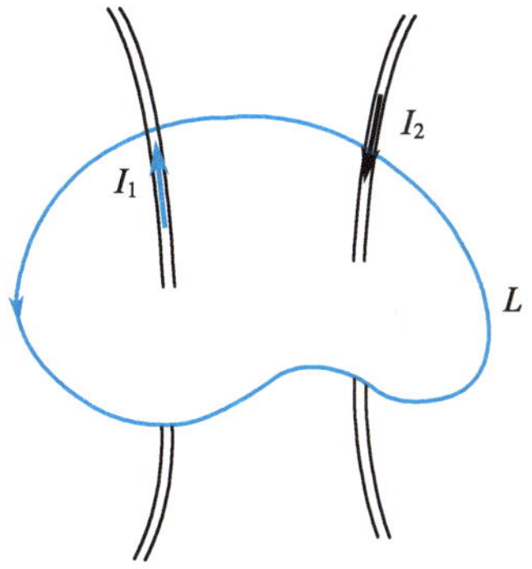

图 7-8　安培环路定理中 *I* 的正负规定

安培环路定理是真空中稳恒电流的磁场遵守的基本规律之一。它说明电流的磁场和静电场有不同的性质：静电场是保守电场，电场强度沿闭合路径的积分（也称为环流）等于零，可引入电势能和电势的概念。但根据安培环路定理，电流的磁场 $\boldsymbol{B}$ 的环路积分不为零，所以磁场是涡旋场。

利用安培环路定理也可以简单地求出电流分布具有一定对称性载流导体的磁场分布。下面给出真空中长直螺线管和螺绕环内部的磁感应强度情况。

长度为 l，由 N 匝线圈均匀密绕的长直螺线管，导线中通以电流 I，如图 7-2(c)的情况，设螺线管直径与长度之比很小，此时其中间内部的磁场可以看成是均匀的。磁感应强度大小为

$$B=\mu_0 nI \qquad \text{式(7-11)}$$

式中，$n=N/l$，表示单位长度上绕有导线的匝数；$\boldsymbol{B}$ 的方向由右手定则确定。

图 7-9 是为一密绕在圆环上的螺线形的线圈，叫作螺绕环。设其总匝数为 N，环的平均半径为 R，环上线圈的半径远小于 R。用 $n=N/2\pi R$ 表示螺绕环单位长度上绕有导线的匝数，此时其中间内部的磁场可以看成是均匀的。磁感应强度大小为

$$B=\mu_0 nI \qquad \text{式(7-12)}$$

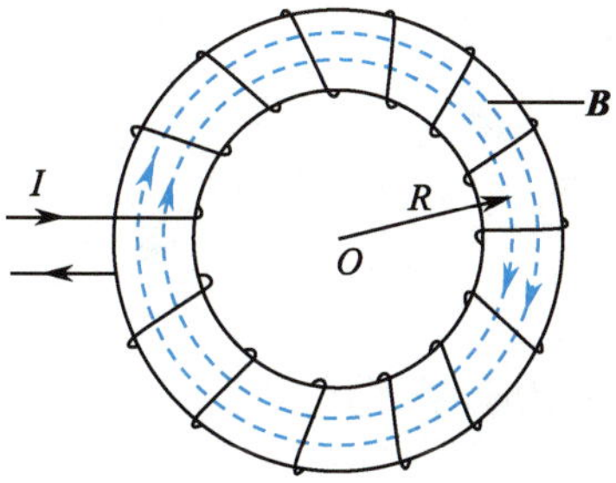

图 7-9　长直螺线管内的磁感应强度

毕奥-萨伐尔定律的综合研究
操作视频

关于毕奥-萨伐尔定律的应用、安培环路定理的应用等几个典型情况磁感应强度的计算，这里不做详细阐述，请参考有关书籍。

第二节　磁场对运动电荷的作用

一、洛伦兹力

运动电荷在磁场中所受的力称为洛伦兹力（Lorentz force），是由荷兰物理学家洛仑兹（H. A. Lorentz）从实验总结出来的。当电量为 q 的正电荷的运动速度 $\boldsymbol{v}$ 与磁场平行时，洛伦兹力为零。当其运动速度 $\boldsymbol{v}$ 与磁场方向垂直时，洛伦兹力最大。因此，当电荷的运动速度 $\boldsymbol{v}$ 与磁感应强度 $\boldsymbol{B}$ 之间成任意角度 θ 时，可将 $\boldsymbol{v}$ 分解为与 $\boldsymbol{B}$ 平行的分量 $B\cos\theta$ 和与 $\boldsymbol{B}$ 垂直的分量 $B\sin\theta$，此时洛伦兹力的大小为

$$f=qvB\sin\theta \qquad \text{式(7-13)}$$

其方向符合右手定则：即右手四指由 $\boldsymbol{v}$ 以小于 π 的角度转向 $\boldsymbol{B}$，拇指指向为力的方向，如图 7-10。所以上式可写为矢量式

$$\boldsymbol{f}=q\boldsymbol{v}\times\boldsymbol{B} \qquad \text{式(7-14)}$$

如果是负电荷，则力 $\boldsymbol{f}$ 的方向相反。

由于洛伦兹力的方向总是与运动电荷的速度方向垂直，因此它对运动电荷不做功，不会改变电荷运动速度的大小，只改变它的运动方向。

当带电粒子以一定速度 $\boldsymbol{v}$ 进入均匀磁场 $\boldsymbol{B}$，速度 $\boldsymbol{v}$ 与磁场 $\boldsymbol{B}$ 的方向关系有三种：

1. $\boldsymbol{v}$ 与 $\boldsymbol{B}$ 平行。带电粒子受到的洛伦兹力为零，带电粒子做匀速直线运动。

2. 如果两者方向垂直，如图 7-11 所示，磁场的方向垂直图面向里（图中以×表示）。

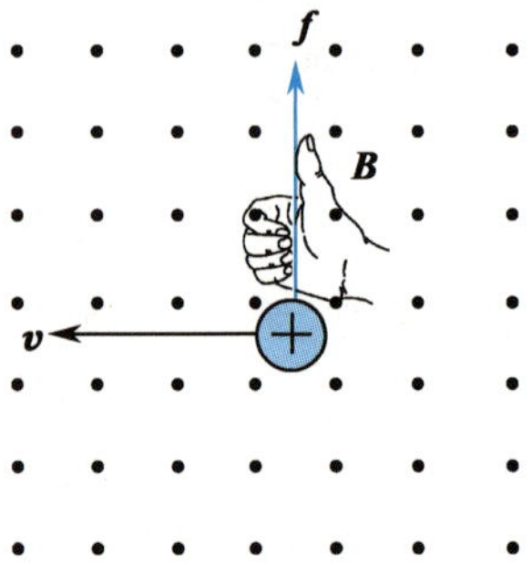

图 7-10 洛伦兹力方向的判定

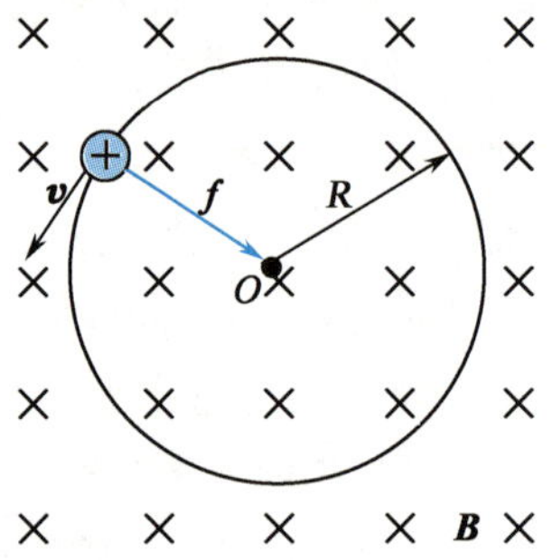

图 7-11 正电荷在匀强磁场中的匀速圆周运动

带正电的运动粒子受到的洛伦兹力的大小 $f=qvB$，方向与 $\boldsymbol{v}$、$\boldsymbol{B}$ 垂直。于是该带电粒子将在与磁场垂直的平面内做匀速圆周运动，洛伦兹力提供圆周运动的向心力，即

$$qvB=\frac{mv^2}{R}$$

所以，圆周运动的半径即回旋半径为

$$R=\frac{mv}{qB} \qquad \text{式(7-15)}$$

由式(7-15)可看出，当带电粒子的 q、v 相同，且 B 一定时，粒子的质量 m 越大，其回旋半径也越大。

由式(7-15)可以得到带电粒子回旋一周所需的时间，即周期 T 为

$$T=\frac{2\pi R}{v}=\frac{2\pi m}{qB} \qquad \text{式(7-16)}$$

单位时间内回旋的圈数或回旋频率 ν 为

$$\nu=\frac{1}{T}=\frac{qB}{2\pi m} \qquad \text{式(7-17)}$$

式(7-16)、式(7-17)表明，回旋频率或周期都与粒子的运动速度 $\boldsymbol{v}$ 或回旋半径 R 无关。因此 m 和 q 相同而速度大小不同的粒子回旋一周所需的时间相同，只不过速度较大的粒子回旋半径较大，速度较小的粒子回旋半径较小。这一结果，是设计加速带电粒子的回旋加速器的物理学基础。

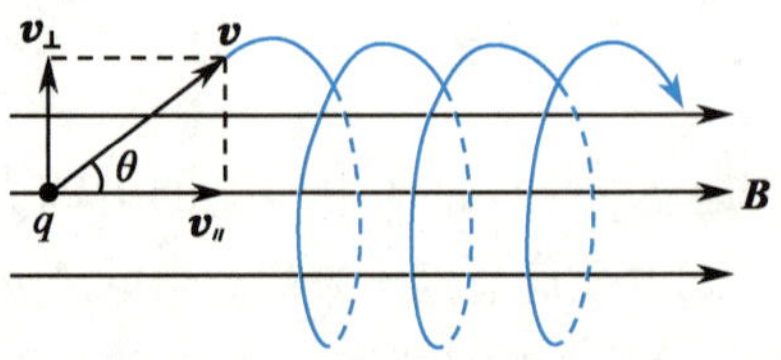

图 7-12 带电粒子的螺旋运动

3. 速度 $\boldsymbol{v}$ 与磁感应强度 $\boldsymbol{B}$ 之间的夹角为 θ，如图 7-12 所示。此时将速度 $\boldsymbol{v}$ 分解为与磁场垂直的速度分量为 $\boldsymbol{v}_{\perp}=\boldsymbol{v}\cdot\sin\theta$，以

及与磁场平行的速度分量为 $\boldsymbol{v}_{/\!/}=v\cdot\cos\theta$。因此，粒子所受的洛伦兹力为 $f=qvB\sin\theta$，做半径为 $R=\dfrac{mv}{qB}\sin\theta$ 的圆周运动。在磁场方向上，粒子所受的力为零，故粒子以速度 $\boldsymbol{v}_{/\!/}$ 在磁场方向上匀速运动。因此，粒子的运动轨迹为一螺旋线，螺距 h 为 $h=\dfrac{2\pi m}{qB}v\cos\theta$。

二、洛伦兹力的应用

1. 质谱仪 质谱仪(mass spectrograph)是利用磁场对运动电荷的作用力，把电量相等而质量不同的带电粒子分离开的一种仪器。因此，它是研究同位素的一种重要工具，测量同位素的质量准确度可达千万分之一，在医药研究中有着广泛应用。其工作原理如图 7-13 所示。

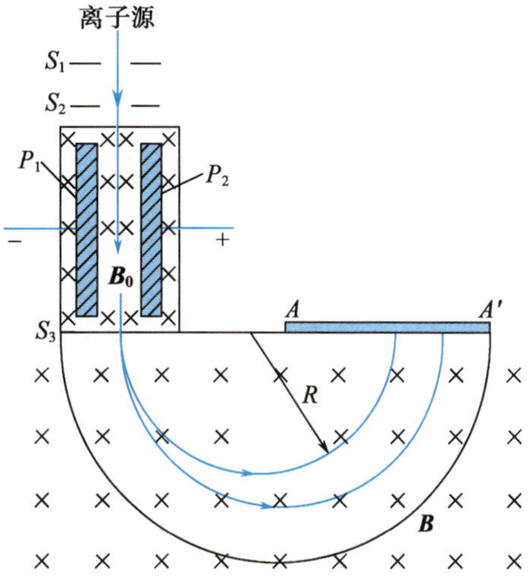

图 7-13 质谱仪的工作原理

图中 S_1 和 S_2 为中间带有狭缝的一对平行金属极板。两极之间加有一定的电压。设有不同初速度和质量的正离子，从离子源进入 S_1 后，在两极间加速电压的作用下，做匀加速直线运动，并穿过 S_2 而进入另一对平行金属板 P_1 和 P_2 之间的空间。P_1 和 P_2 之间也加有一定的电压，且 P_2 电势高于 P_1 电势，极板之间的电场为 $\boldsymbol{E}$，同时还有垂直图面向里的匀强磁场 $\boldsymbol{B}_0$。当正离子进入 P_1P_2 之间的空间后，受到相反方向的电场力与磁场力的作用，当两者大小相等时

$$qE=qvB_0 \qquad \text{式(7-18)}$$

电磁合力为零，满足这一条件的粒子速度 $v=E/B_0$，这些粒子才会无偏转地通过 P_1P_2 之间的空间，并穿过狭缝 S_3，这个过程叫作离子速度选择过程。

经过选择的具有一定速度的正离子穿过 S_3后，进入一个只有匀强磁场 $\boldsymbol{B}$ 的区域，$\boldsymbol{B}$ 的方向垂直纸面向里。在这个区域内，离子在洛伦兹力的作用下做圆周运动，根据式(7-15)，圆周运动的半径 $R=\dfrac{mv}{qB}$，将 $v=\dfrac{E}{B_0}$代入此式，得

$$R=\frac{mE}{qBB_0} \qquad \text{式(7-19)}$$

因此，不同质量的正离子做圆周运动的半径不同，从而被分离开来，这个过程称为同位素的分离过程。上述分离开的正离子，最后射到照相底片 AA' 的不同位置上，形成了线状的条纹，叫作质谱。从条纹的位置即可求出圆周的半径 R，再根据式(7-19)计算出同位素的质量。图 7-14 是用质谱仪摄得锗元素的质谱，谱上的数字是各同位素的原子量。锗的五种同位素离子都能被分离。

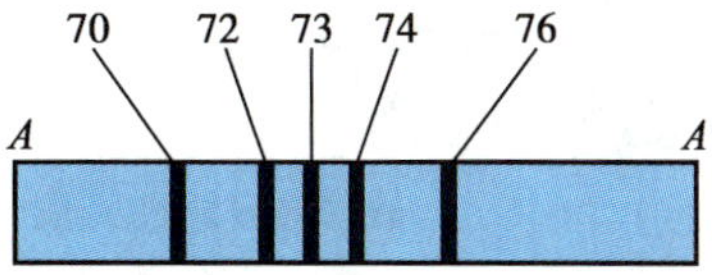

图 7-14 锗元素的质谱

利用质谱仪还能识别不同的化学元素和化合物，也能方便地测出离子的荷质比，即

$$\frac{q}{m}=\frac{E}{RBB_0}$$

2. 霍尔效应 如图 7-15 所示，某种导电材料的长方形板置于磁感应强度为 B 的磁场中，通以纵向电流 I，则板的横向两侧 AA'之间出现一定电势差 U_H，这一现象称为霍尔效应(Hall effect)，U_H 称为霍尔电压。

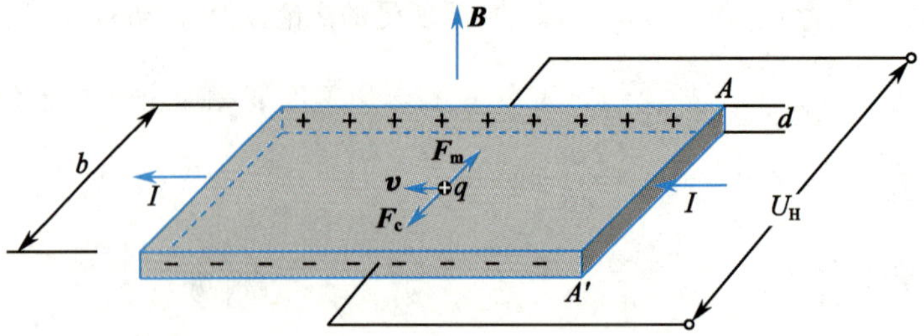

图 7-15 霍尔效应

能产生霍尔电压 U_H 是因为导体中定向流动的带电载流子受到了磁场的洛伦兹力。如图 7-15 所示，当导体中通有电流 I 时，带正电荷 q 的载流子定向漂移速度方向与电流 I 流向相同，设其大小为 v，则 q 受到的洛伦兹力 $\boldsymbol{F}_m = q\boldsymbol{v}\times\boldsymbol{B}$，在 $A'A$ 方向。因此，在导体的 A 侧积累正电荷，A' 侧积累负电荷，建立了 AA' 方向的电场 $\boldsymbol{E}$。该电场可对电荷 q 产生 AA' 方向的电场力 $\boldsymbol{F}_e = q\boldsymbol{E}$。当这两个力平衡时，即 $qE = qvB$，导体 AA' 两侧停止电荷积累，形成稳定的霍尔电压。根据图 7-15 中导体宽度 b，可以得到霍尔电压为

$$U_H = Eb = vBb$$

但上式中的载流子平均漂移速度 v，不是实验中的直接测量量，而导体中的电流强度 I 是容易测量的。为此，需要用到电流强度 I 与载流子浓度 n 以及电流密度 δ 的关系为

$$I = \delta S = nqvbd$$

式中，$S = bd$ 是长方形板的横截面积，如图 7-15 所示。结合上述两个式子，可得霍尔电压为

$$U_H = \frac{1}{nq}\cdot\frac{IB}{d} \qquad 式(7\text{-}20)$$

7-3 霍尔效应及应用 操作视频

式(7-20)表明霍尔电压与电流强度 I 和磁感应强度 B 成正比，与导体薄片的厚度 d 成反比。其中的比例系数为

$$\frac{1}{nq} = R_H \qquad 式(7\text{-}21)$$

称为霍尔系数(Hall coefficient)，符号为 R_H。因此，式(7-20)又可以写为

$$U_H = R_H\frac{IB}{d} \qquad 式(7\text{-}22)$$

7-4 霍尔效应的应用 微课

从式(7-21)可以看出霍尔系数与长方形板的材料有关。金属导体中的载流子是自由电子，浓度 n 很大，霍尔系数很小。半导体材料的 n 小得多，因此，半导体材料能产生较大的霍尔电压。另外，根据霍尔系数的正负，可判断载流子的正负，从而得知材料的相关性质。

在图 7-15 的实验中，如果撤去磁场或者撤去电流，霍尔电压随之消失。

实际应用中产生霍尔效应的元件——霍尔元件都是由半导体材料制成的，可用于磁场、材料性质、温度性质、电流测量等方面，在化学、生物学和医药仪器中有广泛应用。

第三节 磁场对电流的作用

一、安培定律

导线中自由电子的定向运动形成电流，载流导线在磁场中所受的力，就是这些定向运动的电子所受到的洛伦兹力的叠加，由此可以求出磁场对电流的作用。如图 7-16 所示，在载流导线上取电流元

$Id\boldsymbol{l}$,电流元处的磁感应强度为 $\boldsymbol{B}$,方向垂直图面向里。则对导体中每一个定向运动的电子所受的洛伦兹力叠加,可推导得到该电流元合力 $d\boldsymbol{F}$ 为

$$d\boldsymbol{F}=Id\boldsymbol{l}\times\boldsymbol{B} \qquad 式(7\text{-}23)$$

这就是安培定律(Ampere law),$d\boldsymbol{F}$ 称为安培力。此式说明电流元 $Id\boldsymbol{l}$ 在磁场中所受作用力的大小为 $dF=IB\sin\theta dl$,θ 为 dl 与 $\boldsymbol{B}$ 的夹角。该力的方向根据矢量叉乘的右手定则决定。

在匀强磁场中,长为 L 载有电流 I 的直导线所受的安培力等于各电流元安培力的叠加,如图 7-16 所示,即

$$F=\int_L dF=\int_L IB\sin\theta dl=IBL\sin\theta \qquad 式(7\text{-}24)$$

式(7-24)中,θ 为 $d\boldsymbol{l}$ 与 $\boldsymbol{B}$ 的夹角。当 $\theta=0$ 或 $\theta=\pi$ 时,$F=0$,即导线中电流流向与 $\boldsymbol{B}$ 方向相同或相反时,载流导线受力为零,当 $\theta=\pi/2$ 时,导线中电流流向与 $\boldsymbol{B}$ 垂直,载流导线所受的安培力最大,$F=BIL$。力的方向由右手定则决定。

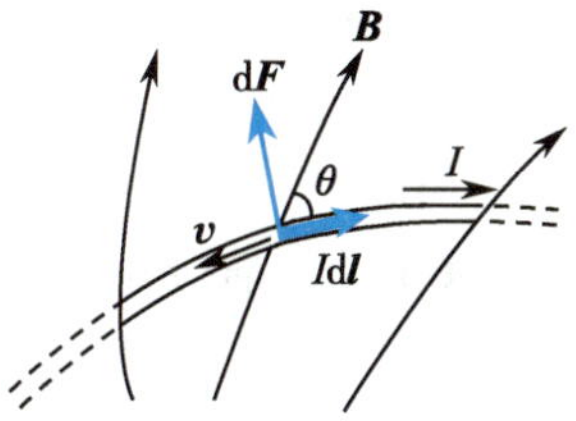

图 7-16　电流元所受的安培力

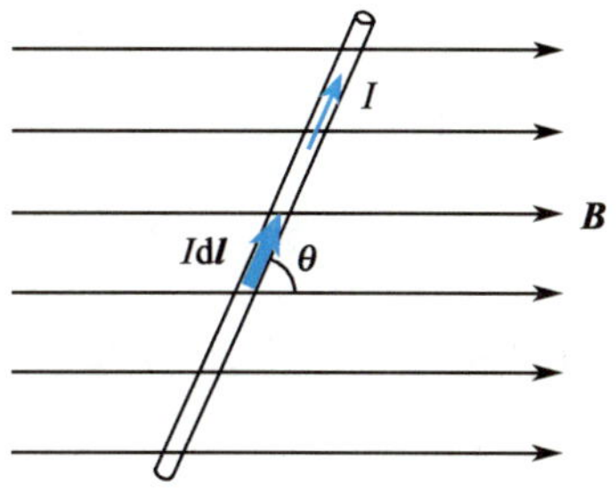

图 7-17　载流直导线在均匀磁场中的受力

当载流导线是任意形状或处于非均匀磁场中,则各电流元受力的大小和方向都可能不同,则 $\boldsymbol{F}=\int d\boldsymbol{f}$,是各电流元所受力的矢量积分。

例题 7-1　真空中两条无限长平行直导线,相距为 a,通有方向相同的电流,电流强度分别为 I_1 和 I_2,如图 7-18 所示。求每一导线单位长度所受的力。

解: 首先计算导线 CD 所受的力。在 CD 上取电流元 $I_2d\boldsymbol{l}_2$,在 dl_2 处由电流 I_1 产生的磁场大小 $B_1=\mu_0I_1/2\pi a$,方向垂直导线向下,所以电流元受力大小为

$$dF_2=\frac{\mu_0I_1I_2}{2\pi a}dl_2$$

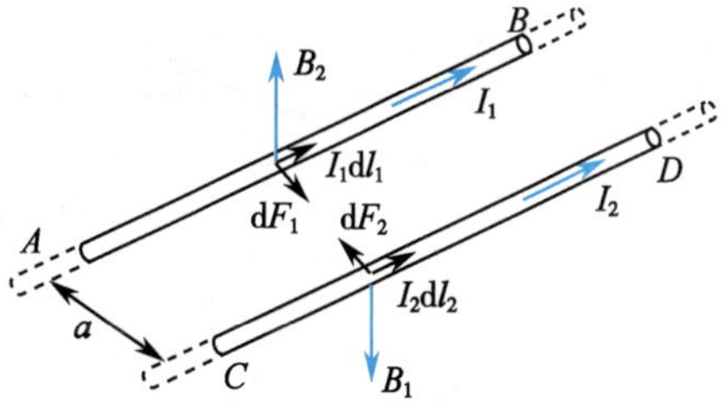

图 7-18　两条平行载流长直导线间的作用力

方向在两导线构成的平面内,垂直指向 AB。因此,其单位长度受力为$\frac{dF_2}{dl_2}=\frac{\mu_0I_1I_2}{2\pi a}$。同理,导线 AB 的单位长度所受力的大小也等于$\frac{\mu_0I_1I_2}{2\pi a}$,方向指向 CD,即两导线相互吸引,两者互为作用力、反作用力。

当两电流相等 $I_1=I_2=I$,如果$\frac{dF}{dl}=2\times10^{-7}$N/m,并且 $a=1$m 时,则规定每条导线中的电流就为 1A。

实际上,在国际单位制中,电流强度的单位“安培”就是根据以上载流直导线受力而定义的:在真空中相距为 1m 的两条无限长的平行直导线,通有相同的稳恒电流,如果每条导线每米长度上受力为 2×10^{-7}N,则每条导线中的电流强度就规定为 1A。

例题 7-2　在均匀磁场 $\boldsymbol{B}$ 中有一半径为 R 的半圆形导线,导线中通有电流 I,磁场与导线平面垂直,如图 7-19 所示。试分析该半圆形导线所受的安培力。

解： 以圆心为原点建立直角坐标系 xOy，在半圆形导线上取一电流元 $Id\boldsymbol{l}$。由式(7-23)可知该电流元受力大小为 $dF=IBdl$，$d\boldsymbol{F}$ 的方向为矢积 $Id\boldsymbol{l}\times\boldsymbol{B}$ 的方向，即沿半径向外，如图 7-19 所示。

考虑到半圆形导线上各电流元所受的安培力均在 xOy 平面内，故将各电流元所受的力分解为 x 方向分量 dF_x 和 y 方向分量 dF_y。由图 7-19 中的对称性分析可知，沿 x 方向分量之和为零，合力沿 y 轴正向。故该半圆形导线所受合力大小为

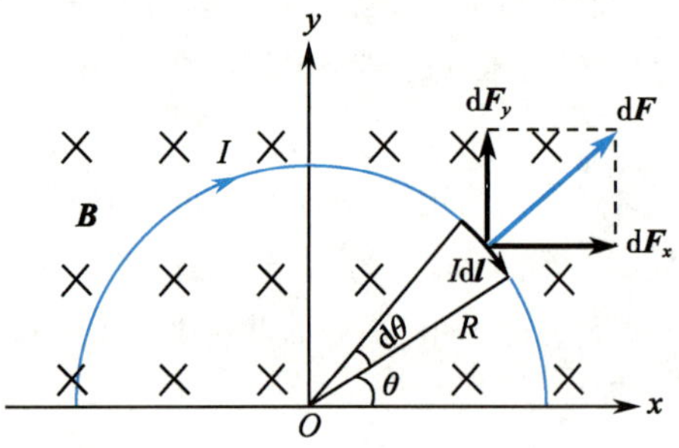

图 7-19　例题 7-2 图

$$F=F_y=\int_L dF_y=\int_L dF\sin\theta=\int_L IBdl\sin\theta$$

式中，θ 为 $d\boldsymbol{F}$ 与 x 轴正向之间的夹角。根据图中的几何关系可知，$dl=Rd\theta$，则可计算合力大小为

$$F=\int_0^{\pi} IBRd\theta\sin\theta=2IBR$$

合力 $\boldsymbol{F}$ 方向沿 y 轴正向。

二、磁场对载流线圈的作用、磁矩

通电线圈在磁场中会发生转动，说明磁场有磁力矩作用在线圈上。下面讨论均匀磁场对平面线圈的作用。

设有一矩形的平面线圈，边长 $ab=cd=l_2$，$bc=da=l_1$，通过的电流强度为 I，处在磁感应强度为 $\boldsymbol{B}$ 的均匀磁场中，如图 7-20(a)所示。如果线圈的平面与磁场方向成任意角 θ，并且 ab、cd 这组对边与磁场垂直，则导线 bc 和 da 两边所受的安培力 $\boldsymbol{F}_1$ 和 $\boldsymbol{F}_1'$ 大小相等、方向相反，且位于同一直线上。设线圈为刚体，因此它们的作用可相互抵消。

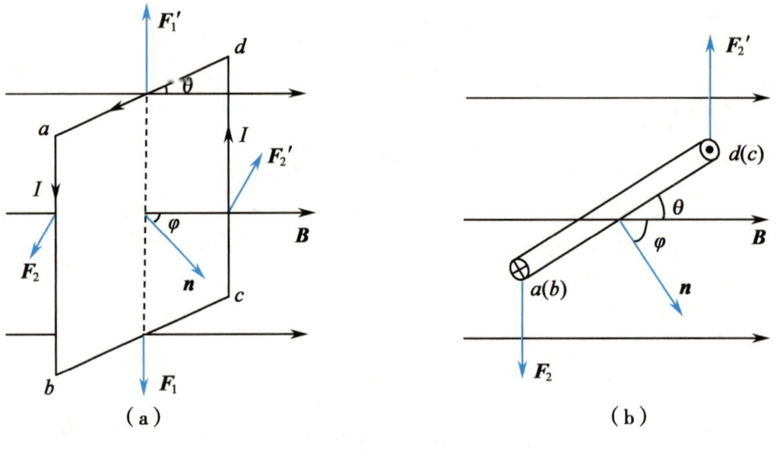

图 7-20　平面矩形线圈在匀强磁场中所受的力矩

(a) 矩形线圈各边受力情况；(b) 俯视图。

导线 ab 和 cd 所受的安培力分别为 $\boldsymbol{F}_2$ 和 $\boldsymbol{F}_2'$，大小 $F_2=F_2'=Il_2B$，这两个力大小相等、方向相反，但不在一条直线上，可产生力矩，如图 7-20(b)所示。它们作用在线圈上的力矩为

$$M=F_2l_1\cos\theta=Il_2l_1B\cos\theta=ISB\cos\theta \qquad 式(7\text{-}25)$$

式中，$S=l_1l_2$ 为矩形平面线圈的面积。

通常以线圈平面的法线方向表示线圈的方向。其法线方向是这样规定的：右手伸直拇指，使四指弯曲方向为电流在线圈中的流动的方向，则拇指指向即为载流线圈平面法线 $\boldsymbol{n}$ 的正方向，如图 7-21

所示。

若 $\boldsymbol{n}$ 的方向与磁场 $\boldsymbol{B}$ 的方向的夹角为 φ，如图 7-20(b)，则由于 $\theta+\varphi=\frac{\pi}{2}$，故式(7-25)可改写为

$$M=ISB\sin\varphi$$

如果线圈有 N 匝，则线圈所受力矩

$$M=NISB\sin\varphi$$

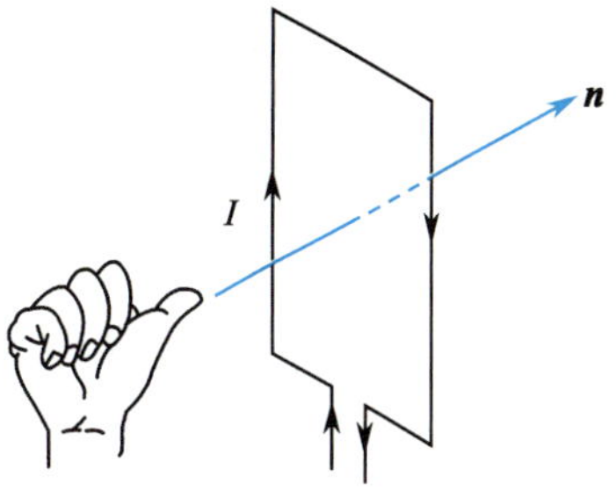

图 7-21 线圈法线的规定

式中，N、I、S 都是表示载流线圈本身特征的量，它们的乘积称为线圈的磁矩(magnetic moment)，用 $\boldsymbol{p}_m$ 表示。磁矩是一个矢量，其大小 $p_m=NIS$，它的方向是载流线圈平面的法线 $\boldsymbol{n}$ 的方向。磁矩的单位是安·米^2($\mathrm{A\cdot m^2}$)。

磁矩是一个重要的物理概念。例如，在原子中核外电子绕核运动，因电子带电，从而形成一个环形电流，这电流与电流所包围的面积之积，称为电子的轨道磁矩。此外，电子和原子核都有自旋运动，与这些相对应地形成电子的自旋磁矩和原子核的自旋磁矩。这些概念在研究原子和分子光谱以及核磁共振现象中，都会经常用到。

根据磁矩的定义，通电线圈在匀强磁场中所受力矩可写成矢量式

$$\boldsymbol{M}=\boldsymbol{p}_m\times\boldsymbol{B} \qquad \text{式(7-26)}$$

此式虽然是由矩形线圈导出的，但是对于匀强磁场中任意形状的线圈也都适用。

由式(7-26)可知，当 $\varphi=\pi/2$ 时，线圈平面法线 $\boldsymbol{n}$ 与磁场 $\boldsymbol{B}$ 垂直，线圈所受力矩最大。当 $\varphi=0$ 时，线圈平面法线 $\boldsymbol{n}$ 与磁场 $\boldsymbol{B}$ 方向相同，通过线圈的磁通量最大，线圈所受力矩为零，这个位置是线圈的稳定平衡位置。当 $\varphi=\pi$ 时，线圈平面法线 $\boldsymbol{n}$ 与磁场 $\boldsymbol{B}$ 方向相反，此时虽然线圈所受力矩也等于零，但这个平衡位置是不稳定的。图 7-22 画出了以上三种情况下的载流线圈受磁力矩的情况。

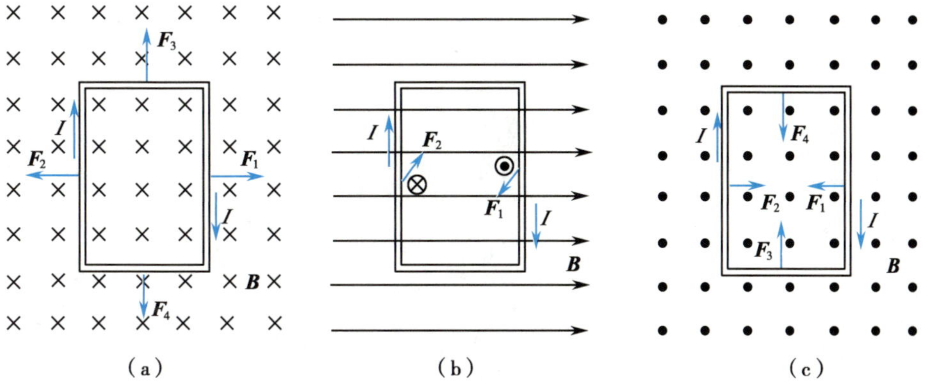

图 7-22 载流线圈不同状态时的磁力矩

(a) $\varphi=0°$；(b) $\varphi=90°$；(c) $\varphi=180°$。

综上所述，载流线圈在均匀磁场中受到的合力为零时，合力矩不一定为零。磁力矩的作用总是力图使线圈转到其磁矩 $\boldsymbol{p}_m$ 与磁场 $\boldsymbol{B}$ 相同的方向(以小于 π 的角度)，使磁力矩为零，线圈达到稳定平衡状态。

第四节 磁 介 质

一、磁场对物质的作用

电介质在外电场的作用下将被极化，产生附加电场，使原有电场发生变化。同样，当某些物质放

到磁场中，也会产生附加磁场，使原有磁场发生变化，这种现象称为物质的磁化(magnetization)。凡能被磁化的物质或能够对磁场发生影响的物质称为磁介质(magnetic medium)。实际上所有物质都是磁介质，在磁场的作用下会或多或少地被磁化，并能影响原磁场。

假设没有磁介质时，真空中某一点的磁感应强度为 $\boldsymbol{B}_0$，放入磁介质后，因磁介质被磁化而产生的附加磁场 $\boldsymbol{B}'$，则该点的磁感应强度是这两者的矢量和，即

$$\boldsymbol{B}=\boldsymbol{B}_0+\boldsymbol{B}' \qquad \text{式(7-27)}$$

实验表明，对于不同的磁介质，B 可能大于 B_0，也可能小于 B_0，因此，可将磁介质分为三类。

1. B' 与 B_0 同向，$B>B_0$，这类物质称为顺磁质(paramagnetic substance)，如锰、铬、铝、氮、氧等。

2. B' 与 B_0 反向，$B<B_0$，这类物质称为抗磁质(diamagnetic substance)，如汞、铜、氯、氢等。所有的抗磁质和大多数顺磁质磁化后产生的 B' 都较 B_0 小得多。

3. B' 与 B_0 同向，但 $B\gg B_0$，这类物质称为铁磁质(ferromagnetic)，如铁、钴、镍和它们的合金。

顺磁质和抗磁质磁化后所产生的附加磁场 $B'\ll B$，对磁场的影响极为微弱，称为弱磁质；而铁磁质具有的磁性对磁场的影响很大，称为强磁质。

关于顺磁质和抗磁质的磁化机制，可参考其他相关书籍。

可以通过实验来研究磁介质对磁场的影响。用一个长直螺线管，当其中通以电流 I 时，测得管内磁感应强度 B_0，然后再在管内均匀地充满某种磁介质，保持电流 I 不变，测得管内磁感应强度为 B，则从实验结果可以发现

$$B=\mu_r B_0 \qquad \text{式(7-28)}$$

式中，μ_r 称为磁介质的相对磁导率(relative permeability)，它是没有单位的纯数，取决于磁介质的种类和状态。不同的磁介质有不同的 μ_r 值。真空 $\mu_r=1$；顺磁质的 $\mu_r>1$，如铝的 $\mu_r=1.000\ 02$；抗磁质的 $\mu_r<1$，如铜的 $\mu_r=0.999\ 99$；铁磁质的 $\mu_r\gg1$，如硅钢的 $\mu_r=700$(最大值)。

式(7-28)表明，磁介质磁化后，磁介质中的磁感应强度是真空中的 μ_r 倍。

若螺线管的长为 L，总匝数为 N，从式(7-11)可知

$$B_0=\mu_0\frac{N}{L}I$$

将此式代入式(7-28)式得

$$B=\mu_0\mu_r\frac{N}{L}I$$

令 $\mu=\mu_0\mu_r$，则

$$B=\mu\frac{N}{L}I \qquad \text{式(7-29)}$$

式(7-29)反映了磁介质存在时，螺线管中的电流 I 与管内总磁感应强度 B 的关系。式中，μ 称为磁介质的磁导率(permeability)，它与真空中的磁导率 μ_0 有相同的单位，都是亨利/米(H/m)。

要注意的是，顺磁质和抗磁质的磁导率与磁场无关，而铁磁质的磁导率与磁场有关。

对式(7-28)和式(7-29)进行简单变换，可得

$$\frac{B_0}{\mu_0}=\frac{B}{\mu}=\frac{N}{L}I$$

为了方便讨论问题，引入一个辅助矢量——磁场强度(magnetic field intensity)，用 H 表示，定义为

$$\boldsymbol{H}=\frac{\boldsymbol{B}}{\mu} \qquad \text{式(7-30)}$$

从磁场强度的定义式可知，在磁场中均匀地充满各向同性的磁介质(非铁磁质)时，磁场强度 H 和磁感应强度 B 的方向相同，大小成正比。此式虽然是从长直螺线管这一特例得出的，但对任何类型

的磁场均适用。H 的单位是安/米(A/m)。上式也可写为

$$\boldsymbol{B}=\mu\boldsymbol{H} \quad \text{式(7-31)}$$

把磁场中介质的磁化与电场中介质的极化进行比较,不难看出,磁场中的磁感应强度 $\boldsymbol{B}$ 与电场中的电场强度 $\boldsymbol{E}$ 相对应;而磁场中的磁场强度 $\boldsymbol{H}$ 与电场中的电位移 $\boldsymbol{D}$ 相对应。此外,应该注意的是,$\boldsymbol{B}$ 和 $\boldsymbol{H}$ 两个量既有联系又有区别。$\boldsymbol{B}$ 是描述磁场对运动电荷施以洛伦兹力作用的物理量,而 $\boldsymbol{H}$ 只不过是为了讨论问题的方便而引入的一个辅助量。

二、铁磁质

铁、钴、镍及其合金称为铁磁质,它们具有一些特殊的性质。它们的磁导率很大,而且其值与磁场强度有关。另外,它们有明显的磁滞现象。

通过铁磁质被磁化时,磁感应强度 B 和磁导率 μ 的测量,可以研究它的磁化过程及其特性。图 7-23 是铁磁质的 μ-H 曲线,由图可以看出,H 较小时,μ 随 H 的增加而急剧增大;当 H 达到一定值时,μ 达到最大值;以后,随着 H 增加,μ 而逐渐减小。说明铁磁质的磁导率不是常数,而与磁场强弱有关。

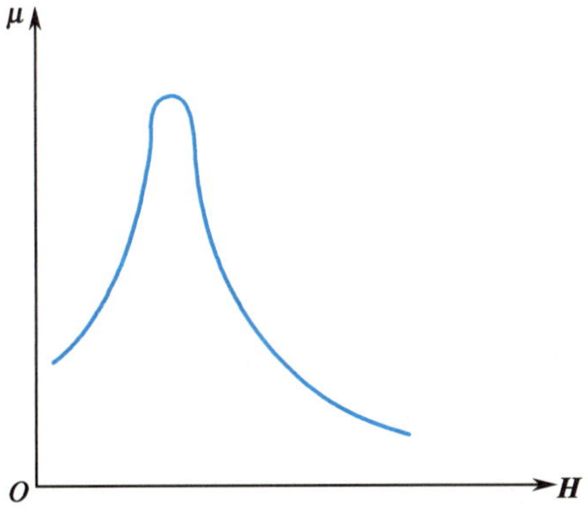

图 7-23 铁磁材料的磁化过程中 μ-H 曲线

图 7-24 是铁磁质在磁化过程中 B 和 H 的数量关系,最初,磁感应强度 B 随 H 的增大而增大(曲线 OC),当 H 增大到一定值后,B 几乎不再增大,即处于磁饱和状态。之后,如果 H 减小,B 将不沿原来的曲线 OC 下降,而是沿另一曲线 CD 下降,即 B 的减小要比增加“缓慢”。当 H 减小到零,B 并不减小到零,而保留一定值(图中线段 OD),这个值称为铁磁质的剩磁(remnant magnetization)。如果要使 B 减小到零,则必须加一个适当的反向磁场(图中 OE),这个值称为矫顽力(coercive force)。继续增大反向磁场,又可达到反方向的磁饱和。这以后,再逐渐减小反向磁场,然后再加上正向磁场,则可得到图中的闭合曲线 $CDEFGC$,这条闭合曲线称为磁滞回线(hysteresis loop)。不难看出,磁感应强度的数值变化总是落后于磁场强度的变化,这一现象称为磁滞,是铁磁质的重要特征之一。

铁磁质在周期性外磁场的作用下,它的磁化过程将沿磁滞回线变化,回线所包围的面积大小,可反映外磁场变化一个周期对铁磁质所做的功。磁介质所损耗的能量将转变为热量,这种能量的损失称为磁滞损耗(hysteresis loss)。

不同的铁磁质磁滞回线的形状不同,即它们有不同的剩磁和矫顽力。软铁、硅钢的磁滞回线包围的面积比较小,磁滞损耗小,这些材料适用于变压器和电磁铁的铁心。而镍钢、铝镍钴合金等材料的磁滞回线包围的面积比较大,剩磁较大,因此,可用这些材料作为扬声器和各种仪表中的永久磁铁。

铁磁质具有特殊的磁化过程,可用磁畴的概念加以说明。铁磁质内可以分为许多体积大小约为 10^{-6}mm^3 的小区域,每个小区域内的分子磁矩已朝同一方向排列整齐,这些小区域称为磁畴(magnetic domain),如图 7-25 所示。在无外磁场时,不同磁畴的磁矩方向不同,因此宏观上不显磁性。但在外磁场的作用下,磁畴间的界壁发生移动,磁矩方向接近外磁场方向的磁畴体积增加,当外磁场增加到一个定值时,所有磁畴都取外磁场的方向,磁化达到了饱和。之后,外磁场减小,但各磁畴的界壁很难恢复到原有的形状,因此产生了磁滞。

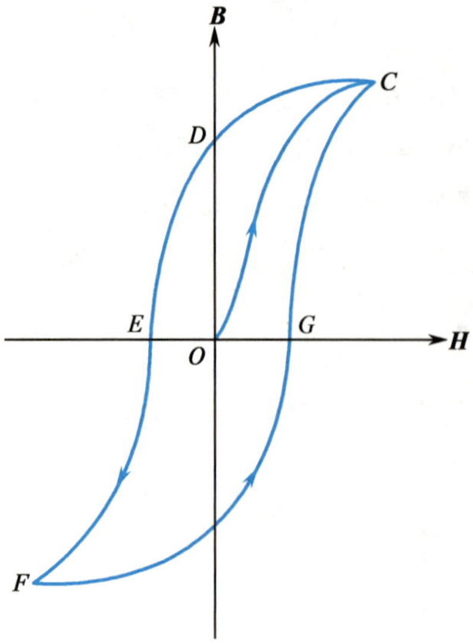

图 7-24　磁滞回线

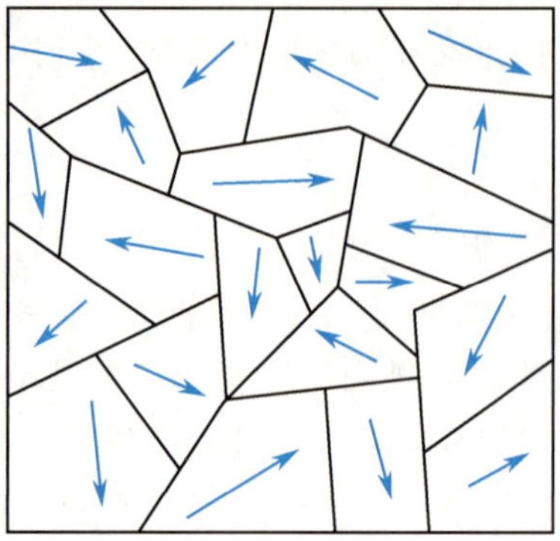

图 7-25　磁畴

当铁磁质的温度升高到某一定值时，铁磁质的上述特性就会消失，铁磁质变为顺磁质。这一温度称为铁磁质的居里点（Curie point）。铁的居里点为 770℃，镍的居里点为 360℃。

要了解磁场可对物质产生的其他作用、对生物体产生的不同效应，可参考相关书籍。

第五节　电 磁 感 应

电流既然能够产生磁场，那么，能不能反过来利用磁场来激发产生电流呢？电磁感应就是变化的磁场产生电场的现象。它不仅阐明了变化的磁场能够激发电场，而且还进一步揭示了电和磁之间的内在联系，使人们对电磁现象的本质有了更深入的了解，从而奠定了现代电工电子学的基础，开辟了利用电能的道路。

自 1820 年奥斯特发现电流的磁效应以后，科学家就开始研究它的逆现象，即如何利用磁场产生电流。英国科学家法拉第（M. Faraday）经过近 10 年的研究，终于在 1831 年发现了电磁感应现象。1833 年俄国物理学家楞次（H. F. E. Lenz）建立了确定感应电流方向的规则。在此基础上，麦克斯韦（J. C. Maxwell）又提出了位移电流和涡旋电场两大基本假设，在 1865 年以完美的数学形式——麦克斯韦方程组，概括了电磁场的基本性质和规律，建立了完整的电磁场理论，还预言了电磁波的存在，断言光是一种电磁波。麦克斯韦的电磁场理论为无线电技术、微波技术、光学技术等领域的建立和发展奠定了理论基础，具有划时代的意义。

一、法拉第电磁感应定律

法拉第根据实验指出：当通过一个闭合导体回路所包围面积的磁通量发生变化时，回路中就会产生电流。这种电流称为感应电流（induction current）。产生感应电流的原因是回路的磁通量发生变化。这种现象称为电磁感应（electromagnetic induction）。楞次在总结了大量实验结果之后，对感应电流的方向得出如下结论：闭合回路中，产生的感应电流具有确定的方向，它总是使感应电流所产生的通过回路面积的磁通量去抵消或补偿引起感应电流磁通量的变化，这就是楞次定律（Lenz's law）。

回路中出现感应电流，说明回路中存在电动势。这种由电磁感应产生的电动势，称为感应电动势（induction electromotive force）。法拉第分析了大量的实验事实后指出：回路中所产生的感应电动势 ε_i 的大小与通过回路的磁通量对时间变化率的负值成正比，即

$$\varepsilon_i = -\frac{d\Phi}{dt} \tag{式(7-32)}$$

这就是法拉第电磁感应定律(Faraday law of electromagnetic induction)。式(7-32)中的负号表示感应电动势的方向总是反抗引起电磁感应磁通量的变化,也是楞次定律的数学表示。

应用法拉第电磁感应定律时,注意式(7-32)中的负号表示的是对选定回路的磁通量变化的反方向,也就是说,感应电动势引起回路的感应电流,总是"抵御"磁通量变化的。

需要指出的是,式(7-32)是指单一回路,即单匝线圈,如有 N 匝线圈,那么在磁通量变化时,每匝线圈中都将产生感应电动势,并且它们之间是同向串联关系。因此,相同的每匝线圈中通过的磁通量均为 Φ,则 N 匝线圈中总的感应电动势为

$$\varepsilon_i = -N\frac{d\Phi}{dt} = -\frac{d(N\Phi)}{dt} \tag{式(7-33)}$$

式(7-33)中 $N\Phi$ 称为线圈的磁链(magnetic flux linkage)。

下面以导线在磁场中移动产生感应电动势为例,来说明法拉第电磁感应定律和楞次定律。

设一长度为 l 的金属棒 AD,处在磁感应强度为 $\boldsymbol{B}$ 的均匀磁场中,沿着矩形金属框以速度 v 向右运动,速度方向、金属棒长度方向以及磁场方向三者互相垂直,如图 7-26 所示。假如金属细棒在 dt 时间内移动的距离是 dx,则闭合回路面积的变化为 ldx,因而回路磁通量的变化 $d\Phi$ 为

7-5 法拉第电磁感应定律 微课

$$d\Phi = Bldx$$

由法拉第电磁感应定律可求出感应电动势的大小为

$$\varepsilon_i = \left|\frac{d\Phi}{dt}\right| = Bl\frac{dx}{dt} = Blv \tag{式(7-34)}$$

由于金属细棒向右运动,垂直回路平面向内通过的磁通量增加,根据楞次定律可知,感应电流在回路中产生磁通量的方向应垂直图面向外,所以感应电流的方向应该是逆时针方向,也就是说由于 AD 的移动所产生的感应电动势,使 A 点电势高于 D 点。注意,这里运动着的金属棒 AD 相当于一个电源,A 端相当于电源的正极,D 端相当于负极。金属棒 AD 在做切割磁感线的运动。

导线在磁场中运动切割磁感线而产生感应电动势,可以用金属电子理论来解释。如图 7-26 所示,导线 AD 以速度 $\boldsymbol{v}$ 向右运动时,导线内每个自由电子将受到洛伦兹力的作用,即

$$\boldsymbol{f} = -e\boldsymbol{v}\times\boldsymbol{B}$$

其大小为

$$f = evB$$

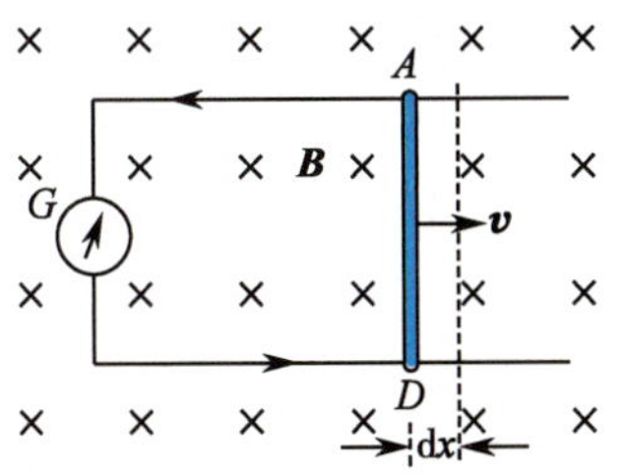

图 7-26 金属细棒在匀强磁场中做切割磁感线运动

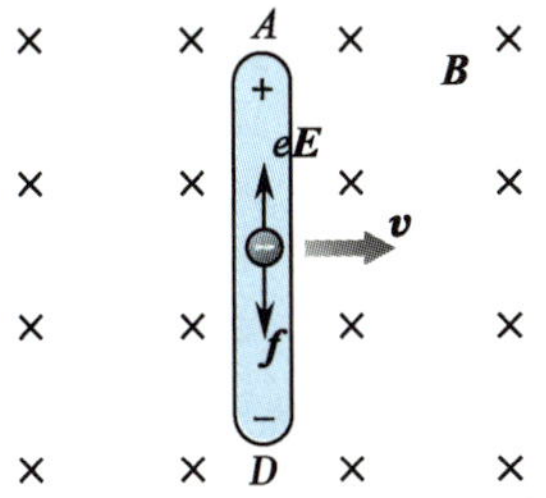

图 7-27 电磁感应的电子理论

式中,e 为电子电量的绝对值。$\boldsymbol{f}$ 的方向指向 D 端。电子在力 $\boldsymbol{f}$ 的作用下将沿导线向下端移动,结果导线上端 A 出现过剩的正电荷,下端 D 出现过剩的负电荷。这些过剩的正、负电荷在导体内部产生一个静电场 $\boldsymbol{E}$,方向从 A 指向 D,该电场使导体内的电子受到一个从 D 指向 A 的静电力 $e\boldsymbol{E}$。因此,如图 7-27 所示,在磁场中运动着的导体内的每个电子要受到两个相反方向的力:洛伦兹力和静电力。

当这两个力达到平衡时,有

$$eE=evB$$

即

$$E=vB$$

这时导体内两端的电势差就是感应电动势 ε_i

$$\varepsilon_i=El=Blv$$

这一结果与式(7-34)完全一致。

在一般情况下,磁场可以是不均匀的,在磁场中运动的导线各部分速度也可以不同,并且 $\boldsymbol{v}$、$\boldsymbol{B}$ 和导线的长度方向三者也可以不相互垂直,这时可以在导线上选取线元矢量 d$\boldsymbol{l}$,注意到 d$\boldsymbol{l}$ 的运动速度是 $\boldsymbol{v}$,所处的磁场为 $\boldsymbol{B}$,则整个运动导线 L 产生的感应电动势可表示为各 dl 上产生感应电动势的积分

$$\varepsilon_i=\int_L(\boldsymbol{v}\times\boldsymbol{B})\cdot\mathrm{d}\boldsymbol{l} \qquad \text{式(7-35)}$$

应用式(7-35)计算时需注意,当 d$\boldsymbol{l}$ 与 $\boldsymbol{v}\times\boldsymbol{B}$ 间呈锐角时,ε_i 为正,即与原先所选定的 d$\boldsymbol{l}$ 同方向;当 d$\boldsymbol{l}$ 与 $\boldsymbol{v}\times\boldsymbol{B}$ 间呈钝角时,ε_i 为负,即与 d$\boldsymbol{l}$ 反方向。

这种由于导体运动而产生的感应电动势,习惯上称为动生电动势(motional electromotive force)。这也就是发电机的工作原理。发电机是把机械能转化为电能的装置。

例题 7-3 如图 7-28 所示,一个长直导线中通有电流 $I=40$A,另有一个长为 $l=0.09$m 的金属棒 AD,以速度 $v=2.0$m/s 平行于长直导线做匀速直线运动,金属棒的近导线一端与导线相距 $d=0.01$m,求金属棒 AD 中的感应电动势(对导线设 $\mu=\mu_0$)。

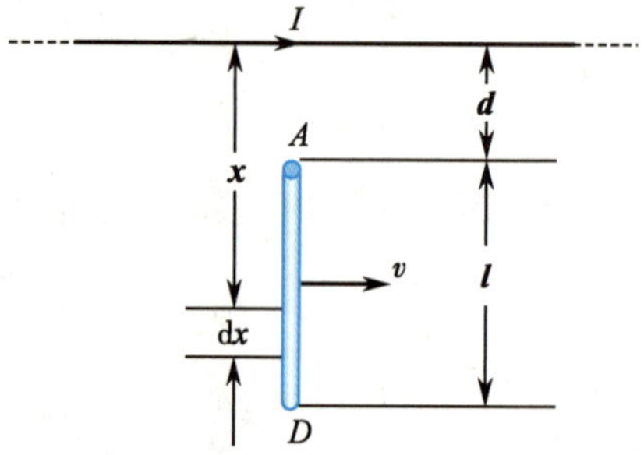

图 7-28 例题 7-3 图

解: 由于金属棒处在通电导线的非均匀磁场中,所以不能直接用式(7-34),而要应用式(7-35)。在金属棒上距离长直导线 x 处选取线元 dx。设 dx 为沿 AD 方向,则 dx 处的磁感应强度大小为 $B=\dfrac{\mu_0 I}{2\pi x}$,方向垂直纸面向内。d$x$ 上产生的动生电动势为

$$\mathrm{d}\varepsilon_i=-vB\mathrm{d}x=-\frac{\mu_0 I}{2\pi x}v\mathrm{d}x$$

上式中的负号表示 dε_i 的方向为 D 指向 A,所以金属棒中总的动生电动势为

$$\varepsilon_i=\int_d^{d+l}-\frac{\mu_0 I}{2\pi x}v\mathrm{d}x=-\frac{\mu_0 I}{2\pi}v\ln\left(\frac{d+l}{d}\right)$$

$$=-\frac{4\pi\times10^{-7}\times40}{2\pi}\times2.0\times\ln\frac{0.01+0.09}{0.01}$$

$$=-3.68\times10^{-5}(\mathrm{V})$$

例题 7-4 一个由导线绕成的空心螺绕环,每单位长度上的匝数 $n=5\,000$ 匝/m,截面积 $S=2.0\times10^{-3}\mathrm{m}^2$,导线两端和电源 ε 及可变电阻 R 串联成一闭合电路。在环上还绕有一线圈 A,共有 $N=5$ 匝,它的电阻 $R'=2.0\Omega$,如图 7-29 所示。改变可变电阻,使通过螺绕环的电流强度 I_1 每秒降低 20A。求:

(1) 线圈 A 中产生的感应电动势 ε_i 和感应电流 I_2 的大小。

(2) 2.0 秒时间内通过线圈 A 的电量 q。

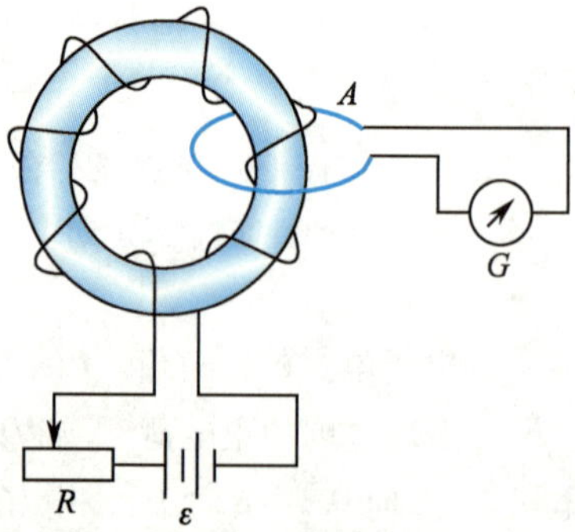

图 7-29 例题 7-4 图

解: (1) 已知螺绕环内磁感应强度的大小 $B=\mu_0 nI_1$。磁

场集中于环内，通过线圈 A 的磁通量为 $\Phi=\mu_0 nI_1 S$。根据式(7-33)，线圈 A 中的感应电动势大小为

$$\varepsilon_i=N\frac{\mathrm{d}\Phi}{\mathrm{d}t}=\mu_0 nNS\frac{\mathrm{d}I_1}{\mathrm{d}t}=4\pi\times10^{-7}\times5\ 000\times5\times2.0\times10^{-3}\times20=1.26\times10^{-3}(\mathrm{V})$$

感应电流为

$$I_2=\frac{\varepsilon_i}{R'}=\frac{1.26\times10^{-3}}{2.0}=6.3\times10^{-4}(\mathrm{A})$$

(2) $q=It=6.3\times10^{-4}\times2.0=1.26\times10^{-3}(\mathrm{C})$

例题 7-4 线圈 A 中的感应电动势是由于螺绕环中的磁场发生改变而产生的。这种由于磁场变化引起的感应电动势，习惯上称为感生电动势(induced electromotive force)。

考虑如图 7-30 所示情况下的感应电动势，图中线圈保持不动，当条形磁铁接近(或离开)线圈时，通过线圈回路的磁通量同样也发生了变化，则回路中产生了感生电动势。这种感应电动势的起因不能用洛伦兹力来解释。麦克斯韦首先分析了这种现象，他认为这是由于变化的磁场在它的周围激发电场的缘故：只要磁场随时间发生变化，无论导体或回路是否存在，这种电场总是存在的。

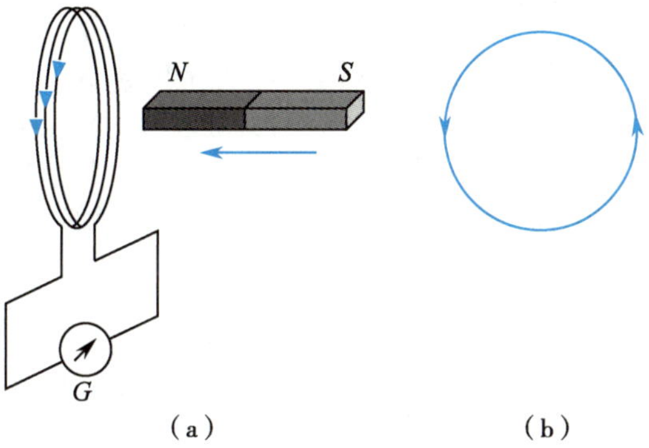

图 7-30 变化磁场产生有旋电场

(a) 条形磁铁接近线圈；(b) 线圈中感应出的有旋电场。

随时间变化的磁场所产生的电场与静电场不同，它的电场线是闭合的，与磁场的磁感线相似。这样的电场称为有旋电场(curl electric field)，其电场强度用 $\boldsymbol{E}^{(2)}$ 表示，以示与静电场的区别。在有旋电场的作用下，感生电动势应等于单位正电荷沿闭合回路 L 移动一周时有旋电场所做的功，即

$$\varepsilon_i=\oint_L \boldsymbol{E}^{(2)}\cdot\mathrm{d}\boldsymbol{l}$$

将上式代入法拉第电磁感应定律，得

$$\oint_L \boldsymbol{E}^{(2)}\cdot\mathrm{d}\boldsymbol{l}=-\frac{\mathrm{d}\Phi}{\mathrm{d}t} \qquad \text{式(7-36)}$$

有旋电场与静电场的共同点是对电荷产生力的作用。与静电场不同点是：静电场是由静止电荷激发的，而有旋电场是由变化着的磁场所激发的。静电场的电场线不闭合，总是从正电荷出发终止于负电荷，所以静电场 $\boldsymbol{E}^{(1)}$ 的环流为零，即 $\oint_L \boldsymbol{E}^{(1)}\cdot\mathrm{d}\boldsymbol{l}=0$。而有旋电场的电场线是闭合的，所以有旋电场的环流不为零。感应加速器就是利用这一原理来对带电粒子进行加速，获得高能量的离子束的。

变化的磁场可激发有旋电场。当块状金属体对磁场做相对运动或放在变化的磁场中时，有旋电场将在金属体内部产生感应电流，这种电流在金属体内自成闭合回路，因此称为涡电流(eddy current)或涡流。其产生的原因可用图 7-31 来说明。

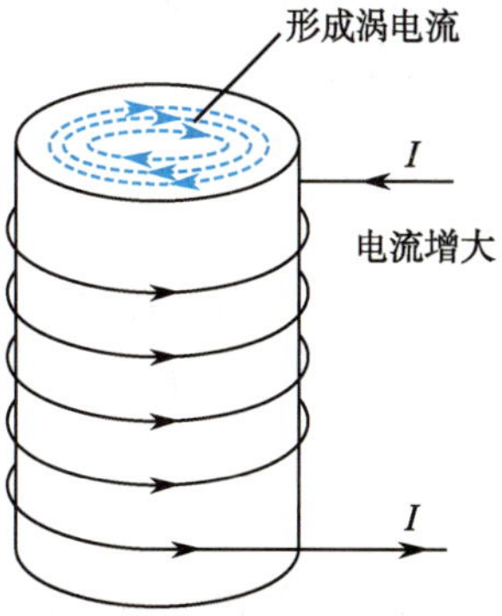

图 7-31 通电电流增大时涡电流的形成

如图 7-31 所示，铁质圆柱体构成的铁芯，外面绕着线圈，当线圈通以交变电流后，就在铁芯内沿轴线方向产生交变磁场，通过铁芯任一横截面的磁通量就发生变化，从而在铁芯横截面上激发交变的有旋电场。铁芯中的自由电子在有旋电场的作用下，在整个铁芯上形成一圈圈绕圆柱体轴线流动的感应电流，即涡电流。

由于在块状金属导体内部的电阻很小，其内部的涡电流强度就很大，在铁芯内将放出大量的热量，这就是感应加热的原理。在冶金工业中，对容易氧化的金属或难熔的金属以及特种合金材料，常采用这种感应加热方法。在化工和制药生产中也广泛应用这种加热方法。现代家庭中电磁灶是厨房常用电器之一，它也是利用在铁锅底部产生的涡电流而加热食物的。电磁灶所用的频率仅为 30kHz，与普通广播频率差不多，不会对人体产生任何危害。

指针式电表中的电磁阻尼器，也是涡电流的应用实例。当电表通电后，指针偏转，由于惯性作用，指针将在新的平衡位置附近来回摆动，影响读数。为了使指针在新的平衡位置上较快地停下来，可在指针另一端上装一个金属片并置于磁场中，当指针摆动时，它就在磁场中摆动，产生涡电流。如图 7-32 所示，该涡电流受到磁场安培力的方向正好与金属片的运动反向，阻碍金属片和指针的运动，使其很快停止下来，方便读数。这就是电磁阻尼效应。

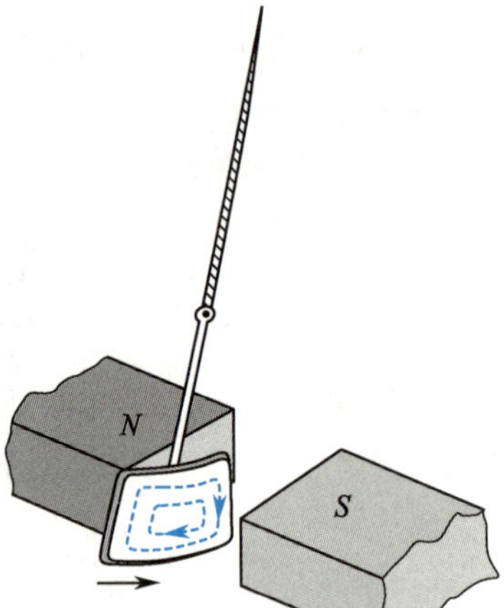

图 7-32　电磁阻尼效应

涡电流在有些场合需要尽量避免或减小。例如，在变压器或电机中，其铁芯如果是块状的，而且在工作时又处在不断变化的磁场中，因此铁芯内部会产生很大的涡电流而发热。这不仅消耗了很大一部分电能，降低了效率，而且铁芯将因严重发热而不能正常工作。为了减少涡电流，变压器和电机的铁芯不能采用整块材料，而是用电阻率较大的、相互绝缘的硅钢片叠合而成。对于高频器件，如半导体收音机的磁棒和中周变压器的铁芯，一般都采用磁导率和电阻率都很高的非金属材料（例如铁氧体）做成。

二、自感、磁场能量

在任何情况下，当通过回路所包围面积的磁通量发生变化时，回路中都将产生感应电动势。如果回路中通有电流，这一电流所产生的磁通量也就有部分通过该回路本身。当回路中的电流发生改变时，也将在自身的回路内引起磁通量的变化，从而在回路中产生感应电动势。这种由回路自身电流变化而在回路中产生感应电动势的现象就是自感现象，所产生的感应电动势称为自感电动势（electromotive force of self-induction）。

设回路中的电流强度为 I，根据毕奥-萨伐尔定律，电流在空间任意一点所产生的磁感应强度和回路中的电流强度 I 成正比，因此通过回路所包围面积的磁通量 Φ 也与电流成正比，即

$$\Phi = LI \qquad 式(7\text{-}37)$$

式中，比例系数 L 称为回路的自感系数（self-inductance），也称为自感或电感。自感系数的单位是亨利（H），1H＝1Wb/A。它的量值由回路的几何形状、匝数以及周围磁介质的磁导率决定。在式（7-37）中，如果令 I＝1A，则 $\Phi=L$。可见，回路的自感系数在数值上等于回路中通有单位电流时，通过回路所包围面积的磁通量。

根据法拉第电磁感应定律，回路中的自感电动势为

$$\varepsilon_L = -\frac{d\Phi}{dt} = -\frac{d(LI)}{dt} = -\left(L\frac{dI}{dt} + I\frac{dL}{dt}\right)$$

如果回路的形状、匝数和磁介质的磁导率都保持不变，则$\frac{dL}{dt}=0$，L为常量，上式可写成

$$\varepsilon_L=-L\frac{dI}{dt} \qquad 式(7\text{-}38)$$

式(7-38)中，负号是楞次定律的数学表示，它指出了自感电动势是反抗回路中电流变化的。这就是说，当电流增加时，自感电动势产生的自感电流与原来的电流方向相反，阻止电流的增加；当电流减小时，自感电动势产生的自感电流与原来的电流方向相同，阻止电流的减小。由此可见，自感的作用是阻碍回路中电流的变化。回路的自感系数越大，这种阻碍作用越强，回路中的电流越不容易改变。从式(7-37)还可以知道，当电流变化率为1A/s并且产生的电动势为1V时，回路的自感系数为1H。

如果所考虑的回路是一个N匝串联的线圈，若通过每一匝的磁通量均为Φ，则式(7-37)可写成

$$\varepsilon_L=-\frac{d(N\Phi)}{dt}=-L\frac{dI}{dt}$$

此时Φ、L、I之间的关系为

$$LI=N\Phi \qquad 式(7\text{-}39)$$

如果$I=1A$，则$L=N\Phi$，表示线圈的自感系数L在数值上等于通有单位电流时线圈的磁链。

例题 7-5 一长直螺线管，其长度为l，截面积为S，总匝数为N，中间充满磁导率为μ的磁介质。求此螺线管的自感系数。

解： 已知长直螺线管内磁感应强度为

$$B=\mu I\frac{N}{l}$$

已知螺线管的截面积为S，则通过螺线管每一匝的磁通量为$\Phi_1=BS$，通过N匝线圈的磁链为

$$N\Phi_1=\mu\frac{N^2I}{l}S$$

由于$N\Phi_1=LI$，得

$$L=\frac{N\Phi_1}{I}=\mu\frac{N^2S}{l}$$

令$n=\frac{N}{l}$，为螺线管每单位长度的匝数；$V=Sl$，为螺线管的体积，则上式可写成

$$L=\mu n^2V \qquad 式(7\text{-}40)$$

磁场同电场一样，也具有能量。在形成带电系统或电场的过程中，外界做功所消耗的能量转化为电场的能量。同样，在回路系统中通以电流，从无到有就建立了一个磁场，这也是一个需要提供能量的过程。

如图7-33所示的电路中自感系数L和电阻R串联，电源电动势为ε、K是单刀双掷开关。当电路中的开关K扳向1时，由于有自感系数L的存在，回路电流不是立即达到稳定值，而是从零开始增长。此时该回路的电压方程为

$$\varepsilon-L\frac{dI}{dt}=IR$$

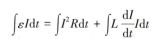

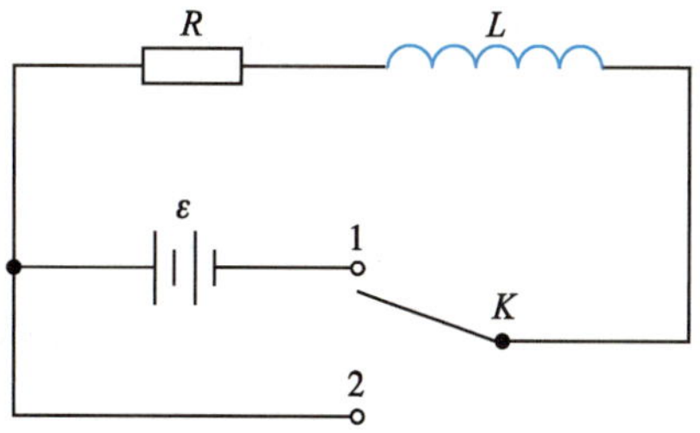

图7-33 自感电路

将上式两边乘以$I\mathrm{d}t$，再积分，即可得到电源电动势所做的功为

$$\int\varepsilon I\mathrm{d}t=\int I^2R\mathrm{d}t+\int L\frac{dI}{dt}I\mathrm{d}t$$

按电路的实际过程取积分的上、下限:当 $t=0$ 时,电路中电流为 0,经过 t 时间后,电流变为 I,得

$$\int_0^t \varepsilon I\mathrm{d}t=\int_0^t I^2R\mathrm{d}t+\frac{1}{2}LI^2$$

式中,$\int_0^t \varepsilon I\mathrm{d}t$ 表示在所考虑的时间 t 内,电源电动势 ε 所做的功,即电源在这段时间内所提供的能量;$\int_0^t I^2R\mathrm{d}t$ 表示在这段时间内,回路的电阻 R 上所放出的焦耳热;而$\frac{1}{2}LI^2$ 表示电源反抗自感电动势所做的功。由此可见,电源所供给的能量,一部分转化为焦耳热,另一部分用于反抗自感电动势做功,建立起了磁场,这一部分能量转变成了磁场的能量,储存在磁场中。因此,自感系数为 L 的线圈中,通以电流 I 时,磁场的能量为

$$W_\mathrm{m}=\frac{1}{2}LI^2 \qquad \text{式(7-41)}$$

在图 7-33 中,考虑当电键 K 扳向 2,磁场消失的过程中,磁场的能量转化为了电阻 R 上的焦耳热,也可以得出与上式相同的结论。

与电场的能量体密度相对应,同样可引进磁场能量体密度。现以长直螺线管为例子来进行讨论。设有一长直螺线管,它的自感系数 $L=\mu n^2V=\mu\frac{N^2S}{l}$。当螺线管通有电流 I 时,产生磁场的磁感应强度 $B=\mu\frac{NI}{l}$。螺线管内磁场的能量为

$$W_\mathrm{m}=\frac{1}{2}LI^2=\frac{1}{2}\left(\mu\frac{N^2S}{l}\right)I^2=\frac{1}{2\mu}\left(\mu\frac{NI}{l}\right)^2lS=\frac{B^2}{2\mu}V$$

式中,$V=lS$,是长直螺线管的体积。可见当 B 一定时,磁场能量和磁场的体积成正比。由此进一步还可以得到磁场中每单位体积的能量即为磁场能量体密度,以 w_m 表示,即

$$w_\mathrm{m}=\frac{W_\mathrm{m}}{V}=\frac{B^2}{2\mu}=\frac{\mu}{2}H^2=\frac{1}{2}BH \qquad \text{式(7-42)}$$

式中,$H=\frac{B}{\mu}$,为磁场强度。上述能量体密度公式是从螺线管内均匀磁场的特例导出的,但它是适用于各种类型磁场的普遍公式,它给出了磁场中某一点的能量密度。磁场的能量是分布在磁场的整个空间里的。

在非均匀磁场中,可以把磁场划分为无数个微小的体积元 $\mathrm{d}V$,在每一体积元内,都可以把 B 和 H 看作是均匀的,体积元中的能量为

$$\mathrm{d}W_\mathrm{m}=w_\mathrm{m}\mathrm{d}V=\frac{1}{2}BH\mathrm{d}V$$

在有限体积 V 内的磁场能量为

$$W_\mathrm{m}=\int\mathrm{d}W_\mathrm{m}=\frac{1}{2}\int_V BH\mathrm{d}V \qquad \text{式(7-43)}$$

第六节 电 磁 波

一、麦克斯韦电磁场基本方程

1. 位移电流 在一个没有分支的闭合电路中,电流是处处连续的。但在接有电容器的电路中,情况就不同了。

图 7-34 是一个接有平行板电容器的直流电路,A、B 为电容器的两个极板。图(a)和图(b)分别表

示电容器充电和放电时电路中的情形。不论在充电还是放电时，电路上除两极板之间以外的导体中通过的电流强度在同一时刻是处处相等的，也就是连续的。但是，这种在金属导体中的传导电流，不能在电容器的两极板之间的真空或电介质中通过。因而对整个电路来说，传导电流是不连续的。

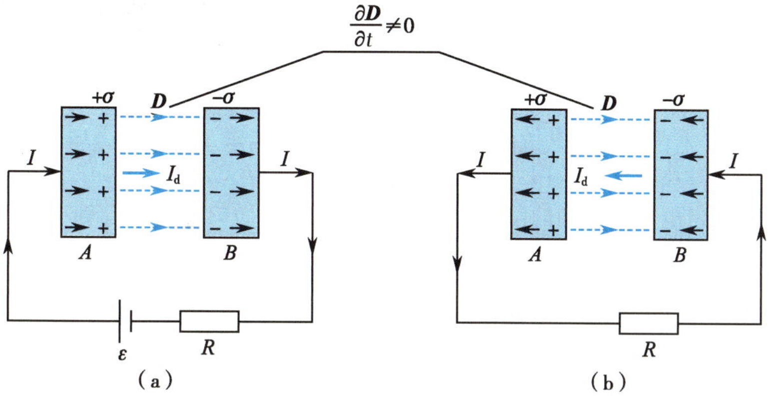

图 7-34 位移电流

(a) 充电时极板间位移电流方向；(b) 放电时极板间位移电流方向。

为了解决上述问题，麦克斯韦引入了位移电流(displacement current)的概念。

观察图 7-34 电路，可以发现电容在充电和放电时两极板上的电荷 q 和电荷面密度 σ 都是随时间而变化的。设电容器每一极板的面积为 S，则通过导体部分的传导电流强度为

$$I=\frac{\mathrm{d}q}{\mathrm{d}t}=\frac{\mathrm{d}(S\sigma)}{\mathrm{d}t}=S\frac{\mathrm{d}\sigma}{\mathrm{d}t}$$

因此，A 板内部和 B 板内部的传导电流密度 δ 的大小都是

$$\delta=\frac{I}{S}=\frac{\mathrm{d}\sigma}{\mathrm{d}t}$$

虽然在 A、B 两极板间的真空或电介质内传导电流为零，但在电容器充电或放电时，以下几个量是随时间变化的：极板上的电荷面密度 σ；两极板之间电场中的电位移矢量 $\boldsymbol{D}$(数值上等于 σ)；通过整个截面的电位移通量 $\Phi_e(\Phi_e=SD=S\sigma=q)$。$\boldsymbol{D}$ 和 Φ_e 对时间的变化率分别为$\frac{\partial \boldsymbol{D}}{\partial t}$和$\frac{\mathrm{d}\Phi_e}{\mathrm{d}t}$，并且$\frac{\partial \boldsymbol{D}}{\partial t}$和$\frac{\mathrm{d}\Phi_e}{\mathrm{d}t}$在数值上分别等于$\frac{\mathrm{d}\sigma}{\mathrm{d}t}$(即 δ)和$\frac{\mathrm{d}q}{\mathrm{d}t}$(即 I)。$\frac{\partial \boldsymbol{D}}{\partial t}$的方向是：当充电时，场强增强，$\frac{\partial \boldsymbol{D}}{\partial t}$与 $\boldsymbol{D}$ 的方向一致，与导体中的电流方向也一致；放电时，场强减弱，$\frac{\partial \boldsymbol{D}}{\partial t}$与 $\boldsymbol{D}$ 的方向相反，但仍与导体中的电流方向一致。也就是说$\frac{\partial \boldsymbol{D}}{\partial t}$的方向总是与导体中的电流方向相同。对于$\frac{\mathrm{d}\Phi_e}{\mathrm{d}t}$，无论在充电还是放电时，在数值上均相应地等于导体中的电流强度$\left(\frac{\mathrm{d}q}{\mathrm{d}t}\right)$。综上所述，电容器两极板间的真空或电介质传导电流不连续的地方，若将$\frac{\partial \boldsymbol{D}}{\partial t}$考虑在内，那么电流就连续了。更进一步研究的话，如果把传导电流 I 和$\frac{\mathrm{d}\Phi_e}{\mathrm{d}t}$一起当作电流考虑，则上述电路中的电流就处处保持连续了。这就是麦克斯韦提出位移电流的出发点。令

$$\boldsymbol{\delta}_d=\frac{\partial \boldsymbol{D}}{\partial t} \qquad 式(7\text{-}44)$$

$$I_d=\frac{\mathrm{d}\Phi_e}{\mathrm{d}t} \qquad 式(7\text{-}45)$$

式中，δ_d 称为位移电流密度(density of displacement current)，I_d 称为位移电流强度(intensity of displacement current)。上述定义说明,电场中某点的位移电流密度等于此点电位移矢量对时间的变化率;通过电场中某截面的位移电流强度等于通过此截面的电位移通量对时间的变化率。

在一般情况下,传导电流、运流电流和位移电流都可能同时通过某一截面,因此,麦克斯韦又提出了全电流(full current)($\sum I + I_d$)的概念。通过某截面的全电流强度,是通过这一截面的传导电流或运流电流的强度 I 和位移电流强度 I_d 的代数和。引入位移电流以后,电流连续性就具有更普遍的意义了:即全电流总是连续的。

位移电流的引入,不仅说明了电流的连续性,同时还深刻揭示了电场和磁场的内在联系和依存关系。麦克斯韦指出,位移电流在它周围空间产生的磁场,与等值的传导电流或运流电流所产生的磁场完全相同。位移电流的概念是自然现象的对称性反映:法拉第电磁感应定律说明变化的磁场能激发涡旋电场;位移电流的磁效应说明变化的电场能激发涡旋磁场。两种变化的场永远互相联系着,形成统一的电磁场。这一点已为无数实验事实所证实,是麦克斯韦电磁场理论中很重要的基本概念。

值得注意的是,传导电流和位移电流是有区别的两个物理概念。虽然两者在产生磁场方面是等效的,但在其他方面两者并不等效。首先,传导电流意味着有电荷的实际流动,而位移电流意味着电场的变化。其次,传导电流通过导体要放出焦耳热,而位移电流通过真空或电介质时,并不放出焦耳热,即位移电流不产生热效应。

2. 麦克斯韦电磁场基本方程的积分形式 麦克斯韦在总结前人成就的基础上,提出了有旋电场和位移电流的概念,并从理论上进行概括和总结,建立了完整、系统的电磁场理论,其理论的基本内容是电场和磁场的相互影响。

麦克斯韦电磁场理论是建立在以下两个假设的基础上:①在变化的磁场周围可产生有旋电场;②在位移电流周围可产生磁场。他认为变化的电场和磁场互相联系、互相激发,组成统一的电磁场。这些基本概念最初是作为假设提出来的,但由此而导出的结论都在现代被实验事实所证实,说明它们确实反映了事物的规律和本质。下面介绍麦克斯韦四个电磁场基本方程的积分形式。

(1) 电场的性质:自由电荷产生的电场是无旋场,其电位移线(电场线)是不闭合的。根据高斯定理,通过任何封闭曲面的电位移通量等于它所包围的自由电荷的代数和。

变化的磁场产生的是有旋电场,其电位移线是闭合的。有旋电场的电位移线通过任何封闭曲面的电位移通量等于零。

在一般情况下,电场可以兼有以上两种情况,用 $\boldsymbol{D}$ 表示总电位移,即 $\boldsymbol{D}$ 应为无旋电场和有旋电场的电位移矢量和。对 $\boldsymbol{D}$ 有

$$\oint_S \boldsymbol{D} \cdot \mathrm{d}\boldsymbol{S} = \sum q = \int_V \rho \mathrm{d}V \qquad \text{式(7-46)}$$

上式表明,在任何电场中,通过任何封闭曲面的电位移通量等于这封闭曲面内自由电荷的代数和。

(2) 磁场的性质:按照麦克斯韦的假说,位移电流和传导电流或运流电流一样,也可以产生磁场。所有的磁场都是有旋场,磁感线都是闭合的。所以,在任何磁场中,通过任何封闭曲面的磁通量总是等于零。这就是磁场的高斯定理。

$$\oint_S \boldsymbol{B} \cdot \mathrm{d}\boldsymbol{S} = 0 \qquad \text{式(7-47)}$$

(3) 变化电场和磁场的关系:由传导电流或运流电流产生的磁场 $\boldsymbol{H}^{(1)}$ 应满足安培环路定理

$$\oint_L \boldsymbol{H}^{(1)} \cdot \mathrm{d}\boldsymbol{l} = \sum I = \int_S \boldsymbol{\delta} \cdot \mathrm{d}\boldsymbol{S}$$

对于位移电流产生的磁场 $\boldsymbol{H}^{(2)}$,也可以根据安培环路定理,得

$$\oint_L \boldsymbol{H}^{(2)} \cdot \mathrm{d}\boldsymbol{l} = I_d = \int_S \frac{\partial \boldsymbol{D}}{\partial t} \cdot \mathrm{d}\boldsymbol{S}$$

用 $\boldsymbol{H}$ 表示由全电流，即传导电流、运流电流和位移电流产生的总磁场强度，$\boldsymbol{H}$ 为 $\boldsymbol{H}^{(1)}$、$\boldsymbol{H}^{(2)}$ 的矢量和，于是得全电流定律(law of total current)为

$$\oint_L \boldsymbol{H} \cdot \mathrm{d}\boldsymbol{l} = \sum I + I_{\mathrm{d}} = \int_S \boldsymbol{\delta} \cdot \mathrm{d}\boldsymbol{S} + \int_S \frac{\partial \boldsymbol{D}}{\partial t} \cdot \mathrm{d}\boldsymbol{S} \qquad 式(7\text{-}48)$$

上式表明，在任何磁场中，磁场强度沿任意闭合曲线的线积分等于通过闭合曲线所包围面积内的全电流。

(4) 变化磁场和电场的关系：对自由电荷产生的电场 $\boldsymbol{E}^{(1)}$，由电场的环路定理得

$$\oint_L \boldsymbol{E}^{(1)} \cdot \mathrm{d}\boldsymbol{l} = 0$$

变化的磁场产生的电场 $\boldsymbol{E}^{(2)}$，由式(7-32)得

$$\oint_L \boldsymbol{E}^{(2)} \cdot \mathrm{d}\boldsymbol{l} = -\frac{\mathrm{d}\Phi_{\mathrm{m}}}{\mathrm{d}t} = -\int_S \frac{\partial \boldsymbol{B}}{\partial t} \cdot \mathrm{d}\boldsymbol{S}$$

在一般情况下，电场可以由自由电荷和变化的磁场共同产生，总电场 $\boldsymbol{E}$ 应为 $\boldsymbol{E}^{(1)}$、$\boldsymbol{E}^{(2)}$ 的矢量和，根据以上两式，可得

$$\oint_L \boldsymbol{E} \cdot \mathrm{d}\boldsymbol{l} = -\frac{\mathrm{d}\Phi_{\mathrm{m}}}{\mathrm{d}t} = -\int_S \frac{\partial \boldsymbol{B}}{\partial t} \cdot \mathrm{d}\boldsymbol{S} \qquad 式(7\text{-}49)$$

上式表明，在任何电场中，电场强度沿任意闭合曲线的线积分等于通过此曲线所包围面积的磁通量对时间的变化率的负值。

式(7-46)、式(7-47)、式(7-48)和式(7-49)以数学形式概括了电磁场的基本性质和规律，是一组系统完整的方程，是麦克斯韦方程组的积分形式。它们适用于一定范围(如一个闭合回路或封闭曲面内)的电磁场，而不能用于某一给定点的电磁场。对于空间某给定点的电磁场，可以将积分方程组用数学方法变换为微分方程组而予以解决。

麦克斯韦电磁场理论不仅概括了静电场、有旋电场、磁场、电磁感应等一系列电磁场现象，而且成功地预言了电磁波的存在，说明了电磁场是以波的形式传播的；还指出了光波也是一种电磁波，从而将光现象和电磁现象联系起来，使波动光学成为电磁场理论的一个分支。

二、电磁波的产生和传播

根据麦克斯韦电磁场理论，在空间某区域有变化电场(或变化磁场)，则在邻近区域中引起变化磁场(或变化电场)；这变化磁场(或变化电场)又在较远区域内引起新的变化电场(或变化磁场)，并在更远的区域引起新的变化磁场(或变化电场)，如图 7-35 所示。这种变化的电场和磁场交替产生，由近及远地在空间传播的过程，就是电磁波(electromagnetic wave)的产生和传播的情形。

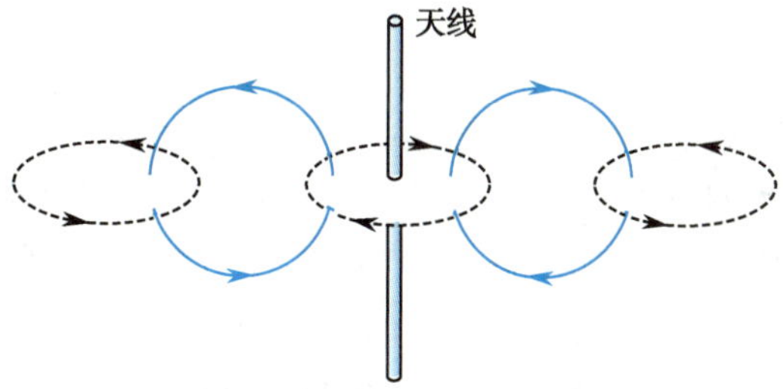

图 7-35 变化的电场和变化的磁场传播示意图

振荡电路(oscillating circuit)是电磁波产生的一个具体例子，如图 7-36 所示。它由一个电容器 C 和一个自感线圈 L 组成。电源对电容器充电后，若不考虑电路中的能量损失，则因为电路中的电容和自感作用，电荷和电流都将随时间发生周期性的变化，线圈周围的磁场能、电容器中的电场能也会发生周期性的变化，并不断发生两种能量的互相转换。这种电路中不断发生的电荷和电流的周期性变化，就是电磁振荡(electromagnetic oscillating)。在没有能量损失的无阻尼振荡电路里，电磁振荡的振幅将保持不变。振荡的周期和频率分别为：

$$T=2\pi\sqrt{LC} \qquad 式(7\text{-}50)$$

$$\nu=\frac{1}{T}=\frac{1}{2\pi\sqrt{LC}} \qquad 式(7\text{-}51)$$

式中，当 L 的单位为 H，C 的单位为 F 时，周期 T 的单位为 s，频率 ν 的单位为 Hz。

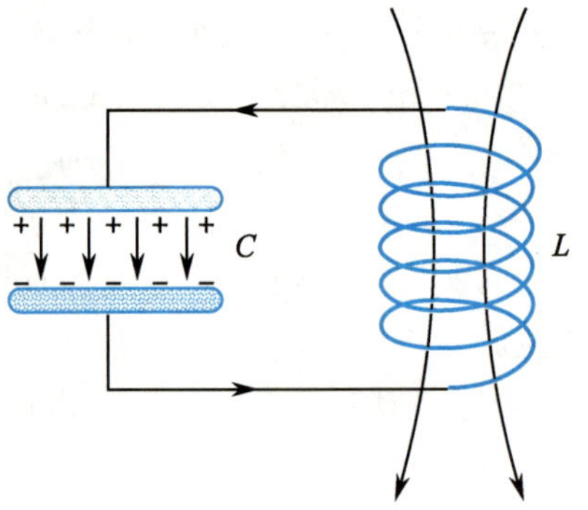

图 7-36　电磁振荡电路

在上面讨论的振荡电路中，电容 C 和电感 L 都较大，振荡频率较低，产生的电磁场主要局限在电容和线圈内，不易向外发射。为了克服这个缺点，可将电容器的两个极板间距逐渐加大，同时将线圈拉开，最后变成一直线，电容器极板也缩小成两个小球，图 7-37 表示了这一过程。电路经过这样改装后，电场和磁场都分散在它周围的空间。同时电路的电容和电感比原来电路小得多，因此电路的振荡频率比原来高了很多，电磁波就容易向外发射。

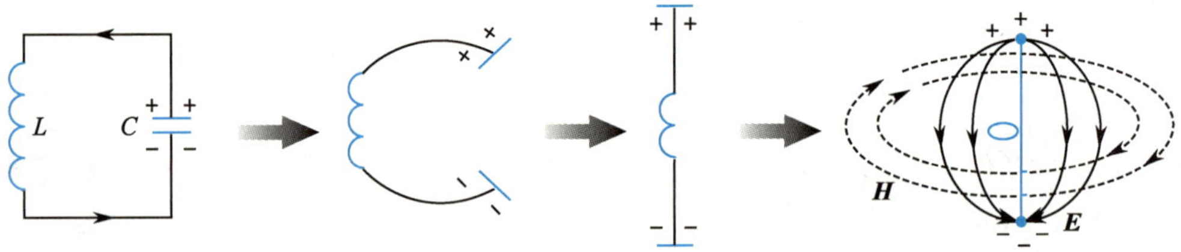

图 7-37　电磁波的发射

事实上，振荡电路中存在着电阻，在电磁能互换的振荡过程中，不可避免地有一部分电磁能要转化为焦耳热；此外，振荡电路还要把电磁能量以电磁波的形式向周围空间辐射出去。因此，需要有一个辅助电路不断地给振荡电路补充能量，以使电磁波不断向外辐射。

麦克斯韦从理论上推导出，电磁波在传播过程中，电场和磁场的变化都可以用平面波方程来表示，即

$$E=E_m\cos\omega\left(t-\frac{r}{v}\right) \qquad 式(7\text{-}52)$$

$$H=H_m\cos\omega\left(t-\frac{r}{v}\right) \qquad 式(7\text{-}53)$$

式(7-52)、式(7-53)中，E_m、H_m 分别表示电场强度 E 和磁场强度 H 的峰值(即振幅)，r 为电磁波产生处到空间某点的距离，v 为电磁波在介质中的传播速度，ω 为电磁波的角频率。

式(7-52)、式(7-53)说明，E 和 H 都做余弦函数变化，而且两者的相位相同。图 7-38 是电磁波在传播过程中 E 和 H 的分布的示意图。从图中可以看出，$\boldsymbol{E}$ 和 $\boldsymbol{H}$ 互相垂直，而且都与传播方向垂直，这说明电磁波是横波。在空间任一点处 $\boldsymbol{E}$、$\boldsymbol{H}$ 和 $\boldsymbol{r}$ 三个矢量的方向相互垂直，并且符合右手定则，即从 $\boldsymbol{E}$ 的方向按右手螺旋转过 90°，而至 $\boldsymbol{H}$ 的方向，则螺旋前进方向就是电磁波传播方向 $\boldsymbol{r}$。

从电磁场理论可以计算得出，电磁波在介质中传播的速度 v 决定于介质的电容率 ε 和磁导率 μ，由下式表示

$$v=\frac{1}{\sqrt{\varepsilon\mu}}$$

在真空中电磁波的传播速度为

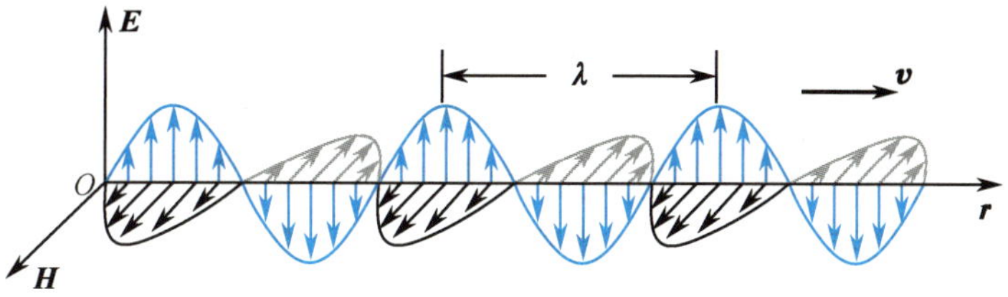

图 7-38 平面电磁波

$$c=\frac{1}{\sqrt{\varepsilon_0\mu_0}}=2.998\times10^8\text{m/s}$$

这一结果和实验中测得的光速一致。这与光波是一种电磁波的结论相吻合。

电磁波的传播，就是变化着的电磁场的传播。电磁场具有能量，所以伴随电磁波的传播，必有能量的传播。以电磁波传播辐射出来的能量，称为辐射能（radiant energy）。

单位时间内垂直通过单位面积的辐射能，称为辐射强度（radiation intensity）或能流密度，用 S 表示。S 在量值上有

$$S=EH \qquad 式(7\text{-}54)$$

因为辐射能的传播方向（$\boldsymbol{r}$ 的方向）、$\boldsymbol{E}$ 的方向和 $\boldsymbol{H}$ 的方向三者相互垂直，通常将辐射强度用矢量式表示为

$$\boldsymbol{S}=\boldsymbol{E}\times\boldsymbol{H} \qquad 式(7\text{-}55)$$

$\boldsymbol{S}$、$\boldsymbol{E}$ 和 $\boldsymbol{H}$ 组成右旋系统。$\boldsymbol{S}$ 的方向就是电磁波的传播方向。辐射强度矢量 $\boldsymbol{S}$ 称为坡印亭矢量（Poynting vector）。

实验证明，电磁波具有波的一切共同属性，如能产生反射、折射、干涉和衍射等现象。实验还证明电磁场具有一切物质所具有的性质，如能量、质量和动量等。因此，电磁场是另一种形式的物质，这正是客观物质世界多样性的表现。

拓展阅读

医用回旋加速器

我们知道带电粒子可受电场力而加速运动，运动的带电粒子受磁场力作用。据此设计的回旋加速器的工作原理如图 7-39 所示。D_1 和 D_2 是两个中空的半圆金属盒，中心处的粒子源可产生带电粒子。两个半圆金属盒间安装两个电极，其间加高频交变电压，缝隙之间形成交变电场。将装置放在强大的均匀磁场中，设初始 D_1 电势高，带正电的粒子从离子源发出经缝隙被电场加速。例如一个质子被加速时，经过 D_1、D_2 间隙时的加速度 a 与 D_1、D_2 间电势差 ΔU 的关系为：

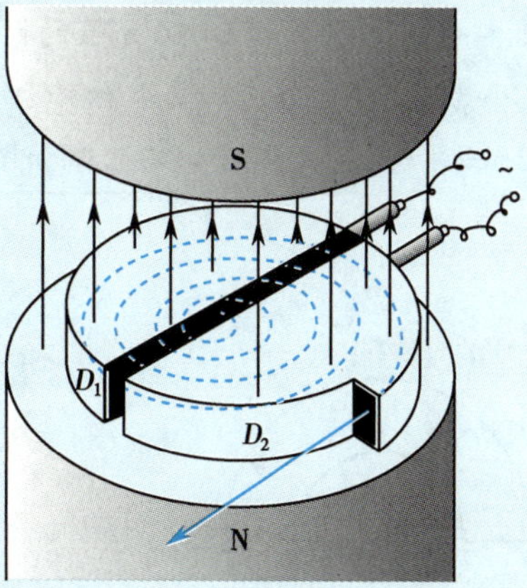

图 7-39 回旋加速器原理

$$a=\frac{e\Delta U}{m_p d}$$

式中，e、m_p 分别为质子的带电量和质量，d 是 D_1、D_2 间距，即盒缝宽度。实际的回旋加速器中，d 非常小，远小于盒半径。因此，加速度 a 可以达到较大数值。

由于粒子在D型盒内做周期相同的圆周运动，调节交变电场周期与粒子圆周运动周期相同，保证粒子每经过缝隙电场时，都正好赶上适合的电场方向而被加速。所有被第一次加速的离子会同时到达缝隙进行第二次加速，即带电粒子每经过一次缝隙就被电场加速一次，不断得到加速。根据式(7-16)，粒子的速率和半径一次比一次大，运动周期却始终不变。控制高频交变电压周期与粒子此周期相同，粒子的速度就能够被增加到很大。

该装置是美国物理学家劳伦斯于1929年发明的，后来称为回旋加速器(cyclotron)。1932年建成世界第一台回旋加速器。

回旋加速器加速的带电粒子，能量达到25~30MeV后，很难再加速了。原因是，按照狭义相对论，粒子的质量随着速度增加而增大，而质量的变化会导致其回转周期的变化，从而破坏了与电场变化周期的同步。

医学上正电子发射计算机体层显像仪（positron emission tomography and computed tomography，PET/CT）就是正电子放射性核素标记的多种分子探针的应用，可标记各种分子探针所必需的正电子放射性核素如^{18}F(氟-18)、^{11}C(碳-11)、^{13}N(氮-13)等，这些核素的半衰期一般都很短，可依赖于医用回旋加速器加速带电粒子，达到即时生产制备的目的。

医用回旋加速器的研究加速了对正离子、负离子、单粒子、多粒子的加速技术的发展，以及开发了非匀强调变磁场、外置离子源技术等，目前正向核素的多样性、性能更强大的方向进步。

7-6

磁场的生物效应

拓展阅读

习 题

1. 一个速度为$v=5.0\times10^7$m/s的电子，在地磁场中某处垂直地面运动时，受到方向向西的洛伦兹力，大小为3.2×10^{-16}N。求该处地磁场的磁感应强度。

2. 三种载流导线在平面内分布如图7-40所示，导线中电流强度为I，分别求圆心O处的磁感应强度。

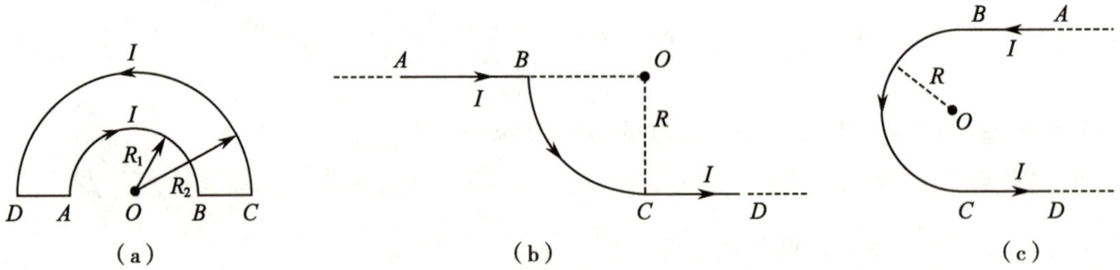

图7-40 习题2图

3. 两根无限长直导线相互平行放置在真空中，如图7-41所示，两根导线通以同方向相同的电流，$I_1=I_2=10$A，已知$r=1.0$m。求图中M、N两点的磁感应强度(MN与两导线距离连线垂直)。

4. 如图 7-42 所示，已知均匀磁场的磁感应强度 $B=2.0\text{T}$，方向为沿 x 轴正方向。求：

(1) 通过图中闭合几何面的 *abed* 面的磁通量。

(2) 通过图中 *bcfe* 面的磁通量。

(3) 通过图中 *acfd* 面的磁通量。

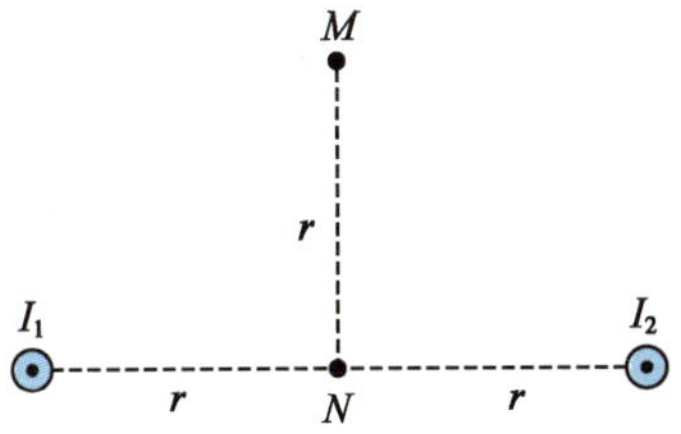

图 7-41　习题 3 图

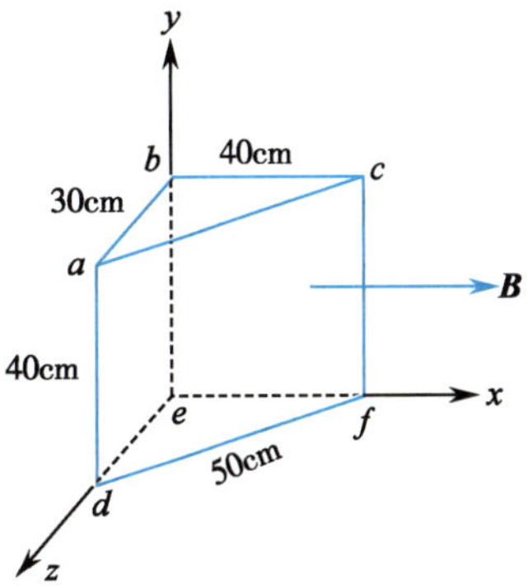

图 7-42　习题 4 图

5. 两根平行长直导线相距 40cm，如图 7-43 所示，每根导线载有电流 $I_1=I_2=20\text{A}$，求：

(1) 两根导线所在平面内与两根导线等距的一点 *A* 处的磁感应强度大小和方向。

(2) 通过图示导线平面上阴影部分面积的磁通量。

6. 一根无限长直导线载有电流 30A，离导线 30cm 处有一个电子以速率 $v=2.0\times10^7\text{m/s}$ 运动，求以下三种情况作用下电子受到的洛伦兹力。

(1) 电子的速度 $\boldsymbol{v}$ 平行于导线。

(2) 电子的速度 $\boldsymbol{v}$ 垂直于导线并指向导线。

(3) 电子的速度 $\boldsymbol{v}$ 垂直于导线和电子所构成的平面。

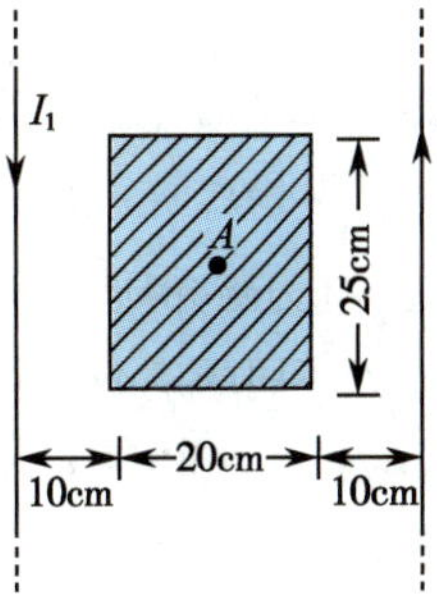

图 7-43　习题 5 图

7. 电子在磁感应强度 $B=2.0\times10^{-3}\text{T}$ 的均匀磁场中，沿半径 $R=5.0\text{cm}$ 的螺旋线运动，螺距 $h=31.4\text{cm}$。求电子的速度大小。

8. 一根无限长直导线载有电流 I_1，另有一根有限长度的载流导线 *AB* 通有电流 I_2，*AB* 长为 l。如图 7-44 所示，求导线 *AB* 在与无限长直导线平行和垂直放置两种情况下，所受到安培力的大小和方向。

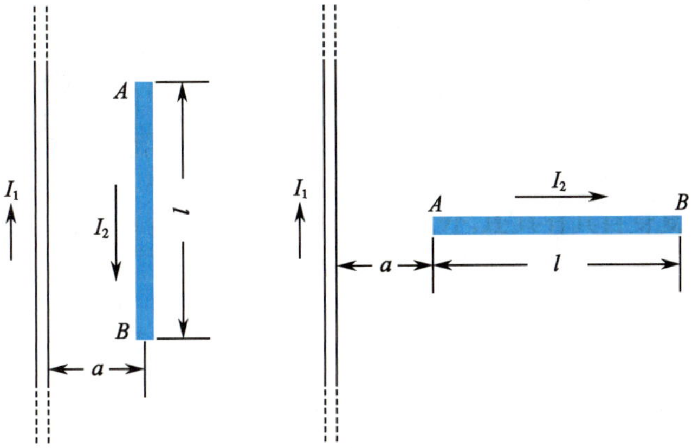

图 7-44　习题 8 图

9. 如图 7-45 所示为一个正三角形线圈，放在匀强磁场中，磁场方向与线圈平面平行，且平行于 BC 边。设 $I=10\text{A}$，$B=1\text{T}$，正三角形的边长 $l=0.1\text{m}$，求：

（1）线圈所受磁力矩的大小和方向。

（2）线圈将如何转动。

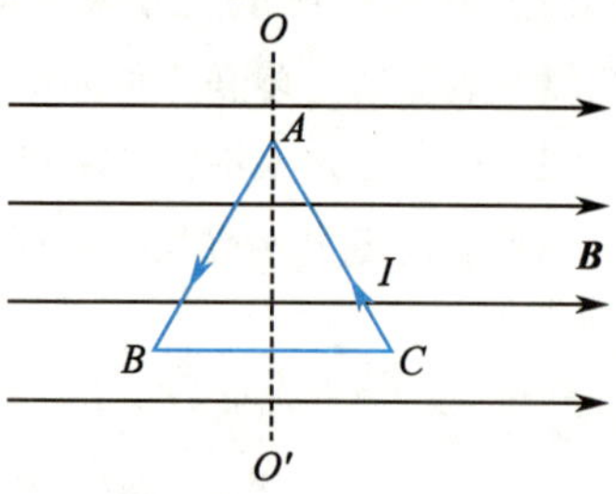

图 7-45 习题 9 图

10. 线圈在长直载流导线产生的磁场中运动，在下列图示的哪些情况下，线圈内将产生感应电流？并请标出其方向。

（1）线圈在磁场中平动（如图 7-46 所示）。

（2）线圈在磁场中绕 OO' 轴转动（如图 7-47 所示）。

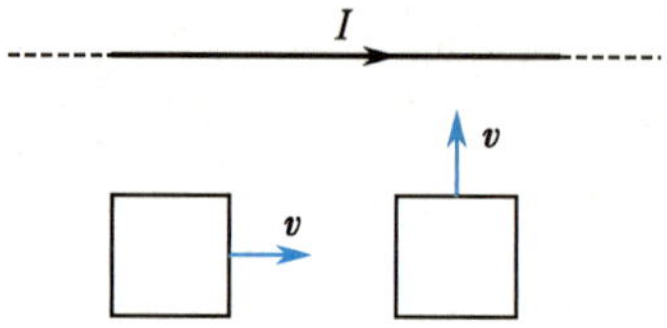

图 7-46 习题 10（1）图

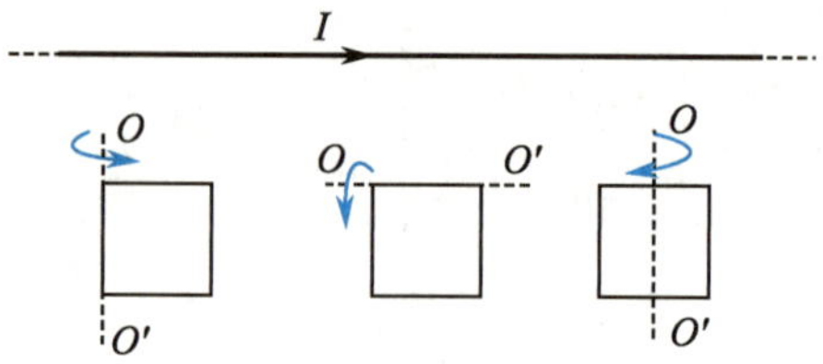

图 7-47 习题 10（2）图

11. 长 20cm 的铜棒水平放置，如图 7-48 所示，绕通过其中点的垂直轴旋转，转速为每秒 5 圈。与铜棒垂直方向上有一均匀磁场，磁感应强度为 $1.0\times10^{-2}\text{T}$。求：

（1）棒的一端 A 和中点 O 之间的感应电势差。

（2）棒两端 A、D 间的感应电势差。

12. 如图 7-49 所示，铜盘半径 $R=50\text{cm}$，在方向为与盘面垂直的均匀磁场中，沿逆时针方向绕盘中心转动，转速为 $n=100\pi\ \text{rad/s}$。设磁感应强度 $B=1.0\times10^{-2}\text{T}$。求铜盘中心和边缘之间的感应电势差。

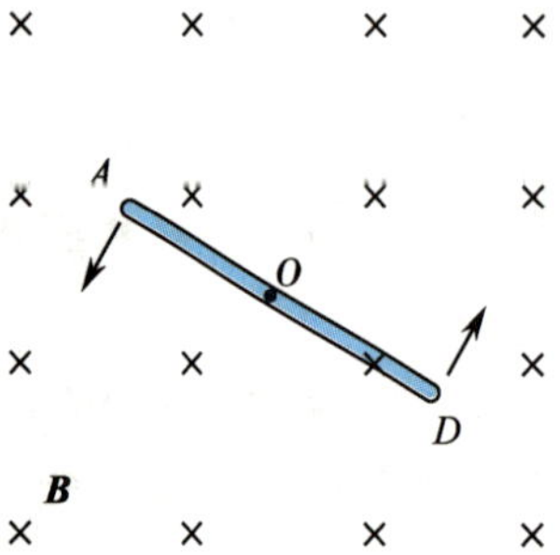

图 7-48 习题 11 图

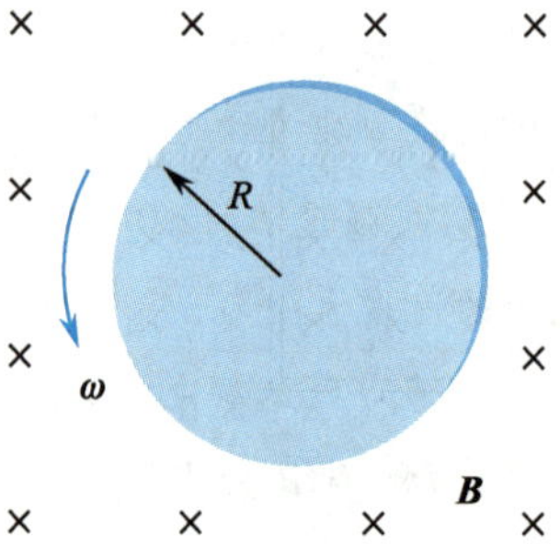

图 7-49 习题 12 图

13. 设某线圈的自感系数 $L=0.50\text{H}$，电阻 $R=5.0\Omega$，在下列情况下，求线圈两端的电压。

（1）$I=1\text{A}$，$\dfrac{\mathrm{d}I}{\mathrm{d}t}=0$。

（2）$I=1\text{A}$，$\dfrac{\mathrm{d}I}{\mathrm{d}t}=2.0\text{A/s}$。

（3）$I=0$，$\dfrac{\mathrm{d}I}{\mathrm{d}t}=0$。

（4）$I=0$，$\dfrac{\mathrm{d}I}{\mathrm{d}t}=2.0\text{A/s}$。

（5）$I=1\text{A}$，$\dfrac{\mathrm{d}I}{\mathrm{d}t}=-2.0\text{A/s}$。

14. 电子感应加速器中的磁场在直径为 0.50m 的圆柱形区域内是均匀的。设这一磁场随时间的变化率为 1.0×10^{-2}T/s。计算距离磁场中心为 0.10m、0.50m、1.0m 处各点的涡旋电场强度。

15. 什么是位移电流？什么是全电流？位移电流和传导电流有什么不同？

7-7

第七章
目标测试

（陈　曙）

第八章

光的成像基础

8-1

第八章
教学课件

学习目标

1. 掌握　单球面折射、共轴球面系统、薄透镜成像、薄透镜组合、眼的屈光不正及其矫正。
2. 熟悉　柱面透镜、眼的调节、眼的视力。
3. 了解　透镜的像差、眼的光学结构、放大镜、光学显微镜。

传播过程中，如果光的波长远小于其所遇到障碍物的尺寸，则其波动效应不明显，此时可以忽略光的波动本质，认为光在均匀介质中是沿直线传播的。几何光学(geometrical optics)是以光的直线传播定律、光的反射定律及折射定律为理论基础，以几何作图法为手段，研究光在透明介质中成像规律的一门学科。本章主要利用几何光学的原理和方法来研究光的球面成像和透镜成像的一般规律，并以此分析眼及几种常用光学仪器的成像原理。

第一节　球 面 折 射

一、单球面折射

通过两种透明介质的分界面时，光会发生折射和反射现象。如果这两种介质的分界面为球面的一部分，则所产生的折射现象称为单球面折射(single spherical refraction)。光学系统如透镜、眼睛等，往往是由若干个单球面构成，所以单球面折射是研究各种光学系统成像的基础。

1. 单球面折射公式　如图 8-1 所示，有两种均匀透明介质，折射率分别为 n_1 和 n_2(设 $n_1<n_2$)，其分界面 MN 为折射球面，C 为该球面的曲率中心，r 为曲率半径，O 为物点，通过 OC 的直线称为主光轴(primary optic axis)，主光轴与折射球面 MN 相交于 P 点，P 点称为该折射球面的顶点。

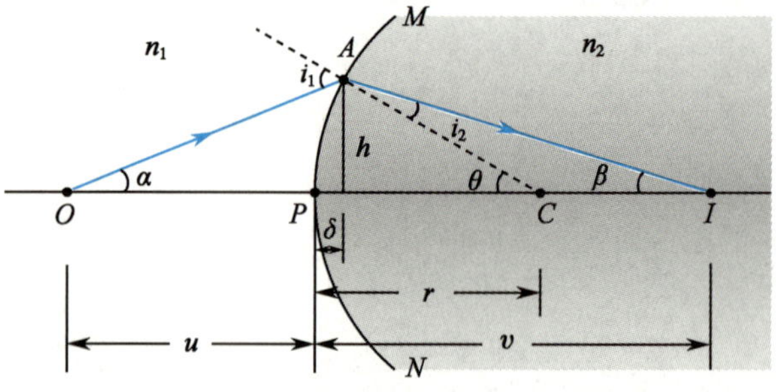

图 8-1　单球面折射

主光轴上，点光源 O 发出的光线经单球面折射后成像于 I 点。物点 O 到折射球面顶点 P 的距离称为物距(object distance)，用 u 表示；像点 I 到 P 点的距离称为像距(image distance)，用 v 表示。

如果入射光线 OA 与主光轴的夹角 α 很小，满足 $\alpha \approx \sin\alpha \approx \tan\alpha$，这样的入射光线称为近轴光线(paraxial ray)。没有特殊说明时，以下仅讨论近轴光线情况。

若 OA 是近轴光线，则入射角 i_1、折射角 i_2 都很小，因此折射定律 $n_1\sin i_1 = n_2\sin i_2$ 可写为

$$n_1 i_1 = n_2 i_2$$

由图中几何关系可知 $i_1=\alpha+\theta, i_2=\theta-\beta$，整理可得

$$n_1\alpha+n_2\beta=(n_2-n_1)\theta$$

因为近轴光线成像 α、β、θ 都很小，设 A 点到主光轴距离为 h，则

$$\alpha\approx\tan\alpha=\frac{h}{u+\delta}\approx\frac{h}{u}$$

$$\beta\approx\tan\beta=\frac{h}{v-\delta}\approx\frac{h}{v}$$

$$\theta\approx\tan\theta=\frac{h}{r-\delta}\approx\frac{h}{r}$$

代入并消去 h，可得

$$\frac{n_1}{u}+\frac{n_2}{v}=\frac{n_2-n_1}{r} \qquad \text{式(8-1)}$$

式(8-1)称为单球面折射公式，其适用于一切近轴光线条件下的凹、凸单球面成像。应用此公式时，须遵守如下符号法则：

（1）实物、实像的物距 u、像距 v 均取正值。

（2）虚物、虚像的物距 u、像距 v 均取负值。

（3）实际光线对着凸球面入射时，曲率半径 r 为正，反之为负。

所谓的实物、虚物、实像、虚像都是对所讨论的折射球面而言的。若入射光线对折射球面是发散的，则相应的发散中心称为实物(real object)；若入射光线是会聚的，则相应的会聚中心称为虚物(virtual object)。实像、虚像亦然，若折射光线是会聚的，则相应的会聚中心称为实像(real image)；若折射光线是发散的，则相应的发散中心称为虚像(virtual image)。

2. 焦距和焦度　如图 8-2 所示，当点光源位于主光轴某点 F_1 时，由该点发出的光线经单球面折射后变为平行光线(像点在无穷远)，即 $v=\infty$，则点 F_1 称为该折射球面的物方焦点(object-space focus)或第一焦点，点 F_1 到折射球面顶点的距离称为物方焦距或第一焦距，用 f_1 表示。将 $u=f_1$、$v=\infty$ 代入式(8-1)

$$\frac{n_1}{f_1}+\frac{n_2}{\infty}=\frac{n_2-n_1}{r}$$

得

$$f_1=\frac{n_1}{n_2-n_1}r \qquad \text{式(8-2)}$$

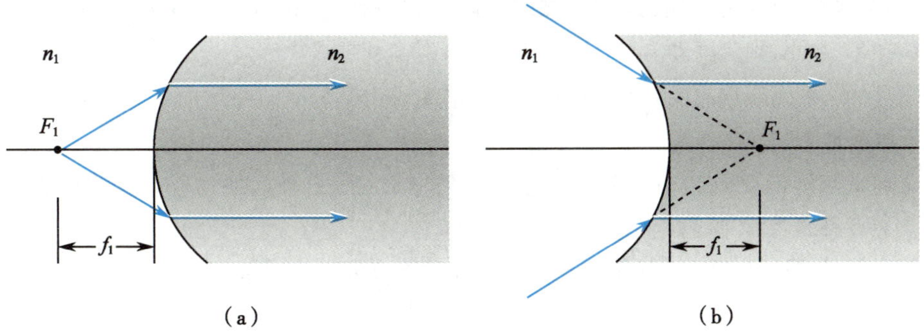

图 8-2　物方焦点与焦距

(a) 物方实焦点；(b) 物方虚焦点。

如图 8-3 所示，当入射光线是平行于主光轴的近轴光线(物点在无穷远)，即 $u=\infty$，经单球面折射后会聚于主光轴上一点 F_2，则点 F_2 称为折射球面的像方焦点(image-space focus)或第二焦点，点 F_2 到

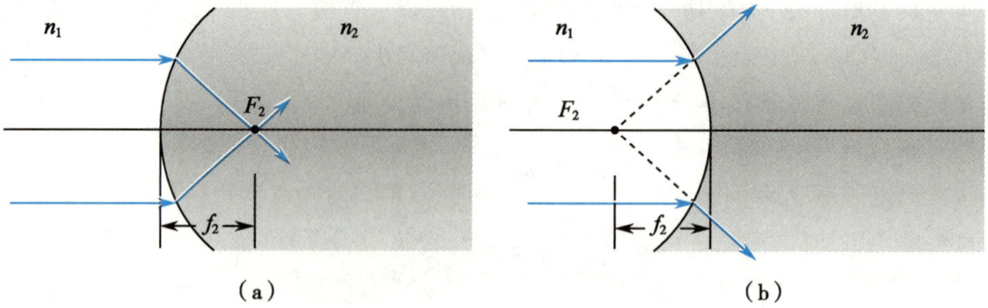

图 8-3　像方焦点与焦距

(a) 像方实焦点；(b) 像方虚焦点。

折射球面顶点的距离称为像方焦距或第二焦距，用 f_2 表示。将 $u=\infty$，$v=f_2$ 代入式(8-1)

$$\frac{n_1}{\infty}+\frac{n_2}{f_2}=\frac{n_2-n_1}{r}$$

得

$$f_2=\frac{n_2}{n_2-n_1}r \qquad \text{式(8-3)}$$

由式(8-2)和式(8-3)可以看出，焦距 f_1 和 f_2 的正负取决于 n_1、n_2 的大小和 r 的正负。当 f_1、f_2 为正值时，F_1、F_2 是实焦点，折射球面有会聚光线作用；当 f_1、f_2 为负值时，F_1、F_2 是虚焦点，折射球面有发散光线作用。

焦距 f_1 和 f_2 是衡量单球面折射本领的物理量。折射球面的曲率半径 r 越大，则焦距 f_1 和 f_2 越长，光线发生弯折的程度越小，即单球面的折射本领越弱。但因为折射球面两边介质的折射率不同，所以对同一折射球面而言，两个焦距 f_1、f_2 是不相等的。比较式(8-2)和式(8-3)，可得

$$\frac{n_1}{f_1}=\frac{n_2}{f_2}$$

因此，常用介质的折射率与该侧焦距的比值来表示折射球面的折射本领，称为折射球面的焦度(focal power)，用 Φ 表示，即

$$\Phi=\frac{n_1}{f_1}=\frac{n_2}{f_2}=\frac{n_2-n_1}{r} \qquad \text{式(8-4)}$$

如果焦距以米(m)为单位，则 Φ 的单位为屈光度(diopter)，用 D 表示，$1D=1m^{-1}$。由式(8-4)可知，对同一折射球面，尽管其两侧的焦距不相等，但其焦度相等。折射球面两侧的折射率 n_1、n_2 相差越大，曲率半径 r 越小，则焦度 Φ 越大，折射球面的折射本领越强。

例题 8-1　一根无限长的玻璃棒，其一端是曲率半径为 0.5cm 的凸球面。已知玻璃的折射率为 1.5，水的折射率为 1.33。

(1) 若将此玻璃棒置于空气中，放一个物体在棒的轴线上，凸球面外侧 2cm，求物体的成像位置。

(2) 若将此棒放入水中，物距不变，求水中像距。

解：(1) 当玻璃棒置于空气中时，$n_1=1.0$，$n_2=1.5$，$r=0.5\text{cm}$，$u=2\text{cm}$，代入式(8-1)得

$$\frac{1.0}{2}+\frac{1.5}{v}=\frac{1.5-1.0}{0.5}$$

解得

$$v=3(\text{cm})$$

即成像在玻璃棒内的轴线上，距离玻璃棒凸球面 3cm 处，为实像。

(2) 当玻璃棒置于水中时，$n_1=1.33$，$n_2=1.5$，$r=0.5\text{cm}$，$u=2\text{cm}$，代入式(8-1)得

$$\frac{1.33}{2}+\frac{1.5}{v}=\frac{1.5-1.33}{0.5}$$

解得

$$v=-4.6(\text{cm})$$

即成像在水中，像与物在同一侧，距离玻璃棒凸球面 4.6cm 处，为虚像。

二、共轴球面系统

如果折射球面有两个或两个以上，并且折射球面的曲率中心都在一条直线上，那么这些折射球面所组成的系统称为共轴球面系统（coaxial spherical system），折射球面的曲率中心所在的直线称为共轴球面系统的主光轴。

共轴球面系统成像时，可依据单球面成像公式采用逐次成像法求得。即先求出物体经第一个折射球面所成的像，而后将此像作为第二个折射球面的物，求其经第二个折射球面所成的像，以此类推，直到求出经最后一个折射球面所成的像为止，该像即为共轴球面系统所成的像。

例题 8-2　如图 8-4 所示，空气中一个玻璃球半径为 10cm，折射率为 1.5，一个点光源置于球前 40cm 处，求近轴光线下光源通过玻璃球后所成的像。

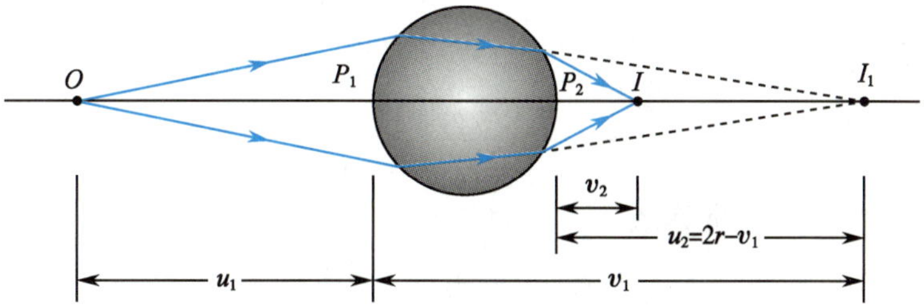

图 8-4　例题 8-2 图

解： 对第一个折射球面 P_1 成像，将 $n_1=1.0$，$n_2=1.5$，$r=10\text{cm}$，$u_1=40\text{cm}$，代入式（8-1）得

$$\frac{1.0}{40}+\frac{1.5}{v_1}=\frac{1.5-1.0}{10}$$

解得

$$v_1=60(\text{cm})$$

如果没有第二个折射球面 P_2，光源应成像于 P_1 后 60cm 处的 I_1 点。由于像 I_1 处于 P_2 的后面，因此像 I_1 对第二个折射球面 P_2 而言是一个虚物，物距 $u_2=-(60-20)=-40(\text{cm})$。对第二个折射球面成像，将 $n_1=1.5$，$n_2=1.0$，$r=-10\text{cm}$，$u_2=-40\text{cm}$ 代入式（8-1）得

$$\frac{1.5}{-40}+\frac{1}{v_2}=\frac{1.0-1.5}{-10}$$

解得

$$v_2=11.4(\text{cm})$$

即最后成像在玻璃球后面 11.4cm 处。

第二节　透　　镜

透镜（lens）是由两个折射球面组成的共轴光学系统，两个折射球面之间是均匀的透明介质，如图 8-5 所示。常用球面透镜的两个折射球面一般是两个球面，或者一个球面、一个平面。若透镜的厚度与物距、像距及折射球面的曲率半径相比很小、可以忽略，则这种透镜称为薄透镜（thin lens）。

透镜按结构可分为凸透镜(convex lens)和凹透镜(concave lens),按光学性质可分为会聚透镜(converging lens)和发散透镜(diverging lens)。凸透镜中间厚边缘薄,相反,凹透镜中间薄边缘厚。当透镜的折射率大于镜外介质的折射率时,凸透镜就是会聚透镜,而凹透镜就是发散透镜。透镜应用非常广泛,是构成照相机、显微镜、放大镜等光学仪器的基本光学元件。下面将介绍薄透镜的成像原理。

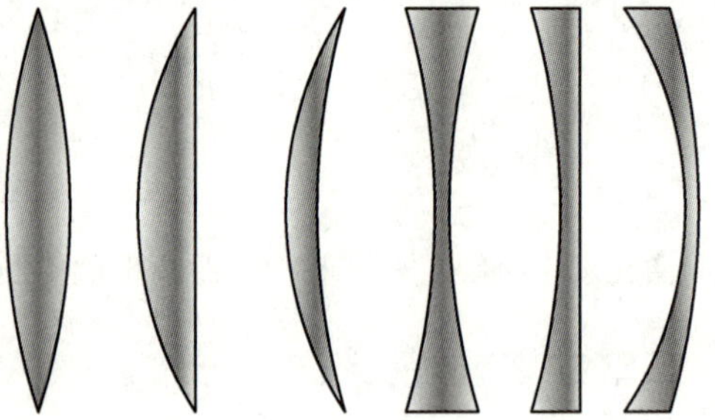

图 8-5　各种类型的薄透镜

一、薄透镜成像

如图 8-6 所示,折射率为 n 的薄透镜置于折射率为 n_0 的介质中,薄透镜两个折射球面的曲率半径分别为 r_1 和 r_2。主光轴上点光源 O 发出的光线经透镜折射后成像于 I 处。设 u_1、v_1 和 u_2、v_2 分别表示第一折射球面和第二折射球面的物距和像距,u、v 表示薄透镜的物距和像距。因为是薄透镜,透镜厚度可以忽略,所以 $u_1=u$,$u_2=-v_1$,$v_2=v$,分别代入单球面折射公式(8-1),可得

$$\frac{n_0}{u}+\frac{n}{v_1}=\frac{n-n_0}{r_1},\quad \frac{n}{-v_1}+\frac{n_0}{v}=\frac{n_0-n}{r_2}$$

两式相加并整理可得

$$\frac{1}{u}+\frac{1}{v}=\frac{n-n_0}{n_0}\left(\frac{1}{r_1}-\frac{1}{r_2}\right) \qquad \text{式(8-5)}$$

若薄透镜置于空气中,则 $n_0=1$,带入式(8-5)可得

$$\frac{1}{u}+\frac{1}{v}=(n-1)\left(\frac{1}{r_1}-\frac{1}{r_2}\right) \qquad \text{式(8-6)}$$

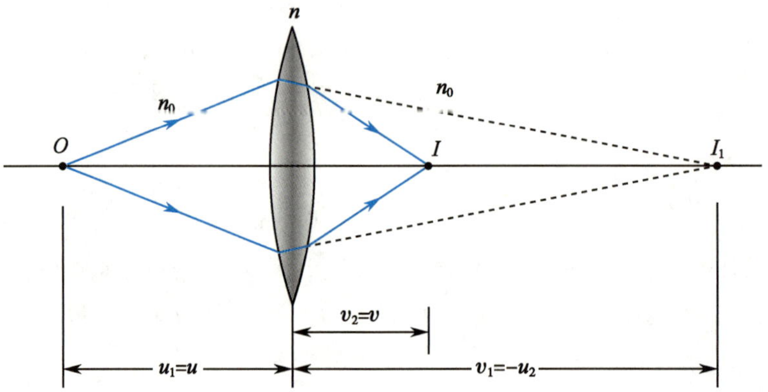

图 8-6　薄透镜成像

薄透镜成像
微课

式(8-5)和式(8-6)都称为薄透镜成像公式,其中 u、v、r_1、r_2 的正负取值仍然遵循单球面折射的符号法则,且适用于各类凹、凸薄透镜。

薄透镜也有两个焦点,分别将 $v=\infty$ 和 $u=\infty$ 代入式(8-5)中,可得薄透镜的第一焦距 f_1 和第二焦距 f_2。计算并比较可知

$$f_1=f_2=f=\left[\frac{n-n_0}{n_0}\left(\frac{1}{r_1}-\frac{1}{r_2}\right)\right]^{-1} \qquad \text{式(8-7)}$$

从式(8-7)可以看出,对薄透镜来说,当镜前后的介质相同时,透镜的两个焦距相等,且薄透镜的焦距与透镜和介质的折射率及两折射球面的曲率半径有关。

将式(8-7)中焦距 f 值代入式(8-5),可得

$$\frac{1}{u}+\frac{1}{v}=\frac{1}{f} \qquad 式(8\text{-}8)$$

式(8-8)称为薄透镜成像公式的高斯形式。其适用于薄透镜两侧介质相同时的情况，其中会聚透镜的焦距为正，发散透镜的焦距为负，物距和像距的符号法则与单球面折射相同。

透镜焦距值的大小表征了透镜对光线会聚或发散的本领。透镜的焦距越短，对光线会聚或发散的本领越强。通常，也用焦距的倒数来表示透镜会聚或发散光线的本领，称为薄透镜的焦度，同样用 Φ 表示，即 $\Phi=\frac{1}{f}$，会聚透镜的焦度为正，发散透镜的焦度为负。当焦距以米(m)为单位时，焦度的单位为屈光度(D)。配制眼镜时，人们常常将透镜的焦度以“度”为单位，1 屈光度 = 100 度。

二、薄透镜组合

由两个或两个以上的薄透镜组成的共轴系统称为薄透镜组合。光学仪器中所用的透镜基本都是由多个薄透镜组合而成，薄透镜之间可以是分立的，也可以是密接的(薄透镜紧密贴合在一起)。

物体通过薄透镜组合后所成的像，可以利用薄透镜成像公式，采用透镜逐次成像法求出。即先求出经过第一个透镜折射后所成的像，然后以此像作为第二个透镜的物，再求出经第二个透镜所成的像，以此类推，直至求出最后一个透镜所成的像，该像即薄透镜组所成的像。下面先用例题 8-3 展示分立薄透镜组的成像过程。

例题 8-3　如图 8-7 所示，一个凸透镜焦距为 $f_1=2\text{cm}$，在其右侧与其平行放置一个凹透镜，焦距 $f_2=-2\text{cm}$，两透镜相距 3cm 组成共轴系统，在凸透镜前 4cm 处放置一个物体，求该物体的成像位置。

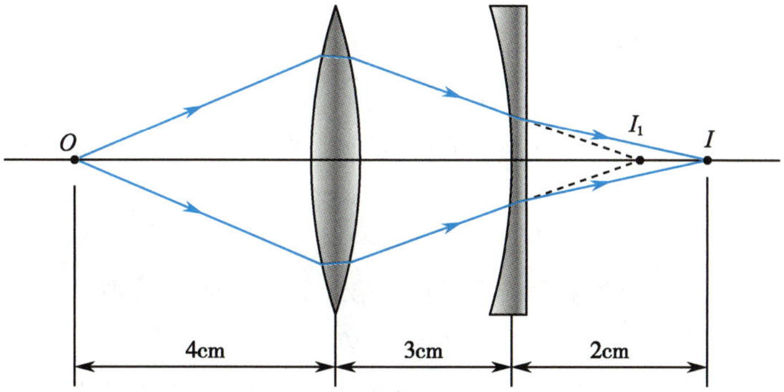

图 8-7　例题 8-3 图

解：共轴系统中凸透镜放在凹透镜前面，两透镜相距 3cm，光线先进入凸透镜。对凸透镜成像，将 $u_1=4\text{cm}$，$f_1=2\text{cm}$ 代入式(8-8)有

$$\frac{1}{4}+\frac{1}{v_1}=\frac{1}{2}$$

解得

$$v_1=4(\text{cm})$$

对凹透镜成像，$u_2=-(4-3)=-1(\text{cm})$，$f_2=-2\text{cm}$，代入式(8-8)有

$$\frac{1}{-1}+\frac{1}{v_2}=\frac{1}{-2}$$

解得

$$v_2=2(\text{cm})$$

距离凸透镜的距离　2+3=5(cm)

所以，最后成像在凸透镜右侧距离凸透镜 5cm 处，为一实像。

两个薄透镜紧密贴合在一起的情况，如图 8-8 所示，设两个薄透镜 L_1、L_2 的焦距分别为 f_1 和 f_2，由于两个薄透镜密接，故两透镜之间的距离及透镜组的厚度可以忽略。主光轴上的点光源 O 通过第一个薄透镜后成像于 I_1 点，物距、像距分别为 u_1、v_1，经第二个薄透镜后成像于 I 点，物距和像距分别为 u_2、v_2，设薄透镜组合的物距和像距分别为 u 和 v。根据式(8-8)，对第一个薄透镜成像可得

$$\frac{1}{u}+\frac{1}{v_1}=\frac{1}{f_1}$$

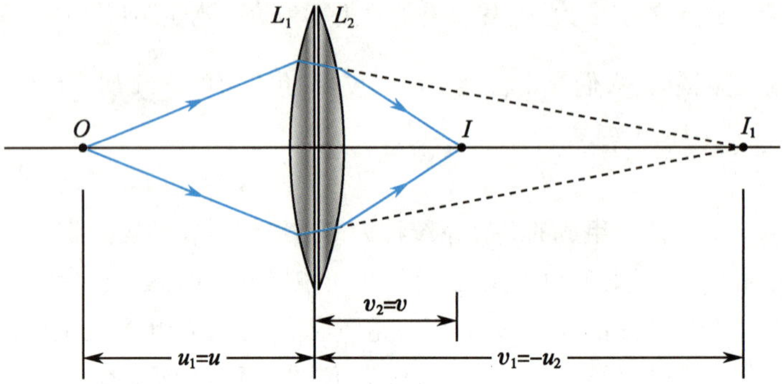

图 8-8 薄透镜组成像

对第二个薄透镜，$u_2=-v_1$，可得

$$\frac{1}{-v_1}+\frac{1}{v}=\frac{1}{f_2}$$

两式相加可得

$$\frac{1}{u}+\frac{1}{v}=\frac{1}{f_1}+\frac{1}{f_2}$$

$v=\infty$ 时对应的 u 值，或 $u=\infty$ 时对应的 v 值，为薄透镜组的等效焦距，用 f 表示，因此有

$$\frac{1}{f}=\frac{1}{f_1}+\frac{1}{f_2} \qquad 式(8\text{-}9)$$

若用 Φ、Φ_1 和 Φ_2 分别表示薄透镜组、第一个透镜和第二个透镜的焦度，则式(8-9)可写为

$$\Phi=\Phi_1+\Phi_2 \qquad 式(8\text{-}10)$$

式(8-10)表明密接薄透镜组的焦度等于各薄透镜焦度的代数和，这一关系常被用来测量薄透镜的焦度。例如，测定一个近视镜片(凹透镜)的焦度时，可以用已知焦度的凸透镜与其密接，当光线通过薄透镜组后既不会聚也不发散，光线的方向不改变时，薄透镜组的等效焦度为零，$\Phi_1+\Phi_2=0$，由此可知两个薄透镜焦度数值相等、符号相反，这样即可测得近视镜片的焦度。

三、柱面透镜

如果透镜的两个折射面不是球面，而是圆柱面的一部分，这种透镜称为柱面透镜(cylindrical lens)。如图 8-9 所示，柱面透镜的两个折射面可以都是圆柱面，也可以一面为圆柱面，另一面为平面。与球面透镜类似，柱面透镜也有凸、凹两种，即凸柱面透镜和凹柱面透镜。

在光学系统中，通常将包含主光轴的平面称为子午面，一个光学系统中有无数个子午面。子午面与透镜折射面之间的交线称为子午线。若折射面在不同方向上的子午线曲率半径相同，则这种折射面称为对称折射面；若折射面在不同方向上的子午线曲率半径不完全相同，则称为非对称折射面。由对称折射面所组成的共轴系统称为对称折射系统，反之，称为非对称折射系统。对于沿不同子午面入射的光线，非对称折射系统的折射本领不同，因此，点光源发出的光经非对称系统折射后，不能形成一个清晰的点像，柱面透镜成像即是如此。

如图 8-10 所示，柱面透镜在水平子午面上的焦度最大，且为正值，对光线起会聚作用；在垂直子午面上的焦度为零，对光线没有会聚作用，折射光线不改变方向。因此，点光源经此柱面透镜折射后所成的像为一条竖向直线段。

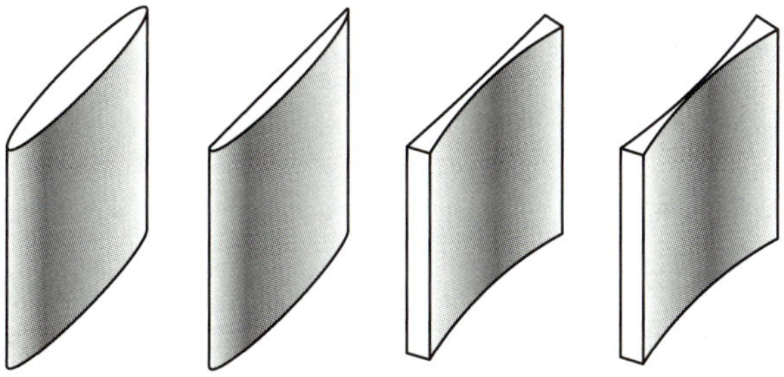

图 8-9　柱面透镜

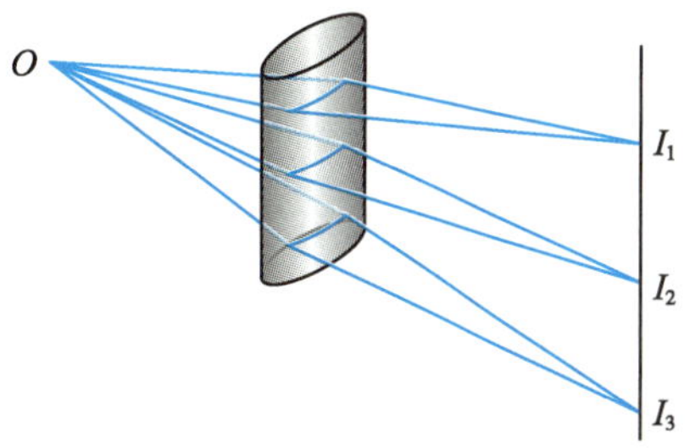

图 8-10　柱面透镜成像

四、透镜的像差

制造各种成像光学仪器的目的是产生一个与原物在几何形状上相似、颜色上相同的清晰的像。由于各种因素的影响，物体发出的光线经透镜折射后所成的像与物体本身有偏差，这种差别称为像差（aberration）。像差有许多种，下文仅介绍球面像差和色差。

1. 球面像差　点光源所发出的单色光线经透镜折射后不能会聚于一点，如图 8-11（a）所示，这种现象称为球面像差（spherical aberration），简称球差。产生球差的原因是透镜边缘部分比中央部分折射光线本领强。通过透镜中央部分的近轴光线偏折程度小，成像于 I 处；通过透镜边缘部分的远轴光线偏折程度大，成像于 I' 处。可以看出，由于近轴光线和远轴光线所形成的像点不重合，从而导致点光源经透镜成像后得到的不是一个亮点，而是一个边缘模糊的亮斑。

减小球差的一种方法是在透镜前加一光阑，把远轴光线滤掉，只让近轴光线通过，如图 8-11（b）所示。但由于遮住了一部分入射光，此方法会使所成像的亮度减弱。减少球差的另一方法是在会聚透镜后面放置一个发散透镜。因为发散透镜对远轴光线的发散作用强于近轴光线，因而可减少会聚透镜的球面像差，但这样组成的透镜组会降低焦度。

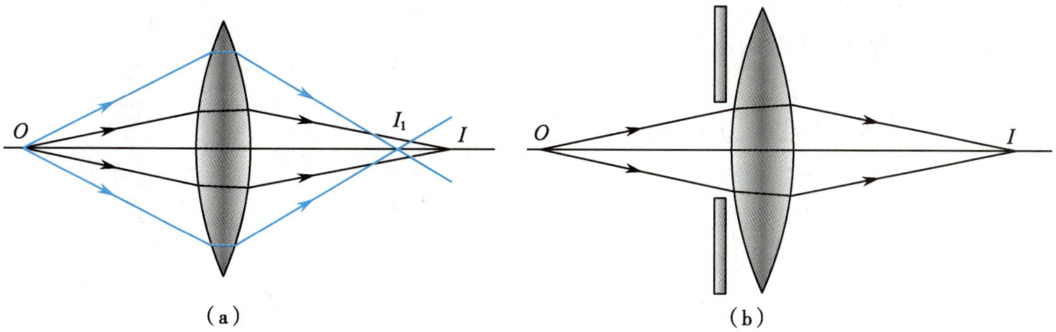

图 8-11　球面像差及其矫正

（a）球面像差的产生；（b）球面像差的矫正。

2. 色差　点光源发出的不同波长的光经过透镜折射后不能成像于一点的现象，称为色差（chromatic aberration），如图 8-12（a）所示。产生色差的原因是：对不同波长的光，透镜的折射率不同。波长越短，折射率越大。这样物点发出的自然光通过透镜后不能形成清晰的点像，而是一个带有彩色边缘的小亮斑，且透镜越厚，色差越明显。

减少色差的方法是将折射率不同的会聚透镜和发散透镜适当地组合起来，使一个透镜的色差被

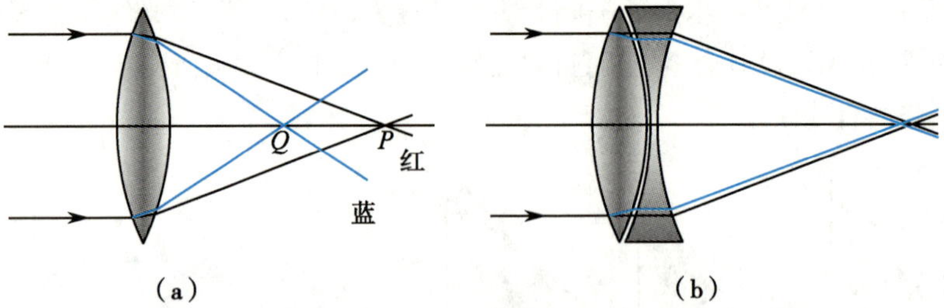

图 8-12 色差及其矫正
(a) 色差的产生;(b) 色差的矫正。

另一个透镜所抵消,如图 8-12(b)所示。在光学仪器中,透镜系统往往是由多个透镜组合而成的,这样可以减少色差。

前面只是简单地介绍了两种像差的现象、成因及消除途径。像差的类型还有很多种,摸清各种像差的产生规律、消除方法,是设计及使用各种光学仪器的一个重要研究方向。而完全消除所有的像差是不可能的,也是不必要的。例如,由于接收器(眼睛、照相底片等)的分辨本领有一定限度,所以只需将像差减小到接收器不能分辨的程度就够了。所以,每种光学仪器中,只要根据实际需要,重点将某些像差减小到一定程度即可。

第三节 常见成像系统

一、眼

人眼是一个较复杂的光学系统,通过调节能够把远近不同的物体清晰地成像在视网膜上。下面将从几何光学的角度来介绍眼睛的光学结构及成像原理。

1. 眼的光学结构 图 8-13 是人眼的水平剖面图。其中,眼球最前端是一层凸出的透明膜,称为角膜,折射率约为 1.376,光线通过其进入眼内。角膜的后面是虹膜,虹膜为圆形环状薄膜,中央有一个圆孔,称为瞳孔。虹膜具有可变光阑的作用,通过肌肉收缩改变瞳孔的大小,从而调节进入眼内的光通量。虹膜后面是透明且富有弹性的晶状体,折射率约为 1.424,形状类似于双凸透镜,其曲率半径受睫状肌调节。在角膜、虹膜和晶状体之间充满了透明的水状液体,称为房水,折射率约为 1.336。眼球的内层称为视网膜,其上布满了视觉神经,是光成像的地方。视网膜上正对瞳孔处有一小块黄色区域,称为黄斑,其中央有一凹陷,称为中央凹,是视网膜上感光最灵敏的部位。晶状体和视网膜之间充满的透明胶状体,称为玻璃体,折射率约为 1.336。

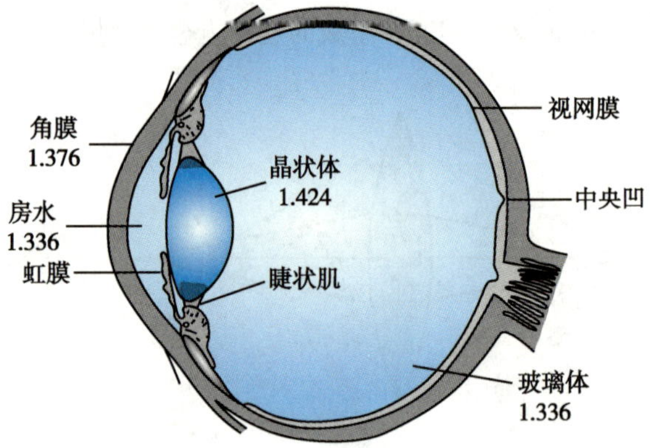

图 8-13 眼球水平剖面图

从几何光学的角度看,眼睛是由多个球面组成的共轴球面系统,外界光线经角膜、房水、晶状体及玻璃体等多次折射后,成像在视网膜上。在整个光路中,因为空气和角膜的折射率差值最大,光线由空气进入角膜时,将发生最大折射,所以眼睛的屈光能力主要来自角膜。

2. 眼的调节 眼睛的屈光能力虽然主要来自角膜,但为了看清不同距离的物体,经常需要少量改变眼的屈光能力，这主要通过改变晶状体的焦度来实现，眼睛这种改变自身焦度的本领称为眼的调节（accommodation）。眼的调节主要通过睫状肌的收缩改变晶状体表面的曲率半径来实现，但这种调节具有一定限度。观察无穷远处物体时，睫状肌完全松弛，晶状体扁平，此时晶状体曲率半径最大，眼的焦度最小。观察近处物体时，睫状肌收缩，晶状体变得凸起，晶状体曲率半径变小，眼的焦度变大。

眼睛在完全不调节时能看清物体的最远位置称为远点（far point）。视力正常人的远点在无穷远处。近视眼的远点在有限远的位置，所以看不清远处物体。但当物体距离眼睛过近时，虽然经过了调节，但仍不能在视网膜上成清晰的像。眼睛通过最大调节能够看清物体的最近位置称为近点（near point）。视力正常人的近点约在眼前 10~12cm 处，近视眼的近点要更近一些，而远视眼的近点则较正常人远一些。在正常光照条件下，不易引起眼睛过度疲劳的距离约为 25cm，称为明视距离（distance of most distinct vision）。

人眼的调节范围不是一成不变的，一般来说，随着年龄的增长，调节能力逐渐变弱，近点会逐渐变远。例如，在儿童期，近点在眼前 7~8cm 处，远点在无穷远，此时人眼的调节范围最大；而到了老年，近点将移到眼前 1~2m 处，此时人眼的调节范围变小，即老花眼。

3. 眼的视力　从物体两端射到眼中节点（通过节点的光线不改变方向）的光线所夹的角度称为视角（visual angle），用 β 表示，如图 8-14 所示。视角的大小和物体的大小、物体与眼睛之间的距离等有关。视角决定了物体在视网膜成像的大小，视角越大，成像越大。

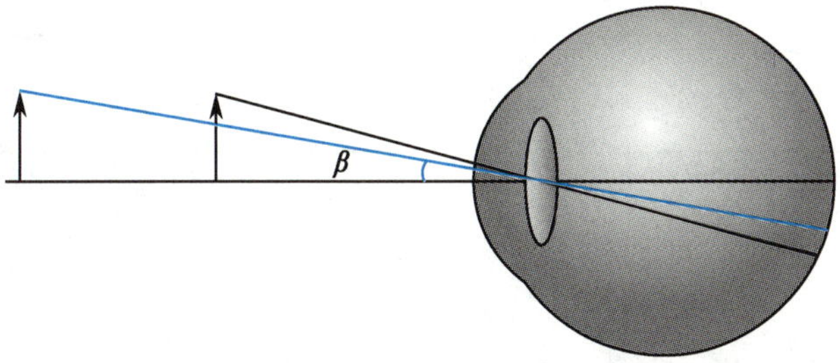

图 8-14　视角

实验证明，视力正常的眼睛能分辨两物点的最小视角约为 1′，如果视角小于 1′，眼睛就分不清是两个物点，而感觉是一个物点。与之相对应，在明视距离处，眼睛能分辨两物点之间的最短距离约为 0.1mm。常用眼睛能分辨的最小视角 β_{min} 的倒数表示眼睛的分辨本领，称为视力（visual acuity），用 V 表示，即

$$V=\frac{1}{\beta_{min}} \qquad 式(8\text{-}11)$$

式（8-11）中，最小视角以分（′）为单位。例如，最小视角为 10′ 和 1′ 时，对应的视力分别为 0.1 和 1.0。国际标准视力表就是根据这种原理制成的。另一种常用视力表是国家标准对数视力表，即五分法视力表，其视力用 L 表示，与最小视角的关系为

$$L=5-\lg\beta_{min} \qquad 式(8\text{-}12)$$

式（8-12）中，最小视角同样以分为单位。若最小视角为 10′ 和 1′ 时，其五分法记录的视力 L 分别为 4.0 和 5.0。

4. 眼的屈光不正及其矫正　眼睛在不调节时，就能使平行入射的光线会聚在视网膜上形成一个清晰的点像，这种屈光能力正常的眼睛称为正视眼（emmetropia），如图 8-15 所示。否则称为非正视眼或屈光不正（ametropia）。屈光不正包括近视眼、远视眼和散光眼等。

8-3
眼的屈光不正及矫正
微课

非正常眼的模拟与矫正操作视频

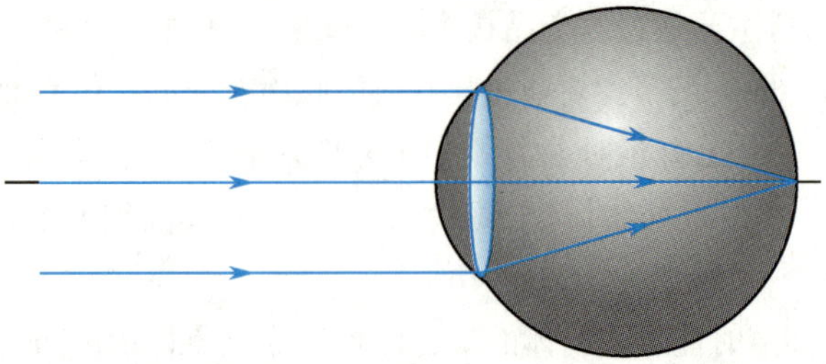

图 8-15 正视眼

（1）近视眼：眼睛不调节时，平行光线经眼折射后会聚于视网膜前面，抵达视网膜时发散成光斑，视网膜上成像模糊不清，这种眼睛称为近视眼（near sight），如图 8-16（a）所示。近视眼看不清远处的物体，需要将物体移到眼前某一位置以内才可能看清。可见近视眼的远点不在无限远处，相较正视眼要近一些。

近视眼的成因有两种：一种是角膜或晶状体的曲率半径过小，焦度过大，对光线偏折过强；另一种是眼轴前后长度过长。除少数高度近视与遗传有关外，大多数近视是由不良的用眼习惯所导致的。

近视眼的矫正方法是佩戴一副适当焦度的凹透镜，使光线经凹透镜适当发散，再经眼睛折射后刚好可以在视网膜上成清晰的像。如图 8-16（b）所示，平行光经凹透镜后，成虚像于该近视眼的远点处，将该虚像作为近视眼的物，经眼睛折射后，成点像于视网膜上。这样，近视眼在眼睛不调节的情况下也能看清无穷远处的物体。

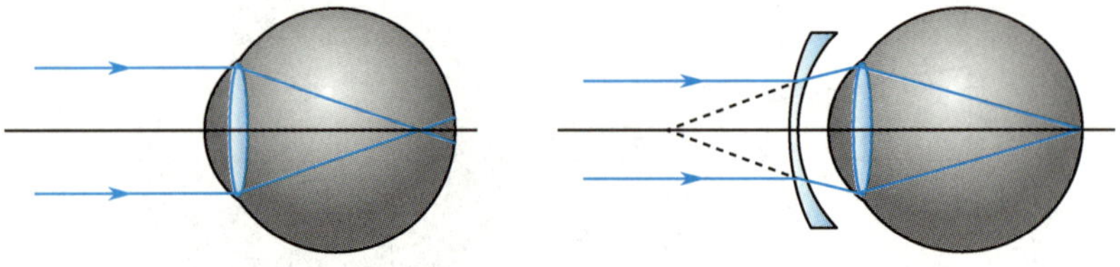

（a）　　　　（b）

图 8-16 近视眼及其矫正

（a）近视眼成像；（b）近视眼的矫正。

例题 8-4 已知一位近视眼患者左眼的远点在眼前 25cm 处，若要使其看清远处的物体，左眼应佩戴多少度的眼镜片？

解：要看清远处物体，就需要将无穷远处物体（平行光）成像在近视眼的远点，所佩镜片为凹透镜，像为虚像，即 $u=\infty$、$v=-25\text{cm}=-0.25\text{m}$，代入薄透镜成像公式（8-8），得

$$\frac{1}{\infty}+\frac{1}{-0.25}=\frac{1}{f}$$

由 $\Phi=\dfrac{1}{f}$ 得出

$$\Phi=\frac{1}{-0.25}=-4(\text{D})=-400(\text{度})$$

所以，此近视眼患者左眼应佩戴 400 度的凹透镜镜片。

（2）远视眼：眼睛不调节时，平行光线经眼折射后会聚于视网膜之后，抵达视网膜时形成一个光斑，因而视网膜上成像模糊不清，这种眼睛称为远视眼（far sight），如图 8-17（a）所示。远视眼在不调节时，不仅看不清远处物体，更看不清近处物体。经眼睛调节后，可以看清远处物体，但仍看不清近处物体。相较于正视眼，远视眼的近点要远些。而远视眼的远点在眼睛之后，为虚物点，如图 8-17（b）所示。

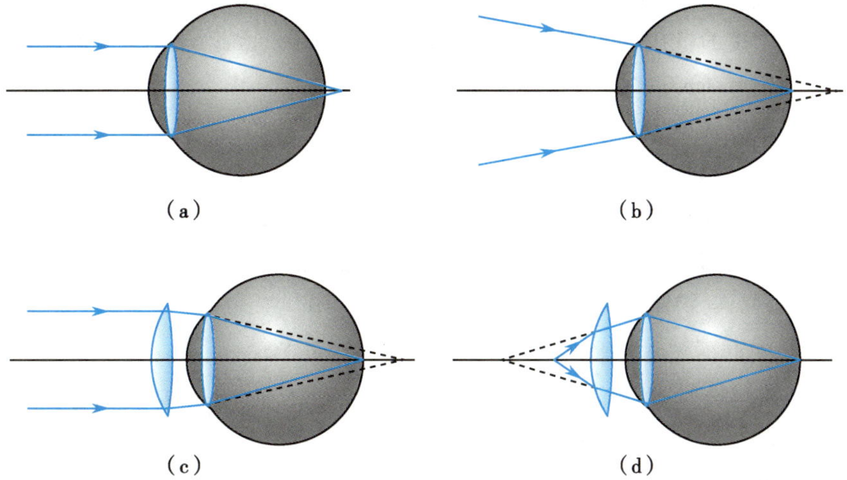

图 8-17　远视眼及其矫正

(a) 远视眼成像；(b) 远视眼的远点；(c) 远视眼远点的矫正；(d) 远视眼近点的矫正。

远视的成因也有两种：一种是角膜或晶状体的曲率半径过大，焦度过小，对光线偏折过弱；另一种是眼轴前后长度过短。婴儿由于晶状体发育尚不完全，多为远视眼。

远视眼的矫正方法是佩戴一副适当焦度的凸透镜，以增补眼睛焦度的不足，使平行光线先经凸透镜会聚（成像于远视眼的远点处），再经眼睛折射后会聚于视网膜上，如图 8-17(c) 所示。由于远视眼的近点较正视眼远一些，因此，远视眼在看近处（如明视距离）的物体时，所选择的凸透镜须使此物在远视眼的近点处成一虚像，如图 8-17(d) 所示。

(3) 散光眼：近视眼和远视眼都属于球面屈光不正，所对应的光学系统都是对称折射系统，角膜在各个方向上的子午线曲率半径皆相等，点光源所发出的光线经眼睛折射后仍能会聚于一点，只是该点没有落在视网膜上。而散光眼（astigmatism）是非对称折射系统，其角膜在各个方向上的子午线曲率半径不完全相同，点光源所发出的光线经眼睛折射后不能会聚于一点，使得光线不能同时聚焦在视网膜上，造成成像模糊不清。如图 8-18 所示，图中散光眼的角膜在不同子午面的子午线曲率半径不同。纵向子午面的子午线曲率半径最短，焦度最大，纵向子午面内的光线经眼睛折射后会聚于 I_1 点；横向子午面的子午线曲率半径最长，焦度最小，横向子午面内的光线会聚于 I_2 点；其他方向子午面的子午线曲率半径介于两者之间，所以其他子午面内的光线将会聚于 I_1 和 I_2 之间的不同位置处。由此可见，散光眼对任何位置的点物均不能成点像。散光眼的矫正方法是佩戴适当焦度的柱面透镜，以矫正屈光不正子午面的焦度。

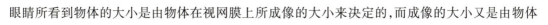

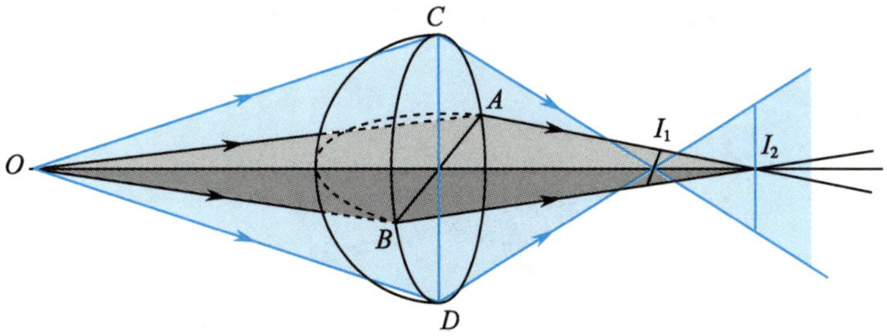

图 8-18　散光眼成像

二、放大镜

眼睛所看到物体的大小是由物体在视网膜上所成像的大小来决定的，而成像的大小又是由物体对眼睛视角的大小来决定。因此，为了看清微小物体，就需要将物体移近人眼，以增大视角。但是人眼的调节是有一定限度的，物体在近点以内，人眼就又看不清了。因此，常用会聚透镜来增大视角，此会聚透镜称为放大镜（magnifier）。

由透镜成像原理可知，物体放在凸透镜焦点之内，成正立放大的虚像，像与物在透镜的同一侧，且物距越大，虚像越大。所以使用放大镜观察物体时，应把物体放在放大镜的焦点内侧靠近焦点处。

如图 8-19 所示，将物体置于明视距离 25cm 处，用眼睛直接观察物体，物体对眼睛所张的视角为 β_1；同一物体置于放大镜焦点内侧靠近焦点处，用放大镜观察该物体时，视角增大到 β_2。通常用这两个视角的比值来表示放大镜的放大率，称为角放大率（angular magnification），用 α 表示，即

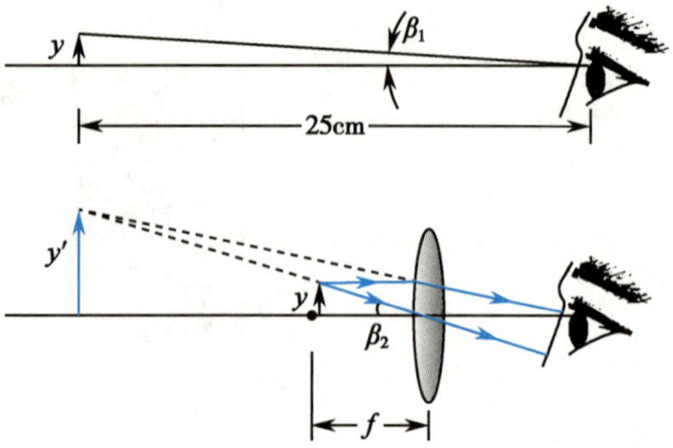

图 8-19 放大镜原理

$$\alpha=\frac{\beta_2}{\beta_1} \qquad \text{式(8-13)}$$

一般用放大镜观察的物体，其线度 y 很小，故视角 β_1、β_2 都很小，因此

$$\beta_1\approx\tan\beta_1=\frac{y}{25},\quad \beta_2\approx\tan\beta_2\approx\frac{y}{f}$$

代入式(8-13)，得

$$\alpha=\frac{y}{f}\times\frac{25}{y}=\frac{25}{f} \qquad \text{式(8-14)}$$

式(8-14)中，f 代表放大镜的焦距，单位为 cm。可见，放大镜的角放大率与其焦距成反比，即放大镜的焦距越小，角放大率越大。但焦距 f 太小，透镜就会变得凸起，出现各种像差，效果反而不好。因此，通常单一透镜构成的放大镜仅能放大几倍，透镜组构成的放大镜，则可以放大几十倍，且像差较小。

三、光学显微镜

8-5 自组望远镜和显微镜操作视频

一般放大镜的放大能力有限，在观察更微小的物体时，常常需要借助更高放大率的仪器。光学显微镜（optical microscope）是一种放大率较大的光学仪器，主要用于观察微小物体的细节，是生物学和医学中常用的光学仪器之一。

1. 显微镜的放大原理 普通光学显微镜由会聚透镜组成，其光路如图 8-20 所示。L_1 为物镜（objective lens），焦距 f_1 较短，L_2 为目镜（eyepiece），焦距 f_2 较长。实际的物镜和目镜都是由透镜组构成，使用透镜组的目的是减小像差，使成像更清晰。

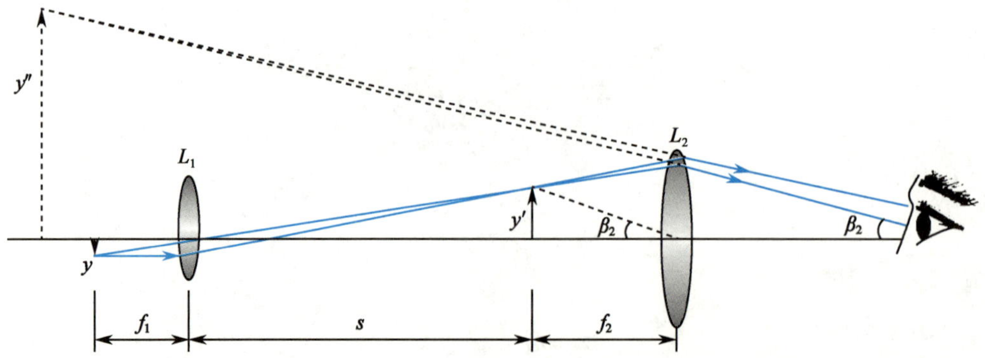

图 8-20 光学显微镜光路图

将被观察物体 y 置于物镜 L_1 的焦点外侧且靠近焦点处，经物镜折射后成倒立放大的实像 y'，该实像 y' 应落在目镜 L_2 的焦点内侧靠近焦点处，再经目镜折射后成正立放大的虚像 y''，该虚像对人眼所张开的视角为 β_2。

同时设用眼睛直接观察明视距离 25cm 处的该物体 y 时，视角为 β_1，则根据光学仪器放大率的定义，显微镜的放大率 M 为

$$M=\frac{\beta_2}{\beta_1}\approx\frac{\tan\beta_2}{\tan\beta_1}$$

式中，$\tan\beta_1=\frac{y}{25}$，由光路图知，$\tan\beta_2\approx\frac{y'}{f_2}$，则

$$M=\frac{y'}{f_2}\times\frac{25}{y}=\frac{y'}{y}\times\frac{25}{f_2}=m\alpha \qquad \text{式(8-15)}$$

式(8-15)中，$\frac{y'}{y}$称为物镜的线放大率，用 m 表示；$\frac{25}{f_2}$称为目镜的角放大率，用 α 表示。即显微镜的放大率等于物镜的线放大率与目镜的角放大率的乘积。一般显微镜常附有几个不同放大率的物镜和目镜，适当组合可获得所需的放大率。

由于被观测物体靠近物镜的焦点，此时

$$\frac{y'}{y}\approx\frac{s}{f_1}$$

式中，s 是像 y' 到物镜的距离，即物镜的像距。则式(8-15)又可写成

$$M=\frac{s}{f_1}\times\frac{25}{f_2}=\frac{25s}{f_1f_2} \qquad \text{式(8-16)}$$

由式(8-16)可知，显微镜放大率与所用物镜和目镜的焦距成反比。又因为物镜和目镜的焦距都很小，所以目镜的焦距 f_2 比物镜的像距 s 小很多，s 近似等于显微镜镜筒的长度。因此，显微镜的镜筒越长或物镜和目镜的焦距越短，显微镜的放大率越大。

2. 显微镜的分辨本领　使用显微镜的目的是看清微小物体的细节，所以仅提高显微镜的放大率，但显微镜成像的清晰度不够也是没用的。由于光具有波动性，显微镜成像的清晰度还受到光衍射的限制。根据光的衍射理论，当点光源通过物镜处圆孔时，必然会产生圆孔衍射，所形成的像不是点像，而是一个有一定大小的衍射斑（艾里斑）。被观察物体可以看成是由许多不同亮度、不同位置的物点组成，若物体的两点相距很近，所形成的衍射斑就可能彼此重叠，物体的细节将变得模糊不清。因此，衍射现象限制了光学系统分辨物体细节的能力。

瑞利给出了光学系统分辨物体细节能力的依据，即瑞利判据（参见第九章）。根据瑞利判据，当一个衍射亮斑的第一暗环与另一个衍射亮斑的中央重合时，它们所对应的两个物点之间的距离恰好是两物点可以被分辨的极限距离。小于该极限距离时，两个物点所成的衍射斑重叠过多而无法分辨，看上去是一个大亮斑，感觉是由一个物点所成的像。

因此，可以用显微镜能分辨的两物点之间最短距离来衡量显微镜的分辨本领，该距离称为显微镜的最小分辨距离，一般用 Z 表示，如图 8-21 所示，最小分辨距离的倒数称为显微镜的分辨本领（resolving power）。

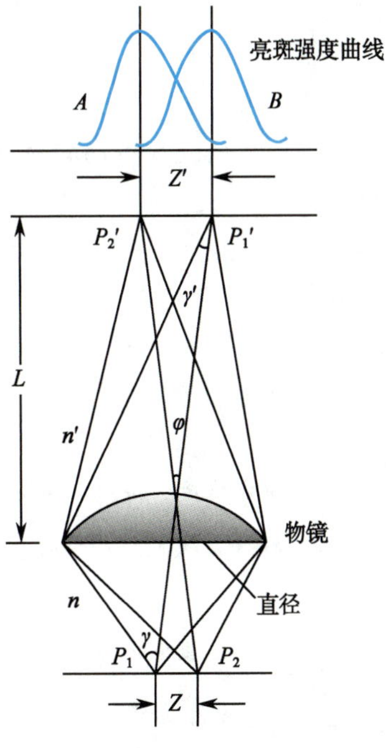

图 8-21　显微镜的分辨本领

对于显微镜，阿贝（Abbe.E）指出，物镜所能分辨两点之间

的最短距离为

$$Z=\frac{0.61\lambda}{n\sin\gamma}=\frac{0.61\lambda}{NA} \qquad \text{式(8-17)}$$

式中，λ 为入射光的波长，n 为物镜与标本之间介质的折射率，γ 为物点射到物镜边缘的光线与主光轴之间的夹角，$n\sin\gamma$ 称为物镜的数值孔径（numerical aperture），常用 NA 表示。可见物镜的数值孔径越大或入射光的波长越短，显微镜所能分辨的最短距离越小，越能看清楚物体的细节，从而显微镜的分辨本领越强。

由式(8-17)可知，提高显微镜分辨本领的途径有两种。一种是减小所用光的波长。例如，将可见光（平均波长为550nm）换成波长为275nm的紫外光，可使分辨本领提高1倍。但由于紫外光是不可见的，不能用眼睛直接观察，需要用专用的镜头和照相方法来记录。

另一种是增大物镜的数值孔径 $n\sin\gamma$。如利用油浸物镜增大 n 和 γ 的值。通常物镜和标本之间的介质是空气，称为干物镜，如图8-22的左半部分所示，其数值孔径 $n\sin\gamma$ 的最大理论值是1，但实际只能达到0.95，这是因为在盖玻片与空气的界面上，部分光线会发生全反射而不能进入物镜，使得进入物镜的光束夹角 γ 较小。如果在物镜与盖玻片之间滴入折射率近似等于玻璃折射率的透明液体，如香柏油（$n\approx1.5$），将数值孔径 $n\sin\gamma$ 增大到1.5，此即油浸物镜，如图8-22的右半部分所示。油浸物镜不仅提高了显微镜的分辨本领，而且避免了全反射现象，增加了成像的亮度。

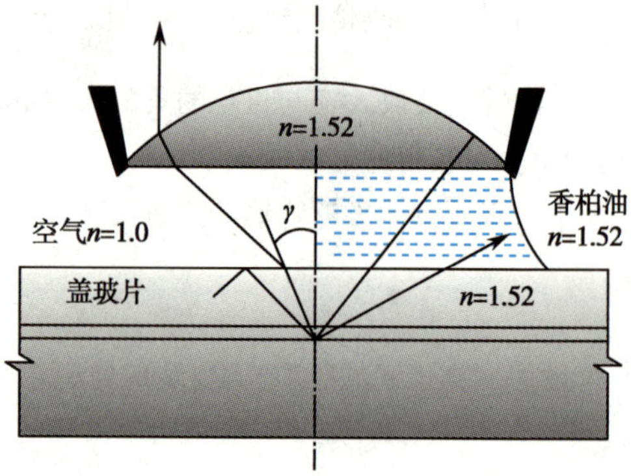

图8-22 干物镜与油浸物镜

值得注意的是，显微镜的分辨本领和放大率是两个不同的概念。放大率是指物体成像后放大的倍数，而分辨本领则是分辨物体细节的能力。前者与物镜的线放大率和目镜的角放大率有关，而后者只取决于物镜。因此使用高倍目镜只能提高显微镜的放大率，而对分辨本领没有帮助。

拓展阅读

光导纤维

光导纤维（optical fiber），简称光纤，是由玻璃或塑料拉制而成的透明纤维丝，直径只有1~100μm，其结构大致分为内芯和表层两部分，内芯折射率要大于表层的折射率。光纤可作为光的传输工具，传输原理是光的全反射。

如图8-23(a)所示，光束从光纤的一端以角 i 入射，经折射后传输到内芯与表层的交界面。若光束在此处透射到光纤外，由于内芯折射率大于表层的折射率，该交界面处的折射角大于入射角 θ，当此入射角 θ 足够大、大于临界角时，光束将在交界面处发生全反射。如此，在交界面上经过多次全反射，光束在光纤内沿“之”字型向前传播而不向外泄露，最终由光纤另一端射出。

设光纤外介质的折射率为 n_0，光纤内芯的折射率为 n_1，光纤表层的折射率为 n_2。如图8-23(a)所示，当光束从光纤一端入射时，由折射定律可知

$$n_0\sin i=n_1\sin i' \qquad \text{式(8-18)}$$

若光束在内芯与表层的交界面处刚好发生全反射，则 θ 为临界角，$n_1\sin\theta=n_2$。由图8-23(a)中的几何关系可知 $\theta+i'\approx\frac{\pi}{2}$，则 $n_1\cos i'=n_2$，与式(8-18)联立，整理可得

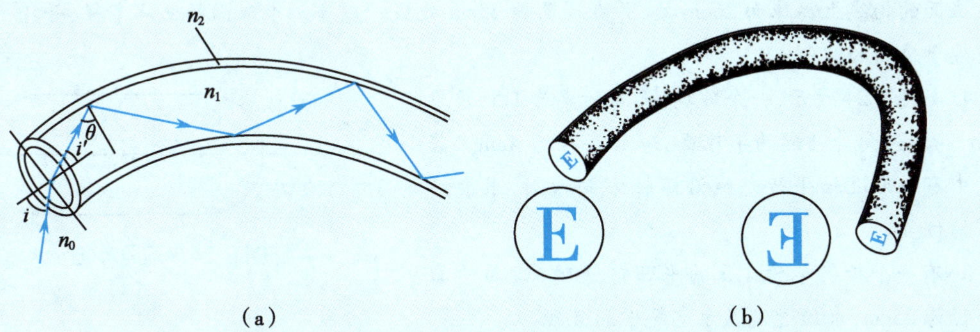

图 8-23　光纤导光原理图及传像示意图

(a) 光纤导光原理图;(b) 光纤传像示意图。

$$n_0\sin i=\sqrt{n_1^2-n_2^2} \qquad 式(8\text{-}19)$$

式(8-19)中,$n_0\sin i$ 称为光纤的数值孔径,此时入射角 i 值恰为入射角阈值,只有当光束从光纤端面入射的入射角小于该阈值时,光纤内的全反射才能发生,光束沿着光纤传播而不向外泄露。

光导纤维最早用于传输图像。把许多条光纤规则地排列在一起构成纤维束,纤维束两端光纤的排列顺序要一一对应,而每个光纤可以看成是一像元,这样出射端的像同入射端的像就完全一致了,如图 8-23(b)所示。例如,医学中利用光导纤维制成纤维内镜,亦称纤镜,用于检查食管、胃、肠、膀胱等内脏器官。为了减少患者的痛苦,纤维束的中间部分不黏结,以保证其可以柔软地进入患者体内。光纤在该过程中起到两个作用,一是利用光纤将外部光源发出的光导入器官内,照亮要观察的部位;二是通过光纤将器官内壁被观察部位的图像导出体外,以便医师观察。除纤维内镜外,临床上还常用的一类内窥镜是电子内镜。电子内镜亦常利用光导纤维将光源的光导入受检体腔内,但图像的导出是通过图像传感器将光信号转换成电信号,再通过导线传递的。电子内镜具有分辨率高,便于操作,便于存储、处理和进一步诊疗等优势,临床应用日益广泛。

除了直接传输图像外,光导纤维更重要的作用是光纤通信,即远距离传输光信号,而光信号又可以转换成电信号,进而转换成文字、声音、图像等。光纤通信具有容量大、衰减小、速度快、抗干扰能力强等优点。光纤通信已逐步取代电缆通信,成为主要有线通信方式。

8-6
标准对数视力表
拓展阅读

习　题

1. 为什么空气中玻璃材质的薄凸透镜焦距为正？若玻璃中存在一个与该薄凸透镜形状相同的气泡,试判断该气泡焦距的正负。

2. 若将眼球近似看成是一个均匀透明球体模型,半径为 12mm,近轴平行入射光线恰好会聚在后方视网膜上一点,试求该眼球模型的折射率。

3. 某种液体和玻璃的分界面为球面，液体和玻璃的折射率分别为1.3和1.5。在液体中有一物体放在球面的轴线上离球面26cm处，并在球面前25cm处成一虚像。求球面的曲率半径，并指出哪一种介质处于球面的凹侧。

4. 如图8-24所示，一个玻璃棒，折射率为1.5，长为20cm，两端是向外凸起的半球面，球面半径为4cm。若空气中有一束近轴平行光线沿棒轴方向入射，求最终成像的位置。

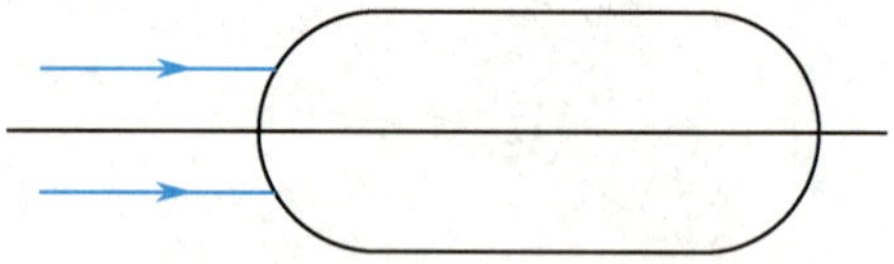

图8-24　习题4图

5. 有一个折射率为1.5的平凹薄透镜，凹面的曲率半径为25cm，求该透镜置于空气中的焦距。

6. 折射率为1.5的玻璃薄透镜在空气中的焦度为8D，将其浸入某种液体中焦度变为-1D。求此液体的折射率。

7. 共轴薄透镜L_1、L_2相距5cm，L_1是焦距为4cm的凸透镜，L_2是焦距为-5cm的凹透镜，若将物体放置在主光轴上L_1前6cm处，求此物最终像的位置。

8. 折射率为1.5的玻璃薄透镜，一面是平面，另一面是曲率半径为0.2m的凹面，将此透镜水平放置，凹面一方充满水，水的折射率为1.3，求整个系统的焦距。

9. 一位远视眼患者右眼的近点在眼前1m处，今欲使其能看清眼前25cm处的物体，右眼应佩戴何种度数的眼镜片？

10. 一位远视眼患者，左眼戴着2D的眼镜片时，仅能看清眼前40cm处的物体，再近就看不清了，问此患者左眼应佩戴何种眼镜片才适合？

11. 用显微镜观察0.25μm的细胞细节时，所选用的光源波长为550nm，物镜的数值孔径为1.5，物镜的线放大率为50，求：

（1）试判断所选用的光源波长是否合适。

（2）已知明视距离处人眼可分辨的最短距离是0.1mm，要想看清细胞细节，目镜的角放大率至少应是多少？

第八章
目标测试

（张　宇）

第九章

光的波动性

学习目标

1. **掌握** 杨氏双缝干涉、单缝衍射、衍射光栅，马吕斯定律、反射光和折射光的偏振、物质对光的吸收。
2. **熟悉** 薄膜干涉、迈克耳孙干涉仪、光的偏振性、光的双折射现象、旋光现象。
3. **了解** 光学仪器分辨率、物质对光的散射。

第九章
教学课件

十九世纪初，托马斯·杨利用实验证实了光的波动性，十九世纪中期麦克斯韦建立了电磁波理论之后，光从本质上是一种电磁波的概念得以确立。通常意义上的光是指可见光，即能引起人们视觉变化的电磁波。电磁波中可见光波长（真空中）为 400~760nm，在电磁波谱中所占波段范围很小，红外线和紫外线所占的区域则大得多，红外线的波长为 760~5×10^{5}nm，紫外线的波长为 5~400nm。

本章将讨论光在传播过程中表现出的波动特性及所遵循的基本规律，涉及光的干涉、衍射、偏振、旋光，以及光和物质相互作用的一些基本规律。

第一节 光的干涉

既然光是电磁波，就应有波的特征：可以产生干涉现象和衍射现象。因此光的波动性质可以通过光的干涉现象来证实。

一、杨氏双缝干涉

在第四章中曾经指出，只有相干波，即频率相同、振动方向相同、有固定相位关系的波源所发射的波，才能相互干涉。对于机械波，上述条件比较容易满足。例如，击打两个完全相同的音叉，可以觉察到空间中有些点的声振动始终很强，而有些点的声振动始终很弱。这是因为这两个音叉作为声波波源满足相干条件，发生了声波的干涉。

可是，对于光波来说，即使是两个完全相同的光源（例如两个同样的钠光灯），相干条件仍然不能满足，这是由光源发光本质所决定的。普通光源发出的光波是由其中大量的、彼此独立、互不相关的原子发出的一系列有限长的波列组成的，每个原子发光的持续时间大约为 10^{-9}秒。即使同一个原子先后发出的两个波列之间的相位差也是不固定的，而且随时间迅速地做无规则的变化。在观察和测量的时间内，每个光源的这种变化可以看作发生了无限多次，因而从两个光源发出的光在空间相遇时，只能观察到一个平均的光强度，而观察不到干涉现象。由此可见，两个独立的普通光源，甚至同一光源的两个不同的发光点所发出的光，都是不满足相干条件的。

如果用人为的方法，把从同一光源同一点发出的光分成两束，使它们沿着两个不同的路径传播后相遇，就能实现光的干涉（interference of light）。这是因为，光源中的任一原子或分子发出的任一列光波所分成的两个光束，来自同一个发光点，必然满足相干条件。因而，当它们在空间经不同的途径相遇时,可以发生干涉现象。这样的两个次级光源称为相干光源(coherent light source)。相干光源发出的光称为相干光(coherent light)。利用同一光源获得相干光一般有两种方法:一种是分割波阵面的方法,如杨氏双缝、菲涅耳双镜和洛埃镜等,另一种是分割振幅的方法,如薄膜的干涉等。1960 年以来,由于激光器的发展,可以用强度高、方向性和单色性好的激光光源,方便观测光的干涉现象。

各种干涉装置除了要使光波满足相干条件外,还必须满足两光波的光程之差(光程的定义见后)不能太大。因为就某一个考察点而言,若两相干光束之一的某一光波波列已经通过,而另一光束相应的光波波列尚未到达,则两相干光波列未能相遇,不能产生干涉现象。能观察到干涉现象的最大光程差称为相干长度(coherent length)。光源的单色性越好,相干长度越长。激光光源出现以前,最好的单色光源相干长度为 0.7m;激光具有很高的单色性,相干长度大大增加。如氦氖气体激光器所产生的激光,其相干长度可达几万米。

1801 年,英国医师杨氏(T. Young)首先用实验观察到光的干涉现象,从而为光的波动性提供了有力证据。杨氏双缝干涉实验装置如图 9-1(a)所示,单色平行光照射到透明遮光板上的单狭缝 S,由它发出的光波到达另外两个与其平行且对称排布的狭缝 S_1 和 S_2 上。按惠更斯原理,这两条狭缝,即双缝又成为两个光波波源。由于 S_1 和 S_2 相距很近,而且由 S 到 S_1 和 S_2 距离相等,因此,这两个光源是同相的相干光源。所以,光从 S_1 和 S_2 射出并在空间相遇,在屏上形成如图 9-1(b)所示的稳定的明暗相间的干涉条纹(interference fringe)。

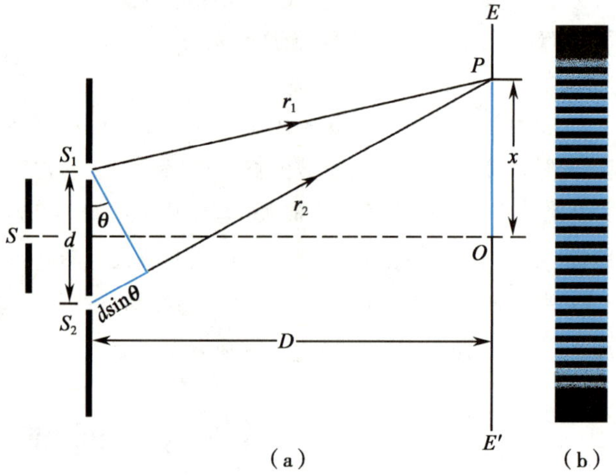

图 9-1 杨氏双缝实验

(a) 双缝干涉装置;(b) 干涉条纹图像。

下文根据波的干涉条件,讨论相干光源 S_1 和 S_2 在屏上产生的干涉条纹分布情况。在图 9-1(a)中,设 S_1 与 S_2 的距离为 d,S_1 和 S_2 到屏 EE' 的距离为 D(一般情况下,d 的数量级为毫米,D 的数量级可达米)。令 P 为屏上的某一点,$OP=x$。r_1 和 r_2 分别为从 S_1 和 S_2 到 P 点的距离,则由 S_1 和 S_2 发出的光到 P 点的波程差为

$$\delta=r_2-r_1\approx d\sin\theta$$

通常 $D\gg d$,且 θ 较小,所以

$$\delta=\frac{d}{D}x$$

两列波的干涉条件决定于波程差 δ 与入射光波长 λ 之间的关系,当

$$\delta=\frac{d}{D}x=\pm k\lambda \qquad \text{式(9-1)}$$

即当从 S_1 和 S_2 发出的光波到屏幕上 P 点的波程差 δ 为入射光波长 λ 的整数 k 倍(或是半波长的偶数 $2k$ 倍)时,即上式中

$$x=\pm k\frac{D}{d}\lambda \quad k=0,1,2,\cdots \qquad \text{式(9-2)}$$

两列波在 P 点干涉加强,光强为极大,形成明条纹,P 为该级明条纹中心。当 $k=0$ 时 $x=0$,即在 O 点出现明条纹,称为中央明条纹。其他与 $k=1,2,\cdots$ 相对应的明条纹分别称为第一级、第二级、…明条纹。式中的正负号表示条纹在 O 点两侧对称分布。当

$$\delta=\frac{d}{D}x=\pm(2k-1)\frac{\lambda}{2} \qquad \text{式(9-3)}$$

即从 S_1 和 S_2 发出的光波到屏幕上 P 点的波程差 δ 为半波长的奇数倍时，上式中

$$x=\pm(2k-1)\frac{D}{2d}\lambda \quad k=1,2,\cdots \qquad \text{式(9-4)}$$

两列波在 P 点干涉减弱，光强为极小，形成暗条纹。与 $k=1,2,\cdots$ 相对应的暗条纹分别称为第一级、第二级、…暗条纹。

由式(9-2)和式(9-4)可得到结论：在屏幕上的干涉图样是相对 O 点对称的明暗相间的条纹，如图 9-1(b)所示。

从实验和以上分析可得双缝干涉图样的特点：

1. 相邻两明条纹间(或相邻两暗条纹间)的距离 Δx 相等。

$$\Delta x=\frac{D}{d}\lambda \qquad \text{式(9-5)}$$

对可见光而言，其波长 λ 很小，所以只有 S_1 和 S_2 间的距离 d 足够小，双缝到屏幕间的距离 D 足够大，使得干涉条纹间距 Δx 大到用眼可以分辨，才能观测到干涉条纹。

2. 对入射的单色光，若已知 d 和 D 的值，并且测出第 k 级明条纹到 O 点的距离 x，即可计算出单色光的波长，但这不是测量波长的最好方法。

3. 若 d 和 D 的值不变，则 Δx 与 λ 成正比。波长较短的光(如紫光)，干涉条纹间距小；波长较长的光(如红光)，干涉条纹间距大。如果入射光为白光，只有中央明条纹($k=0$)为白色，其他各级明条纹为从紫色到红色分布、以 O 点对称的彩色条纹。

继杨氏双缝干涉实验后，一些科学家用不同的获得相干光的方法进行了干涉实验。如图 9-2 所示的实验装置即其中一种，称为洛埃(H. Lloyd)镜实验。图中 S_1 是一个缝光源，由它发出的光，一部分直接射到光屏 E 上，另一部分经平面镜 KL 反射后也射到屏上。设 S_2 是 S_1 在平面镜中的虚像，则反射光到达屏上某一点所经过的几何路程与假定这光是直接从 S_2 发出的一样，因而可以将 S_2 看作反射光的光源，而且与 S_1 构成相干光源。图中的阴影部分表示相干光重叠的区域。这个区域的光投射到屏上，在屏上该区域 ab 中即可出现明暗相间的干涉条纹。

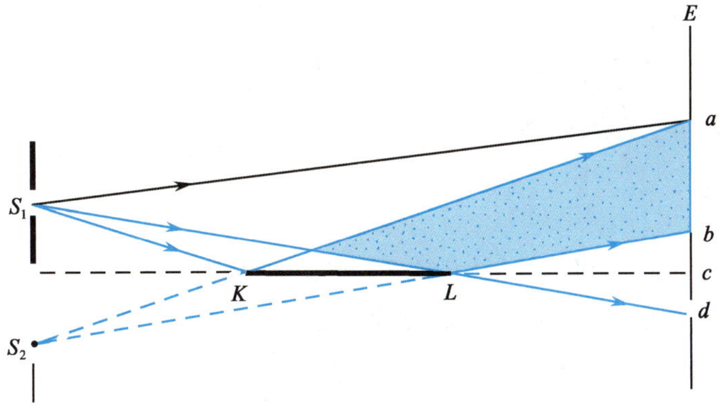

图 9-2　洛埃镜实验简图

洛埃镜实验的一个重要意义，是用实验证明了光波从光疏介质射向光密介质反射时会产生半波损失这一事实：当光屏放到镜端 L 处时，屏与镜面接触处(即图 9-2 中 b 点和 c 点重合处)出现暗条纹，这暗条纹是直接射到光屏上的光波与从镜面反射的光，两者干涉的结果。分析可知，其中从镜面反射的光发生了数值为 π 的相位突变，称为半波损失，即当光波从光疏介质(空气)射向光密介质(镜面玻璃)反射时有数值为 π 的相位突变。这一点与第四章中机械波的半波损失相似。

光的干涉现象讨论了两束相干光可能通过相同介质的不同路径发生干涉，也可能通过不同介质而产生干涉。为此，需要引入光程和光程差的概念。

光在不同介质中传播时，光波的频率不变，但传播的速度发生了变化。设单色光在真空和介质中的传播速度分别为 c 和 u，则介质的折射率 n 为

$$n=\frac{c}{u} \qquad \text{式(9-6)}$$

由波长、频率和波速之间的关系，可知该单色光在此介质中的波长为

$$\lambda'=\frac{u}{\nu}=\frac{c}{n\nu}=\frac{\lambda}{n} \qquad \text{式(9-7)}$$

式中，ν 为该单色光的频率，λ 为该光在真空中的波长。由此式可知，由于 n 恒大于 1，所以光在介质中的波长恒小于真空中的波长。

前文讨论的光的干涉，是在同一种均匀介质——真空中（实际是在空气中），所以干涉条件以波程差和波长来表示。当两束相干光经过不同介质时，由于光在不同介质中的波长不同，就不能再用几何路程差和光在真空中的波长来表示干涉条件了。

光波在介质中经过几何路程 r 所需的时间为 r/u，则在相同的时间内，光波在真空中经过的路程为 $c(r/u)=nr$，式中 nr 称为与几何路程 r 相当的光程（optical path）。光程就是与介质中几何路程相当的真空路程。在讨论相干光通过不同介质的干涉条件时，必须先将它们各自经过的几何路程换算成光程，即把不同介质的复杂情况都变换为真空中的情形。因此，干涉条件就可以用光程差和光在真空中的波长来表示。即当两束相干光相遇时，光程差为半波长的偶数倍时，干涉加强；光程差为半波长的奇数倍时，干涉减弱。

例题 9-1　在双缝干涉实验中，用钠光灯作光源，波长约为 5.893nm，双缝与屏幕的距离 $D=0.50\text{m}$，双缝间距 $d=1.2\times10^{-3}\text{m}$，问：

（1）在空气（$n\approx1$）中，相邻干涉条纹的间距是多少？

（2）若在水（$n=1.33$）中，相邻干涉条纹的间距是多少？

解： 根据式（9-5），得

（1）$\Delta x=\dfrac{D}{d}\lambda=0.50\times\dfrac{5.893\times10^{-7}}{1.2\times10^{-3}}=2.5\times10^{-4}(\text{m})$

（2）$\Delta x=\dfrac{D}{d}\dfrac{\lambda}{n}=0.50\times\dfrac{5.893\times10^{-7}}{1.2\times10^{-3}\times1.33}=1.8\times10^{-4}(\text{m})$

显然，在介质（水）中，干涉条纹变密了。

二、薄膜干涉

在日常生活中遇到的光一般是来自太阳或宽广光源的自然光，人们经常看到的油膜等薄膜的表面上出现彩色图样，就是由这些光源产生的干涉现象。杨氏双缝实验和洛埃镜实验是利用分割波振面的方法获得相干光的，而薄膜的干涉则是用分振幅法来观察光的干涉现象的。

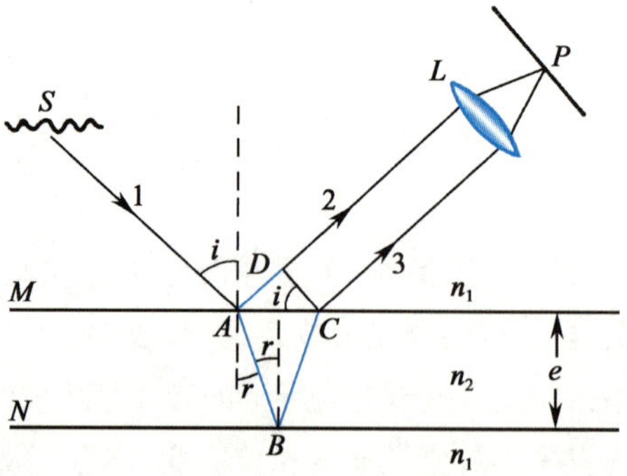

图 9-3　薄膜的干涉

如图 9-3 所示，折射率为 n_2 的、厚度均匀的薄膜处于折射率为 n_1 的均匀介质中，并设 $n_2>n_1$。单色面光源上的任一点 S 发出的光线“1”以入射角 i 射到薄膜的上表面的 A 点后，一部分从 A 点反射为光线“2”；另一部分折射进入薄膜，并在下表面 B 处反射至上表面的

C 点，再折射为光线“3”。根据反射和折射定律可知，光线“2”和光线“3”是两条平行光。由于光线“2”和光线“3”是从同一条入射光线分出来的两部分，故它们是利用分割振幅的方法得到的相干光。所以，将光线“2”和光线“3”经透镜 L 会聚到焦平面上的 P 点时，会产生干涉。

从图中可以看出，光线“2”和光线“3”的光程差为

$$\delta = n_2(AB+BC) - n_1AD + \frac{\lambda}{2}$$

式中，$(\lambda/2)$ 这一项，是因为光线“1”在 A 点是从光密介质上反射，有半波损失。也可用减去 $(\lambda/2)$ 表示，两种表示方法的区别仅在于，讨论各条纹时 k 的取值不同；而光线“1”在 B 点是从光疏介质上反射，没有半波损失。

$$AB = BC = \frac{e}{\cos r}$$

$$AD = AC\sin i = 2e\tan r\sin i$$

式中，e 为薄膜厚度，r 为折射角。根据折射定律 $n_1\sin i = n_2\sin r$，光程差可化为

$$\begin{aligned}\delta &= 2n_2AB - n_1AD + \frac{\lambda}{2}\\ &= 2n_2\frac{e}{\cos r} - 2n_1e\tan r\sin i + \frac{\lambda}{2}\\ &= \frac{2n_2e}{\cos r}(1-\sin^2 r) + \frac{\lambda}{2}\\ &= 2n_2e\cos r + \frac{\lambda}{2}\\ &= 2e\sqrt{n_2^2 - n_1^2\sin^2 i} + \frac{\lambda}{2}\end{aligned}$$

$$\delta = 2e\sqrt{n_2^2 - n_1^2\sin^2 i} + \frac{\lambda}{2} \qquad \text{式(9-8)}$$

于是，薄膜干涉的明、暗纹的产生的条件为

当 $$\delta = 2e\sqrt{n_2^2 - n_1^2\sin^2 i} + \frac{\lambda}{2} = k\lambda \quad k=1,2,\cdots \text{明条纹} \qquad \text{式(9-9)}$$

当 $$\delta = (2k-1)\frac{\lambda}{2} \quad k=1,2,\cdots \text{暗条纹} \qquad \text{式(9-10)}$$

由式(9-8)可见，对于厚度均匀的平面薄膜（e 为恒量）来说，光程差是随光线的倾角（即入射角 i）而变化的。这样，不同的干涉明条纹和暗条纹，相应于不同的入射角；而同一干涉条纹上的各点都具有相同的倾角。因此，这种干涉条纹称为等倾干涉条纹。

对于透射光来说，也可以观察到干涉现象。由于不存在半波损失，因此，这两条透射光线的光程差为

$$\delta' = 2e\sqrt{n_2^2 - n_1^2\sin^2 i} \qquad \text{式(9-11)}$$

与式(9-9)、式(9-10)相比可见，对某一个入射角而言，当反射光干涉加强时，透射光干涉减弱；当反射光干涉减弱时，透射光干涉加强。

实际应用中，通常使光线垂直入射到膜面，即 $i=0$

$$\delta = 2n_2e + \frac{\lambda}{2} \qquad \text{式(9-12)}$$

综上，产生明、暗条纹的条件为

$$\delta = 2n_2e + \frac{\lambda}{2} = k\lambda \quad k=1,2,3,\cdots \text{明条纹} \qquad \text{式(9-13)}$$

$$\delta=2n_2e+\frac{\lambda}{2}=(2k-1)\frac{\lambda}{2}\quad k=1,2,3,\cdots\text{暗条纹}\qquad \text{式(9-14)}$$

讨论是基于单色光的薄膜干涉，但一般的光源是复色光源，看到的将是彩色的干涉图样。

实际工作中，为了增加光学仪器中的玻璃透镜的透射光，减少反射光，可以在透镜表面镀一层透明介质薄膜，称为增透膜。同样，有时为了增加玻璃的反射光，可以在玻璃表面镀一层适当厚度的透明介质薄膜。此时，这种膜称为增反膜。

例题 9-2 光学仪器的镜头表面镀一层氟化镁增透膜，使白光中人眼最敏感的黄绿光尽可能透过，也就是使黄绿光在薄膜表面反射最少。已知氟化镁的折射率 $n=1.38$，黄绿光的波长 $\lambda=550\text{nm}$，问薄膜的厚度为多少时，黄绿光反射最少？

解： 因为氟化镁的折射率大于空气的折射率，而小于玻璃的折射率，所以，当光线垂直入射时，在氟化镁薄膜的上、下表面的反射都有半波损失，故上、下表面的两条反射线的光程差 $\delta=2ne$。这两条反射线相消干涉的条件为

$$2ne=(2k-1)\frac{\lambda}{2}\quad k=1,2,\cdots$$

取 $k=1$，可得氟化镁薄膜的最小厚度为

$$e=\frac{\lambda}{4n}=\frac{550}{4\times1.38}=99.6(\text{nm})$$

当平行光垂直照射到厚度不均匀的薄膜上，根据式(9-11)，从薄膜上下两表面反射的光的光程差仅与薄膜的厚度有关，厚度相同的地方，光程差相同，干涉条纹的级数相同，是同一干涉条纹。这种干涉现象称为等厚干涉(equal thickness interference)。

如图 9-4(a)所示，由两片平板玻璃构成的劈尖，其间形成很小的夹角 θ，介质折射率为 n，平板玻璃交接处是劈尖棱边。平行单色光垂直入射到劈面上，从劈尖上下表面反射的光在劈尖上表面附近相遇而发生干涉，可以观察到干涉条纹。

设考察点处空气劈尖厚度为 e[如图 9-4(b)]，则两束光的光程差为

$$\delta=2ne+\frac{\lambda}{2}$$

劈尖各处厚度 e 不同，出现明暗干涉条纹的条件为：

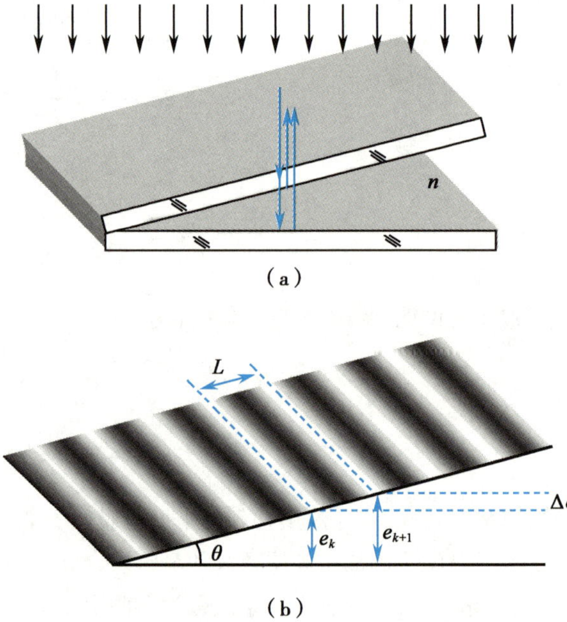

图 9-4 劈尖干涉

(a) 平行单色光垂直入射；(b) 相邻两明条纹间距。

$$\delta=2ne+\frac{\lambda}{2}=k\lambda\quad k=1,2,3,\cdots\text{明条纹}$$

$$\delta=2ne+\frac{\lambda}{2}=(2k-1)\frac{\lambda}{2}\quad k=1,2,3,\cdots\text{暗条纹}$$

可见，明条纹或暗条纹都与一定的劈尖厚度相对应，相同厚度的位置与棱边平行，因此劈尖干涉条纹是明暗相间的等间距条纹，与棱边平行，并且在棱边处($e=0$)，$\delta=\lambda/2$ 形成暗条纹。

相邻两(暗或明)条纹对应的厚度差为

$$\Delta e=e_{k+1}-e_k=\frac{\lambda}{2n}\qquad \text{式(9-15)}$$

相邻两(暗或明)条纹在劈尖表面上的距离为

$$L=\frac{\Delta e}{\sin\theta}=\frac{\lambda}{2n\sin\theta} \qquad 式(9\text{-}16)$$

通常 θ 很小,$\sin\theta\approx\theta$

$$L=\frac{\Delta e}{\sin\theta}\approx\frac{\lambda}{2n\theta}$$

因此,劈尖夹角越小,条纹间距越大,条纹越稀疏。

例题 9-3 为了测量一根金属细丝的直径,把金属细丝夹在两块平板玻璃之间,形成空气劈尖,如图 9-5 所示。单色光照射劈面得到等厚干涉条纹,用读数显微镜测出干涉明条纹的间距,就可以计算出其直径 D。已知单色光波长为 $\lambda=589.3\text{nm}$,某次测量结果为:金属丝与劈尖棱边距离 $S=28.880\text{mm}$,第 1 条明条纹与第 31 条明条纹之间的距离为 4.295mm。求金属细丝的直径 D。

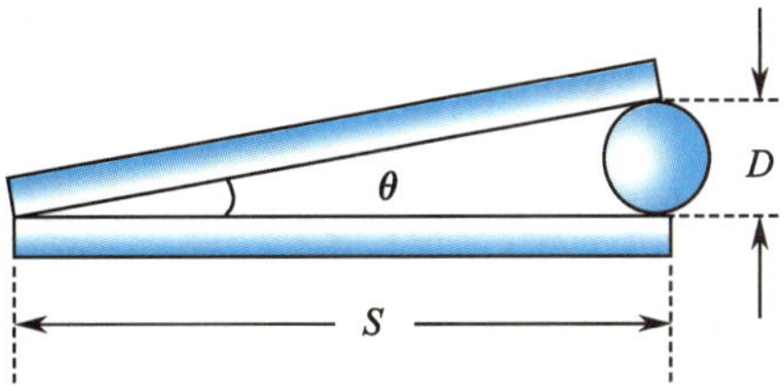

图 9-5 例题 9-3 图

解: 相邻两明条纹在劈面上的距离 L 为

$$L=\frac{\lambda}{2n\sin\theta}=\frac{4.295\text{mm}}{30}=0.143(\text{mm})$$

θ 很小,$\sin\theta\approx\tan\theta=D/S$

于是得到 $D=\dfrac{\lambda S}{2nL}$,代入数据计算得

$$D=5.94\times10^{-5}\text{m}=0.059\ 4(\text{mm})$$

在一块平板玻璃上放置一个曲率半径 R 很大的平凸透镜,如图 9-6 所示。平板玻璃和平凸透镜之间形成劈形空气层。当平行光垂直入射平凸透镜时,空气层上下两表面发生反射,形成两束向上的相干光,相遇发生干涉。这也是典型的等厚干涉条纹情形,条纹为一组以接触点 O 为圆心的明暗相间的同心圆环,这样的干涉图样称为牛顿环(Newton's rings)。

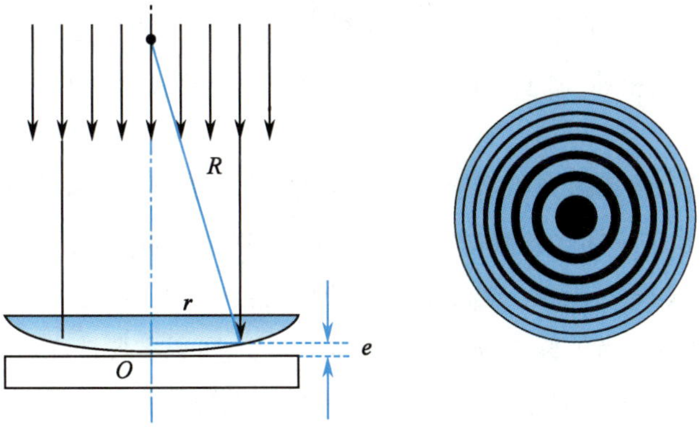

图 9-6 牛顿环

两束相干光的光程差为 $\delta=2e+\dfrac{\lambda}{2}$,$\lambda/2$ 为半波损失,相同空气膜厚度 e 构成同心圆环,故干涉条纹是明暗相间的同心圆环。明暗干涉环满足条件为

$$\delta=2e+\frac{\lambda}{2}=k\lambda \quad k=1,2,3,\cdots明环 \qquad 式(9\text{-}17)$$

$$\delta=2e+\frac{\lambda}{2}=(2k+1)\frac{\lambda}{2} \quad k=0,1,2,\cdots暗环 \qquad 式(9\text{-}18)$$

由图中的几何关系 $r^2=R^2-(R-e)^2=2Re-e^2$，并且 $R\gg e$，略去高次项 e^2 得 $e=\dfrac{r^2}{2R}$，代入前述明、暗环条件，得到明暗环的半径

9-2

薄膜干涉

微课

$$r=\sqrt{\frac{(2k-1)R\lambda}{2}}\quad k=1,2,3,\cdots\text{明环半径}\qquad\text{式(9-19)}$$

$$r=\sqrt{kR\lambda}\quad k=0,1,2,\cdots\text{暗环半径}\qquad\text{式(9-20)}$$

干涉环半径 r 与干涉级数 k 的平方根成正比，所以条纹间距是非均匀的，越往外（k 越大），条纹越密。

在实验室，常用牛顿环测量平凸透镜的曲率半径 R，在工业生产中常用牛顿环来检测透镜的质量。

三、迈克耳孙干涉仪

迈克耳孙干涉仪（Michelson interferometer）是用分振幅的方法产生双光束，以实现光的干涉的仪器。图 9-7 是它的构造简图。其中 M_1 和 M_2 是在相互垂直的两臂上放置的两个平面反射镜，且 M_1 可沿臂轴方向移动。在两臂相交处，有一个与两臂轴均成 45°角的平行平板 P_1，板的第二表面（图中粗线）涂以半反射膜，由它将入射光分成振幅（或强度）近于相等的反射光"1"和透射光"2"，称这样的板为分光板。光线"1"垂直地射到 M_1 上，然后沿原路返回并且透过 P_1 到达眼睛或照相底片；光线"2"垂直地射到 M_2 上，然后沿原路返回至 P_1，并由 P_1 上的半反射膜将光部分地反射向眼睛或照相机上。由于光线"1"和"2"是相干光，所以在 E 处的眼睛或照相机能看到或摄得干涉条纹。M_1 和 M_2 到半反射膜中心的距离 M_1P_1 和 M_2P_1 相等时，为了使射到 E 处的光线"1"和"2"在仪器中的光程相等，加了一块与 P_1 平行放置的补偿板 P_2。P_2 与 P_1 大小相同、折射率相同，但未涂半反射膜。

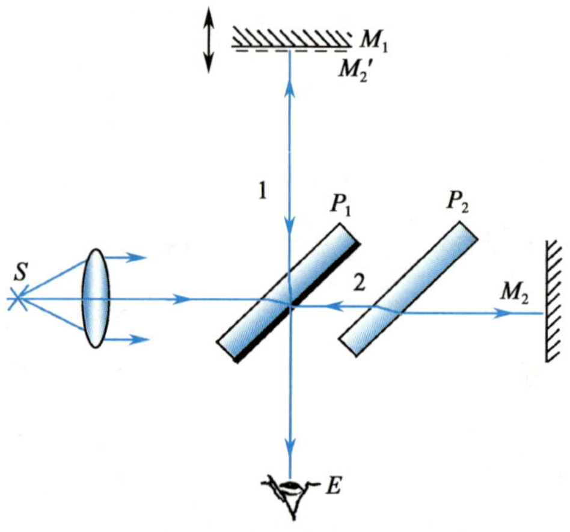

图 9-7 迈克耳孙干涉仪

由于 P_1 的作用，M_2 上的反射光相当于从 M_1 附近的 M_2' 处发出的。因此 E 处的干涉图样就如同 M_1、M_2' 之间的空气膜产生的一样。当 M_1、M_2 之间严格垂直时，M_1、M_2' 之间形成平行平面空气膜，这时 E 处可以观察到等倾干涉条纹；当 M_1、M_2 之间不是严格垂直时，M_1、M_2' 之间形成空气劈尖，这时 E 处可以观察到等厚干涉条纹。当平移 M_1 时，空气膜厚度改变，可以方便地在 E 处观察到条纹的变化。当平移 M_1 的距离为 $\lambda/2$ 时，可以观察到一条明条纹或暗条纹移过视场中某一参考标记，若数出条纹移动数目 N，即可计算出 M_1 平移的距离为

$$\Delta d=N\cdot\frac{\lambda}{2}$$

迈克耳孙干涉仪的主要特点是：两条相干光完全分开，它们的光程差可由移动 M_1 的位置，或在一个光路中加入另一种介质来改变。利用它既可观察到干涉条纹，又可观察到条纹的各种变动情况，可以方便地进行各种精密检测。由于它的设计精巧，以此为原型发展了多种干涉仪，测量精密长度、折射率、光谱线的波长和精细结构等。美国科学家迈克耳孙因发明干涉仪器和对计量学的研究而获得了 1907 年诺贝尔物理学奖。

第二节　光的衍射

光的衍射现象是光的波动性的又一种表现。通过对光的衍射现象的研究，可以在光的干涉现象以外，从另一个侧面认识光的波动本质。

当点（或线）光源发出的光波，通过小圆孔、单狭缝或其他障碍物而射到屏幕上时，只要这些障碍物足够小，就可以发现屏上得不到这些物体清晰的几何投影，而是发现有光进入阴影区内；其他区域的光强分布也不再均匀，这种现象称为光的衍射（diffraction of light）。

例如，一束较强的单色平行光，经过开在薄板中央的小狭缝，在适当距离的光屏上就可以看到如图 9-8 所示的衍射图样：在与狭缝形状相同的明亮区域的周围，围绕着明暗相间的平行条纹，称为衍射条纹（diffraction fringe）。

图 9-8　圆孔的衍射图样

解释光波的衍射现象，须用到惠更斯-菲涅耳原理。1815 年法国科学家菲涅耳（A. J. Fresnel）用光的干涉理论充实了关于波动传播的惠更斯原理。菲涅耳认为：从同一波前上各点发出的子波，经传播而在空间某点相遇时，也将相互叠加而产生干涉现象。惠更斯原理由此发展为惠更斯-菲涅耳原理（Huygens-Fresnel principle）。

根据这个原理，如果已知波动在某一时刻的波阵面 S，就可以计算该波传播到考察点 P 时的振幅和相位。如图 9-9 所示，首先在波阵面上选取任一小面元 ΔS，ΔS 的法线为 $\boldsymbol{n}$，ΔS 到 P 点的径矢为 $\boldsymbol{r}$，$\boldsymbol{n}$ 与 $\boldsymbol{r}$ 的夹角为 α。小面元所发出的子波在 P 点振动的振幅，正比于 ΔS，反比于 r，而且与 α 角有关。该子波在 P 点振动的相位取决于 ΔS 的初相位和距离 r。求 S 上各小面元在 P 点所产生振动的总和，即可求出 P 点的合振动。

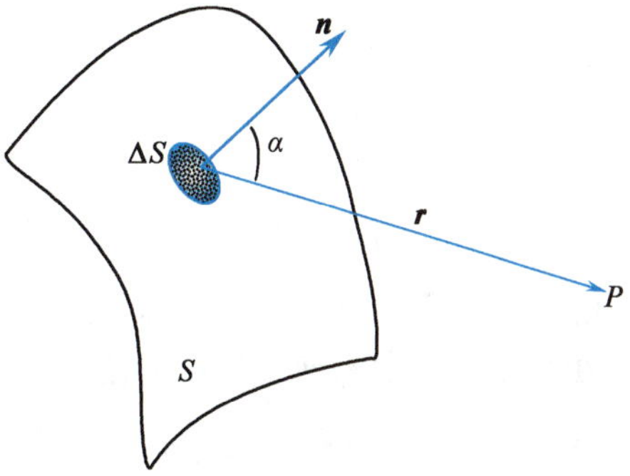

图 9-9　惠更斯-菲涅耳原理说明用图

由上述分析可知，应用惠更斯-菲涅耳原理去解决具体问题，实际上是一个积分学的问题。在一般情况下，计算是很复杂的。为避免复杂的计算，下面仅用菲涅耳提出的半波带法来解释一些衍射现象。

一、单缝衍射

根据光源、障碍物间和障碍物、屏幕间的距离，光学中的衍射现象可分为两类。一类为菲涅耳衍射：所用狭缝（或圆孔等）与光源和屏幕的距离为有限远（或有一个为有限远）时的衍射。另一类为夫琅禾费衍射（Fraunhofer diffraction）：所用狭缝（或圆孔等）与光源和屏幕的距离均为无限远时的衍射，即平行光投射到狭缝或障碍物上、出射平行光的衍射。

夫琅禾费单缝衍射的装置如图 9-10 所示，在凸透镜 L_1 的焦点放置一个单色点光源 S。在遮光屏 EF 上，沿垂直于纸面的方向上有一单缝（single slit）AB。在凸透镜 L_2 的焦平面上放置屏幕 G。由 S 经过 L_1 得到的平行光垂直投射到单缝上，在屏幕上将看到明暗相间的衍射图样。

如图 9-11 所示，波长为 λ 的单色平行光垂直入射到遮光屏 EF 上，因此缝宽为 a 的单缝 AB 处波阵面上的各点都有相同的相位。根据惠更斯原理，它们作为子波波源面发射球面波，并向各个方向传播。

首先，考虑沿单缝平面法线方向传播的射线（图中用“1”表示）叠加的情况。这些射线在出发处的相位相同，并且形成与主光轴相垂直的波面，因此经透镜会聚而到达屏幕 G 上的同一点 P_0 时的相

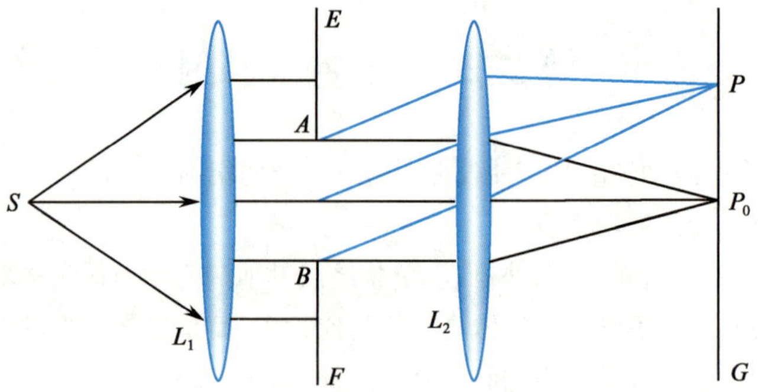

图 9-10 夫琅禾费单缝衍射

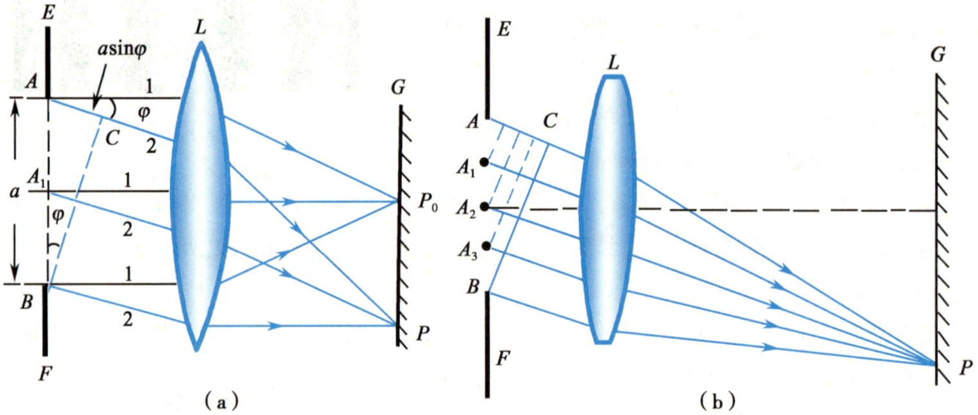

图 9-11 单缝衍射

(a) 两个半波带情形;(b) 四个半波带情形。

位仍然相同(透镜并不引起附加的光程差),所以 P_0点是一个亮点。在垂直纸面的狭缝上各点,都有相同的分析结果,因此,屏幕上出现通过 P_0点、与缝平行的明条纹,称为中央明条纹。

其次,研究与单缝平面法线成任意角 φ 方向传播的那些子波射线(在图 9-11 中用“2”表示)。它们经过透镜后会聚于 P 点,在 P 点呈现明条纹还是暗条纹将由它们到达 P 点的相位差决定。φ 是子波波线与单缝平面法线的夹角,称衍射角(diffraction angle)。若从 B 点作 BC 垂直于波射线“2”,则 BC 将与透镜对应于波射线“2”的光轴相垂直。按照透镜会聚光波的性质,这些射线到达 P 点的相位差就是 BC 线上的相位差。从图 9-11(a)可以看出,衍射角为 φ 的这些子波射线间的最大光程差 $AC=a\sin\varphi$。

如果 AC 等于半波长的偶数倍,对于 P 点,就可以把波面 AB 看成由偶数个光程差依次相差半个波长的小波带组成。如图 9-11(a)所示,$AC=2(\lambda/2)$,就是将波面 AB 看成由两个小波带 AA_1 和 A_1B 组成的。由于两个小波带的对应点(如 A 与 A_1、A_1 与 B)所发出的光波到达 P 点时具有 $\lambda/2$ 的光程差,即有数值为 π 的相位差,所以当它们会聚到 P 点时可产生相消干涉,P 点是暗的。又如图 9-11(b)所示,$AC=4(\lambda/2)$,就是将波面 AB 看成由 AA_1、A_1A_2、A_2A_3 和 A_3B 四个小波带组成的。同时,由于两个相邻的小波带的对应点所发出的光波到达 P 点时具有 $\lambda/2$ 的光程差,所以当这些光波会聚到 P 点时也将产生相消干涉。总之,对应于衍射角 φ,如果单缝可以分成偶数个小波带,则在屏上 P 处得到暗条纹;如果单缝可以分成奇数个小波带,其中偶数个小波带虽可相互抵消,但仍有一个小波带的光波到达 P 处,而在 P 处得到明条纹,只是条纹的强度很小。显然,衍射角 φ 越大,小波带的数目越多,明条纹的强度越小。如果对应于某些衍射角,单缝不能分成整数个小波带,则在屏上的强度介于明条纹与暗条纹之间。

如上所述,在利用惠更斯-菲涅耳原理讨论某方向 φ 出射光的衍射现象时,常把单缝处的波阵面对应这个方向分成许多等宽的、相应点光程差为 $\lambda/2$ 的小波带，这种分析衍射图样的方法称为半波带法。

上述明暗条纹的形成条件，可用最大光程差 $a\sin\varphi$ 表示为

$$a\sin\varphi=\pm2k\frac{\lambda}{2}=\pm k\lambda \quad k=1,2,\cdots\text{暗条纹中心} \qquad \text{式(9-21)}$$

$$a\sin\varphi=\pm(2k+1)\frac{\lambda}{2} \quad k=1,2,\cdots\text{明条纹中心} \qquad \text{式(9-22)}$$

式中，$k=1,2,\cdots$衍射级，分别称为第一级、第二级、…的明条纹或暗条纹，正负号表示条纹对屏幕上下对称。式(9-21)中，$k=1$ 的暗条纹，是在中央最亮条纹两旁首先出现的暗条纹，在它们之间就是中央亮区。

单缝衍射的光强分布曲线如图 9-12 所示。曲线中央对应中央明条纹，其他光强的极大值对应着式(9-22)的明条纹的位置，而光强的极小值则对应着式(9-21)的暗条纹的位置。分析式(9-21)和式(9-22)，还可以得出以下结论：①对一定波长的光，如果已知单缝的宽度，并能测定第 k 级暗条纹或明条纹相对应的角度 φ，就可以计算出入射光的波长。②对一定波长的光，单缝的宽度越小，产生各级明暗条纹所对应的 φ 角越大。因此，在距离一定的光屏上，中央亮带的宽度和各级明条纹或暗条纹间的距离也将增大，光的衍射现象越显著。反之，单缝如果很宽，则衍射现象很难被观察出来，这时即可将光看作沿直线进行。③如果单缝的宽度一定，则入射光的波长越短，各级明条纹所对应的衍射角越小；入射光的波长越长，各级明条纹所对应的衍射角越大。④当白光入射时，由于各种波长的光在 $\varphi=0$ 的 P_0点都产生亮线，所以 P_0点仍是白色最亮线。但是在 P_0点两侧将对称地排列着各单色光的明条纹。这些条纹将形成彩色带，同一级彩色带中，靠近 P_0点的是紫色，远离 P_0点的是红色。

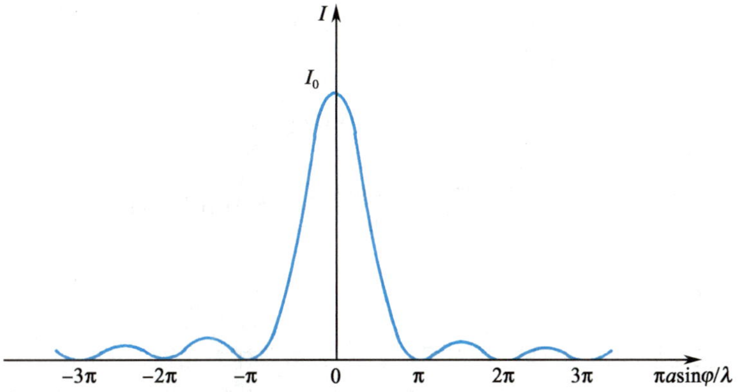

图 9-12　单缝衍射光强分布

例题 9-4　用波长 $\lambda=632.8\text{nm}$ 的平行光垂直入射于宽度 $a=1.5\times10^{-4}\text{m}$ 的单缝上，缝后以焦距 $f=0.40\text{m}$ 的凸透镜将衍射光会聚于屏幕上(图 9-13)。求：

(1) 屏上第一级暗条纹与中心 O 的距离。

(2) 中央明条纹的宽度。

(3) 其他各级明条纹的宽度。

(4) 若换用另一种单色光，所得的两侧第三级暗条纹间的距离为 $8.0\times10^{-3}\text{m}$，求该单色光的波长。

解： 通常各级衍射条纹到中央明条纹中心的距离 x 远小于透镜的焦距 f，即 $x\ll f$。因此，$\sin\varphi\approx\tan\varphi\approx x/f$，如图 9-13 所示。

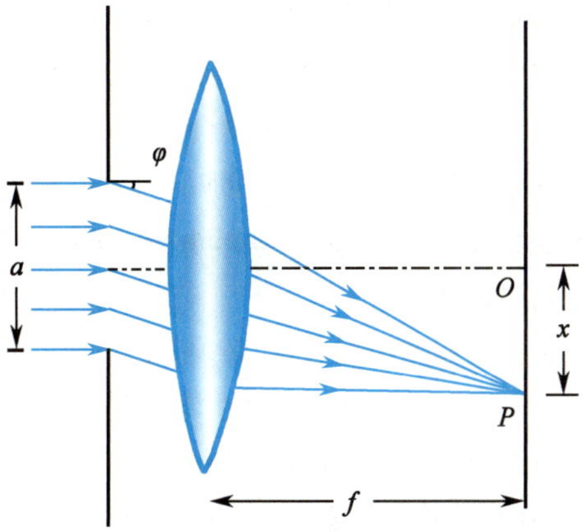

图 9-13　例题 9-4 图

设中央明条纹中心 O 点至第一级暗条纹的距离为 x_1，至第二级暗条纹的距离为 x_2，…则按暗条纹条件，得

$$a\sin\varphi \approx a\tan\varphi \approx a\frac{x}{f} = k\lambda$$

其中 k 为暗条纹的级数。当 $k=1,2,3,\cdots$时，可分别得到

$$x_1 = \frac{f\lambda}{a}, x_2 = \frac{2f\lambda}{a}, x_3 = \frac{3f\lambda}{a}, \cdots$$

（1）屏上第一级暗条纹与中心 O 点的距离即为 x_1

$$x_1 = \frac{f\lambda}{a} = \frac{0.40\times632.8\times10^{-9}}{1.5\times10^{-4}} = 1.7\times10^{-3}(\text{m})$$

（2）中央明条纹的宽度 d 为两侧第一级暗条纹之间的距离，即

$$d = 2x_1 = 3.4\times10^{-3}(\text{m})$$

（3）第一级、第二级等明条纹的宽度 Δx 为相邻两暗条纹之间的距离，即

$$\Delta x_{21} = x_2 - x_1 = \frac{2f\lambda}{a} - \frac{f\lambda}{a} = \frac{f\lambda}{a}$$

$$\Delta x_{32} = x_3 - x_2 = \frac{3f\lambda}{a} - \frac{2f\lambda}{a} = \frac{f\lambda}{a}$$

可见，其他各级明条纹的宽度相同，且

$$\Delta x = \frac{f\lambda}{a} = 1.7\times10^{-3}(\text{m})$$

以上计算结果表明，平行光垂直入射到单缝时，在屏幕上得到的衍射图样，除中央明条纹外，其他各级明条纹的宽度均相等；中央明条纹的宽度大约是其他各级明条纹的宽度的两倍。

（4）两侧第三级暗条纹间的距离

$$d_3 = 2x_3 = \frac{6f\lambda'}{a} = 8.0\times10^{-3}(\text{m})$$

所以

$$\lambda' = \frac{ad_3}{6f} = \frac{1.5\times10^{-4}\times8.0\times10^{-3}}{6\times0.40} = 5.0\times10^{-7}(\text{m})$$

二、衍射光栅

由许多等宽的狭缝平行、等距排列起来组成的光学元件称为光栅（grating）。在玻璃片表面刻一系列等宽、等距的平行刻痕，刻痕处不易透光，两刻痕间的光滑部分相当于一条狭缝，可以透光，就形成了光栅。在 1cm 以内，刻痕数可以多达一万条以上。

将衍射光栅替换单缝衍射装置中的单缝，即可观察到光栅的衍射图样。当光源为单色光时，在屏幕上将看到与缝平行的明暗相间的衍射条纹。随光栅狭缝数目的增多，相邻的两条明条纹间形成的黑暗的背景区变大，而明条纹会变窄、变亮。

如图 9-14 所示，是光栅的一个截面，如果光栅的每一狭缝的宽度为 a、不透光部分的宽度为 b，则 $(a+b)=d$ 称为光栅常数（grating constant）。当单色平行光垂直入射光栅后，经透镜 L 会聚于屏 G 上而呈现衍射图像。

分析光栅的衍射条纹，必须要注意到：入射平行光通过每一条狭缝时都要产生衍射现象。同时，通过各狭缝的光彼此还要产生干涉现象。所以在屏幕上的图像是衍射和干涉现象的总效果。

现在首先讨论光栅衍射图样中明条纹的位置。如图 9-14 所示，当一束单色平行光垂直照射到光栅上，在相邻的两狭缝上有许多相距为 d 的对应点。从这些对应点发出的、衍射角为 φ 的光，聚焦于屏幕上某点 P。其中，任意两对应点到 P 点的光程差都是 $(a+b)\sin\varphi$。如果这一光程差为波长的整数

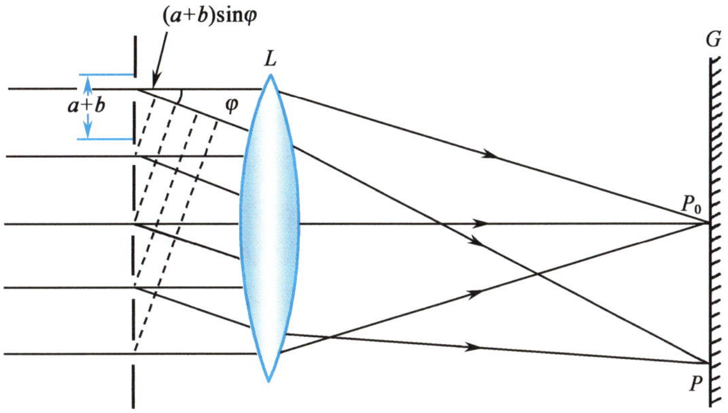

图 9-14　衍射光栅

倍，即当角 φ 满足条件

$$(a+b)\sin\varphi=\pm k\lambda \quad k=0,1,2,\cdots \qquad 式(9\text{-}23)$$

这些光线在 P 点干涉加强，得到明条纹。由于明条纹是由所有狭缝上的对应点射出的光线叠加而成的，所以光栅的狭缝数目越多，明条纹越亮。

式(9-23)称为光栅方程(grating equation)，式中整数 k 表示条纹级数。$k=0$，对应着中央明纹。与 $k=1,2,\cdots$ 对应的条纹分别称为第一级、第二级、…明条纹。

由式(9-23)所决定的两条相邻明条纹间，还分布着暗条纹。例如，开放光栅上两个相邻狭缝时，当满足光程差 $(a+b)\sin\varphi=\lambda/2$、或 $3\lambda/2$、或 $5\lambda/2$……时，相应方向的光线在屏上因相消干涉而出现暗条纹。即在相邻的两条明条纹之间出现一条暗条纹(正如双缝干涉看到的现象)；如果在光栅上开放三个狭缝，则满足两相邻狭缝光程差为 $\lambda/3$、$2\lambda/3$……时，在屏上也会因相消干涉而出现暗条纹。即在两条明纹之间出现二条暗条纹；如果在光栅上开放四个狭缝，则在满足两相邻狭缝光程差为 $\lambda/4$、$2\lambda/4$、$3\lambda/4$……时，在屏上也会因相消干涉而出现暗条纹，即在两条明纹之间出现三条暗纹。以此类推，若光栅的狭缝数目越多，则相邻的两条明条纹间分布着的暗条纹也越多，实际上就形成一片黑暗的背景，同时，明条纹也越窄、越亮。如图 9-15 所示。

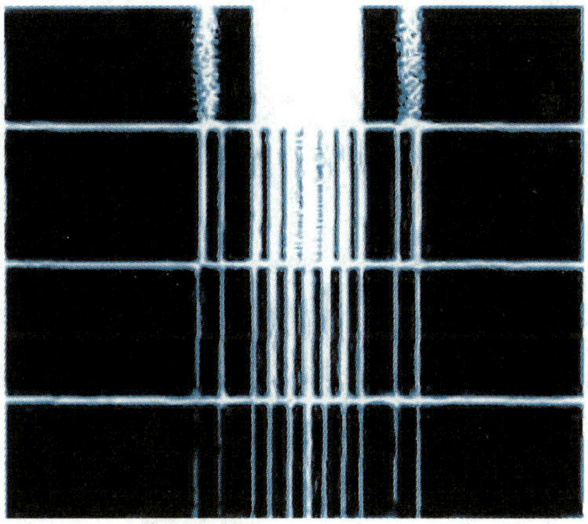

图 9-15　有 1、2、3、20 条狭缝的光栅的衍射图样

根据光栅方程，用波长一定的单色光作光源，光栅常数越小，相邻两明条纹分得越开。比较光的双缝干涉、光的单缝衍射和光栅衍射，可以发现，测定光波长最好的方法应该是利用光栅产生的衍射现象。因此，在一些光学仪器中，光栅常被用作分光器件。

光栅方程给出了产生明条纹的必要条件。实际上，由于衍射，每条狭缝发出的光在不同 φ 角的强度不同。因此，即使某一衍射角 φ 满足式(9-23)式，应出现 k 级明条纹，但若该方向恰好也满足单缝衍射的暗条纹条件，即

$$a\sin\varphi=\pm k'\lambda \quad k'=1,2,\cdots \qquad 式(9\text{-}24)$$

则各狭缝相互“干涉”叠加的结果，仍为暗条纹，k 级明纹将不出现，这一现象称为光栅的缺级现象。将式(9-24)与式(9-23)联立并消去 $\sin\varphi$，则得到光栅产生缺级现象的明条纹级次 k 与单缝衍射暗条纹级次 k' 之间的关系，即

$$k = \pm \frac{a+b}{a} k' \quad k' = 1, 2, \cdots \qquad 式(9\text{-}25)$$

上述的讨论是关于透射光栅的情形，除此之外还有反射光栅。反射光栅是在磨光的金属表面上划出一些等距的平行刻痕制成的，由未划过部分的反射光形成衍射条纹。

由光栅方程 $(a+b)\sin\varphi = k\lambda$ 可知，在给定光栅常数的情况下，衍射角 φ 的大小与入射光的波长有关。所以，当光源为白光时，可以发现其衍射图样中的中央亮线为白色，其他各级明条纹均是由各单色光按波长排列成谱，如图 9-16 所示（图中只画出了位于中央亮条纹一侧的光谱）。这种通过光栅形成的光谱称为光栅光谱（grating spectrum）或衍射光谱。同一级光栅光谱中，波长短的紫色靠近中央，外边为波长较长的红色。由于各级谱线的宽度随着其级数的增加而增加，所以衍射光谱中较次级的光谱会彼此重叠起来，难以分辨清楚。

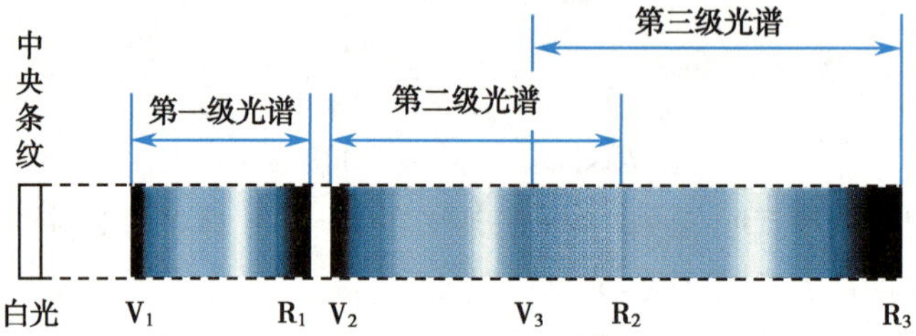

图 9-16 衍射光谱

9-3

分光计的调节

操作视频

光栅的衍射光谱有别于棱镜的色散光谱，它们有以下几点不同：①衍射光谱中，各个不同波长的谱线是按照式(9-23)有规律地分布的。实际上在 k 较小时的光谱中衍射角 φ 很小，所以 φ 与波长成正比，光谱中各谱线到中央的距离也与波长成正比。因此，光栅的衍射光谱是匀排光谱，而棱镜的色散光谱则是非匀排光谱（波长越短，色散越显著，所以紫端展开比红端要宽）。②在光栅的衍射光谱中，波长越短的光波，衍射角 φ 越小；而在棱镜的色散光谱中，波长越短的光波，偏向角越大。因此，光栅光谱的各谱线的排列顺序是由紫到红，与棱镜光谱是由红到紫，恰好相反。

三、光学仪器分辨率

光的衍射现象也影响光学仪器成像。在单缝夫琅禾费衍射实验装置中，若将单缝换成圆孔，则在屏幕上显现的衍射图样是中间为一个圆形亮斑，周围有明暗相间的同心圆环，亮圆环的光强较弱，如图 9-17 所示。中间的圆形亮斑称为艾里斑（Airy disk），集中了约 84% 的衍射光能量。

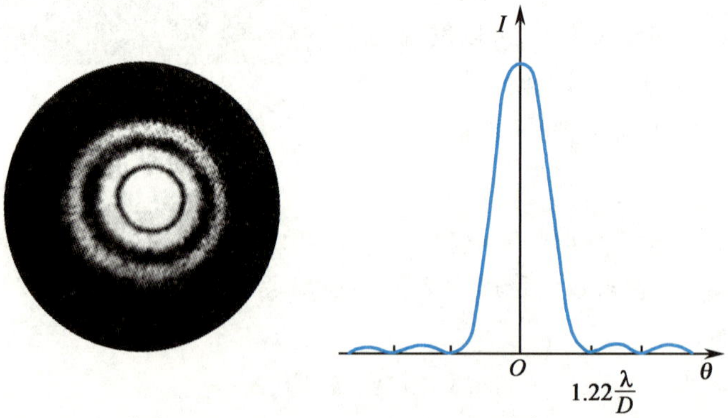

（a） （b）

图 9-17 夫琅禾费圆孔衍射图样

（a）艾里斑；（b）光强分布。

理论计算表明，艾里斑的半角宽度（衍射第一级极小对透镜中心的张角）为

$$\theta = 1.22\frac{\lambda}{D}$$

式中，λ 是入射单色光的波长，D 是圆孔直径。该式表明，圆孔直径 D 越小，艾里斑越大，衍射效果越明显。

一个物点发出的光经过光学仪器的透镜或光阑成像时，都呈现这样的衍射效果，衍射图样即艾里斑。如果两个物点非常接近，以致相应的两个艾里斑重叠，就无法通过像来分辨是一个或两个物点。

通常两个物点衍射图样的强度分布如图 9-18 所示。如果两个像分得较开，图中强度总和曲线（外轮廓线）无疑能够分辨其为两个衍射像，如图 9-18（a）所示。随着两个物点逐渐靠近，衍射像逐渐靠近，如图 9-18（c）所示，这是两个衍射像实际合二为一，已经无法分辨。英国物理学家瑞利（J. W. Rayleigh）提出两个衍射像恰能分辨的条件，是它们强度总和曲线之间的最小强度是最大强度的 80%，如图 9-18（b）所示，这就是瑞利判据（Rayleigh's criterion for resolution）。实际上，从图 9-18 中也可以看出，在恰能分辨时，一个衍射像的艾里斑中心恰好落在另一个像的第一级暗环上。此时两物点对透镜中心的张角为

$$\theta_0 = 1.22\frac{\lambda}{D} \qquad \text{式(9-26)}$$

式中，θ_0称为最小分辨角，其倒数称为光学仪器的分辨率（resolving power）。

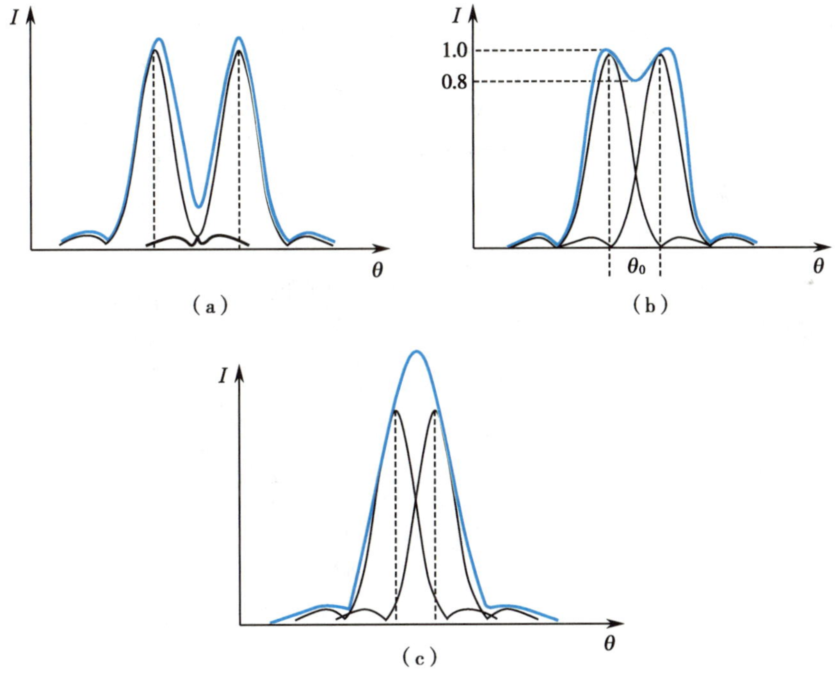

图 9-18　两个衍射像不同程度的叠合

（a）能分辨；（b）恰能分辨；（c）不能分辨。

由式（9-26）可知，光学仪器的最小分辨角 θ_0与波长 λ 成正比，与透光孔径 D 成反比。D 越大，则光学仪器的分辨率也越大，如图 9-19 所示。天文观察采用直径很大的透镜或反射镜，就是为了提高天文望远镜的分辨

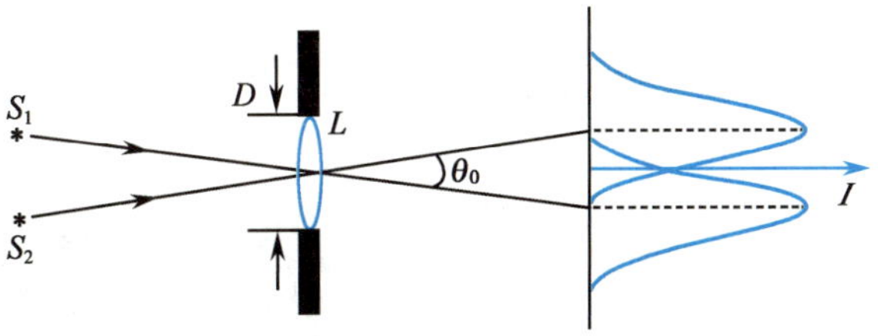

图 9-19　光学仪器的最小分辨角

光学仪器分辨本领

微课

率。我国贵州省的大科学装置 FAST，直径达到 500 米，是目前世界上最大口径的射电天文望远镜。

第三节　光的偏振

光的干涉和衍射现象说明了光的波动性质。但是，不论是横波还是纵波均可以产生干涉和衍射。而光的偏振现象证实了光的横波性质。

麦克斯韦的电磁理论指出电磁波是横波，其电场强度矢量 $\boldsymbol{E}$ 和磁场强度矢量 $\boldsymbol{H}$ 均与其传播方向垂直。由于光波中可以引起人的视觉和使照相底片感光作用的均是电场强度 $\boldsymbol{E}$，因此光振动矢量常用电场强度矢量 $\boldsymbol{E}$ 表示。

一、自然光和偏振光

1. 光的偏振性　如果一束光中，光矢量只在一个固定平面内的某一固定方向振动，这种光称为线偏振光或平面偏振光，简称偏振光（polarized light）。一般光源发出的光中有各个方向的光矢量，没有哪一个方向比其他方向占优势（如图 9-20），即光矢量是均匀对称分布的，这样的光称为自然光。把自然光振动分解为两个相互垂直、振幅相等、无固定相位关系的两个方向上的振动，可用图 9-21（a）表示，或者更简洁明了地表示自然光如图 9-21（b）所示，其中用圆点表示垂直纸面的分振动；用短线表示在纸面内的分振动。

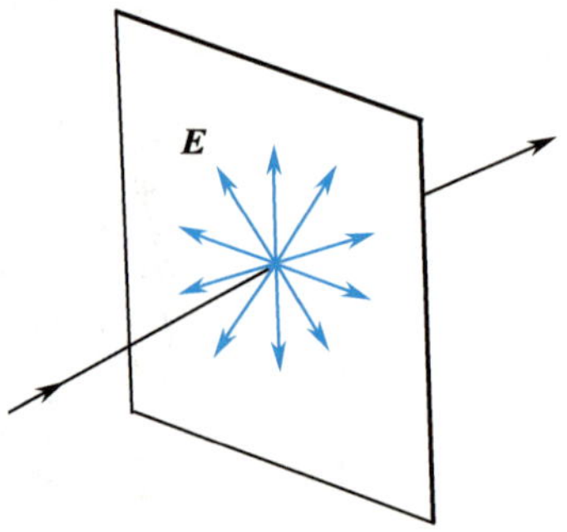

图 9-20　自然光中光矢量的方向

偏振光的光矢量振动方向与其传播方向构成的平面，称为振动面。若振动面不止一个，即各方向的光振动都有，且相互之间没有确定的相位关系，而且振幅也不相等，这种光称为部分偏振光（partial polarized light）。即部分偏振光是介于自然光和偏振光之间的一种偏振光。部分偏振光也可以分解为两个相互垂直的光振动，如图 9-22（b）所示。

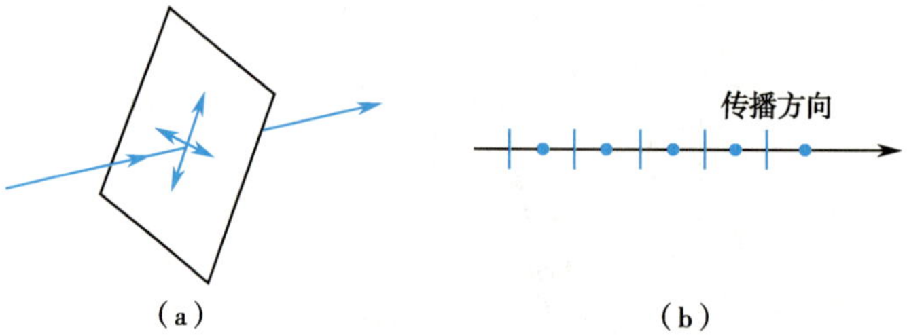

图 9-21　自然光的表示方法

（a）自然光振动分解为两个相互垂直的振动；（b）自然光的横波表示。

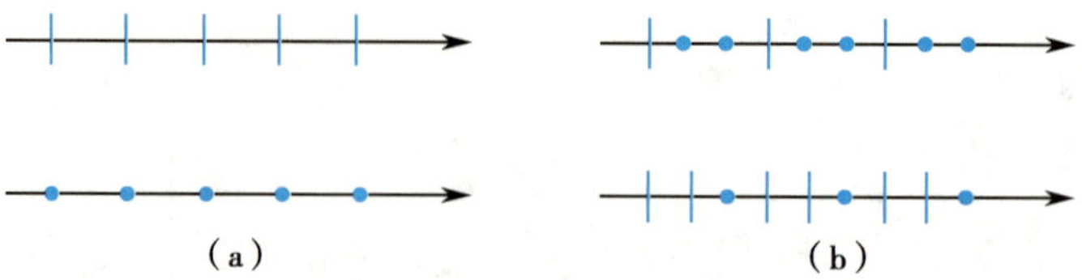

图 9-22　线偏振光和部分偏振光的表示方法

（a）线偏振光；（b）部分偏振光。

在实际工作中，常采用某些装置完全或部分地除去自然光两个相互垂直的分振动之一，就可以获得线偏振光[图 9-22(a)]或部分偏振光。

2. 马吕斯定律　要获得偏振光，可利用偏振片(polaroid)。自然光经过偏振片得到偏振光的过程称为起偏，这时该偏振片也称为起偏器(polarizer)。偏振片如果用来检验某一光束是否为偏振光，这时该偏振片称为检偏器(analyzer)。

偏振片通常的做法是：以含有长碳氢链的透明塑料膜为基底，然后把膜浸入含碘的溶液中。将膜沿一定方向拉伸，塑料分子在该方向上排列起来，含碘的晶粒附着在长碳氢链上。当电磁波入射时，电矢量平行于长链方向的分量被吸收；垂直于长链方向的分量被吸收很少。这样，就做成了只允许某特定方向光矢量通过的偏振片，这一特定方向称为该偏振片的偏振化方向或透振方向，如图 9-23 所示，偏振化方向用标记“↔”标出。光强为 I 的自然光通过偏振片后成为光强为 $I/2$ 的线偏振光。

如图 9-23 所示，偏振片 A 为起偏器，则偏振片 B 为检偏器。当两个偏振片的偏振化方向相互垂直时，通过偏振片 A 的线偏振光，不能通过偏振片 B，它们的重叠部分是暗的。显然，当两个偏振片的偏振化方向相同时，通过偏振片 A 的线偏振光，也可以通过偏振片 B，它们的重叠部分应是亮的。此后，若以入射光为轴，旋转检偏器，可以看到由亮变暗，再由暗变亮的过程。透过检偏器的光强可由马吕斯定律(Malus law)给出。

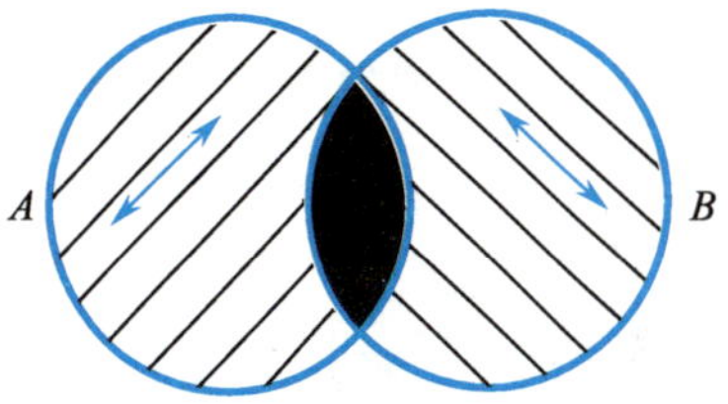

图 9-23　两偏振片的偏振化方向正交

强度为 I_0 的偏振光，透过检偏振器后，透射光强(不考虑吸收)为

$$I=I_0\cos^2\alpha \qquad 式(9\text{-}27)$$

式(9-27)称为马吕斯定律。式中 α 为偏振光的光振动方向与检偏器的偏振化方向的夹角。马吕斯定律的证明如下：

如图 9-24(a)所示，A 和 B 分别表示起偏器和检偏器，α 表示它们的偏振化方向的夹角。令 A_0 为通过起偏器后偏振光的振幅。线偏振光可沿两个相互垂直的方向分解，如图 9-24(b)所示，将 A_0 可分解为 $A_0\cos\alpha$ 和 $A_0\sin\alpha$。其中只有平行于检偏器偏振化方向的分量可以通过检偏器，而垂直分量被检偏器阻止。由于光的强度正比于振幅的平方，即

$$\frac{I}{I_0}=\frac{A^2}{A_0^2}$$

将 $A=A_0\cos\alpha$ 代入上式，得：$I=I_0\dfrac{A_0^2\cos^2\alpha}{A_0^2}=I_0\cos^2\alpha$

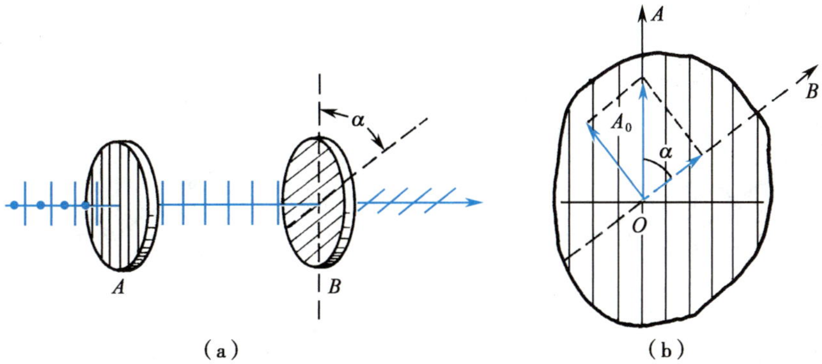

图 9-24　马吕斯定律的证明

(a) 自然光通过有一夹角的两个偏振片；(b) 光矢量的分解。

当偏振光的光振动方向与检偏器的偏振化方向的夹角 $\alpha=0°$ 或 $180°$ 时，$I=I_0$，透过的光强最大；当 $\alpha=90°$ 或 $270°$ 时，$I=0$，没有光从检偏器射出，即出现消光现象。

如上述所述，根据马吕斯定律可以确定线偏振光经过检偏器后的光强。如果入射光可能是自然光、线偏振光或部分偏振光，那么，可让其通过偏振片，并以入射光线为轴旋转偏振片，依据看到的光强变化即可以判断出入射光是三者之中的哪一种。

例题 9-5 自然光通过两个重叠的偏振片，若透射光强为(1)最大透射光强的四分之一；(2)入射光强的四分之一。试求这两种情况下，两个偏振片的偏振化方向夹角各是多少。

解： 设入射自然光的光强为 I_0，透射光强为 I。则经过起偏器的光强为 $I_0/2$，即为最大透射光强。根据马吕斯定律

(1) 透射光强为最大透射光强的四分之一：$I=\dfrac{I_0}{2}\cdot\cos^2\alpha=\dfrac{1}{4}\cdot\dfrac{I_0}{2}$

$$\cos^2\alpha=\frac{1}{4}\quad \alpha=\pm60°$$

(2) 透射光强为入射光强的四分之一，$I=\dfrac{I_0}{2}\cdot\cos^2\alpha=\dfrac{I_0}{4}$

$$\cos^2\alpha=\frac{1}{2}\quad \alpha=\pm45°$$

3. 反射光和折射光的偏振 当自然光在两种各向同性介质的分界面上反射和折射时，反射光和折射光都将成为部分偏振光，如图 9-25 所示。MM' 是两种介质(例如空气和玻璃)的分界面，SI 表示一束入射的自然光，IR 表示反射光，IR' 表示折射光，用 i 和 r 分别表示入射角和折射角。实验发现，反射光是部分偏振光，其中垂直入射面的分振动(用黑点表示)较强；而折射光是平行入射面的分振动(用短线表示)较强的部分偏振光。

实验中改变入射角 i 时，反射光的偏振化程度也随之改变。当入射角等于特定角 i_0 时，反射光成为光振动垂直入射面的线偏振光。该特定角称为起偏振角，用 i_0 表示。

实验还发现，自然光以起偏振角 i_0 入射时，反射光与折射光相互垂直(如图 9-26)，即 $i_0+r=90°$。根据折射定律有

$$n_1\sin i_0=n_2\sin r$$

则

$$n_1\sin i_0=n_2\sin(90°-i_0)=n_2\cos i_0$$

即 $\tan i_0=n_2/n_1$，用 n_{21} 表示介质 2 对介质 1 的相对折射率，得到

$$\tan i_0=n_{21} \tag{9-28}$$

式(9-28)是 1812 年布儒斯特(D. Brewster)从实验确定的，此式称为布儒斯特定律(Brewster's law)。起偏振角 i_0 也称为布儒斯特角。例如，光在空气和玻璃的界面反射时，$n_{21}=1.50$，因此 $i_0=56.3°$；又如光线自玻璃射向空气反射时，$n_{21}=1/1.50$，$i_0=33.7°$。

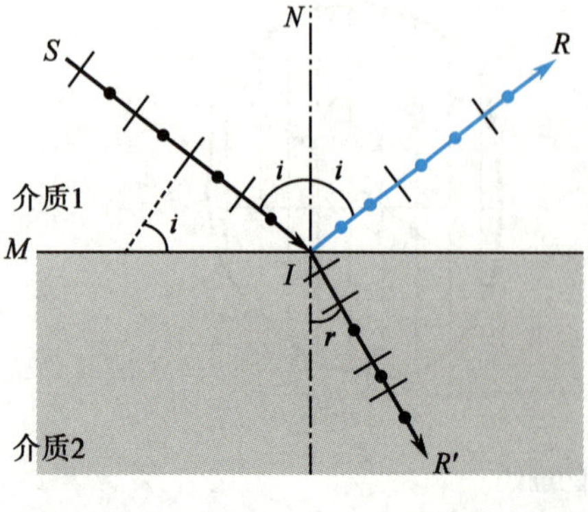

图 9-25 自然光反射和折射后产生的部分偏振光

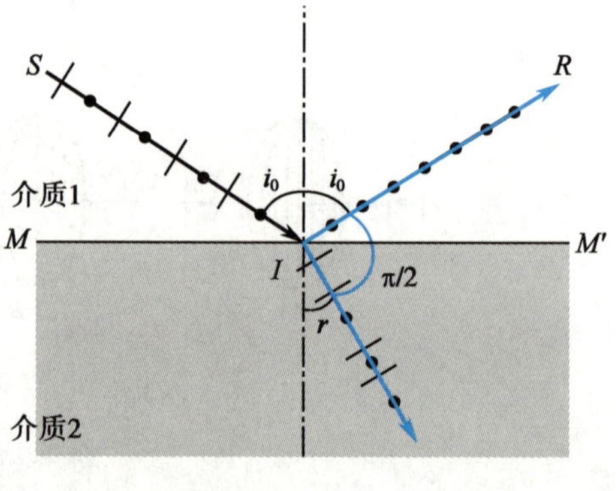

图 9-26 布儒斯特角

还应指出，当自然光以布儒斯特角入射到空气和玻璃的界面上时，虽然反射光是完全偏振光，但其一次反射的光强很小，仅是入射光中垂直入射面振动光能的很小一部分，不足入射光强的10%。折射光虽是部分偏振光，但它具有入射光中在入射面内振动的全部光能和垂直入射面振动的大部分光能。为了增加反射光和折射光的偏振化程度，可以把玻璃片叠起来，组成玻璃片堆。当自然光以布儒斯特角入射时，每片玻璃表面的反射光均为线偏振光（光振动垂直入射面），这样不仅反射得到的偏振光强度增大，而且折射光的偏振化程度也会增加。当玻璃片足够多时，透射出的折射光就接近完全偏振光，其振动面就是入射面，与反射光的振动面相互垂直。

由此可知，利用玻璃片、玻璃片堆或透明塑料片堆等，在起偏振角下的反射和折射，都可以获得偏振光。同样，利用它们也可检查偏振光。

生活中，反射光的偏振现象随处可见。汽车驾驶员迎着阳光开车，会因地面的反射光感到眩目；玻璃表面的反射光会使橱窗里的物品影像模糊；水面的反射光使我们拍摄不到水中的鱼；阳光较强时树叶表面的反射光使得树叶看起来像白色。这些反射光都是部分偏振光，垂直入射面的分量较强。因此，驾驶员戴上偏振化方向垂直于地面的偏振眼镜，就可以有效地防止眩目；在照相机镜头上加一个偏光镜，使其偏振化方向与入射面平行，可有效地减弱或消除反射光，拍摄清晰、柔和、层次丰富的影像。

二、光的双折射现象

实验发现，当一束光入射到各向异性的晶体（如石英）上时，将产生两束折射光，这种现象称为双折射（birefringence）现象。图9-27所示为方解石晶体的双折射现象。实验表明，当入射角 i 改变时，两束折射光中的一束仍遵守光的折射定律，称这类光为寻常光线（ordinary ray），简称o光。另一束不遵守折射定律，它不一定在入射面内，对不同入射角 i 以及相应的折射角 r，比值 $\sin i/\sin r$ 也不是常数，这一折射光称为非常光线（extraordinary ray），简称e光。如图9-28所示，当自然光垂直入射，即入射角 $i=0°$ 时，在晶体中的寻常光线仍沿原方向传播，折射角 $r=0°$；而非常光线一般不再沿原方向传播。此时，如果将方解石以入射光为轴旋转，可以看到o光不动，e光则随着晶体的旋转而绕着o光转动。

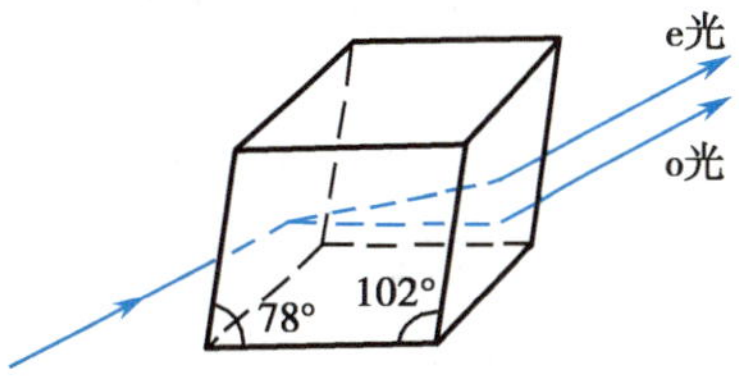

图9-27　方解石的双折射现象

发生双折射的原因是晶体对寻常光线和非常光线具有不同的折射率。寻常光线在晶体内各方向

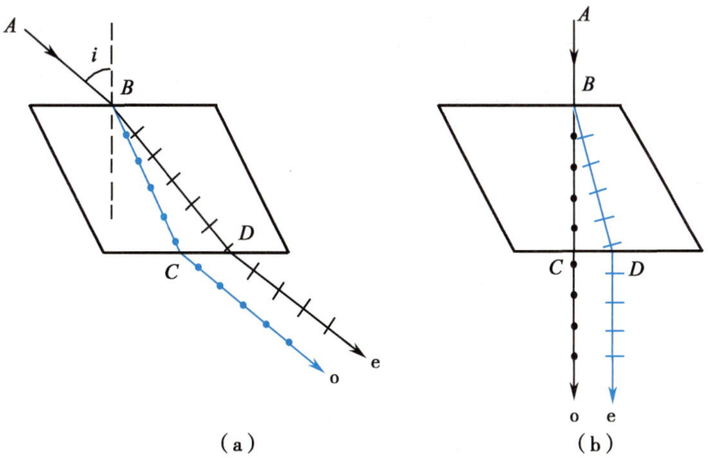

图9-28　寻常光和非常光

（a）入射角 $i\neq 0°$；（b）入射角 $i=0°$。

上的折射率是相等的，而非常光线在晶体内各方向上的折射率不相等。因为折射率决定于光的传播速度，所以，寻常光线在晶体内各方向上的传播速度是相同的，而非常光线在晶体内各方向上有不同的传播速度。

双折射晶体内存在特殊方向，当光线沿这方向传播时不产生双折射现象，即在这个方向上，寻常光线和非常光线的折射率相等，或者说在这一方向上 o 光和 e 光的传播速度相等。晶体中的这个方向称为晶体的光轴(optical axis)。例如图 9-27 所示的方解石，是十二个棱边都相等的平行六面体。其中三个面角均为钝角(约 102°)的两个顶点的连线方向，就是光轴。只有一个光轴的晶体为单轴晶体，如石英、方解石。有两个光轴的晶体为双轴晶体，如云母、硫黄等。光轴只标志一个方向，而不是某一条特定的直线。

光线沿晶体某表面入射时，由该晶体表面的法线与晶体光轴构成的平面，称为晶体的主截面。在晶体中由 o 光和光轴构成的平面，称为 o 光的主平面；用 e 光和光轴构成的平面，称为 e 光的主平面。寻常光线和非常光线均是线偏振光，寻常光线的振动面垂直于自己的主平面，而非常光线的振动面即是自己的主平面。

应用惠更斯原理，可以用几何作图的方法确定双折射晶体中 o 光和 e 光的传播方向。下面以单轴晶体为例，就某些特殊情况加以说明。

设想在单轴晶体中有一个点光源，则点光源的光分解成 o 光和 e 光在晶体中传播。o 光在各方向的传播速度相同，根据惠更斯原理可知 o 光的子波波面为一球面；而 e 光在各方向的传播速度不同，其子波波面为一旋转椭球面。因这两者在光轴方向上速度相等，因此，上述两子波波面在光轴处相切，如图 9-29 所示。用 $\boldsymbol{v}_o$ 表示 o 光的速度，n_o 表示它的折射率，在光轴方向上 o 光和 e 光的传播速度相同、折射率相等。在与光轴垂直的方向上，两种光的速度相差最大，用 $\boldsymbol{v}_e$ 表示 e 光在与光轴垂直方向上的速度，用 $n_e=c/\boldsymbol{v}_e$ 表示 e 光这一方向上的折射率，称为 e 光的主折射率。e 光在其他方向上的折射率则介于 n_o 和 n_e 之间。表 9-1 列出几种晶体的折射率。

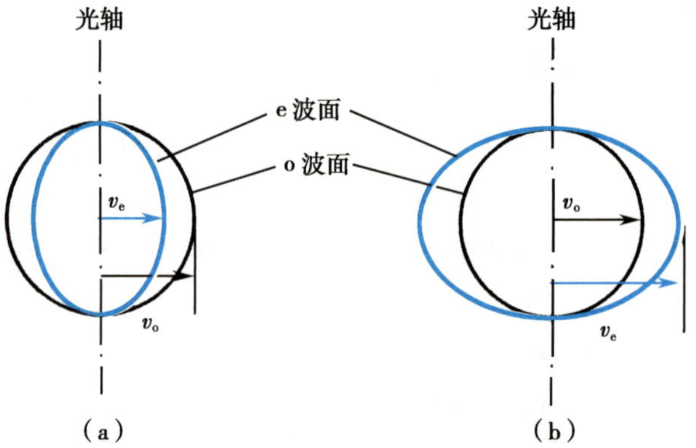

图 9-29 正晶体和负晶体中的子波波阵面

(a) 正晶体；(b) 负晶体。

表 9-1 几种双折射晶体的折射率（对波长为 589.3nm 的钠光）

晶体	n_o	n_e	n_e-n_o
方解石	1.658	1.486	−0.172
电气石	1.669	1.638	−0.031
白云石	1.681	1.500	−0.181
菱铁矿	1.875	1.635	−0.240
石英	1.544	1.533	+0.009
冰	1.309	1.313	+0.004

比较晶体中 n_e 与 n_o 的大小，可将晶体分为正晶体和负晶体。对正晶体 $\boldsymbol{v}_o>\boldsymbol{v}_e$，即 $n_o<n_e$，如图 9-29(a)所示，如石英晶体。对负晶体 $\boldsymbol{v}_o<\boldsymbol{v}_e$，即 $n_o>n_e$ 的晶体，如图 9-29(b)所示，如方解石晶体。

根据上述子波波面为球面或旋转椭球面的概念，在下述三种特殊情况(晶体的光轴均在入射面内）下，用作图的方法求出方解石晶体中 o 光和 e 光的传播方向。

1. 光轴与晶面斜交，平面波倾斜入射　如图 9-30（a）所示，AC 是平面波的波阵面。经过时间 t 后，入射波由 C 传到晶面上的 D 点，而这一时间内由 A 已经向晶体内传播，其 o 光的波面是半径为 $v_o t$ 的球面，其 e 光的波面是椭球面（短半轴为 $v_o t$、长半轴为 $v_e t$），两子波波面在光轴上的点 G 相切。从 D 点作这两子波波面的切面 DE 和 DF，E 和 F 为切点。由惠更斯原理可知，DE、DF 分别为 o 光和 e 光的新波面。射线 AE 和 AF 就是两条光线在晶体中的传播方向。

2. 晶体的光轴与晶面斜交，平面波垂直入射　如图 9-30（b）所示，平面波垂直入射到晶体表面上，其波阵面与晶面平行。经过时间 t 后，光波由波面上的点 B 和 D 向晶体内传播。过 B 点的两子波波面在光轴上的点 G 相切。过 D 点的两子波传播情况相同。分别作两球面和两椭球面的公切面，可知 EE' 和 FF' 分别为 o 光和 e 光的新波面。射线 BE 和 BF 就是两条光线在晶体中的传播方向。

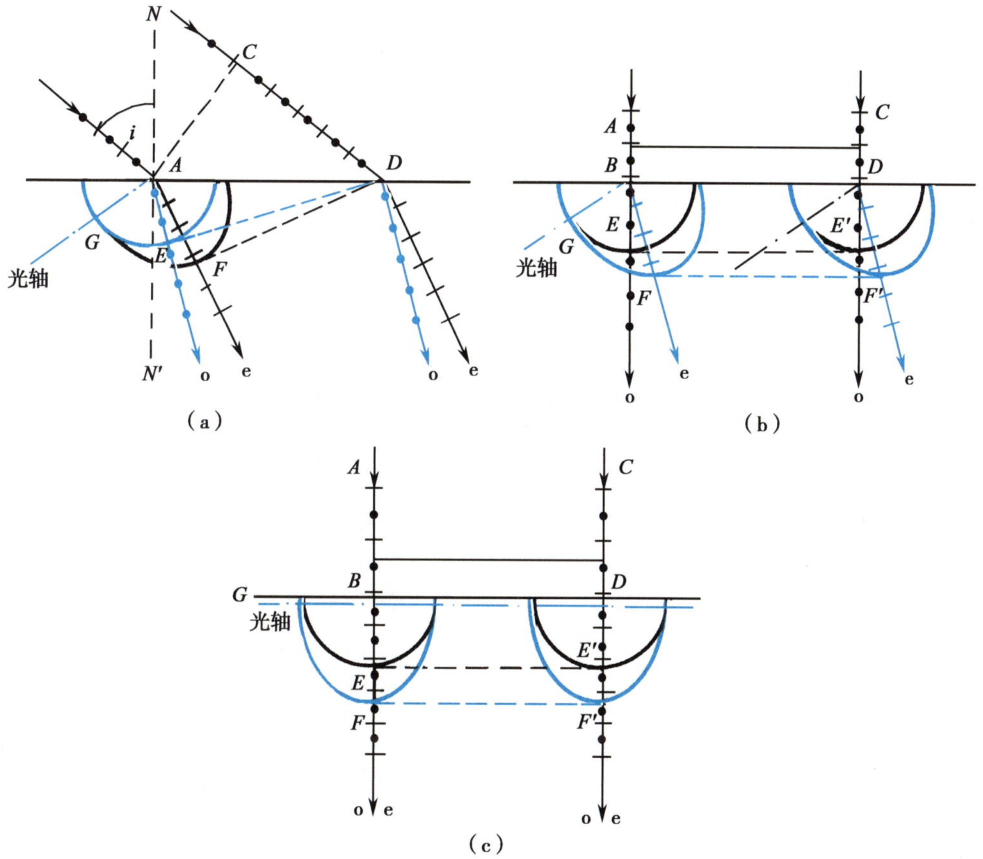

图 9-30　惠更斯原理解释双折射现象

（a）光轴与晶面斜交，平面波倾斜入射；（b）晶体的光轴与晶面斜交，平面波垂直入射；（c）晶体的光轴与晶面平行，平面波垂直入射。

3. 晶体的光轴与晶面平行，平面波垂直入射　用上述同样的作图方法得到如图 9-30（c）所示的结果。两种光线都沿原入射方向传播。但要注意，此时振动方向不同的两种光线的传播速度（或折射率）是不相等的，这与光线在晶体内沿光轴方向传播时的情况有着根本的区别。

三、椭圆偏振光和圆偏振光

将相互垂直的两个频率相同的简谐振动合成，合振动是在一直线、椭圆或圆上进行。轨迹的形状和运动的方向由两个分振动决定，即由两者振幅的大小和相位差决定。在光的双折射现象中，各向异性晶体产生的寻常光和非常光是同频率的偏振光、在其振动方向相互垂直时，如果能使它们之间存在一个固定的相位关系并沿同一直线传播，则它们在相遇点的合成光矢量末端的轨迹是椭圆状，即在与光的传播方向垂直的平面内，光矢量按一定频率旋转，其端点轨迹为椭圆，称这种光为椭圆偏振光(elliptically polarized light)。当合成光矢量末端的轨迹为圆时，这种光称为圆偏振光(circularly polarized light)，显然圆偏振光是椭圆偏振光的一种特殊情况。圆偏振光与自然光的区别在于，圆偏振光两相互垂直方向上的光振动矢量是相关的，有固定的相位差。迎着光传播方向，若每一点光矢量都是右旋的，即顺时针方向旋转，则称为右旋椭圆偏振光或右旋圆偏振光；若每一点光矢量都是左旋的，即逆时针方向旋转，则称为左旋椭圆偏振光或左旋圆偏振光。

如图 9-31 所示的装置中，A 为起偏器，C 为光轴与晶面平行的双折射晶片，S 是波长为 λ 的单色光源。由 S 发出的单色光透过起偏器 A 后，成为线偏振光，该光垂直入射到晶片 C 上。α 为线偏振光的振动方向与晶片光轴的夹角。当 $\alpha\neq0°$ 或 $\alpha\neq90°$ 时，在晶片 C 内，线偏振光分成为振动面相互垂直的 o 光和 e 光。这两种光线仍沿同一方向传播，但具有不同的传播速度。因此，透过晶片 C 后，两种光线就有一定的光程差。若以 d 表示晶片的厚度，则光程差为 $n_od-n_ed=(n_o-n_e)d$。此光程差相应的相位差 $\Delta\varphi$ 为

$$\Delta\varphi=(n_o-n_e)d\cdot\frac{2\pi}{\lambda}=\frac{2\pi d}{\lambda}(n_o-n_e) \qquad 式(9\text{-}29)$$

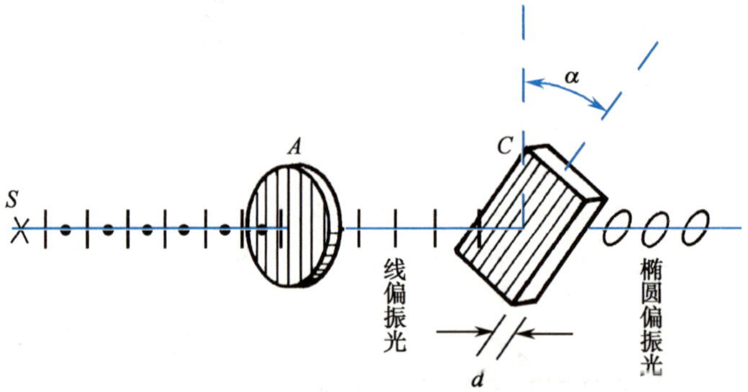

图 9-31 椭圆偏振光(圆偏振光)的产生

根据相互垂直振动的合成，适当选择晶片的厚度，使两种光线间的相位差 $\Delta\varphi=k\pi(k=1,2,3,\cdots)$，则两种光线合成的光振动为一直线，仍为线偏振光。若 $\Delta\varphi\neq k\pi$，则可得到椭圆偏振光。在以下特殊情况下，即当 $\Delta\varphi=(2k+1)\pi/2,k=0,1,2,\cdots$，并且 o 光和 e 光的振幅相等(即图 9-31 中，线偏振光的振动方向与晶片光轴方向的夹角 $\alpha=45°$)，即可以得到圆偏振光。

如上所述，将一束单色线偏振光垂直入射到光轴与晶体表面平行的晶片上，晶片的厚度不同，可分别得到线偏振光、椭圆偏振光或圆偏振光。所以，根据可需要将晶片加工成一定厚度。控制晶片的厚度，使 o 光和 e 光间的相位差 $\Delta\varphi=k\pi(k=1,2,3,\cdots)$，这种晶片称为二分之一波片或者 $\lambda/2$ 片。如果晶片的厚度，使 o 光和 e 光间的相位差 $\Delta\varphi=(2k+1)\pi/2,k=0,1,2,\cdots$ 则称这种晶片为四分之一波片或者 $\lambda/4$ 片。

四、旋光现象

将一束单色光连续通过两个偏振片，当两个偏振片的偏振化方向相互垂直时，光线不能通过，检偏器后面的现场是黑暗的。此时，如果在两个正交的偏振片之间，在与入射光垂直的方向上，放置一片光轴与晶面垂直的石英薄晶片，则视场将由黑暗变得明亮。将检偏器旋转某一个有度，视场将再度变暗。由于在晶体中沿光轴方向的光不会产生双折射，所以上述实验表明，在石英晶片内传播的线偏

振光的振动面旋转了一个角度。线偏振光通过某些物质发生的振动面旋转的现象，称为旋光现象。能使偏振光振动面旋转的物质称为旋光物质。石英晶体、松节油、各种糖和酒石酸的溶液等都是旋光性(optical active)较强的物质。

旋光晶体使偏振光的振动面旋转的角度 φ 与晶体的厚度 l 成正比，即

$$\varphi=\alpha l \qquad \text{式(9-30)}$$

式中，比例系数 α 称为该物质的旋光率(specific rotation)，单位为度/毫米(°/mm)。α 与物质有关，并与入射光的波长有关。

不同波长的偏振光经过同一旋光物质时，其振动面旋转的角度是不同的，这种现象称为旋光色散。例如 1mm 厚的石英，可使红色偏振光的振动面旋转 15°，可使钠黄光的振动面旋转 21.7°，可使紫色光的振动面旋转 51°。这种偏振光的振动面旋转的角度，随入射光波长的增加而减小的现象称为正常旋光色散。当旋转检偏器来观察白色偏振光通过石英晶片时，就可以看到色彩变化的视场。

按照旋光物质使偏振光的振动面旋转的方向不同，可将其分为左旋和右旋两类。面对光的入射方向，使偏振光的振动面沿逆时针方向旋转的物质称为左旋物质；使偏振光的振动面沿顺时针方向旋转的物质称为右旋物质。石英晶体、一些具有旋光性的有机化合物的同分异构体，都具有左旋和右旋两种类型。

实验还指出，如果旋光物质为溶液时，偏振光的振动面旋转的角度 φ 与溶液的浓度 c 和溶液的厚度 l 成正比，即

$$\varphi=\alpha cl \qquad \text{式(9-31)}$$

式中，角度 φ 的单位为度(°)；浓度 c 的单位为 g/cm^3；溶液的厚度 l 的单位为 dm。比例系数 α 也是该溶液的旋光率，旋光率 α 的单位为 $°cm^3/(g\cdot dm)$。α 与溶质、溶剂以及溶液的温度有关，还与入射光的波长有关。对于旋光率已知的物质，用旋光计测得旋光角，即可由式(9-32)得出该溶液的浓度。反之，已知溶液的浓度，通过测定旋光角，可以得到物质的旋光率。这些都是在药物分析中常用的方法。在《中国药典》(2020 年版)中，旋光率一般用 $[\alpha]_D^t$ 表示，t 指温度，D 指波长为 589.3nm 的钠黄光。通常以"+"表示右旋，以"-"表示左旋。旋光性药物的旋光率(也称为比旋度)在《中国药典》(2020 年版)中都有记载。一些药物的旋光率如表 9-2 所示，表中数值是在钠黄光和 20℃ 条件下。

表 9-2　一些药物的旋光率

药名	$[\alpha]_D^{20}$	药名	$[\alpha]_D^{20}$
乳糖	+52.2°~+52.5°	维生素 C	+21°~+22°
葡萄糖	+52.5°~+53.0°	樟脑(乙醇溶液)	+41°~+44°
蔗糖	+66°	薄荷油	-17°~-24°
右旋糖酐	+190°~+200°	薄荷脑(乙醇溶液)	-49°~-50°

对于旋光现象，可用菲涅耳的旋光理论进行解释。他根据振动理论：在一个直线上的简谐振动，可以看作是由两个旋转方向相反的匀速圆周运动合成的。因而线偏振光可以看作是由两个同频率、沿相反方向旋转的圆偏振光组成的。在旋光物质中，这两个圆偏振光的传播速度不同。在右旋物质中，顺时针方向旋转的圆偏振光的传播速度比较快。在左旋物质中，逆时针方向旋转的圆偏振光的传播速度比较快。

在旋光物质中左、右旋圆偏振光的传播速度不同，即对左、右旋圆偏振光的折射率不同，这种由于物质的各向异性所表现出来的旋光现象，是双折射的一种特殊形式。这两个折射率的差称为圆双折射率。此外，同一旋光物质对不同波长的偏振光的圆双折射率也不同，即表现为旋光色散。

9-5

旋光仪
操作视频

第四节 光的吸收和散射

光的吸收和散射是光在传播过程中发生的普遍现象。光在除真空外的任何介质中传播时，越深入物质，光的强度越弱的现象，主要是由于介质对光的吸收和介质对光的散射。

一、物质对光的吸收

光是振动的电矢量和磁矢量的传播。当光通过介质时，要引起介质中偶极子的受迫振动。偶极子的振动需要一定能量来维持，同时还要克服周围分子的阻尼作用（这些分子在电磁场的作用下也发生变化），因而消耗能量，使得透射光的强度减弱，这是光吸收现象产生的主要原因。

下面讨论物质对光的吸收的定量规律。如图 9-32 所示，一束光强为 I_0 的平行单色光通过厚度为 l 的均匀介质，透射光强为 I。在介质中分出厚度为 dl 的薄层，设光通过该薄层后强度由 I_l 减为 $I_l-\mathrm{d}I_l$，这减少量 $-\mathrm{d}I_l$ 与到达该吸收层的光强 I_l 和该吸收层的厚度 dl 成正比。即

$$-\mathrm{d}I_l=kI_l\mathrm{d}l$$

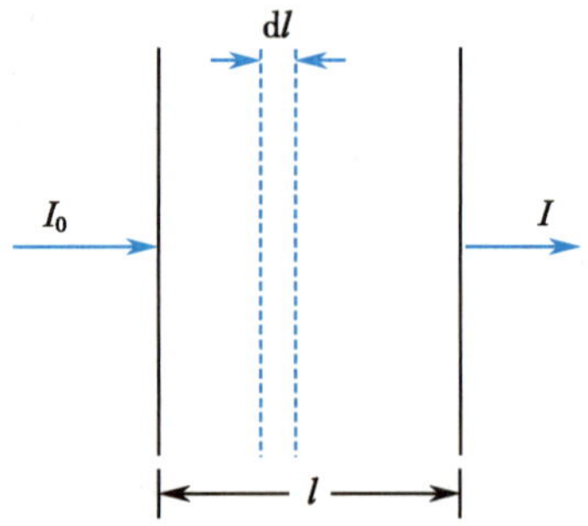

图 9-32 朗伯定律的推导

式中，比例系数 k 与吸收物质有关，也与入射光的波长有关，称为物质的吸收系数（absorptivity），单位为 cm^{-1}。

为得到光通过厚度为 l 的介质后的强度 I，将上式分离变量，从 0 到 l 积分

$$\int_{I_0}^{I}\frac{\mathrm{d}I_l}{I_l}=-\int_0^l k\mathrm{d}l$$

得 $\ln I-\ln I_0=-kl$，即

$$I=I_0\mathrm{e}^{-kl} \qquad \text{式(9-32)}$$

上式称为朗伯定律（Lambert's law）。式中吸收系数的大小反映物质对光吸收能力的强弱，k 越大，光被吸收得越强烈。

实验指出，各种不同物质的吸收系数相差很大。例如对于可见光，玻璃的吸收系数约为 $10^{-2}\mathrm{cm}^{-1}$，而在常压下空气的 k 值只有 $10^{-5}\mathrm{cm}^{-1}$。对于所有物质，吸收系数 k 都随光的波长而变化。如果物质对某些波长范围的光吸收少，且在此波段内几乎不变，这类吸收称为一般吸收，如石英对可见光和紫外线的吸收。如果物质对某些波长范围的光强烈地吸收，且吸收的量随波长而急剧变化，这类吸收称为选择吸收，如石英对红外光的吸收。“红”玻璃对红色和橙色是一般吸收，而对蓝色、绿色和紫色光是选择吸收。

研究发现，稀溶液（溶质分子间的作用可忽略）的吸收系数 k 正比于溶液的浓度 c，即

$$k=\beta c$$

上式中 β 是一个与溶液浓度无关的常数，由溶液分子特性决定，且与入射光的波长有关。将 k 代入式（9-32）得

$$I=I_0\mathrm{e}^{-\beta cl} \qquad \text{式(9-33)}$$

上式称为朗伯-比尔定律。这一定律只有在溶液浓度不很大、溶质分子间的作用可忽略不计，且使用单色光的情况下才能成立。

朗伯-比尔定律是分析化学实验中经常使用的分光光度计的理论基础。对式（9-33）取常用对数，可得

$$-\lg\frac{I}{I_0}=\beta cl\lg\mathrm{e}$$

式中，$\frac{I}{I_0}=T$ 称为透光率。令 $A=-\lg\frac{I}{I_0}$，$E=\beta\lg e$，则上式可写成

$$A=Ecl \quad \text{式(9-34)}$$

式中，A 称为吸收度，也称为光密度。E 称为溶液的吸收系数或消光系数。

式(9-34)表明，对同一种溶液，吸收度的大小与光通过的溶液浓度和厚度有关。根据这一关系，使同一强度的单色光分别通过等厚度的标准溶液和同种类的未知浓度溶液，比较吸收率的大小，即可测定未知浓度。

二、物质对光的散射

光在均匀介质的表面会产生光的反射、折射或全反射等现象。光通过均匀介质的时候又受到物质的吸收。下面要研究的是，光通过非均匀介质所发生的现象——光的散射(scattering of light)。

光在通过均匀介质(各向同性介质)时，介质中的原子或分子在入射光作用下成为新的波源，发射子波。它们的振动频率相同，相位差相对固定，因此它们是相干的。这些相干光叠加的结果是，除沿折射方向外的其他方向上，相互抵消，即光只沿折射方向传播。此时只有面对光的传播方向才可以看到光，而在侧面是看不到光的。当光通过的介质不均匀，或在均匀介质中不规则地散布着比入射光波长 λ 还小的微粒时，光线除沿折射方向传播外，其他方向的子波不能相互抵消，也可以看到光。即此时出现了偏离几何光学规律的现象，光向各个方向散射，即发生了光的散射。

介质对光的散射及其特点，与介质的不均匀性有关。根据介质的不均匀性，可将散射分为丁铎尔散射和分子散射。

在混浊介质中，存在着大量尺度在可见光波长(10^{-7}m)量级的不均匀杂质微粒，这些微粒就是一个个的衍射单元，其衍射作用十分显著，由于微粒间的距离远大于光的波长，并且布朗运动使微粒的位置呈现无规则分布，从而导致次级子波之间的叠加就是非相干叠加，形成了射向四面八方的散射光。混浊介质对光的这种散射称为丁铎尔散射。这种介质在药物制剂中也经常遇到。

有些介质表面看上去很均匀，例如空气，宏观上是均匀的，但由于分子的热运动，常常会有不均匀状态出现。这种分子密度的不均匀，也可以引起散射。光线通过分子尺度上密度不均匀的介质，产生的散射现象称为分子散射。散射光的频率与入射光的频率相同，称为瑞利散射。瑞利对光的散射现象进行理论研究后得出，散射光的强度与光波频率的四次方成正比，或散射光的强度与光波波长的四次方成反比。即

$$I\propto\nu^4\propto\frac{1}{\lambda^4}$$

该关系式称为瑞利定律(Rayleigh law)。根据瑞利定律可知，波长越短的光越容易被散射。晴朗的天空呈蓝色，就是因为大气分子对太阳光中的短波成分散射较强的结果。

分子散射的强度随温度的升高而增大，这是由于温度的升高，介质分子密度的不均匀性增大所致。用此现象可将分子散射与丁铎尔散射(强度与温度无关)区别开来。

光通过介质后，由于物质对光的散射作用，透射光的强度也将减弱。如果只考虑光的散射，经过厚度为 l 的物质后，透射光强 I 与入射光强 I_0 的关系为：

$$I=I_0e^{-hl}$$

式中，h 为介质的散射系数。当介质对光的吸收和散射同时存在时，透射光强 I 与入射光强 I_0 的关系应为：

$$I=I_0e^{-(k+h)l} \quad \text{式(9-35)}$$

在很多情况下，k 和 h 两者中，会有一个可能比另一个小得多，因此，可以忽略不计该项。

印度科学家拉曼于1928年在研究光通过液体和晶体的散射现象时发现在散射光中，除了有与入

射光频率ν_0相同的散射光外，还伴有频率为$\nu_0 \pm \nu_1$、$\nu_0 \pm \nu_2$、…的散射线，因此，将这种散射称为拉曼散射（Raman scattering）。拉曼散射的频率是由入射光的频率ν_0和散射物质分子的固有频率ν_1，ν_2，…联合而成的，因此又称为联合散射。由于分子的固有频率取决于分子的振动能级和转动能级之间的跃迁，因此可以利用拉曼散射测定分子的这些特征频率，进行分子结构、化学组成的分析和研究。

激光具有强度高、单色性和方向性极好的特点，是研究拉曼光谱的光源。拉曼光谱不仅具有样品处理简单，液体、固体、气体都可直接测定，而且具有实验时间短、使用样品少、分辨率高等优点，在化学、药学研究中应用日益广泛。由于拉曼对物理学的杰出贡献，他获得了1930年诺贝尔物理学奖。

拓展阅读

光的圆二色性

旋光物质不仅可对各种波长的光产生旋光效应，而且在研究其对光的吸收时，发现它们对左、右旋圆偏振光的吸收系数不相等。这种对圆偏振光吸收的各向异性称为圆二色性（circular dichroism）。如图9-33所示，入射到有机分子样品上的是线偏振光，可以看成由相等的左、右旋圆偏振光构成。样品对其中的右旋圆偏振光的吸收较大，使得出射的光成为左旋的圆偏振光。

有机分子或生物大分子的圆二色性信息，可以被用来研究分子构象。X射线衍射可以对包括蛋白质等生物大分子的构象提供详细的资料，但仅能研究晶体状态下的分子结构，需要有研究溶液中分子构象的方法来补充。圆二色性是比较成熟的检测在溶液中的分子构象的方法。二十世纪六十年代以来，该方法已经改进到能测出紫外区的信号，成为研究溶液中大分子构象的有力工具。对人血清白蛋白、人HIV-1蛋白酶等空间构象的确定就是很好的例证。

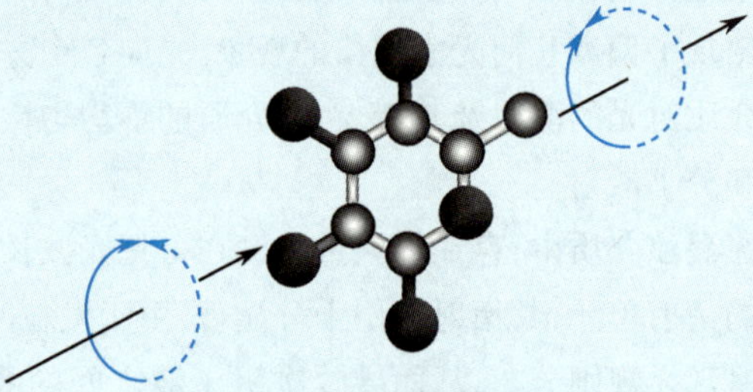

图9-33 圆二色性

9-6

原子吸收光谱

拓展阅读

习 题

1. 保持杨氏双缝的全套装置相对位置不变地放在充有折射率为n的介质中，对干涉条纹有无影响？

2. 在杨氏双缝中，如其中的一条缝用一块透明玻璃遮住，对实验结果有无影响？

3. 有波长为690nm的光波垂直投射到双缝上，距双缝为1.0m处放置屏幕。如果屏幕上21个明条纹之间共宽2.3×10^{-2}m，试求两缝间的距离。

4. 在杨氏双缝干涉装置中，若光源与两个缝的距离不等，对实验结果有无影响？

5. 平面单色光垂直投射在厚度均匀的薄油膜上，油膜覆盖在玻璃板上，所用光源的波长可以连续变化，观察到500nm和700nm这两个波长的反射光束因干涉完全相消，而在这两个波长之间没有其他的波长发生相消干涉。已知$n_{油}=1.30$、$n_{玻}=1.50$，求油膜的厚度。

6. 用白光垂直地照射在折射率为1.58，厚度为3.8×10^{-4}mm的薄膜表面上，薄膜两侧均为空气。问在可见光范围内，波长为多少的光在反射光中将增强？

7. 为了利用干涉来降低玻璃表面的反射，透镜表面通常覆盖着一层$n=1.38$的氟化镁薄膜。若使氦氖激光器发出的波长为632.8nm的激光毫无反射地透过，这覆盖层须有多厚？

8. 单缝宽度若小于入射光的波长时，能否得到衍射条纹？

9. 光为波长为$\lambda=500$nm的绿光垂直投射到宽度$a=2.0\times10^{-4}$m的单缝上。试确定$\varphi=1°$时，在屏幕上所得条纹是明的还是暗的？

10. 以波长为589.3nm的钠黄光垂直地照射狭缝，在距离狭缝80cm处的光屏上所呈现中央亮带的宽度为2.0×10^{-3}m，求狭缝的宽度。

11. 在双缝干涉实验中，若两条缝宽相等，每一条缝（即把另一条缝遮住）的衍射条纹光强分布如何？双缝同时打开时条纹光强分布又如何？

12. 衍射光栅所产生的$\lambda=486.1$nm谱线的第四级光谱与某光谱线的第三级光谱相重合，求该谱线的波长。

13. 有两条平行狭缝，中心相距6.0×10^{-4}m，每条狭缝宽为2.0×10^{-4}m。如以单色光垂直入射，则该双缝干涉装置所产生的哪些级次的明条纹，因单缝衍射而消失？

14. 用单色光照射光栅，为了得到较多级条纹，应采用垂直入射还是倾斜入射？

15. 自然光通过两个相交60°的偏振片，求透射光与入射光的强度之比。设每个偏振片对入射光有强度10%的基本吸收。

16. 三个偏振片叠置起来，第一片与第三片偏振化方向正交，第二片偏振化方向与其他两个的夹角都是45°，以自然光投射其上，如不考虑吸收，求最后透射光强与入射光强的百分比。

17. 一束线偏振光垂直入射到一块光轴平行于表面的双折射晶片上，光的振动面与晶片主截面的夹角为30°角。试求透射出的"寻常光"与"非常光"的强度之比。

18. 线偏振光通过方解石能否产生双折射现象？为什么？

19. 有一束光，只知道它可能是线偏振光、圆偏振光或椭圆偏振光，应当怎样去判断它？

20. 石英晶片对不同波长的光的旋光率是不同的，如对于$\lambda_1=546.1$nm的单色光的旋光率$\alpha_1=25.7°/mm$；而对于$\lambda_2=589.0$nm的单色光的旋光率$\alpha_2=21.7°/mm$。如使前一光线完全消除，后一种光线部分通过，则在两正交的偏振片间放置的石英晶片的厚度是多少？

21. 某蔗糖溶液在20℃时对钠光的旋光率是$66.4°cm^3/(g\cdot dm)$。现将其装满在长为0.20m的玻璃管中，用糖量计测得旋光角为8.3°，求溶液的浓度。

22. 将光轴垂直于表面的石英片放在两偏振片之间，通过偏振片观察白色光源，问旋转其中的检偏器时将看到什么现象。

23. 光线通过一定厚度的溶液，测得透射光强度I_1与入射光强度I_0之比是1/2。若溶液的浓度改变而厚度不变，测得透射光强度I_2与入射光强度I_0之比是1/8。溶液的浓度是如何改变的？

24. 光线通过厚度为l、浓度为c的某种溶液，其透射光强度I与入射光强度I_0之比是1/3。如使溶液的浓度和厚度各增加1倍，这个比值将是多少？

25. 实验测得某介质的表观吸收系数为$20m^{-1}$，已知这种表观吸收系数中实际上有1/4是由散射引起的。如果消除了散射效应，光在这介质中经过3cm，光强将减弱到入射光强的百分之几？

第九章
目标测试

（陈　曙）

第十章

量子力学基础

学习目标

1. **掌握** 热辐射现象及基尔霍夫定律、黑体辐射定律、普朗克能量量子假设、光电效应、康普顿效应、物质波。
2. **熟悉** 不确定关系、薛定谔方程。
3. **了解** 波函数。

10-1

第十章
教学课件

十九世纪末至二十世纪初，经典物理学本来十分晴朗的天空出现了两朵“乌云”，正是对这两朵“乌云”的深入研究，使得从十九世纪末开始，在爱因斯坦（A. Einstein）提出相对论的基础上，物理学在其他一些重要领域取得了重大进展，创立了新的理论——量子论，建立了量子力学的理论体系，使得人类对微观世界的认识产生了重大突破。在普朗克、爱因斯坦阐明了辐射和光的量子性之后，玻尔提出了氢原子的量子理论，此理论能较好地解释一些实验现象，取得了一定的成就，但有很大的局限性，这促使人们去建立一种能够反映微观粒子运动规律的新理论，因此，促进了量子力学的诞生。量子力学不但是描述微观粒子运动规律的理论，还是深入了解物质结构及其各种特性的基础，它和相对论是近代物理学的两大支柱。

量子力学的建立，是人们认识自然的进一步深化，尤其是非相对论量子力学的某些概念与基本原理，从建立到现在，经历了无数实践的检验，是人类认识和改造自然界不可缺少的工具。由于量子力学涉及的规律极为普遍，它已深入到物理学的各个领域，在化学、药学、生物学和生命科学的研究中也有着越来越广泛的应用。

第一节　热　辐　射

一、热辐射现象及基尔霍夫定律

1. 热辐射现象　在任何温度下物体都会向外发射出各种不同波长的电磁波，其辐射总能量随波长的分布与该物体的温度密切相关，这种现象就是热辐射（thermal radiation）现象。物体辐射出的能量称为辐射能。单位时间内的辐射能量即为辐射功率。

设在单位时间内，从物体单位表面积所发射的波长在 λ 和 $\lambda+d\lambda$ 范围内的辐射能为 dM，则 dM 和 $d\lambda$ 之比称为该物体的单色辐射出射度，简称单色辐出度，用 $M_\lambda(T)$ 表示。

$$M_\lambda(T)=\frac{dM}{d\lambda} \qquad 式(10\text{-}1)$$

$M_\lambda(T)$ 是温度 T 和波长 λ 的函数，反映了在某一温度下辐射能随波长的分布情况。$M_\lambda(T)$ 的单位为瓦/米^3（W/m^3）。

从物体单位表面积上发射的各种波长的辐射功率，称为物体的辐射出射度（radiant exitance），用 $M(T)$ 表示。$M(T)$ 等于式（10-1）在全部波长范围内求积分，即

$$M(T)=\int_0^{\infty} M_\lambda(T)\,\mathrm{d}\lambda \qquad \text{式(10-2)}$$

因此,$M(T)$只是温度 T 的函数。对于不同的物体和不同的表面情况,即使温度相同,它们的辐射出射度 $M(T)$和单色辐射出射度 $M_\lambda(T)$也不相同。某一温度下的物体的单色辐射出射度 $M_\lambda(T)$随 λ 的变化关系曲线即为能量分布曲线。

在任一温度下,物体在辐射能量的同时,也在吸收周围物体发射来的辐射能。当外界的辐射能射到物体的表面时,一部分被吸收,另一部分被反射。吸收的能量和入射的能量之比称为该物体的吸收率(absorptivity),它也是温度 T 和波长 λ 的函数,通常用 $\alpha_\lambda(T)$表示温度为 T、波长在 λ 与 $\lambda+\mathrm{d}\lambda$ 范围内的物体的单色吸收率。一般物体的 $\alpha_\lambda(T)$值都小于 1,表明它只能部分地吸收入射到其表面上的辐射能,而其余部分被表面反射或穿透物体。

2. 黑体模型 所谓黑体(black body)就是单色吸收率等于 1 的物体。黑体在任何温度下,都能完全吸收任何波长的能量。真正的黑体并不存在,它和质点、刚体、理想气体一样,是一种理想化的模型。图 10-1 所示是一个用不透明材料做成的空腔容器,在空腔上只留一个很小的孔。这个带小孔的空腔就可视为一个黑体模型。因为从小孔进入空腔的辐射能在腔内经腔壁多次反射,几乎被空腔内壁完全吸收,由于带小孔的空腔和黑体的作用相同,就可将其看成是一个黑体模型。当然空腔内壁也要向腔内发出辐射能,其中一部分从小孔射出,可以通过研究小孔向外辐射的能量分布来研究对应温度下黑体的能量分布,得到热辐射的一般规律。

3. 基尔霍夫定律 物体的单色辐射出射度 $M_\lambda(T)$与单色吸收率 $\alpha_\lambda(T)$之间存在一定的关系。如图 10-2 所示,设在一个温度为 T 的真空恒温器 L 中,有若干个温度不同的物体 $B_1,B_2,\cdots$,图中 B_0 为黑体。由于恒温器 L 中为真空,所以各物体之间以及它们与容器之间只能通过热辐射来交换能量。

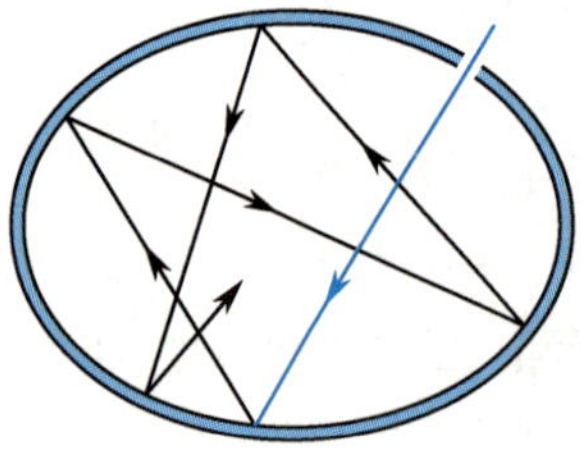

图 10-1 黑体模型

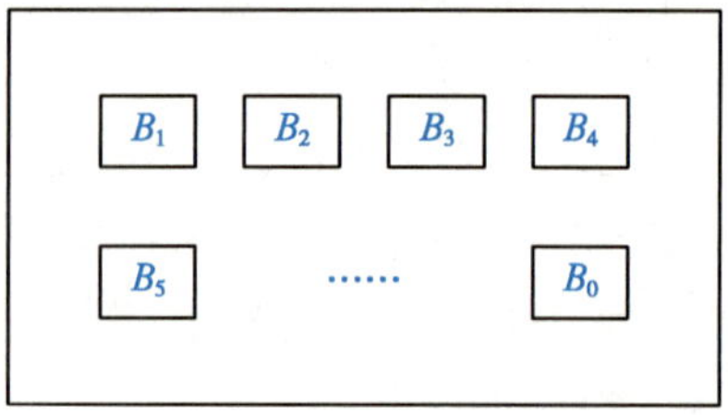

图 10-2 恒温器中的物体

实验表明,经过足够长的时间后,容器 L 和其中所有物体都将达到同一温度,达到热平衡。这时,在同一时间内各个物体发射和吸收的辐射能量相等。因此,单色辐射出射度较大的物体其单色吸收率也较大;单色辐射出射度较小的物体其单色吸收率亦较小。基尔霍夫经过理论上分析得出 $M_\lambda(T)$与 $\alpha_\lambda(T)$的比值为一恒量,仅由温度 T 和波长 λ 决定,与物体的性质无关,可表示为

$$\frac{M_{\lambda1}(T)}{\alpha_{\lambda1}(T)}=\frac{M_{\lambda2}(T)}{\alpha_{\lambda2}(T)}=\cdots=\frac{M_{\lambda0}(T)}{\alpha_{\lambda0}(T)}=\text{constant} \qquad \text{式(10-3)}$$

此即基尔霍夫定律。式中,$M_{\lambda1}(T)$、$M_{\lambda2}(T)$、…和 $\alpha_{\lambda1}(T)$、$\alpha_{\lambda2}(T)$、…分别为物体 B_1、B_2、…的单色辐射出射度和单色吸收率。

由于黑体 B_0 的单色吸收率 $\alpha_{\lambda0}(T)=1$,所以基尔霍夫定律中的恒量就等于相同温度时黑体的单色辐射出射度 $M_{\lambda0}(T)$。因此,任何物体的单色辐射出射度和单色吸收率的比值,在数值上都等于相同温度下黑体的单色辐射出射度。如果能够测得黑体的 $M_{\lambda0}(T)$,又知道某一物体的 $\alpha_\lambda(T)$值,就可以求出该物体的单色辐射出射度 $M_\lambda(T)$。

二、黑体辐射定律

由小孔发出辐射能的过程可以等效地看作黑体辐射。若给带小孔的空腔加热,并使其保持一定

温度,对小孔的辐射进行测量,可得到黑体辐射的能量分布曲线,即不同波长的辐射出射度 $M_0(\lambda, T)$。改变温度,可得出不同温度下 $M_0(\lambda, T)$ 按波长的分布曲线。图 10-3 给出了在四种不同温度下的四条黑体辐射的能量分布的实验曲线。这些曲线对于任何黑体,不论其腔壁材料或空腔形状如何,都有相同的结果。从实验曲线可以得到黑体辐射的两条定律。

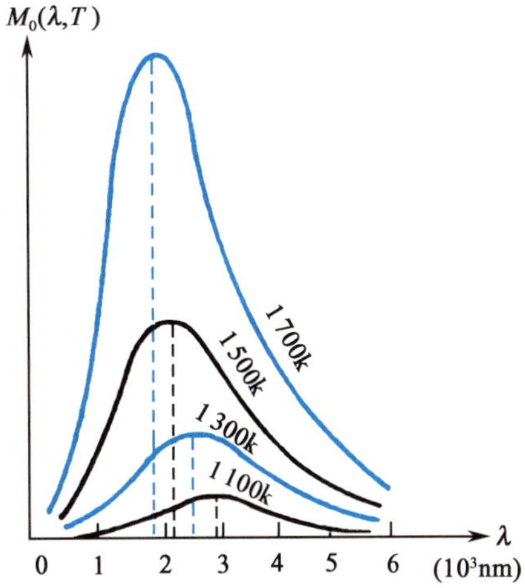

图 10-3　不同温度下黑体单色辐射出射度按波长分布曲线

1. 斯特藩-玻尔兹曼定律　如图 10-3 所示中的每条曲线都反映了在一定温度 T 下黑体的单色辐射出射度按波长的分布。曲线下的面积即为黑体在该温度下的辐射出射度 $M_0(T)$,因此

$$M_0(T) = \int_0^{\infty} M_0(\lambda, T)\,d\lambda$$

当温度升高时,曲线下的面积,即黑体辐射出射度随温度的变化非常明显。斯特藩(J. Stefan)根据实验结果得出黑体辐射出射度正比于其绝对温度 T 的四次方,即

$$M_0(T) = \sigma T^4 \qquad \text{式(10-4)}$$

其后,玻尔兹曼(Boltzmann)根据热力学理论证明了该公式,因此,称为斯特藩-玻尔兹曼定律(Stefan-Boltzmann law)。其中 $\sigma = 5.67\times10^{-8}\,\mathrm{W/(m^2 \cdot K^4)}$,称为斯特藩-玻尔兹曼常数。

2. 维恩位移定律　由图 10-3 所示的曲线还可以看出,对于每一温度 T,$M_\lambda(T)$ 都有最大值。与其对应的波长用 λ_m 表示。随着 T 的升高,λ_m 的值趋于减小,表明 λ_m 与 T 成反比,即

$$T\lambda_m = b \qquad \text{式(10-5)}$$

式中,$b = 2.898\times10^{-3}\,\mathrm{m \cdot K}$。式(10-5)是维恩(W.Wien)于 1893 年通过理论分析得出,称为维恩位移定律(Wien's displacement law)。它表明,当黑体温度升高时,其峰值波长 λ_m 减小,即向短波方向移动。可以根据维恩位移定律来测量远处高温物体的表面温度,即红外测温原理。用红外辐射测温仪测量目标的温度时首先要测量出目标在其波段范围内的红外辐射量,然后由测温仪计算出被测目标的温度。单色测温仪测量目标温度与波段内的辐射量成正比;双色测温仪测量目标温度与两个波段的辐射量之比成正比。

例如,测得太阳光谱中的峰值波长 λ_m 约为 500nm,由式(10-5),可求得太阳的表面温度约为 5 800K。再由斯特藩-玻尔兹曼定律,可求得太阳的辐射出射度约为 $6.42\times10^7\,\mathrm{W/m^2}$。

例题 10-1　在红外线范围内,人类皮肤的吸收率 $\alpha = 0.98\pm0.01$,若某人体的表面面积为 $1.75\mathrm{m}^2$,表面温度 $T_1 = 33℃ = 306\mathrm{K}$,周围环境温度 $T_2 = 18℃ = 291\mathrm{K}$,求此人辐射的总功率。

解: 由于在红外线范围内,人类皮肤的吸收率 $\alpha = 0.98\pm0.01$,因此对人体辐射红外线来说,可以把人体近似看成是一个黑体。根据式(10-4),人体单位面积的辐射功率为 $M_1 = \sigma T_1^4$。由于周围环境也要向人体辐射能量,所以人体单位表面积接受的辐射功率为 $M_2 = \sigma T_2^4$,人体表面积用 S 表示,则人体辐射的总功率为 $M = S\sigma(T_1^4 - T_2^4)$,已知人体的表面温度 $T_1 = 306\mathrm{K}$,周围环境温度 $T_2 = 291\mathrm{K}$,将已知量代入上式,计算可得

$$M = 1.75\times5.67\times10^{-8}\times(306^4 - 291^4) = 158(\mathrm{W})$$

三、普朗克能量量子化假设

如图 10-3 所示的黑体单色辐射出射度 M_λ 与波长 λ 及温度 T 的关系曲线是实验得出的结果。如何从理论上导出与实验结果完全符合的黑体辐射公式,引起了物理学家们的浓厚兴趣。十九世纪末,

不少物理学家曾试图用经典物理学理论来推导这个公式，但都没有取得成功。

1890 年，瑞利（Rayleigh）和金斯（Jeans）根据经典电磁学理论和能量均分定律导出了黑体辐射出射度的表达式

$$M_\lambda(T)=C\lambda^{-4}T \qquad \text{式(10-6)}$$

式(10-6)中，C 为常数，此公式在波长相当长的长波范围内与实验结果相符合（图 10-4），但在波长较短的短波范围就和实验结果相差甚远，到紫外区域，辐射能量甚至趋于无穷大，与实验结果完全不符，这就是物理学发展史上著名的“紫外灾难”。

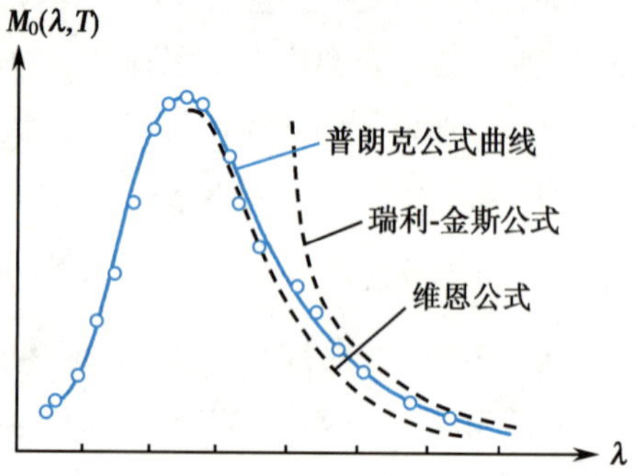

图 10-4　黑体辐射的理论公式与实验结果的比较

1896 年，维恩根据经典热力学和麦克斯韦分布律，导出了黑体辐射出射度的表达式：

$$M_\lambda(T)=C'\lambda^{-5}e^{-\frac{C''}{\lambda T}} \qquad \text{式(10-7)}$$

式(10-7)即维恩公式，式中，C'、C''为常数。在短波范围内维恩公式与实验结果符合得很好，但在长波范围有较大的偏差（图 10-4）。

上述两个公式虽然出发点不相同，但都是基于经典物理学的普遍规律。上述两种理论均不能很好地与实验结果相符合，清楚地暴露出经典物理学的缺陷。因此，1900 年，英国皇家学会主席、著名物理学家开尔文把黑体辐射研究中出现的“紫外灾难”与“以太危机”一起称为经典物理学晴朗天空上出现的两朵“乌云”。

1900 年，德国物理学家普朗克（Max Planck）提出了一个全新的黑体辐射公式，能够在所有波长范围内与实验结果相吻合（图 10-4）。普朗克利用内插法将适合于短波的维恩公式和适用于长波的瑞利-金斯公式衔接起来，得到普朗克公式

$$M_\lambda(T)=\frac{2\pi hc^2\lambda^{-5}}{e^{hc/(\lambda kT)}-1} \qquad \text{式(10-8)}$$

为了从理论上推导出这个公式，普朗克不得不做出与经典物理学格格不入的能量量子化假设。

普朗克将黑体腔壁的原子和分子的振动看作是带电的线性谐振子，它们能够与周围电磁场交换能量。这些频率为 ν 的谐振子只可能处于某些特定的状态，在这些状态上谐振子的能量 E 是最小能量 $h\nu$ 的整数倍，即

$$E=nh\nu \quad n=1,2,3,\cdots \qquad \text{式(10-9)}$$

式(10-9)中，h 是一个普适常数，称为普朗克常数（Planck's constant），其值为 6.626×10^{-34} J·s；n 为正整数，称为量子数（quantum number）。能量的最小单元 $h\nu$ 称为量子。这种能量的不连续变化称为能量量子化。

按照普朗克的量子假说，谐振子的能量不能连续变化，存在着能量的最小单元；振子和电磁场交换能量的过程也是不连续的，即振子发射和吸收能量必须是最小单元 $h\nu$ 的整数倍。这与经典物理学的观点有着本质的不同。在经典的热力学和电磁场理论中，振子的能量变化是连续的，因此物体发射和吸收的能量可以是任意值。

普朗克所提出的能量量子化的假设，其重要意义在于它第一次指出经典物理学理论不能应用于原子现象，标志着人类对自然规律的认识从宏观领域进入到了微观领域。在普朗克假设的推动下，多种微观现象逐步得到正确解释，并建立起量子力学的理论体系。

第二节 光的波粒二象性

一、光电效应

普朗克的能量量子化假说成功地解释了黑体辐射的规律，但毕竟是间接的，物体究竟是否确实如此发射和吸收电磁辐射还有待理论的依托和进一步的实验证明。用适当频率的光照射金属，可使金属中的自由电子吸收光能而逸出金属表面，这种现象就是光电效应(photoelectric effect)。就在普朗克还在为他的能量子寻找经典物理根源时，爱因斯坦在对光电效应的解释中，使能量子概念向前发展了一大步。

1. 光电效应实验 在真空的玻璃容器中封有两个电极，阴极 K 和阳极 A。当光通过石英小窗照射到金属板 K 上时，即有电子从金属板逸出，这些电子就是光电子(photo-electron)。光电子在电场力的作用下飞向阳极，形成光电流(photoelectric current)，其大小可以从电流计 G 读出。如果两极间所加电压足够大，在单位时间内逸出的光电子能全部到达阳极，此时的光电流达到最大值，称为饱和电流。如图 10-5 所示。

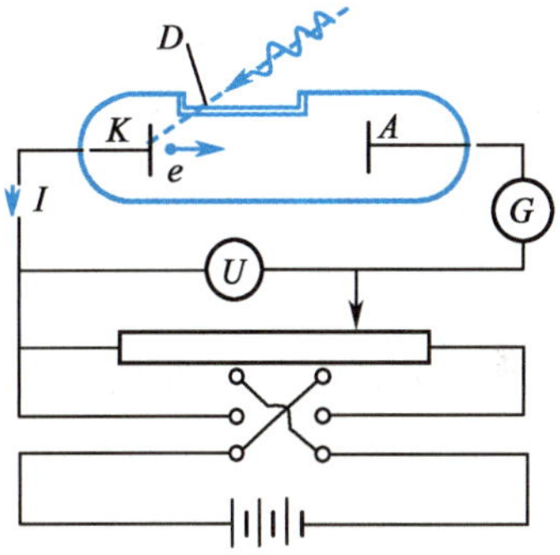

图 10-5 光电效应的实验装置

在光电管的阳极 A 和阴极 K 之间加上直流电压 U，当用适当波长的单色光照射阴极 K 时，阴极上就会有光电子逸出，它们将在加速电场的作用下飞向阳极 A 而形成光电流 I。实验曲线如图 10-6、图 10-7 所示。

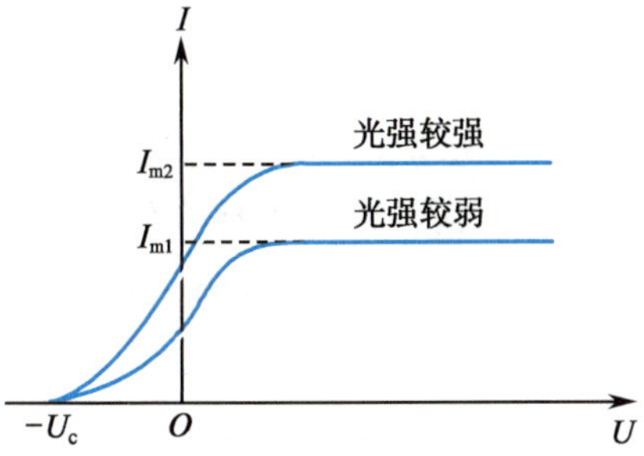

图 10-6 光电效应伏安特性曲线图

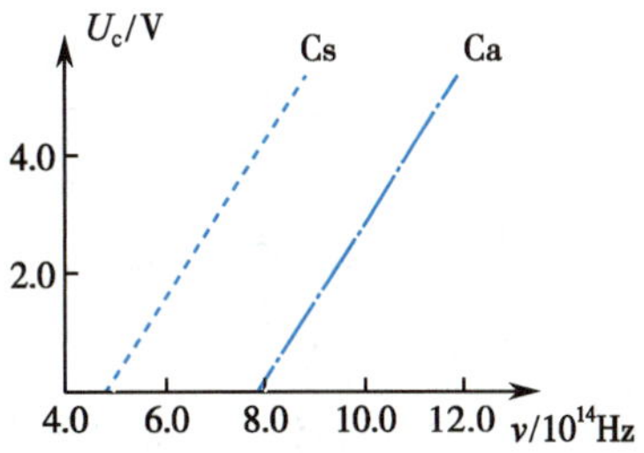

图 10-7 遏止电压与入射光频率关系

当光的强度或频率改变时，可以发现光电效应遵从以下实验规律。

(1) 光电流 I 随着 U 增加而增加，当 U 增加到一定值时，I 不再增加，即单位时间内从阴极逸出的光电子全部被阳极接收，形成饱和光电流，饱和电流 I 与入射光的光强成正比。也就是说明入射光频率不变时，饱和电流的大小与入射光的强度成正比，即单位时间内被击出的光电子数与入射光的强度成正比。

(2) 当加速电压减小到零并逐渐变成负值 $-U_c$ 时，光电流等于零。反向电压值 U_c 称为遏止电压(retarding voltage)，如图 10-6 所示，光电子的最大初动能与遏止电压的关系为

$$\frac{1}{2}mv_m^2 = eU_c$$

(3) 光电子的最大初动能与入射光的频率成线性关系，U_0 由阴极金属的性质决定，如图 10-7 所示，与入射光的强度无关。

如图 10-7 所示可知

$$U_c = K\nu - U_0 \qquad \text{式(10-10)}$$

$$\frac{1}{2}mv_{\mathrm{m}}^{2}=eU_{c}=eK\nu-eU_{0}$$

光电子的初动能必须大于或等于零，即

$$eK\nu-eU_{0}\geqslant 0$$

产生光电效应的条件为

$$\nu\geqslant\frac{U_{0}}{K}$$

极限情况时

$$\nu_{0}=\frac{U_{0}}{K}\qquad 式(10\text{-}11)$$

当 $\nu\leqslant\nu_0$ 时，无论光照多么强，照射时间多么长，都不能产生光电效应。ν_0 称为光电效应的截止频率（cut-off frequency），也称为红限频率。

表 10-1　几种金属的逸出功和红限

金属	钾(K)	钠(Na)	钙(Ca)	锌(Zn)	钨(W)	银(Ag)
逸出功(eV)	2.25	2.29	3.20	3.38	4.54	4.63
红限(10^{14}Hz)	5.44	5.53	7.73	8.06	10.95	11.19

（4）频率超过某金属的极限频率时，金属表面从接收光照到逸出电子所需时间不超过 10^{-9}s，这就是光电效应的瞬时性，如图 10-8 所示。

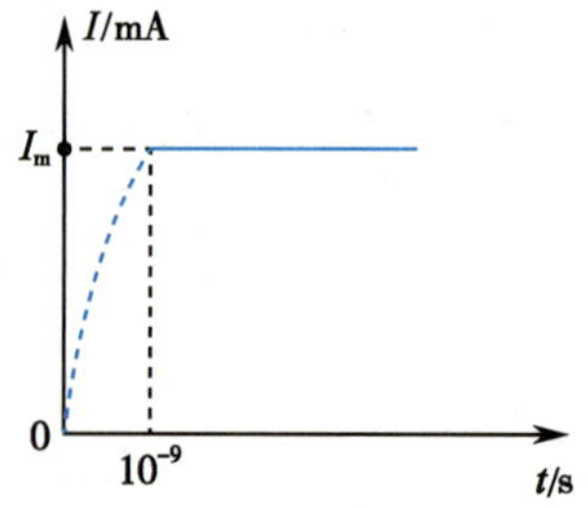

图 10-8　光电子逸出时间

以上四个特点，（1）和（2）是定量上的问题，而（3）与（4）在原则上无法用经典物理学来解释。按照经典电磁理论，光电效应的产生是由于金属中的自由电子在入射光波的作用下做受迫振动。当其振动能量达到一定数值时，就可以克服金属对它的束缚而逸出金属表面成为光电子。入射光波的振幅由入射光的强度所决定，而与光的频率无关，因此逸出的光电子的初动能应随入射光强度的增大而增大，与光的频率无关。而且只要入射光的强度足够大，任何频率的光照射到金属上都可以产生光电效应。如果入射光的强度很弱，电子能量的积累需要一定时间，因此从光照射到金属表面到产生光电子逸出，应有一定的时间间隔。由经典电磁理论得出的这些结论都和光电效应的实验规律相矛盾，表明用经典电磁理论无法解释光电效应的实验结果。

10-2
光电效应
微课

2. 爱因斯坦的光量子理论　尽管普朗克的量子化假设可以解释在黑体辐射中与实验符合得很好的公式，但由于他所提出的吸收或发射电磁辐射能量的不连续概念，在经典力学中是无法理解的，因此，普朗克的假设并未引起很多人的注意。通过光的干涉、衍射等实验，人们已认识到光是一种波动——电磁波，并建立了光的电磁理论——麦克斯韦理论。爱因斯坦在解释光电效应时，将普朗克的辐射能量不连续的假设作了重大发展。他在 1905 年用普朗克的量子假设去解决光电效应问题，进一步提出了光量子概念。

爱因斯坦认为，不仅光的辐射和吸收是以量子的形式进行的，光在传播过程中也是量子化的。即光是以光速 c 运动的粒子流，这些粒子称为光量子（light quantum）或光子（photon）。每一个光子都具有一定的能量，频率为 ν 的光子所具有的能量为

$$\varepsilon=h\nu$$

金属中的一个电子吸收一个频率为 ν 的光子能量后，一部分用于电子从金属表面逸出所需的逸出功 A，一部分转化为光电子的动能 $\frac{1}{2}mv^{2}$。

$$h\nu=\frac{1}{2}mv^2+A \quad 式(10\text{-}12)$$

式(10-12)称为爱因斯坦光电效应方程(Einstein photoelectric equation),当电子的初动能$\frac{1}{2}mv^2=0$

$$A=h\nu_0 \quad 式(10\text{-}13)$$

ν_0 称为截止频率,又称红限频率。

应用光子学说和上述光电效应方程,可以完满地解释光电效应的实验规律。

爱因斯坦方程式的出现,使光电效应实验曲线与经典物理理论不相符的问题得到了解决。当光电子初动能为零时,入射光的频率就是红限频率;如果一个光子携带的能量小于电子的逸出功,电子获得的能量不能克服阻力逸出金属表面发生光电效应;光子携带的能量被电子一次性吸收,因此,光电效应几乎是瞬时发生的。光电子的数目正比于入射光子的数目,所以饱和光电流正比于入射光强。光电子的最大初动能只与光子的能量有关,所以遏止电压只取决频率。

光量子假说成功地解释了光电效应实验,但是光电效应中包含的遏止电压与入射光频率的线性关系($U_c=K\nu-U_0$)当时还没有直接的实验依据。

爱因斯坦由于提出光电效应方程和光量子的概念获得了1921年诺贝尔物理学奖。1916年,密立根(R. A. Millikan)通过实验方法证明了爱因斯坦光子假设的正确性,密立根获得了1923年诺贝尔物理学奖。

利用光电效应可以制成各种光电转换器件,光电管就是应用光电效应的原理制成的光电元件。用光电管制成的光控继电器用于自动控制,另外在放映电影时利用光电转换来实现声音的重放等。随着科学技术的发展,人们发现某种类型的半导体材料能把光能直接转变为电能的本领,当光入射在这类材料上时,就会产生电流,入射的光越强,产生的电流也越大。光电二极管、光电三极管就是利用这种材料制成的。

3. 光的波粒二象性　爱因斯坦提出光子有动量和质量,光具有波粒二象性。一个光子的能量为

$$E=h\nu \quad 式(10\text{-}14)$$

根据相对论的质能关系

$$E=mc^2 \quad 式(10\text{-}15)$$

由式(10-14)和式(10-15)可知一个光子的质量为

$$m=\frac{h\nu}{c^2}=\frac{h}{c\lambda}$$

粒子质量和运动速度的关系为

$$m=\frac{m_0}{\sqrt{1-\left(\frac{v}{c}\right)^2}} \quad 式(10\text{-}16)$$

式(10-16)中的m_0为粒子的静止质量。光子是速度为光速、静止质量为零的一种粒子。由于光速不变,光子对于任何参考系都不会静止,所以在任何参考系中光子的质量实际上都不会是零。例如,核反应证明质子、中子等放出光子后质量减小,可认为光子带走了质量。

根据相对论的能量-动量关系

$$E^2=(pc)^2+(m_0c^2)^2$$

光子的动量为

$$p=\frac{E}{c}=\frac{h\nu}{c}$$

或

$$p=\frac{h}{\lambda} \quad 式(10\text{-}17)$$

式(10-14)和式(10-17)中左侧的量描述光的粒子性，右侧的量描述光的波动性。光的这两种性质在数量上由普朗克常量联系在一起。

例题 10-2　已知纯金属钠的逸出功为2.29eV。求：

(1) 光电效应的红限频率和红限波长。

(2) 如果是300nm的紫外光照射钠表面，求光电子的最大动能。

解：(1) 由光电效应方程$\frac{1}{2}mv_m^2=h\nu-A$，$\frac{1}{2}mv_m^2=0$时的红限频率为

$$\nu_0=\frac{A}{h}=\frac{2.29\times1.6\times10^{-19}}{6.63\times10^{-34}}=5.53\times10^{14}(\text{Hz})$$

其红限波长为

$$\lambda_0=\frac{c}{\nu_0}=\frac{hc}{A}=\frac{6.63\times10^{-34}\times3\times10^8}{2.29\times1.6\times10^{-19}}=5.43\times10^{-7}(\text{m})$$

(2) 由光电效应方程可知，300nm光子入射时光电子最大动能为

$$\frac{1}{2}mv_m^2=\frac{hc}{\lambda}-A=\frac{6.63\times10^{-34}\times3\times10^8}{3\times10^{-7}\times1.6\times10^{-19}}-2.29=1.85(\text{eV})$$

二、康普顿效应

1. 康普顿散射实验　光电效应只是证明光被物质吸收时，能量的吸收或放出过程是量子化的。直接通过实验并用微粒的模型证实光的粒子性的是康普顿散射实验。1923年，康普顿(A. H. Compton)研究了X射线被金属、石墨等物质散射后的光谱成分，发现了一个重要的现象，即散射线的波长变长的现象，称为康普顿效应(Compton effect)。吴有训以精湛的实验技术和卓越的理论分析，验证了康普顿效应的正确性。康普顿效应完美诠释了光的波粒二象性理论。

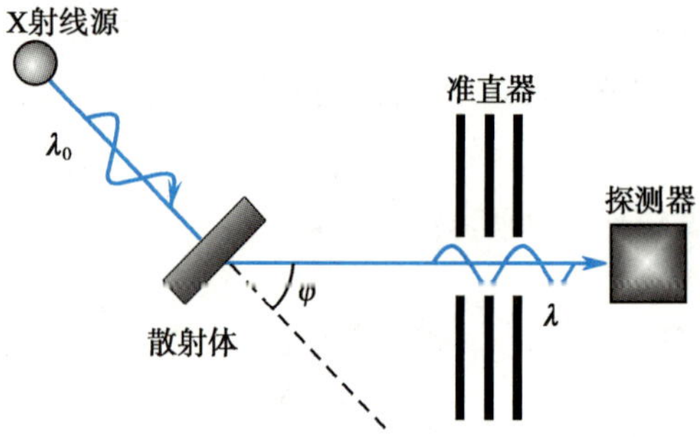

图10-9　康普顿散射装置

康普顿的实验装置如图10-9所示。从X射线源发出的一束波长为λ_0的X射线投射到石墨上，经石墨散射后散射光的波长可由光谱仪测定。在测量与入射光束成各种角度的散射光时发现：

散射光中除了有波长为λ_0的X射线之外，还有波长$\lambda>\lambda_0$的成分，这就是"双峰散射"现象。如图10-10所示。波长改变量$\Delta\lambda=\lambda-\lambda_0$随着散射角$\varphi$的增大而增大，与散射物质的性质无关。

$$\Delta\lambda=\lambda-\lambda_0=\lambda_c(1-\cos\varphi)=2\lambda_c\sin^2\frac{\varphi}{2}\qquad\text{式(10-18)}$$

实验测定$\lambda_c=0.002\ 43\text{nm}$，是与散射物质无关的常数，称为康普顿波长(Compton wavelength)。

光的波动理论无法解释康普顿实验中所观察到的比入射X射线波长更长的X射线的现象。按照经典理论，X射线的本质是电磁波，当电磁波通过物体时，将引起物体内带电粒子的受迫振动，而每个振动着的带电粒子又将向四周发射电磁波，这种电磁波就是散射光。根据波动理论，受迫振动的频率应等于入射光的频率，而振动着的带电粒子所发射的光的频率又等于它的振动频率，于是散射光的频率应该与入射光的频率相同，因此它们的波长也相同。由此可见，经典理论只能说明频率或波长不变的散射，而不能解释康普顿效应。

2. 康普顿效应的光子解释　按照经典的电磁学理论，入射电磁波通过散射物质时，引起物质中带电粒子做频率相同的受迫振动，做受迫振动的带电粒子成为新的波源向外辐射(散射)与入射电磁

波频率相同的电磁波，所以光的波动理论可以解释波长不变的散射。

按照光的量子理论，许多固体散射物质中和原子结合较弱的一些电子，相比X射线（光子流，每个光子的能量约$10^4 \sim 10^5$eV），其束缚能是可以忽略的，可近似地看作是自由电子。而它们的热运动能量数量级约百分之几电子伏特，相对射线，光子可以认为这些电子是静止的。康普顿认为X射线散射是单个光子与散射物质中受原子束缚较弱的电子相互作用的过程，可以近似看作是光子与静止自由电子之间的弹性碰撞，且光子和电子系统在相互作用过程中的动量和能量都是守恒的。康普顿散射原理的示意图如图10-11所示。

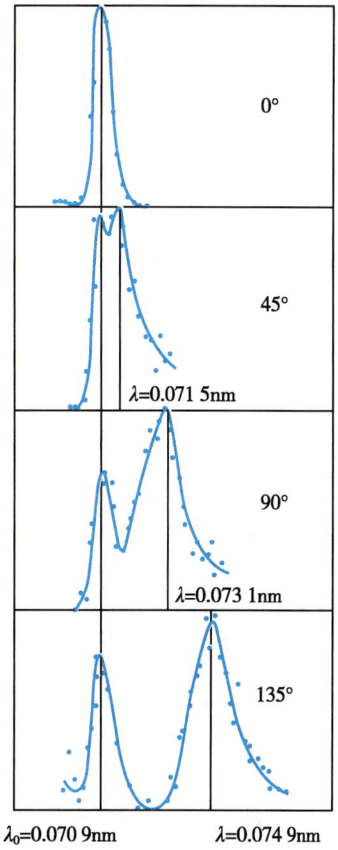

图10-10 康普顿散射实验结果

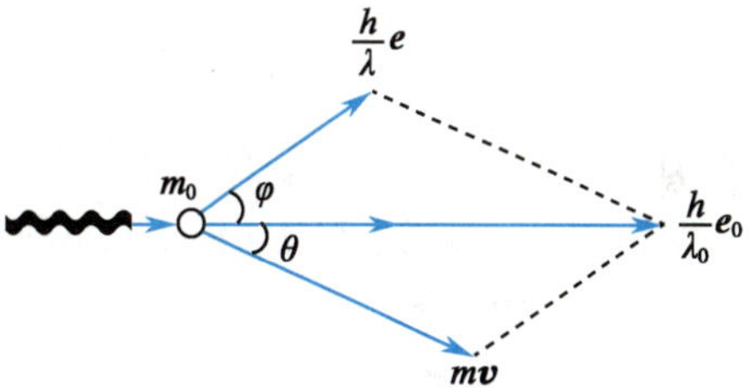

图10-11 光子和静止的自由电子碰撞动量守恒矢量图（e和e_0表示该方向的单位矢量）

图10-11中散射X射线与入射X射线的夹角φ为散射角。设入射光子的动量为$\dfrac{h}{\lambda_0}$，能量为$h\nu_0$；散射光子动量为$\dfrac{h}{\lambda}$，能量为$h\nu$；静止自由电子碰撞前的能量为m_0c^2，碰撞后动量变为mv（此时称为反冲电子），其能量为mc^2。根据能量守恒定律得

$$h\nu_0+m_0c^2=h\nu+mc^2$$

$$h\frac{c}{\lambda_0}+m_0c^2=h\frac{c}{\lambda}+mc^2$$

$$mc=m_0c+\frac{h}{\lambda_0}-\frac{h}{\lambda} \qquad \text{式(10-19)}$$

由动量守恒定律得

$$(mv)^2=\left(\frac{h}{\lambda_0}\right)^2+\left(\frac{h}{\lambda}\right)^2-2\frac{h^2}{\lambda_0\lambda}\cos\varphi \qquad \text{式(10-20)}$$

由相对论关系式

$$m=\frac{m_0}{\sqrt{1-\left(\dfrac{v}{c}\right)^2}}$$

得

$$(mv)^2=(mc)^2-(m_0c)^2$$

代入式(10-20)得

$$(mc)^2=(m_0c)^2+\left(\frac{h}{\lambda_0}\right)^2+\left(\frac{h}{\lambda}\right)^2-2\frac{h^2}{\lambda_0\lambda}\cos\varphi \qquad \text{式(10-21)}$$

式(10-19)的平方减去式(10-21)式得

$$2m_0c\left(\frac{h}{\lambda_0}-\frac{h}{\lambda}\right)+\left(\frac{h}{\lambda_0}-\frac{h}{\lambda}\right)^2-\left(\frac{h}{\lambda_0}\right)^2-\left(\frac{h}{\lambda}\right)^2+2\frac{h^2}{\lambda_0\lambda}\cos\varphi=0$$

即

$$\lambda_0\lambda\left(\frac{1}{\lambda_0}-\frac{1}{\lambda}\right)=\frac{h}{m_0c}(1-\cos\varphi)$$

$$\Delta\lambda=\lambda-\lambda_0=\frac{h}{m_0c}(1-\cos\varphi)=2\frac{h}{m_0c}\sin^2\frac{\varphi}{2}$$ 式(10-22)

将式(10-22)与式(10-18)比较得

$$\lambda_c=\frac{h}{m_0c}=0.002\ 43\text{nm}$$

式中，m_0 为电子的静止质量，φ 为散射角。式(10-22)表明波长的改变量仅与散射角 φ 有关，与散射物质无关。散射角为零时，散射光中无波长改变现象，随着 φ 的增大散射光中波长增大。式(10-22)成功解释了康普顿散射中波长改变随散射角变化的规律。

另外，入射光子还会与散射物质中被原子束缚得很紧的内层电子碰撞，这实际上是和一个质量很大的粒子交换动量和能量的过程，所以这部分光子经弹性碰撞后几乎不损失能量，只改变方向。这便是散射光中总有与入射光波长相同成分的原因。轻原子中电子束缚较弱，重原子内层电子束缚很紧，因此原子量越小的物质康普顿效应的散射强度越大。

由于康普顿波长只有 10^{-3}nm 数量级，也只有像 X 射线这样短波长的射线散射中才易觉察到康普顿效应，在光电效应中的康普顿效应就很不明显，因为它的入射光是波长较长的可见光或紫外线。例如：

当入射波波长 $\lambda_0=400$nm 时，在 $\varphi=\pi$ 的方向上，散射波波长偏移 $\Delta\lambda=4.8\times10^{-3}$nm，$\frac{\Delta\lambda}{\lambda_0}=10^{-5}$，很难观察到康普顿散射。

当入射波波长 $\lambda_0=0.05$nm，$\varphi=\pi$ 时，虽然波长的偏移仍是 $\Delta\lambda=4.8\times10^{-3}$nm，但$\frac{\Delta\lambda}{\lambda_0}=10^{-2}$，这时就能比较明显地观察到康普顿散射了。这也就是选用 X 射线观察康普顿散射的原因。

上述结论与实验结果完全一致，不仅有力地证实了光子假说的正确性，并且证实了微观粒子的相互作用过程中，也严格遵守能量守恒和动量守恒定律。光电效应和康普顿效应的发现及成功解释，其重要意义在于它们确认了光具有波粒二象性，这种二象性在光子的能量和动量表达式 $E=h\nu$，$p=h/\lambda$ 中表现得非常明显。其中能量 E 和动量 p 表明光具有粒子的性质；而频率 ν 和波长 λ 则表明光具有波动的性质，光的粒子性质和波动性质通过普朗克常数定量地联系起来。

例题 10-3 设光子与处于静止状态的自由电子碰撞，测得反冲电子获得的最大动能为 0.6keV，求：

(1) 入射光的波长。

(2) 散射光的波长。

解：(1) 电子获得最大动能时，散射光子的能量最小，其波长最大。

由

$$\Delta\lambda=\lambda-\lambda_0=\frac{h}{m_0c}(1-\cos\varphi)$$

得到

$$\varphi=\pi$$

可得

$$\lambda=\lambda_0+\frac{2h}{m_0c}$$

由能量守恒

$$h\nu_0+m_0c^2=h\nu+mc^2$$

电子的动能

$$E_k=mc^2-m_0c^2=h\nu_0-h\nu=hc\left(\frac{1}{\lambda_0}-\frac{1}{\lambda}\right)=\frac{hc(\lambda-\lambda_0)}{\lambda_0\lambda}=0.6(\text{keV})$$

解方程可得

$$\lambda_0 = 9.98 \times 10^{-11}(\mathrm{m})$$

（2）散射光波长

$$\lambda = \lambda_0 + \frac{2h}{m_0 c} = 0.1(\mathrm{nm})$$

三、物质波

1. 德布罗意波 1924 年，法国物理学家德布罗意把爱因斯坦的光量子理论推广到一切实物粒子，特别是电子，从而提出了物质波理论。他指出，爱因斯坦的光量子理论，不仅适用于光，也适用于像电子这样的实物粒子，这些实物粒子和光一样，同样具有波粒二象性。一个能量为 E、动量为 p 的实物粒子，其波动频率 ν 由能量 E 确定，波长 λ 则由动量 p 确定。

德布罗意假设：德布罗意认为一个实物粒子的能量和动量与和它相联系的波的频率和波长的定量关系与光子的一样，即有

$$E = mc^2 = h\nu \qquad \text{式(10-23)}$$

$$p = mv = \frac{h}{\lambda} \qquad \text{式(10-24)}$$

这种把波长与实物粒子动量联系的波，称为德布罗意波（de Broglie wave）或物质波（matter wave）。式（10-24）又被称为德布罗意关系式（de Broglie formula）。

由式（10-23）可得

$$\nu = \frac{mc^2}{h}$$

由式（10-24）得

$$\lambda = \frac{h}{mv}$$

例如，对于加速电子，如果加速电势差为 U，则

$$\frac{1}{2}m_0 v^2 = eU$$

$$v = \sqrt{\frac{2eU}{m_0}}$$

$$\lambda = \frac{h}{m_0 v} = \frac{h}{\sqrt{2eUm_0}} = \frac{h}{\sqrt{2em_0}} \cdot \frac{1}{\sqrt{U}}$$

$$\lambda = \frac{1.225}{\sqrt{U}}\mathrm{nm} \qquad \text{式(10-25)}$$

物质波所对应的波长又称为德布罗意波长（de Broglie wavelength）。德布罗意物质波思想被爱因斯坦誉为“揭开了伟大戏剧大幕的一角”以强调其重大意义，因为它为量子力学的建立提供了物理基础（表 10-2）。

德布罗意波长于 1927 年被实验所证实，德布罗意为此而获得 1929 年诺贝尔物理学奖。

表 10-2 粒子的德布罗意波长

粒子	能量/eV	质量/kg	速度/（m/s）	波长/nm
电子	1	9.1×10^{-31}	5.9×10^{5}	1.2
电子	100	9.1×10^{-31}	5.9×10^{6}	1.2×10^{-1}
电子	10 000	9.1×10^{-31}	5.9×10^{7}	1.2×10^{-2}
质子	100	1.67×10^{-27}	1.4×10^{5}	1.2×10^{-3}
子弹		0.01	3×10^{2}	2.21×10^{-25}

例题 10-4 一质量 $m_0=0.05\text{kg}$ 的子弹，$v=300\text{m/s}$，求其物质波的波长。

解： 由于子弹速度是 $v=300\text{m/s}$，代入德布罗意波长公式

所以子弹的物质波的波长为

$$\lambda=\frac{h}{m_0 v}=\frac{6.63\times10^{-34}}{0.05\times300}\text{m}=4.4\times10^{-35}\text{m}=4.4\times10^{-26}(\text{nm})$$

例题 10-5 电子经加速电势差 $U=100\text{V}$ 加速后，求电子的德布罗意波波长。

解： 由式(10-24)

$$\lambda=\frac{1.225}{\sqrt{U}}\text{nm}=\frac{1.225}{\sqrt{100}}\text{nm}=0.122(\text{nm})$$

可以看出电子的物质波的波长与 X 射线波长相当，而宏观物体所对应的物质波波长小到实验无法测量的程度，所以研究宏观物体不必考虑波动性。

2. 戴维逊-革末实验、德布罗意波验证 德布罗意提出物质波的假设和公式，还预言电子能像光一样产生衍射现象。1927 年，戴维逊(C. Davison)和革末(L. H. Germer)通过实验观测到了电子的衍射现象，证实了德布罗意波的正确性。他们将一束电子投射到晶体上，在晶体取向一定时观察到电子朝各个方向散射。从晶格上反射的电子所形成的图案与用 X 射线产生的衍射图案非常相似。与 X 射线衍射一样，电子束衍射极大值由布拉格公式 $2d\sin\theta=k\lambda$ 确定，戴维逊和革末用这个公式计算电子的德布罗意波长时，得到了与 $\lambda=h/p$ 符合的结果。同年，汤姆逊(G. P. Thomson)做了高速电子束穿过多晶薄膜的衍射实验，得到了与 X 射线通过多晶薄膜后产生的衍射图样非常相似的电子衍射图样，实验结果也证实了电子衍射的波长完全符合德布罗意关系式。

1928 年后，实验还证实了质子、中子、分子等也同样具有波动特性，并且其波长满足德布罗意关系式。以上实验事实表明，微观粒子具有波粒二象性，反映其波动性的波长和反映其粒子性的动量之间存在着内在联系，而德布罗意关系式就是对这种内在联系的客观描述。德布罗意物质波假设及其实验验证，为量子力学的建立奠定了基础。

物质粒子的波动性在现代科学实验与生产技术中获得了广泛应用，例如电子显微镜、慢中子散射技术的应用等。

戴维逊-革末实验装置如图 10-12 所示。

一束电子射到镍晶体的特选晶面上，同时用探测器测量沿不同方向散射的电子束的强度。

实验中发现，当入射电子的能量为 54eV 时，在 $\varphi=50°$的方向上散射电子束强度最大(图 10-13)。按类似于 X 射线在晶体表面衍射的分析，由图 10-14 可知，散射电子束极大的方向应满足下列条件：

$$d\sin\varphi=\lambda \qquad \text{式(10-26)}$$

镍晶体表面原子间距 $d=2.15\times10^{-10}\text{m}$，代入式(10-26)得出“电子波”的波长为：

$$\lambda=d\sin\varphi=2.15\times10^{-10}\times\sin50°=1.65\times10^{-10}(\text{m})$$

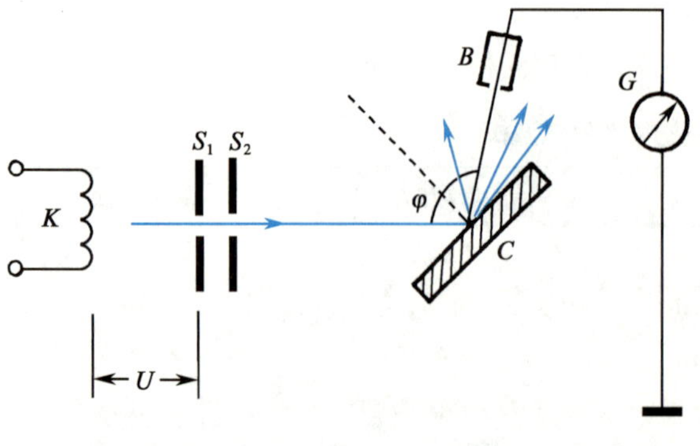

图 10-12 电子衍射实验图

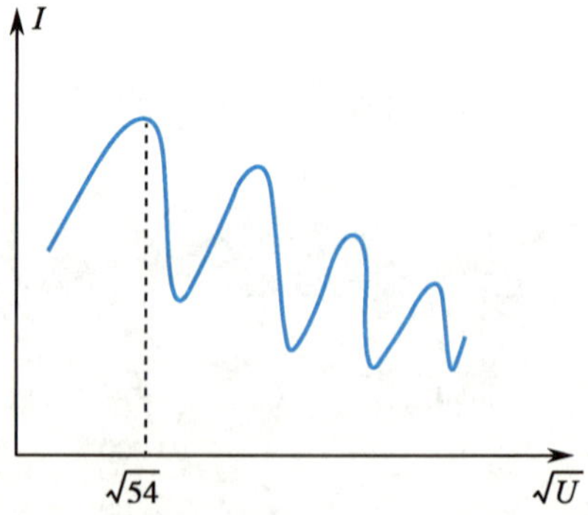

图 10-13 反射束强度

按德布罗意提出的假设

$$\lambda=\frac{h}{m_e v}=\frac{h}{\sqrt{2m_e E_k}}=\frac{6.63\times10^{-34}}{\sqrt{2\times0.91\times10^{-31}\times54\times1.6\times10^{-19}}}=1.67\times10^{-10}(\text{nm})$$

这一结果与实验结果相符合。

这种在一定的加速电压下某些角度方向上，或者是一定的角度方向上对应不同的加速电压，出现电流极大值的实验现象是对电子的波动性的证明。2 个月以后，英国物理学家汤姆逊（G. P. Thomson）让高能电子束透射金属薄箔后，在金属薄箔后面照相底片上得到同心环状的衍射图样，如图 10-15 所示，再次显示了电子的波动性。1937 年，汤姆逊和戴维逊由于电子衍射方面的工作共获诺贝尔物理学奖。

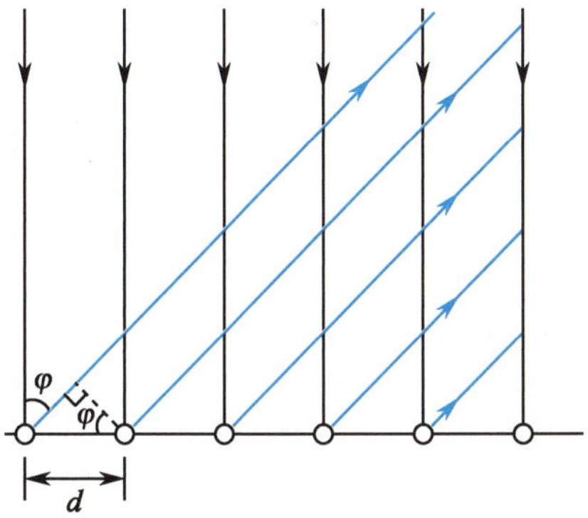

图 10-14　电子束在镍晶体表面散射

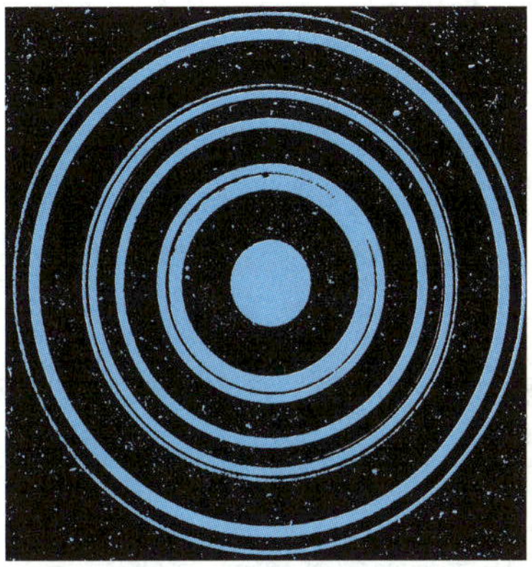

图 10-15　电子衍射图样

第三节　薛定谔方程

一、波函数

1. 波函数表达式　微观粒子具有波粒二象性，其运动状态可以用波函数（wave function）描述。从微观自由粒子相当于单色平面波特例出发，可得出量子力学的波函数数学表达式。设以速度 v 沿 x 轴正方向运动的粒子，不受外力作用，速度 v、动量 p、能量 E 均不变，由德布罗意关系式可知，与该粒子相联系的频率 $\nu=\frac{E}{h}$ 和波长 $\lambda=\frac{h}{p}$ 不随时间改变。所以，与该粒子相联系的物质波相当于单色平面波，由波动中单色平面波的波函数为

$$y(x,t)=A\cos2\pi\left(\nu t-\frac{x}{\lambda}\right)$$

写成复数的形式

$$y(x,t)=Ae^{-i2\pi\left(\nu t-\frac{x}{\lambda}\right)}$$

将 $E=h\nu$，$p=\frac{h}{\lambda}$ 代入上式，$\hbar=\frac{h}{2\pi}$，为区别于经典波函数表示为

$$\psi(x,t)=\psi_0 e^{-\frac{i}{\hbar}(Et-px)} \qquad \text{式(10-27)}$$

式（10-27）给出了以确定能量 E 和动量 p 沿 x 轴匀速运动的自由粒子波函数。一般情况下粒子会处于随时间变化或随空间变化的力场之中，不是自由的，能量和动量是变化的，不能用单色平面波来描述，但波函数仍具有式（10-27）的形式，考虑到粒子的空间运动，把式（10-27）推广为

$$\psi(r,t)=\psi_0 e^{-\frac{i}{\hbar}(Et-\boldsymbol{p}\cdot\boldsymbol{r})} \qquad 式(10\text{-}28)$$

对于经典波，波函数即可用复数表达也可用实数形式表达，物质波波函数只用复数形式。

2. 波函数的统计解释　由波函数的表达式可以看到，它既有反映波动性的物理量波长和频率；又包含体现粒子性的物理量，即能量和动量，所以它描述了微观粒子的波粒二象性特征。这样的波函数物理意义是什么呢？回顾经典力学的波函数，机械波表示质点位移变化规律，电磁波表示电场 $\boldsymbol{E}$ 和磁场 $\boldsymbol{B}$ 变化规律。而量子力学波函数本身不代表任何可观测的物理量，但物质波的空间强度分布和微粒在空间出现的概率分布应该一致。1926 年德国物理学家玻恩（M.Born）对波函数提出了统计解释，很快被同行公认。

由经典波强度分布等于波函数的平方，可类推物质波波函数 ψ 的平方也应该能表示“强度”分布。对于物质波，由于波函数是复数，为保证平方值为正值，则用 ψ 与其共轭复数 ψ^* 之积来表示物质波的“强度”，该强度应该是粒子在空间某范围内出现的概率。比如和电子相联系的物质波，强度较大的地方就是电子在该处分布较多的地方，也可以说是与单个电子在该处出现的概率成正比，所以物质波既不是机械波也不是电磁波，而是一种概率波。考虑空间某一点 r 附近小体积元 $\mathrm{d}V$ 内，可视 $\psi(r,t)$ 不变，则粒子在 $\mathrm{d}V$ 内出现的概率正比于 $|\psi(r,t)|^2$ 和 $\mathrm{d}V$，即

$$|\psi(r,t)|^2 dV=\psi(r,t)\psi^*(r,t)dV \qquad 式(10\text{-}29)$$

显然 $\psi(r,t)\psi^*(r,t)$ 表示粒子在 r 处单位体积中出现的概率，称为概率密度（probability density）。由此式可知，某时刻空间某处粒子的波函数绝对值的平方描述了该时刻粒子在该处出现的概率密度，这就是波函数的统计解释。

3. 电子束双缝衍射实验证实了波函数统计解释的正确性　一个一个电子依次入射双缝的衍射实验如图 10-16 所示。

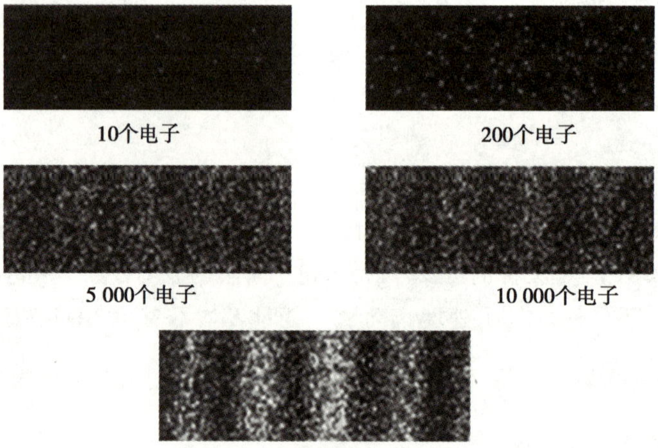

图 10-16　电子的双缝衍射实验

底片上出现的一个个点子说明电子具有粒子性。随着电子增多，逐渐形成衍射图样，这来源于“一个电子”所具有的波动性而不是电子间相互作用的结果。尽管单个电子的去向是概率性的，但其概率在一定条件下（如双缝），还是有确定的规律的。所以波恩指出：德布罗意波并不像经典波那样是代表实在物理量的波动，而是描述粒子在空间的概率分布的“概率波”。

4. 波函数的性质　波函数具有以下的性质：

（1）$\rho=|\psi(r,t)|^2=\psi(r,t)\psi^*(r,t)$ 波函数的平方表示粒子在空间某点出现的概率密度。

（2）波函数满足单值、连续、有限的标准条件。

（3）波函数满足归一化条件，即在空间发现粒子概率的总和等于 1。由于 $|\psi|^2$ 为概率密度，在整

个空间找到粒子的总概率应为

$$\int_V |\psi(r,t)|^2 \mathrm{d}V = 1 \qquad 式(10\text{-}30)$$

波函数适用叠加原理，如果是粒子可能的状态，其线性组合 $\psi=C_1\psi_1+C_2\psi_2$ 也是粒子的可能状态。

二、不确定关系

位置和动量可以描述微观粒子的粒子性，不过由于粒子的波动性，不能像经典力学那样同时准确确定它的位置坐标和动量，只能给出它们的可能性或概率，量子力学中可用不确定关系来描述微观粒子的这一属性。不仅如此，一般情况下对于描述微观粒子运动的其他共轭物理量（例如粒子的能量和粒子处在该能量状态上的时间等）也只能给出概率性的描述，即也都存在一个不确定量。

如图 10-17 所示，一束动量为 p 的电子束射向宽度为 Δx 的单缝，观测电子束的单缝衍射图样。对一个电子来说它是从缝宽为 Δx 的狭缝中通过，不能确定它从狭缝中的哪个点通过的，因此 Δx 就是电子在 x 方向的位置不确定量。

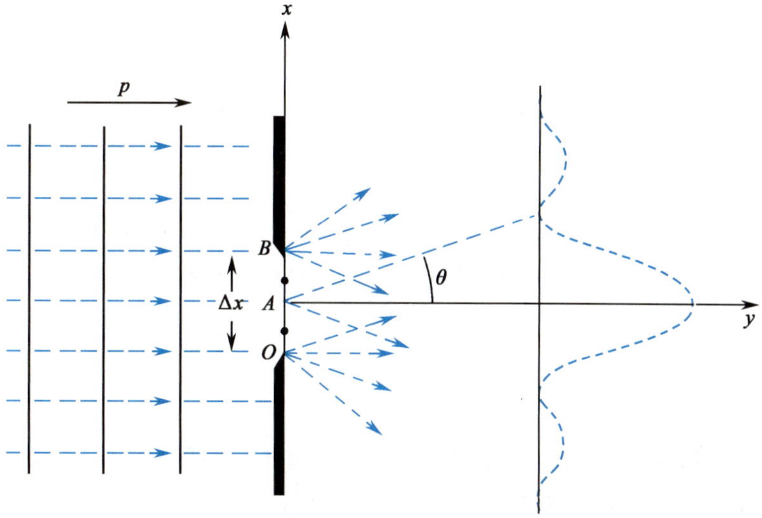

图 10-17　电子的单缝衍射

电子在单缝前 x 方向的动量等于零，但在缝后 x 方向的动量不再为零，否则只沿与 x 垂直方向运动就不会产生衍射现象了。穿过单缝的电子很大一部分都落在中央明纹之内，落在其他区域的电子很少。对应于一级极小处电子，设通过单缝后电子的动量为 $\boldsymbol{p}$，只改变了方向，x 方向的分量为 p_x 分布在 $0\sim p\sin\theta$ 范围，动量的最大不确定度

$$\Delta p_x = p\sin\theta = p\,\frac{\lambda}{\Delta x}$$

将 $p=\dfrac{h}{\lambda}$ 代入上式

$$\Delta x \Delta p_x = \frac{h}{\lambda}\lambda = h$$

考虑到电子也可以出现在更高级明条纹中，所以

$$\Delta x \Delta p \geqslant h \qquad 式(10\text{-}31)$$

这一结论称为不确定关系（uncertainty relation）。其表明微观粒子的位置和动量不能同时具有确定的量，或者说，当粒子的位置不确定量越小时，同方向的动量不确定量就越大，反之亦然。在测量粒子的位置和动量时，其精度存在着一个终极不可逾越的限制。

例题 10-6 电子的速率约为 2.18×10^{6}m/s，电子在氢原子内坐标的不确定量为 10^{-10}m。试求电子速率的不确定量。

解： 利用不确定关系式(10-31)可得

$$\Delta v \geqslant \frac{h}{m\Delta x}=\frac{6.626\times10^{-34}}{9.1\times10^{-31}\times10^{-10}}=7.3\times10^{6}(\mathrm{m/s})$$

氢原子中的电子在轨道上的运动速度约为10^{6}m/s，与由不确定关系计算出来的速度不确定量有相同的数量级。因此，在原子的尺度范围内再谈论电子的速度是没有意义的，这种误差，是微观物质世界本身所固有的。所以，应抛弃轨道的概念，用其在空间的分布去描述它。

对于宏观粒子，其坐标和动量还是可以同时确定的。

例题 10-7 人的红细胞质量为 10^{-13}kg，由测量可知红细胞位置的不确定量为 0.1μm，试计算其速率的不确定量。

解： 利用不确定关系式(10-31)可得

$$\Delta v \geqslant \frac{h}{m\Delta x}=\frac{6.626\times10^{-34}}{10^{-13}\times10^{-7}}=6.626\times10^{-14}(\mathrm{m/s})$$

计算得出红细胞速度的不确定量为 6.6×10^{-14}m/s，显然，是任何现代测量方法都不能检测到的精度，由此可见，宏观粒子可用经典力学轨道的概念精确描述。

动能是速度的函数，势能是位置的函数，所以不确定关系也存在于能量与时间之间。如果微观粒子处于某一能量状态上的时间为 Δt，则粒子能量必有一个不确定量 ΔE，它们之间的关系为

$$\Delta E\Delta t \geqslant h \qquad \text{式(10-32)}$$

上式称为微观粒子的能量-时间不确定关系。大量原子在同一能级上停留时间不同，但平均值是确定的，称为该能级的平均寿命。平均寿命越长，能级就越稳定，由不确定关系可知能级宽度也越小，当原子跃迁到低能级时其光谱线自然宽度就越窄。

三、薛定谔方程的描述

1926 年，在德布罗意波假说的基础上，薛定谔提出一个适用于低速情况下描述微观粒子在外力场中运动的微分方程，也就是物质波波函数 $\psi(x,y,z,t)$ 所满足的方程，后人称之为薛定谔方程。它在量子力学中的地位和作用与牛顿定律在经典力学、麦克斯韦方程组在电磁学中的地位和作用相当。

质量为 m 的粒子在外力场中运动时，一般情况下，其势能 U 可能是空间和时间的函数，即 $U=U(x,y,z,t)$，薛定谔方程为

$$-\frac{\hbar^2}{2m}\nabla^2\psi(x,y,z,t)+U(x,y,z,t)\psi(x,y,z,t)=i\hbar\frac{\partial\psi(x,y,z,t)}{\partial t} \qquad \text{式(10-33)}$$

式中，$\nabla^2=\frac{\partial^2}{\partial x^2}+\frac{\partial^2}{\partial y^2}+\frac{\partial^2}{\partial z^2}$为拉普拉斯算符。显然，式(10-33)是一个关于 x、y、z 和 t 的线性二阶偏微分方程，具有波动方程的形式。薛定谔方程是量子力学的基本方程，它不能由更基本的原理经过逻辑推理得到。但将这个方程应用于分子、原子等微观体系所得到的大量结果都与实验结果相符，这就说明了它的正确性。

量子力学中处理微观粒子运动问题的基本方法是：根据粒子的质量和它在外力场中的势能函数 U 的具体形式，写出薛定谔方程。再根据给定的初始条件和边界条件求解，就可以得出描述粒子运动状态的波函数，其绝对值平方就可给出粒子在不同时刻不同位置处出现的概率密度。

若外力场不随时间变化，则势能函数 $U=U(x,y,z)$，粒子能量 E(动能 $p^2/2m$ 与势能 $U(x,y,z)$ 之和)是一个不随时间变化的恒量，此时粒子处于定态。粒子的定态波函数 $\psi(x,y,z,t)$ 可以写成空间坐标函数 $\varphi(x,y,z)$ 与时间函数 $e^{-\frac{i}{\hbar}Et}$两部分的乘积，即

$$\psi(x,y,z,t)=\varphi(x,y,z)\mathrm{e}^{-\frac{i}{\hbar}Et} \qquad 式(10\text{-}34)$$

当粒子处于定态时，它在空间各点出现的概率密度 $|\psi(x,y,z,t)|^2=|\varphi(x,y,z)|^2$ 与时间无关，即概率密度在空间形成稳定分布。将式(10-34)代入薛定谔方程式(10-33)，可得波函数 $\varphi(x,y,z)$ 所满足的方程为

$$\nabla^2\varphi+\frac{2m}{\hbar^2}(E-U)\varphi=0 \qquad 式(10\text{-}35)$$

式(10-35)称为定态薛定谔方程。

在关于微观粒子的各种定态问题中，把势能函数 U 的具体形式代入定态薛定谔方程式(10-35)，通过求解即可得到描述粒子运动状态的定态波函数，同时也就确定了概率密度的分布及能量 E 等。

薛定谔创立了非相对论量子力学，狄拉克创立了相对论量子力学。

拓展阅读

红外热成像

自然界中所有温度高于绝对零度(−273.15℃)的物体时时刻刻都在向外辐射人眼不可视的红外线。物体温度越高，其分子或原子的热运动越剧烈，红外辐射能力越强。红外热成像摄像机(又称热像仪)是通过特殊材质的镜头和探测器，去捕获这种人眼不可视的红外辐射，再通过光电转换、图像处理等，将红外辐射转化为人眼可视有温度分布差异的图像。通俗来讲，红外热成像是将不可见的红外辐射变为可见的热图像。

根据式(10-4)的斯特藩-玻尔兹曼定律可知，物体辐射度和绝对温度的四次方成正比，同时观察图10-3所示的不同温度下黑体辐射的能谱曲线，可知表面温度越高，辐射度越大。不同物体甚至同一物体不同部位辐射能力和它们对红外线的反射强弱不同。利用物体与背景环境的辐射差异以及景物本身各部分辐射的差异，热图像能够呈现景物各部分的辐射差异，从而能显示出景物的特征。热图像其实是目标表面温度分布图像。

红外热成像摄像机将采集到的物体红外辐射与已标定系统比对进行温度测量。测温型红外热成像摄像机采用国际领先的探测器，结合超高性能的温度算法，可以精确读出点、线、区域的最低温度、最高温度以及平均温度，同时自动检测、追踪并标示检测场景中的温度最高点和最低点。

远红外热成像是一门新兴的综合性技术，涉及红外技术、计算机热成像和生物信息诊断等新技术，素有“人体气象预报”之美誉。可将其用于人体亚健康的检测。在现代医学中，温度是最常用的衡量人健康与否的指标之一。温度偏离正常与疾病损伤有关，正常人体温度分布具有一定的稳定性和对称性。当人体某处产生或存在疾患时，局部血流代谢会发生变化，导致局部温度的改变，这种变化表现为温度偏高或偏低，红外成像技术就是利用红外辐射的特性采用先进的红外扫描技术，把不可见的体表温度场转变为看得见的热图像，使人们能像观测“气象云图”一样观测人体健康云图。再结合患者临床表现，判断病灶的部位、疾病的性质、程度，提供给医师，为正确的临床诊断作依据。

10-3

电子自旋

拓展阅读

习 题

1. 光电效应和康普顿效应研究的都不是整个光束与散射物之间的作用，而是个别电子与个别光子的相互作用过程，两者有什么区别？

2. X 射线通过某物质时会发生康普顿效应，而可见光却没有，为什么？

3. 什么是德布罗意波？哪些实验证实了微观粒子具有波动性？

4. 实物粒子的德布罗意波与电磁波、机械波有什么区别？

5. 简述波函数的统计意义，波函数应满足的标准条件。

6. 一绝对黑体在 $T_1 = 1\ 450\text{K}$ 时，单色辐射出射度峰值所对应的波长 $\lambda_1 = 2\mu\text{m}$。已知太阳单色辐射出射度的峰值所对应的波长为 $\lambda_2 = 500\text{nm}$，若将太阳看作黑体，估算太阳表面的温度 T_2。

7. 已知铯的光电效应红限波长是 660nm，用波长 $\lambda = 400\text{nm}$ 的光照射铯感光层，求铯放出的光电子的速度。

8. 波长 $\lambda_0 = 0.070\ 8\text{nm}$ 的 X 射线在石蜡上受到康普顿散射，求在 $\frac{\pi}{2}$ 和 π 方向上所散射的 X 射线波长各是多大。

9. 若电子和中子的德布罗意波长均为 0.1nm，则电子、中子的速度及动能各为多少？

10. 在电子束中，电子的动能为 200eV，则电子的德布罗意波长为多少？当该电子遇到直径为 1mm 的孔或障碍物时，它表现出粒子性还是波动性？

10-4

第十章
目标测试

（石继飞）

第十一章

激　　光

学习目标

1. **掌握**　粒子数分布与跃迁、光辐射形式、激光的产生条件与特性、激光器的基本结构。
2. **熟悉**　激光器的应用。
3. **了解**　激光的分类。

11-1
第十一章
教学课件

激光(laser)是“受激辐射光放大(light amplification by stimulated emission of radiation)”的简称,顾名思义,激光是基于粒子(原子、分子)受激辐射放大原理而产生的一种相干性极强的光。1964 年,经钱学森教授建议而得此名。1917 年,爱因斯坦在提出的辐射基本原理中预言受激辐射的存在和光放大的可能。1954 年,汤斯(C. H. Townes)研制成功受激辐射微波放大器,1960 年梅曼(T. H. Maiman)研制成功世界上第一台激光器——红宝石激光器。近二十年来,诺贝尔物理学奖两次“光临”激光技术领域:美籍华裔物理学家朱棣文因创立激光制冷和捕捉气体原子方法于 1997 年获得诺贝尔物理学奖;罗伊·格劳伯(R. J. Glauber)、约翰·霍尔(J. L. Hall)和特奥多尔·亨施(T. W. Hänsch)因在光学相干量子理论和基于激光精密光谱学发展等方面作出了贡献,于 2005 年获得诺贝尔物理学奖。诺贝尔奖评审委员会称,他们凭借自己的成果“为现代光学展现了新曙光”。由于激光具有亮度高、单色性好、方向性好、相干性好的特性,在工业、农业、军事、医学、科学技术等各个领域得到了广泛的应用和快速的发展,成为二十世纪最重大的科技成就之一。本章主要介绍激光的基本原理、特点及其医学应用,以及激光全息照相。

第一节　激光的产生与特性

一、粒子数分布与跃迁

1. 原子能级　原子是由原子核和绕核运动的电子组成。电子只能在一系列特定的轨道上绕核运动,即原子只能处在一系列特定的能量状态。原子的能级被定义为分立的原子能量值。在原子可能的能量状态中,其中能量最低者称为基态(ground state),即电子在离核最近的轨道上运动的定态;其余的都称为激发态(excited state),即电子在较远的轨道上运动的定态。粒子(分子、原子、离子等)处于基态时最稳定,而处于激发态则不稳定,且停留时间很短暂又互不一致。因此,大量粒子在某激发态停留时间的平均值称为该激发态的平均寿命(mean lifetime),一般在 10^{-9}~10^{-7}秒。某些平均寿命相对较长,约在 10^{-3}~10^{-2}秒的激发态称为亚稳态(metastable state)。

处于某一能级的粒子可以跃迁到另外的能级,这种跃迁的实现必然伴随与外界交换能量。跃迁只在满足“选择定则”的能级之间才能实现,这些规则就是所谓的“跃迁规律”。实际上,能级之间跃迁的概率也并不一致,有的大、有的小。粒子实现能级间跃迁的方式有以下两种:第一,交换的能量是光能,则称为光辐射或辐射跃迁;第二,如果电子跃迁中交换的能量是热运动的能量(非光能,如热能)，则称为热跃迁即非光辐射或无辐射跃迁。与激光发射有关的辐射跃迁还包括受激吸收、自发辐射与受激辐射三种基本过程，在之后的章节中会有所描述。

2. 粒子数按能级分布 通常情况下，物质的微观粒子(原子、离子和分子等总称)有其各自一系列分立的能级，处于基态能级的粒子是最稳定的；由于吸收和碰撞等原因，部分粒子可能吸收能量而处于激发态，此时的粒子很不稳定，在热平衡状态下，物质的粒子在各能级的数目分布规律遵从玻耳兹曼分布。

(1) 玻尔兹曼分布：在热平衡状态下，粒子数按能级的分布遵从玻尔兹曼定律：

$$\frac{n_2}{n_1}=\exp\left(-\frac{E_2-E_1}{kT}\right) \qquad \text{式(11-1)}$$

式中，$k=1.38\times10^{-23}$J/K；T为系统在此热平衡状态下的绝对温度；E_1、E_2为原子的任意两个能级，且$E_1<E_2$；n_1、n_2为处于能级E_1、E_2上的粒子数。

由式(11-1)可知，

$$\frac{n_2}{n_1}=\exp\left(-\frac{E_2-E_1}{kT}\right)<1 \qquad \text{式(11-2)}$$

即$n_1>n_2$。因此，在正常状态下，因粒子处于基态最稳定，所以系统中处于基态的粒子数最多，能级越高，处于该能级的粒子数越少。例如，氖原子的3S态与基态的能量差为2.704×10^{-19}J，在常温$T=300$K时两能级原子数密度之比$\frac{n_2}{n_1}=e^{-653}\ll1$，即氖气的原子此时几乎都在基态。

(2) 粒子数正常和反转分布：在一个系统中，大量的粒子会在频繁地相互碰撞中交换能量，有的粒子吸收了能量，则由低能级跃迁到高能级，这样，在达到热平衡状态时，处于低能级的粒子数总比处于高能级上的粒子数多，这被称为系统粒子数正常分布(population normal distribution)，如图11-1(a)所示。定义粒子数在能级上能实现$n_1<n_2$的分布称为粒子数反转分布(population inversion distribution)，如图11-1(b)。这将破坏粒子数在热平衡状态下的玻尔兹曼分布。这种分布在辐射跃迁中将使受激辐射占优势，入射光会得到光放大的效果。显然，这是一种非热平衡状态，也称为“负温度”状态。

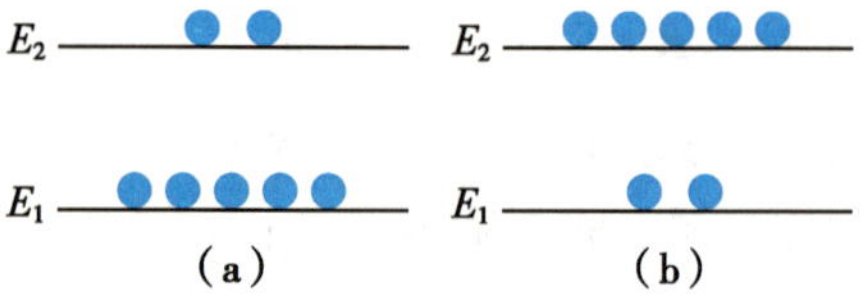

图11-1 粒子数的分布

(a) 粒子数的正常分布；(b) 粒子数的反转分布。

二、光辐射形式

基态是粒子能量最稳定的平衡状态，从一个能级到另一个能级的过程称为跃迁，跃迁时释放的能量称为辐射。如前文所述，粒子的光辐射即跃迁的形式有自发辐射、受激吸收和受激辐射三种。

1. 自发辐射 因处于激发态的粒子是不稳定的，它们在激发态停留时间非常短暂，一般为10^{-8}秒左右的数量级。根据能量最低原理，无外界干扰情况下，它们总要向低能级状态辐射，并释放能量。这种高能级的粒子自发地跃迁到低能级，并发射出一定能量光子的过程称为自发辐射(spontaneous radiation)，如图11-2(a)所示。

自发辐射的特点就在于：自发辐射过程与外界作用无关，只与粒子本身的性质有关。在辐射过程中各个粒子都是自发、独立、随机地进行，互不影响，因而每个粒子发射出的光子在所有空间方向上都是杂乱无章地随机分布。这种辐射是粒子从不同的高能量状态跃迁到不同的低能级，所以释放的光子在频率、初相位、偏振态和传播方向上都彼此无关，因此，自发辐射发出的光不属于相干光。普通光源发出的光都属于自发辐射，因此，普通光源发出的光也都不是相干光。自发辐射光子的能量等于两个能级能量值之差，即$h\nu=E_2-E_1$。

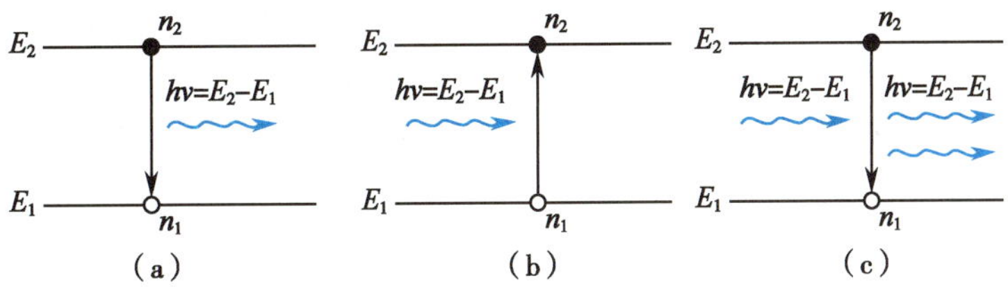

图 11-2 光辐射的三种基本形式

(a) 自发辐射;(b) 受激吸收;(c)受激辐射。

2. 受激吸收 原子通常处于基态,如果吸收了外来光子的能量,就会被激发到相应的高能级状态。这种低能级的粒子在频率为 ν($h\nu=E_2-E_1$)的外来光子照射下,吸收一个光子受激跃迁到高能级的过程,称作受激吸收(stimulated absorption),如图 11-2(b)所示。

受激吸收的特点是跃迁不会自发进行,必须有外来光子的激励,且在此过程中外来光子不断被粒子吸收而减少,处于低能级的粒子数越多,受激吸收越强烈。所以,正常情况下,这也是光通过物质后光的强度会衰减的原因。因此,受激吸收过程不仅与原子本身性质有关,还与外界作用有关。

3. 受激辐射 处于激发态的粒子是不稳定的,若该粒子受到一个外来光子的作用,它就会向低能态跃迁的同时释放一个与外来光子状态相同的光子,这称为受激辐射(stimulated radiation),如图 11-2(c)所示。

受激辐射也不是自发进行的,也需要有外来光子(频率为 ν,$h\nu=E_2-E_1$)的照射。另外,受激辐射发射的光子与外来光子具有相同的频率、相位、偏振态、速率和传播方向,所以,受激辐射发出的光是相干光。如果再继续引起其他粒子受激辐射,那么会得到更多完全相同的光子,这就实现了光放大,从而产生激光,因此激光也是相干光。

11-2

光辐射的形式

微课

在光与粒子系统相互作用所发生的辐射跃迁中,以上三种基本过程总是不可分割地同时存在。但在不同条件下他们各自发生的概率并不相同,因而宏观效果也不相同。哪种方式占优势,主要取决于物质中粒子数在各能级的分布情况。

三、激光产生的条件与特性

要产生激光必须具备两个条件:一是实现激活介质的粒子数反转;二是光学谐振腔。

1. 实现激活介质的粒子数反转 要产生激光,必须产生受激辐射,且使受激辐射大于受激吸收。正常情况下,物质中处于低能级的粒子数总比高能级的粒子数多,受到外来光子照射时,受激吸收往往会大于受激辐射,因而不可能产生激光。只有当物质中处于高能级的粒子数大于处于低能级的粒子数时,即处于粒子数反转分布,受激辐射才会大于受激吸收。这是产生激光的必要条件。

为了实现粒子数反转,必须具备以下两个条件:第一,物质必须有合适的亚稳态能级结构;第二,外界向激光工作物质供给能量的激励装置。给工作物质提供能量使处于低能级的粒子激发到高能级上的激励、激发。

2. 光学谐振腔 实现了粒子数反转分布的激活介质,虽然能对光进行放大,但还不能得到激光。因最初的受激辐射是自发辐射光子诱发的,所以,受激辐射的光具有不同的传播方向,光强达不到要求。为了实现光放大,研究学者设计了光学谐振腔。使受激辐射在有限体积的激活介质中能持续进行,光可被反复放大形成稳定的振荡装置称为光学谐振腔(Optical resonant cavity)。这样输出的光才是激光。

光学谐振腔是由激活介质两端相互平行,且与激活介质轴线垂直的光学反射镜(平面或球面)组成,如图 11-3 所示。其中一段为全反射镜(反射率 100%),另一端为部分反射镜(反射率大于 90%)。

受激辐射中沿腔轴方向往返行进的光可被反复多次以几何式增长放大，直到足以抵偿各种损耗时，就可在腔内形成持续而稳定的光振荡，由部分反射镜一端输出便是输出的激光。凡是不沿腔轴方向行进的光子都将很快通过腔的侧面逸出，自发辐射的光子也不能参与光振荡过程。

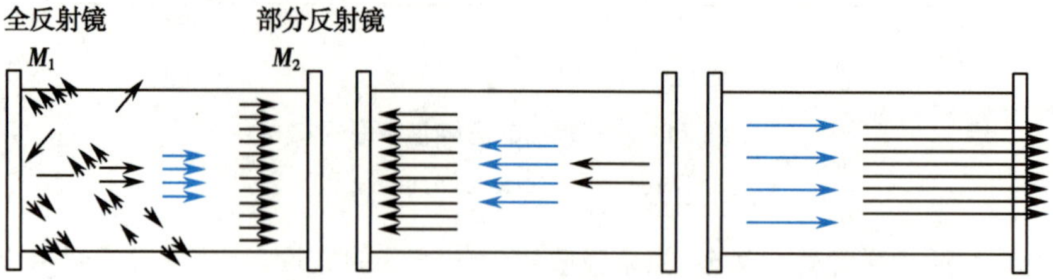

图 11-3 光学谐振腔内产生的激光

在激活介质产生受激辐射形成光放大的同时，谐振腔内还存在许多光能的损耗因素。第一类称为内损耗，由于介质对光的折射、散射、吸收等造成的。第二类为镜损耗，是由于反射镜产生的吸收、散射、衍射、透射等造成的。因此，要产生激光，光学谐振腔必须满足阈值条件（threshold condition），即光的放大超过或至少等于上述光损耗。为了描述谐振腔的质量，引入品质因素 Q：

$$Q=2\pi\nu\times\frac{\text{共振腔储存的能量}}{\text{每秒钟消耗的能量}}$$

腔内损耗越低，则 Q 值越高，反之，Q 值越低。因损耗中包括输出部分，Q 值不是越高越好，因此，在设计共振腔时应对其合理选择。

谐振腔的作用：第一，维持光振荡，起到光放大的作用；第二，对输出激光束方向给予限定；第三，有选频作用；第四，通过调节 Q 等技术以改善激光的输出波形。

3. 激光的特性 从本质上来说，激光与普通光源发出的光都是电磁辐射，但是它除具有普通光的一切性质外，还有普通光没有的特性，使得在光的发射与传播时形成大的激光束，大量光子的整体行为有别于普通光束，因而激光有方向性好、亮度高、单色性好、相干性好及偏振性好等，使它具有特殊作用。

（1）方向性好：光能量在空间分布上的集中性称为方向性。自然光都是向四面八方发射的，常使用聚光装置来改善其方向性。例如，将目前聚光能力最好的探照灯发出的光投射到月球上，其光斑面积可扩散到 $78km^2$ 左右；而用激光束射到月球上，光斑面积却不到 $1km^2$，因此，激光的方向性比现在所有的其他光源都好。激光具有很好的方向性，主要是因为激光受激辐射的光子行进的方向相同及光学谐振腔对光束方向的选择作用，它只允许沿共振腔轴线方向传播的光在腔内共振，使最后的光束沿着与镜面垂直方向输出。发散角是衡量光束方向性好坏的标志。激光的发散角一般为 $10^{-4}\sim10^{-2}$rad，与自然光相差 $10\sim10^4$ 倍。常常利用这一特性作精密长度测量。例如，曾利用月亮上反射镜对激光的反射来测量地球与月球之间的距离，其精度可达几厘米。激光束还被广泛用于准直、目标照射、通讯和雷达等方面，因此，它是理想的平行光束。

（2）亮度高、强度大：亮度是衡量光源发光强弱程度的标志，表明光源发射的光能量对时间与空间方向的分布特性。激光的大量光子是集中在一个非常小的空间范围内射出，光束发散角小，输出功率高，而使得激光的亮度极高和被照处的辐照度很高。特别是超短脉冲激光的亮度比普通光源高出 $10^2\sim10^{19}$ 倍。因而激光器是目前最亮的光源。例如，人工光源中高压脉冲氙灯的亮度最高，可与太阳亮度相比，而激光发明后，像红宝石激光器的激光亮度，却能超过太阳表面的亮度几倍至几亿倍。

对于同一光束，强度和亮度成正比。激光极高的亮度加之方向性好而能聚焦成非常小的光斑，因而它的强度要比自然光强度大很多。目前激光的输出功率可达 10^{13}W，可聚焦到 $10^{-3}\sim10^{-2}$mm，强度可达 $10^{17}W/cm^2$，而氧炔焰的强度不过 $10^3W/cm^2$。这一特性可用于制造激光武器及工业上的打孔、切割和焊接等。也可利用高强脉冲激光加热氘和氚的混合物，可使其温度达到 0.5 亿～2 亿℃，用于实现受控热核聚变。利用这一特性,激光可用作手术刀及用于体内碎石。

(3) 单色性好:单色光就是具有单一频率的光。谱线宽度(line width)是衡量光的单色性好坏的标志。谱线宽度越窄,光波的颜色越纯,单色性越好。自然光光子频率各异,含有各种颜色。单色性表明光能量在频谱分布上的集中性。受激辐射发光频率中心只有一个,因光学谐振腔的选频作用而使其具有很好的单色性。例如,普通光源中单色性最好的氪(Kr-86)灯(605.7nm)谱线宽度为 4.7×10^{-4}nm,而氦氖激光器发出的红光(632.8nm)谱线宽度则小于 10^{-8}nm,两者相差数万倍。所以激光器是目前世界上最好的单色光源。

(4) 相干性好:由自发辐射得到的普通光都是非相干光,而受激辐射的光子特性使激光具有很好的相干性。光的相干性分为光的空间相干和光的时间相干两类。光的时间相干是指空间同一位置在相同时间间隔 τ_c($L_c=c\tau_c$)的位相关系不随时间变化。相干时间(τ_c)或相干长度(L_c)越长,则光的时间相干性越好。相干时间就是粒子发光的持续时间,而粒子在受激辐射能级的平均寿命 τ 就是粒子相应发光的持续时间,因此有

$$\tau_c=\tau\propto\frac{1}{\Delta\nu} \qquad \text{式(11-3)}$$

粒子受激辐射高能级的平均寿命越长,其谱线宽度($\Delta\nu$)越窄,激光的时间相干性越好。式(11-3)也表明了时间相干性与单色性关系,时间相干性越好,其单色性越好;时间相干性越差,其单色性也越差。空间相干就是指空间不同位置在同一时刻的位相关系不随时间而变化。满足此相干的空间发光范围称为相干面积,相干面积越大,光的空间相干性就越好。激光因其受激辐射的特点,各光子的频率、振动方向、相位高度一致,且就有恒定的相位差,所以激光的空间相干性很好。总的来说,空间相干性越好,其方向性就越好;空间相干性越差,其方向性也越差。

(5) 偏振性好:因激光受激辐射的特点决定了各个光子的偏振方向都相同,利用共振腔输出端的布儒斯特窗在临界角时只允许与入射面平行的光振动通过,可输出偏振光并对其进行调整。因此,激光具有很好的偏振性。

激光的这些特性是彼此相联系的,可总结为两大方面。第一,与普通光源相比,激光是最强的光,得益于激光能量在空间、时间及频谱分布上的高度集中的特点,使激光成为极强的光。第二,激光是单色相干光,而普通光源是非相干光。很明显,这些特性都是由于激光特殊的发射机制和光学谐振腔的作用而产生的。

第二节　激　光　器

一、激光器的基本结构

1. 激光器的基本结构　产生激光的装置称为激光器(laser)。由上述讨论可知,激光器都是由具有亚稳态能级的工作物质、光学谐振腔和激励装置三部分组成。如图 11-4 所示。

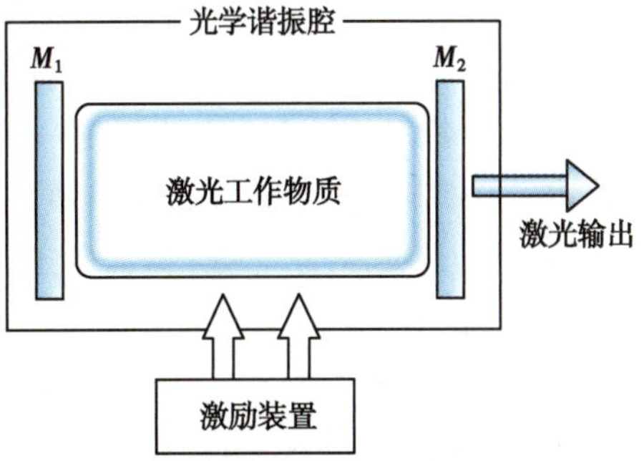

图 11-4　激光器组成原理图

(1) 工作物质:工作物质包括激活介质与一些辅助物质。可以是固体(如晶体、玻璃)、气体(如原子气体、离子气体、分子气体)、液体和半导体等介质。激活介质内激活粒子的能级中参与受激辐射,即与出现粒子数反转分布有关的能级称为工作能级。一般按

照工作能级的多少将激活介质分为“三能级”与“四能级”系统。

（2）光学谐振腔：通常由两块放置在工作物质两端并且与腔内主轴线垂直的平面或球面反射镜构成。按组成谐振腔的两块反射镜的形状及它们的相对位置，可将光学谐振腔分为平行平面腔、平凹腔、对称凹面腔、凸面腔等。按反射镜的球心或焦点的位置，又可将光学谐振腔分为共心腔、半共心腔、对称共焦腔、半共焦腔等。两块反射镜的曲率半径和间距（即腔长）决定了谐振腔对本征模的限制情况，从而调节所产生激光的模式（即选模）。不同类型的谐振腔有不同的模式结构和限模特性。

（3）激励装置（泵浦源）：激励装置的作用就是向工作物质提供能量，使激活介质中的粒子被抽运到高能态上以便实现粒子数反转分布。由于供能形式不同，激励装置可分为光泵、电泵、化学泵、热泵、核泵以及用一种激光器去泵浦另一种激光器等。下面仅以气体氦氖激光器为例进行讨论。

氦氖（He-Ne）激光器由激光管和激励电源组成，激光管有内腔、外腔式结构形式，图 11-5（a）为内腔式氦氖激光器，激光管由放电管和谐振腔组成。放电管包括储气管、放电毛细管和电极三部分。放电管内充以稀薄的氦气和氖气的混合气体，其中氦气为辅助气体，氖气为工作气体，氦气、氖气的比例约为 7∶1，气压约为 1~10mmHg。放电管两端加上直流高电压后，由金属筒阴极发射出来的电子被加速，在放电管内高速电子向阳极运动并与氦原子碰撞导致氦原子激发。因此，氦氖激光器是通过气体放电激发原子的。

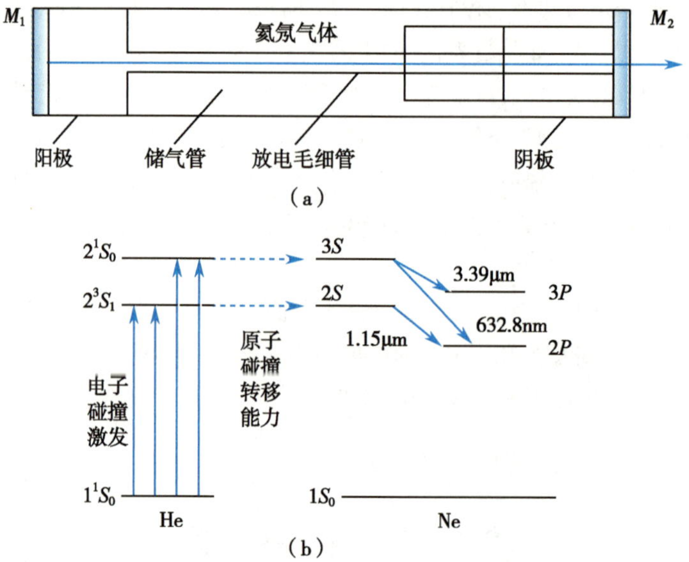

图 11-5 氦氖激光器

（a）氦氖激光器组成；（b）氦氖原子能谱。

图 11-5（b）为氦氖原子能级图。He 原子能级图中除了基态能级 1^1S_0 外，还有两个亚稳态能级 2^1S_0 和 2^3S_1；Ne 原子的两个能级 3S 和 2S 分别与 He 的这两亚稳态能级十分接近。当激光管中气体放电时，管内大量电子被加速，由于 Ne 原子吸收电子能量被激发的概率比 He 原子被激发的概率小，所以高速电子可把基态 He 原子激发到其两个亚稳态能级 2^1S_0 和 2^3S_1 上。这些 He 原子并不马上跃迁回到基态，而是与基态 Ne 原子发生碰撞，将能量转移给 Ne 原子，使 Ne 原子激发到能级 3S 和 2S 上。处于这两能级上的 Ne 原子，自发辐射的概率较小，从而实现了 Ne 原子的能级 3S 与 3P 间、3S 与 2P 间、2S 与 2P 间的粒子数反转分布。从这三对能级之间的跃迁受激辐射，能分别发出波长为 3.39μm 的红外、632.8nm 的红色光、1.15μm 的近红外的 He-Ne 激光三条谱线。这些激光的下能级都不是 Ne 原子的基态，所以氦氖激光器工作物质是一种四能级系统。He-Ne 激光器是实验室、医疗应用中最常见的激光器，输出激光的效率较高。

二、激光器的分类

激光器的分类方式很多，按工作物质的性质可分为固体激光器、液体激光器、气体激光器、半导体激光器和自由电子激光器；按激光的输出方式则可分为连续输出激光器和脉冲输出激光器。自1960年世界上第一台红宝石激光器问世以来，至今已发现的激光材料有近千种，各种各样的激光器100余种，获得的激光遍布远红外到真空紫外及X射线的广阔光谱区域。值得一提的是自由电子激光器，它是一种特殊类型的新型激光器，是一种非受激辐射，其产生机制不同于前述激光，它无须粒子数反转分布，具有一系列优于普通激光器的特点。中国科学院高能物理研究所于1993年研制成功我国第一台红外自由电子激光器。

实际应用的激光器种类很多，在同一类型的激光器中又包括有许多不同材料的激光器。如固体激光器中有红宝石激光器、钇铝石榴石（YAG）激光器。气体激光器主要有氦氖（He-Ne）激光器、二氧化碳（CO_2）激光器及氩离子激光器等。由于不同的工作物质产生光波的波长不同，因而应用范围也不相同。最常用且范围广的有CO_2激光器及YAG激光器。有的激光器可连续工作，如He-Ne激光器；有的以脉冲形式发光工作，如红宝石激光器；另一些激光器既可连续工作又可以脉冲工作，有CO_2激光器及YAG激光器。

1. 固体激光器 实现激光的核心主要是激光器中可以实现粒子数反转的激光工作物质，即含有亚稳态能级的工作物质。如工作物质为晶体状或者玻璃的激光器分别称为晶体激光器和玻璃激光器，通常把这两类激光器统称为固体激光器。在激光器中以固体激光器发展最早，这种激光器体积小、输出功率大、应用方便。目前用于固体激光器的工作物质主要有三种：掺钕钇铝石榴石NdYAG，输出的波长为1.06μm，呈白蓝色光；钕玻璃，输出波长1.06μm，呈紫蓝色光；红宝石，输出波长为694.3nm，呈红色光。光泵方式激励的激光器，包括几乎是全部的固体激光器和液体激光器，以及少数气体激光器和半导体激光器。固体激光器的结构由四个主要部分组成：工作物质、光学谐振腔、激励源、聚光腔。聚光腔是使光源发出的光都会聚于工作物质上，工作物质吸收足够大的光能激发大量的粒子促成粒子数反转。当增益大于谐振腔内的损耗时，可产生腔内振荡，并由部分反射镜一端输出一束激光。工作物质有两个主要作用：一是产生光，二是作为介质传播光束。因此，不管哪一种激光器对其发光性质及光学性质都有一定要求。

2. 气体激光器 工作物质主要以气体状态进行发射的激光器。有些物质在常温常压下是气体，有的物质在通常条件下是液体，如水、汞、铜、镉等粒子，经过加热使其变为蒸气，利用这类蒸气作为工作物质的激光器统称气体激光器。气体激光器除了发出激光的工作气体外，为了延长器件的工作寿命及提高输出功率还可加入一定量的辅助气体与工作气体相混合。

气体激光器大多应用电激励发光，即用直流、交流及高频电源进行气体放电。两端放电管的电压增加时可加速电子带有一定能量，在工作物质中运动的电子与粒子气体的原子或分子碰撞时，将自身的能量转移给对方，使分子或原子被激发到某一高能级上，从而形成粒子数反转产生激光。气体激光器与固体激光器相比较，气体激光器的结构相对简单、造价较低、操作简便，但是输出功率较小。根据气体激光器中的工作物质不同，分为中性惰性原子、离子气体、分子气体三种激光器。中性惰性原子气体激光器中主要充有以惰性气体氦、氖、氩、氪等为主的物质，具有典型应用的就是He-Ne激光器。其组成与工作原理如前文所述。首台He-Ne激光器诞生于1960年，它可以在可见光区及红外区中产生多种波长和激光谱线，主要有632.8nm红色光、1.15μm红外光及3.39μm红外光。632.8nm He-Ne激光器最大连续输出功率可达到1W，寿命也达到一万小时以上。借助调节放大电流大小使功率稳定性达到30秒内的误差为0.005，10分钟内的误差为0.015的功率稳定度，且发散角仅为0.5毫弧度。He-Ne激光器除了具有一般的气体激光器所固有的方向性好、单色性好、相干性强诸多优点外，还具有结构简单、寿命长、价廉、频率稳定等特点。He-Ne激光器在精确指示、激光测量以及医疗卫生等方面有很广泛的用途。

3. 分子气体激光器 分子气体激光器与原子气体激光器不一样，其原则是保证实现高效率与高功率输出。分子气体激光器通过分子能级间的跃迁产生激发振荡的一种激光器，分子能级跃迁形式与原子能级跃迁相同。只不过是工作物质为分子与原子的差别。分子气体激光器中主要使用的为CO_2激光器。

CO_2激光器效率高，不会造成工作介质损害，可发射出波长为10.6μm的不可见激光，是一种比较理想的激光器。按气体的工作形式可分为封闭式和循环式，按激励方式分为电激励、化学激励、热激励、光激励与核激励等。在医疗中使用的CO_2激光器几乎都是电激励。CO_2激光器与其他分子激光器一样，CO_2激光器工作原理的受激发射过程也较复杂。分子有三种不同的运动：一是分子里电子的运动，其运动决定了分子的电子能态；二是分子里的原子振动，即分子里原子围绕其平衡位置不停地做周期性振动，并决定于分子的振动能态；三是分子转动即分子为一整体在空间连续地旋转，分子的这种运动决定了分子的转动能态。分子运动极其复杂，因而，能级也很复杂。CO_2分子为线性对称分子，两个氧原子在碳原子的两侧分别表示的是原子的平衡位置，分子里的各原子始终运动着要绕其平衡位置不停地振动。根据分子振动理论CO_2有三种不同的振动方式，两个氧原子沿分子轴向相反方向振动，即两个氧原子在振动中同时达到振动的最大值和平衡值，而此时分子中的碳原子静止不动，因此，其振动被称作对称振动。两个氧原子在垂直于分子轴的方向振动且振动方向相同，而碳原子则向相反的方向垂直于分子轴振动。由于三个原子的振动是同步的，因此，又称为变形振动。三个原子沿分子轴振动，其中碳原子的振动方向与两个氧原子相反，又称为反对称振动能。在这三种不同振动方式中有不同组别的能级。CO_2激光器主要的工作物质由二氧化碳、氮气、氦气三种气体组成，其中二氧化碳是产生激光辐射的气体，氮气及氦气为辅助性气体。氮气加入主要在CO_2激光器中起能量传递作用，为CO_2激光器上能级粒子数的积累与大功率高效率的激光输出起到强有力的作用。CO_2激光器的放电管中通常输入几十毫安或几百毫安的直流电流，放电时由于放电管中混合气体内的氮分子受到了电子的撞击而被激发起来，这时受到激发的氮分子便与CO_2分子发生碰撞，氮分子把能量传递给CO_2分子，CO_2分子从低能级跃迁到高能级上形成粒子数反转，发出激光。CO_2激光器结构组成中的激光管是激光器中最关键的部件。常由硬质玻璃制成，一般采用层套筒式结构。最里面一层是放电管，第二层为水冷套管，最外一层为储气管。CO_2激光器放电管直径比He-Ne激光管粗。一般来说，放电管的粗细对输出功率没有影响，主要影响光斑大小。放电管长度与输出功率成正比。在一定的长度范围内单位长度输出的功率随总长度增加而增加。加水冷却的目的是冷却工作气体，使输出功率稳定。放电管在两端都与储气管连接，即储气管的一端有一小孔与放电管相通，另一端经过螺旋形回气管与放电管相通，这样就可使气体在放电管中与储气管中循环流动，放电管中的气体随时交换。

4. 钇铝石榴石（YAG）激光器 是以钇铝石榴石晶体为基质的一种固体激光器。由于YAG属四能级系统，量子效率高且受激辐射面积大，所以它的阈值比红宝石和钕玻璃低得多。又由于YAG晶体具有优良的热学性能，因此，非常适合制成连续和重频器件。它是目前唯一可在室温下、在中小功率脉冲器件中连续工作的固体工作物质。目前应用YAG的量远远超过其他工作物质。和其他固体激光器一样，YAG激光器基本组成部分是激光工作物质、泵浦源和谐振腔。不过，由于晶体中所掺杂的激活离子种类不同，泵浦源及泵浦方式不同，所采用的谐振腔的结构不同以及采用的其他功能性结构器件不同，YAG激光器又可分为多种，例如，按输出波形分为连续波YAG激光器、重频YAG激光器和脉冲激光器等；按工作波长分为1.06μm的YAG激光器、倍频YAG激光器、拉曼频移YAG激光器、可调谐YAG激光器等；按掺杂不同分为掺Nd^{3+}、Ho、Tm、Er等的YAG激光器；以晶体的形状不同分为棒形和板条形YAG激光器；根据输出功率不同分为高功率和中小功率YAG激光器等。形形色色的YAG激光器成为固体激光器中最重要的一个分支。

5. 半导体激光器 半导体激光器是以半导体材料作为工作介质的。目前较成熟的是砷化镓激光器发射 840nm 的激光。另有掺铝的砷化镓、硫化铬、硫化锌等激光器。这种激光器体积小、质量轻、寿命长、结构简单而坚固,特别适用于飞机、车辆、宇宙飞船上。二十世纪七十年代末,光纤通讯和光盘技术的发展大大推动了半导体激光器的发展。

半导体激光器是以直接带隙半导体材料构成的 PN 结为工作物质的一种小型化激光器。半导体激光工作物质有几十种,目前已制成激光器的半导体材料有砷化镓(GaAs)、砷化铟(InAs)、氮化镓(GaN)、锑化铟(InSb)、硫化镉(CdS)、锑化镉(CdSb)、硒化铅(PbSe)、碲化铅(PhTe)、铝镓砷(AlGa-As)、铟磷砷(In-PAs)等。半导体激光器的激励方式主要有三种,即电注入式、光泵式和高能电子束激励式。绝大多数半导体激光器的激励方式是电注入,即为 PN 结加正向电压以使在结平面区域产生受激发射,是正向偏置的二极管,因此,半导体激光器又称为半导体激光二极管。对半导体来说,由于电子是在各能带之间进行跃迁而不是在分立的能级之间跃迁,所以,跃迁能量不是一个确定值。这使得半导体激光器的输出波长分布在一个很宽的范围上,发射波长为 0.3~34μm。其波长范围决定于所用材料的能带间隙,最常见的是 AlGa-As,即双异质结激光器其输出波长为 750~890nm。世界上第一个半导体激光器在 1962 年问世,经过几十年的研究,半导体激光器取得了惊人的发展,它的波长从红外、红光到蓝绿光被覆盖范围逐渐扩大,各项性能参数也有了很大的提高。其制作技术经历了由扩散法到液相外延法、LPE 液相外延法、VPE 分子束外延法以及它们的各种结合型等多种工艺。目前固定波长半导体激光器的使用数量居所有激光器之首,某些重要的应用领域过去常用的激光器已逐渐为半导体激光器所取代。半导体激光器最大的缺点是激光性能受温度影响大,光束的发散角较大,一般在几度到 20 度之间,所以在方向性、单色性和相干性等方面较差。但随着科学技术的迅速发展,半导体激光器的研究正向纵深方向推进,其性能也在不断提高。目前半导体激光器的功率可以达到很高的水平而且光束质量也有了较大提高。以半导体激光器为核心的半导体光电子技术在 21 世纪的信息社会中将取得更大的进展,发挥更大的作用。

6. 液体激光器 液体激光器常用的是染料激光器,采用有机染料为工作介质。大多数情况是把有机染料溶于乙醇、丙酮、水等溶剂中,使用也有以蒸气状态工作的。利用不同染料可获得不同波长的激光。染料激光器一般使用激光作泵浦源,例如常用的有氩离子激光器等。液体激光器工作原理比较复杂,输出波长连续可调且覆盖面宽是其优点,也因此得到广泛应用。

三、激光器的应用

1. 激光的医学应用 激光最早应用于眼科,并逐渐开始在医学各个领域得到广泛的应用。

激光治疗主要是根据高功率激光的凝固、止血、融合、气化、切割作用和弱激光的刺激作用。眼科已成功利用激光焊接视网膜,对眼底血管性疾病、糖尿病等视网膜病变、青光眼、视网膜裂孔及其他有关疾病的治疗也都取得了成功。

激光在外科学中的应用也较为成功。显微外科中利用激光进行血管吻合、神经吻合及皮肤焊接,还可进行微切割。利用大功率激光器做成的激光手术刀用于外科手术时不仅可以切开皮肉和切除病变脏器,还可以封闭较细的血管,具有止血作用,特别是对皮肤良性和恶性肿瘤的治疗,其简单、迅速、效果好。

激光在治疗肿瘤方面有独到之处。一种方法是激光动力学治疗癌症,即激光光敏治癌,其原理是将血卟啉衍生物(hematoporphyrin derivative,HpD,一种对肿瘤有选择性亲和力的光敏化剂)注射于体内,利用肿瘤组织对其吸收多、排泄慢的特点,使用激光照射肿瘤后引起光敏化反应而杀灭癌细胞。另一种方法是激光手术疗法,就是用强激光凝固、气化或切割肿瘤。

激光治疗妇科、口腔科、五官科、内科及神经科等方面的疾病都取得了良好的效果。弱激光针灸疗法是现代激光技术与中医技术相结合的新方法,可应用在内科、外科、皮肤科、儿科、妇产科、眼科、耳鼻喉科和口腔科等。

激光不仅能治疗疾病，还能用于某些疾病的诊断及相关医学研究。在激光荧光诊断技术中，利用激光的强荧光作用，可将某些对癌变组织有较强亲和力的荧光物质（如血卟啉衍生物、荧光素钠盐等）引入患者体内后的一段时间内，用激光照射癌变组织部位，滞留在癌变组织中的荧光物质便发出特定波长的荧光，从而可诊断和定位癌瘤。在激光多普勒血流计诊断技术中，利用激光多普勒效应可制成皮肤血流计、视网膜血流计及光纤所能达到的任何内脏部位的血流计，通过非侵入性测量血流，迅速可靠，在微循环血流检测中有重要应用。在激光光纤内窥镜检查技术中，利用激光方向性好的特点，可用光纤将激光导入人体内各种管腔内，通过光纤内窥镜进行检查、诊断。在激光流式细胞光度术（Flow Cytometry，FCM 技术）中，将荧光色素染色的单个细胞依次通过样品细管，在激光定点照射下，收集细胞的荧光和散射光可得到细胞的多种结构参数（如 DNA、RNA、蛋白质、细胞受体和抗原、细胞质中 Ca^{2+} 等方面的含量及信息），目前 FCM 技术已用于癌症诊断、抗癌药物的动力学研究以及细胞分类计数、细胞选择等临床和基础研究，是一种很有发展前途的技术。

随着激光器的日益完善，激光的医学应用也正在急剧发展中，但激光对人体也有损害作用。使用激光时，工作人员和患者都必须戴防护眼镜，以免损伤眼睛。由于激光的强度大，而且方向集中，反射光对人体也可造成损害，所以必须严格执行各种安全法规。

2. 激光全息照相　1948 年英籍匈牙利科学家伽伯（D.Gabor）首次提出一种用光波记录物光波的振幅和相位的方法，即全息照相（holography），并在实验中用汞灯作为光源获得全息照片，但存在所谓的“孪生像”问题，“孪生像”是指全息图轴上同时产生实像和虚像，一般图像较差。1960 年激光器的问世促进了全息照相术的发展，1962 年利思（E. N. Leith）和乌帕特尼克斯（J. Upatnieks）等人用激光作光源，成功地获得了三维立体图像的全息照片。伽伯因提出全息照相原理而获 1971 年诺贝尔物理学奖。近几十年来，激光全息技术飞速发展，已成为科学技术上一个崭新的领域，在干涉计量学、无损检测、信息处理、遥感技术、生物医学、国防工程等科技领域获得广泛的应用，尤其是近年来，模压全息技术的发展使全息产品走向产业化，并开始深入到人们日常生活领域。目前，全息照相技术已发展到第四代，而用激光作为光源的第二代和第三代的激光全息技术已日渐成熟。下面以光波的干涉和衍射为基础，介绍全息照相的特性和基本原理及其应用。

（1）全息照相的过程和特点：全息照相是利用光波的干涉和衍射原理，将物光波以干涉条纹的形式在全息干板（又称全息底片）上记录下来，然后在一定条件下，利用衍射再现原物体的立体图像。全息照相过程分全息记录和波前再现两步。

1）全息记录：拍摄全息照片的光路如图 11-6 所示，相干性极好的氦氖激光器发出激光束，经分光镜“1”被分成两束光，透射的一束光经反射镜“2”和扩束镜“3”后射向被摄物体“4”，再经物体表面漫反射后到达全息底片“5”上，这束光称为物光；反射的一束光经反射镜“6”和扩束镜“7”后直接均匀地射向全息底片上，这束光称为参考光。参考光和物光在全息底片上相干叠加形成干涉图样，将反映被摄物体的物光的全部信息——振幅和相位的分布状况以干涉图样的形式全部记录下来，经显影和定影等处理后便得到一幅全息图。根据物光波和参考光波的相对位置，全息图可以分为同轴全息图和离轴全息图。全息记录的过程是光的干涉过程。

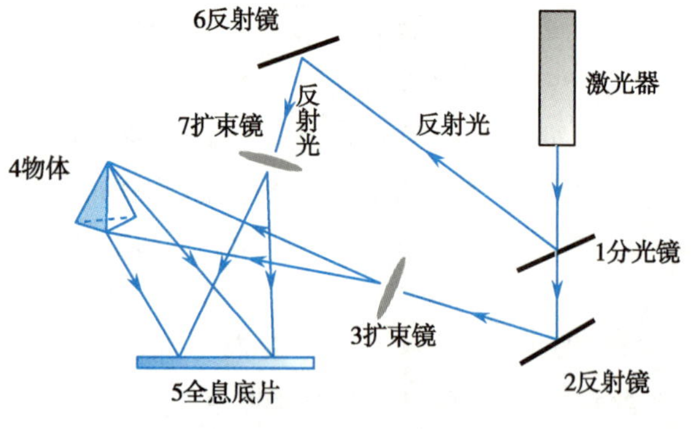

图 11-6　（离轴）全息照相光路图

2）波前再现——光的衍射：由于全息底片上记录的并不是物体的几何图样，因而直接观察只能看到许多明暗不同的条纹、小环和斑点等干涉图样，要看到原来被摄物体的像，须用一束与参考光波长和传播方向相同的激光束(称为再现光波)照射全息图,使全息图再现原来被摄物体发出的波阵面,这个过程称为全息图的波前再现(wave-front reconstruction),它利用了光栅衍射原理。

再现过程的光路如图 11-7 所示,一束与参考光波长和传播方向相同的激光束从特定方向照射全息图,而全息图上每一组干涉条纹相当于一个复杂的光栅,根据光栅衍射原理,再现光将发生衍射,其+1 级衍射光是发散光,与物体在原来位置时发出的光波完全一样,将形成一个虚像,当沿着衍射方向透过全息图朝原来被摄物的方位观察时,就可以看到这个由波前再现所产生的逼真的三维立体图像(虚像);其-1 级衍射光是会聚光,将形成一个共轭实像,该实像能被照相机记录下来。波前再现的过程是光的衍射过程。

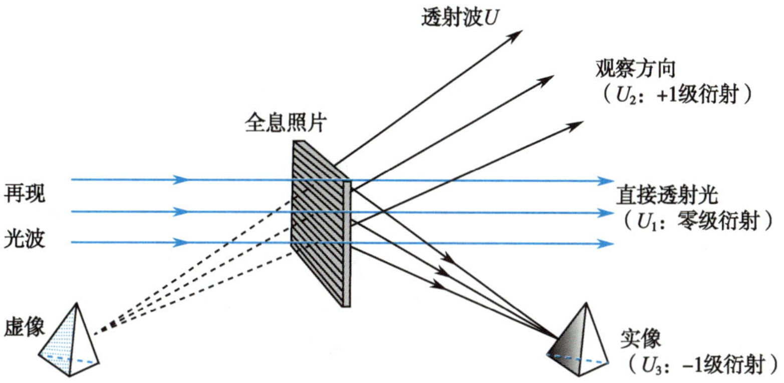

图 11-7 全息图的波前再现

(2) 全息照相在全息底片上形成干涉图样,记录了物光的全部信息——振幅和相位分布。从光的干涉原理可知,当两束相干光波相遇,发生干涉叠加时,其合振幅不仅依赖于每一束光波各自的振幅,同时也依赖于这两束光波之间的相位差。在全息照相中一束物光和一束与物光相干的参考光在全息底片处发生干涉叠加,全息底片将与物光有关的振幅和相位分别以干涉条纹明暗差异和条纹间隔形式记录下来,经过适当的处理,便得到一张反映了被摄物体物光的振幅和相位分布状况的全息照片。可见,全息照相和普通照相的原理完全不同。与普通照相相比,全息照相有如下特点:①全息照相是以波动光学为基础,而普通照相是以几何光学为基础;②全息照相记录了物光的振幅和相位信息,得到非常逼真的三维立体图像,而普通照相仅仅记录了物光的振幅信息,得到二维平面图像;③全息照相中,由于有相位信息,物和像平面是点和面对应关系,即每个物点发射的光波都直接落到整个全息底片平面上,所以全息图像的每一局部都能再现原物的整体像,而普通照相中,物和像是点和点对应关系,即三维物体上各点与二维图像各相应点对应,因此,普通照相图像不具立体感;④由于每记录一次后只需改变参考光相对于全息底片的入射角,就可在同一张全息底片上对不同的物体记录多个全息图像,所以同一张全息底片可以重叠记录多帧图像,且每帧图像能够互不干扰地一一再现,普通照相无法做到这点;⑤全息照相要求高相干度单色光源,通常采用激光光源;而普通照相只需用普通光源。

(3) 激光全息技术的应用:在近六十多年的发展过程中,激光全息技术的应用范围也越来越广。军事上模拟真实目标,进行驾驶训练;艺术上可以复制历史文物,制作全息首饰、全息肖像、全息风景;工业上制作防伪商标;科学上用于全息干涉计量、测量诊断技术等。激光全息技术从工程技术领域逐渐扩展到了防伪、扫描、储存、信息识别、包装、医学、装饰、交叉和边缘学科等多个领域。目前基于激光全息技术的全息显示、全息干涉计量术、激光防伪和全息储存等应用已经非常普遍。

3. 激光光谱(laser spectra) 是以激光为光源的光谱技术。与普通光源相比,激光光源具有单色性好、亮度高、方向性强和相干性强等特点,是用来研究光与物质的相互作用,从而辨认物质及其所在体系的结构、组成、状态及其变化的理想光源。激光的出现使原有的光谱技术在灵敏度和分辨率方面得到很大的改善。已获得的强度极高、脉冲宽度极窄的激光使得对多光子过程、非线性光化学过程以及分子被激发后的弛豫过程的观察成为可能，并分别发展成为新的光谱技术。激光光谱学已成为与物理学、化学、生物学及材料科学等密切相关的研究领域。

拓展阅读

准分子激光手术治疗近视眼

人的眼球与近视眼相关的结构有角膜、睫状体、晶状体和视网膜。正常成年人的眼球前后径为24mm，而近视眼患者由于眼球变形，一般要大于24mm。这样，在正常的晶状体调节范围内，物距较远的像会聚焦在视网膜前端，造成视线模糊。所以，治疗近视眼的基本思路就是想办法使像正好聚焦在视网膜上。传统矫正近视的方法是戴上凹透镜，通过调节凹透镜的度数使不同近视程度的患者看到的像正好聚焦在视网膜上。

很多人选择佩戴传统眼镜矫正视力的方式来提升自己的视力，但是为了美观或者满足一些特殊职业要求，一些患者尤其是高度近视的患者，会选择准分子激光治疗的方法来矫正近视。准分子激光是指受到激发的惰性气体和卤素气体结合的混合气体形成的分子向其基态跃迁时所产生的一种激光。眼科使用的准分子激光，是以氩气和氟气形成的混合物为工作气体产生的激光。工作气体常用相对论电子束（能量大于200keV）或横向快速脉冲放电来实现激励，激发态准分子的不稳定分子在键断裂而离解成基态原子时，产生的能量以激光辐射的形式放出波长为193nm的ArF准分子激光。由于受激气体会产生“曾经形成但转瞬即逝”的分子，其寿命仅为几十毫微秒，因此称为“准分子”激光。它最早是于1970年在莫斯科物理研究所发明的，迄今为止已经发现的能够产生准分子激光的气体有10多种。

现在用于临床的这种远紫外冷激光，单个光子的能量大约是6.4eV，而角膜组织中肽键与碳分子键的结合能量仅为3.6eV。高能量的光子照射到角膜，直接将组织内的分子键打断，导致角膜组织碎裂而达到消融切割组织的目的，并且由于准分子激光脉宽短（10~20nm），因此能精确消融人眼角膜预计去除的部分。其空间精确度达细胞水平，不会损伤周围组织。又由于这种准分子激光的波长短，不会穿透人的眼角膜，因此对于眼球内部的组织没有任何不良的作用。

11-3

激光的
3D打印
拓展阅读

习　　题

1. 什么是激光？
2. 与激光发射有关的辐射跃迁有哪三种基本形式？
3. 受激辐射有哪些特点？
4. 光学谐振腔的工作原理是什么？
5. 激光器由哪些部分组成？

6. 与普通光相比，激光有何特性？

7. 求红宝石激光（波长为 6 940Å）的光子能量、质量和动量。

8. 某一工作物质中原子具有下列的能级：-13.2eV（基态）、-11.1eV、-10.6eV、-9.8eV；其中-10.6eV 态主要是向-11.1eV 态跃迁，-9.8eV 态主要是向基态跃迁。应该用多大波长的光泵来抽运这一激光器才合适？该激光器发出的激光波长是多少？

9. 什么是激光全息照相？激光全息术有哪些特点和应用？

11-4

第十一章
目标测试

（石继飞）

第十二章

X 射线

第十二章
教学课件

学习目标

1. **掌握** X 射线的产生装置、X 射线的强度和硬度、X 射线谱、X 射线的衰减。
2. **熟悉** X 射线的衍射、X 射线的作用形式。
3. **了解** X 射线的基本性质、X 射线荧光光谱分析。

1895 年，德国物理学家伦琴(W.K.Röntgen)在研究稀薄气体放电时发现了 X 射线，并利用这种射线拍摄了他夫人手掌骨骼的照片，产生了世界上第一张 X 射线照片。在 X 射线被发现三个月后，维也纳一家医院首次应用 X 射线协助外科手术，伦琴因发现 X 射线于 1901 年获得了历史上第一个诺贝尔物理学奖。X 射线被发现的重要意义在于使物体变得“透明”起来。为了看到人体器官乃至器官病变的更多细节，一百多年来，X 射线在医学诊断和治疗中发挥了巨大的作用，特别是 X-CT 技术问世以来，组织与器官肿瘤疾病的确诊率大大提高，它以影像分辨率高、扫描速度快、应用范围广的绝对优势，占领着医学影像阵地的半壁江山。另外，X 射线在对物质微观结构理论的深入研究和科学技术发展方面也发挥了其他技术所不能替代的作用。本章将介绍 X 射线的产生、X 射线谱、X 射线衰减规律、X 射线与物质的相互作用等。

第一节　X 射线的产生和特性

目前，用于成像的医用 X 射线仍采用常规的方法，即让高速运动的电子受障碍物阻止，通过它们的相互作用产生 X 射线。此方法产生 X 射线的基本条件是：①有高速运动的电子流；②有适当的障碍物（或称为“靶”）来阻止电子的运动，把电子的动能转变为 X 射线的能量。此外，被加速的高能带电粒子可直接辐射 X 射线，同步辐射即属此方法。用受激辐射产生激光的方法也能产生 X 射线。下面主要介绍高速电子受阻辐射产生 X 射线的基本装置。

一、X 射线的产生装置

产生 X 射线的基本装置主要包括三个组成部分，即 X 射线管、低压电源和高压电源。基本线路如图 12-1 所示。

1. X 射线管　X 射线管是 X 射线机的核心部分。它是一个高度真空的硬质玻璃管，管内封入阴极和阳极。阴极由钨丝卷绕成螺旋形灯丝，通电加热时可以发射电子，故称为热阴极。阳极在管的另一端且正对着阴极，通常是铜制的圆柱体，在柱端斜面上嵌一小块钨板，作为接受高速电子冲击的靶。阴阳两极间所加的几十千伏到几百千伏的直流高压，称为管电压(tube voltage)，阴极发射的热电子在电场作用下高速奔向阳极，形成管电流(tube current)，这些高速电子突然被靶阻止，就有 X 射线向四周辐射。

高速电子轰击阳极时，电子动能转变为 X 射线的能量不到 1%，99% 以上都转变为热，从而使阳极

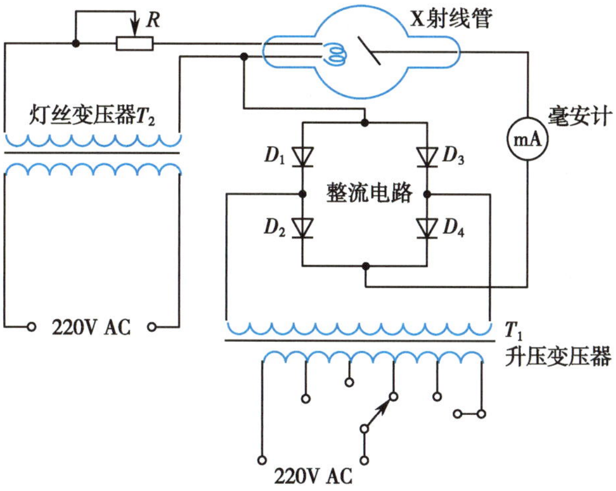

图 12-1 X 射线机的基本线路

温度升高。因此，阳极上直接受到电子轰击的靶，应当选用熔点高的物质。此外，理论和实验都表明，在同样速度和数目的电子轰击下，原子序数 Z 不同的各种物质制成的靶，辐射 X 射线的光子总数或光子总能量是不同的，光子总能量与 Z^2 成正比，所以 Z 愈大则发生 X 射线的效率愈高。因此，在兼顾熔点高、原子序数大和其他一些技术要求时，钨（$Z=74$）和它的合金是最适合的材料。在需要波长较长的 X 射线的情况下，如乳房摄影时，采用的管电压较低，这时用钼（$Z=42$）靶更好。由于靶的温度高、热量大，所以阳极整体用导热系数较大的铜制成，受电子轰击的钨或钼靶镶嵌在阳极上，能更好地导出和散发热量。按照 X 射线管的功率大小，采用不同的散热方法以降低阳极的温度。

2. 低压电源　低压电源由交流电源、灯丝变压器（降压变压器）和滑动变阻器等组成。图 12-1 中降压变压器 T_2 供给灯丝电流，变阻器 R 用来调节灯丝电流以改变发出的热电子的数量，从而控制管电流。交流电源为日常 220V 电源，经降压变压器降压至几伏到十几伏后，再由滑动变阻器调节接于 X 射线管阴极的灯丝两端，使灯丝产生几安培到几十安培（A）的大电流，以便灯丝发热产生大量热电子。可见，灯丝两端电压越高，灯丝电流越大，单位时间内发射的热电子越多。

3. 高压电源　高压电源包括交流电源、升压变压器和整流电路等。图 12-1 中交流电源也是日常 220V 电源，经升压变压器 T_1 升压成几十千伏至几百千伏的交流电，再由 4 个二极管联成的全波整流电路整流，输出高压直流电加于 X 射线管阴极与阳极之间，形成强电场，使阴极产生的电子在 X 射线管中得到加速，从阴极到达阳极获得非常高的速度，并撞击阳极靶物质，从而产生 X 射线。可见，管电压越高，电子到达阳极所获得的动能就越大，速度也就越大。

二、X 射线的强度和硬度

1. X 射线的强度　X 射线的强度是指单位时间内通过与射线方向垂直的单位面积的辐射能量，也表示 X 射线的量，单位为瓦/米²（W/m²）。若用 I 表示 X 射线的强度，则有

$$I=\sum_{i=1}^{n}N_i h\nu_i=N_1 h\nu_1+N_2 h\nu_2+\cdots+N_n h\nu_n \qquad \text{式(12-1)}$$

式中，N_1、N_2、…、N_n 分别表示单位时间通过单位面积（垂直于射线方向）能量为 $h\nu_1$、$h\nu_2$、…、$h\nu_n$ 的光子数。由式（12-1）可知，有两种办法可使 X 射线强度增加：①增加管电流，使单位时间内轰击阳极靶的高速电子数目增多，从而增加所产生的光子数目 N；②增加管电压，即使单个光子的能量 $h\nu$ 增加。由于光子数不易测出，故通常采用管电流的毫安数（mA）来间接表示 X 射线的强度大小，称为毫安率。

由于 X 射线通过任一截面积的总辐射能量不仅与管电流成正比，而且还与照射时间成正比，因此常用管电流的毫安数（mA）与辐射时间（s）的乘积表示 X 射线的总辐射能量，其单位为毫安・秒（mA・s）。

2. X 射线的硬度 X 射线的硬度是指 X 射线的贯穿本领，表示 X 射线的质。它决定于 X 光子的能量，而与光子数目无关。X 射线管的管电压越高，则轰击靶面的电子动能越大，所发出的 X 光子的波长越短，贯穿本领就越强。因此，在医学上通常用管电压的千伏数(kV)来表示 X 射线的硬度，称为千伏率，并通过调节管电压来控制 X 射线的硬度。在医学上，根据用途把 X 射线按硬度分为极软、软、硬和极硬四类，它们的管电压、波长及用途见表 12-1。

表 12-1 X 射线按硬度的分类

名称	管电压/kV	最短波长/nm	主要用途
极软 X 射线	5~20	0.25~0.062	软组织摄影，表皮治疗
软 X 射线	20~100	0.062~0.012	透视和摄影
硬 X 射线	100~250	0.012~0.005	较深组织治疗
极硬 X 射线	250 以上	0.005 以下	深部组织治疗

三、X 射线谱

X 射线管发出的 X 射线，包含各种不同的波长成分，将其强度按照波长的顺序排列开来的图谱，称为 X 射线谱(X-ray spectrum)。钨靶 X 射线管所发射的 X 射线谱如图 12-2 所示，上部是 X 射线相对强度与波长的关系曲线，下部是照在胶片上的射线谱。从该图可以看出，X 射线谱包含两个部分：曲线下面划阴影的部分对应于照片上的背景，它包括各种不同波长的射线，称为连续 X 射线(continuous X-rays)或连续谱；另一部分是曲线上凸出的尖峰，具有较大的强度，对应于照片上的明亮谱线，这相当于可见光中的明线光谱，称为标识 X 射线(characteristic X-rays)或标识谱。连续谱与靶物质无关，但不同的靶物质有不同的标识谱。下面分别讨论这两部分谱线。

1. 连续 X 射线谱的产生机制 连续 X 射线的发生是轫致辐射(bremsstrahlung)过程，“轫致辐射”一词来自德语制动辐射，它是对这种过程的最好描述。当高速电子流撞击阳极靶而制动时，电子在原子核的强电场作用下，速度的量值和方向都发生急剧变化，一部分动能转化为光子的能量 $h\nu$ 而辐射出去，这就是轫致辐射。由于各个电子到原子核的距离不同，速度变化情况也各不一样，所以每个电子损失的动能不同，辐射出来的光子能量具有各种各样的数值，从而形成具有各种频率的连续 X 射线谱。

实验指出，当 X 射线管在管电压较低时只出现连续 X 射线谱。图 12-3 是钨靶 X 射线管在四种较

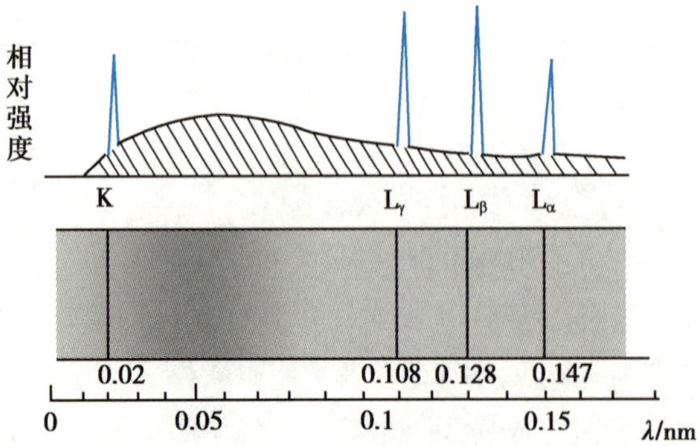

图 12-2 X 射线谱示意图

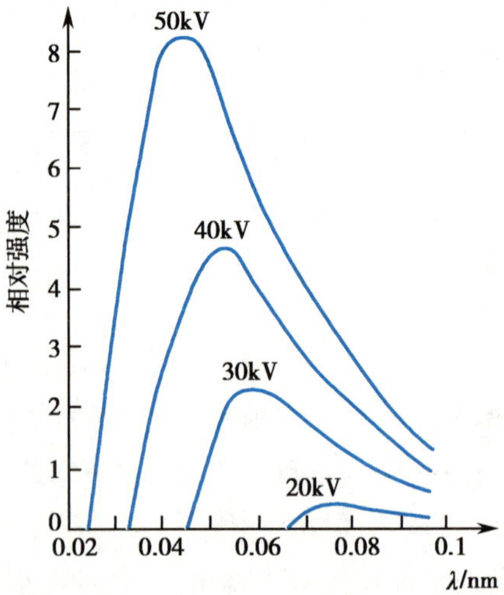

图 12-3 钨靶的连续 X 射线谱

低管电压下的 X 射线谱。由图可见,在不同管电压作用下连续谱的位置并不一样。同一管电压的谱线高度随长波而逐渐上升,达到最大值后很快下降。X 射线强度为零时对应的波长是连续谱中的最短波长,称为短波极限。在图中还可以看到,当管电压增大时,各波长的 X 射线强度都增大,而且强度最大对应的波长和短波极限都向短波方向移动。

设管电压为 U,电子电量为 e,则电子具有的动能为 eU,这也是 X 射线可能具有的最大能量 $h\nu_{max}$,ν_{max}是与短波极限 λ_{min}对应的最高频率,由此得到

$$\lambda_{min}=\frac{hc}{e}\cdot\frac{1}{U} \qquad 式(12\text{-}2)$$

式(12-2)表明,连续 X 射线谱的最短波长与管电压成反比。管电压越高,则 λ_{min}越短。这个结论与图 12-3 的实验结果完全一致。把普朗克常量 h、真空中的光速 c、基本电荷 e 的值代入式(12-2),并取千伏(kV)为电压单位,纳米(nm)为波长单位,可得

$$\lambda_{min}=\frac{1.242}{U(\text{kV})}\text{nm} \qquad 式(12\text{-}3)$$

X 射线的强度与靶物质原子序数、管电流及管电压有关。在管电流、管电压一定的情况下,靶原子序数越大,X 射线强度越大,这是因为每一种靶原子核的核电荷数等于它的原子序数,原子序数大的原子核电场对电子作用强,电子损失能量多,辐射出来的光子能量大,X 射线的强度就大。

2. 标识 X 射线谱的产生机制 以上讨论的是钨靶 X 射线管在 50kV 以下工作的情况,此时波长在 0.025nm 以上,只出现连续 X 射线。当管电压升高到 70kV 以上时,连续谱在 0.02nm 附近叠加了 4 条谱线,在曲线上出现了 4 个高峰。当电压继续升高时,连续谱发生很大改变,但这 4 条标识谱线的位置却始终不变,即它们的波长不变,如图 12-4 所示,图中的 4 条谱线就是钨的 K 线标识谱线。

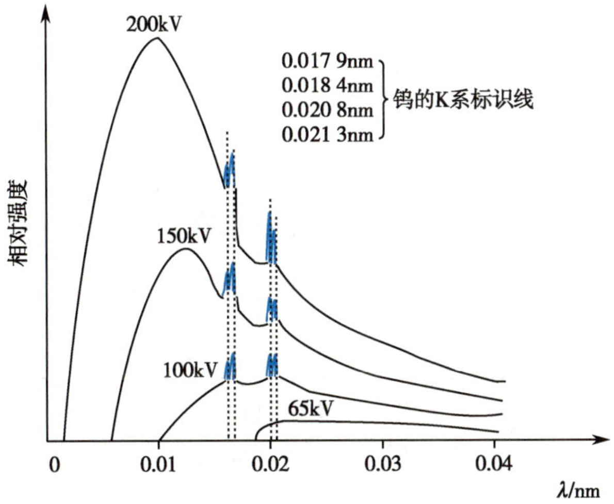

图 12-4 钨在较高管电压下的 X 射线谱

标识 X 射线的产生和原子光谱的产生相类似,两者的区别在于原子光谱是原子外层电子跃迁产生的,而标识 X 射线是高能级的电子跃迁到内壳层的空位产生的。由于壳层间能量差较大,因而发出的光子频率较高,波长较短。当高速电子进入靶内时,如果它与某个原子的内层电子发生强烈相互作用,就有可能把一部分动能传递给这个电子,使它从原子中脱出,从而在原子的内层电子中会出现一个空位。如果被打出去的是 K 层电子,则空出来的位置就会被 L、M 或更外层的电子跃迁填充,并在跃迁过程中发出一个光子,而光子能量等于两个能级的能量差。这样发出的几条谱线,通常以符号 K_α、K_β、K_γ……表示,称为 K 线系。如果空位出现在 L 层(这个空位可能是由于高速电子直接把一个 L 层电子击出去,也可能是由于 L 层电子跃迁到了 K 层留下的空位),那么这个空位就可能由 M、N、O

层的电子来补充，并在跃迁过程中发出一个X光子，形成L线系。由于离核越远，能级差越小，所以L线系各谱线的波长比K系的大些。同理，M系的波长又更大些。图12-2给出了钨的K和L线系，而图12-4中没有出现L线系，因为它已在给出的波长范围以外。图12-5给出了这种跃迁的示意图，当然这些跃迁并不是同时在同一个原子中发生的。

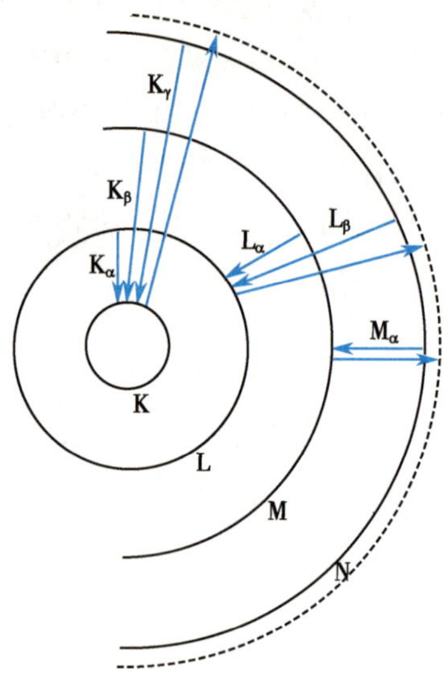

图 12-5 标识 X 射线产生原理示意图

标识X射线谱是原子内层电子跃迁所发出的，因此各元素的标识谱有相似的结构。在标识X射线谱中，电子由不同能级达到同一壳层的空位时发生的谱线组成一个线系，每个线系都有一个最短波长边界，这就是一个自由电子(或近似地认为最外层价电子)进入这个空位时发出的光子的波长。由于原子中各个内层轨道的能量差别是随着原子序数增加而增加的，因此，原子序数越高的元素，它的各个标识X射线系的波长也越短。标识谱线的波长决定于阳极靶的材料，不同元素制成的靶具有不同的线状X射线谱，并可以作为这些元素的标识，这就是“标识X射线”名称的由来。需要指出，X射线管需要加几十千伏的电压才能激发出某些标识X射线系。

医用X射线管发出的主要是连续X射线，标识X射线在全部X射线中所占的分量很少。但是，标识X射线的研究，对于认识原子的壳层结构和化学元素分析都是非常有用的，如X射线微区分析技术就是利用很细的电子束打在样品上，根据样品发出的标识X射线来鉴定各个微区中的元素成分，该方法也用于医学和生物学方面的超微观察和超微分析。

四、X射线的基本特性

X射线和从原子核中发射出来的γ射线一样，都是波长很短的电磁波，也是能量很大的光子流，所以，X射线不仅具有光的一系列性质，如反射、折射、干涉、衍射、光电效应等，还有下述几个基本特性。

1. 电离作用 X射线能使原子和分子电离，因此，对有机体可诱发各种生物效应。在X射线照射下，气体也能够被电离而导电。利用X射线的电离作用这一特性可制作测量X射线强度的仪器，常用于辐射剂量的测试。

2. 荧光作用 X射线照射某些物质，如磷、铂、氰化钡、硫化锌等，能使它们的原子或分子处于激发态，当它们回到基态时发出荧光。有些激发态是亚稳态，在停止照射后，能在一段时间内继续发出荧光。医疗上的X射线透视，就是利用X射线对屏上物质的荧光作用显示X射线透过人体后所成的影像。

3. 光化学作用 X射线能使多种物质发生光化学反应，例如，X射线能使照相胶片感光。医学上利用这一特性来进行X射线摄影。

4. 生物效应 X射线照射生物体，能使生物体产生各种生物效应，如使细胞损伤、生长受到抑制甚至坏死等。由于人体各种组织细胞对X射线的敏感性不同，受到的损伤程度也就有差异。利用X射线的这种性质来杀死某些敏感性强、分裂旺盛的癌细胞，以达到治疗的目的。X射线对正常组织也有损害作用，所以射线工作者要注意防护。

5. 贯穿本领 X射线对各种物质都具有一定程度的穿透作用。物质对X射线的吸收程度与X射线的波长有关，也与物质的原子序数或密度有关。X射线波长越短，物质对它的吸收越小，它的贯穿本领就越大。例如，空气、水、人体软组织和纸张、塑料等由原子序数较低元素组成，对X射线的吸收较弱，穿透的X射线就较多。人体骨骼、铝、铅等金属由原子序数较高的元素组成，对X射线的吸收较强，穿透的 X 射线就较少。医学上利用 X 射线的贯穿本领和不同物质对它吸收程度的不同进行 X 射线透视、摄影和防护。根据 X 射线的穿透作用可将人体组织分为三类：一是属于可透性组织，如体内气体、脂肪、一些脏器和肌肉等；二是属于中等可透性组织，如结缔组织、软骨等；三是不易透过性组织，如骨骼。

同步辐射 X 射线除上述特性外还有如下几个特点：①能获得单色 X 射线，且波长连续可调，从几微米到几百皮米；②是线偏振光，可研究生物分子的旋光性；③有很好的准直性，即同步辐射 X 射线的张角较小；④有较强的辐射功率。普通 X 射线管所输出的功率最大约十瓦，同步辐射 X 射线功率可达几万瓦。

第二节　X 射线与物质的相互作用

一、X 射线的衍射

X 射线被伦琴发现后，因不知其本质而得此名。因 X 射线受电场和磁场作用后不发生偏转，所以当时被假定为本质上与可见光相同，而其区别在于波长特别短。这个假定很难在当时得到验证，因为从技术上无法得到光栅常数合适的光栅。1912 年，德国物理学家劳厄（M.von Laue）用晶体制成的天然光栅，获得了观测 X 射线衍射的方法，并证实了 X 射线的波动性质，从而揭示了 X 射线的本质。X 射线是一种波长较短的、肉眼看不见的电磁波，其波长为 0.001~10nm。对于普通光波，当遇到与其波长数量级相仿的障碍物，如狭缝、圆孔或圆盘等，就会发生衍射现象。晶体中的原子、离子或分子之间的间距数量级与 X 射线的波长范围相仿，且在三维空间有规则的排列，类似于三维衍射光栅。所以当 X 射线通过晶体时，容易发生明显的衍射现象。

劳厄的晶体衍射实验仅仅是定性的。英国物理学家布拉格父子（W.H Bragg and W.L Bragg）于 1913 年提出了定量研究的方法。其基本思想是，当 X 射线照射在晶体表面上时与可见光不同，可见光仅在物体表面上散射，而 X 射线除了表面散射外，还可以进入物体内部的晶体点阵上散射，所有散射线互相干涉且产生衍射条纹。布拉格父子还给出了满足 X 射线衍射的方程——布拉格方程（Bragg equation）。利用 X 射线晶体衍射的基本原理，布拉格父子还设计了既能观察 X 射线衍射，又可摄取 X 射线谱的实验装置，即 X 射线摄谱仪（X-ray spectrograph）。

当 X 射线入射晶体时，晶体中的原子将入射的 X 射线散射，每一个原子成为新的散射波源。其中波长相同的散射波会产生叠加、干涉，形成特定空间区域加强的衍射光束。图 12-6 表示简单立方结构晶体的一个平面，图中每一个黑点代表一个晶体原子，原子之间的间距为 d。当 X 射线以 θ 角入射时，光路①被一个原子散射，光路②被相邻的另一个原子散射，考察出射角为 θ 的散射波，则光路①和光路②光程差为

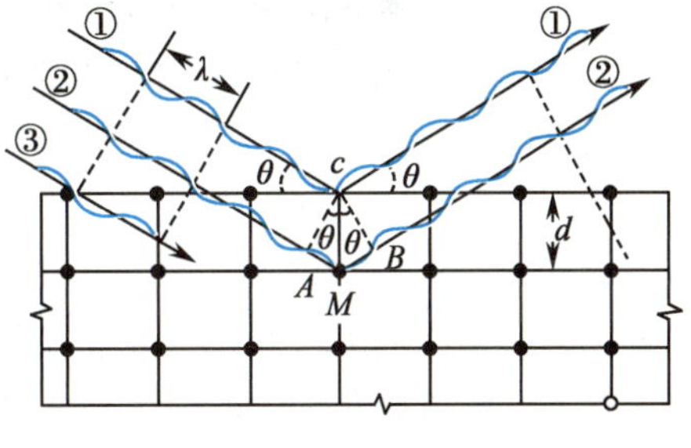

图 12-6　X 射线的衍射原理

$$AM+BM=2AM=2d\sin\theta \qquad 式(12\text{-}4)$$

因为相干加强条件是两束光波光程差为波长整数倍，所以有

$$2d\sin\theta=k\lambda \quad k=1,2,\cdots \qquad 式(12\text{-}5)$$

式（12-5）即为布拉格方程。

由布拉格方程可知，用 X 射线照射结构已知的晶体，可以计算 X 射线的波长。反之，若已知 X 射线波长，可测出晶体点阵上原子的位置和间距，从而得到晶体结构的微观模型。因此，X 射线衍射技术已成为研究晶体结构或蛋白质等类晶体结构的主要手段和方法。当代 X 射线衍射技术已发展成为

一门独立的学科，称为X射线衍射结构分析。DNA双螺旋结构就是二十世纪五十年代富兰克林、沃森、克里克等利用X射线衍射现象发现的。

二、X射线的作用形式

1. 康普顿效应　康普顿效应（Compton effect）又称康普顿散射，体现了X射线通过物质时的散射情形，其原理如图12-7所示。X射线的散射是物质中电子作为波源，发射次级X射线的过程，一般分为相干散射和非相干散射。

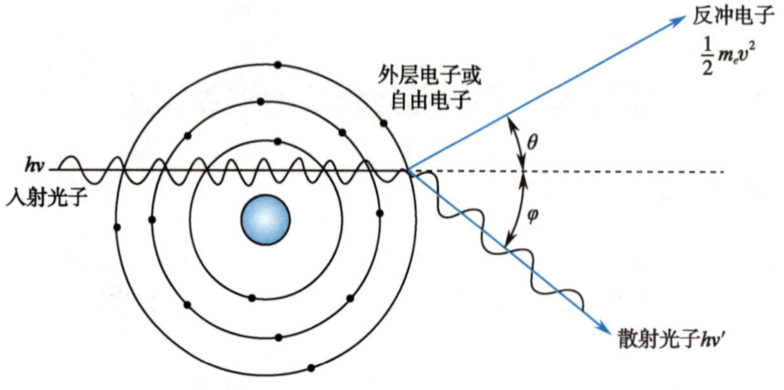

图12-7　康普顿效应示意图

（1）相干散射：X射线本质上是一种高能量的电磁波，在物质中传播时产生交变电场和交变磁场。其中，交变电场可显著的影响物质原子，而交变磁场对物质的影响很小，一般可以忽略不计。X射线通过物质时，其交变电场迫使物质中的电子在其平衡位置振动，振动频率与X射线频率相同。经典电磁辐射理论认为，振动的电子相当于一个振动的偶极子，而偶极子必然向四周发射与其振动频率相同的电磁波。这样，就相当于电子将入射X射线散射到四周。散射X射线的波长、频率都与入射X射线相同，散射线之间有固定的相位差，从而在入射X射线方向产生干涉，故称为相干散射或经典散射。

（2）非相干散射：当X射线入射物质时，部分X射线光子与电子发生弹性碰撞，能量和动量守恒，X射线光子传递一部分能量给电子，引起自身能量的降低、波长变长，并偏离入射方向，从而使出射X射线中含有一部分波长更长的X射线光子，难以产生干涉现象，所以称为非相干散射。因为在对非相干散射的解释中，康普顿突破经典物理思维的局限，引入爱因斯坦的光量子概念，并推导出散射光子波长变化值$\Delta\lambda$与散射角度φ的关系式（12-6），所以康普顿效应是经典物理向量子物理过渡的一个典型事例。

$$\Delta\lambda = \frac{2h}{m_e c}\sin^2\left(\frac{\varphi}{2}\right) \qquad 式(12\text{-}6)$$

2. 光电效应　图12-8所示为光电效应的作用过程。X射线入射物质时，能量为$h\nu$的X射线光子把全部能量传递给原子的电子，一部分能量是电子挣脱原子核的束缚能W，剩余能量转化为电子动能$\frac{1}{2}m_e v^2$，使电子逸出成为自由电子。此过程中，根据能量守恒定律可得

$$h\nu = \frac{1}{2}m_e v^2 + W \qquad 式(12\text{-}7)$$

光电效应产生的同时，逸出电子的空位被高能级电子填充，伴随有次级标识X射线的发射，也有K、L等线系。可见光的光子能量较低，照射金属等电子活性较强的物质，才容易产生光电效应。X射线光子能量很高，照射空气、有机体等电子活性较弱的物质，也能轻易产生光电效应。在光电效应中，

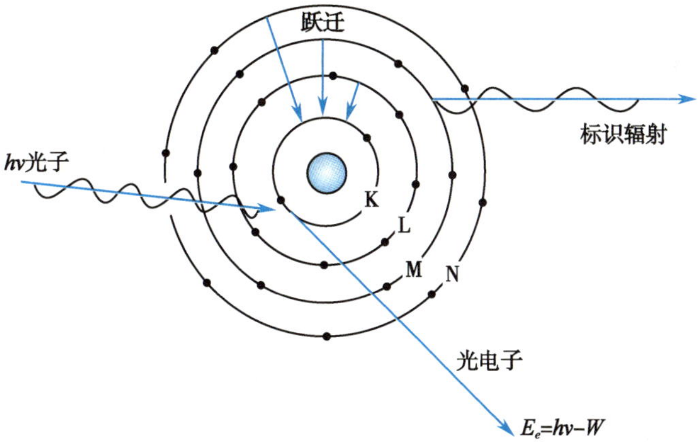

图 12-8 光电效应示意图

原子低能级出现电子空位，高能级电子跃迁填充，并同时将多余能量以光子的形式辐射出去，或者直接转移给一个或多个原子壳层电子并使之发射出去，产生俄歇效应（Auger effect），被发射的电子称为俄歇电子。俄歇效应属于物质原子的次级电子发射，可以反映物质纳米级的表面形貌、构成成分、结构特点等，并与光子俘获、内转化等过程有着密切联系。利用俄歇效应制作的俄歇电子能谱仪，可进行高灵敏度的检测和快速分析，在表面物理、化学反应动力学等领域有着广泛的应用。

3. 电子对效应 高能 X 射线光子经过原子核附近时，在原子核的库仑电场作用下，可以转化为一个正电子和一个负电子，此过程称为电子对效应（electric pair effect）。从能量守恒角度有

$$h\nu=E_{+}+E_{-}+2m_ec^2 \qquad \text{式(12-8)}$$

式(12-8)中，$h\nu$ 表示 X 射线光子能量，E_{+}、E_{-}分别表示正电子和负电子的动能，$2m_ec^2$表示正电子和负电子的静止能量之和。由式(12-8)可知，只有 X 射线光子能量 $h\nu$ 大于或等于电子静止能量之和 $2m_ec^2=1.02\text{MeV}$ 时，才可能发生电子对效应。

发生电子对效应之后，正负电子都会通过电离或辐射的形式损失能量。同时，由于物质世界充满着负电子，正电子在物质中一般只能行进 1.5mm 左右，即与周围负电子结合，形成能量均为 0.511MeV、飞行方向相反的两个光子，此过程称为电子对湮灭反应。

三、X 射线的衰减

当 X 射线通过物质时，X 光子能与物质中的原子发生多种相互作用。在作用过程中，一部分光子被吸收并转化为其他形式的能量，一部分光子被物质散射而改变方向，因此在 X 射线原来方向上的强度衰减了，这种现象称为物质对 X 射线的衰减。本节仅讨论它的宏观总效果，即物质对 X 射线的衰减规律。

1. 单色 X 射线的衰减规律 实验指出，当单色平行 X 射线束通过物质时，对厚度为 Δx 的物质层而言，被物质吸收的强度 ΔI 与 X 射线强度及物质厚度之间有如下关系

$$-\Delta I=\mu I\Delta x$$

式中，ΔI 前的负号表示 X 射线的强度在减弱，μ 称为线性衰减系数（linear attenuation coefficient）。若 $\Delta x\to 0$，则公式变为

$$\mathrm{d}I=-\mu I\mathrm{d}x$$

积分得

$$I=I_0e^{-\mu x} \qquad \text{式(12-9)}$$

X 射线的衰减
微课

式(12-9)即为单色平行 X 射线通过物质时的衰减规律，式中 I_0 是入射 X 射线的强度，I 是通过厚度为 x 的物质层后的 X 射线强度。可以看出，X 射线的强度随物质的厚度按指数规律衰减。一般情

况下，厚度 x 的单位为厘米(cm)，则 μ 的单位为厘米$^{-1}$(cm^{-1})。

2. 质量衰减系数和质量厚度 由式(12-9)可以看出，μ 越大则 X 射线强度在物质中衰减越快，μ 越小则衰减越慢。对于同一种物质来说，线性衰减系数 μ 与它的密度 ρ 成正比，因为吸收体的密度越大，则单位体积中可能与光子发生作用的原子就越多，光子在单位路程中被吸收或散射的概率也就越大。线性衰减系数 μ 与密度 ρ 的比值称为质量衰减系数(mass attenuation coefficient)，记作 μ_m，即

$$\mu_m = \frac{\mu}{\rho} \qquad \text{式(12-10)}$$

质量衰减系数可用来比较各种物质对 X 射线的吸收本领。一种物质由液态或固态转变为气态时，密度变化很大，但 μ_m 值都是相同的。引入质量衰减系数后，式(12-9)可改写成

$$I = I_0 e^{-\mu_m x_m} \qquad \text{式(12-11)}$$

式(12-11)中，$x_m = x\rho$，称为质量厚度(mass thickness)，它等于单位面积厚度为 x 的吸收层的质量。x_m 的常用单位为克/厘米^2(g/cm^2)，μ_m 的相应单位为厘米^2/克(cm^2/g)。

X 射线通过物质时，其强度衰减为原来的一半时所穿过的物质厚度(或质量厚度)，称为该种物质的半价层(half value layer)，用 $x_{1/2}$(或 $x_{m1/2}$)表示。由式(12-9)和式(12-11)可以得到半价层与衰减系数之间的关系式

$$x_{1/2} = \frac{\ln 2}{\mu} = \frac{0.693}{\mu} \qquad \text{式(12-12)}$$

$$x_{m1/2} = \frac{\ln 2}{\mu_m} = \frac{0.693}{\mu_m} \qquad \text{式(12-13)}$$

式(12-9)和式(12-11)可改为

$$I = I_0\left(\frac{1}{2}\right)^{\frac{x}{x_{1/2}}}, \quad I = I_0\left(\frac{1}{2}\right)^{\frac{x_m}{x_{m1/2}}}$$

各种物质的衰减系数都与射线波长有关，因此，上述衰减规律公式只适用于单色射线束。X 射线主要是连续谱，所以射线的总强度并不是严格地按照指数规律衰减的。解决实际问题时经常近似地运用指数规律，这时的衰减系数应当用各种波长的衰减系数的一个适当平均值来代替。

3. 衰减系数与波长和原子序数的关系 对于医学上常用的低能 X 射线，光子能量在数十(keV)到数百(keV)之间，各种元素的质量衰减系数近似地适合下式

$$\mu_m = KZ^{\alpha}\lambda^3 \qquad \text{式(12-14)}$$

式(12-14)中，K 大致是一个常数，Z 是吸收物质的原子序数，λ 是射线的波长，常数 α 通常为 3~4，与吸收物质和射线波长有关。吸收物质为水、空气和人体组织时，对于医学上常用的 X 射线，α 可取 3.5。吸收物质中含有多种元素时，它的质量衰减系数大约等于其中各种元素的质量衰减系数按照物体中所含质量比例计算的平均值。由式(12-14)，可得出两个以下有实际意义的结论：

(1) 原子序数愈大的物质，吸收本领愈大：人体肌肉组织的主要成分是 H、O、C 等，而骨骼的主要成分是 $Ca_3(PO_4)_2$，其中 Ca 和 P 的原子序数比肌肉组织中任何主要成分的原子序数都高，因此，骨骼的质量衰减系数比肌肉组织的大，在 X 射线照片或透视荧光屏上显示出明显的阴影。在胃肠透视时服用钡盐也是因为钡的原子序数较高($Z=56$)，吸收本领较大，可以显示出胃肠的阴影。铅的原子序数很高($Z=82$)，因此，铅板和铅制品是应用最广泛的 X 射线防护用品。

(2) 波长愈长的 X 射线，愈容易被吸收：X 射线的波长越短，贯穿本领越大，即硬度越大。因此，在浅部治疗时应使用较低的管电压，在深部治疗时则使用较高的管电压。

根据上述结论可知，当 X 射线管发出的含有各种波长的射线进入吸收体后，长波成分比短波成分衰减得快，短波成分所占的比例越来越大，平均衰减系数则越来越小。这也就是说，X 射线进入物体

后越来越硬了，称为硬化。利用这一原理，可让 X 射线通过铜板或铝板，使软线成分被强烈吸收，这样得到的 X 射线不仅硬度较高，而且射线谱的范围也较窄，这种装置称为滤线板。具体的滤线板往往由铜板和铝板合并组成。在使用时，铝板应当放在 X 射线最后出射的一侧。这是因为各种物质在吸收 X 射线时都发出它自己的标识 X 射线，铝板可以吸收铜板发出的标识 X 射线，而铝板发出的标识 X 射线波长约在 0.8nm 以上，很容易在空气中被吸收。

拓展阅读

X 射线荧光光谱分析

1. X 射线荧光分析理论依据　利用 X 射线荧光进行元素定性、定量分析工作，需要以下三方面的理论基础知识。

（1）莫塞莱定律：反映各元素 X 射线特征光谱规律的实验定律。1913 年，H.G.J.莫塞莱研究从铝到金的 38 种元素的 X 射线特征光谱 K 和 L 线，得出谱线频率的平方根与元素在周期表中排列的序号成线性关系，表明 X 射线的特征光谱与原子序数是一一对应的，使 X 荧光分析技术成为定性分析重要方法之一。

（2）布拉格方程：反映晶体衍射基本关系的理论推导方程。此定律是波长色散型 X 荧光仪的分光原理，使不同元素不同波长的特征 X 荧光完全分开。

（3）朗伯-比尔定律：反应样品吸收规律的定律，可以计算 X 射线荧光的相对强度。

2. 两种类型 X 射线荧光光谱分析仪　用 X 射线照射试样时，试样可以被激发出各种波长的荧光 X 射线，需要把混合的 X 射线按波长（或能量）分开，分别测量不同波长（或能量）的 X 射线的强度，以进行定性和定量分析，为此使用的仪器称为 X 射线荧光光谱仪。由于 X 射线荧光具有一定波长，同时又有一定能量，因此，X 射线荧光光谱仪有两种基本类型：波长色散型和能量色散型。

波长色散型光谱仪一般由光源（X 射线管）、样品室、分光系统（分光晶体）和检测系统等组成。波长色散型光谱仪用分光晶体将荧光光束色散后，测定各种元素的特征 X 射线波长和强度，从而测定各种元素的含量而进行定性分析。利用晶体分光器发生晶体衍射现象，把不同波长的 X 射线分开。根据布拉格衍射定律 $2d\sin\theta=n\lambda$，当波长为 λ 的 X 射线以 θ 角射到晶体，如果晶面间距为 d，则在出射角为 θ 的方向，可以观测到波长为 $\lambda=2d\sin\theta$ 的一级衍射及波长为 $\lambda/2$、$\lambda/3$ 等高级衍射。改变 θ 角，可以观测到另外波长的 X 射线，因而使不同波长的 X 射线可以分开（如图 12-6 所示）。

能量色散型光谱仪一般由光源（X-射线管）、样品室和检测系统组成，与波长色散型光谱仪的区别在于它不需要分光晶体。而是借助高分辨率敏感半导体检查器与多道分析器来完成。X 光子射到探测器后形成一定数量的电子-空穴对，电子-空穴对在电场作用下形成电脉冲，脉冲幅度与 X 光子的能量成正比。脉冲信号经放大器放大后送到多道脉冲分析器。按脉冲幅度的大小分别统计脉冲数，脉冲幅度可以用 X 光子的能量标度，从而得到计数率随光子能量变化的分布曲线，即 X 射线光能谱图。

能量色散光谱仪和波长色散光谱仪的检测限基本相同。但在高能光子范围内能量色散的分辨率好些，在低能光子范围内，波长色散的分辨率好些。就定性分析而言，在分析多种元素时能量色散优于波长色散光谱仪，就测量个别分析元素而言，波长色散好些。如果分析的元素未知，用能量色散较好，反之，用波长色散好些。

模拟 CT
实验
操作视频

X-CT 成像
原理
拓展阅读

习 题

1. X 射线的产生条件是什么？

2. 什么是 X 射线的强度？什么是 X 射线的硬度？如何间接调节？

3. X 射线的两种典型谱线是什么？各自产生机理是什么？

4. X 射线有哪些基本性质？

5. X 射线与物质相互作用形式有哪些？

6. 连续工作的 X 射线管，工作电压是 250kV，电流是 40mA，假定产生 X 射线的效率是 0.7%，靶上每分钟会产生多少热量？

7. 设 X 射线机的管电压为 80kV，计算光子的最大能量和 X 射线的最短波长。

8. 对波长为 0.154nm 的 X 射线，铝的衰减系数为 132cm^{-1}，铅的衰减系数为 $2\,610\text{cm}^{-1}$。要和 1mm 厚的铅层得到相同的防护效果，铝板的厚度应为多大？

9. 一块厚为 2×10^{-3}m 的铜片能使单色 X 射线的强度减弱至原来的 1/5，试求铜的线性衰减系数和半价层。

第十二章
目标测试

（盖立平）

第十三章

原　子　核

学习目标

1. **掌握**　原子核的基本性质，原子核的质量亏损与结合能，原子核的衰变类型、原子核的衰变规律。
2. **熟悉**　原子核的自旋与磁矩、核磁共振、核磁共振谱。
3. **了解**　人工核反应、放射线的剂量。

13-1

第十三章
教学课件

原子核物理学(atomic nuclear physics)是研究原子核特性、结构和变化等问题的一门科学。十九世纪末，天然放射性的发现，显示出原子核是一个复杂的系统，促进了人类对物质结构的探讨深入到原子核内部。核理论与核技术的发展，把人类社会推进到原子能时代。原子核物理学研究的内容涉及两个方面：一方面是对原子核的结构、核力及核反应等物质结构的研究；另一方面是原子能和放射性的应用。原子核物理学首先是从放射性研究开始的，原子核所放射的射线是原子核发出的信号，在绝大多数场合下，可以通过它来探索原子核的性质和原子核间的相互作用，也是原子核技术应用的基础。

本章首先介绍有关原子核的结构和基本性质；其次，介绍放射性核素的衰变规律与人工核反应；最后，简单讨论原子核的磁矩和核磁共振的基本原理。

第一节　原子核的基本性质

一、原子核的结构

1. 原子核的组成　1919年，卢瑟福(E.Rutherford)用α粒子轰击氮时发现有氢核产生，因而断定氢核是组成各种原子核的基本粒子，并命名为质子(proton)，用符号p表示。1901年，法国科学家贝可勒尔(Becquerel)发现了从铀原子中放射出的高速电子流(即β射线)，因此，有人假设原子核是由质子和电子组成的，电子的质量很小，并不影响整个核的质量。这种假设乍看起来似乎是合理的，但与原子核的自旋和磁矩(自旋和磁矩将在第三节进行详细介绍)等实验事实不符。再根据理论计算，电子如果存在于核中，应该具有约124MeV的动能，事实上，放射性物质放出的β粒子根本没有这么大的能量，而且如果具有这么大动能的电子足以把原子核打碎。此外，卢瑟福通过α粒子散射实验，提出了原子核式结构模型，虽然核的体积只有原子体积的$\frac{1}{10^{15}}$，但却集中了原子的全部正电荷和几乎全部质量。因此，把电子“禁闭”在原子核内是完全不可能的。

1932年，查德威克(J.Chadwick)在实验中发现了中子(neutron)，用符号n表示。中子一经发现，海森伯(W.Heisenberg)和伊凡宁柯(Dimitri Iwanenko)随即创立了原子核的质子-中子结构学说。这一学说指出，原子核(atonic nucleus)是由质子和中子组成的，这两种粒子作为核的组成部分，统称为核子(nucleon)。中子不带电，质子带正电，其电荷量与电子电荷量的绝对值相等。由于一切原子都是电中性的，因此，原子核中包含的质子数等于核外电子数，即原子序数（atonic number），用符号 Z 表示。这样，原子核所带电荷量为 $q=+Ze$，Z 也称为该元素原子核的电荷数（nuclear charge number）。原子核的质量数（mass number）A 就是原子核中的核子数，如果以 N 表示中子数，那么 $A=Z+N$。

核内既然没有电子，那么放射性物质放出 β 粒子的事实应该怎样解释呢？近代基本粒子物理学指出，质子和中子可以相互转变：中子可以释放出电子、反中微子而转变成质子；质子可释放出正电子、中微子而转变成中子。

原子核的质子-中子结构学说为大量实验事实所证实，从而使原子核的组成问题基本上得到解决。按照近代粒子理论的夸克模型，质子是由两个上夸克和一个下夸克组成；而中子则由一个上夸克和两个下夸克组成。上夸克带 $\frac{2}{3}$ 电子电荷大小的正电，下夸克带 $\frac{1}{3}$ 电子电荷大小的负电。

2. 原子核的质量 原子核的质量和整个原子的质量相差极小，这是因为核外电子质量极小的缘故。原子质量的单位按国际规定：将自然界中最丰富的碳 ${}^{12}_{6}C$ 原子质量的 $\frac{1}{12}$ 称为原子质量单位（atomic mass unit），用符号 u 表示，由此计算得

$$1u=\frac{1}{12}m_{^{12}C}=\frac{1}{12}\times\frac{12\times10^{-3}}{N_A}kg=1.660\,540\,2\times10^{-27}kg \qquad 式(13\text{-}1)$$

式中，$N_A=6.022\,136\,7\times10^{23}mol^{-1}$ 为阿伏伽德罗常量（Avogadro's constant）。

实际上，质子和中子的质量相差很小，它们分别为 $m_p=1.007\,277u$ 和 $m_n=1.008\,665u$。用原子质量单位来量度原子核时，其质量的数值都接近某一整数，因此，质量数为 A 的原子核的质量近似等于 Au。

3. 核素、同位素、同量异位素、同质异能素 核素（nuclide）是指一类具有确定质子数和核子数的中性原子。核素用符号 ${}^{A}_{Z}X$ 或 ${}^{A}X$ 表示，其中 X 为元素符号，Z 为原子序数，即质子数，A 为质量数，即核子数。同位素（isotope）是指质子数相同而质量数不同的一类核素，它们在周期表中处于相同的位置。如氢有三种同位素，即氕 ${}^{1}_{1}H$、氘 ${}^{2}_{1}H$ 和氚 ${}^{3}_{1}H$。同位素的化学性质基本相同，但物理性质可能有很大的差别。同中子异位素（isotone）是指中子数相同，质子数不同的一类核素，如硫 ${}^{36}_{16}S$、氩 ${}^{38}_{18}Ar$ 和钙 ${}^{40}_{20}Ca$。同量异位素（isobar）是指质量数相同，质子数不同的一类核素，如氩 ${}^{40}_{18}Ar$、钾 ${}^{40}_{19}K$ 和钙 ${}^{40}_{20}Ca$。同质异能素（isomer）是指核的质子数和质量数都相同而处于不同能量状态的一类核素，如锝 ${}^{99}_{43}Tc$ 和 ${}^{99m}_{43}Tc$，左（或右）上角加"m"，表示处于较高能级的激发态。

表 13-1 中列出了四种元素同位素的原子质量。应当强调的是，表中给出的都是整个原子质量，需要用原子核的质量时应把电子质量减去。为什么对原子核描述或进行某些计算时，通常可以用整个原子的质量呢？这是因为对于核的变化过程，电荷数是守恒的，变化前后的电子数目不变，电子质量在计算过程中可以自动消去。

表 13-1 十种核素的原子质量

核素	质量数	原子质量/u	核素	质量数	原子质量/u
${}^{1}_{1}H$	1	1.007 825	${}^{13}_{6}C$	13	13.003 351
${}^{2}_{1}H$	2	2.014 102	${}^{14}_{7}N$	14	14.003 074
${}^{3}_{1}H$	3	3.016 050	${}^{15}_{7}N$	15	15.000 108
${}^{4}_{2}He$	4	4.002 603	${}^{16}_{8}O$	16	15.994 915
${}^{12}_{6}C$	12	12.000 000	${}^{17}_{8}O$	17	16.999 133

4. 原子核的大小 原子核的大小可由实验测定。原子核近似为密度均匀的球体，由各种散射实验测得原子核的半径与质量数 A 有如下关系

$$R=r_0A^{\frac{1}{3}} \qquad \text{式(13-2)}$$

式中，r_0为比例常量，测定其值为 1.20×10^{-15}m。

如果原子核的质量为 m，其体积为 V，那么原子核的密度为

$$\rho=\frac{m}{V}=\frac{m}{\frac{4}{3}\pi R^3}=\frac{m}{\frac{4}{3}\pi r_0^3A}$$

$$=\frac{1.66\times10^{-27}A\ \text{kg}}{\frac{4}{3}\pi\times(1.20\times10^{-15})^3A\ \text{m}^3}=2.3\times10^{17}(\text{kg/m}^3)$$

可见，原子核的密度是水的密度的 2.3×10^{14}倍。体积为 1cm^{3}的核物质，其质量可达 2.3 亿吨。

二、原子核的质量亏损与结合能

1. 质量亏损 原子核既然由质子和中子所组成，似乎原子核的质量应该等于所有质子和中子质量的总和。但实验测定，原子核的质量总是小于组成它的质子和中子的质量总和。若以 m_X、m_p 和 m_n 分别表示原子核^A_ZX、质子和中子的质量，则这一差额为

$$\Delta m=Zm_p+(A-Z)m_n-m_X \qquad \text{式(13-3)}$$

称为质量亏损（mass defect）。

2. 结合能 相对论指出，当系统有质量改变时，一定伴有能量改变，即 $\Delta E=\Delta mc^2$。显然有

$$\Delta E=[Zm_p+(A-Z)m_n-m_X]c^2 \qquad \text{式(13-4)}$$

由此可知，质子和中子组成原子核的过程中必然有大量能量放出，此能量称为原子核的结合能（binding energy）。

根据质能关系 1u 的质量对应的能量为

$$\Delta E=\Delta mc^2=1.660\ 540\ 2\times10^{-27}\times(2.997\ 924\ 58\times10^8)^2\text{J}=931.5\text{MeV}$$

因此，如果质量亏损 Δm 以 u 为单位，结合能 ΔE 以 MeV 为单位，那么

$$\Delta E=931.5\Delta m\text{MeV} \qquad \text{式(13-5)}$$

3. 原子核的稳定性 如果要使原子核分裂为单个的质子和中子，就必须供给与结合能等值的能量。例如，氘核的结合能为 2.22MeV，要使氘核分裂为自由中子和自由质子，必须供给 2.22MeV 的能量。由于结合能非常大，所以一般原子核是非常稳定的系统。然而不同的原子核，其稳定程度并不一样。这可用原子核的结合能 ΔE 除以质量数 A，即

$$\varepsilon=\frac{\Delta E}{A} \qquad \text{式(13-6)}$$

式中，ε 称为每个核子的平均结合能（binding energy per nucleon），又称为比结合能（specific binding energy）。比结合能越大，原子核越稳定。天然存在的原子核中，质量数较小的轻核和质量数较大的重核，其比结合能比质量数中等的核小。因此，使重核分裂为中等质量的核，它就会进一步放出能量，这种能量称为裂变能（fission energy），原子弹、原子能反应堆的能量就是这样产生的；同样，使质量很轻的核聚变为较重质量的核，也会放出大量的能量来，这种能量称为聚变能（fusion energy），氢弹的能量就是通过聚变产生的。中等质量的各种原子核的比结合能近似相等，约为 8.6MeV。表 13-2 列出了某些原子核的结合能和核子的比结合能。

表 13-2　原子核的结合能和核子的比结合能

核	结合能 ΔE/MeV	核子的比结合能 $(\Delta E/A)$/MeV	核	结合能 ΔE/MeV	核子的比结合能 $(\Delta E/A)$/MeV
${}_1^2H$	2.22	1.11	${}_7^{14}N$	104.63	7.47
${}_1^3H$	8.47	2.82	${}_7^{15}N$	115.47	7.70
${}_2^3He$	7.72	2.57	${}_8^{16}O$	127.50	7.97
${}_2^4He$	28.30	7.07	${}_9^{19}F$	147.75	7.78
${}_3^6Li$	31.98	5.33	${}_{10}^{20}Ne$	160.60	8.03
${}_3^7Li$	39.23	5.60	${}_{11}^{23}Na$	186.49	8.11
${}_4^9Be$	58.00	6.45	${}_{12}^{24}Mg$	198.21	8.26
${}_5^{10}B$	64.73	6.47	${}_{26}^{56}Fe$	492.20	8.79
${}_5^{11}B$	76.19	6.93	${}_{29}^{63}Cu$	552	8.76
${}_6^{12}C$	92.20	7.68	${}_{50}^{120}Sn$	1 020	8.50
${}_6^{13}C$	97.11	7.47	${}_{92}^{238}U$	1 803	7.58

例题 13-1　计算氘核及氦核的结合能和平均结合能。

解：（1）氘核 $A=2, Z=1$。氘${}_1^2H$的原子质量为 2.014 102u。

$$\Delta E_D = \Delta mc^2 = [Zm_p + (A-Z)m_n - m_D]c^2$$
$$= (m_p + m_n - m_D)c^2$$
$$= (1.007\ 825 + 1.008\ 665 - 2.014\ 102) \times 931.5\text{MeV}$$
$$= 2.22\text{MeV}$$
$$\varepsilon = \frac{\Delta E_D}{A} = \frac{2.22\text{MeV}}{2} = 1.11\text{MeV}$$

式中，m_p和 m_D 分别为质子和氘核的质量，计算中分别代之以${}_1^1H$及${}_1^2H$的原子质量，所差电子质量抵消了，这样计算方便。

（2）氦核 $A=4, Z=2$，氦${}_2^4He$的原子质量为 4.002 603u。

$$\Delta E_{He} = \Delta mc^2 = [Zm_p + (A-Z)m_n - m_{He}]c^2$$
$$= (2\times1.007\ 825 + 2\times1.008\ 665 - 4.002\ 603) \times 931.5\text{MeV}$$
$$= 28.296\text{MeV}$$
$$\varepsilon = \frac{\Delta E_{He}}{A} = \frac{28.296\text{MeV}}{4} = 7.07\text{MeV}$$

聚合 1mol 氦核时，放出的能量为 $\Delta E = 6.022\times10^{23}\times28.30\text{MeV} = 1.70\times10^{25}\text{MeV}$，这相当于燃烧 10^5kg 煤所放出的能量。

4. 核力　从质能关系和结合能的计算不难看出，由质子和中子组成原子核的能量比它们各自独立时的能量之和低，说明原子核是一个较稳定的系统。但原子核内部，质子之间有静电斥力，中子又不带电，所以不可能是电性力使质子、中子聚成原子核，也不可能是万有引力，因为电磁力比它大 10^{39} 倍。显然，要使原子核成为稳定系统，必须在核子之间存在着一种更强的相互吸引力，这种力称为核力（nuclear force）。正是依靠核力的强烈吸引作用才使核子结合成一个紧密的整体——原子核。原子核的质量、大小、结合能等很多性质都与核力有关。

理论和实验证明，核力有如下主要性质：

（1）核力是短程力：实验表明，核力虽然很强，但作用距离只有 10^{-15}m 的数量级，大于这一数量级时，核力很快减小到零。所以这种力称为短程力(short range force)。

(2) 核力与电荷无关：实验还表明，不管核子带电与否，在原子核中，质子和质子之间、中子和中子之间、质子和中子之间都具有相同的核力。

(3) 核力是具有饱和性的交换力：一个核子只同紧邻的核子有作用，而不是和原子核中所有核子起作用，这种性质称为核力的饱和性(saturation of nuclear force)。

带电粒子之间的电磁力是通过光子的交换来实现的。与此类似，在核子之间的相互作用是通过一种特殊粒子的交换而实现的，这种粒子称为 π 介子(meson)，π 介子有三种荷电状态，即 π^+介子(带正电)、π^0 介子(中性)、π^-介子(带负电)，核子之间频繁地交换 π 介子是产生核力的根源。

第二节 原子核的衰变

1896—1898 年，人们发现自然界中有些重金属，例如铀、钋、镭等，能够放出一种人眼看不见的射线。这种射线具有能使气体电离、照相底片感光和荧光物质发光等一系列的性质。物质的放射性还有一个特点，就是与周围环境的物理条件和本身的化学条件无关。不论放射性物质是处于化合状态，还是以单质存在，也不论它们是否处于高温、高压的环境中，它们的放射性都一样。这些事实表明，放射性过程与原子核外电子云的重新分布无关，而是在原子核内部发生的。因此，对放射性的研究是获悉原子核内部信息的重要途径之一。

自然界中，不稳定的原子核能自发地放出某种射线而转变成另一种原子核，这种现象称为放射性衰变(radioactive decay)。具有放射性的各种原子形式，称为放射性核素(radioactive nuclide)。天然元素和人造元素共有 110 余种，而核素已有 2 600 多种，其中大部分是人造的。而人造核素中，大多数都具有放射性，又称为人工放射性核素(artificial radioactive nuclide)。

一、原子核的衰变类型

放射性物质放射的射线有三种，即 α 射线、β 射线和 γ 射线。α 射线是由带正电的氦核$^4_2$He 组成的高速离子流，它的电离作用很强，但贯穿物体的本领很小。β 射线是高速运动的电子流，电离作用较弱，贯穿本领较强。γ 射线是波长比 X 射线更短的电磁波，即光子流，电离作用很弱，但贯穿本领最强。因此，放射性核素主要有 α 衰变、β 衰变和 γ 衰变三种类型。在核衰变过程中，电荷、质量、能量、动量、核子数等物理量守恒。按照质能关系，核衰变前后的质量亏损，转变为核衰变时释放的能量，这一能量称为衰变能(decay energy)，用符号 Q 表示。

1. α 衰变 放射性核素的原子核，放射出 α 粒子而衰变为另一种原子核的过程，称为 α 衰变。例如，镭$^{226}_{88}$Ra 放出一个 α 粒子衰变成氡$^{222}_{86}$Rn，其衰变式为

$$^{226}_{88}\mathrm{Ra}\rightarrow{}^{222}_{86}\mathrm{Rn}+{}^4_2\mathrm{He}+Q$$

核衰变的三种类型
微课

如果用 X 和 Y 分别表示衰变前后母核和子核的符号，则 α 衰变一般表达式为

$$^A_Z\mathrm{X}\rightarrow{}^{A-4}_{Z-2}\mathrm{Y}+{}^4_2\mathrm{He}+Q \qquad 式(13\text{-}7)$$

从式(13-7)中可以看出，子核$^{A-4}_{Z-2}$Y 的电荷数比母核^A_ZX 少 2，质量数少 4，子核在周期表中比母核向前移两个位置，这就是 α 衰变的位移定则。

衰变能 Q 主要表现为子核和 α 粒子所获得的动能 E_Y、E_α。根据能量守恒和动量守恒，衰变能在 Y 和 α 之间的分配很容易被计算出来，即

$$E_\alpha=\frac{A-4}{A}Q$$

$$E_Y=\frac{4}{A}Q$$

在天然放射性核素中，作 α 衰变的绝大多数是质量数 A 大于 209 的重原子核，例如镭 $^{226}_{88}Ra$、钋 $^{210}_{84}Po$ 等。质量数小于 209 的核素，只有少数几种是放射 α 粒子，例如钐 $^{147}_{62}Sm$、钕 $^{144}_{60}Nd$ 等，但半衰期都很长（分别为 $6.7\times10^{11}y$ 和 $5\times10^{15}y$），基本上可以看作稳定核素。人工放射性核素作 α 衰变的是少数。

当某种放射性核素放射 α 粒子的同时，还常常伴有 γ 射线的放射。如图 13-1 所示，镭 $^{226}_{88}Ra$ 作 α 衰变时，放出的 α 粒子主要有两种能量值，即 4.777MeV（约占 α 粒子总数的 94.3%）和 4.589MeV（约占 α 粒子总数的 5.7%）。可以估计到，激发态的氡 $^{222}_{86}Rn$ 能放射出能量为 0.188MeV 的 γ 射线，这已被实验所证实。

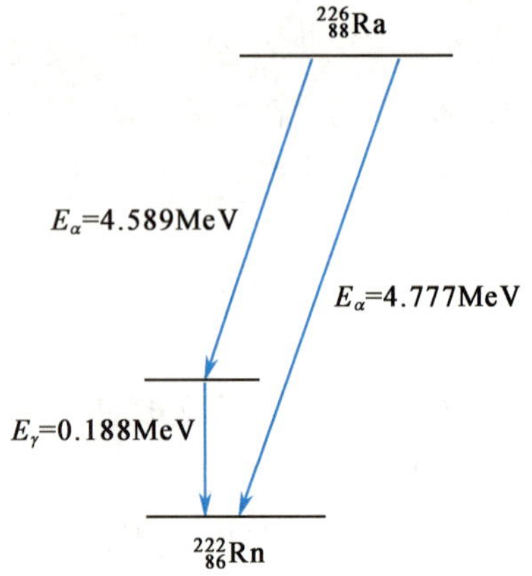

图 13-1　$^{226}_{88}Ra$ 的 α 衰变

2. β 衰变　放射性核素自发地放射出 β 射线（高速电子）或俘获轨道电子而变成另一个核素的现象称为 β 衰变。它主要包括 β^- 衰变、β^+ 衰变和电子俘获三种类型。

（1）β^- 衰变：放射性核素放出电子（$^{0}_{-1}e$）而变成另一种核的过程，称为 β^- 衰变。例如，磷 $^{32}_{15}P$ 放出一个电子衰变为硫 $^{32}_{16}S$，其衰变式为

$$^{32}_{15}P\rightarrow^{32}_{16}S+^{0}_{-1}e+\tilde{\nu}_e+Q$$

式中，$\tilde{\nu}_e$ 是反中微子，是一种质量比电子质量小得多的中性粒子。$^{32}_{16}S$ 同 $^{32}_{15}P$ 质量数相同，但电荷数不同，因此，它们是同量异位素。在衰变时，$^{32}_{16}S$、$^{0}_{-1}e$ 和 $\tilde{\nu}_e$ 都获得了动能，由衰变能 Q 供给。

β 衰变一般表达式为

$$^{A}_{Z}X\rightarrow^{A}_{Z+1}Y+^{0}_{-1}e+\tilde{\nu}_e+Q \qquad 式(13\text{-}8)$$

式(13-8)指出，子核同母核质量数相同，但电荷数多 1，子核在周期表中比母核往后移一个位置，这就是 β^- 衰变的位移定则。

原子核中不存在电子，β^- 衰变时发出的电子是原子核中的一个中子转变为质子时放出的，同时放出一个反中微子，即

$$^{1}_{0}n\rightarrow^{1}_{1}H+^{0}_{-1}e+\tilde{\nu}_e+Q \qquad 式(13\text{-}9)$$

就电荷数相同的核素而言，中子数过多的原子核通常会发生这种衰变。

发生 β 衰变时，常伴有 γ 射线。如图 13-2 所示，铯 $^{137}_{55}Cs$ 作 β 衰变时，一小部分（约占总数 6.5%）可直接转变为钡 $^{137}_{56}Ba$ 的基态，放出的 β 粒子的最大能量为 1.176MeV；而大部分（占总数 93.5%）则转变为 $^{137}_{56}Ba$ 的激发态，放出的 β 粒子的能量为 0.514MeV，而后再跃迁到 $^{137}_{56}Ba$ 的基态，同时放出的能量为 0.662MeV 的 γ 射线。

实验发现，β 粒子的能量是连续分布的。图 13-3 是 β 射线的能谱，它表示 β 粒子的能量 E_β 有一确定的最大值 E_0，能量为 $\frac{E_0}{3}$ 的 β 粒子数量最多，表示这种能量的 β 射线强度最大。由于 $^{137}_{55}Cs$ 的衰变产生两组 β 粒子，所以与最大射线强度相对应的能量值也有两个。

在 β 衰变时，衰变能主要分配在 β 粒子和反中微子上。因为子核的质量比 β 粒子和反中微子大得多，所分配到的能量极小（即可忽略不计）。能量在这两种粒子之间的分配是可以任意的，因此 β 粒子得到的能量可以从零变化到最大值。这个最大值几乎等于衰变能 Q。

（2）β^+ 衰变：β^+ 粒子又称为正电子（positron），它的质量与电子相等，它的电量是电子电量的绝对值。放射性核素作 β^+ 衰变，是由于原子核中的一个质子放出 β^+ 粒子和中微子而转变成中子。其衰变式为

$$^{1}_{1}H\rightarrow^{1}_{0}n+^{0}_{1}e+\nu_e+Q \qquad 式(13\text{-}10)$$

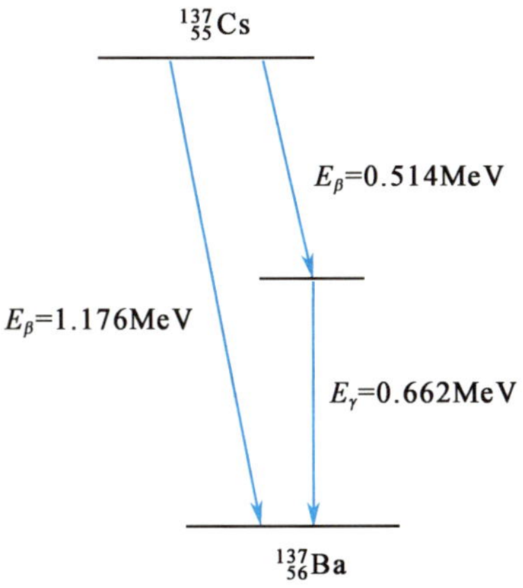

图 13-2　$^{137}_{55}Cs$ 的 β 衰变

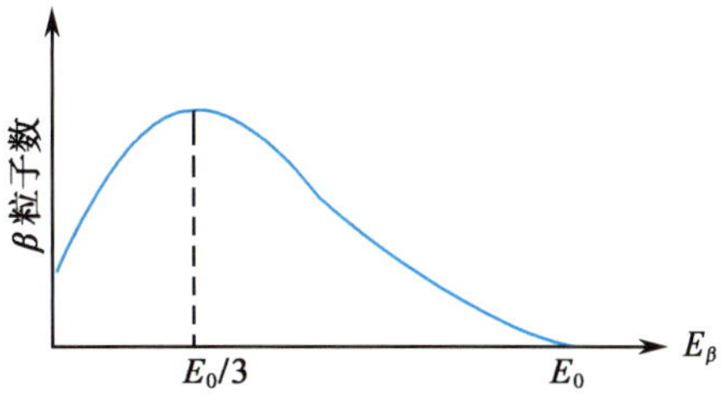

图 13-3　β 射线能谱

通常，中子过少的原子核会发生这种衰变。β^+衰变后，子核在周期表中比母核前移一个位置。

β^+粒子的能量同β^-粒子一样，也是连续分布的。但它们所不同的是β^+粒子存在的时间极短，当它被物质阻碍而失去动能时，就和物质中的电子相结合，发生正、负电子偶的湮没，转化为一对光子。每个光子的能量为 0.511MeV，正好与电子的静质量相对应。实验中，可以探测到这种能量的 γ 粒子来判别β^+粒子的存在。

β^+衰变只有在少数人工放射性核素中被发现。在天然放射性核素中尚未发现。

（3）电子俘获：某些核素的原子核从核外的电子壳层中俘获一个电子，使核中的一个质子转变成中子，并放出中微子，从而形成子核，其衰变式为

$$^{1}_{1}H+^{0}_{-1}e\rightarrow^{1}_{0}n+\nu_e+Q \qquad 式(13\text{-}11)$$

这种过程称为电子俘获（electron capture）。由于原子核最容易从最近的 K 壳层俘获电子，所以又称为 K 俘获。但也可能存在 L 俘获和 M 俘获。这种衰变的结果和β^+衰变一样，即子核在周期表中比母核前移一个位置。电子俘获也是发生在中子过少的核素中。一个内层电子被原子核俘获后，外层电子会立即填补这一空位，同时放出能量。这个能量可以以发射标识 X 射线（光子）的形式放出，也可以使另一外层电子电离成为自由电子。这种被电离出的电子称为俄歇电子（Auger electron）。

3. γ 衰变和内转换　γ 射线是一种电磁辐射，波长在 0.01nm 以下。γ 射线通常是与 α 衰变、β 衰变同时发生的。电子俘获产生的核衰变，有的也放出 γ 射线。当母核发生 α 衰变或 β 衰变时，其子核处于激发态的时间极短（约 10^{-13}～10^{-11}秒），就跃迁到基态而放出 γ 射线。由于 γ 衰变对子核的电荷数和质量数都无影响，所以上述的跃迁，就称为同质异能跃迁（isomeric transition）。

α 衰变或 β 衰变产生的子核从激发态跃迁到基态，有时并不放出 γ 射线，而是将能量交给核外电子壳层中的电子。电子获得能量后就脱离原子的束缚而成为自由电子。这种过程称为内转换（internal conversion）。释放的电子称为内转换电子，它们主要是 K 层电子，但也有 L 层电子或其他壳层电子。内转换电子的能谱是分立的，它与 β 衰变时电子的连续谱截然不同。一般重核低激发态发生跃迁时，发生内转换的概率比较大。内转换过程由于释放电子而在原子的内壳层出现空位，外层电子将会填充这个空位而发射标识 X 射线或俄歇电子。

二、原子核的衰变规律

放射性现象是原子核从不稳定状态趋于稳定状态的过程。由于放射性核素能自发地进行衰变，使原来核素减少，新生核素不断增加。对于任何一种放射性核素，虽然所有的核都要发生衰变，但它们并不是同时进行的，而是有先有后。对于某一个核在什么时刻衰变，完全具有偶然性，无法预知，但对于由大量相同的原子核组成的某种放射性核素而言，则遵守具有统计意义的衰变规律。

1. 衰变定律 任何放射性核素在时间 dt 内衰变的原子核数$-dN$,与当时存在的母核总数 N 成正比,即

$$-\frac{dN}{dt}=\lambda N \qquad 式(13-12)$$

式中,λ 称为衰变常数(decay constant),表示一个原子核在单位时间内发生衰变的概率,它是表征放射性核素变化快慢的物理量,其数值与核素的种类有关,如果一种核素能够进行几种类型的衰变,或者子核可能处于几种不同的状态,则对应于每种衰变类型和子核状态,各自都一个衰变常数 λ_1、λ_2、…、λ_n,总的衰变常数 λ 等于各衰变常数之和,即

$$\lambda=\lambda_1+\lambda_2+\cdots+\lambda_n \qquad 式(13-13)$$

对式(13-12)积分,并利用初始条件 $t=0$ 时,$N=N_0$,得

$$N=N_0e^{-\lambda t} \qquad 式(13-14)$$

式(13-14)表明,未衰变的母核数随时间按指数规律减少,式(13-12)称为放射性衰变定律的微分形式,式(13-14)称为放射性衰变定律的积分形式。

2. 半衰期 原有的母核总数 N_0衰变一半所需的时间,称为半衰期(half life),用 T 表示。当 $t=T$,将 $N=\frac{N_0}{2}$代入式(13-14),计算得到

$$T=\frac{\ln 2}{\lambda}=\frac{0.693}{\lambda} \qquad 式(13-15)$$

式(13-15)表明,半衰期 T 与衰变常数 λ 成反比,衰变常数越小,半衰期越长,即放射性核素衰变得越慢。所以,半衰期是用来表示放射性核素变化快慢的物理量。从式(13-15)还看出,原子核的半衰期与原子核数量的多少以及什么时间开始计时没有关系。

经过一个半衰期 T 后,其放射性核素衰减到原来的$\frac{1}{2}$,经过两个半衰期 T 后衰减到原来的$\frac{1}{4}$,依此类推,经过 n 个半衰期 T 后,将衰减到原来的$\left(\frac{1}{2}\right)^n$。将式(13-15)代入式(13-14)整理得到

$$N=N_0\left(\frac{1}{2}\right)^{\frac{t}{T}} \qquad 式(13-16)$$

表 13-3 列出了几种放射性核素的半衰期。

表 13-3 几种放射性核素的半衰期

核素	射线	半衰期	核素	射线	半衰期
$^{11}_{6}C$	β^+	20.4min	$^{131}_{53}I$	β^-、γ	8.04d
$^{13}_{6}C$	β^-	5 700y	$^{212}_{84}Po$	α、γ	3×10^{-7}s
$^{24}_{11}Na$	β^-、γ	14.8h	$^{222}_{86}Rn$	α	3.82d
$^{32}_{15}P$	β^-	14.3d	$^{226}_{88}Ra$	α	1 600y
$^{60}_{27}Co$	β^-、γ	5.27y	$^{238}_{92}U$	α	4.5×10^9y

3. 生物半衰期与有效半衰期 当放射性核素引入生物体内时,其原子核的数量一方面按自身的规律衰变递减,另一方面还由于生物代谢而排出体外,使体内的放射性原子核数量减少比单纯的衰变要快。若用上述的 λ 代表的物理衰变常数,λ_b代表单位时间内从体内排出的原子核数与当时存在的原子核数之比,则放射性核素的排出率,称为生物衰变常数(biological decay constant),于是 $\lambda_e=\lambda+\lambda_b$,$\lambda_e$称为有效衰变常数(effective decay constant)。三种衰变常数对应的半衰期分别为有效半衰期 T_e、物理半衰期 T 和生物半衰期 T_b,三者的关系为

$$\frac{1}{T_e}=\frac{1}{T}+\frac{1}{T_b} \text{或} T_e=\frac{TT_b}{T+T_b} \qquad \text{式(13-17)}$$

由此可见，T_e比 T 和 T_b都短。

4. 平均寿命 在某种放射性核素中，核衰变有早有迟，也就是说，有的核寿命短，有的核寿命长。因此，可用平均寿命来表示某种放射性核素衰变的快慢。每个核在衰变前平均能存在的时间，称为平均寿命，用符号 τ 表示。设在 $t \sim t+\mathrm{d}t$ 时间间隔内有 $-\mathrm{d}N$ 个原子核衰变，在 $-\mathrm{d}N$ 个核中的每个核的寿命为 t，则这部分原子核的总寿命为 $t(-\mathrm{d}N)$。因此，N_0个母核的平均寿命为

$$\tau=\frac{\int_{N_0}^{0} t(-\mathrm{d}N)}{N_0}$$

将式(13-14)微分后代入上式得

$$\tau=\frac{1}{N_0}\int_0^{\infty}\lambda N_0 t\mathrm{e}^{-\lambda t}\mathrm{d}t=\frac{1}{\lambda} \qquad \text{式(13-18)}$$

将式(13-18)比式(13-15)，得

$$T=\tau\ln 2=0.693\tau \qquad \text{式(13-19)}$$

式(13-15)、式(13-18)、式(13-19)给出了 T、λ、τ 三者间的关系。每一种核素都有它特有的 T、λ、τ，所以，它们可以作为放射性核素的特征量。这三者中，已知 T、λ、τ 其中任意一个的数值，就可以推算出其他两个的数值，也基本上可以进一步判断它是哪一种核素。

5. 放射性活度 放射性核素在衰变过程中，单位时间内衰变的原子核数目越多，从放射源发出的射线越强。因此，以单位时间内衰变的母核数来表示放射性活度(radioactivity)，用 A 表示，即

$$A=-\frac{\mathrm{d}N}{\mathrm{d}t}=\lambda N \qquad \text{式(13-20)}$$

将式(13-14)代入式(13-20)，得

$$A=A_0\mathrm{e}^{-\lambda t} \qquad \text{式(13-21)}$$

式中，$A_0=\lambda N_0$表示在 $t=0$ 时刻的放射性活度。放射性活度也随时间按指数规律减少。

在国际单位制中，放射性活度的是贝可勒尔(Becquerel)，简称贝可(Bq)。1 贝可表示放射性核素每秒发生一次核衰变，即 $1\mathrm{Bq}=1\mathrm{s}^{-1}$。贝可单位太小，常用千贝可(kBq)或兆贝可(MBq)来表示。

历史上放射性活度的单位还有居里(curie)，符号为 Ci ，$1\mathrm{Ci}=3.7\times10^{10}\mathrm{Bq}$。

例题 13-2 已知镭的半衰期为 1 600 年，求它的衰变常数和 1g 纯镭的放射性活度。

解： 由 $T=\dfrac{0.693}{\lambda}$，得镭的衰变常数为

$$\lambda=\frac{0.693}{T}=\frac{0.693}{1\,600\times365\times24\times3\,600\mathrm{s}}=1.37\times10^{-11}\mathrm{s}^{-1}$$

镭的质量数为 $A=226$，1g 纯镭的原子核数为

$$N=\frac{m}{A}N_A=\frac{1}{226}\times6.022\times10^{23}\text{个}=2.66\times10^{21}\text{个}$$

1g 纯镭的放射性活度为

$$A=-\frac{\mathrm{d}N}{\mathrm{d}t}=\lambda N=1.37\times10^{-11}\times2.66\times10^{21}\mathrm{Bq}=3.64\times10^{10}\mathrm{Bq}$$

三、人工核反应

人为地利用某种高速粒子(如质子、中子、氘核、α 粒子、γ 粒子等)去轰击靶原子核，以引起核转变，称为人工核反应(artificial nuclear reaction)。这是研究原子核的一种重要方法。α 粒子和 γ 粒子

可以来源于天然放射物；快速的质子和氘核需要由加速器产生；中子则是由天然放射线或加速器产生的粒子间接产生的。

与核衰变一样，人工核反应也严格遵守电荷守恒、质量与能量守恒、动量守恒等普遍规律。

核反应可以用下式表示

$$^{A}_{Z}\mathrm{X}+a \rightarrow {}^{A'}_{Z'}\mathrm{Y}+b \qquad \text{式(13-22)}$$

式中，a 是入射粒子，b 是反应后放出的粒子，X 是被轰击的核，称为靶核（nuclear target），Y 是反应后形成的新核，称为反冲核（recoil nucleus）。核反应也可以表示为

$$^{A}_{Z}\mathrm{X}(a,b){}^{A'}_{Z'}\mathrm{Y} \qquad \text{式(13-23)}$$

1919 年，卢瑟福用天然放射的 α 粒子轰击氮核引起的 $^{14}_{7}\mathrm{N}(\alpha,p){}^{17}_{8}\mathrm{O}$ 反应，即

$$^{14}_{7}\mathrm{N}+{}^{4}_{2}\mathrm{He}\rightarrow{}^{17}_{8}\mathrm{O}+{}^{1}_{1}\mathrm{H}$$

此反应是历史上第一个人工核反应，它为质子的发现奠定了基础。

在核反应过程中，同时伴有能量的释放或吸收。反应前、后粒子和核的动能之差称为反应能（reactive energy），用 Q 表示，即

$$Q=E_{\mathrm{Y}}+E_{b}-E_{a} \qquad \text{式(13-24)}$$

式中，E_a、E_b、E_{Y} 分别为入射粒子、放出粒子、反冲核的动能。Q 为正，表示释放能量；Q 为负，表示吸收能量。反应能可由质能关系式来确定。设 m_a 和 m_{X} 为入射粒子和靶核的质量，m_b 和 m_{Y} 为反应产生的粒子和反冲核的质量，反应后质量亏损为

$$\Delta m=(m_a+m_{\mathrm{X}})-(m_b+m_{\mathrm{Y}})$$

质量亏损伴有的能量为

$$\Delta E=\Delta mc^2$$

式中，$\Delta E=Q$ 即为反应能。$\Delta m>0$ 时，释放能量；$\Delta m<0$ 时，吸收能量。

人工核反应产生的核素，大部分具有放射性，这类放射性核素在自然界是不存在的，也称为人工放射物。

现在已知的人工核反应已有 1 000 多种，可归纳成以下几种类型：

1. 中子核反应 (n,γ)、(n,p)、(n,α)、$(n,2n)$，例如，$^{1}_{1}\mathrm{H}(n,\gamma){}^{2}_{1}\mathrm{H}$、$^{14}_{7}\mathrm{N}(n,p){}^{14}_{6}\mathrm{C}$、$^{10}_{5}\mathrm{B}(n,\alpha){}^{7}_{3}\mathrm{Li}$、$^{9}_{4}\mathrm{Be}(n,2n){}^{8}_{4}\mathrm{Be}$ 等。

中子不产生电离，所以只有利用它的间接作用来进行探测。利用 $^{10}_{5}\mathrm{B}(n,\alpha){}^{7}_{3}\mathrm{Li}$ 反应可以对中子进行探测。当中子入射到充以 BF_2 气体的探测器中时，就能引起上述反应，由于射出的 α 粒子具有电离作用，从而可间接推证中子的存在。

$^{235}_{92}\mathrm{U}$ 的裂变反应也是一种中子核反应，反应式为

$$^{235}_{92}\mathrm{U}+{}^{1}_{0}n\rightarrow{}^{139}_{54}\mathrm{Xe}+{}^{95}_{38}\mathrm{Sr}+2{}^{1}_{0}n$$

2. 质子核反应 (p,γ)、(p,n)、(p,α)，例如，$^{14}_{6}\mathrm{C}(p,n){}^{14}_{7}\mathrm{N}$、$^{10}_{5}\mathrm{B}(p,\alpha){}^{7}_{4}\mathrm{Be}$ 等。

3. 氘核的核反应 (d,p)、(d,n)、(d,α)、$(d,{}^{3}\mathrm{H})$、$(d,2n)$，例如，$^{63}_{29}\mathrm{Cu}(d,p){}^{64}_{29}\mathrm{Cu}$、$^{9}_{4}\mathrm{Be}(d,n){}^{10}_{5}\mathrm{B}$ 等。

4. α 粒子的核反应 (α,p)、(α,n)，例如，$^{9}_{4}\mathrm{Be}(\alpha,n){}^{12}_{6}\mathrm{C}$，这是 1932 年发现中子的核反应。

1934 年，约里奥 · 居里（Joliot Curie）夫妇发现以下三个反应中的人工放射物，从而导致人工放射性的发现。

$$^{10}_{5}\mathrm{B}(\alpha,n){}^{13}_{7}\mathrm{N},\ {}^{13}_{7}\mathrm{N}\rightarrow{}^{13}_{6}\mathrm{C}+{}^{0}_{1}e,\ T=14\mathrm{min}$$

$$^{27}_{13}\mathrm{Al}(\alpha,n){}^{30}_{15}\mathrm{P},\ {}^{30}_{15}\mathrm{P}\rightarrow{}^{30}_{14}\mathrm{Si}+{}^{0}_{1}e,\ T=2.5\mathrm{min}$$

$$^{24}_{12}\mathrm{Mg}(\alpha,n){}^{27}_{14}\mathrm{Si},\ {}^{27}_{14}\mathrm{Si}\rightarrow{}^{27}_{13}\mathrm{Al}+{}^{0}_{1}e,\ T=3.25\mathrm{min}$$

5. 光致核反应 (γ,n)，例如，$^{2}_{1}\mathrm{H}(\gamma,n){}^{1}_{1}\mathrm{H}$，这是最简单的光致核反应，由于氘核的结合能较小，所以容易分裂。

天然元素中,利用人工核反应已能制出锝、砹、钷和钫四种元素以及电荷数大于 92 的超铀元素,每种人造元素一般都有几个同位素。获得超铀元素的方法是用高能加速器,使一种原子核(弹核)加速后轰击另一种原子核(靶核),而聚合成一种新原子核。由于这些新元素的半衰期极短,必须根据它们衰变时放出的 α 粒子或自发核衰变的产物去确认它们。1982 年 8 月,德意志联邦共和国达姆施塔德重离子加速器研究所发现第 109 号元素。他们是用铁$^{56}_{26}Fe$ 作弹核去轰击靶核铋$^{209}_{83}Bi$,在核反应产物形成后的 5ms 时,测得有 11.1MeV 的 α 粒子放出,从而确认了新元素的存在。

四、放射线的剂量

天然存在的核素中大部分是稳定核素,而通过人工核反应得到的人造核素中,大部分具有放射性,并且绝大多数的元素都有放射性同位素。由于核反应堆和高能加速器的利用,各种放射性核素可以大量生产,其中一些放射性核素放出的射线强度比天然放射性更强。在近代科学技术以及工农业和医药等方面,放射性核素得到了广泛的应用。为了合理、安全地使用放射性核素,对放射线的剂量有所了解十分必要。

放射性活度只表示单位时间内核衰变的数量,并不表示放射性物质放出的粒子种类和数目,更不能表示粒子的能量。核的衰变数与放出的射线数成正比,但不一定相等,例如,钴$^{60}_{27}Co$ 衰变时,除了放射一个 β^- 粒子外,还放射出两个 γ 光子;氯$^{32}_{17}Cl$ 衰变时,放射一个 β^+ 和一个 γ 光子;而磷$^{32}_{16}P$ 衰变时,仅放射一个 β^- 粒子,不放射 γ 光子。两个任意射线源的活度相同并不表示它们放出的射线数也一定相同。而射线对物质的作用与粒子的种类、数目和能量有关,因此,要用其他物理量来表示射线对物质的作用。

射线对物质的作用虽是各种各样,但都可以归结为电离(ionization)这种最基本的作用,而射线对物质产生的电离作用,又与物质从射线中吸收的能量有关。因此,就有必要引入放射线剂量这一概念和它的单位。

1. 照射剂量 照射剂量(irradiation dose)就是单位体积或单位质量被照物质所吸收的能量,用符号 X 表示。照射剂量的国际单位是在标准状态下每千克干燥空气产生 1 库仑电量的正或负离子,所需 X 射线或 γ 射线的照射量,其单位为库仑/千克(C/kg)。由于这种单位是根据空气的电离来定义的,因此,不宜用来度量人体某一部分所吸收的辐射能量。

2. 吸收剂量 任何电离辐射照射物体时,都将全部或部分能量传递给被照射物体。射线在物体内引起的效应,特别是对生物体的效应,是个很复杂的过程,但归根结底是物体吸收了射线能量引起的。因此,吸收剂量(absorbed dose)就是物体内各处所吸收的射线能量程度,用符号 D 表示。在国际单位制中,吸收剂量的单位为戈瑞(Gray),符号为 Gy,它表示每千克质量被照射物体从射线吸收 1 焦耳的能量,即 1Gy = 1J/kg。对于同种类、同能量的射线和同一种被照射物质来说,吸收剂量与照射剂量成正比。在空气中 1mC/kg X 射线或 γ 射线的吸收剂量约为 3.25×10^{-2}Gy,而软组织中的吸收剂量约为 3.61×10^{-2}Gy。

3. 生物有效剂量 生物体内单位质量的软组织从各种射线中吸收了同样多的能量,而产生的生物效应有很大差别,这是因为射线对有机体的破坏能力不但与它吸收的能量和产生的离子有关,还与电离比值有关。所谓电离比值(specific ionization),是指单位路径上所产生的电子-离子对数目。有机体在射线路径电离比值大(即密集电离)时受到破坏要比电离比值小(即稀疏电离)时受到破坏大得多。例如,α 射线和质子射线径迹上电离比值比 β 射线大 20 倍之多。因此,同样的吸收剂量所产生的生物效应,前者要强得多。在放射生物学中,用相对生物效应倍数(relative biological effectiveness, RBE)来表示不同辐射对有机体的破坏程度。RBE 越大,则对有机体的破坏也越大。表 13-4 是以 X 射线或 γ 射线作为比较标准的各种类型辐射的相对生物效应倍数。

表 13-4 各种类型辐射的相对生物效应倍数（RBE）

辐射类型	RBE
能量>0.03MeV 的 X 射线、γ 射线、β^- 和 β^+ 射线	1
能量<0.03MeV 的 β^- 和 β^+ 射线	1
能量<1keV 的中子	1
能量>1keV 的中子	10
快质子	10
α 粒子	20
衰变碎块、反冲核	20

根据射线的 RBE 规定吸收剂量的有效剂量（equivalent dose），用符号 H 表示，它的量值等于吸收剂量（Gy）与 RBE 的乘积。在国际单位制中，有效剂量的单位为希沃特（Sievert），简称希（Sv）。

最大允许剂量（maximum permissible dose，MPD）是指国际上规定经过长期积累或一次照射对人体既无损害又不发生遗传危害的最大允许剂量。放射工作人员每年不得超过 50mSv，放射性工作地区附近居民每年不得超过 5mSv。

例题 13-3 有甲、乙两人，甲的肺组织受 α 粒子照射，吸收剂量为 2mGy。乙的肺组织受 α 粒子照射，吸收剂量为 1mGy，同时还受到 β 粒子照射，吸收剂量也为 1mGy。试比较这两人所受射线影响的大小。

解： 从吸收剂量来看两人一样，但受射线影响的大小从吸收剂量无法判断。因此，必须从有效剂量上来衡量。

由表 13-4 可知，α 粒子的 RBE = 20，β 粒子的 RBE = 1，所以甲的肺组织受到的有效剂量为

$$H_{甲} = 2\times10^{-3}\times20\text{Sv} = 4.0\times10^{-2}(\text{Sv})$$

同理，乙的肺组织受到的有效剂量为

$$H_{乙} = (1\times10^{-3}\times20+1\times10^{-3}\times1)\text{Sv} = 2.1\times10^{-2}(\text{Sv})$$

相比之下，甲受到的辐射影响比乙大。

第三节 核 磁 共 振

1924 年，沃尔夫冈·泡利（Wolfgang E.Pauli）就已指出，有些原子核具有自旋和磁矩，在外磁场中它们的能级会发生分裂。在之后的十年中，这些设想都被实验所证实。1946 年，美国哈佛大学的珀塞尔（E.Purcell）和斯坦福大学的布洛赫（F.Bloch）分别发现了核磁共振现象，他们二人为此分享了 1952 年诺贝尔物理学奖。通过研究，人们认识到这一现象与分子结构有关。经过 60 多年的发展，核磁共振已不仅是物理学的一项重要新技术，而且还广泛地应用于有机化学、无机化学和生物化学中，成为研究结构化学、反应过程、分子药理学和分子病理的有效工具，形成了一门新的学科——核磁共振波谱学。特别是在二十世纪八十年代，已逐步开始应用于医学诊断影像领域中，称为核磁共振成像（nuclear magnetic resonance imaging，NMRI）。核磁共振成像技术不仅能获得人体组织和器官的解剖图像，而且能显示它们的功能图像，从而提供对疾病诊断极为有价值的生理、生化和病理信息。核磁共振成像技术的开拓者美国科学家保罗·劳特伯（P.C.Lauterbur）和英国科学家彼得·曼斯菲尔德（P.Mansfield）在该领域的突破性成就而获得 2003 年诺贝尔生理学或医学奖。

一、核子的自旋与磁矩

原子核是由质子和中子组成。与电子一样，质子和中子也都具有自旋，它们的自旋角动量为

$$L_I=\sqrt{I(I+1)}\frac{h}{2\pi} \qquad \text{式(13-25)}$$

式中，自旋量子数 $I=\frac{1}{2}$，h 为普朗克常量。

由于质子带正电，做自旋运动必然会产生磁矩。磁矩的大小和空间取向都不能是任意的，而是量子化的。因此，在磁场中，其磁矩在磁场方向的分量只能取平行或反平行于磁场的两个方向。实验测得质子磁矩在外磁场方向的分量为

$$\mu_p=2.792\ 68\mu_N$$

μ_N 称为核磁子（nuclear magneton），其量值为

$$\mu_N=\frac{eh}{4\pi m_p}=5.050\ 8\times10^{-27}\text{J/T}$$

式中，e 是电子电量的绝对值，m_p是质子的质量。

中子虽不带电，但也有磁矩。实验测得中子磁矩在外磁场方向的分量为

$$\mu_n=-1.913\ 15\mu_N$$

式中，负号表示中子磁矩的方向和自旋角动量的方向相反。

质子和中子磁矩都不等于核磁子 μ_N，这表示它们都不是几何上的点，而是各有其复杂的内部结构。根据核力的介子理论，认为核子之间有一种强相互作用使质子和中子组成较为稳定的原子核，核子交换π介子有以下形式

$$\begin{aligned}&n\rightleftharpoons n+\pi^0\\&p\rightleftharpoons p+\pi^0\\&p\rightleftharpoons n+\pi^+\\&n\rightleftharpoons p+\pi^-\end{aligned} \qquad \text{式(13-26)}$$

在相互作用过程中，质子放出 π^+介子为中子所吸收，同时质子转化为中子，中子转化为质子。由式(13-26)可知质子可能处于两种状态：当处于式(13-26)左方的状态时，其磁矩等于核磁子 μ_N；当处于式(13-26)右方的状态时，由于在这种情况下中子的磁矩为零，质子的磁矩由大于核磁子的 π^+介子磁矩所决定（π^+介子的质量小于 m_p，故其磁矩大于核磁子）。实验测得质子的磁矩为 2.792 68μ_N，正是这两种状态下质子磁矩的平均值。

同样，由式(13-26)可知，中子放出 π^-介子转化为质子时，中子也可能处于两种状态：当处于式(13-26)左方状态时，其磁矩为零；当处于式(13-26)右方状态时，中子磁矩等于 π^-介子的磁矩与质子磁矩 μ_N 的矢量和。因此，实验测得中子磁矩的平均值为−1.913 15μ_N，而不为零。

二、原子核的自旋与磁矩

原子核的总角动量，是组成核的各个核子的轨道角动量和自旋角动量的矢量和。原子核的总角动量亦用式(13-25)的形式表示，即

$$L_I=\sqrt{I(I+1)}\frac{h}{2\pi}$$

式中，I 称为原子核的自旋量子数，它等于整数或半整数。原子核的总角动量也称为原子核的自旋。

由于质子和中子都具有磁矩，所以原子核也具有磁矩。与核外电子的磁矩表达方式一样，原子核的总磁矩也可表示为

$$\mu=g\frac{e}{2m_p}L_I=g\sqrt{I(I+1)}\frac{eh}{4\pi m_p}$$

即

$$\mu=g\sqrt{I(I+1)}\mu_N \quad \text{式(13-27)}$$

式中，g 称为朗德 g 因子（Landé-g-factor），它决定于核的内部结构与特点，且是一个无量纲的量，其值不能通过公式算出，只能由实验测得。对于不同种类的核，g 因子不同，而且有正有负。实验测得，质子的 g 因子等于 5.585 694 772，中子的 g 因子等于−3.826 087 5。

实验证明，原子核的自旋量子数 I 的取值有以下三种情况。

1. $I=0$　核中的质子和中子数都是偶数（即偶-偶核），例如 ${}^{14}_{6}C$、${}^{16}_{8}O$、${}^{28}_{14}Si$ 等，这类核没有自旋。

2. $I=\frac{2n+1}{2}$ $n=0,1,2\cdots$ 核中的质子数或中子数中一个是奇数（即奇-偶核），例如 ${}^{1}_{1}H$，$I=\frac{1}{2}$；${}^{13}_{6}C$，$I=\frac{1}{2}$；${}^{35}_{17}Cl$，$I=\frac{3}{2}$；${}^{17}_{8}O$，$I=\frac{5}{2}$ 等。

3. $I=n$　$n=1,2,3\cdots$ 核中的质子和中子都是奇数（即奇-奇核），例如 ${}^{2}_{1}H$，$I=1$；${}^{14}_{7}N$，$I=1$；${}^{10}_{5}B$，$I=3$ 等。

总之，质量数为偶数的核，其自旋量子数等于整数或零；质量数为奇数的核，其自旋量子数等于半整数。表 13-5 是几种原子核的自旋量子数和磁矩的最大值 μ_m。

表 13-5 原子核的自旋量子数和磁矩

原子核	自旋量子数	磁矩（μ_m）	原子核	自旋量子数	磁矩（μ_m）
${}^{1}_{0}n$	$\frac{1}{2}$	$-1.913\ 15\mu_N$	${}^{14}_{7}N$	1	$+0.404\ 7\mu_N$
${}^{1}_{1}H$	$\frac{1}{2}$	$+2.792\ 68\mu_N$	${}^{16}_{8}O$	0	0
${}^{2}_{1}H$	1	$+0.857\ 387\mu_N$	${}^{23}_{11}Na$	$\frac{3}{2}$	$+2.216\ 1\mu_N$
${}^{4}_{2}He$	0	0	${}^{39}_{19}K$	$\frac{3}{2}$	$+0.390\ 97\mu_N$
${}^{6}_{3}Li$	1	$+0.821\ 921\mu_N$	${}^{40}_{19}K$	4	$-1.291\mu_N$
${}^{7}_{3}Li$	$\frac{3}{2}$	$+3.256\mu_N$	${}^{115}_{49}In$	$\frac{9}{2}$	$+5.496\ 0\mu_N$

原子核的总角动量和总磁矩在外磁场方向上的分量分别为

$$L_m=m\frac{h}{2\pi} \quad \text{式(13-28)}$$

和

$$\mu_m=g\mu_N m \quad \text{式(13-29)}$$

式中，$m=+I,+I-1,\cdots,-I$。m 称为磁量子数，为整数或半整数，共取 $2I+1$ 个值，表示原子核的总角动量，总磁矩在外磁场中分别有 $2I+1$ 个取向。因此，它们沿外磁场方向分别有 $2I+1$ 个分量。

原子核的总磁矩 μ 的绝对值在实验中不能直接测得，而能测得的是总磁矩沿外磁场方向的最大分量 $g\mu_N I$，表 13-5 中所列的磁矩就是这个最大分量的数值 gI，其符号与磁矩相同。各种原子核的磁矩 μ 的数值介于 $-2.13\mu_N$ ~ $+6.17\mu_N$ 的范围内，磁矩为正值则表示总磁矩 μ 的方向与总角动量 L_I 的方向相同，磁矩为负值则表示两者方向相反。将表中给出的磁矩值除以自旋量子数 I，即得该原子核的朗德 g 因子。对于不同核的 g 值介于−4.26 ~ +5.96 范围内，其符号与磁矩相同。

如果将总磁矩 μ 与总角动量 L_I 相除，即

$$\gamma=\frac{\mu}{L_I}=\frac{2\pi g\mu_N}{h}=g\frac{e}{2m_P} \quad \text{式(13-30)}$$

式中，γ 称为原子核的磁旋比（magnetogyric ratio），又称旋磁比或回磁比。对于每一种 $I\neq0$ 的核。正像朗德 g 因子有一特征值一样，磁旋比 γ 也有一个特征值，决定于原子核的内部结构与特性，其符号与 g 相同。

三、核磁共振

当有外磁场存在时，磁矩 μ 与磁场 B 相互作用能为

$$E=-\boldsymbol{\mu}\cdot\boldsymbol{B}=-\mu_m B \qquad 式(13\text{-}31)$$

式中，μ_m 是磁矩在磁场方向的分量，$\boldsymbol{B}$ 是外磁场的磁感应强度。对于原子核，由于其磁矩对于外磁场的取向具有量子化的特征，仅限于几个可能的值。将式（13-29）中的 μ_m 代入上式，得

$$E=-g\mu_N mB \qquad 式(13\text{-}32)$$

由于 m 共取 $2I+1$ 个值，因此，原子核中原来的一个能级，在外磁场中可分裂为 $2I+1$ 个能级，而其中各相邻能级之间间隔相等，且正比于磁感应强度 B。

对于质子，$I=\frac{1}{2}$，m 分别取 $+\frac{1}{2}$ 和 $-\frac{1}{2}$ 代入式（13-32）中，得

$$m=+\frac{1}{2},\quad E=-\frac{1}{2}g\mu_N B$$

$$m=-\frac{1}{2},\quad E=+\frac{1}{2}g\mu_N B$$

这两个能级分别对应质子磁矩在外磁场中的可能取向。如图 13-4 所示，在质子处于低能级 $\left(m=+\frac{1}{2}\right)$ 时，其磁矩沿外磁场方向的分量 μ_p 的方向与外磁场方向一致；处于高能级 $\left(m=-\frac{1}{2}\right)$ 时，μ_p 的方向与外磁场方向相反。两能级的差值为

$$\Delta E=g\mu_N B \qquad 式(13\text{-}33)$$

这也是任何一种核在外磁场中能级分裂后，两个相邻能级间能量差的表达式。

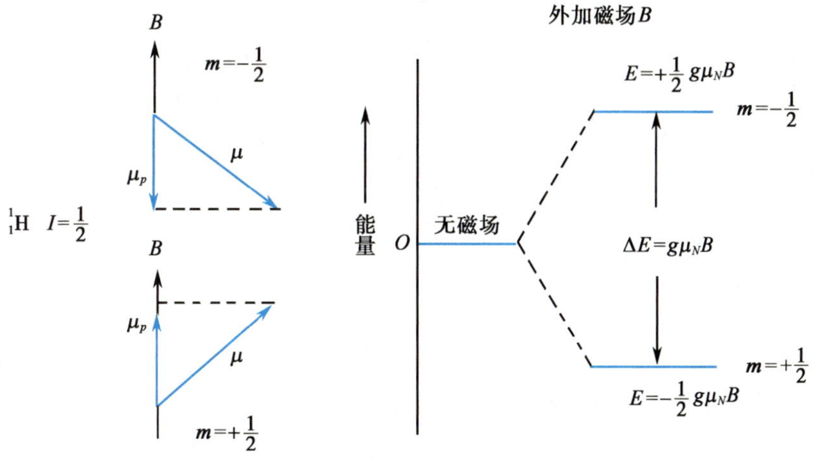

图 13-4 质子在外磁场中磁矩的取向和能级

对于氮核 $^{14}_{7}N$，$I=1$，故 $m=+1$、0、-1，共有三个能级。当 $m=0$ 时，其磁矩在外磁场方向的分量为零；当 $m=+1$ 或 -1 时，其磁矩沿外磁场方向的分量 μ_m 与外磁场方向一致或相反，如图 13-5 所示。而相邻能级间能量差仍为 $g\mu_N B$。

对于 $I\neq0$ 的自旋核在磁场 $\boldsymbol{B}$ 中，如同陀螺的进动一样，在自身旋转的同时又以 $\boldsymbol{B}$ 方向为转轴产生进动，进动的角频率 ω_0 由拉莫尔（Larmor）关系式决定

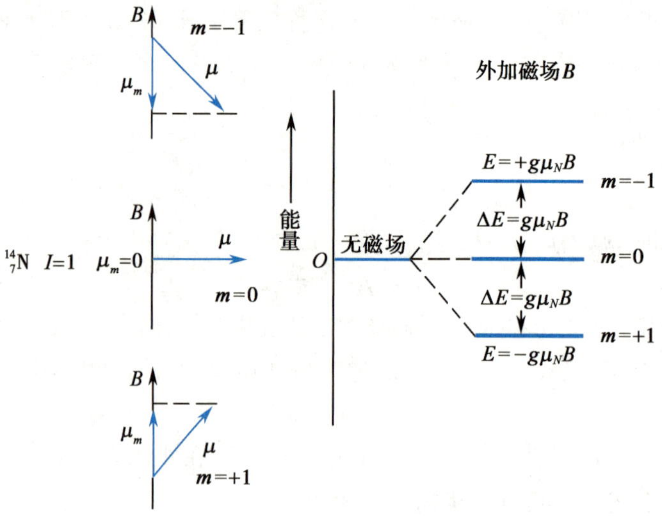

图 13-5　$^{14}_{7}N$ 在外磁场中磁矩的取向和能级

$$\omega_0=\gamma B \text{ 或 } \nu_0=\frac{\gamma}{2\pi}B \qquad \text{式(13-34)}$$

式中，γ 为磁旋比，ω_0称为拉莫尔进动角频率。ω_0除了与 $\boldsymbol{B}$ 有关外，还与原子核种类有关。在磁感应强度 $\boldsymbol{B}$ 为定值的外磁场中，各种原子核由于有不同的 γ 值，所以进动的频率也不同。

如果在与恒定磁场 $\boldsymbol{B}$ 垂直方向上加一个交变的射频（RF）磁场，当其频率恰好符合 $h\nu=\Delta E$ 时，则核就能从射频磁场中吸收大量能量，从较低的磁量子能级跃迁到相邻的较高的磁量子能级。这一现象称为核磁共振（nuclear magnetic resonance，NMR）。因此，式（13-33）可写成

$$h\nu=g\mu_N B$$

$$\nu=\frac{g\mu_N}{h}B=\frac{\gamma}{2\pi}B \text{ 或 } \omega=\gamma B \qquad \text{式(13-35)}$$

式中，γ 就是原子核的磁旋比，ω 就是射频的角频率。

比较式（13-34）和式（13-35）可知，当射频频率恰好等于拉莫尔进动频率，即 $\omega=\omega_0$时，原子核对射频能量发生共振吸收。要使原子核发生共振吸收，一般可采用以下两种方法：一种是固定外磁场 $\boldsymbol{B}$，连续改变射频频率，当 ν 满足式（13-35）时，发生共振吸收，这种方法称为扫频法。另一种方法是保持射频频率不变，连续改变外磁场，当 $\boldsymbol{B}$ 满足式（13-35）时发生共振吸收，这种方法称为扫场法。核磁共振波谱仪一般采用扫场法。

四、核磁共振谱

以发生共振吸收的强度为纵坐标、发生共振的频率（或磁感应强度）为横坐标，绘出一条共振吸收的强度与发生共振的频率（或磁感应强度）变化的曲线，称为核磁共振波谱（nuclear magnetic resonance spectroscopy，NMRS），建立在此原理基础上的一类分析方法称为核磁共振谱法。它已经成为测定有机物结构、构型和构象的重要手段。目前，主要有^{1}H、^{13}C、^{15}N、^{19}F、^{31}P 等核磁共振谱，但应用最普遍、最重要的是^{1}H 核磁共振谱，它能够提供质子类型及其化学环境、氢分布和核间关系等信息。

图 13-6 是连续波核磁共振波谱仪的示意图。供给样品的外磁场是具有两个凸状磁极的磁铁，改变通入两个扫描线圈的直流电流，可以调节磁场的大小。通常磁场是自动地随时间作线性改变，与记录器的线性驱动装置同步。对于射频为 60MHz 的波谱仪，扫描范围是 1kHz（23.5μT）或小于 1kHz。

样品池为外径 5mm 的玻璃管，内盛约 $0.4cm^3$ 的液体（内含样品 20～30mg，并加有微量的标准物质），外面绕着的线圈与射频接收器、检测器以及记录器相连接。测量时，样品池以几百 r/min 的转速

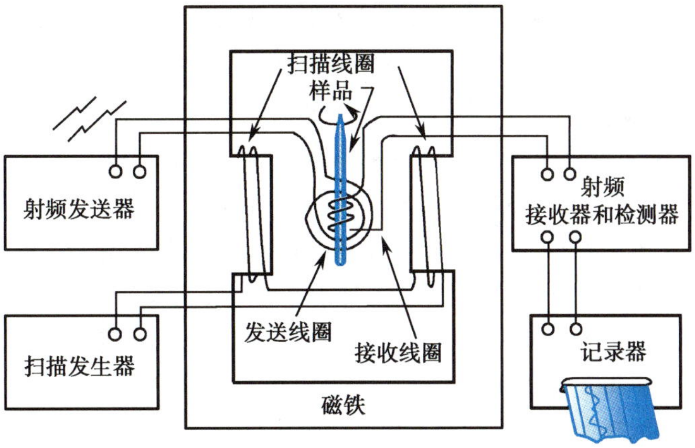

图 13-6 核磁共振波谱仪示意图

旋转，以避免局部磁场不均匀的影响。

除上述连续波法外，1970 年又产生了一种称为脉冲傅里叶变换（pulse Fourier transform，PFT）核磁共振技术的新方法。这种方法是把交变电磁场以脉冲的方式作用到样品上，采集时域共振信号后再进行傅里叶变换来观测核磁共振现象。这种方法具有灵敏度高、分析速度快、精确度好等特点，特别适用于天然丰度低的核磁共振现象的检测。

具有线偏振性质的射频磁场由射频振荡器产生，常用频率是 60MHz 和 100MHz。作为辐射源的发送线圈、扫描线圈及接收线圈三者是相互垂直，避免相互干扰。对于孤立的质子在 60MHz 的射频磁场作用下，产生共振的磁感应强度由式（13-35）算得为

$$B=\frac{h\nu}{g\mu_N}=\frac{6.626\times10^{-34}\times60\times10^6}{5.585\ 7\times5.050\ 8\times10^{-27}}\mathrm{T}=1.409\ 2\mathrm{T}$$

因此，当发送线圈发射出 60MHz 的射频时，将磁场调节到 1.409 2T，孤立质子就发生能级的跃迁。由于射频磁场的能量部分被质子吸收，在接收线圈中就感应出几毫伏的电压，经过放大 10^5 倍以后，被记录器记录下来，就得到质子的核磁共振波谱（图 13-7）。对于不同的磁核，波谱共振峰（又称为吸收峰）的 B 值是不同的，由实验结果可以算出磁旋比 γ 或朗德 g 因子，从而测出它是哪一种原子核。

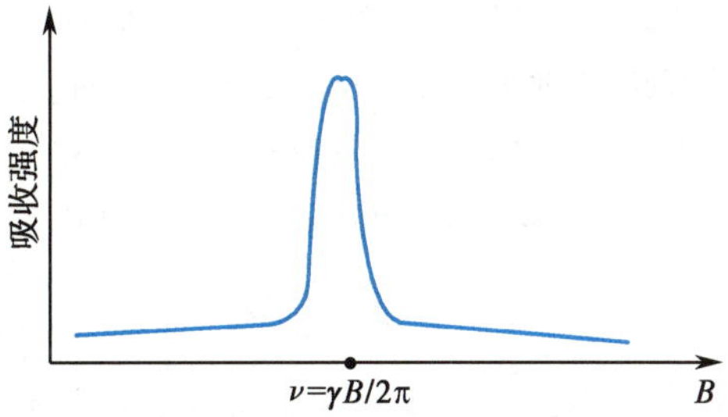

图 13-7 调节磁场 B 所得到的孤立质子波谱

事实上，由于原子核被核外电子壳层所包围，电子的轨道运动和自旋产生的磁场会影响原子核系统，而且周围的原子核的磁矩产生的磁场也会对被测原子核产生影响。因此需要讨论几个同核磁共振波谱有关的问题。

1. 弛豫过程和弛豫时间 当射频磁场撤除之后，处在激发态的核系统释放能量而回到平衡状态，这个过程称为弛豫过程（relaxation process），弛豫过程按观测方向分可为纵向（平行磁场方向）弛豫和横向（垂直磁场方向）弛豫。

（1）纵向弛豫：处在激发态的原子核系统由于吸收能量，宏观磁矩偏离磁场方向，随着弛豫过程的进行，宏观磁矩纵向分量由小变大，最后到达未偏离磁场方向以前宏观磁矩的大小，这个过程称为纵向弛豫（longitudinal relaxation）。由于这个过程实际上是原子核与周围物质进行热交换，最后达到热平衡，因此，这个过程又称为自旋-晶格弛豫（spin-lattice relaxation）。通过纵向弛豫使系统达到平衡态时的时间常数，称为纵向弛豫时间（longitudinal relaxation time），以 T_1 表示。

（2）横向弛豫：原子核之间达到平衡时，核磁矩在垂直磁场的方向（即横向或水平方向）上趋于

平衡状态，各磁矩旋进的位相完全错乱。核磁矩从不平衡状态恢复到平衡状态的变化过程中，也要经历这种分散过程，完全分散时各磁矩在水平方向的磁性相互抵消，从宏观上看磁矩的水平分量趋于零，这个过程称为横向弛豫（transverse relaxation）。这种过程实际上是同种核相互交换能量的过程，因此，这个过程又称为自旋-自旋弛豫（spin-spin relaxation）。通过横向弛豫使系统达到平衡态时的时间常数，称为横向弛豫时间（transverse relaxation time），以 T_2 表示。

弛豫时间的大小会影响谱线的宽度。弛豫时间越小，谱线就越宽，分辨率就越低。

2. 化学位移 核磁共振的频率，不仅是由外加磁场及核磁矩来确定的，还要受到磁核所处的分子环境的影响。例如质子在给定的外磁场中，因所处的分子环境不同，会有不同的共振频率，这个效应称为化学位移（chemical shift）。当质子以不同的化合态处于同一分子中时，得到的不是像图 13-7 所示的孤立质子吸收谱线，而是与不同化合态相对应的几条谱线。对这些谱线进行测量，就可以对分子结构进行分析。

依据拉莫尔公式，可以认为对于同一种核，因其 γ 和 g 相同，它就只能在一个与 ω 相对应的 B_0 值处发生共振吸收。但实际情况要复杂得多，因为对某一个核来说，样品中其他核和电子云在外磁场 B_0 的作用下，在这个核周围将产生微弱的局部磁场，即附加磁场，对 B_0 起到屏蔽作用。所以这个核实际所处的磁场应是 $B=(1-\sigma)B_0$，式中的 σ 称作屏蔽系数（shielding constant），它的值取决于外磁场的强度和具有这些磁矩的核和电子的空间位置。磁共振之所以能在实验中观测，并能广泛应用于物质结构的分析，都是与这种错综复杂的多粒子空间结构的存在分不开的。如图 13-8 是乙基苯的质子共振谱。乙基苯有 C_6H_5—、—CH_2—、—CH_3 三个原子团，属于这三个原子团中的氢核，由于它们的结合状态不同，其谱线位移的程度也不相同，结果产生了与这三种氢核相对应的三条吸收谱线。在共振谱中，化学环境不同的各个不同类核，发生共振的频率或场强还随外磁感应强度而改变（因为化学位移是由外磁场所感生的）。另外，因测量条件和每套设备有所不同，因此很难用频率或场强的绝对值来表示化学位移的大小。为了消除这种影响，通常选择适当的参考物质，以其谱线的位置为标准来确定化学位移的相对大小。

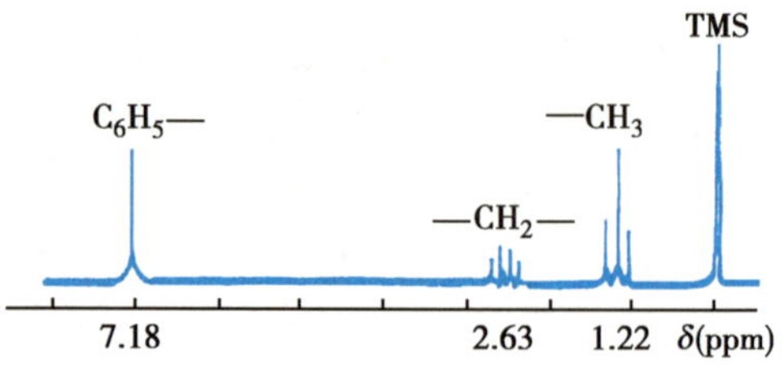

图 13-8 乙基苯的 ^{1}H 核磁共振谱

若固定磁场的磁感应强度 B_0，采用扫频法，则化学位移为

$$\delta=\frac{\nu_x-\nu_S}{\nu_S}\times 10^6 \qquad 式(13\text{-}36)$$

式中，ν_S、ν_x 分别表示参考物质和测试样品发生共振时的频率。

若固定照射频率 ν_0，采用扫场法，则上式可以改写为

$$\delta=\frac{B_S-B_x}{B_S}\times 10^6 \qquad 式(13\text{-}37)$$

式中，B_S、B_x 分别表示参考物质和样品发生共振时的外加磁场的大小。化学位移的单位是百万分之一（part of permillion，ppm）。对于 ^{1}H 谱，常用四甲基硅 $(CH_3)_4Si$（tetramethylsilane，TMS）作为参考物质。因为它只有一个峰，屏蔽作用强，而且一般化合物的峰大都出现在它的左边，所以用它的信号作化学位移的零点，在它左边为正，在它右边为负。这样，氢原子核处于不同化合物中，发生磁共振的频率不同，相差范围约为 0~10ppm。

化学位移可反映分子结构，如某未知样品的磁共振谱，如果在某一化学位移处出现谱线，就说明可能有某一化学基团存在，图 13-8 中—CH_3 基团的谱线出现在 1.22ppm 处，—CH_2—基团的谱线出现在 2.63ppm 处，C_6H_5—基团的谱线出现在 7.18ppm 处，由此可推知它是 $C_6H_5CH_2CH_3$（乙基苯）的磁共振谱。

3. 自旋耦合与自旋分裂 用高分辨本领的核磁共振仪测量质子共振波谱时，可以发现吸收波谱还有精细结构（即多重峰）。产生谱线分裂的原因是：一组质子的自旋通过成键电子作为媒介，与另一组质子间接的相互作用，这种作用称为自旋耦合（spin coupling）。

图 13-9 是硝基丙烷的磁共振谱，从图中可看到 CH_3—基团有三条谱线，—CH_2—基团有 6 条谱线，而靠近—NO_2基团的次甲基则有三条谱线。这种吸收峰分裂为多重线是由基团间核自旋磁矩的相互作用引起的，这种作用称为自旋-自旋劈裂（spin-spin splitting）。这种分裂与化学位移不同，它与外磁感应强度无关。图 13-9 中 CH_3—基团通过结合电子与—CH_2—中的两个氢核发生相互作用，使由于化学位移已经分裂的谱线又进一步裂分成三条谱线，—CII_2—基团则受到 CH_3—和—CH_2—基团中五个氢核的作用而裂分成六条谱线，靠近—NO_2基团的—CH_2—则只受到左边—CH_2—基团中两个氢核的作用而分裂成三条线。所以对自旋量子数 $I=\frac{1}{2}$的氢核，分裂的谱线的条数有一个简单的规律，即与某原子核集团比邻的等价核数为 n，则该原子核集团的谱线受到这 n 个等价核的作用就裂分为 $n+1$ 条谱线。按照这个规律，很容易解释图 13-8 中乙基苯的吸收谱线进一步裂分的谱线数目。从谱线裂分可以了解分子中基团间彼此关系，确定相对排列位置，提供分子结构的信息。

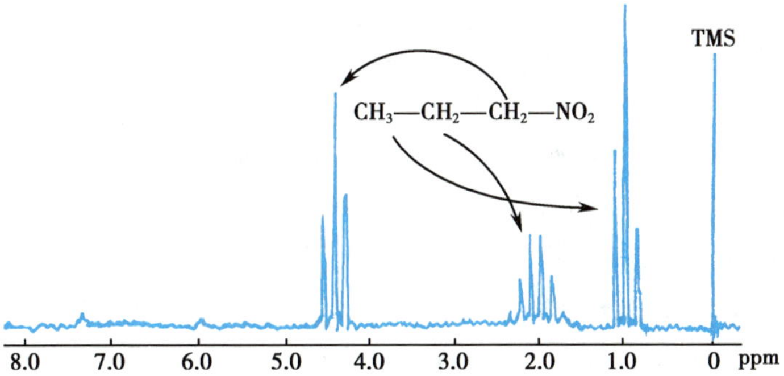

图 13-9 硝基丙烷的磁共振谱

拓展阅读

放射性平衡

许多放射性核素并非一次衰变就达到稳定，新生核素有的是稳定核素，有的仍是放射性核素并继续进行衰变，直到变成稳定核素为止，这就是级联衰变。

讨论级联衰变时母核与子核的衰变规律，考虑下面简单的级联衰变

$$A \xrightarrow{\lambda_A} B \xrightarrow{\lambda_B} C$$

初始时刻 $t=0$ 时核素 A 的数目为 N_{A0}，而核素 B、C 的数目均为 0，即 $N_{B0}=N_{C0}=0$。在 $t\to t+dt$ 时间内，核素 A 衰变的数目为 $-dN_A=\lambda_A N_A dt$，解得

$$N_A=N_{A0}e^{-\lambda_A t}$$

对于核素 B，既以 $\lambda_A N_A$的速度从 A 中产生，又以 $\lambda_B N_B$的速度衰变为 C，因此核素 B 在 $t\to t+dt$ 时间内的变化为

$$dN_B=(\lambda_A N_A-\lambda_B N_B)dt \quad \text{式(13-38)}$$

上式可解为

$$N_B=N_{A0}\frac{\lambda_A}{\lambda_B-\lambda_A}(e^{-\lambda_A t}-e^{-\lambda_B t}) \quad \text{式(13-39)}$$

由此可见,级联衰变只有母核是指数衰减;而子核的衰变规律不仅与自身的衰变常数 λ_B 有关,还与母核的衰变常数 λ_A 有关,它不是简单的指数规律。

级联衰变的一个典型例子就是临床显像检查中最常用的放射性核素锝(^{99m}Tc)是由核素钼(^{99}Mo)衰变而来

$$^{99}\text{Mo} \xrightarrow{\beta^-} {}^{99m}\text{Tc} \xrightarrow{\gamma} {}^{99}\text{Tc} \qquad \text{式(13-40)}$$

^{99m}Tc 衰变放出能量为 141keV 的 γ 射线。由于它对患者的辐射损伤小,被广泛用于心、脑、肾、骨、肺、甲状腺等多种脏器疾患的检查。在目前全世界应用的显像药物中,^{99m}Tc 及其标记的化合物占 80%以上。式(13-40)中两次衰变的半衰期分别为 66.02 小时和 6.02 小时,即 $T_A>T_B$(或 $\lambda_A<\lambda_B$),这时式(13-39)可改写为

$$N_B=N_A\frac{\lambda_A}{\lambda_B-\lambda_A}\left[1-e^{-(\lambda_B-\lambda_A)t}\right] \qquad \text{式(13-41)}$$

随着时间 t 增加,母核的数目越来越少,直到全部衰变为子核,当 $t\to\infty$ 时,式(13-41)简化为

$$N_B\approx N_A\frac{\lambda_A}{\lambda_B-\lambda_A}$$

即子核数目的变化将按照母核的衰变规律而变化,它们之间保持与时间 t 无关的暂时固定的比例,达到暂时放射平衡。由于^{99m}Tc 的半衰期(6.02 小时)很短,从核反应堆或加速器中产生后运送到医院时,已经所剩无几。为了便于^{99m}Tc 的运输和储存,可以将半衰期长得多的钼(^{99}Mo,66.02 小时)与^{99m}Tc 放在一起,当母核(^{99}Mo)与子核(^{99m}Tc)达到或接近放射性平衡时,子核的放射性活度与母核近似相等达到最大值,这时利用化学方法可将^{99m}Tc 分离出来。经过一段时间后,子核与母核又会达到新的放射性平衡,再将子核分离出来,又会再达到新的放射性平衡。这样反复洗脱就像母牛挤乳一样不断得到^{99m}Tc,俗称^{99}Mo 为“母牛(cow)”。这种由长寿命核素不断获得短寿命核素的分离装置称为核素发生器。

13-3

放射性核素在医药方面的应用

拓展阅读

习 题

1. 在 $^{12}_{6}$C、$^{13}_{6}$C、$^{14}_{7}$N、$^{16}_{7}$N、$^{16}_{8}$O、$^{17}_{8}$O 这几种核素中,哪些核素包含相同的下列数据:

(1) 质子数。

(2) 中子数。

(3) 核子数。

(4) 核外电子数。

2. 已知核半径可按公式 $R=1.2\times10^{-15}A^{\frac{1}{3}}$m 来确定,其中 A 为核的质量数。求单位体积(m^3)核物

质内的核子数。

3. 试计算两个氘核$^{2}_{1}H$结合成一个氦核$^{4}_{2}He$时释放的能量。（已知$^{2}_{1}H$的质量$m_D=2.014\ 102u$，$^{4}_{2}He$的质量$m_{He}=4.002\ 603u$。）

4. 由$^{238}_{92}U$衰变成$^{206}_{82}Pb$，须经过几次α衰变和几次β衰变？

5. 由$^{210}_{84}Po$放出的α粒子速度为$1.6\times10^7m/s$，求反冲核的反冲速度。

6. 试证明，在非相对论情形下，发生α衰变时，α粒子所获得的动能为$E_\alpha=\frac{A-4}{A}Q$，式中Q为衰变能，A为母核质量数。

7. 试计算$1\mu g$的同位素$^{32}_{15}P$衰变时，在一昼夜中放出的粒子数。（已知$^{32}_{15}P$的半衰期$T=14.3d$）

8. $^{23}_{11}Na$被中子照射后转变为$^{24}_{11}Na$。问在停止照射24小时后，还剩百分之几的$^{24}_{11}Na$？（已知$^{24}_{11}Na$的半衰期$T=14.8h$）

9. 放射性活度为3.70×10^9Bq的放射性$^{32}_{15}P$的制剂，问在制剂后10天、20天和30天的放射性活度各是多少？（已知$^{32}_{15}P$的半衰期$T=14.3d$）

10. $^{232}_{90}Th$放出α粒子衰变成$^{228}_{88}Ra$，从含有$1g\,^{232}_{90}Th$的一片薄膜测得每秒放射4 100个粒子，求其半衰期。

11. 已知放射性$^{55}_{27}Co$的活度在1小时内减少3.8%，衰变产物是非放射性的，求这核素的衰变常量和半衰期。

12. 利用$^{131}_{53}I$的溶液作甲状腺扫描，在溶液出厂时只需注射1.0ml就够了，如果溶液出厂后贮存了15天，作同样要求的扫描需要注射多少ml？（已知$^{131}_{53}I$的平均寿命为11.6天）

13. 如果一放射性物质含有两种放射性核素，假设其中一种的半衰期为1天，另一种的半衰期为8天，在开始时短寿命核素的活度是长寿命核素的128倍。问经过多长时间两者的活度相等。

14. 以一定强度的中子流照射$^{127}_{53}I$的样品，使它每秒产生10^7个放射性原子核$^{128}_{53}I$。已知$^{128}_{53}I$的半衰期为25分钟。求在照射1分钟、10分钟、25分钟、50分钟后，$^{128}_{53}I$的原子核数及其放射性活度。又在长期照射达到饱和后，$^{128}_{53}I$原子核的最大数目和最大放射性活度各是多少？

［提示：开始时$^{128}_{53}I$核数为0，衰变核数为0；随其核数也增大，衰变核数也增大；经长期照射后达到饱和。因此经照射时间t后，生成的放射性原子核数$N=N_{饱和}(1-e^{-\lambda t})$。因照射达到饱和后，每秒内衰变的原子核数$\lambda N_{饱和}$应等于每秒内产生的原子核数$10^7$，因此有$N_{饱和}=10^7/\lambda$］。

15. 假设一种用于器官扫描的放射性核素的物理半衰期为9天，若有效半衰期为2天，求其在器官内的生物半衰期为多少？

16. 一位患者内服600mg的Na_2HPO_4，其中含有放射性活度为5.55×10^7Bq的$^{32}_{15}P$。在第一昼夜排出的放射性物质活度有2.00×10^7Bq，而在第二昼夜排出2.66×10^6Bq（测量是在收集放射性物质后立即进行的）。试计算该患者服用两昼夜后，尚存留在体内的$^{32}_{15}P$的百分数和Na_2HPO_4的克数。（已知$^{32}_{15}P$的半衰期$T=14.3d$）

17. 完成下列反应式

（1）$^{7}_{3}Li(\alpha,n)$。

（2）$^{25}_{12}Mg(\alpha,p)$。

（3）$^{10}_{5}B(p,\alpha)$。

（4）$^{12}_{6}C(p,\gamma)$。

（5）$^{23}_{11}Na(n,\gamma)$。

（6）$^{27}_{13}Al(n,p)$。

18. 以能量2.5MeV的光子打击氘核，结果把质子和中子分开，这时质子、中子所具有的动能各是多少？（已知 $m_D=2.014\ 102u$，$m_n=1.008\ 665u$，$m_H=1.007\ 825u$）

19. 以质子轰击锂核时引起的反应为

$$_{1}^{1}H+_{3}^{7}Li\rightarrow_{4}^{8}Be\rightarrow2_{2}^{4}He$$

实验指出，这个反应中有时出现两个背向射出的 α 粒子。由这一事实可以推出什么结论？α 粒子的速度多大？（已知 $m_{Li}=7.026\ 78u$）

20. 一个含有镭的微粒，与荧光屏的距离为 $d=1.2cm$，荧光屏的面积 $S=0.02cm^2$，从含镭微粒到屏的中心的直线和屏垂直，如在 1 分钟内从屏上看到闪光 47 次，问微粒中含有多少个镭原子？镭的质量是多少？已知镭的半衰期为 1 600 年（约 5×10^{10} 秒），并且假设镭衰变的产物迅速被抽气机抽去。

21. 解释放射性活度、照射剂量、吸收剂量和生物有效剂量的意义。

22. 假设在距放射源为 10cm 处的 γ 射线剂量率为 $1.29\times10^{-3}C/(kg\cdot min)$，且剂量率与距放射源的距离平方成反比。如果容许照射剂量为 $3.225\times10^{-6}C/(kg\cdot h)$，那么在距离放射源多远的地方才算达到了安全防护距离？

23. $_{17}^{35}Cl$ 核的 $I=\dfrac{3}{2}$，在外磁场中分裂成若干能级？写出两相邻能级之差的表达式。已知它的磁矩为 $0.820\ 9\mu_N$，求朗德 g 因子。

24. 分别计算表 13-5 中原子核 $_{1}^{1}H$、$_{3}^{7}Li$、$_{7}^{14}N$、$_{11}^{23}Na$ 及 $_{49}^{115}In$ 的朗德 g 因子和磁旋比 γ。

25. 质子与反质子湮没时产生四个具同样能量的 π^0 介子，试求每个 π^0 介子的动能（已知 π^0 介子的质量则是电子质量的 264.2 倍）。

13-4

第十三章
目标测试

（王章金）

第十四章

相对论基础

学习目标

1. **掌握** 经典力学的时空观、狭义相对论的基本假设。
2. **熟悉** 狭义相对论的时空观即同时性的相对性、长度的相对性、时间的相对性及相对性与绝对性；狭义相对论关于质量和动量、力和动能的概念及质能关系、能量和动量的关系。
3. **了解** 伽利略变换、洛伦兹变换、广义相对论诞生的背景、广义相对论的基本原理、广义相对论的时空特性。

第十四章
教学课件

1905 年，爱因斯坦（A.Einstein）创立了狭义相对论（special relativity），1915 年又创立了广义相对论（general relativity）。相对论是二十世纪物理学最伟大的成就之一，它从根本上动摇了经典力学的绝对时空观，提出了关于空间、时间与物质运动相联系的一种新的时空观，建立了对高速运动物体也适用的相对论力学，而经典力学则是相对论力学在物体运动速度远小于光速条件下的近似。

相对论的建立，不仅极大地推动了二十世纪科学技术的迅猛发展，而且对人类的时空观、宇宙观、对整个人类文化都产生了极为深刻的影响。本章重点介绍狭义相对论的基本原理和主要结论，并对广义相对论做简要的介绍。

第一节　狭义相对论诞生背景

一、经典力学的时空观

经典力学，即牛顿力学认为，空间和时间的量度是绝对的，和参考系无关，空间和时间彼此独立。用牛顿的话来说，即："绝对、真实及数学的时间本身，从其性质来说，均匀流逝与此外的任何事物无关……""绝对空间，就其性质来说与此外的任何事物无关，总是相似的，不可移动的……"这就是牛顿力学的时空观，也称为绝对的时空观。这种时空观以空间和时间分离为其主要特征。

凡是适用牛顿运动定律的参考系称为惯性系，而相对于惯性系静止或做匀速直线运动的参考系也都是惯性系。以牛顿定律为基础的力学基本规律，包括能量、动量、角动量定理及其守恒定律，在所有惯性系中都成立。这就是说，力学现象对一切惯性系来说，都遵从同样的规律。或者说，力学规律对一切惯性系都是等价的，这一原理称为伽利略相对性原理（Galilean principle of relativity）或力学相对性原理。伽利略相对性原理是根据大量实验事实总结出来的，因此它反映了客观的真实性。

二、伽利略变换

为了对上述伽利略相对性原理做出数学表述，在经典力学中采用了如下的坐标变换。设惯性参考系 K' 相对惯性参考系 K 以恒定速度 u 沿 x 轴正向运动，为了方便起见，令两坐标系对应轴互相平行，且 $t=t'=0$ 时两坐标系重合，若在 K 系中有一事件发生于 (x,y,z,t)，同一事件在 K' 系中可以用

(x',y',z',t') 来描述，如图 14-1 所示。事件 (x,y,z,t) 或 (x',y',z',t') 分别有 K 系或 K' 系中的观测者记录，这里的观测者指静止于某一参考系中无数同步运行的记录钟，事件位置和相应的一个时钟读数可以构成一个事件记录，依照上述约定，伽利略变换（Galilean transformation）为

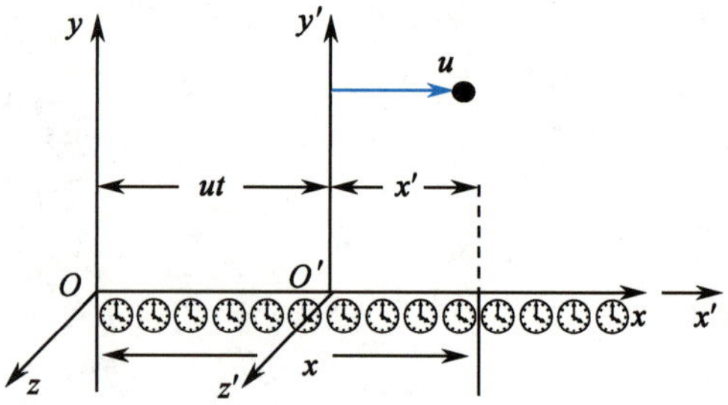

图 14-1 伽利略坐标变换

$$\begin{cases}x'=x-ut\\ y'=y\\ z'=z\\ t'=t\end{cases} \quad 或 \quad \begin{cases}x=x'+ut\\ y=y'\\ z=z'\\ t=t'\end{cases} \qquad 式(14\text{-}1)$$

式（14-1）给出了对同一事件在两个惯性系 K 和 K' 中时空坐标之间的变换关系。

把式（14-1）对时间 t 求导，可得速度和加速度的相应变换式为

$$\begin{cases}v'_x=v_x-u\\ v'_y=v_y\\ v'_z=v_z\end{cases} \quad 和 \quad \begin{cases}a'_x=a_x\\ a'_y=a_y\\ a'_z=a_z\end{cases} \qquad 式(14\text{-}2)$$

将加速度的变换写成矢量式，可得 $\boldsymbol{a}'=\boldsymbol{a}$，这表明在所有相互做匀速直线运动的惯性系中观测到的同一质点的加速度是相同的。在牛顿运动定律成立的领域内，力和参考系无关，即 $\boldsymbol{f}=\boldsymbol{f}'$，质量 m 与参考系无关，则 $\boldsymbol{f}=m\boldsymbol{a}$、$\boldsymbol{f}'=m\boldsymbol{a}'$。由此可见，根据伽利略变换可以推出在不同惯性系中，牛顿第二定律 $\boldsymbol{f}=m\boldsymbol{a}$ 不仅有相同的形式，而且 $\boldsymbol{f}$、m 和 $\boldsymbol{a}$ 各量都保持不变。同时还可以得出，在伽利略变换下，动量守恒定律以及其他动力学规律的形式也都保持不变，即力学规律对于一切惯性系都是等价的。所以在经典力学中，常把伽利略变换下的不变性说成是力学相对性原理的数学表述。

14-2

伽利略变换及经典时空观

微课

伽利略变换有以下两个重要结果：

1. 两个事件 A、B 的时间间隔为 $t'_A-t'_B=t_A-t_B$，若在 K' 系中 $t'_A=t'_B$，则 K 系中 $t_A=t_B$，也就是说，在一个惯性系中同时发生的事件，在所有惯性系中都是同时的。

2. 两个事件之间的空间间隔为 $x'_A-x'_B=(x_A-ut_A)-(x_B-ut_B)=x_A-x_B-u(t_A-t_B)$，若两事件在同一时刻测量，则有 $x'_A-x'_D=x_A-x_D$，即在不同惯性系中长度测量结果相同。

在牛顿力学的时空观中速度是相对的，即 $v'_x=v_x-u$。加速度是绝对的，即 $a'_x=a_x$。总之，在所有惯性系中力学定律都相同，或力学定律在伽利略变换下是不变的。

三、迈克耳孙-莫雷实验

根据伽利略变换，任何物体的速度对于不同惯性系的观测者来说，不可能是常量。那么，作为真空中光速的常量 c，到底是对哪个惯性系而言的呢？由于经典力学认为存在着绝对空间，因此，人们设想在所有惯性系中必然有一个相对于绝对空间静止的绝对参考系。这个绝对空间充满着一种称为"以太"（aether）的物质，而速度 c 就是光在这个最优惯性系"以太"中的传播速度。按照上述设想，地球在绝对空间的代表"以太"中运动，应该感觉到迎面而来的以太风。于是，不少人开始尝试用实验方法测定地球相对"以太"的运动，从而找出绝对参考系。

在充满以太的参考系中，光沿各个方向的传播速度均为 c，如图 14-2（a）所示。设地球相对以太的速率为 u，则按伽利略的速度合成定律，对地球参考系来说，沿前后两个方向的传播速率分别为 $c-u$ 和 $c+u$，沿左右两方向的传播速率为 $\sqrt{c^2-u^2}$，如图 14-2（b）所示。如果有"以太"的存在，精密的光学实验是可以测出这种差别的。迈克耳孙-莫雷试图找出这种差别，他们所用装置为迈克耳孙干涉仪，它是迈克耳孙应用光的干涉原理设计的精密测量仪器。干涉仪放在地球上，设"以太"相对太阳静止；地球相对太阳的速度为 u。实验时，先将干涉仪一臂与地球运动方向平行，另一臂与地球运动方

向垂直。由于光相对“以太”的速度是 c，根据伽利略速度变换公式(14-2)，在地球参考系中光沿不同方向速度的大小并不相等，因而可以看到干涉条纹，如果将整个实验装置缓慢转过 90°后，应该发现干涉条纹的移动。若光波波长为 λ，光臂长度为 L，经计算可得条纹移动数目为

$$\Delta N=\frac{2L}{\lambda}\frac{u^2}{c^2}$$

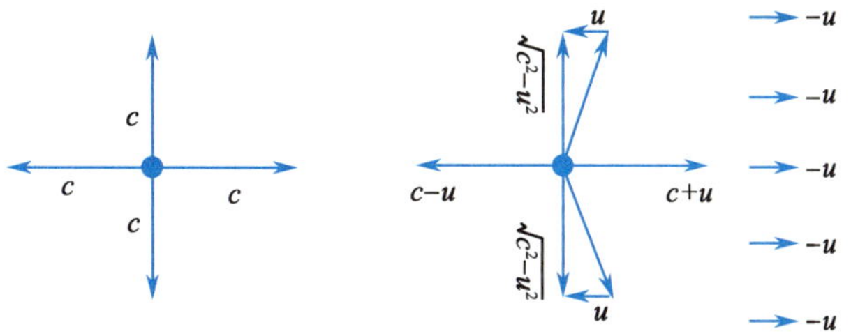

（a）　　　（b）

图 14-2　假设的以太风对光速的影响

（a）以太参考系各方向光速；（b）地球相对以太参考系的各方向光速。

他们采用多次反射方法，使光臂的有效长度 L 增至 10m 左右，再将 $\lambda\approx500\text{nm}$，地球公转速率 $u\approx3\times10^4\text{m/s}$ 和光速 $c\approx3\times10^8\text{m/s}$ 代入上式，得到预期可观测到的条纹移动数目 $\Delta N\approx0.4$ 条。这比仪器可观测的条纹移动最小值(约 0.01 条)大得多。然而，实验的结果是否定的，他们并没有观测到条纹的移动。其后，这个实验又经迈克耳孙和莫雷以及其他很多人加以改进，并在不同条件下重复实验，都始终没有观测到条纹的移动，即没有观测到地球相对“以太”参考系的绝对运动。这一实验结果表明：①相对于“以太”的绝对运动是不存在的，“以太”并不能作为绝对参考系；②在地球上，光沿各个不同方向传播速度的大小都是相同的，它与地球的运动状态无关。

迈克耳孙-莫雷实验的结果动摇了“以太”假说，使得以静止“以太”为背景的经典力学的绝对时空观遇到了根本性的困难，物理学家开始寻求新的变换来代替伽利略变换。爱因斯坦在洛伦兹、庞加莱等人的研究基础上，提出了两个重要的假设，创立了狭义相对论，解释了迈克耳孙-莫雷实验的结果，而迈克耳孙-莫雷实验一直被认为是狭义相对论的主要实验支柱之一。

第二节　狭义相对论基本原理

一、狭义相对性基本假设

1892 年，爱尔兰的菲兹哲罗和荷兰的洛伦兹提出运动长度缩短的概念，1899 年，洛伦兹提出运动物体上的时间间隔将变长，同时还提出了著名的洛伦兹变换。1904 年，法国的庞加莱提出物体质量随其速率的增加而增加，速度极限为真空中的光速。在这些研究的基础上，爱因斯坦于 1905 年首次提出了下面两条狭义相对性的基本假设，构成了狭义相对论的基本原理。

1. 相对性原理（relativity principle）　物理定律在所有惯性系中都是相同的，即所有惯性系都是等价的，不存在特殊的绝对惯性系。

2. 光速不变原理（principle of constancy of light velocity）　在所有惯性系中，光在真空中的传播速率具有相同的值 c。

相对性原理是把力学相对性原理的适用范围从力学定律推广到所有物理定律，“在所有惯性系中都是相同的”是指在某一变换下物理规律的不变性，同时否定了绝对静止参考系的存在。而光速不变原理表明光速与光源及观测者的运动状态无关。

满足上面两个假设而保持物理定律不变的变换是洛伦兹变换。

二、洛伦兹变换

爱因斯坦从两个基本原理出发，导出了洛伦兹变换（Lorentz transformation），在此略去推导过程，仅对这一变换加以介绍。

仍然以图 14-1 为例，在两个惯性系 K 和 K' 中，对同一事件的两组时空坐标 (x,y,z,t) 和 (x',y',z',t') 之间的关系，洛伦兹变换可表示为

$$\begin{cases} x'=\gamma(x-ut) \\ y'=y \\ z'=z \\ t'=\gamma\left(t-\dfrac{u}{c^2}x\right) \end{cases} \quad \text{或} \quad \begin{cases} x=\gamma(x'+ut') \\ y=y' \\ z=z' \\ t=\gamma\left(t'+\dfrac{u}{c^2}x'\right) \end{cases} \qquad \text{式(14-3)}$$

式(14-3)中，$\gamma=\dfrac{1}{\sqrt{1-u^2/c^2}}$。可见，在洛伦兹变换下，空间坐标和时间坐标是相互关联的，这与伽利略变换有着根本的不同。然而在低速情况下，由于 $u\ll c$，$\gamma\to 1$，则洛伦兹变换将过渡到伽利略变换。这就是说，经典力学的伽利略变换是洛伦兹变换在低速时的特殊情况。

下面求同一质点在惯性系 K 和 K' 中速度 (v_x,v_y,v_z) 和 (v'_x,v'_y,v'_z) 的变换关系。对式(14-3)左侧的等式两边求微分可得

$$dt'=\gamma\left(dt-\frac{u}{c^2}dx\right)$$

$$dx'=\gamma(dx-udt);\quad dy'=dy;\quad dz'=dz$$

将上面两个式相比可得

$$v'_x=\frac{dx'}{dt'}=\frac{dx-udt}{dt-\dfrac{u}{c^2}dx}=\frac{v_x-u}{1-\dfrac{uv_x}{c^2}}$$

同理可得 v'_y、v'_z 以及式(14-3)右侧的速度变换，即可得如下的相对论速度变换式：

$$\begin{cases} v'_x=\dfrac{v_x-u}{1-\dfrac{uv_x}{c^2}} \\ v'_y=\dfrac{v_y}{\gamma\left(1-\dfrac{uv_x}{c^2}\right)} \\ v'_z=\dfrac{v_z}{\gamma\left(1-\dfrac{uv_x}{c^2}\right)} \end{cases} \quad \text{或} \quad \begin{cases} v_x=\dfrac{v'_x+u}{1+\dfrac{uv'_x}{c^2}} \\ v_y=\dfrac{v'_y}{\gamma\left(1+\dfrac{uv'_x}{c^2}\right)} \\ v_z=\dfrac{v'_z}{\gamma\left(1+\dfrac{uv'_x}{c^2}\right)} \end{cases} \qquad \text{式(14-4)}$$

由上面速度的相对论变换式不难看出，在任何情况下，物体运动速度的大小不能大于光速 c。即在相对论范围内，光速 c 是一个极限速率。在 $u\ll c$ 的低速情况下，$\gamma\to 1$，上式过渡到伽利略速度变换式，可见经典力学是相对论在速度远小于光速时的特殊情况。

例题 14-1 设火箭 A、B 沿 x 轴方向相向运动，在地面测得它们的速度各为 $v_A=0.9c$，$v_B=-0.9c$。火箭 A 上的观测者测得火箭 B 的速度为多少？

解： 令地球为“静止”参考系 K，火箭 A 为参考系 K'。A 沿 x、x' 轴正方向以速度 $u=v_A$ 相对于 K 运动，B 相对 K 的速度为 $v_x=v_B=-0.9c$。所以在 A 上观测到火箭 B 的速度为：

$$v'_x=\frac{v_x-u}{1-\frac{uv_x}{c^2}}=\frac{-0.9c-0.9c}{1-\frac{(0.9c)(-0.9c)}{c^2}}=\frac{-1.8c}{1.81}=-0.994c$$

而按伽利略变换则得：$v'_x=v_x-u=-0.9c-0.9c=-1.8c$，显然是错误的。

第三节　狭义相对论时空观

一、同时性的相对性

按照伽利略变换的两个重要结果之一，两件事件在某惯性系看来是同时的，在其他惯性系看来也是同时的。但在相对论中，根据光速不变原理，此结论将不成立。“同时”是相对的，这一概念用洛伦兹变换很容易证明，设在 K 系中有两个事件分别在 x_1 和 x_2 两点处在时刻 t 同时发生，根据洛伦兹变换，可得在 K' 系中这两事件发生的时刻分别为

$$t'_1=\gamma\left(t-\frac{u}{c^2}x_1\right)$$

$$t'_2=\gamma\left(t-\frac{u}{c^2}x_2\right)$$

故在 K' 系中测得的时间间隔为

$$\Delta t'=t'_2-t'_1=\gamma\frac{u}{c^2}(x_1-x_2)\qquad\text{式(14-5)}$$

式(14-5)表明，即 K 惯性系中不同地点发生的两个“同时”事件，在 K' 惯性系中“不同时”。只有在 K 惯性系中同一地点（$x_1=x_2$）发生的同时事件，在 K' 惯性系中才是同时发生的。一般来说，对于一个惯性系来说同时发生的两个事情，对于另一个惯性系就不一定是同时发生了，这就是同时性的相对性（relativity of simultaneity）。同时性的相对性否定了各个惯性系之间具有统一的时间，也否定了牛顿的绝对时空观。当然，无论 $x_1=x_2$，还是 $x_1\neq x_2$，若 $u\ll c$，则 $t'_1\approx t'_2$ 均成立。

二、长度的相对性

在任一惯性系中，测得相对于该惯性系静止的物体长度称为固有长度（proper length）或静长，测得相对于该系运动的物体的长度称为测量长度。

设 K' 系相对 K 以速度 u 沿 x 轴运动，K 系中有一根棒（图 14-3），两端点的空间坐标为 x_1、x_2，则棒在 K 系中的固有长度为 $l_0=x_2-x_1$。在 K' 系中的 t' 时刻，记下棒两端的空间坐标 x'_1、x'_2，K' 系中棒的长度为 $l'=x'_2-x'_1$，按洛伦兹变换，有

$$x_1=\gamma(x'_1+ut'),\quad x_2=\gamma(x'_2+ut')$$

故 $l'=x'_2-x'_1=(x_2-x_1)\sqrt{1-u^2/c^2}$，把 $l_0=x_2-x_1$ 代入，则此棒在 K' 系中的长度为

$$l'=l_0\sqrt{1-u^2/c^2}\qquad\text{式(14-6)}$$

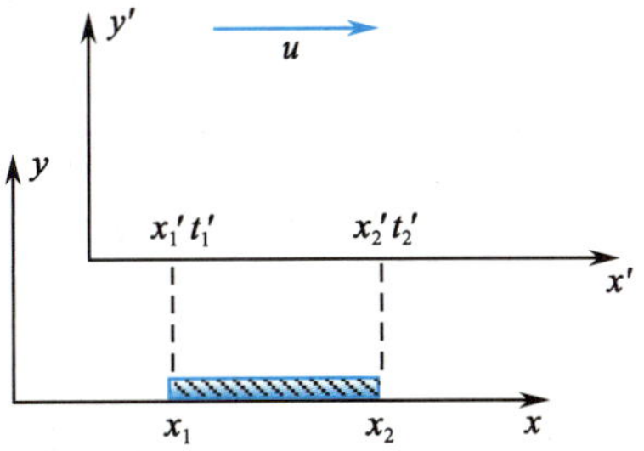

图 14-3　长度的相对性

式(14-6)表明，被测物体和测量者相对静止时，测得物体的长度最大，等于棒的固有长度 l_0。被测物体和测量者相对运动时，测量者测得的沿其运动方向的长度变短了，这个现象称为长度收缩（length contraction）或洛伦兹收缩。当然，在相对于被测物体运动的垂直方向上，无相对运动，故不发生长度收缩。

应当指出，长度收缩效应并不是运动引起物质之间的相互作用而产生的实质性收缩，而是一种相

对性的时空属性。若将两个同样的棒分别静止置于 K 和 K' 系中，则两个参考系中的观测者都将看到对方参考系中棒的长度缩短了。

三、时间的相对性

既然“同时”这一概念在不同的惯性参考系中是相对的，那么，两个事件的时间间隔或某一过程的持续时间是否也与参考系有关呢？时间间隔定义为观测者测量两个事件间所经过的时间。

时间间隔的相对性的问题也可用洛伦兹变换来讨论：在 K' 系中的同一地点 x'_0 先后发生两个事件，时空坐标为 (x'_0, t'_1) 和 (x'_0, t'_2)，则在 K' 系中两个事件的时间间隔为 $\tau' = t'_2 - t'_1$。设 K' 系与 K 系间有相对运动，对 K 系而言，这两个事件发生在不同的地点，按洛伦兹变换，在 K 系的观测者发现两个事件发生的时刻为

$$t_1 = \gamma\left(t'_1 + \frac{u}{c^2}x'_0\right), \quad t_2 = \gamma\left(t'_2 + \frac{u}{c^2}x'_0\right)$$

则 K 系观测者测得这两事件的时间间隔为 τ

$$\tau = t_2 - t_1 = \gamma(t'_2 - t'_1) = \frac{t'_2 - t'_1}{\sqrt{1-u^2/c^2}}$$

即

$$\tau = \frac{\tau'}{\sqrt{1-u^2/c^2}} = \gamma\tau' \qquad \text{式(14-7)}$$

式(14-7)中，τ' 是在 K' 系中观测者所测得的在同一地点 x'_0 先后发生两个事件之间的时间间隔，称为固有时(proper time)或原时，K' 系观测者相对于发生事件的点 x'_0 是静止的。τ 是 K 系中观测者记录在不同地点发生的两个事件之间的时间间隔，称为两地时。上式中 $\sqrt{1-u^2/c^2} < 1$，故 $\tau > \tau'$，两地时比原时长，即原时最短。这就是所谓的时间延缓效应(time dilation)，也称为时间膨胀或称运动时钟变慢。

若在 K' 系和 K 系两件事件都发生在不同地点，式(14-7)不能满足，应该用洛伦兹变换直接求解。

时间延缓效应来源于光速不变原理，它是时空的一种属性，并不涉及时钟内部的机械原因和原子内部的任何过程。

由式(14-7)还可以看出，若 $u \ll c$ 时，$\sqrt{1-u^2/c^2} = 1$，而 $\tau = \tau'$。也就是说，同样的两个事件之间的时间间隔在不同惯性参考系中测量的结果都是一样的，即时间的测量与惯性系无关。这就是牛顿的绝对时间概念。由此可知，牛顿的绝对时间概念实际上是相对论时间概念在惯性系的相对速度很小时的近似。

例题 14-2　μ 子是在宇宙射线中发现的一种不稳定的粒子，它会自发地衰变为一个电子和两个中微子。对 μ 子静止的参考系而言，它自发衰变的平均寿命为 2.15×10^{-6} 秒。假设来自太空的宇宙射线，在离地面 6 000m 的高空所产生的 μ 子，以相对于地球 $0.995c$ 的速率由高空垂直向地面飞来，试问在地面上的实验室中能否测得 μ 子的存在。

解：(1) 按经典理论，μ 子在消失前能穿过的距离为

$$L = 0.995c \times 2.15 \times 10^{-6}\text{s} = 642(\text{m})$$

所以 μ 子不可能到达地面实验室，这与在地面上能测得 μ 子存在的实验结果不符。

(2) 按相对论，设地球参考系为 S，μ 子参考系为 S'。依题意，S' 系相对 S 系的运动速率 $u = 0.995c$，μ 子在 S' 系中的固有寿命 $\tau_0 = 2.15 \times 10^{-6}$s。根据相对论时间延缓公式(14-7)，在地球上观察 μ 子的平均寿命为

$$\tau = \gamma\tau_0 = \frac{\tau_0}{\sqrt{1-u^2/c^2}} = 2.15 \times 10^{-5}(\text{s})$$

μ 子在时间 τ 内的平均飞行距离为

$$L=u\tau=0.995c\times2.15\times10^{-5}=6.42\times10^{3}(\mathrm{m})$$

这一距离大于6 000m，所以μ子在衰变前可以到达地面，因而实验结果验证了相对论理论的正确。

上述结果也可以采用另外解法得到。在μ子不动的S'系中，地球朝μ子运动速率为$u=0.995c$。在μ子寿命τ_0时间内，地球运动距离为

$$L'=u\tau_0=0.995c\times2.15\times10^{-6}=6.42\times10^{2}(\mathrm{m})$$

这已经考虑了相对论长度收缩效应，变换到地球参考系，这段距离的固有长度为

$$L_0=\gamma L'=\frac{L'}{\sqrt{1-u^2/c^2}}=6.42\times10^{3}(\mathrm{m})$$

四、相对性与绝对性

按照辩证唯物主义的世界观，时间、空间和物质运动是不可分割的，物质运动的表达，时间、空间的度量的确存在着相对性的一面，这些都是客观的规律。但从物质的相互影响、事件的因果关系、位置的邻近次序来看，物质运动的时空还存在着绝对性的一面。

1. "时空间隔"的绝对性 设A、B两个事件在K、K'的时空坐标分别为(x_1,y_1,z_1,t_1)，(x_2,y_2,z_2,t_2)和(x_1',y_1',z_1',t_1')，(x_2',y_2',z_2',t_2')，则定义两事件在K、K'系的时空间隔为：

$$S=\sqrt{(x_2-x_1)^2+(y_2-y_1)^2+(z_2-z_1)^2-c^2(t_2-t_1)^2}$$

$$S'=\sqrt{(x_2'-x_1')^2+(y_2'-y_1')^2+(z_2'-z_1')^2-c^2(t_2'-t_1')^2}$$

将K系参量进行洛伦兹变换代入

$$S=\left[\left(\frac{x_2'+ut_2'}{\sqrt{1-u^2/c^2}}-\frac{x_1'+ut_1'}{\sqrt{1-u^2/c^2}}\right)^2+(y_2'-y_1')^2+(z_2'-z_1')^2-c^2\left(\frac{t_2'+ux_2'/c^2}{\sqrt{1-u^2/c^2}}-\frac{t_2'+ux_2'/c^2}{\sqrt{1-u^2/c^2}}\right)^2\right]^{1/2}$$

$$=\sqrt{(x_2'-x_1')^2+(y_2'-y_1')^2+(z_2'-z_1')^2-c^2(t_2'-t_1')^2}=S'$$

从变换结果可知$S=S'$，即两个事件之间的时空间隔S在所有惯性系中都相同，也就是说时空间隔是绝对的。时空间隔中的时空参量不是完全等同的，空间位置可取任意正负值，而时间则一去不复返。因而，在时空间隔中，时间项前取负值。

2. 因果事件时序的绝对性 在相对论中，同时的概念和时间的顺序都是与参考系有关的，在不同的参考系中，两个事件发生的时序是有可能颠倒的。如果两个事件是相关联的，如第一个事件是导致第二个事件的原因，这里存在着因果关系，如因果关系颠倒，就有悖逻辑了。下面通过一个具体的例子来进一步阐述在相对论中是否会发生违背因果律的现象。

设有两辆列车相向而行，相对站台的速度分别为V、$-V$，如图14-4所示，站台上A、B两点正好与两列车中的A'、B'两点及A''、B''两点重合，这时从A、B两点同时发出闪光，按照上面同时的相对性那一节中的分析，位于图14-4中上方列车中点C'观测者先接收到来自A的闪光，后接收到来自B的闪光，于是C'观测者认为A的闪光先于B，而位于下方列车中点C''观测者先接收到来自B的

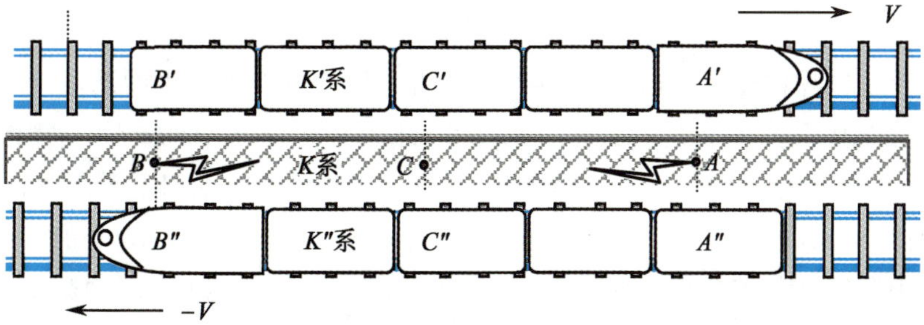

图14-4 不同参考系中观察两事件的时序

闪光，后接收到来自 A 的闪光，于是 C'' 观测者认为 B 的闪光先于 A。如果从 A、B 两点同时发出的不是一般的闪光，而是两个人相互枪击发出的火光，则关于谁先开枪的问题，C' 和 C'' 两目击者将得到相反的结果。

可以用洛伦兹变换来直接证明因果事件的时序是不会颠倒的。

设在 K' 系中 B 事件是由 A 事件引起，如在 K' 系中 A 事件是 t_1' 时刻在 x_1' 处开枪，B 事件是 t_2' 时刻在 x_2' 处子弹中靶。根据洛伦兹变换，K 系中 A、B 两事件发生的时刻分别为

$$t_1=\frac{t_1'+ux_1'/c^2}{\sqrt{1-u^2/c^2}},\quad t_2=\frac{t_2'+ux_2'/c^2}{\sqrt{1-u^2/c^2}}$$

则在 K 系中，中靶事件与开枪事件的时间间隔为

$$t_2-t_1=\frac{(t_2'-t_1')}{\sqrt{1-u^2/c^2}}\left(1+\frac{u}{c^2}\,\frac{x_2'-x_1'}{t_2'-t_1'}\right)$$

由于上式中 $\dfrac{x_2'-x_1'}{t_2'-t_1'}$ 是子弹在 K' 系中的飞行速度 v_x'，而 v_x' 和 u 的绝对值都必须小于光速 c，在 K' 系中开枪事件在先，中靶事件在后，即 $t_2'-t_1'>0$，不论 $x_2'-x_1'$ 数值是正或是负，恒有 $t_2>t_1$。上述结果表明，对于有因果关系的两个事件，它们发生的时间顺序，在任何参考系中观察，其时序都不会颠倒，即因果事件的时序是绝对的。

第四节 狭义相对论动力学

通过上节的讨论可知，相对论对经典力学的时空观进行了根本性的变革，因而在相对论动力学中，经典力学的一系列物理概念，如能量、动量、质量等守恒量及与守恒量传递相联系的物理量如力、功等，在相对论中面临重新定义和重新改造的问题。为此，爱因斯坦提出了如下原则：

1. 必须满足相对性原理，即它在洛伦兹变换下是不变的。
2. 满足对应性原理，即当 $u\ll c$ 时，新定义的物理量必须趋同于经典物理中的对应量。
3. 尽量保持基本守恒定律继续成立。

一、质量和动量

在经典力学中，物体的动量定义为其质量与速度的乘积，即 $\boldsymbol{p}=m\boldsymbol{v}$，这里质量 m 是不随物体运动状态而改变的恒量。在狭义相对论中，如果动量仍然保留上述经典力学中的定义，则计算表明，动量守恒定律在洛伦兹变换下就不能对一切惯性系都成立。相对论理论和观察实验都证明了运动物体的质量并不是恒量，它满足下面的关系，即

$$m=\frac{m_0}{\sqrt{1-\dfrac{v^2}{c^2}}}=\gamma m_0 \qquad \text{式(14-8)}$$

式(14-8)中 v 为物体运动的速度，m_0 为物体在相对静止的参考系中的质量，称为静质量(rest mass)，m 为相对观测者速度为 v 时的质量，也称为相对论性质量(relativistic mass)，简称质量。

由式(14-8)可知，当 $v\ll c$ 时，$m\approx m_0$，物体的质量可以认为是不变的，这就是经典力学所讨论的情况。对一般物体，$m_0>0$，v 越大，m 就越大，当 $v\to c$ 时，$m\to\infty$，这是没有实际意义的。由此可见，对于一般静质量不为零的物体，其速度不可能达到或大于光速。某些粒子如光子、中微子，其速度等于光速，它的静质量就必须等于零。

在相对论中，采用式(14-8)，动量 $\boldsymbol{p}$ 定义为

$$\boldsymbol{p}=m\boldsymbol{v}=\frac{m_0\boldsymbol{v}}{\sqrt{1-\frac{v^2}{c^2}}}=\gamma m_0\boldsymbol{v}$$ 式(14-9)

可以证明,相对论中动量定义式(14-9)满足爱因斯坦相对性原理。此外,不难看出当 $v\ll c$ 时,可以认为 $m=m_0=$恒量,这时相对论动量表达式及动量守恒定律就还原为经典力学中的形式。

二、力和动能

在经典力学中,作用在物体上的力被定义为动量的时间变化率为

$$\boldsymbol{f}=\frac{\mathrm{d}\boldsymbol{p}}{\mathrm{d}t}$$ 式(14-10)

由于质量是常量,所以有

$$\boldsymbol{f}=\frac{\mathrm{d}\boldsymbol{p}}{\mathrm{d}t}=m\frac{\mathrm{d}\boldsymbol{v}}{\mathrm{d}t}=m\boldsymbol{a}$$

在相对论中,牛顿第二定律 $\boldsymbol{f}=m\boldsymbol{a}$ 的形式不再成立,但满足动量守恒定律的式(14-10)仍然成立,只是其中 $\boldsymbol{p}$ 应取相对论动量,把式(14-9)代入式(14-10),即

$$\boldsymbol{f}=\frac{\mathrm{d}\boldsymbol{p}}{\mathrm{d}t}=\frac{\mathrm{d}}{\mathrm{d}t}\left(\frac{m_0\boldsymbol{v}}{\sqrt{1-v^2/c^2}}\right)=\frac{\mathrm{d}}{\mathrm{d}t}(\gamma m_0\boldsymbol{v})$$ 式(14-11)

式(14-11)就是相对论动力学基本方程,可以证明它满足相对性原理,且 $v\ll c$ 时,该方程还原为经典的牛顿第二定律。

在相对论中,假定功能关系仍具有经典力学中的形式,动能定理仍然成立。因此,物体动能的增量等于外力对它所做的功,即

$$\mathrm{d}E_k=\boldsymbol{f}\cdot\mathrm{d}\boldsymbol{s}=\frac{\mathrm{d}\boldsymbol{p}}{\mathrm{d}t}\cdot\mathrm{d}\boldsymbol{s}=\mathrm{d}(m\boldsymbol{v})\cdot\boldsymbol{v}$$

对上式积分

$$\begin{aligned}E_k&=\int_0^v \mathrm{d}(m\boldsymbol{v})\cdot\boldsymbol{v}\\&=\int_0^v \boldsymbol{v}\cdot\mathrm{d}\left(\frac{m_0}{\sqrt{1-v^2/c^2}}\cdot\boldsymbol{v}\right)\\&=\frac{m_0}{\sqrt{1-v^2/c^2}}c^2-m_0c^2\end{aligned}$$

$$E_k=mc^2-m_0c^2$$ 式(14-12)

这就是相对论中的动能公式,在相对论中,质点的动能 E_k 等于质点因运动引起质量的增量 $\Delta m=m-m_0$ 乘以光速的平方。它与经典力学中动能 $E_k=\frac{1}{2}mv^2$ 在形式有很大的不同。然而,在 $v\ll c$ 的极限情况下,由于

$$m=\frac{m_0}{\sqrt{1-\frac{v^2}{c^2}}}=m_0\left(1+\frac{1}{2}\frac{v^2}{c^2}+\frac{3}{8}\frac{v^4}{c^4}+\cdots\right)$$

代入式(14-12),略去高次项,即可得

$$E_k\approx\frac{1}{2}m_0v^2$$

即经典力学的动能表达式是其相对论表达式的低速近似。对于高速情况,上面展开式中的高次项不

能忽略。

例题 14-3 一粒子的静质量为 $1/3\times10^{-26}$kg，以速率 $3c/5$ 垂直进入水泥墙。墙厚 50cm，粒子从墙的另一面穿出时的速率减少为 $5c/13$。求：

（1）粒子受到墙的平均阻力。

（2）粒子穿过墙所需的时间。

解： 由题意可知

$$m_0=\frac{1}{3}\times10^{-26}\text{kg},\quad v_1=\frac{3}{5}c,\quad d=0.5\text{m},\quad v_2=\frac{5}{13}c$$

（1）设 $\overline{F}$ 为平均阻力，由功能定理

$$W=\overline{F}d=E_2-E_1=\frac{m_0c^2}{\sqrt{1-v_2^2/c^2}}-\frac{m_0c^2}{\sqrt{1-v_1^2/c^2}}$$

解得平均阻力为

$$\overline{F}=\frac{m_0c^2}{d}\left(\frac{1}{\sqrt{1-v_2^2/c^2}}-\frac{1}{\sqrt{1-v_1^2/c^2}}\right)=-10^{-10}(\text{N})$$

（2）由动量定理

$$\overline{F}\cdot\Delta t=m_2v_2-m_1v_1$$

解得粒子穿过墙所需的时间为

$$\Delta t=\frac{m_2v_2-m_1v_1}{\overline{F}}=\frac{\frac{13}{12}m_0\times\frac{5}{13}c-\frac{5}{4}m_0\times\frac{3}{5}c}{-10^{-10}}=\frac{1}{3}\times10^{-8}(\text{s})$$

三、质能关系

爱因斯坦将式(14-12)中出现的 m_0c^2 项，解释为物体静止时具有的能量，称为静能(rest energy)，用 E_0 表示，即

$$E_0=m_0c^2 \qquad \text{式(14-13)}$$

式(14-12)中，mc^2 项在数值上等于物体动能 E_k 和静能 E_0 之和，爱因斯坦称之为物体的总能量，用 E 表示，即

$$E=mc^2=\frac{m_0c^2}{\sqrt{1-\frac{v^2}{c^2}}}=\gamma m_0c^2 \qquad \text{式(14-14)}$$

这就是著名的质能关系(mass-energy relation)，这一关系的重要意义在于它把物体的质量和能量不可分割地联系起来了。这就是说，一定的质量对应于一定的能量，两者在数值上只差一个恒定的因子 c^2。

由式(14-14)可知，如果一物体的质量发生 Δm 的变化，物体的能量就一定有相应的变化，即

$$\Delta E=\Delta(mc^2)=c^2\Delta m \qquad \text{式(14-15)}$$

反过来，如果物体的能量发生变化，那么它的质量也一定会发生相应的变化。上式还表明，对于由若干相互作用的物体构成的系统，若其总能量守恒，则其总质量必然守恒。可见，相对论质能关系将能量守恒和质量守恒这两条原来相互独立的自然规律完全统一起来了。值得注意的是，这里所说的质量守恒，指的是相对论质量守恒，其静质量并不一定守恒。而在相对论以前，所谓的质量守恒，实际上只涉及静质量，因此，它只是相对论质量守恒在动能变化很小时的近似。

相对论推出的质能关系式的重大意义还在于，它为开创原子能时代提供了理论基础。在这一理论指导下，人类已成功地实现了核能的释放和利用，这是相对论质能关系的一个重要的实验验证，也

是质能关系的重大应用之一。实验表明，原子核的静质量总是小于组成该原子核的所有核子的静质量之和，其差额称为原子核的质量亏损，用 B 表示，与此相应的静能 Bc^2，称为原子核的结合能，用 E_B 表示，即平时俗称的原子能。

例题 14-4 试求由一个质子(静质量为 $1.672\ 623\times10^{-27}$kg)和一个中子(静质量为 $1.674\ 929\times10^{-27}$kg)结合成一个氘核(静质量为 $3.343\ 586\times10^{-27}$kg)的结合能，并计算聚合成 1kg 氘核所能释放出来的能量。

解： 一个质子和一个中子结合成一个氘核时，其质量亏损为

$$\begin{aligned} B &= (m_{0p}+m_{0n})-m_{0d} \\ &= [(1.672\ 623+1.674\ 929)-3.343\ 586]\times10^{-27}\text{kg} \\ &= 3.966\times10^{-30}(\text{kg}) \end{aligned}$$

所以氘核的结合能为

$$E_B = Bc^2 = 3.966\times10^{-30}\times8.987\ 6\times10^{16}\text{J} = 3.564\times10^{-13}(\text{J})$$

因此，聚合成 1kg 氘核所能释放出来的能量约为

$$\Delta E = \frac{E_B}{m_{0d}} = \frac{3.56\times10^{-13}}{3.34\times10^{-27}} = 1.07\times10^{14}(\text{J/kg})$$

这一数值相当于每千克汽油燃烧时所放出热量 4.6×10^7J/kg 的 230 万倍。

四、能量和动量的关系

根据相对论，能量和动量的定义式为

$$E = \frac{m_0c^2}{\sqrt{1-\dfrac{v^2}{c^2}}},\quad p = \frac{m_0v}{\sqrt{1-\dfrac{v^2}{c^2}}}$$

可以得到

$$E^2 = m_0^2c^4+p^2c^2 = E_0^2+p^2c^2 \qquad \text{式(14-16)}$$

这就是相对论中能量和动量的关系式。将这一关系式应用于光子，因光子静质量 $m_0=0$，可得到光子的能量和动量的关系为

$$E = pc \qquad \text{式(14-17)}$$

又由光子的能量 $E=h\nu$，可得光子的动量

$$p = \frac{E}{c} = \frac{h\nu}{c} = \frac{h}{\lambda} \qquad \text{式(14-18)}$$

根据质能关系，可得光子的质量

$$m = \frac{E}{c^2} = \frac{h\nu}{c^2} \qquad \text{式(14-19)}$$

可见，光子不仅具有能量，而且具有动量和质量。因而，相对论揭示了光子的粒子性。

第五节 广义相对论简介

一、诞生的背景

根据狭义相对论的相对性原理可知，物理定律在所有惯性系中都是相同的。然而，狭义相对论并没有说明若采用非惯性参考系，物理定律又将如何的问题。为此，爱因斯坦由非惯性系入手，研究了物质在空间和时间中如何进行引力相互作用的理论，经过了 10 年的艰苦努力，终于在 1915 年又创立

了广义相对论。本节只简单介绍广义相对论中的等效原理(equivalence principle)和广义相对性原理(principle of general relativity),这两个原理是广义相对论的基础。

二、基本原理

1. 等效原理 根据牛顿定律和万有引力定律可知,一个受引力场唯一影响下的物体,其加速度是和物体的质量无关的。例如,当某物体在地球表面的均匀引力场中自由落下时,根据万有引力定律,作用在物体上的引力大小是 $G\dfrac{m'M'_e}{R_e^2}$,方向向下。由牛顿第二定律 $\boldsymbol{f}=m\boldsymbol{a}$,可知

$$ma=G\frac{m'M'_e}{R_e^2}$$

上式中,与动力学方程相联系的质量 m 称为惯性质量;与万有引力定律相联系的质量 m' 称为引力质量;M'_e 和 R_e 表示地球的引力质量和半径。由上式可得

$$a=\frac{m'}{m}G\frac{m'M'_e}{R_e^2}$$

实验表明,在同一引力强度 $G\dfrac{M'_e}{R_e^2}$ 作用下,所有物体,不论其大小和材料性质如何,都以相同的加速度 $a=g$ 下落,因而引力质量与惯性质量之比 m'/m 对于一切物体而言也必然是一样的。适当选取单位,可使 $m=m'$。这就是说,物体的引力质量和它的惯性质量相等。

那么,在具有加速度的非惯性系中,情况又是如何呢?设有一个密封舱在远离任何物体的太空中,并相对于某惯性系以加速度 $\boldsymbol{a}$ 被均匀地加速,如图 14-5(a)所示。密封舱中的观测者在舱内的实验中会发现,舱内一切物体都会以大小相同的加速度 $-a$ 自由"下落"。若其质量为 M,当他站在弹簧磅秤上时,磅秤就会显示其大小为 Ma 的"重量"读数。这样,密封舱中的观测者根据牛顿第二定律,会认为舱内任何质量为 m 的物体都要受到一个大小为 ma 的向"下"的力的作用。这种由于非惯性系以加速度运动而引起的,物体在非惯性系中所受到的附加的力 $\boldsymbol{f}_i=-m\boldsymbol{a}$,称为惯性力(inertial force)。惯性力并非物体间相互作用的力,它是在非惯性系中产生的效应。从惯性系来看,既无施力者,也无反作用力,而完全是惯性的一种表现。

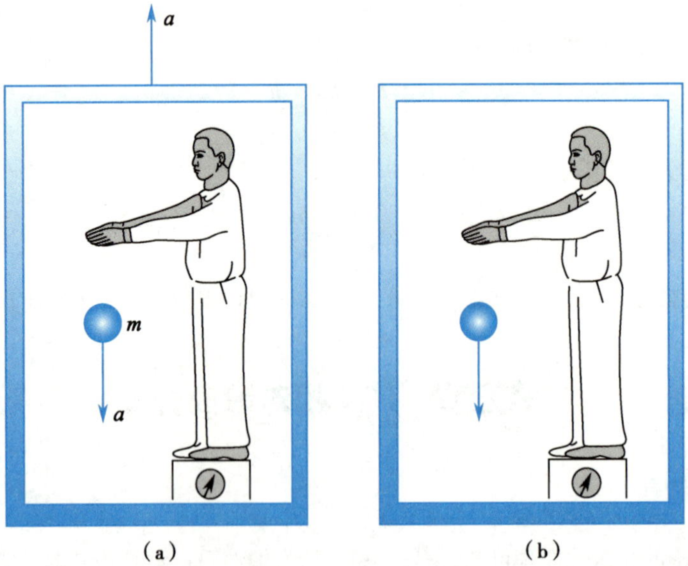

图 14-5 具有加速度的非惯性参考系

(a) 不受引力的加速参考系;(b) 引力场的参考系。

惯性力正比于惯性质量，引力正比于引力质量，这两种质量又严格相等，因而两种力的效应具有同样的性质，它们引起的加速度都与物体的性质无关。换句话说，它们对物体的影响应该是不可区分的。实际上，在此密封舱中，观测者的任何力学实验都不能区分他所在的舱是在太空中加速飞行，还是静止（或匀速运动）于 $g=a$ 的均匀引力场里［图 14-5(b)］，这就是引力场和加速参考系的等效性。爱因斯坦进一步推论，这种等效性不仅适用于力学，而且适用于全部物理学。也就是说，任何物理实验，包括力学、电磁学和其他物理实验，都不能区分密封舱是引力场中的惯性系，还是不受引力的加速系。或者说，一个均匀的引力场与一个匀加速参考系完全等价，这就是通常所说的等效原理。

2. 广义相对性原理　根据等效原理，即由引力场和加速参考系的等价性，很容易推知，若考虑等效的引力存在，则一个作加速运动的非惯性系就可以与一个有引力场作用的惯性系等效。据此，爱因斯坦又把狭义相对论中的相对性原理由惯性系推广到一切惯性的和非惯性的参考系。他指出，所有参考系都是等价的，即无论是惯性系或是非惯性系，物理定律的表达形式都是相同的。这一原理称为广义相对性原理。

等效原理、广义相对性原理是爱因斯坦提出的广义相对论的基本原理。在此基础上，爱因斯坦采用了黎曼几何（Riemannian geometry）来描述具有引力场的时间和空间，把引力和时空的几何性质联系起来，进一步揭示了物质、引力场和时空的紧密相关性。广义相对论建立了全新的引力理论，写出了正确的引力场方程，进而精确地解释了水星近日点的反常进动，预言了光线的引力偏折、引力红移和引力辐射等一系列新的效应，并对宇宙结构进行了开创性的研究。

三、广义相对论的时空特性

1. 光线的引力偏折　广义相对论实质是关于引力场的理论，一个重要的结论是光线经过引力场时会产生偏折。如图 14-6(a)所示，有一个以加速度 a 运动的空间太空舱，舱外观测者把一束光经过小孔射入舱内，光速在 t_1、t_2、t_3时刻分别到达太空舱的 A、B、C 三点，舱外观测者看到光线的路径是直线，但在太空舱内的观测者看到光线的路径却是抛物线，如图 14-6(b)所示。根据等效原理，舱内观测者无法区分是太空舱做加速运动，还是光像具有质量的物质那样，在引力场中做平抛运动，所以根据等效原理，射入太空舱的光束就应该在重力作用下沿抛物线传播。

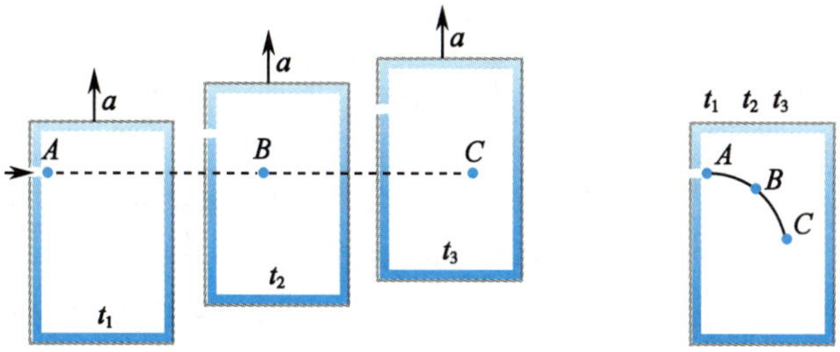

图 14-6　光线在引力场中偏折

(a) 舱外观测者看到光线的路径是直线；(b) 舱内观测者看到光线的路径是抛物线。

光线的引力偏折已经得到验证。根据广义相对论，爱因斯坦预言，若星光擦过太阳边缘到达地球，则太阳引力场造成的星光偏转角为 1.75″。1919 年，由英国天文学家领导的观测队分别从西非和巴西观测当年 5 月 29 日发生的日全食，从两地的实际观测照片计算出的星光偏转角分别为 1.61″和 1.98″，与理论预测值十分接近，因而一度轰动了全世界。以后进行的多次观测都证实了爱因斯坦理论的正确，特别是近年来，应用射电天文学的定位技术已测得偏转角为 1.76″，这与广义相对论的理论值符合得相当好。

2. 引力坍塌与黑洞 维持恒星处于平衡状态有两种力：一种是引力，另一种恒星内部热核反应释放大量能量产生的压力。当两者平衡时，恒星也达到一种动态平衡。但是，当恒星的核燃料消耗殆尽，恒星变冷，恒星内部压力不足以抗衡引力，引力就会逐步占据主导，最后导致恒星坍缩，这一现象称为引力坍塌(gravitational-collapse)。坍缩的星体成为一颗致密星。致密星大体分为白矮星、中子星和黑洞三类。从广义相对论可以推断，由于致密星的密度非常巨大，其引力也非常巨大，以至于在某个半径范围内，任何物体甚至光线在其引力场作用下都落入其中，不能逃逸出来，即没有任何光线辐射出来，这种星体被称为黑洞(black hole)。

总的来说，狭义相对论和广义相对论对物理学的不同领域所起的作用各不相同。在宏观、低速的情况下，两者的效应可忽略；而在微观、高能物理领域，狭义相对论取得辉煌的成就，它是人们认识微观世界和高能物理的基础，而广义相对论则适应于大尺度的时空，即所谓宇观世界，它的成果要在宇观世界才能显示出来。

拓展阅读

同步加速器

对于均匀磁场的回旋加速器加速的带电粒子，粒子的速度、频率以及能量分别为

$$v=\frac{qBR}{m};\quad \nu=\frac{qB}{2\pi m};\quad E_{\mathrm{k}}=\frac{1}{2}mv^2=\frac{1}{2}\frac{q^2B^2R^2}{m}$$

从上面的公式可以看出，如果想进一步提高粒子的速率，得到更大的能量，必须增大磁场 B，即建造巨型强大的电磁铁，这显然受到技术和经济的制约，所以一般单个粒子的能量达到 25~30MeV 后，就很难再加速了。而且，根据相对论理论，当粒子的速率增加到与光速接近时，其质量随速率的增加而增加，粒子质量满足下面的相对论质量关系式，即

$$m=\frac{m_0}{\sqrt{1\ \frac{v^2}{c^2}}}\quad (m_0 \text{ 为粒子的静质量})$$

那么，回旋加速器中粒子的回旋频率发生变化

$$\nu=\frac{qB}{2\pi m_0}\sqrt{1-\left(\frac{v}{c}\right)}^{2}$$

由于回旋频率变小，不能与回旋加速器的交变电压一致，也就是说，回旋加速器已经不能继续使粒子加速了。如何突破这个能量极限呢？一种方法是随着粒子的加速改变交变电场的频率，另一种是随着粒子的加速改变磁场。第一种被称为稳相加速器，第二种被称为等时性回旋加速器。这两种方法都能维持加速。稳相加速器理论上可以加速到比较高速率，但是速率越高，需要的磁场越大，造价也越高。等时性回旋加速器是基于托马斯(L.H.Thomas)在 1938 年提出的等时性概念而发展起来的新型回旋加速器。托马斯提出了磁场强度随方位角变化的 AVF 原理，并初步提出了扇形聚焦回旋加速器的概念，他建议采用规律排列的扇形磁铁使磁场沿方位角调变(调变磁场，即磁感应强度沿方位角按一定规律周期性变化)，使粒子沿平衡轨道受到一个沿方位角周期性变化的磁场作用力，保证粒子轴向运动的稳定性，同时平均磁场沿半径扩大逐渐增强以保持严格谐振加速，满足回旋周期保持不变的等时性磁场要求。这种调变磁场回旋加速器称为托马斯回旋加速器。因为加速粒子的回旋频率(周期)保持不变，所以又称为等时性回旋加速器。等时性回旋加速器虽然保持了加速，但是又有了一个能量极限问题。为此人们提出了固定半径，

这样磁铁的大小就固定了，同步改变电场频率和磁场的大小，这就是同步加速器。利用同步加速器可使被加速粒子的能量达到700MeV。同步（回旋）加速器是产生正电子放射性药物的装置，该药物作为示踪剂注入人体后，医师即可通过PET/CT显像观察到患者脑、心、全身其他器官及肿瘤组织的生理和病理的功能及代谢情况。所以PET/CT依靠回旋加速器生产的不同种显像药物对各种肿瘤进行特异性显像，达到对疾病的早期监测与预防。

14-3

引力波

拓展阅读

习　题

1. 一原子核相对于实验室以 $0.6c$ 运动，在运动方向上发射一电子，电子相对于核的速度是 $0.8c$；又在相反方向发射一光子。求：

（1）实验室中电子的速度。

（2）实验室中光子的速度。

2. 地球绕太阳轨道速度为 3×10^4m/s，地球直径为 1.27×10^7m，计算相对论长度收缩效应引起的地球直径在运动方向的减少量。

3. 一根米尺静止在 S' 系中，与 $O'x'$ 轴成30°角。如果在 S 系中测得该米尺与 Ox 轴成45°角，求：

（1）S 系中测得的米尺长度是多少？

（2）S' 系相对于 S 的速度 u 是多少？

4. 地面观测者测定某火箭通过地面上相距120km的两城市花了 5×10^{-4} 秒，问由火箭观测者测定的两城市空间距离和飞越时间间隔。

5. 一位短跑选手，在地球上以10秒的时间跑完100m。在飞行速度为 $0.98c$，飞行方向与跑动方向相反的飞船中的观测者看来，这位选手跑了多长时间和多长距离？

6. 远方的一颗星体，以 $0.80c$ 的速度离开我们，我们接收到它辐射出来的闪光按5昼夜的周期变化，求固定在该星体上的参考系中测得的闪光周期。

7. 一个在实验室中以 $0.8c$ 的速度运动的粒子，飞行3m后衰变，按这实验室中观测者的测量，该粒子存在了多长时间？由一个与该粒子一起运动的观测者测量，该粒子衰变前存在了多长时间？

8.（1）把电子自速度 $0.9c$ 增加到 $0.99c$，所需的能量是多少？这时电子的质量增加了多少？

（2）某加速器能把质子加速到1GeV的能量，求该质子的速度，这时其质量为其静质量的几倍？

9. 在原子核聚变中，两个 ^{2}H原子结合而产生 ^{4}He。求：

（1）用原子质量单位，求该反应中的质量亏损。

（2）在这一反应中释放的能量是多少？

（3）这种反应每秒必须发生多少次才能产生1W的功率？（已知：^{2}H静质量为2.013 553u；^{4}He静质量为4.001 496u）。

10. 已知Na原子的质量为23u，Cl原子的质量为35.5u，当一个Na原子和一个Cl原子结合成一个 NaCl 分子时，释放出 4.2eV 的能量。求：

(1) 当一个 NaCl 分子分解为一个 Na 原子和一个 Cl 原子时，质量增加多少？

(2) 忽略这一质量差所造成的误差是百分之几？

第十四章
目标测试

（张 燕）

参考文献

[1] 武宏,章新友. 物理学. 7版. 北京:人民卫生出版社,2016.
[2] 王晨光,计晶晶. 医用物理学(新医科版). 北京:科学出版社,2021.
[3] 洪洋. 医用物理学. 4版. 北京:高等教育出版社,2018.
[4] GIAMBATTISTA A, RICHARDSON B M, RICHARDSON R. College Physics(Vol.1). 北京:机械工业出版社,2013.
[5] 吉强,洪洋. 医学影像物理学. 4版. 北京:人民卫生出版社,2016.
[6] 石继飞. 放射治疗设备学. 北京:人民卫生出版社,2019.
[7] 王磊,冀敏. 医学物理学. 9版. 北京:人民卫生出版社,2018.
[8] 盖立平,王保芳. 医学物理学(案例版). 3版.北京:科学出版社,2019.
[9] 渊小春,王喆. 大学物理. 上海:同济大学出版社,2014.
[10] 赵近芳,五登龙. 大学物理简明教程. 北京:北京邮电大学出版社,2014.
[11] 喀蔚波,魏杰. 医用物理学. 5版. 北京:北京大学医学出版社,2019.
[12] 李宾中,张淑丽. 医学物理学. 2版. 北京:人民卫生出版社,2020.
[13] 李宾中. 医学物理学. 2版. 北京:科学出版社,2016.
[14] 武宏. 医用物理学. 4版. 北京:科学出版社,2015.
[15] 吉强,王晨光. 医用物理学(基本要求版).北京:科学出版社,2016.
[16] 孟燕军,秦瑞平. 医学物理学. 北京:科学出版社,2016.
[17] 马文蔚. 物理学. 6版. 北京:高等教育出版社,2014.
[18] 喀蔚波. 医用物理学. 3版. 北京:高等教育出版社,2012.
[19] 陈仲本,况明星. 医用物理学. 2版. 北京:高等教育出版社,2018.
[20] 韩丰谈,朱险峰,李哲旭,等. 医学影像设备学. 北京:人民卫生出版社,2010.
[21] JEWETT J W, SERWAY R A. University Physics for Scientists and Engineers. 北京:机械工业出版社,2010.
[22] 郝明. 心脏除颤设备的原理及应用. 中国医学装备,2009,6(11):43-45.
[23] 陈泽民. 近代物理与高技术物理基础——大学物理续编. 北京:清华大学出版社,2001.

附录一　矢量分析

一、矢量定义

物理量可以按它们与空间方向有无关系给予分类。把与空间方向无关的物理量，称为标量，如温度、密度、体积等只有大小的量。把既有大小、又带有方向的物理量，称为矢量，如速度、加速度、力等。

自空间一点 O，画一条指向另一点 P 的线段，这条线段就是矢量，以 $\boldsymbol{r}$ 表示。用坐标的方法，通过确定线段起点、终点的坐标，就可以确定矢量的大小和方向。为方便研究，以起点 O 为原点选取一个直角坐标系。设 P 点的坐标是 (x,y,z)，则矢量 $\boldsymbol{r}$ 就由坐标 (x,y,z) 所确定（如附录图 1-1 所示）。这里 x、y、z 是矢量 $\boldsymbol{r}$ 在三个坐标轴上的投影，称为 $\boldsymbol{r}$ 的三个分量。矢量 $\boldsymbol{r}$ 的长度，也称为矢量的模，写作 r 或 $|\boldsymbol{r}|$，它的平方等于三个分量的平方和，即

$$\boldsymbol{r}^2=\boldsymbol{x}^2+\boldsymbol{y}^2+\boldsymbol{z}^2$$

矢量 $\boldsymbol{r}$ 的方向由它与三个坐标轴的夹角 α、β、γ 完全确定。α、β、γ 的余弦称为矢量 $\boldsymbol{r}$ 的方向余弦，由附录图 1-1 可以看出，它们满足

$$\cos\alpha=\frac{x}{r}\quad \cos\beta=\frac{y}{r}\quad \cos\gamma=\frac{z}{r}$$

如果把坐标轴绕 O 点转动一下，坐标系改变了，相应的矢量的三个分量也要发生变化。但是，坐标只是用来描述线段的一种数学手段，因此坐标的任何变换不影响矢量的本身，即在坐标变换中，矢量的大小、方向不改变。

两个矢量如果大小、方向均相同，则这两矢量相等。矢量 $\boldsymbol{A}$ 和矢量 $\boldsymbol{A}'$ 虽然处于空间不同的位置上，但是其大小相等，指向相同，所以它们是相等的，即

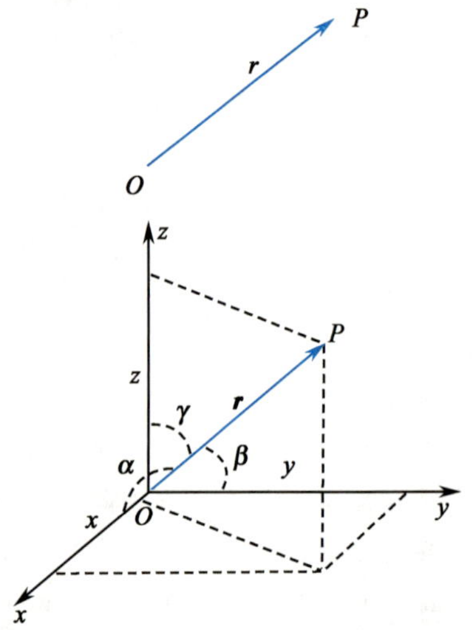

附录图 1-1　矢量及其在坐标系中的投影

$$\boldsymbol{A}=\boldsymbol{A}'$$

这就是说，把代表矢量的线段在空间作平行移动，对矢量没有影响。

大小为 1 的矢量，称为单位矢量。通常用单位矢量表示一个方向，矢量 $\boldsymbol{A}$ 的单位矢量可记为 $\boldsymbol{A}_0$，于是矢量 $\boldsymbol{A}$ 可表示为 $\boldsymbol{A}=A\,\boldsymbol{A}_0$，可得

$$\boldsymbol{A}_0=\frac{\boldsymbol{A}}{A}\quad 或\quad \boldsymbol{A}_0=\frac{\boldsymbol{A}}{|\boldsymbol{A}|}$$

二、矢量的合成和分解

矢量 $\boldsymbol{A}$ 与 $\boldsymbol{B}$ 之和（或称矢量 $\boldsymbol{A}$ 与矢量 $\boldsymbol{B}$ 的合成矢量）可表示为 $\boldsymbol{A}+\boldsymbol{B}=\boldsymbol{C}$，$\boldsymbol{C}$ 是一个新的矢量，它是把矢量 $\boldsymbol{B}$ 平移，使其首端与矢量 $\boldsymbol{A}$ 的末端重合，再从 $\boldsymbol{A}$ 的首端连接到 $\boldsymbol{B}$ 的末端所形成的矢量（如附录图 1-2 所示）。这称为矢量加法（合成）的三角形法则。

矢量合成的另一种方式是把 $\boldsymbol{B}$ 平移，使其首端与 $\boldsymbol{A}$ 的首端相接，以 $\boldsymbol{A}$ 和 $\boldsymbol{B}$ 为临边作平行四边形，从 $\boldsymbol{A}$、$\boldsymbol{B}$ 的首端出发作平行四边形的对角线，所形成的矢量就是 $\boldsymbol{A}+\boldsymbol{B}$（如附录图 1-3 所示）。这称为平行四边形法则。

在多个矢量合成时，上述法则可推广运用，附录图 1-4 是三角形法则的推广，称为多边形法则。

矢量求和满足加法的"交换律"和"结合律"，即

$$\boldsymbol{A}+\boldsymbol{B}=\boldsymbol{B}+\boldsymbol{A}$$

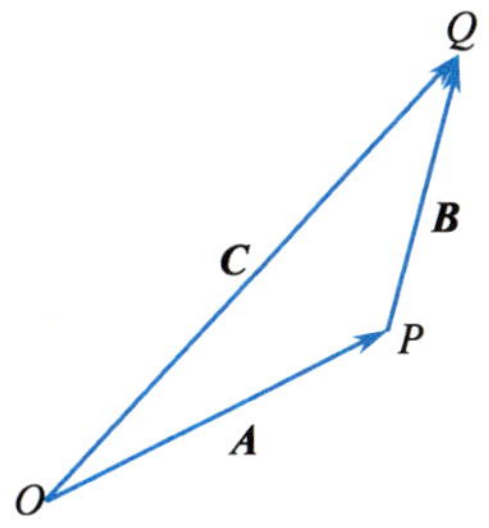

附录图 1-2　矢量合成的三角形法则

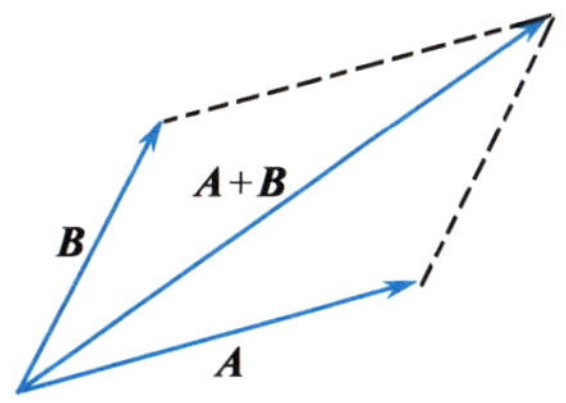

附录图 1-3　矢量合成的平行四边形法则

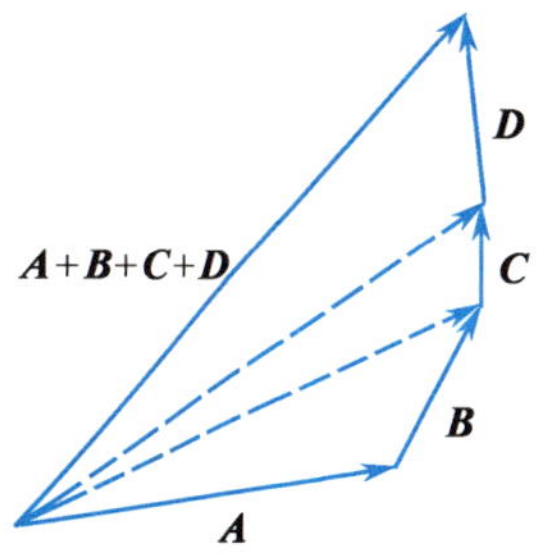

附录图 1-4　矢量合成的多边形法则

$$\boldsymbol{A}+\boldsymbol{B}+\boldsymbol{C}=\boldsymbol{A}+(\boldsymbol{B}+\boldsymbol{C})=(\boldsymbol{A}+\boldsymbol{B})+\boldsymbol{C}$$

几个矢量可以合成为一个合矢量。反之,一个矢量也可以分解成几个分矢量。最常用的方法是把一个矢量沿着坐标轴的方向分解。首先,选取坐标轴方向的单位矢量,对直角坐标系,通常分别用 $\boldsymbol{i}$、$\boldsymbol{j}$、$\boldsymbol{k}$ 表示 x、y、z 轴方向的单位矢量。若矢量 $\boldsymbol{A}$ 在 x、y、z 轴上的投影分别是单位矢量 $\boldsymbol{i}$、$\boldsymbol{j}$、$\boldsymbol{k}$ 的 A_x、A_y、A_z 倍(如附录图 1-5 所示),则矢量 $\boldsymbol{A}$ 就可写成

$$\boldsymbol{A}=A_x\boldsymbol{i}+A_y\boldsymbol{j}+A_z\boldsymbol{k}$$

矢量的相加也可以用分量形式计算

$$\boldsymbol{A}=A_x\boldsymbol{i}+A_y\boldsymbol{j}+A_z\boldsymbol{k}$$

$$\boldsymbol{B}=B_x\boldsymbol{i}+B_y\boldsymbol{j}+A_z\boldsymbol{k}$$

则有

$$\boldsymbol{A}+\boldsymbol{B}=(A_x+B_x)\boldsymbol{i}+(A_y+B_y)\boldsymbol{j}+(A_z+B_z)\boldsymbol{k}$$

则 $\boldsymbol{A}+\boldsymbol{B}$ 在 x、y、z 轴方向的分量分别等于 $\boldsymbol{A}$ 和 $\boldsymbol{B}$ 在 x、y、z 轴方向的分量之和。

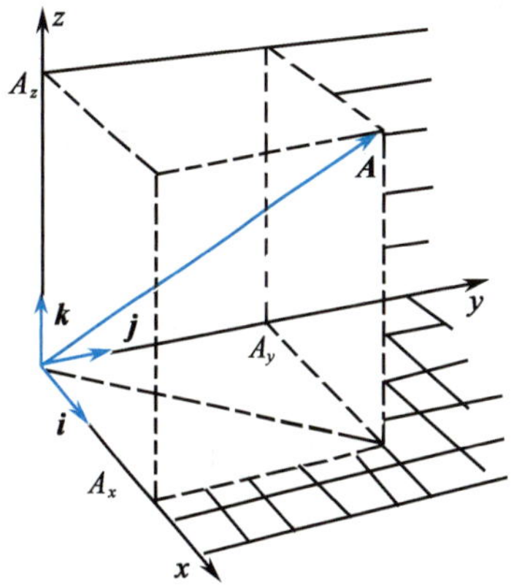

附录图 1-5　矢量分解

三、矢量的标积

矢量的运算不仅有加减,还可以相乘。如果两个矢量相乘,乘积是一个标量,称为矢量的标积。物理学常需要计算一个矢量的模和另一矢量在它的方向上的投影乘积。例如,功是位移矢量(dr)的大小和力($\boldsymbol{F}$)在位移方向投影的乘积。这种运算就称为矢量的标积,其运算结果是个标量。两个矢量 $\boldsymbol{A}$ 和 $\boldsymbol{B}$ 的标积常写作 $\boldsymbol{A}\cdot\boldsymbol{B}$,可读作"$\boldsymbol{A}$ 点乘 $\boldsymbol{B}$"。

如附录图 1-6 所示,使两个矢量的首端重合,设它们之间的夹角是 α,则 $\boldsymbol{B}$ 在 $\boldsymbol{A}$ 方向的投影大小为

$$B_A=B\cos\alpha$$

按上述定义,$\boldsymbol{A}$ 与 $\boldsymbol{B}$ 的标积为

$$\boldsymbol{A}\cdot\boldsymbol{B}=AB_A=AB\cos\alpha$$

这个表达形式对于 $\boldsymbol{A}$ 和 $\boldsymbol{B}$ 是完全对称的。也可以把它写成 $\boldsymbol{B}$ 与 $\boldsymbol{A}$ 在 $\boldsymbol{B}$ 上的投影的乘积,即

$$\boldsymbol{B}\cdot\boldsymbol{A}=BA_B=B(A\cos\alpha)$$

因此

$$\boldsymbol{A}\cdot\boldsymbol{B}=\boldsymbol{B}\cdot\boldsymbol{A}$$

几何上常把一块面积元表示为一个矢量 d$\boldsymbol{S}$,矢量的大小等于面积元的大小 dS,它的方向在面积元的法线方向。如果取某一线段 p,以 dS 为底,以 p 为上下底面中心连线作一个柱体,则柱体的体积元 d$\boldsymbol{V}$ 等于 dS 乘以 p 在 d$\boldsymbol{S}$ 方向的投影(如附录图 1-7 所示),即

$$\mathrm{d}\boldsymbol{V}=\boldsymbol{P}\cdot\mathrm{d}\boldsymbol{S}$$

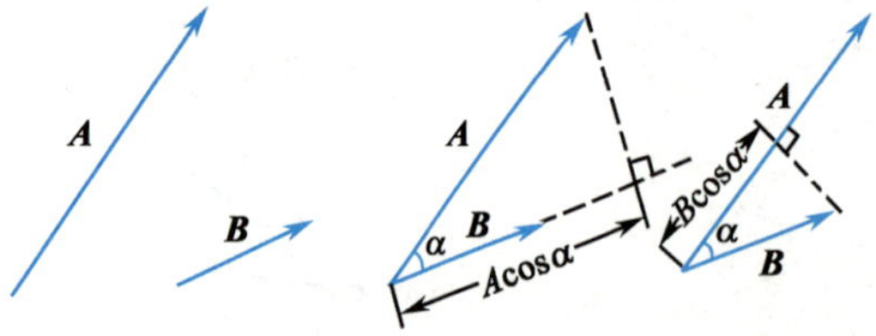

附录图 1-6 矢量的标积

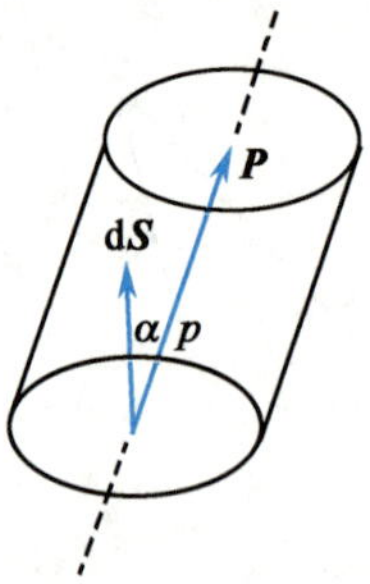

附录图 1-7 用矢量表示面积元

四、矢量的矢积

两个矢量的另一种乘法运算是两个矢量相乘，乘积仍是一个矢量，称为矢量的矢积。矢量 **A** 和 **B** 的矢积 **A**×**B**（读作"**A** 叉乘 **B**"）也是矢量，它的大小等于 $AB\sin\alpha$，α 是 **A**、**B** 之间小于 180°的夹角，矢积方向与 **A** 和 **B** 都垂直。而 **A**×**B** 的指向可以按附录图 1-8 所示的右手定则来规定：把右手拇指以外的四指并拢并指向 **A** 的方向，然后顺着 α 角从 **A** 转到 **B** 的方向握拳，则伸出的拇指指向即是 **A**×**B** 的方向。

从以上规定可以看出

$$\boldsymbol{A}\times\boldsymbol{B}=-\boldsymbol{B}\times\boldsymbol{A}$$

即矢积不满足交换律，但分配律还是成立的，即

$$\boldsymbol{A}\times(\boldsymbol{B}+\boldsymbol{C})=\boldsymbol{A}\times\boldsymbol{B}+\boldsymbol{A}\times\boldsymbol{C}$$

对于一个直角坐标系，x、y、z 三个轴方向的单位矢量 **i**、**j**、**k** 之间的关系，可以用矢积表示为

$$\boldsymbol{i}\times\boldsymbol{j}=\boldsymbol{k}\quad \boldsymbol{j}\times\boldsymbol{k}=\boldsymbol{i}\quad \boldsymbol{k}\times\boldsymbol{i}=\boldsymbol{j}$$

五、矢量的混合积

上文讨论了矢量的标积和矢积，现在来研究矢量积的混合运算，通常把（**A**×**B**）·**C** 称为三个矢量的混合积，或记为［**ABC**］。附录图 1-9 是一个平行六面体，它可以由过同一顶点的三条边完全确定，这三条边又可以用这个顶点为首端的三个矢量来表示，因此，这三个矢量就完全确定了平行六面体的形状和体积的大小。

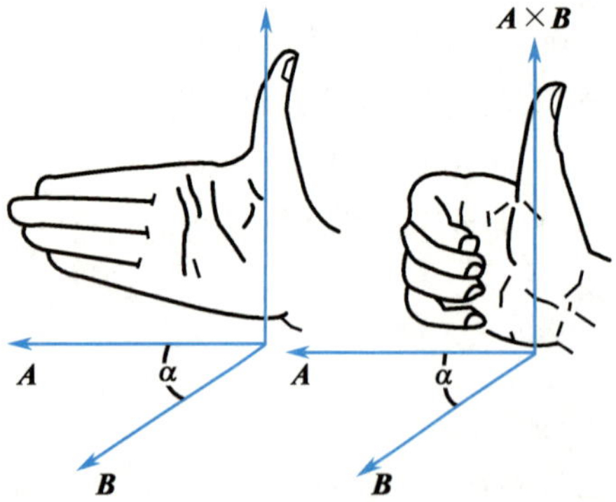

附录图 1-8 矢量的右手定则

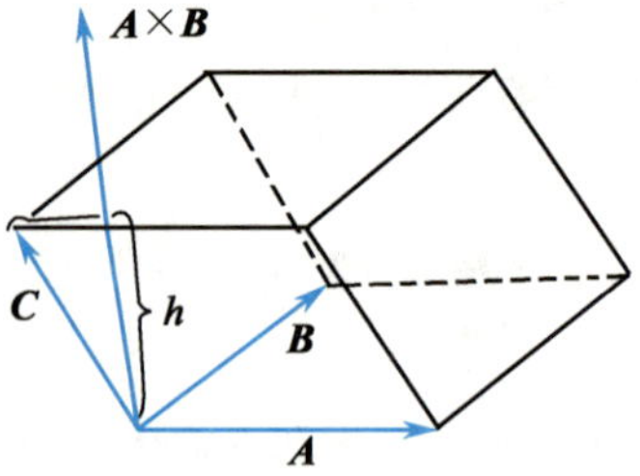

附录图 1-9 矢量的混合积

下面来计算以矢量 **A**、**B**、**C** 为边的平行六面体的体积 V，把以 **A**、**B** 为边的平行四边形作为底面，则底面积为

$$S=|\boldsymbol{A}\times\boldsymbol{B}|$$

而这个底面上的高 h 是

$$h=|\boldsymbol{C}|\cos(\boldsymbol{A}\times\boldsymbol{B},\boldsymbol{C})$$

于是平行六面体的体积 $V=Sh$，即

$$V=|\boldsymbol{A}\times\boldsymbol{B}||\boldsymbol{C}|\cos(\boldsymbol{A}\times\boldsymbol{B},\boldsymbol{C})=(\boldsymbol{A}\times\boldsymbol{B})\cdot\boldsymbol{C}$$

由此可见，$(\boldsymbol{A}\times\boldsymbol{B})\cdot\boldsymbol{C}$ 这三个矢量混合积的几何意义为一平行六面体的体积。从上面的讨论还可以看出，$(\boldsymbol{A}\times\boldsymbol{B})\cdot\boldsymbol{C}$ 的正负，取决于$(\boldsymbol{A}\times\boldsymbol{B})$与 $\boldsymbol{C}$ 的夹角是锐角还是钝角，也就是$(\boldsymbol{A}\times\boldsymbol{B})$和 $\boldsymbol{C}$ 是在底面同侧，还是在异侧，即 $\boldsymbol{A}$、$\boldsymbol{B}$、$\boldsymbol{C}$ 符合右手定则。

由三个矢量混合积的几何意义，可立即得到三个矢量 $\boldsymbol{A}$、$\boldsymbol{B}$、$\boldsymbol{C}$ 共面（即在同一平面上或在平行平面上）的充要条件是$(\boldsymbol{A}\times\boldsymbol{B})\cdot\boldsymbol{C}=0$。事实上，如果三个矢量 $\boldsymbol{A}$、$\boldsymbol{B}$、$\boldsymbol{C}$ 共面，则以此三个矢量为棱的平行六面体的体积等于零。反之，若$(\boldsymbol{A}\times\boldsymbol{B})\cdot\boldsymbol{C}=0$，则三个矢量中至少有一个为零的矢量，或有两个平行矢量，或矢量 $\boldsymbol{A}\times\boldsymbol{B}$ 与矢量 $\boldsymbol{C}$ 垂直，但在这三种场合下，矢量 $\boldsymbol{A}$、$\boldsymbol{B}$、$\boldsymbol{C}$ 都是共面的。

附录二　物理学单位

附录表 2-1　国际单位制（SI）的基本单位

量	名称	符号
长度	米	m
质量	千克	kg
时间	秒	s
电流	安培	A
热力学温度	开尔文	K
物质的量	摩尔	mol
发光强度	坎德拉	cd

附录表 2-2　国际单位制（SI）的辅助单位

量	名称	符号
平面角	弧度	rad
立体角	球面度	sr

附录表 2-3　国际单位制（SI）的导出单位

量	名称	符号		量	名称	符号	
		中文	英文			中文	英文
速度	米每秒	米/秒	m/s	重度	牛顿每立方米	牛/米^3	N/m^3
加速度	米每秒平方	米/秒^2	m/s^2	黏度	帕斯卡秒	帕·秒	Pas
角速度	弧度每秒	弧度/秒	rad/s	能、功	焦耳	焦	J
角加速度	弧度每秒平方	弧度/秒^2	rad/s^2	功率	瓦特	瓦	W
频率	赫兹	赫	Hz	体积流量	立方米每秒	米^3/秒	m^3/s
密度	千克每立方米	千克/米^3	kg/m^3	质量流量	千克每秒	千克/秒	kg/s
力、重量	牛顿	牛	N	表面张力	牛顿每米	牛/米	N/m
动量	千克米每秒	千克·米/秒	kg·m/s	摄氏温度	摄氏度	摄氏度	℃
力矩	牛顿米	牛·米	N·m	熵	焦耳每开尔文	焦/开	J/K
角动量	千克米平方每秒	千克·米^2/秒	kg·m^2/s	放射性强度	贝可勒尔	贝可	Bq
转动惯量	千克米平方	千克·米^2	kg·m^2	吸收剂量	戈瑞	戈	Gy
压强	帕斯卡	帕	Pa	等效剂量	希沃特	希	Sv

附录表 2-4　与国际单位制并用的单位

名称	符号	相当国际单位的值	名称	符号	相当国际单位的值
分	min	1 分=60 秒	原子质量单位	U	1 原子质量单位 = 1.660 585 5×10^{-27}千克
时	h	1 时=3 600 秒	居里	Ci	1 居=37 吉贝可
升	L	1 升=1 分米^3=10^{-3}米^3	伦琴	R	1 伦=0.258 毫库/千克
吨	t	1 吨=10^3千克	拉德	rad	1 拉德=0.01 戈
电子伏特	eV	1 电子伏=1.602 189 2×10^{-10}焦	雷姆	rem	1 雷姆=0.01 希

附录表 2-5　国际单位制词冠

倍数与分数	词冠名称	中文符号	国际符号	倍数与分数	词冠名称	中文符号	国际符号
10^{12}	太拉	太	T(tera)	10^{-2}	厘	厘	c(centi)
10^{9}	吉咖(千兆)	吉(千兆)	G(giga)	10^{-3}	毫	毫	m(milli)
10^{6}	兆	兆	M(mega)	10^{-6}	微	微	μ(micro)
10^{3}	千	千	k(kilo)	10^{-9}	纳诺(毫微)	纳(毫微)	n(nano)
10^{-1}	分	分	d(deci)	10^{-12}	皮可(微微)	皮(微微)	p(pico)

附录表 2-6　电磁学国际单位

量	名称	符号		量	名称	符号	
		中文	英文			中文	英文
电荷面密度	库仑每平方米	库仑/米^2	C/m^2	电导	西门子	西	S
电荷体密度	库仑每立方米	库仑/米^3	C/m^3	电导率	西门子/每米	西/米	S/m
电场强度	伏特每米	伏特/米	V/m	电偶极矩		库·米	C·m
电压、电势(位)、电动势	伏特	伏特	V	电流密度	安培每平方米	安培/米^2	A/m^2
电位移	库仑每平方米	库仑/米^2	C/m^2	磁场强度	安培每米	安培/米	A/m
电量、电通量	库仑	库	C	磁通量	韦伯	韦	Wb
电容	法拉	法	F	磁感应强度、磁通密度	特斯拉	特	T
介电常数(电容率)	法拉每米	法/米	F/m	自感、电感、互感	亨利	亨	H
电阻	欧姆	欧	Ω	磁导率	亨利每米	亨/米	H/m
电阻率	欧姆米	欧·米	Ω·m	磁矩	安培平方米	安培·米^2	A·m^2

附录三　物理学基本常数

物理量	符号	数值
真空中光速	c	$2.997\ 924\ 58\times10^{8}$m/s
引力常量	G	$6.672\ 59\times10^{-11}$N·m²/kg²
阿伏伽德罗常量	N_A	$6.022\ 136\ 7\times10^{23}$/mol
摩尔气体常量	R	8.314 510J/(mol·K)
玻耳兹曼恒量	$k(=R/N_A)$	$1.380\ 7\times10^{-23}$J/K
理想气体在标准情况下的摩尔体积	V_m	22.414×10^{-3}m³/mol
基本电荷	e	$1.602\ 177\times10^{-19}$C
原子质量单位	u	$1.660\ 540\times10^{-27}$kg
电子静止质量	m_e	$9.109\ 390\times10^{-31}$kg
电子荷质比	e/m_e	$1.758\ 819\times10^{11}$C/kg
质子静止质量	m_p	$1.672\ 623\times10^{-27}$kg
中子静止质量	m_n	$1.674\ 929\times10^{-27}$kg
法拉第常数	$F(=eN_A)$	$9.648\ 531\times10^{4}$C/mol
真空电容率	$\varepsilon_0(=1/\mu_0c^2)$	$8.854\ 188\times10^{-12}$F/m
真空磁导率	μ_0	$4\pi\times10^{-7}$H/m
普朗克常量	h	$6.626\ 075\ 5\times10^{-34}$J·s
电子磁矩	μ_e	$9.284\ 770\times10^{-24}$A·m²
质子磁矩	μ_p	$1.410\ 608\times10^{-26}$A·m²
玻尔半径	$a_0\left(=\dfrac{\varepsilon_0h^2}{\pi m_e e^2}\right)$	$5.291\ 772\times10^{-11}$m
玻尔磁子	$\mu_B\left(=\dfrac{eh}{4\pi m_e}\right)$	$9.274\ 015\times10^{-24}$A·m²
核磁子	$\mu_N\left(=\dfrac{eh}{4\pi m_p}\right)$	$5.050\ 787\times10^{-27}$A·m²

附录四　希腊字母及常用指代意义

序号	大写	小写	音标注音	英文	常用指代意义
1	Α	α	/'ælfə/	alpha	角度、系数、角加速度、第一个、电离度、转化率
2	Β	β	/'biːtə/或/'beɪtə/	beta	磁通系数、角度、系数
3	Γ	γ	/'gæmə/	gamma	电导系数、角度、比热容比
4	Δ	δ	/'deltə/	delta	变化量、焓变、熵变、屈光度、一元二次方程中的判别式、化学位移
5	Ε	ε	/'epsɪlɒn/	epsilon	对数之基数、介电常数、电容率
6	Ζ	ζ	/'ziːtə/	zeta	系数、方位角、阻抗、相对黏度
7	Η	η	/'iːtə/	eta	迟滞系数、机械效率
8	Θ	θ	/'θiːtə/	theta	温度、角度
9	Ι	ι	/aɪ'əʊtə/	iota	微小、一点
10	Κ	κ	/'kæpə/	kappa	介质常数、绝热指数
11	Λ	λ	/'læmdə/	lambda	波长、体积、导热系数、普朗克常数
12	Μ	μ	/mjuː/	mu	磁导率、微、动摩擦系(因)数、流体动力黏度
13	Ν	ν	/njuː/	nu	磁阻系数、流体运动黏度、光波频率、化学计量数
14	Ξ	ξ	希腊/ksi/ 英美/'zaɪ/或/'saɪ/	xi	随机变量、(小)区间内的一个未知特定值
15	Ο	ο	/əu 'maikrən/ 或/'ɑmɪ ˌkrɑn/	omicron	高阶无穷小函数
16	Π	π	/paɪ/	pi	圆周率、π(*n*)表示不大于 *n* 的质数个数、连乘
17	Ρ	ρ	/rəʊ/	rho	电阻率、柱坐标和极坐标中的极径、密度、曲率半径
18	Σ	σ,ς	/'sɪgmə/	sigma	总和、表面密度、跨导、正应力、电导率
19	Τ	τ	/tɔː/或/taʊ/	tau	时间常数、切应力、2π(两倍圆周率)
20	Υ	υ	/'ipsɪlon/ 或/'ʌpsɪlɒn/	upsilon	位移
21	Φ	φ	/faɪ/	phi	磁通量、电通量、角、透镜焦度、热流量、电势、直径、空集
22	Χ	χ	/kaɪ/	chi	统计学中有卡方(χ^2)分布
23	Ψ	ψ	/ps/	psi	角速、介质电通量、ψ 函数、磁链
24	Ω	ω	/'əʊmɪgə/ 或/oʊ 'megə/	omega	欧姆、角速度、角频率、交流电的电角度、化学中的质量分数、不饱和度

索　　引

E

F

G

10